U0252265

C4D

虚拟角色实时动画制作

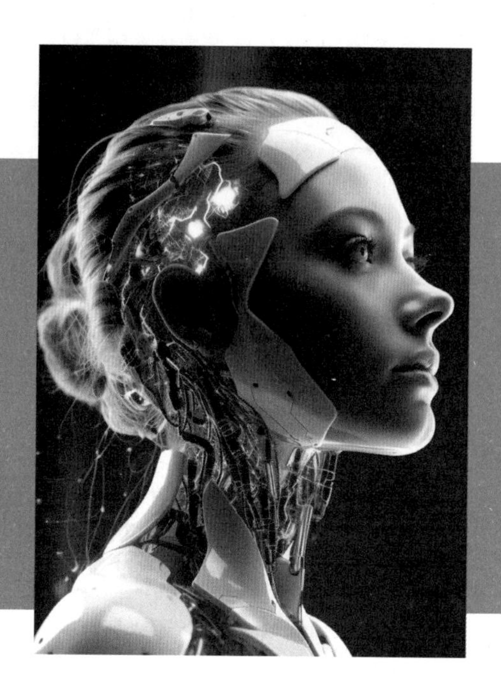

石林 蒋明珠 / 编著

清華大学出版社
北 京

内 容 简 介

本书主要讲解使用Cinema 4D制作虚拟角色实时动画的全流程，包括创建虚拟角色、制作角色发饰、制作角色发型、制作角色服装，以及捕捉角色动画的面部动作、捕捉身体动作、动作重定向、绘制贴图、制作表情模板和渲染合成等。

本书共13章，内容全面，逻辑清晰，语言通俗易懂。从最基础的绘制权重、骨骼绑定原理到角色模板和工具绑定，囊括了大部分角色绑定的解决方案。其中，面部绑定使用具有深度感知摄像机的iPhone来完成，这也是现今成本较低的面部动作捕捉解决方案。本书还通过联动DAZ和Marvelous Designer为角色创作更生动的形象和服装，帮助读者创作出完美的角色作品。

本书适合作为相关培训机构及院校的教材使用，也可以作为初学者学习制作虚拟角色实时动画的自学用书。

图书在版编目（CIP）数据

C4D虚拟角色实时动画制作 / 石林, 蒋明珠编著.
北京 : 清华大学出版社, 2024. 6. -- ISBN 978-7-302
-66521-2
Ⅰ. TP391.414
中国国家版本馆CIP数据核字第2024E7E464号

责任编辑： 陈绿春
封面设计： 潘国文
责任校对： 徐俊伟
责任印制： 丛怀宇

出版发行： 清华大学出版社
网　　址： https://www.tup.com.cn， https://www.wqxuetang.com
地　　址： 北京清华大学学研大厦A座　　**邮　　编：** 100084
社 总 机： 010-83470000　　**邮　　购：** 010-62786544
投稿与读者服务： 010-62776969， c-service@tup.tsinghua.edu.cn
质量反馈： 010-62772015， zhiliang@tup.tsinghua.edu.cn
印 装 者： 三河市君旺印务有限公司
经　　销： 全国新华书店
开　　本： 210mm×285mm　　**印　　张：** 17　　**字　　数：** 754千字
版　　次： 2024年8月第1版　　**印　　次：** 2024年8月第1次印刷
定　　价： 99.90元

产品编号：102431-01

前言

本书是针对 Cinema 4D 角色动画开发的教程，涵盖了创建虚拟角色、捕捉角色动画的面部动作、制作角色服装、制作角色发型、绘制贴图、制作表情模板以及渲染合成等多种技术。在众多的三维设计软件动画制作教程中，使用 Cinema 4D 进行虚拟角色动画制作的全流程教程在国内尚属罕见，本书介绍使用 Cinema 4D 制作虚拟角色实时动画全流程，帮助读者掌握从角色设计到动画制作的全过程，使读者能够快速创造出自己的虚拟角色 IP 及动画，从而在数字艺术制作领域脱颖而出。

内容安排

本书通过 13 章内容，帮助读者掌握尖端的虚拟角色动画制作技术及流程。本书不仅涵盖了虚拟角色的多种创作思路，还全方位剖析了使用 Cinema 4D 制作虚拟角色的全流程。通过通俗易懂的语言、循序渐进的内容讲解、全面细致的知识结构，以及经典实用的案例，帮助读者轻松掌握软件的使用技巧以及制作虚拟角色动画的具体方法。全书内容结构编排如下。

表1

章 名	内容安排
第 1 章　快速熟悉角色的制作流程	本章概述当前虚拟角色的市场背景、相关的创作方法以及软件的安装过程。以“古风少女”模型为实例，详细阐述 DAZ 软件的常用功能，并对模型进行体型、服饰、彩妆的调整，以及动画渲染等操作，旨在使零基础读者能够快速掌握并创作出简单的虚拟角色动画
第 2 章　虚拟角色面部表情捕捉	本章重点讲解 DAZ 角色的实际应用方法和 Cinema 4D 在虚拟角色面部表情捕捉方面的制作技巧。本章结合 Cinema 4D Moves by Maxon 的相关插件以及手机等辅助软硬件，全面展示实际表情捕捉的过程、设备数据的传递方法，以及表情捕捉模型联动的关键功能和相关知识
第 3 章　虚拟角色动作捕捉	本章主要介绍角色动作捕捉原理、角色动作捕捉的方式，以及动作捕捉数据的处理和实际应用方法，包括 Mixamo 动作融合、动作帧烘焙等的操作方法
第 4 章　虚拟角色身体绑定	本章主要介绍使用 Cinema 4D 进行手动肢体绑定的方式，涵盖身体绑定工具、创建骨骼的方式、权重工具的应用和简介，以及角色身体的脊柱绑定、手指绑定、手臂绑定和腿部绑定等
第 5 章　虚拟角色高级模板绑定	本章主要讲解使用 Cinema 4D 的“角色工具”插件，进行自动肢体绑定的方法，涵盖角色模板、角色模板身体骨骼及面部骨骼的建立、添加角色模板权重，以及 Mixamo 绑定等
第 6 章　虚拟角色面部绑定	本章主要介绍使用 Cinema 4D 进行手动面部绑定的方法，涵盖面部权重划分、眼皮睫毛控制器联动、嘴巴控制器模板建立，以及角色面部的嘴唇绑定及权重、链接绑定及权重、眼球绑定及权重、眼皮绑定及权重、眉毛绑定及权重等分区绑定权重的方法
第 7 章　制作虚拟角色发型	本章主要从基础的古装盘发开始讲起，涵盖使用面片式头发和 Cinema 4D 的毛发系统等多种头发制作方法
第 8 章　虚拟角色表情表演	本章从最基础的眼皮、眼球、眉毛、耳朵、鼻子、嘴唇、口腔、舌头、牙齿的关键帧制作开始，逐渐了解虚拟角色面部运动规律和高级关键帧制作技巧，每个阶段都有详细的讲解，旨在帮助读者迅速掌握虚拟角色表情动画的制作方法
第 9 章　制作虚拟角色表情模板	本章涵盖姿态变形制作、姿态制作、姿态合并调整和面部动作捕捉测试等相关制作流程，主要学习以 Arkit 为标准的 BlendShape 来制作虚拟角色表情模板。在制作表情模板过程中，需要精心设计和塑造角色的面部动作，如眨眼、张嘴、闭嘴、微笑和发怒等面部动作，确保表情的自然与真实

续表

章 名	内容安排
第 10 章　虚拟角色服装设计及布料动力学	本章详细讲解角色服装搭建及服装动力学制作，涵盖 Marvelous Designer 软件界面讲解、古装制作及动力学解算等，带领读者一步步制作古风服饰及服饰动画
第 11 章　虚拟角色毛发动力学模拟	本章主要讲解角色头发的运动，如毛发引导线制作、毛发制作、毛发分组、毛发渲染、动力学模拟等，并带领读者制作古风盘发效果
第 12 章　制作虚拟角色 UV 贴图	本章主要介绍如何给模型拓展 UV，并且根据不同模型的特点，学习掌握不同的 UV 贴图制作技巧，包括 UV 理论、UV 整理、UV 展开、贴图绘制、贴图烘焙和贴图导出等
第 13 章　虚拟角色实时动画渲染	本章主要以 Marmoset Toolbag （八猴渲染软件）为基础，讲解从 UI 视图导航、灯光、物体属性、材质、烘焙到纹理绘制、摄像机、渲染设置，以及动画输出等的方法，使读者能独立渲染角色动画

本书特色

本书提供多套虚拟角色创作流程，介绍的实时捕捉技术，无须专业捕捉设施即可轻松实现。同时，本书囊括了创建虚拟角色、捕捉角色动画的面部动作、制作角色服装、制作角色发型、绘制贴图、制作表情模板以及渲染合成等众多实用技巧，帮助读者快速打造自己的虚拟角色 IP。

表2

无须高精面部动作捕捉设备 一部手机即可实现面部动作捕捉	本书介绍的面部动作捕捉技术无须依赖高精度面部动作捕捉设备，即可实现对面部动作的捕捉。深入剖析了操作技巧、注意事项等方面的内容，堪称一本珍贵的、能够全方位提升读者虚拟角色动画制作技能的实用指南
无须高价动作捕捉器材 一个视频即可实现肢体动态捕捉	本书所介绍的身体动态捕捉技术无须昂贵的动作捕捉设备，它基于成熟的运动作捕捉动画流程，具有高度的可操控性，仅需一段视频即可实现肢体动态捕捉。全书采用图文结合的讲解方式，以图解为主，文字说明为辅，通过丰富的辅助插图帮助读者轻松学习，迅速掌握关键技术
高效写实数字艺术创作方案 入职就能直接上手	本书完全从初学者的角度出发，循序渐进地介绍了 Cinema 4D 的常用工具、功能、插件和技术要点。案例内容丰富多样，涵盖了从模型搭建到动画渲染，再到行业应用的各个方面，能够满足大多数读者的实际设计需求
案例贴近实战 技巧原理细心解说	本书中的实例精彩纷呈，每个实例都详细介绍了相关工具和功能的使用方法和技巧。在关键部分还特别添加了丰富的提示和技巧讲解，旨在帮助读者更好地理解知识点并加深认识，从而实现真正掌握并能够举一反三、灵活运用的学习效果

配套资源

本书的配套资源包括配套素材和教学文件，请扫描下面的二维码进行下载。如果在配套资源的下载过程中碰到问题，请联系陈老师，联系邮箱 chenlch@tup.tsinghua.edu.cn。

技术支持

在本书的编写过程中，作者虽以科学、严谨的态度，力求精益求精，但疏漏之处在所难免，如果有任何技术上的问题，请扫描下面的二维码，联系相关的技术人员解决。

配套资源

技术支持

作者

2024 年 6 月

第1章 快速熟悉角色的制作流程

第2章　虚拟角色面部表情捕捉

第3章　虚拟角色动作捕捉

第4章　虚拟角色身体绑定

第5章 虚拟角色高级模板绑定

第6章 虚拟角色面部绑定

第7章 制作虚拟角色发型

第8章 虚拟角色表情表演

第9章 制作虚拟角色表情模板

第10章 虚拟角色服装设计及布料动力学

第11章 虚拟角色毛发动力学模拟

第12章 制作虚拟角色UV贴图

第13章 虚拟角色实时动画渲染

第 1 章

快速熟悉角色的制作流程

虚拟角色是时下比较热门的话题之一。本章将介绍当前虚拟角色的市场背景、相关创作方法以及软件的安装等基础知识。同时，以“古风少女”模型为例，详细阐述 DAZ 软件的常用功能，并对模型进行体型、服饰、彩妆的调整和动画渲染等操作。通过对本章的学习，即使是零基础的读者也能在短时间内轻松创作出简单的虚拟角色动画。

1.1 角色模型的创建方法

制作虚拟角色的方法多种多样，涉及领域也十分广泛，目前尚未形成统一的标准。本节将介绍虚拟角色在国内的市场规模、虚拟角色的创作方法，以及如何利用 MetaHuman 进行创作等相关内容。

1.1.1 虚拟角色的市场规模

近年来，随着人工智能、3D 建模、动作捕捉、全息投影等技术的突破，以及显示设备、光学器件、传感器、芯片等硬件设备的发展，虚拟角色的真实性和实时交互性有了很大提升，进一步推动了其市场的扩大。

根据艾媒咨询数据显示，2022 年中国虚拟角色核心市场规模为 120.8 亿元，预计 2025 年将达到 480.6 亿元。同时，虚拟角色带动周边市场规模也在持续增长，2022 年为 1866.1 亿元，预计 2025 年为 6402.7 亿元。另外，根据量子位发布的《虚拟数字人深度产业报告》预测，到 2030 年，我国虚拟数字角色整体市场规模将达到 2700 亿元，其中身份型虚拟数字角色约 1750 亿元，服务型虚拟数字角色总规模超过 950 亿元。

可以看出，虚拟角色市场规模正在不断扩大，且增长潜力巨大。随着技术的不断进步和市场的日益成熟，虚拟角色将在娱乐、游戏、营销、客服等领域发挥更大的作用，其市场规模也有望继续保持快速增长。

国内一些主要的虚拟角色 IP 运营公司的代表性虚拟角色，如图 1-1 所示。

一禅小和尚

yoyo鹿鸣

洛天依

伊拾七

朝Ling

图1-1

※ 大禹网络是中国最大的MCN（多频道网络，其全称是Multi-Channel Network）机构之一，旗下拥有至少7个通过动漫短视频建立起观众认知的虚拟形象（如一禅小和尚）。

※ 天矢禾念以创立虚拟歌手经纪为核心的Vsinger品牌，成功打造了洛天依等多个具有代表性的虚拟偶像，目前该品牌已被Bilibili收购。

※ 一几文化，截至2020年3月，已完成数百万人民币天使轮融资，该公司主营开发和引进超写实虚拟艺人（如伊拾七），并将旗下虚拟艺人通过全息技术应用到人工智能、娱乐等领域。

※ 米哈游的业务主要集中于国产动漫的手游中（如yoyo鹿鸣），借助其在游戏研发领域和Unity魔改方面的积累，拥有明显的技术优势。

※ 次世文化，截至2021年7月已完成500万美元的A轮融资，该公司由主营跨次元IP运营转型为构建虚拟角色IP矩阵及生态（如朝Ling），并专注于延展虚拟角色相关应用及商业场景的落地。

这些头部 IP 运营公司在短短几年内就成功获得了天使轮、B 轮乃至 C 轮融资，如表 1-1 所示。除了拥有国内前沿的制作技术，它们还配备了顶尖的运营团队，并有雄厚的资本作为其坚强的后盾。

表 1-1　虚拟角色 IP 运营公司概况

服务商	主营业务	发展概况	股权融资
万象科技	依托自主研发的数字角色技术和快速落地产品的解决方案为市场提供服务	与爱奇艺、哔哩哔哩、阿里巴巴、网易、腾讯等多家头部平台合作	2021 年 3 月获得 A 轮数百万美元融资
中科深智	专注于端到端生成式 AI 虚拟人技术的公司，从底层自研的大语音模型、动作和表情生成算法模型以及 3D 自动建模，到 Motionverse 虚拟人业务平台，再到 AIGC 产品和应用层	获得北京市“专精特新”中小企业荣誉，拥有超过 100 项发明专利，服务超过 4000 个品牌，包括人民网、民生银行、乐事、金龙鱼、李锦记等头部品牌客户	2021 年 9 月完成晨山资本领投的 B 轮投资
相芯科技	专注于提供 VR/AR/ 移动应用的支撑技术，尤其是 3D 人脸动作捕捉和动画驱动	通过 CG、AI 等技术的融合与创新，服务近千家企业，产品和技术被广泛应用于智能手机、直播、短视频、新零售等领域，日均使用人次达亿级	2020 年 8 月获得股权融资
魔珐科技	专注于 AI 在泛娱乐、餐饮、人机交互和零售等多元化领域的应用	拥有原创计算机视觉感知技术、智能交互技术、AI 表演动画技术及三维图形学技术	2019 年 6 月获得 A 轮的数亿元融资
扬帆必凯	综合型虚拟偶像服务企业，业务涵盖技术、制作、运用、商业化等	已累计服务 300 多家企业及客户、30000 多个终端用户、600 多个国内外知名 IP，市场占有率处于领先地位，主要客户包括哔哩哔哩、AcFun、网易、酷狗、腾讯	2023 年 6 月获得股权融资
天矢禾念	创立以虚拟歌手经纪为核心的 Vsinger 品牌并开发出旗下多个虚拟形象，持续不断地创造全新概念的娱乐文化内容	与雅马哈公司合作，引进世界领先的 VOCALOID 人声歌声合成技术，并基于 VOCALOID 技术的本土化，开发出具有公司独立产权的中文 VOCALOID 虚拟形象（洛天依、乐正绫等）	2018 年 9 月获哔哩哔哩战略投资

对于应用在某些行业的虚拟角色来说，它们在解决客户关系、宣传企业文化和品牌传播方面的作用越来越受到重视。以食品领域为例，肯德基的虚拟形象“肯德基爷爷”凭借其亲和的形象和独特的性格赢得了广大消费者的一致好评。随后，在 2021 年 4 月，肯德基又推出了虚拟版的“上校爷爷”，如图 1-2 所示。与真人明星相比，虚拟代言人更安全且能够传递更正面的能量。

在企业服务领域，有很多成功应用虚拟角色的案例，如“钉哥”和“钉妹”。这两个以二次元形象打造的虚拟偶像化身为私人助理，不仅拉近了产品与受众的距离，也增强了用户对产品的黏性。在一首原创歌曲《巴颜喀拉》的助力下，“钉哥”和“钉妹”正式出道，如图 1-3 和图 1-4 所示。这样的虚拟偶像不仅提供了新颖的用户体验，还为企业带来了不错的宣传效果。

图1-3

图1-3

图1-4

1.1.2　虚拟角色创作方法简述

对于传统制作方法而言，虚拟角色通常需要使用 Maya、Blender 和 UE 等软件来创建，并进行骨骼绑定、赋予动作后渲染输出。这种创作方法不仅耗时耗力，而且对制作者的专业技能要求较高，同时对硬件设备也有较高的门槛，因此往往不是一个人能够独立完成的。

本书总结了当今最前沿的动画技术，旨在帮助读者能够独立完成虚拟角色的创作，并使用价格相对较低的硬件设备来实现。通过对本书的学习，读者还可以让自己的虚拟角色演绎自己的故事。此外，本书也推荐使用 ZBrush 软件进行建模创作，这种创作方法具有很高的自由度，创作者可以随心所欲地打造自己的虚拟角色。但需要注意的是，这种方法需要创作者具备一定的美术造型能力，因此更适合具有一定专业知识的读者使用。

无论采用何种方法，如果想要让独立创作的虚拟角色进行表演，都需要经过制作模型、绘制贴图、角色绑定、动作捕捉和实时渲染五个环节，如图 1–5 所示。这五个环节相互关联、缺一不可，共同构成了虚拟角色创作的完整流程。

（1）制作模型

（2）绘制贴图

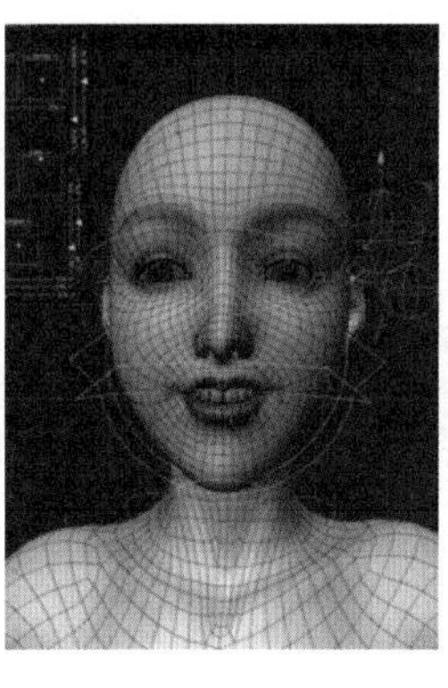
（3）角色绑定

（4）动作捕捉

（5）实时渲染

图1-5

1.1.3　利用MetaHuman进行创作

MetaHuman 是由 Epic 公司提供的开源项目，用户可以通过开放的 MetaHuman Creator 网站，在线编辑自己的虚拟角色。具体的操作步骤如下。

01 通过搜索登录网站并注册账号，如图1-6所示。

02 通过MetaHuman提供的在线工具，可以编辑自己的虚拟角色，如图1-7所示。MetaHuman还提供了大量的人体参数化设置，这些设置允许用户像捏泥巴一样自由地塑造自己的虚拟角色。

03 在MetaHuman网站上下载并安装Quixel Bridge后，使用账号登录，可以在左侧菜单栏的MetaHuman选项下看到，服务器已经自动加载了之前创作的虚拟角色，如图1-8所示。

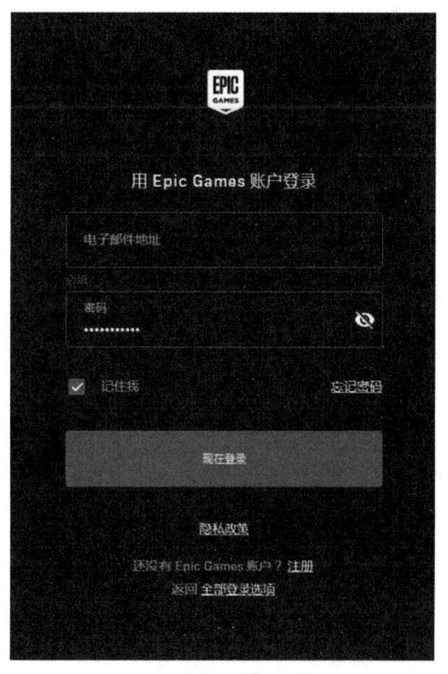

图1-6

04 选择先前创作的虚拟角色，然后在导出列表中选择适当的导出参数。设置好保存路径和文件格式，完成虚拟角色的创建。

尽管使用 MetaHuman 进行创作的方法在操作上似乎简单易懂且门槛相对较低，但实际上还存在许多限制。例如，创作者只能在官方提供的模板上对虚拟角色进行修改，这极大地限制了创作的自由度。如果创作者希望创造一个动物形象的 IP 作为虚拟角色，那么这种方法就无法满足需求了。

图1-7

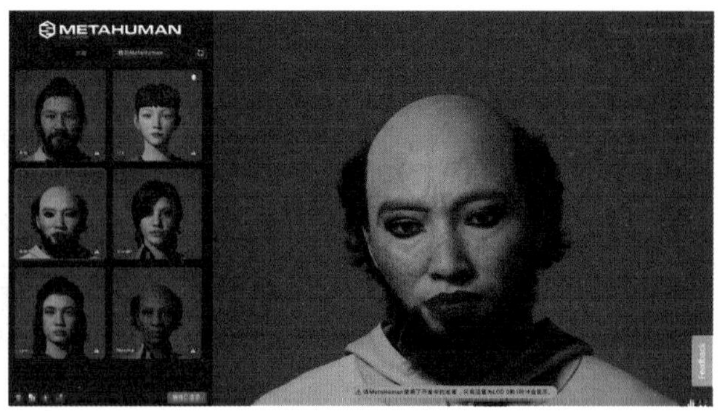

图1-8

1.2 DAZ软件基础操作

许多建模辅助软件能够帮助用户创作出令人惊艳的虚拟角色，例如 Iclone、Poser、Pose studio 和 CC 等，用户可以根据自己的实际需求，选择其中一种建模辅助软件来使用。本书将采用 DAZ 软件进行建模，该软件无须操作者拥有任何 3D 建模基础，也能快速创建人体模型。此外，通过插件，DAZ 还提供了捏脸、身材调整等几百项调整功能，甚至可以通过相片生成面部模型，因此，DAZ 成为当前角色模型创作的首选工具。本节将介绍 DAZ 的安装方法和基础功能，帮助读者更好地掌握该软件的使用方法。

1.2.1 安装与配置DAZ

安装与配置 DAZ 软件的操作方法如下。

01 打开本书配套文件（……\DAZ\1-DAZ Studio Professional 4.15 Win基础软件）下载DAZ软件安装包，并解压至任意路径，即可获得DAZ的安装包，如图1-9所示。

02 根据系统选择32位或者64位的安装文件，保持默认设置，直至完成基础软件的安装。

图1-9

1.2.2 安装“DAZ安装经理”

“DAZ 安装经理”是 DAZ 配套的资源管理程序，它可以配置 DAZ 资源的路径并验证资源的完整性，具体的安装步骤如下。

01 打开本书配套文件，单击软件下载文件（……\DAZ\3-Daz安装经理），下载DAZ安装经理，并解压至任意路径。

02 安装好“DAZ安装经理”后，自动弹出DAZ 3D Account启动界面。在该界面中，需要选中Work Offline（离线模式）复选框，如图1-10所示，单击Start按钮，启动“安装经理”。

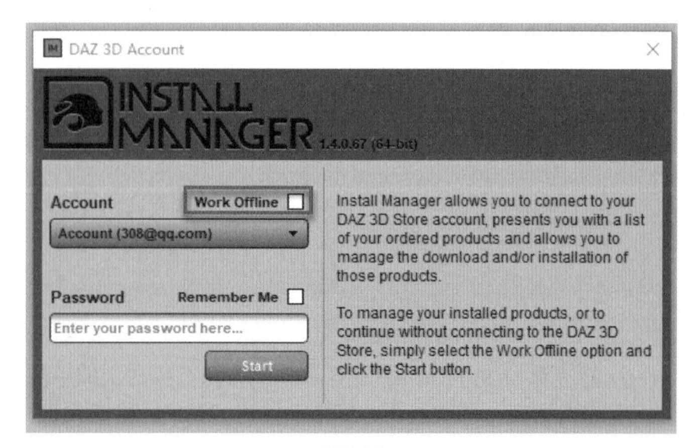

图1-10

1.2.3　将模型资源包导入“DAZ安装经理”

启动安装经理后，出现程序启动界面，如图 1-11 所示，该界面有 3 个选项卡，Ready to Download 选项卡控制在服务器上可以下载的资源；Ready to install 选项卡控制已经下载到本地，但还未安装的 DAZ 软件资源；Installed 选项卡控制已经安装的 DAZ 软件资源，在后续的操作过程中，可以在 DAZ 中查看。

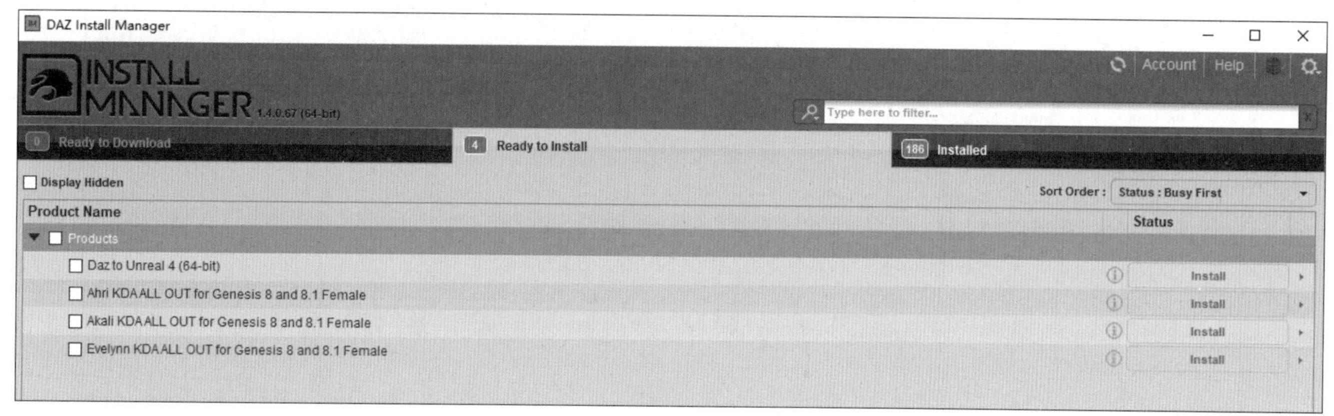

图1-11

1．下载 DAZ 模型资源包

下载 DAZ 模型资源包的具体操作步骤如下。

01 在官网的Shop菜单中，可以查找自己喜欢的作品并下载至本地计算机。官网社区是一个开放社区，用户可以将个人创作的作品上传至官网社区，与其他用户分享。

02 当资源下载完成后，会得到以IM0开头的压缩文件，如图1-12所示，此文件包含下载的所有模型资源。

图1-12

2．安装资源包

安装资源包的具体操作步骤如下。

01 下载DAZ资源包后，进入安装经理操作界面，选择下载好的资源包，单击“设置”按钮，执行Basic Settings（基本设置）|Package Archive（程序包存档）命令，进入资源下载路径界面，如图1-13所示。

02 在资源下载路径界面可以重新指定路径，如果保持默认设置，也可以在DAZ安装经理界面中将下载好的资源包复制进去，软件会自动识别。

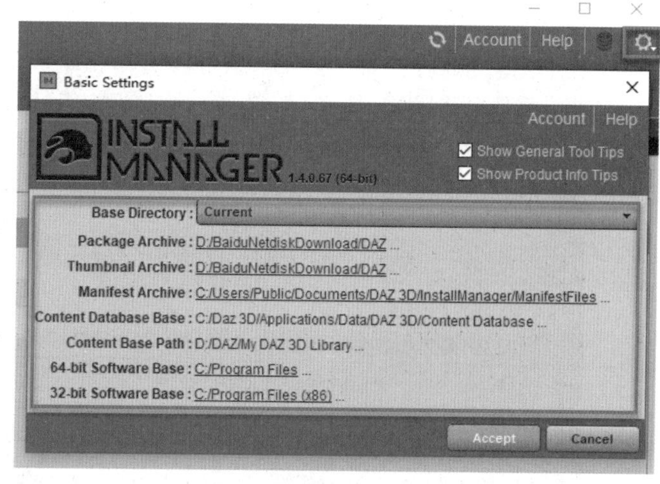

图1-13

03 设置好路径，回到DAZ安装经理首界面，单击Ready to Download选项卡，就会出现即将等待安装的资源。

04 选中安装资源，单击Start Queue按钮进行安装，如图1-14所示。安装完成后，安装成功的资源将会显示在Installed选项卡中。安装完毕后，重启DAZ软件，就可以在DAZ软件界面看到安装好的资源了。

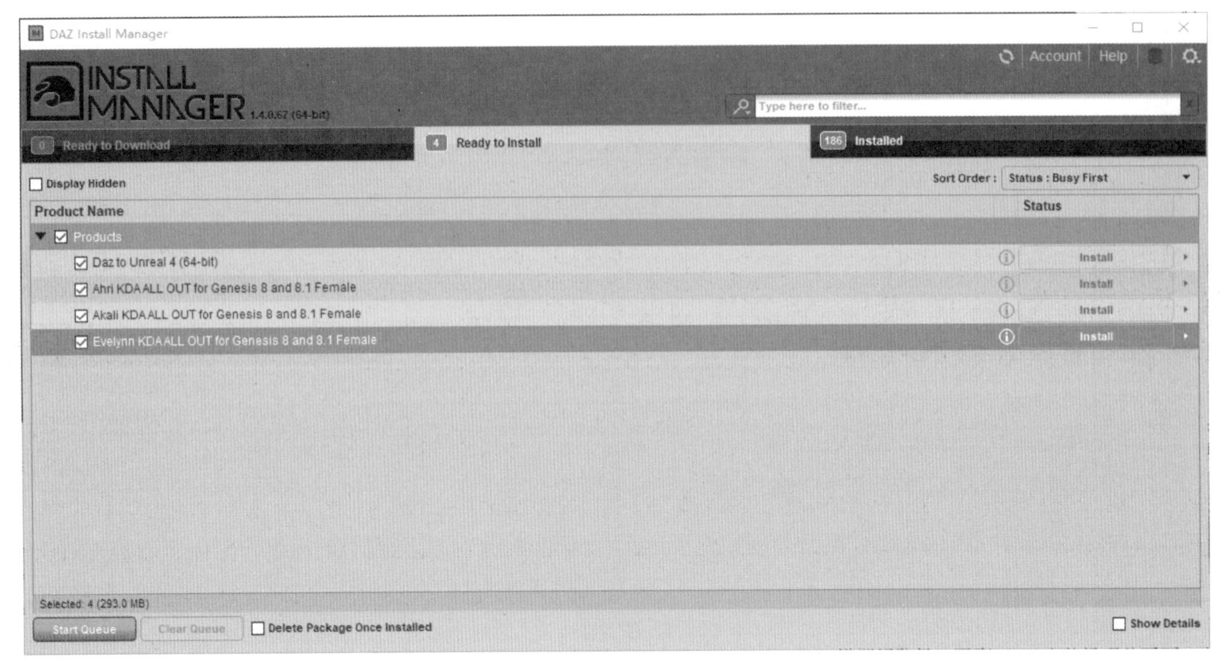

图1-14

1.2.4 DAZ操作界面

启动 DAZ 软件，其操作界面如图 1-15 所示。

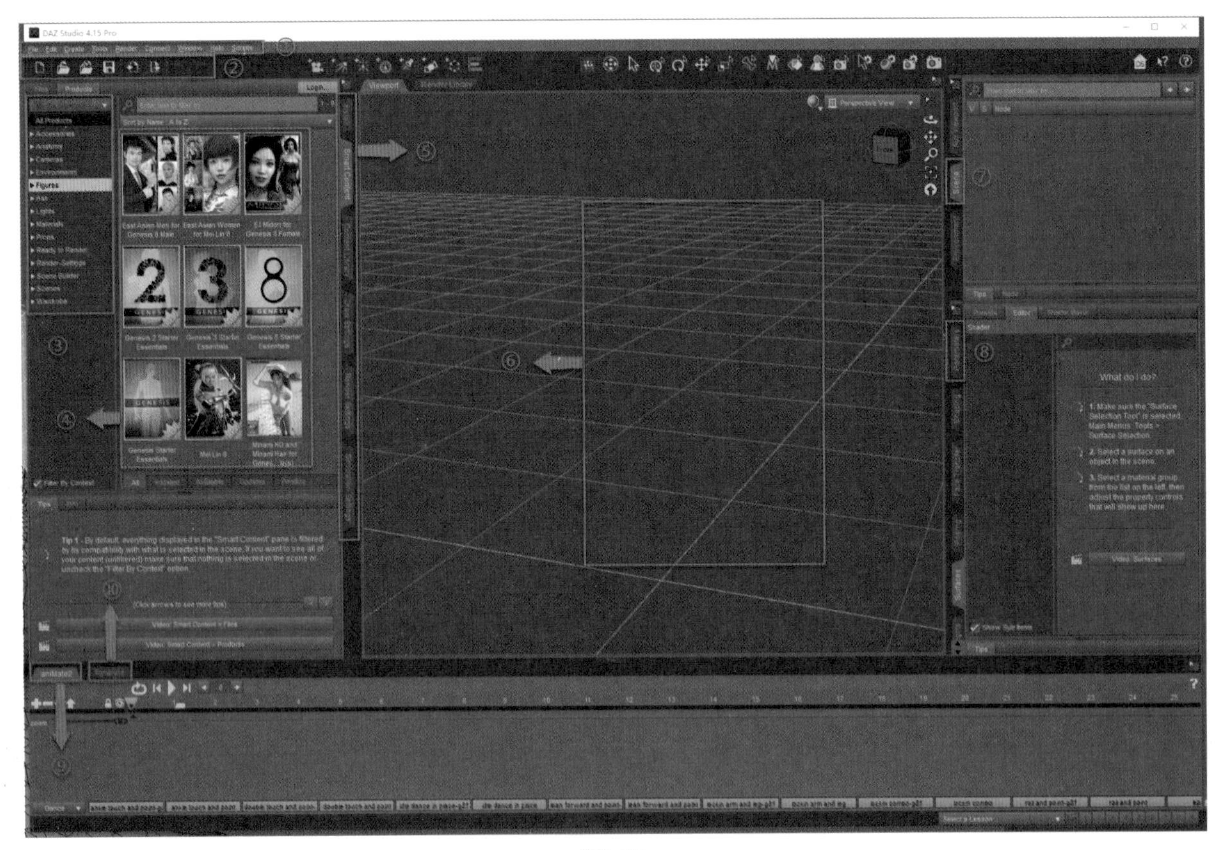

图1-15

DAZ 的操作界面由 10 部分组成，具体介绍如下。

（1）菜单栏：包含软件所有的命令，包括文件操作、对象操作、软件设定和视图操作等。

（2）对象操作按钮：可以列出软件常见的操作命令，如文件的保存、另存和导出，对象的选择、旋转、移动和摄像机操作等。

（3）资源路径：显示数据库中所有资源的相对路径。

（4）资源预览窗口：展示左侧目录下所有资源的预览图。

（5）资源浏览方式选项卡：提供软件检索资源的多种方法，其中智能模式最为常用，它能智能归类已下载的资源，便于用户快速配置。

（6）操作视图窗口：实时预览用户对对象进行的任何操作。

（7）对象管理器：以树状目录的形式检索场景中的所有对象，方便集中管理。

（8）对象属性窗口：展示选中对象的所有属性，允许通过调整每项属性的值来修改对象变量，如颜色、大小和位置等。

（9）aniMate Lite 选项卡：显示当前资源属性总览。

（10）Timeline 选项卡：为对象设置属性关键帧，以创建动画。

1.2.5 DAZ界面的常用功能

DAZ 界面的常用功能控件如图 1-16 所示。

（1）旋转视图：在工具栏中单击“旋转”按钮，或者按 Ctrl+Alt+ 鼠标左键进行操作。

（2）移动视图：在工具栏中单击“移动”按钮，或者按 Ctrl+Alt+ 鼠标右键进行操作。

（3）缩放视图：在工具栏中单击“放大镜”按钮，或者按 Ctrl+Alt+ 鼠标中键进行操作。

（4）聚焦人体模型：若要聚焦到人体模型，在工具栏中单击“锁定”按钮。

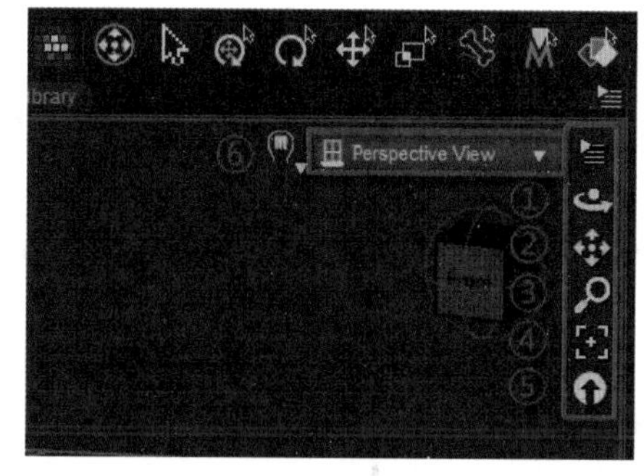

图1-16

（5）还原视图：若要还原到默认视图或上一个视图，在工具栏中单击“向上”按钮。

（6）更换渲染方法：可以根据需要选择样条显示、卡通显示或实时渲染等不同的渲染方法。其中，实时渲染速度较快，但真实性较差，且在高负载时可能会导致计算机运行卡顿，可以根据实际情况进行选择。

1.3 利用DAZ软件进行创作

用户在下载好软件并熟悉常用功能后，基本就可以上手进行实际操作了。

1.3.1 DAZ模型个性化调整

熟悉 DAZ 的基础操作界面后，用户可以在 DAZ 的“模型”选项卡中挑选一个心仪的人体模型，并通过双击将其加载至操作面板。加载完成后，可以在初始界面的右下方找到参数列表，通过调整参数来进行模型的个性化创作。此外，还可以在这个面板中设置人物的形态、神态、服装和妆容等参数。设置好参数后，可以将文件导出为 fbx 格式，以便后续在其他软件中使用，或者进行进一步的加工处理。

如图 1-17 所示，各按钮的具体含义如下。

※ 单击Actor按钮，可以改变人物的身高和体重等参数。

※ 单击Actor按钮下的Full Body按钮或People按钮，可将不同类型的身材融合到当前人物。

※ 单击Head按钮，可以调整头部细节。

※ 单击Face按钮，可以调整面部细节，使人物面相更丰富，如圆脸、瓜子脸、鹅蛋脸等。

※ 单击Eyes按钮、Nose按钮、Mouth按钮或Ears按钮，可以分别调整眼睛、鼻子、嘴巴和耳朵的细节。

※ 单击Feet按钮、Arms按钮、Chest按钮、Hands按钮或Waist按钮，可以分别调整脚、手臂、胸和腰的细节。

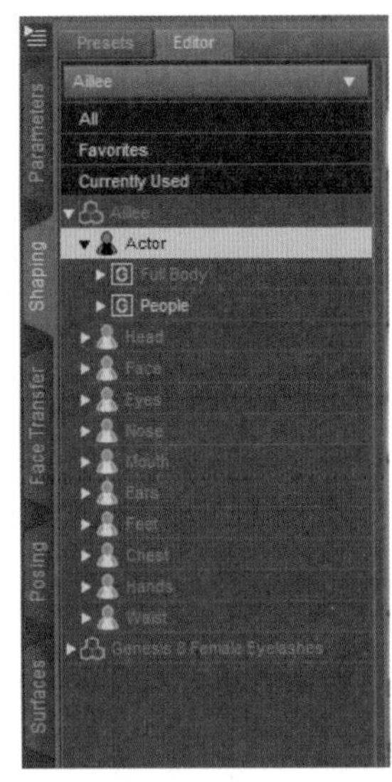

图1-17

1.3.2 DAZ模型个性化妆容调整

在制作角色模型的过程中，为角色面部添加妆容能够显著提升角色的美观度。因此，为已经调整好参数的角色添加合适的妆容是一个不可或缺的步骤。利用 DAZ 软件为角色模型打造个性化且吸引人的妆容的具体操作步骤如下。

01 单击Accessories按钮→Hair按钮→Materials按钮→Poses按钮→Wardrobe按钮，在资产管理栏找到配饰、发型和妆容等面板，并进行人物着装调整，如图1-18所示，可以为人物调整饰品、发饰、五官、姿势和服装。

02 单击File（文件）按钮，将模型导出为FBX文件，在FBX Export Options对话框中，选中Morphs（变形）复选框，如图1-19所示，最后单击Accept（接受）按钮即可。

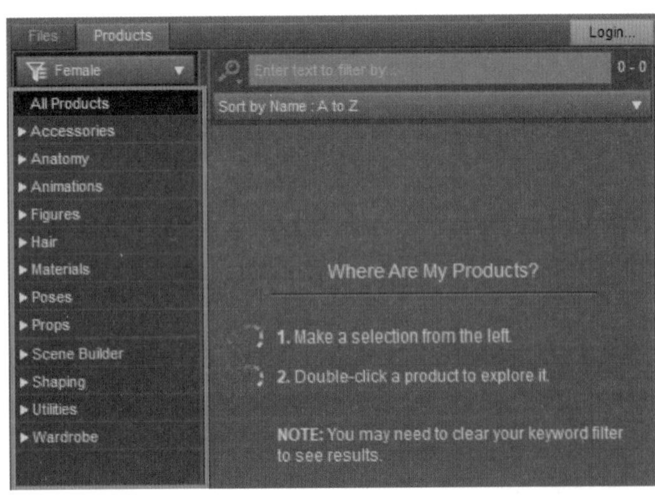

图1-18

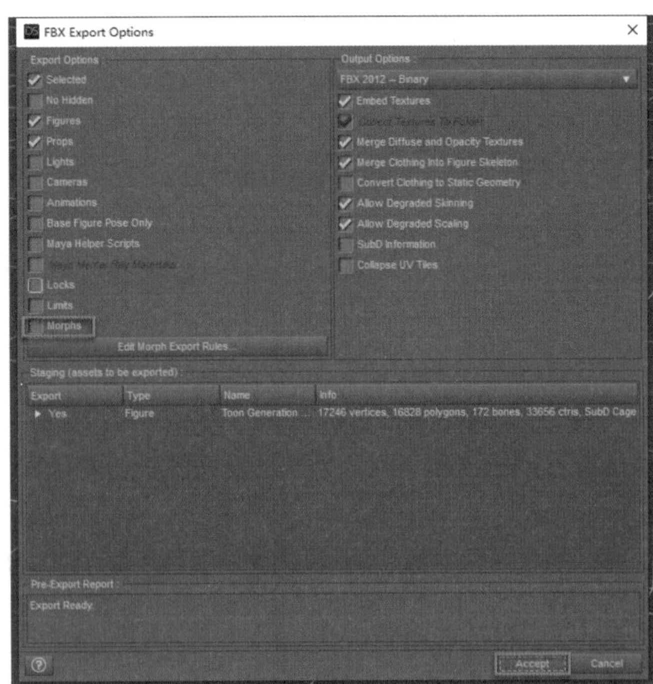

图1-19

1.4　在Cinema 4D中调整模型

DAZ 输出的 FBX 模型并不能直接用于人物绑定，而需要进行一系列细节上的调整。这些调整包括设置模型的初始姿态、重新命名各个部分，以及解决可能出现的配饰穿模等问题。在本节中，将详细介绍如何对这些关键细节进行调整，以确保模型能够完美适配并用于后续的工作流程。

将 DAZ 模型导入 Cinema 4D 的具体操作步骤如下。

01 启动Cinema 4D，执行“文件”|“打开项目”命令，如图1-20所示。

02 在弹出的对话框中，找到预先在DAZ导出的FBX文件并双击打开，将FBX文件导入Cinema 4D。

03 等待文件加载完毕，DAZ人物就会成功导入Cinema 4D。

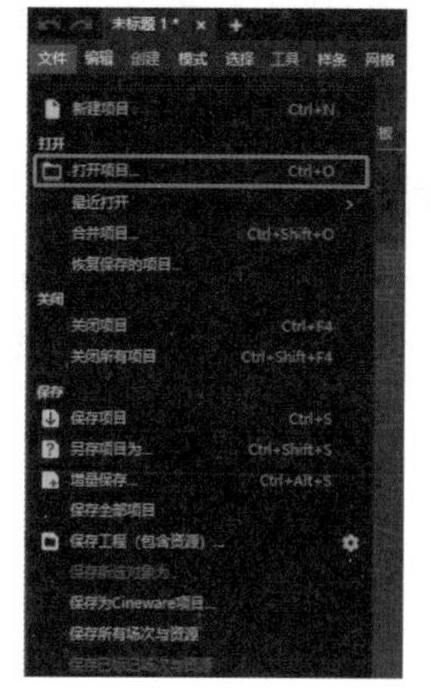

图1-20

1.4.1　调整模型为初始姿势

调整模型为初始姿势的具体操作步骤如下。

01 启动Cinema 4D，执行“文件”|“打开项目”命令，导入FBX文件，找到模型贴图、高跟鞋模型和人体模型骨骼，并按Delete键将它们删除，如图1-21所示。

02 在对象窗口找到踮脚尖及其他的姿态标签，选中所有姿态标签并按Delete键，即可将其全部删除，得到一个干净的模型（素模），如图1-22所示。

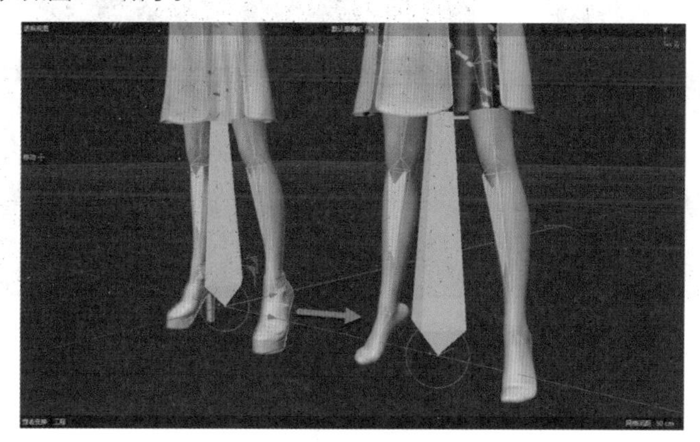
图1-21

图1-22

1.4.2　为模型命名

在获取一个没有预设姿态的素模后，我们需要在“对象”窗口中将各个层的英文名称更改为中文，以便后续的制作和查找。我们可以从上至下依次将名称修改为“身体”“睫毛”“上衣”和“裙子”等，如图 1-23 所示。这种命名方式能够帮助我们更清晰地理解和操作模型的不同组成部分。

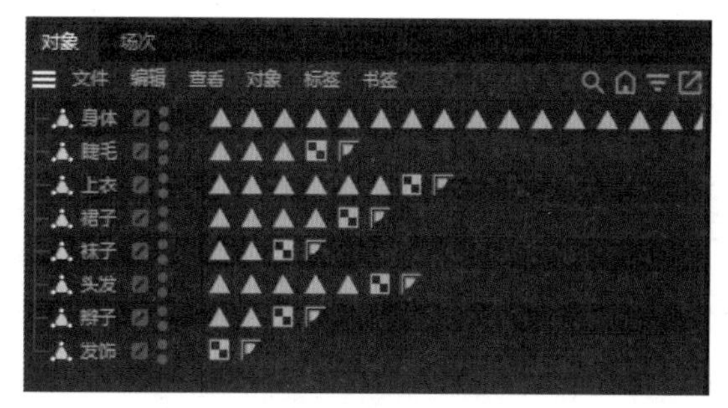

图1-23

1.4.3　调整模型发饰大小

重命名完成后，如果发现发饰存在穿模的现象，可以在层级选择器中单击“点模式”按钮，进入点编辑模式。在该模式中，选中发饰部分，通过调整其控制器坐标来移动发饰的位置，以解决穿模问题，如图 1–24 所示。此外，还可以通过调整“属性”窗口中的参数，调整发饰的大小，确保其不再穿模。

1.4.4　保存文件

调整好模型后，执行“文件”|“另存项目为”命令保存文件。接着将人物着装和发饰全部删除，执行“文件”|“导出”|Wavefront OBJ（*.obj）命令，将文件保存为 obj 格式，如图 1–25 所示。

图1-24

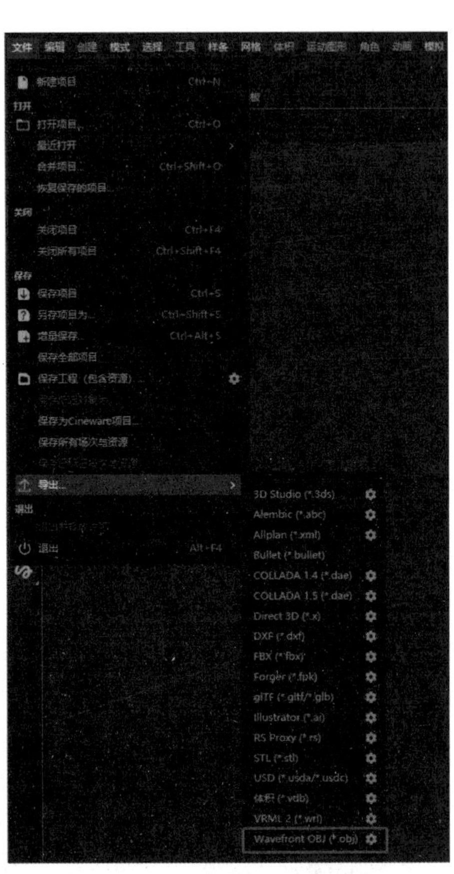

图1-25

1.5　利用Mixamo网站绑定模型

Mixamo 是一个基于网络的 3D 人体模型在线制作平台，能够帮助制作者更便捷地创建 3D 人物动画。本节将介绍如何使用 Mixamo 进行模型绑定。

1.5.1　打开Mixamo网站并上传人体模型

进入 Mixamo 网站并上传人体模型的具体操作步骤如下。

01 进入Mixamo官网，注册账号（第一次使用需要注册账号）并登录。

02 单击UPLOAD CHARACTER按钮，再单击Select character file or drop character file here链接，如图1-26所示，打开并上传

之前保存的obj格式的3D人体模型文件。

03 上传完毕后等待系统加载，加载完成后会弹出对话框，单击NEXT按钮。

04 在弹出的对话框中，将蓝色圈放在头部位置，黄色圈放在手肘关节位置，绿色圈放置在手腕位置，橙色圈放置在膝关节位置，粉色圈放置在小腹位置，如图1-27所示。

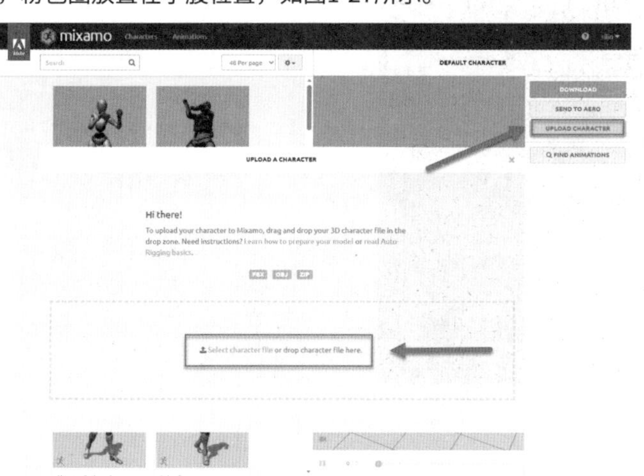

图1-26

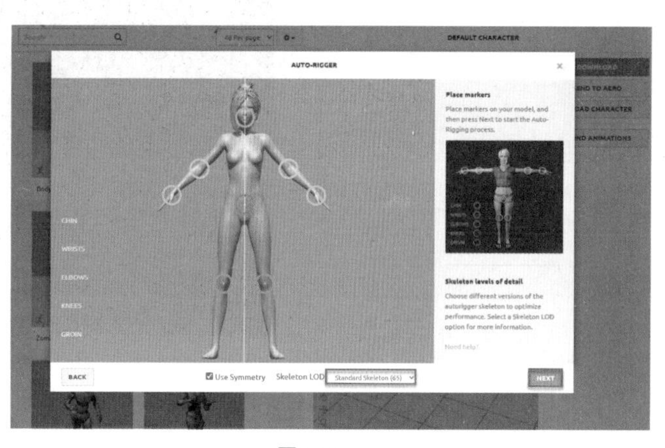

图1-27

05 执行Skeleton LOD | Standard（65）命令，再单击NEXT按钮即可开始绑定。

06 绑定好人物之后，在“我的资源管理中”有很多动作，可以选择想要的动作并等待适配到模型中。

07 单击DOWNLOAD按钮，在弹出的DOWNLOAO SETTINGS对话框的Format下拉列表中选择FBX Binary（fbx）选项。在Pose下拉列表中选择Original Pose（.fbx）选项，如图1-28所示，最后单击DOWNLOAD按钮，开始下载绑定好的模型。

08 下载绑定好的模型后，回到Cinema 4D，重新打开下载好的FBX文件，合并预先保存的obj文件，如图1-29所示，即可实现人体和骨骼的分离。

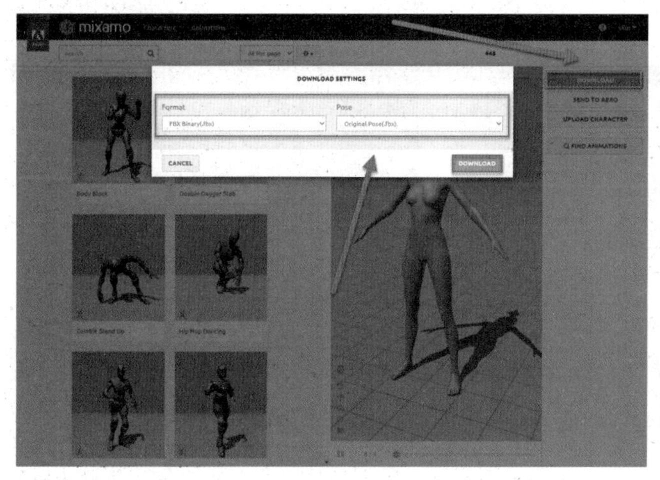

图1-28

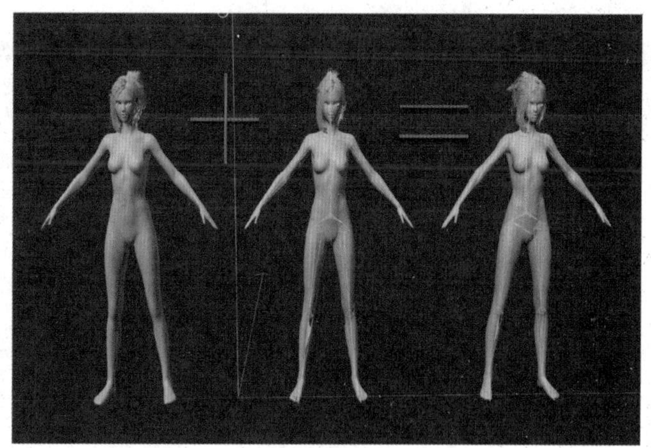

图1-29

1.5.2　Cinema 4D自定义面板设置

在安装Cinema 4D软件后，Cinema 4D的操作面板将采用默认设置。然而，用户可以根据自己的需求，在后续操作过程中设置自定义面板，以便更简便地进行后续操作。设置自定义面板的具体操作步骤如下。

01 执行“窗口”|“自定义布局”|“命令管理器”命令，如图1-30所示，并在调出的“命令管理器”面板中依次输入“关节工具”“权重工具”和“角色工具”并搜索。

02 执行“窗口”|“自定义布局”|“新建面板”命令，分别将“关节工具”“权重工具”和“角色工具”拖至Cinema 4D操作面板中。

03 执行“窗口”|“自定义布局”|“另存布局为”命令，保存布置好的面板。

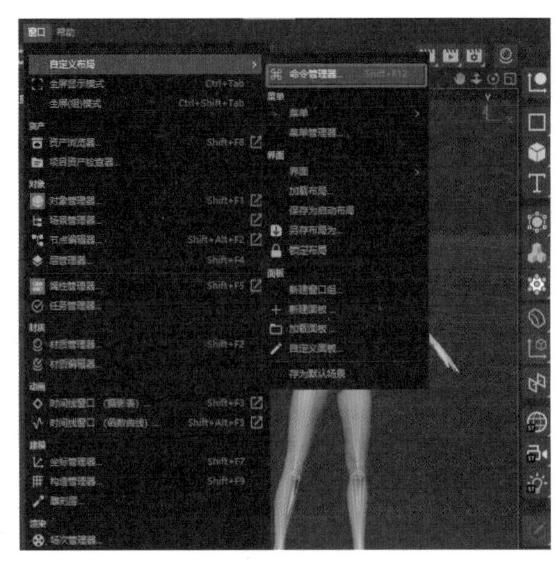

图1-30

1.5.3 为Mixamo模型添加头发权重

添加 Mixamo 模型的头发权重的具体操作步骤如下。

01 设置好自定义面板后，在“对象”窗口中选中“裙子”和“上衣”选项，按快捷键Ctrl+G将层级名称修改为“衣服”，再单击按钮隐藏衣服，如图1-31所示。

02 单击多边形选集标签，按住鼠标左键直接拖动调整其位置。

03 单击“辫子”骨骼层级并右击，在弹出的快捷菜单中选择“装配标签”|“权重”选项，如图1-32所示。

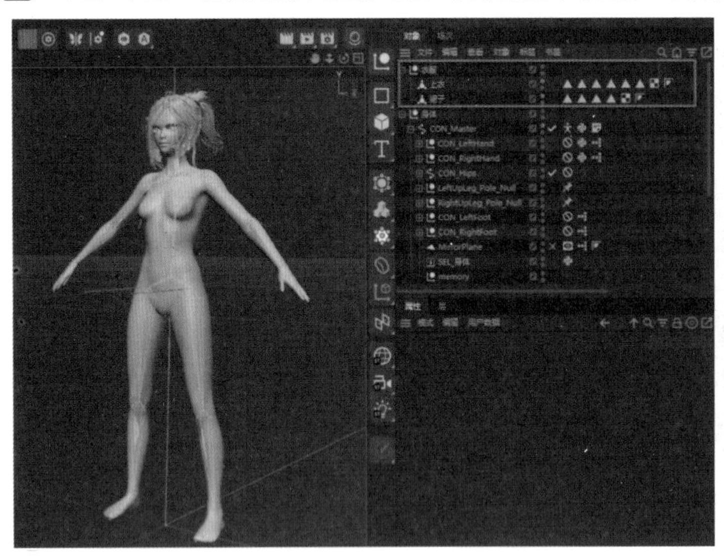

图1-31

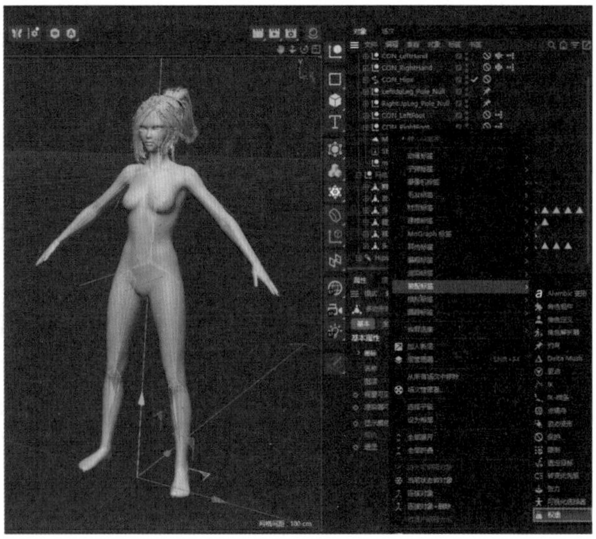

图1-32

04 单击“属性”面板中head对象后的“权重标签”按钮，展开“权重”选项卡。

05 执行“角色”|“管理器”|“权重管理器”命令，打开权重管理器。

06 在工具栏中单击“面模式”按钮，在面模式下，到视图窗口中单击角色模型的辫子。

07 在“权重管理器”面板中选中head选项，并按快捷键Ctrl+A全选。

08 在“权重管理器”面板中单击“权重”按钮，并在“模式”下拉列表中选择“添加”选项，将“添加”值设置为100%，即成功为辫子添加权重。

09 按照为辫子添加权重的方法为“发饰”添加权重。

10 选中辫子和发饰，按住Shift键，执行“角色”|“蒙皮”命令即可添加头发权重，如图1-33所示。

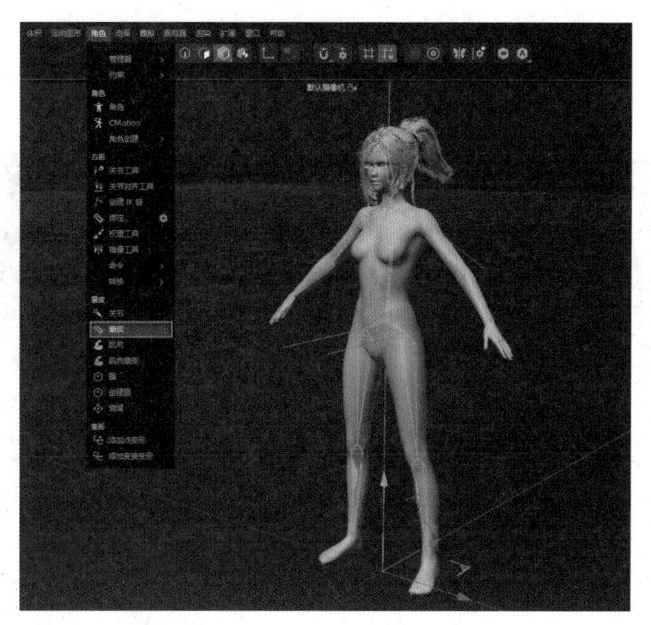

图1-33

1.6　使用RH工具为角色快速绑定控制器

本节将介绍如何为 Mixamo 骨骼创建控制器，通过这套控制器来操控骨骼，进而控制整个人体模型。这样的设置将使用户能够更灵活地调整和控制模型的动作。

1.6.1　安装RH工具

首先，需要打开本书附送的与 RH 相关的文件，并下载所需的动作文件。接着，打开 Cinema 4D 的安装目录，在其中找到名为“rh 角色工具箱 v1”的文件，该文件可能包含中英文两个版本，如图 1-34 所示。将这两个文件拖至 Cinema 4D 安装目录下的 library-browser 子目录中。此外，还需要将名为“rh 角色工具箱”的文件拖至 scripts 子目录中。

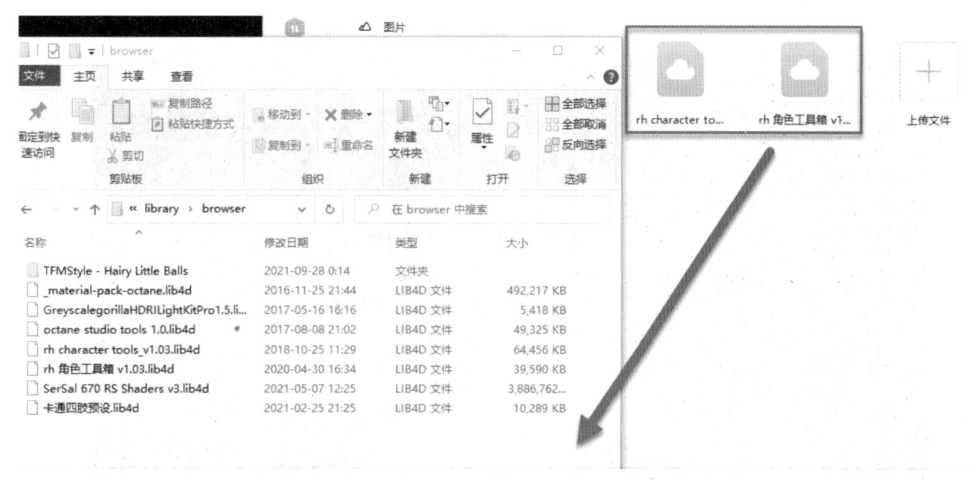

图1-34

1.6.2　RH工具的简单应用步骤

RH 工具的简单应用步骤如下。

01 回到Cinema 4D面板，执行“窗口”|“内容浏览器”命令，打开“内容浏览器”面板。

02 在“内容浏览器”面板中打开“预置”|RH Character Tools文件夹，双击Mixamo Controller选项，打开RH角色工具箱，如图1-35所示。此时，Cinema 4D的界面就会出现绑定工具的一些操作按钮。

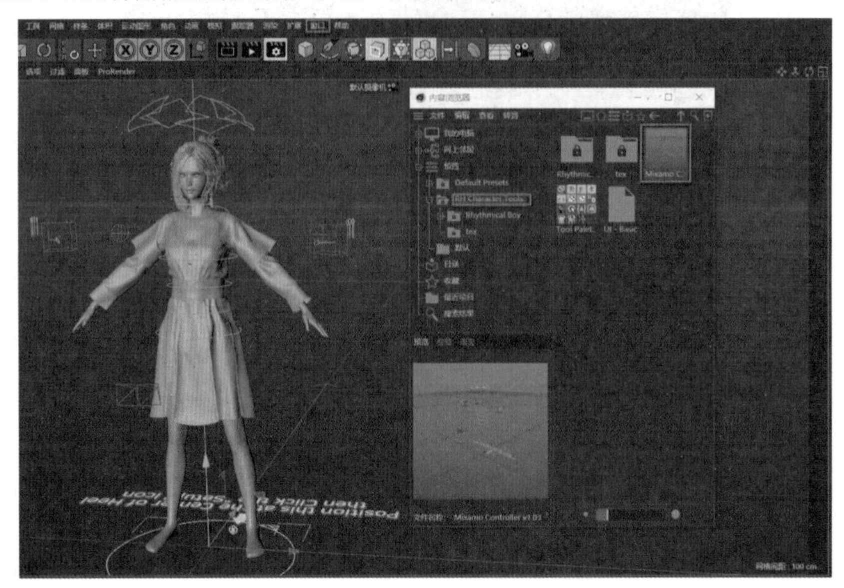

图1-35

03 双击“角色工具”，移动控制器到人物脚跟部位即可。

1.6.3 使用RH工具绑定模型

使用 RH 工具绑定模型的具体操作步骤如下。

01 按住Shift键全选“图层”面板中的“头发”“发饰”“身体”“睫毛”“袜子”和“睫毛”，按快捷键Alt+G修改名称为body（身体），删除其余层级，只留下CON_Master（控制器）、body（身体）和Hips（骨骼）3个层级。

02 在“对象”窗口中长按CON_Master（控制器）选项，将CON_Master（控制器）拖至层级的第一位。

03 长按Hips（骨骼）选项，将Hips（骨骼）拖至层级的第二位。

04 长按body（身体）选项，将body（身体）拖至层级的第三位。

05 单击CON_Master（控制器）选项，激活“属性”面板，在该面板中单击“单击建立”按钮，所有的控制器就会吸附到骨骼上，如图1-36所示。

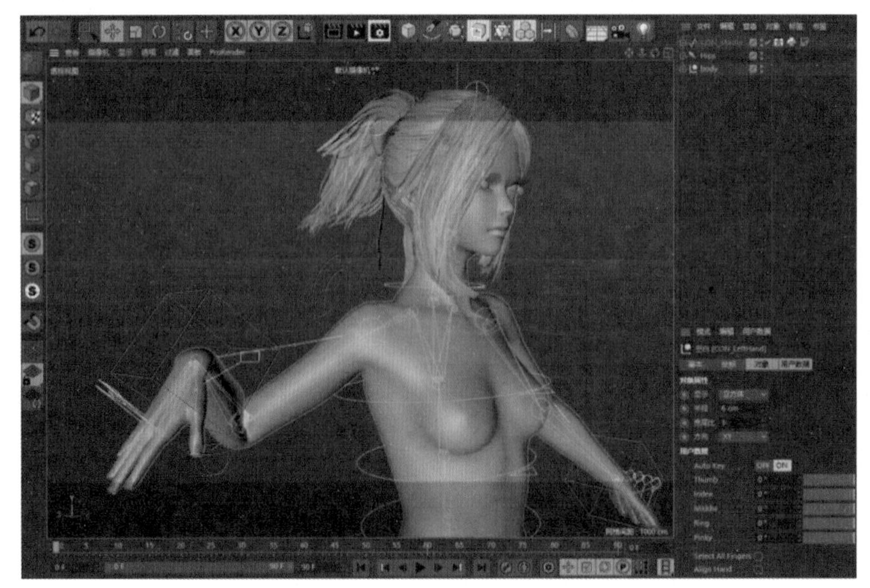

图1-36

1.6.4 RH工具功能介绍

在完成控制器和骨骼的绑定之后，下一步是将它们与 Mixamo 集成。但在开始之前，先介绍一下 Cinema 4D 中的 RH 常用工具。启动 Cinema 4D 软件，其相关界面如图 1-37 所示。这些常用工具的功能及其使用方法如下。

※ 建立控制器：可以在人物的不同部位建立控制器。

※ 旋转控制器：可以使人物手部或脚部的坐标对称。

※ 重置最初状态：若设置不当，可以单击此按钮恢复到初始状态。

※ 镜像对称控制器：可以使人物手部或脚部的坐标对称。

※ 复制控制器：在新建的角色控制器上进行复制操作。

※ 粘贴控制器：在新复制的角色控制器上进行粘贴操作。

※ 重置控制器旋转：方便调整旋转关键帧。

※ 关闭/打开关键帧显示：隐藏或显示对象的关键帧。

※ 切换选择过滤器：方便精准选择对象。

※ 烘焙动作：加快渲染和预览速度。

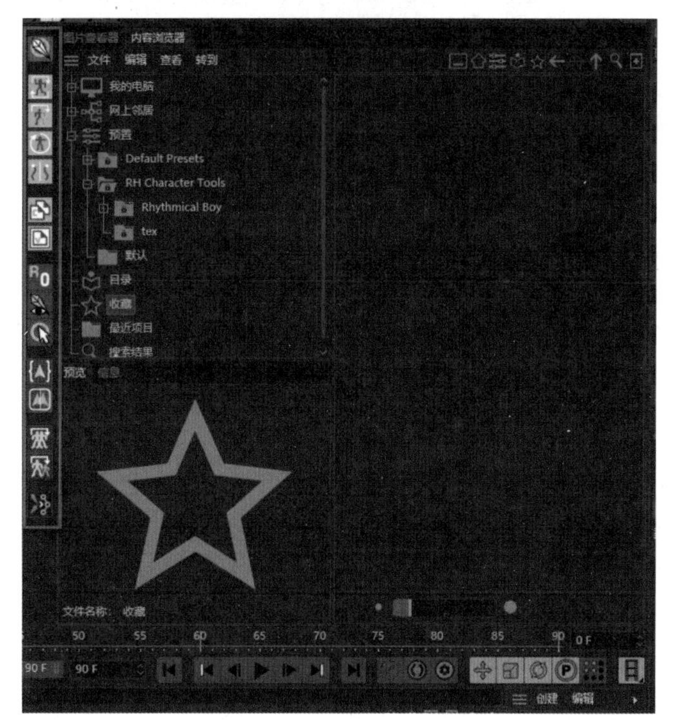

图1-37

1.7 拼接Mixamo网站动作并烘焙

本节将介绍如何使用 Mixamo 网站导出动画，拼接并烘焙一段完整的角色动画。

1.7.1 从Mixamo网站导出动画

从 Mixamo 网站导出动画的具体操作步骤如下。

01 在Mixamo网站模型绑定的页面，选择任意的动画，在页面右侧单击DOWNLOAD按钮，弹出DOWNLOAD SETTINGS对话框。

02 在DOWNLOAD SETTINGS对话框的SKin下拉列表中选择With skin选项，如图1-38所示。

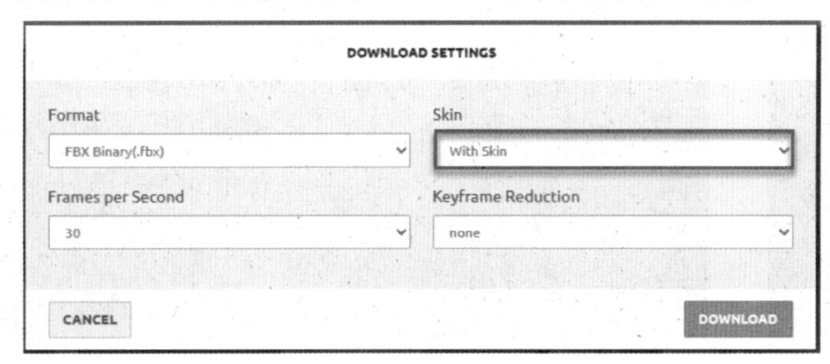

图1-38

03 在DOWNLOAD SETTINGS对话框中单击DOWNLOAD按钮，进行下载。

1.7.2 Mixamo动画拼接

使用 Mixamo 进行动画拼接的具体操作步骤如下。

01 下载动画后，回到Cinema 4D中，执行“文件”|“合并项目”命令，导入角色和动作文件。可以看到因为提前下载了两套动作，所以现在界面中一共有3套骨骼，有一个初始姿势（APose）和两个动画骨骼。

02 找到并单击APOOS的骨骼，在右下方基本列表中，把骨骼的颜色改为红色，再把两套动作骨骼的颜色分别设为黄色和蓝色，如图1-39所示，方便之后进行区分。

03 颜色设置好后，在“时间线”窗口拖动时间线，分别在第0帧和第30帧的位置，单击“关键帧”按钮创建关键帧，之后APOOS就有了0~30帧的初始静态动画。

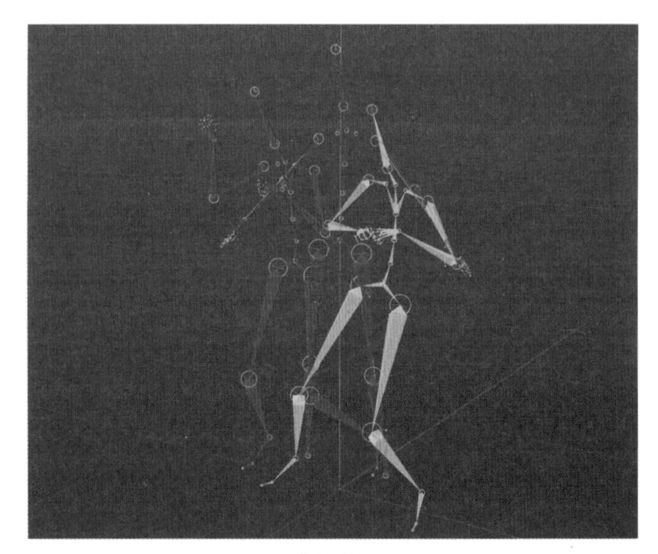

图1-39

04 执行“动画”|“添加运动剪辑片段”命令，弹出“添加运动剪辑片段”对话框。

05 在“添加运动剪辑片段”对话框中，将“源名称”改为A，单击“确定”按钮，即可添加运动剪辑动画A，如图1-40所示。

06 单击黄色动画骨骼，在“添加运动剪辑片段”对话框中，将“源名称”改为B，单击“确定”按钮，即可添加运动剪辑动画B。

07 选择蓝色动画骨骼，在“添加运动剪辑片段”对话框中，将“源名称”改为C，单击“确定”按钮，即可添加运动剪辑动画C。

08 在“时间线”窗口中，依次拖曳A、B、C动画片段，将其拼接起来，若3段动画的动作跳跃性很大，不够连贯，可以通过调整A、B、C动画在时间线上的位置进行融合，最后确保帧数为280帧，并实现3个动作融合。

09 在“对象”窗口中保留红色骨骼层级，按Delete键删除其余层级，但仍有残影，单击“标签”按钮，在“属性”窗口中取消选中“显示运动残影”复选框，删除剩余两个动作的残影，如图1-41所示。

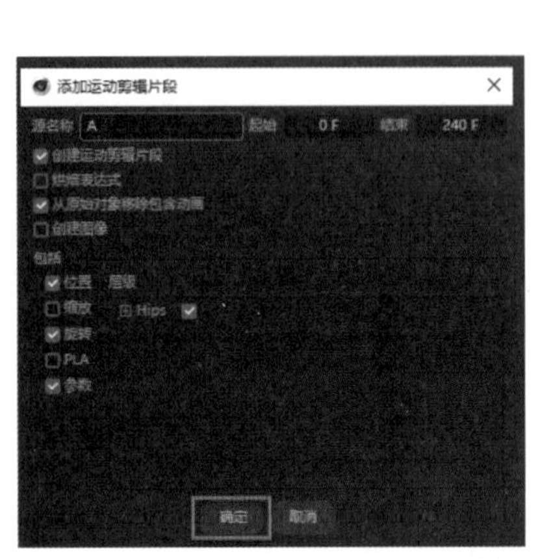

图1-40

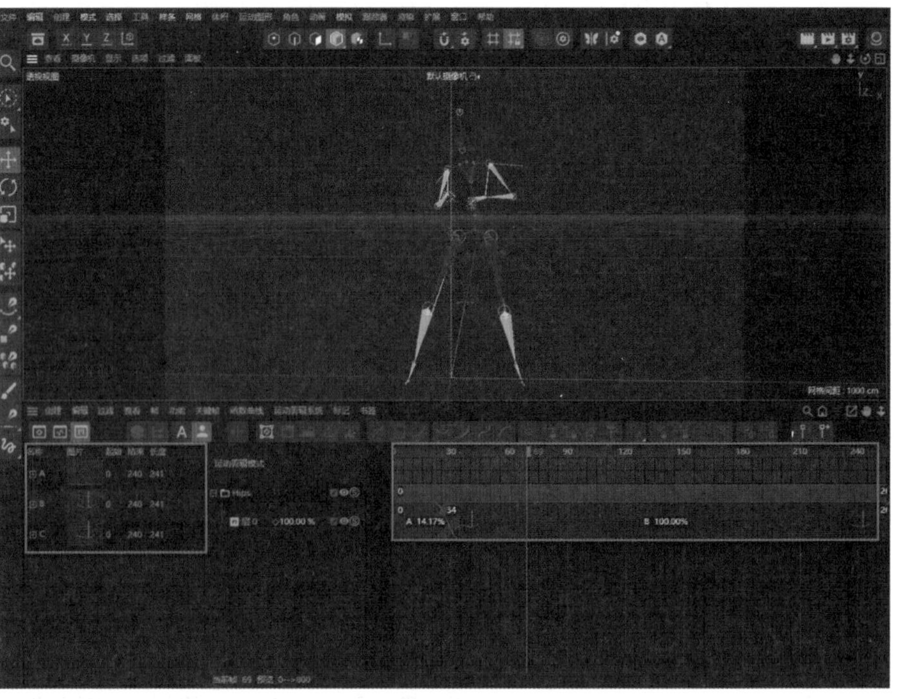

图1-41

1.7.3　Mixamo动作烘焙

Mixamo 动作烘焙的具体操作步骤如下。

01 在“时间线”窗口中单击“函数曲线”按钮，将“对象”窗口中的Hips（骨骼）拖至“时间线”窗口中。

02 在“时间线”窗口中，执行“功能”|“烘焙对象”命令，打开“帧烘焙”面板。

03 将结束帧调至第240帧。

04 在“帧烘焙”面板中取消选中“创建拷贝”和“清空轨迹”复选框，单击“确定”按钮，骨骼帧数设置完成。

05 将Hips骨骼全部复制到控制器上，选择人物快速绑定工具，并选中CON_Master（控制器）。

06 在“RH绑定”快捷工具栏中单击“烘焙动作”按钮烘焙动画帧。

07 调整为0~240帧，有出入的部分在按住Ctrl键的情况下，单击“烘焙动作”按钮，使骨骼与人物能够完美融合，如图1-42所示。

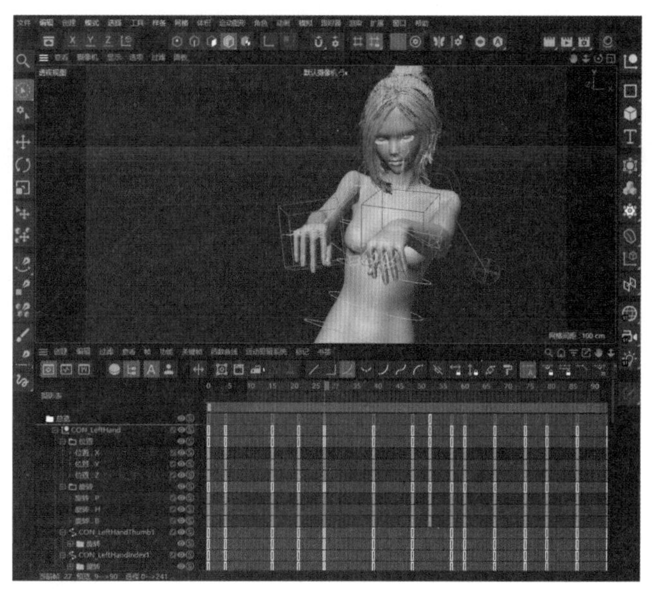

图1-42

1.8　优化动画帧

烘焙角色动作后会出现骨骼与动作错位的问题（即动画穿帮），需要优化动画帧，本节将介绍具体的处理方法。

1.8.1　解决闪动问题

角色在做动作时，如果关节处的控制器设置不当，很容易出现“卡帧”“闪动”等问题，导致动画的观感不连贯、不自然，下面介绍闪动问题的处理步骤。

01 单击人物双臂和双腿的关节，选中控制器并右击，在弹出的快捷菜单中选择“显示时间线窗口”选项，如图1-43所示，按快捷键Ctrl+A，并删除时间线中有问题的帧。

02 选择双腿控制器和双臂肘关节控制器，单击“重置控制器”按钮，重置关节控制器。

03 单击“关键帧”按钮，在重置关节控制器的位置创建关键帧，由此闪动问题得以解决。

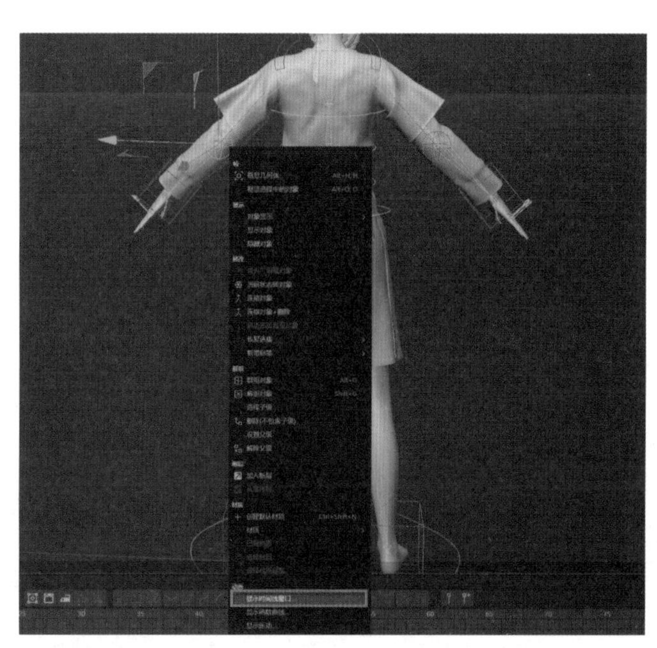

图1-43

1.8.2 解决脚部乱摆问题

当在动画中发现脚部运动出现异常旋转、不自然的摆动，或者不符合人体动力学规律时，可以采取以下步骤进行调整。

01 在Cinema 4D中，右击脚部控制器，在弹出的快捷菜单中选择“显示曲线函数”选项，以打开“时间线曲线函数”窗口。

02 在调出的“时间线曲线函数”窗口中，如果观察到函数曲线上下波动幅度较大，形成明显的峰形曲线段，通常是由于脚部动作不稳定、摆动不规律所导致的。为了解决这个问题，需要转到“时间线”窗口，并执行“功能”|“烘焙对象”命令。

03 在弹出的“烘焙对象”对话框中，将帧范围调整为覆盖整个动画的帧。通过这样的调整，可以有效平滑峰形曲线，使脚部动作变得更加流畅和自然。如果其他身体部位也出现类似问题，可以采用相同的方法进行处理，如图1-44所示。

需要注意的是，在进行调整时，应仔细观察动画效果，并根据实际情况进行微调，以达到最佳效果。此外，对于复杂的动画，可能还需要结合其他技术和工具进行综合处理。

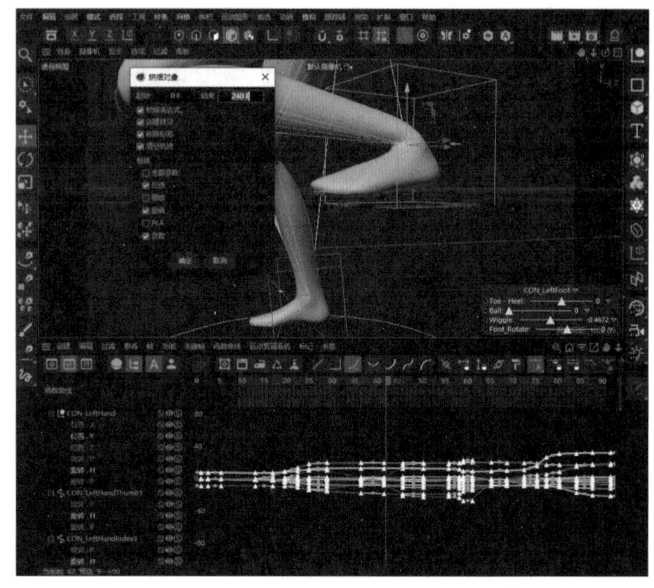

图1-44

1.8.3 解决人物动作穿帮问题

由于每个角色模型的身高参数不一致，动作幅度也会不一样，角色肢体容易相互穿插，即出现穿帮现象，所以要逐帧检查。解决人物动作穿帮的问题可以采取以下方法。

可以在穿帮的地方右击，在弹出的快捷菜单中选择“显示时间线窗口”选项，调出“时间线”窗口，拖动时间线，仔细查找穿帮的帧；找到相应的帧后，拖动角色肢体，分开穿插部位，如图 1–45 所示。待优化过后，在“时间线”窗口中单击“关键帧”按钮创建关键帧即可。其他穿帮部位的解决方法同理。

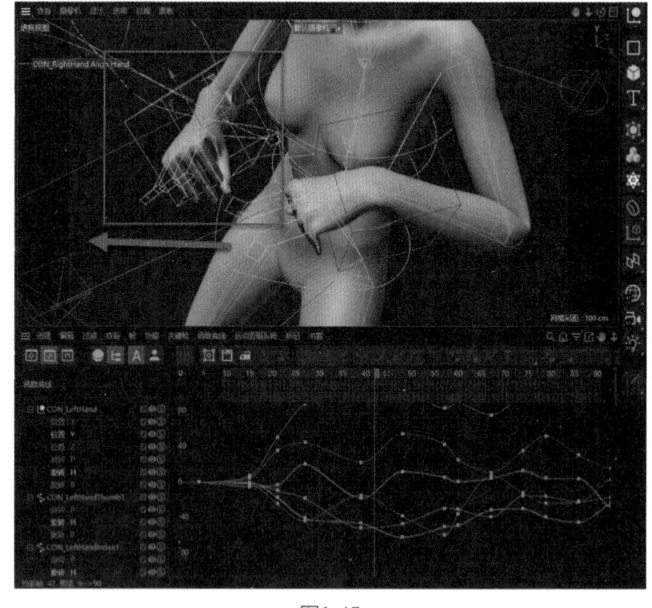

图1-45

1.9 为角色着装

解决完角色动作问题后，接下来为角色着装，本节将介绍服装模拟和相关问题的解决方法。

1.9.1　导出服装及模型

导出服装及模型的具体操作步骤如下。

01　解决穿帮问题后，回到初始模型窗口。

02　执行“界面”|Standard命令，将Cinema 4D面板切换至Standard（标准）模式。

03　选中“对象”窗口中所有模型和骨骼层级，如图1-46所示。

04　执行“文件”|“导出”命令，将导出文件设置为Alembic(*.abc)格式，并将“结束帧”值改为240，单击“确定”按钮。

05　将人物动作和模型服装分别进行导出。

若要导出人物动作，可以按快捷键 Ctrl+N 新建文件，导入 *.abc 文件，如图 1-47 所示，删除控制器和衣服，只保留人物动作，导出人物为 *abc 格式文件；若要导出人物服装，可以按快捷键 Ctrl+Z，撤销操作，删除动作和人体模型，采用相同的方法导出服装为 *.obj 格式文件。

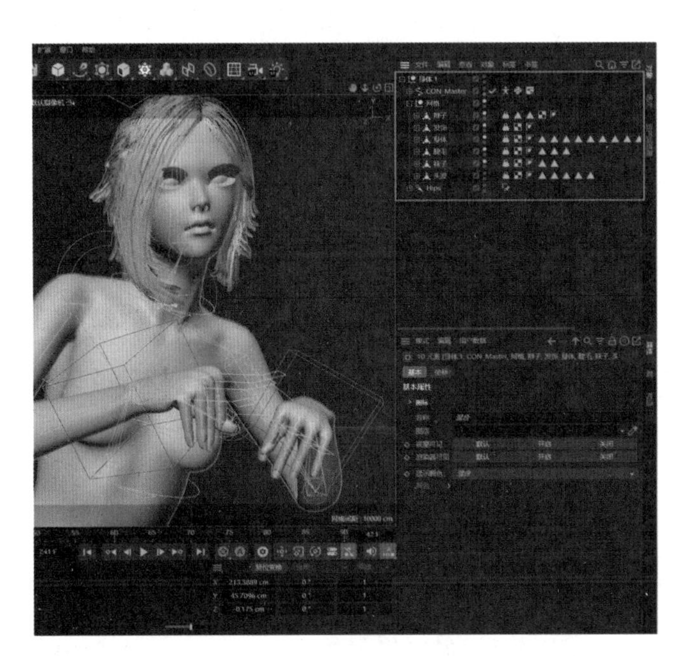

图1-46

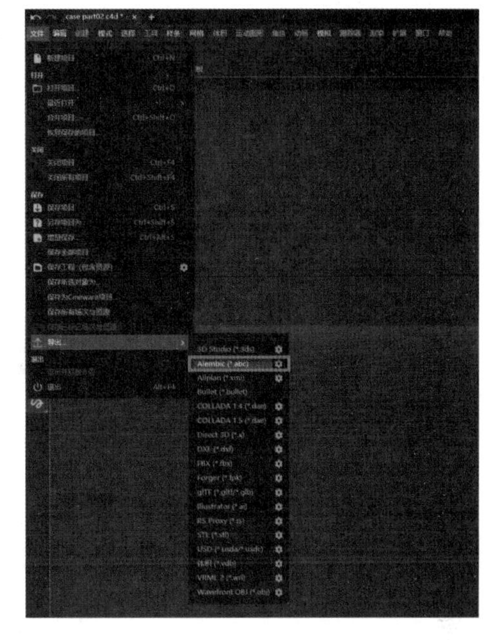

图1-47

1.9.2　用Marvelous Designer软件模拟服装

用 Marvelous Designer 软件模拟服装的具体操作步骤如下。

01　进入Marvelous Designer官网，下载并安装软件，安装后单击Marvelous Designer图标启动软件，首次打开需要注册账号，登录后，在Language下拉列表中选择“简体中文”选项，如图1-48所示，自动进入Marvelous Designer操作界面。

02　执行“文件”|“导入”命令，导入人物动作*abc文件，单击“导入”按钮后，会弹出Import Alembic对话框。

03　将%值设置为1000.00%，如图1-49所示，单击“确认”按钮。

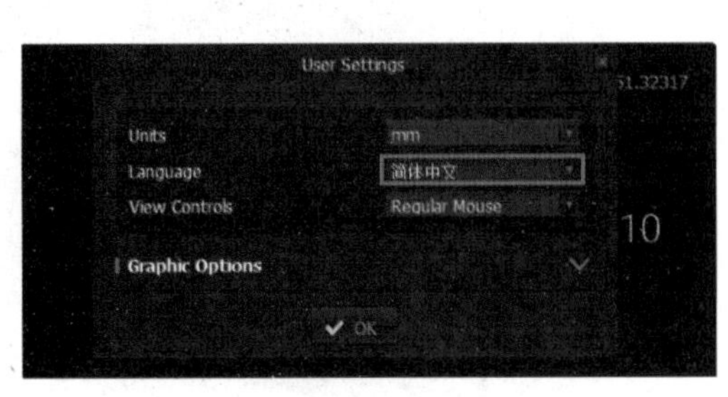

图1-48

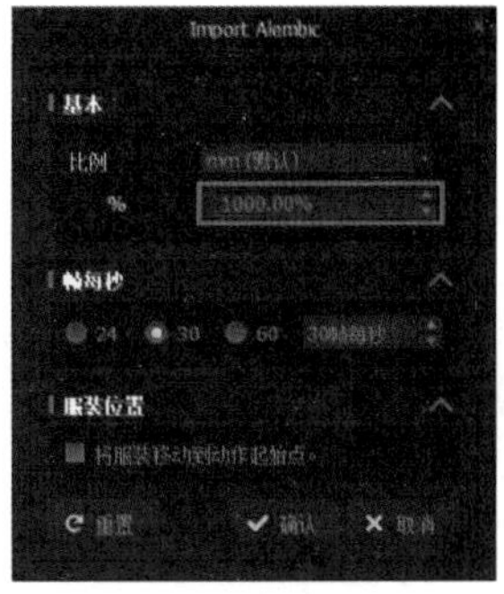

图1-49

04 单击“模拟”按钮开始模拟，可以看到裙摆往上抬起，解决方法是单击“缝合”按钮，手动缝合裙摆和衣服，再单击“模拟”按钮，重新开始模拟，直至全部动作模拟结束。

1.9.3 用Marvelous Designer模拟人物动作

用 Marvelous Designer 模拟人物动作的具体操作步骤如下。

01 将服装和人物分别导入Marvelous Designer软件后，单击ANIMATION按钮，如图1-50所示，再单击“摄影动画”按钮，选择“动画（完成）”选项。

02 单击“模拟动画”按钮，开始模拟，即可模拟人物在做动作时，服装跟随运动的效果。

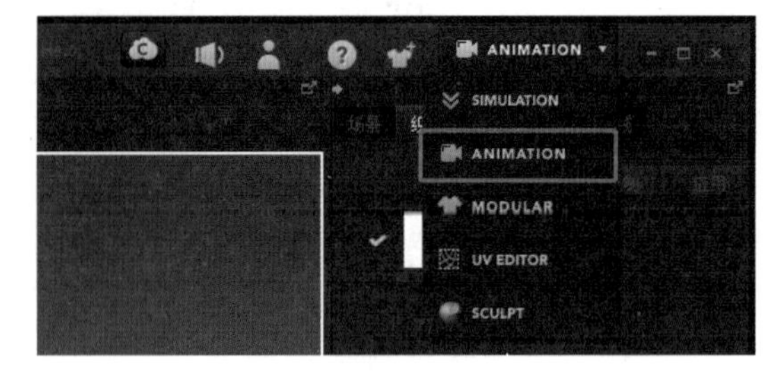

图1-50

1.9.4 解决模拟过程出现穿帮现象的方法

解决模拟过程出现穿帮现象的具体操作步骤如下。

01 在模拟过程中，人物手指与裙摆可能会纠缠在一起。若出现该问题，需要将穿帮的位置单独进行再次模拟。单击“固定帧（套索）”按钮，使用鼠标圈住其他部位，使其固定不参与模拟，只留穿帮部位，再次单击“模拟”按钮进行模拟，如图1-51所示。

02 如果一次固定操作不够，需要再次调整固定的细节部位，直至模拟时人物手指与裙摆完全分离。其他穿帮部位的解决办法相同。

图1-51

1.9.5 导出Marvelous Designer动画

检查无误后，执行“文件”| Alembic(OGAWA) 命令，在弹出的 Export Alembec（*.abc）对话框中，把 % 值恢复为 10.00%，单击“确认”按钮即可，如图 1-52 所示。

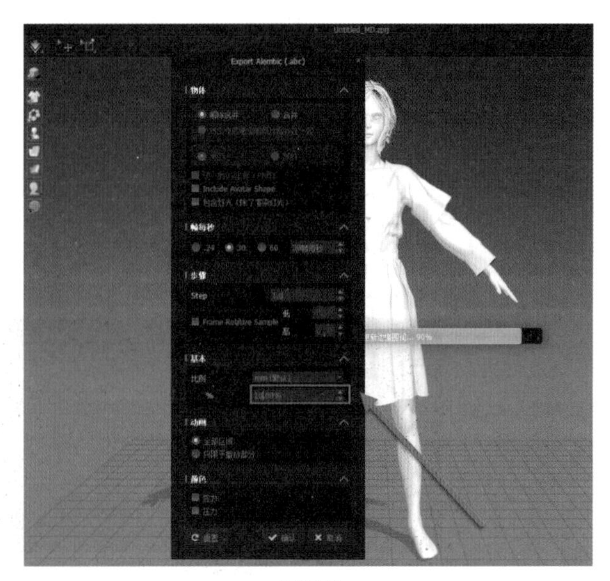

图1-52

1.10 简单的渲染设置

解决人物动作和服装穿帮问题后，动画观感更自然、更流畅，接下来介绍简单的渲染方法。

1.10.1 渲染前的服装处理

渲染前的服装处理步骤如下。

01 在渲染之前需要对服装进行预处理，首先在Cinema 4D中导入角色动画文件，在“对象”窗口中只保留服装层级，删除其余层级。

02 在“对象”窗口中选择cloth_parent服装层级，单击“UV标签”按钮，取消选中“锁定UVW”复选框，如图1-53所示。

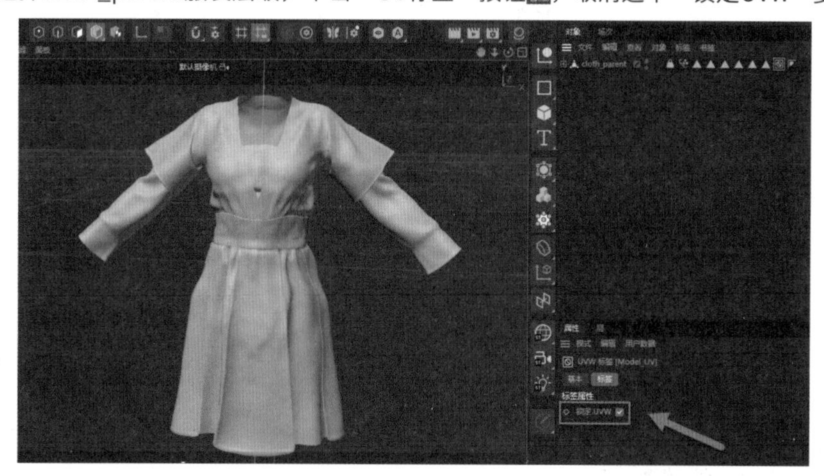

图1-53

03 执行“界面”|BP-UV Edit命令，将Cinema 4D操作界面切换至BP-UV Edit（BP-UV编辑）模式，即可打开UV管理器，显示服装UV。

1.10.2 分离上衣网格和裙摆网格

分离上衣网格和裙摆网格的具体操作步骤如下。

01 打开UV管理器后，显示服装UV，如图1-54所示。

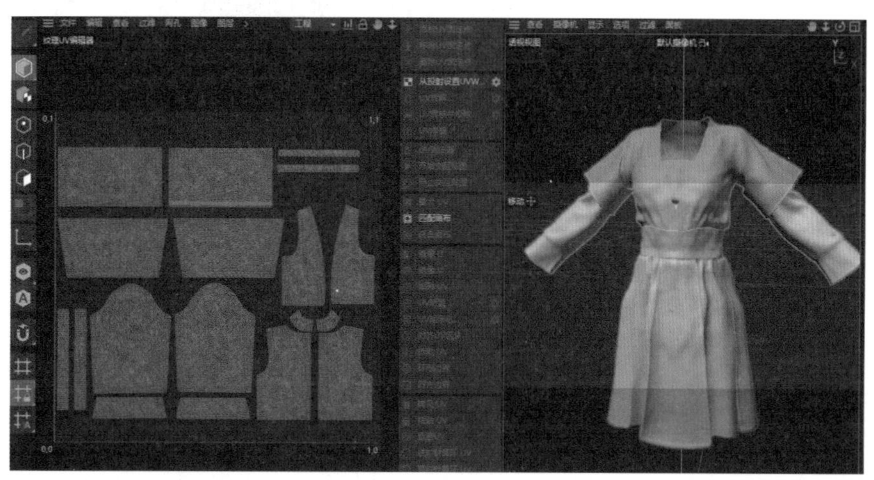

图1-54

02 在工具栏中单击“多边形”按钮，在多边形面模式下，执行“选择”|“填充选择”命令。

03 按住Shift键，在“对象”面板同时选中衣袖、外套、内衬等模型，单击“应用”按钮即可完成上衣和下裙的分离。

04 若出现上衣和下裙不能完全分离的情况，可以使用以下两种方式解决。

(1) 使用鼠标左键圈出上衣未分离的部分，再单击“应用”按钮。

(2) 在工具栏中单击“面模式”按钮，在面模式下执行“选择”|“填充选择”命令，将下裙选中，单击“应用”按钮两次，即可将下裙网格分离出来。

05 设置选集。选中上衣网格，执行“选择”|“设置选集”命令。

06 在“设置选集”对话框中，将“上衣”模型重命名为01，“裙摆”模型重命名为02。单击“应用”按钮，两者重合，导出文件即可。

1.10.3 Marmoset Toolbag的贴图调整

Marmoset Toolbag（八猴渲染器）是由 Monkey 公司推出的一款专业三维场景实时渲染、预览渲染软件。它拥有多种渲染工具，如贴图、材质、灯光阴影效果等，可以进行实时模型观察、材质编辑和动画预览等操作，为用户提供了强大的三维渲染功能，还可以进行后期处理。在本例中，该软件的具体操作步骤如下。

01 在处理好服装后，启动Marmoset Toolbag软件，导入人体模型。

02 在Materials（材质）面板中单击“新建”按钮，添加材质球，再将提前准备好的贴图拖至Albede（反照率）框内，如图1-55所示。

03 在Materials（材质）面板中单击“复制”按钮，复制材质，再将提前准备好的贴图拖至Albede（反照率）框内，服装贴图完成。

04 若要修改衣服的粗糙度，可以在Reflection（反映）栏中调整；若要设置材质可以在Transparency（透明）栏中调整。

05 贴图设置好后，可以看到Materials（材质）面板中有很多材质球，例如默认材质、玻璃材质、头发贴图、眉毛贴图、裙子贴图、上衣贴图、发饰贴图和袜子贴图等，如图1-56所示。

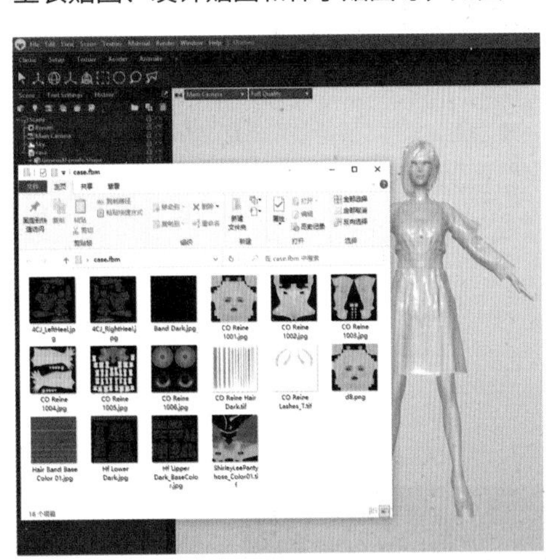
图1-55

图1-56

1.11 材质调整及细节丰富

在学习 Cinema 4D 的过程中，材质参数调节是非常重要的一环，很多材质都可以用材质球参数调整出来，本节将介绍具体的操作方法。

1.11.1 调节发型

启动 Marmoset Toolbag 软件，在大纲视图中选择 Genesis 8F emale.Shape 选项，选中 Subdivide（细分）和

Sharpen Corners 复选框，为人物头发设置不同的颜色，以区分不同的发层。在材质贴图面板区中拖动 Roughness（粗糙度）滑块，可以调节头发的高光，拖动 Metalness（金属度）滑块可以调节发量，如图 1-57 所示。最后在 Materials（材质）面板中单击 Color（颜色）按钮，在弹出的 Color（颜色）对话框中将发色参数统一调整为 R:63、G:3、B:4。

图1-57

1.11.2 调节眼睛

在大纲视图中单击 Default 按钮，再找到眼球和瞳孔设置器，在材质库中选中 glass 材质，增加角色眼睛的反光效果，如图 1-58 所示。

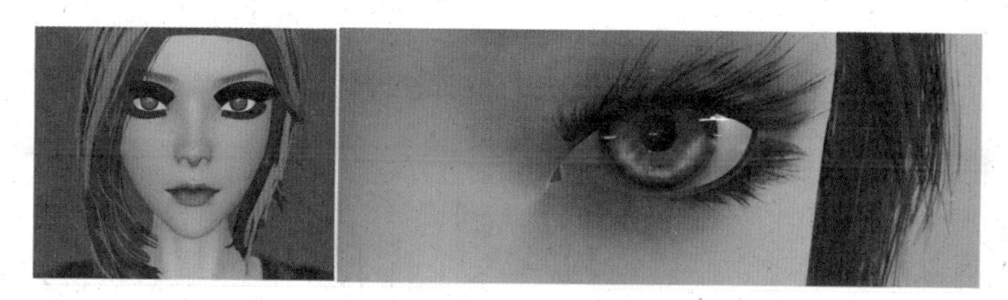

图1-58

1.11.3 调节环境光线

调整好眼睛材质后，还需要设置光线背景，如图 1-59 所示，具体的操作步骤如下。

图1-59

01 打开预先到Marmoset Toolbag官方网站下载的素材包Marmoset Toollag。

02 启动Marmoset Toolbag软件，执行Edit | Preferences命令，在弹出的设置对话框中单击Downloads（下载）按钮，设置光线下载目录。

03 在“对象”面板中单击Presets（预设）按钮，可以看到光线文件导入成功，选中其中一个，按住鼠标左键并拖曳可以看到具体效果。若觉得光线不合适，可以在“对象”面板中单击Sky按钮，激活Sky面板，随后拖动Sky面板中的Brightness滑块，进行调整。

04 若要设置投影，可以执行Scene | Add object | Shadow Catcher命令，或者按快捷键Ctrl+R开启光线跟踪功能。

1.11.4 渲染输出

渲染输出的具体操作步骤如下。

01 执行Render | Output命令，在Image选项区域中单击“路径选择”按钮，选择保存路径。

02 在Image选项区域中，修改Resolution值为1920×1080，在Format下拉列表中选择PNG选项。

03 在Denoise下拉列表中选择CPU选项，Quality下拉列表中选择High选项。

04 在Video选项区域中，设置Resolution值为1920×1080。

05 在Format下拉列表中选择MPEG4选项，Denoise下拉列表中选择CPU选项，Quality下拉列表中选择Medium选项，设置Denoise Strength值为1.0，如图1-60所示。

06 单击Render Video按钮开始渲染动画，待渲染完成，即可得到一段完整的人物动画，如图1-61和图1-62所示。

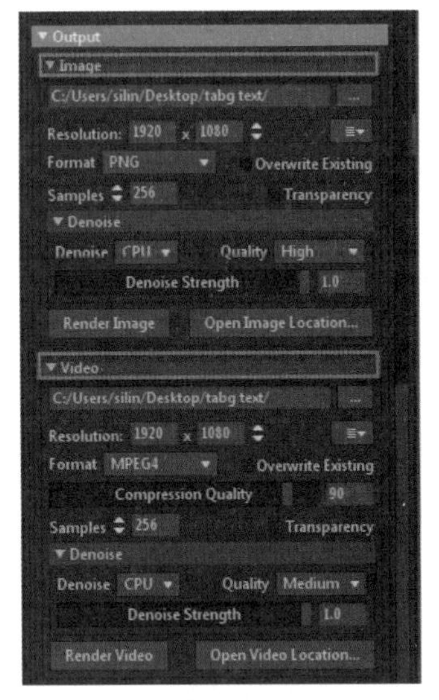

图1-60

图1-61

图1-62

小结：

回顾本章内容，用一个“古风少女”的案例完成了整个流程的串联，希望读者能跟着本书的步骤进行操作，得到一段简单而完整的角色动画。在后文中，会更详细、更系统地讲解角色表情、头发和服装动力学的设置方法，使角色运动更加符合自然规律。

第 2 章

虚拟角色面部表情捕捉

本章将采用 Cinema 4D Moves by Maxon 的相关插件以及手机等设备，将辅助软件和硬件相结合，讲述表情捕捉、设备数据传递，以及表情捕捉模型联动等重要功能和知识点。

2.1 DAZ模型和骨骼

DAZ 软件具有庞大的模型资源，它们除了形象有差异，模型内部也有所不同，本节将介绍 DAZ 2 代模型、3 代模型和 8 代模型的差异，并讲解模型贴图的作用。

2.1.1 DAZ模型种类

DAZ 模型大致分为 3 种：2 代模型、3 代模型和 8 代模型，除 8 代模型外，2 代和 3 代模型都是 T pose，8 代则是 A pose，T pose 和 A pose 最明显的区别在于人体模型的初始姿态。

启动 DAZ 软件后，界面中有小孩、女人和男人的基本模型，以及写有 8.1、3.1 和 2 的模型。

双击模型，界面右侧出现模型的参数与控制面板，控制面板能调节模型参数。分别双击 2 代模型、3 代模型和 8 代模型，同时加载到界面中，并导入 Cinema 4D 进行比对，如图 2-1 所示。

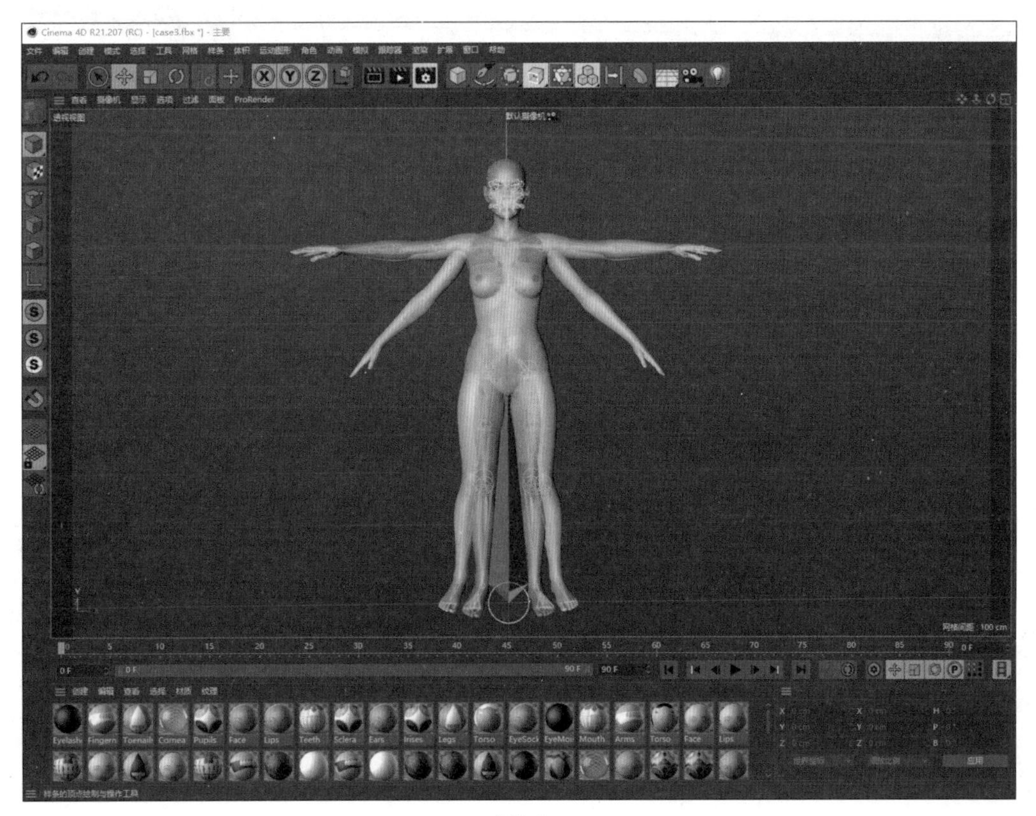

图2-1

2.1.2 DAZ模型初始姿态的区别

启动 Cinema 4D，执行“文件”|“合并项目”命令，将预先导出的 DAZ 2 代模型、3 代模型和 8 代模型文件合并，合并后 3 个模型都置于 Cinema 4D 界面中，模型摆放位置如图 2-2 所示，左边放 2 代模型，中间放 8 代模型，右边放 3 代模型。

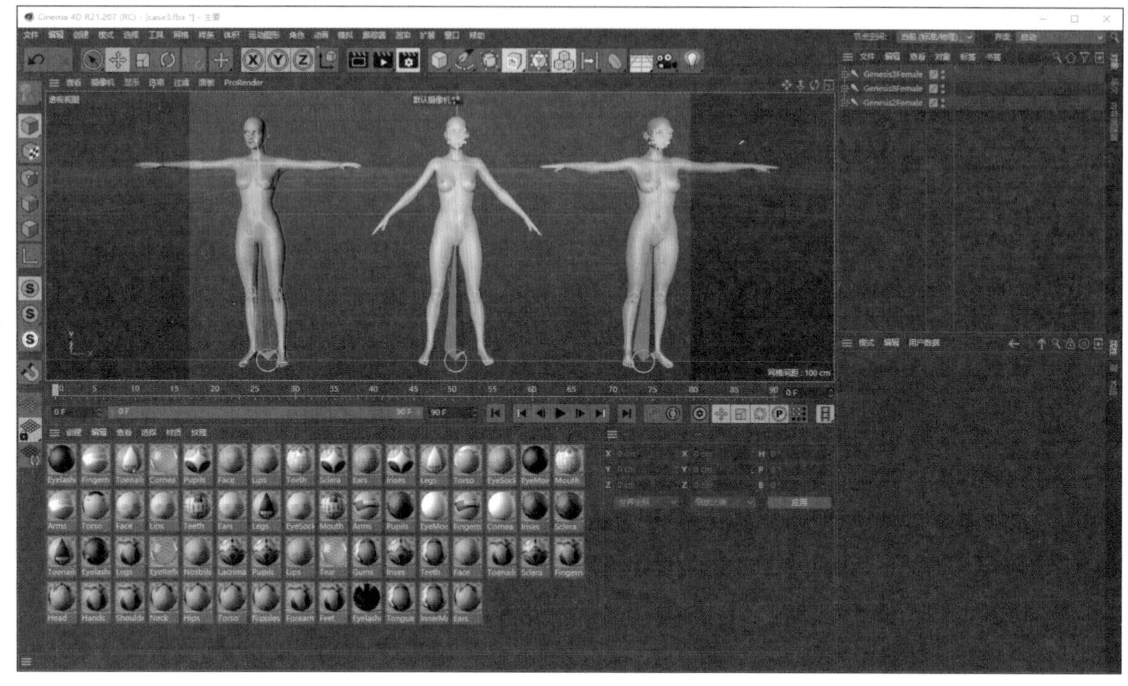

图2-2

初步观察这 3 个模型，中间 8 代 A pose 的人体模型，双手向下呈 A 字形，双脚张开幅度与肩同宽，而两侧的 T pose 人体模型的初始姿态为双手与肩持平，双脚自然站立，整体呈 T 字形。

提示

T pose的优势在于设计角色时，后续为模型“穿”衣服比较容易，A pose也能穿衣，但对比看来，T pose的操作更方便。

2.1.3 DAZ模型骨骼的区别

在Cinema 4D中分别打开DAZ 2代、8代和3代模型的骨骼进行比对。2代模型骨骼，面部除了有一根舌头，没有其他骨骼，8 代模型骨骼的面部有详细的面部绑定。再看手掌，2 代模型手掌的骨骼和 8 代模型骨骼差距比较大，2 代模型骨骼有 3 个手掌关节，8 代模型骨骼有 5 个，如图 2-3 所示。再对比脚趾关节，2 代模型骨骼基本没有脚趾关节，如图 2-4 所示。

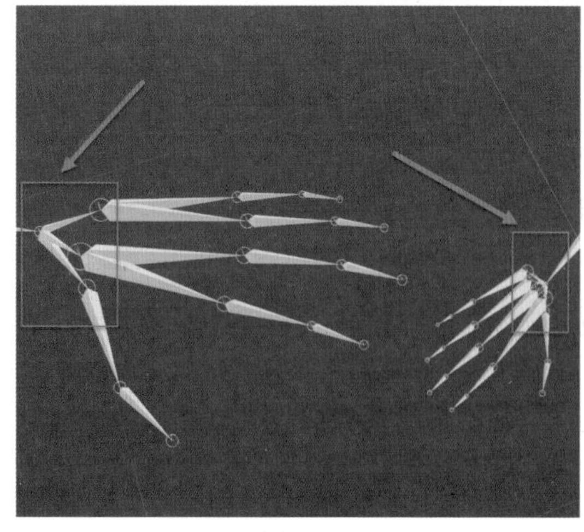

图2-3

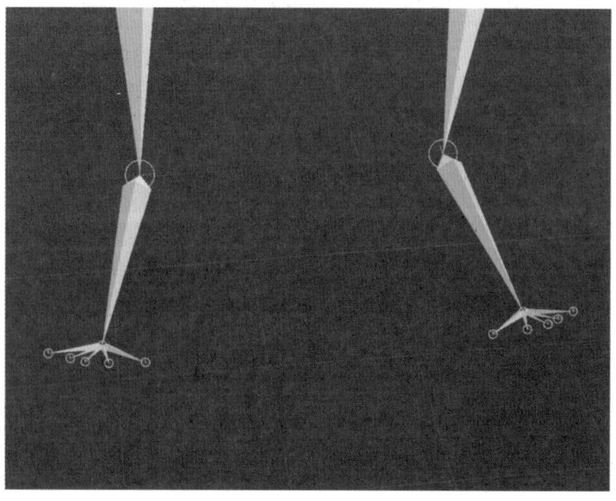

图2-4

3 代模型骨骼与 8 代模型骨骼，二者已经非常接近，只有脚趾有明显区别，如图 2–5 所示。

2 代模型骨骼和 8 代模型骨骼相差很大。2 代模型头部的 Neck 骨骼为 1 根，8 代模型头部的 Neck 骨骼为 2 根。再看胸部和腿部骨骼对比，2 代模型胸部骨骼为 1 根，8 代模型胸部骨骼为 2 根。腿部也不一样，2 代模型腿部骨骼由 2 根组成，8 代模型腿部骨骼由 3 根组成，如图 2–6 所示。

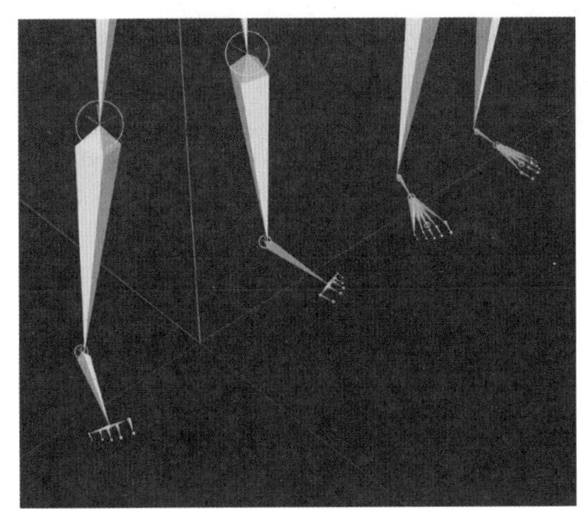

图2-5

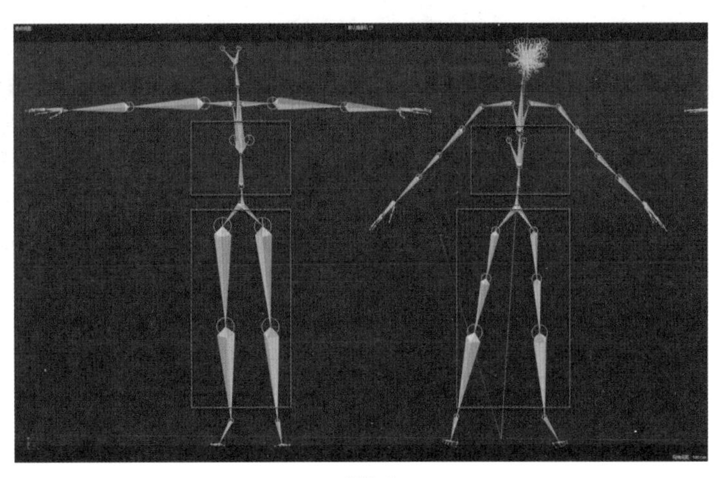

图2-6

骨骼不一样，所以模型不通用，用户在下载模型时需要注意区分。

2.1.4 DAZ模型贴图辨识

模型贴图主要反映模型所表现物体的基本颜色和纹理信息，体现物体表面对光线的反射强度，是表现质感的重要手段，能够使角色更加生动。在虚拟角色动画制作过程中，贴图的作用至关重要，甚至有“三分靠模型，七分靠贴图”的说法。

打开已经导出的 DAZ 模型文件，可以找到与模型一起导出的贴图。如图 2–7 所示，界面上展示的图片就是贴图，每张贴图都有其独特的作用。

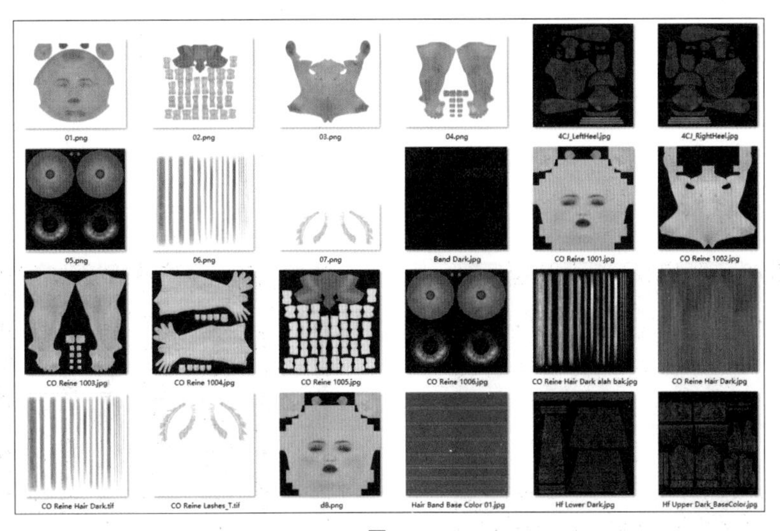

图2-7

面部贴图主要用于呈现虚拟角色的面部形象，包括眼睛、鼻子、嘴巴、脸颊、眼角和耳朵等整个面部的细节表现，如图 2–8 所示。

腿部贴图则主要展示人物腿部的皮肤材质和部分形象，涵盖大腿、小腿、脚掌、脚趾和脚指甲等部位的整体腿部外观，如图 2–9 所示。

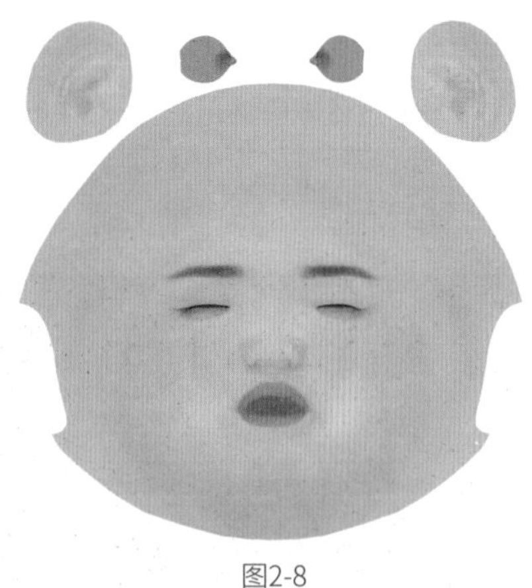
图2-8

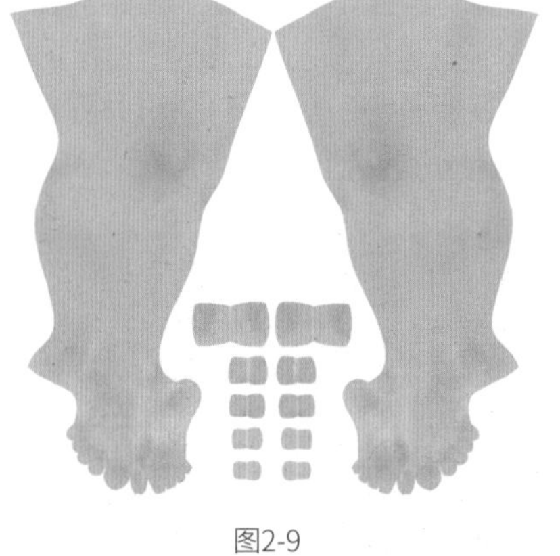
图2-9

舌头和牙齿的贴图主要用于展现虚拟角色的整体口腔情况，包括上颚、下颚、舌头以及牙齿等细节。这些贴图通常在角色做出张嘴动作时显现，为观众呈现生动的画面，如图 2-10 所示。

身体贴图则着重于展现虚拟角色的上身部分，包括前胸、后背、脖子、肩膀以及臀部等重要区域，如图 2-11 所示。这些贴图有助于塑造角色的整体形象和体态。

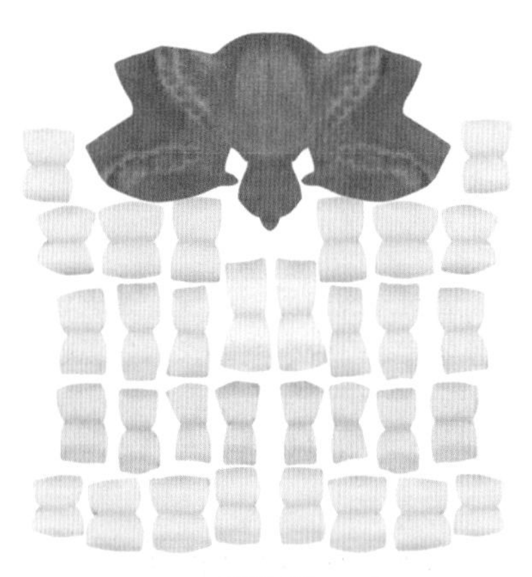
图2-10

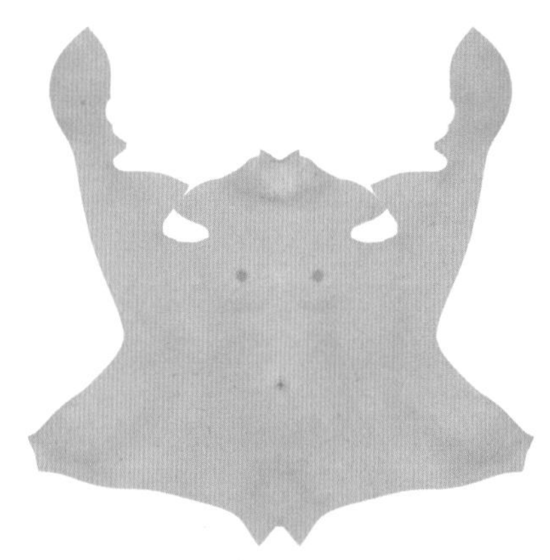
图2-11

眼球贴图主要用于呈现虚拟角色的眼球部分。其中，眼球的白色部分称为“巩膜”，而中心的圆形区域则是“瞳孔”，瞳孔周围的彩色部分则是“虹膜”，如图 2-12 所示。

头发贴图则主要用于展现虚拟角色的头发细节，包括发丝的质感、颜色和光泽等，如图 2-13 所示。

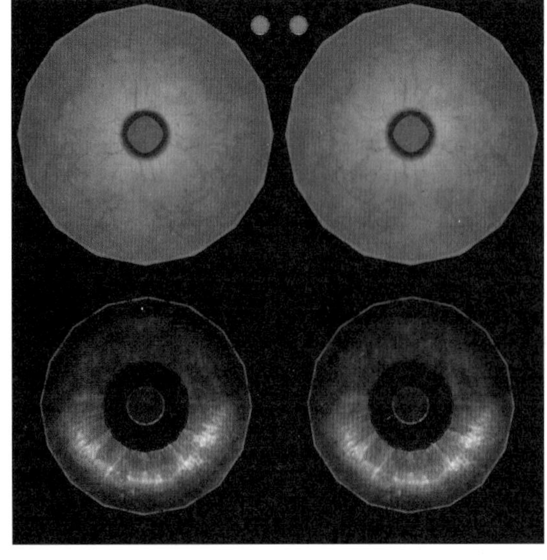
图2-12

图2-13

眼睫毛贴图主要用于呈现虚拟角色的睫毛部分，如图 2-14 所示。

图2-14

2.2 整理角色基础模型

目前市场上的3D软件在功能上大致相同，但各自的算法却存在差异。DAZ和Cinema 4D也不例外，由于它们的算法不同，用户在将 DAZ 导出的模型导入 Cinema 4D 或其他软件中时，可能需要进行一些处理，以确保模型能够被正确地识别和使用。

2.2.1 DAZ模型面部动作捕捉的前期准备

DAZ 模型面部动作捕捉的前期准备工作如下。

（1）打开 DAZ 官网，在官网下载 DAZ blendshape 文件，再将该压缩文件解压并安装到 DAZ 软件中。

（2）启动 DAZ 软件，在左侧“目录”列表中单击 Faca Shifter G8F（G8 表情模板），找到 blendshape 表情位置，双击打开其中一个人物表情，该表情即可适配到 DAZ 模型中，如图 2-15 所示。

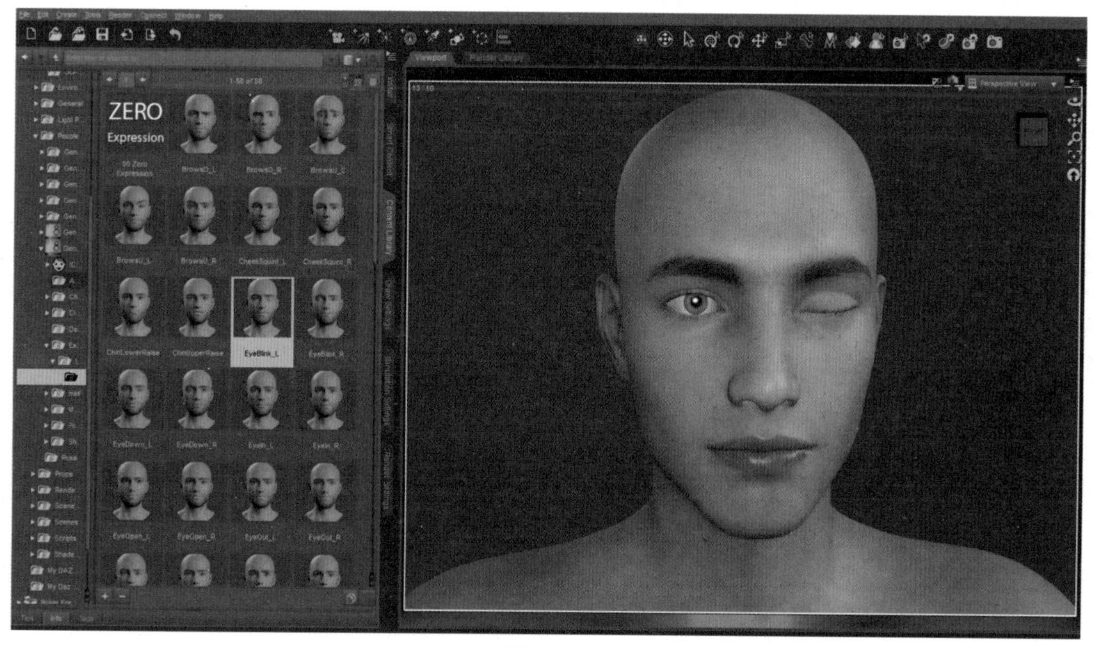

图2-15

（3）执行 File（文件）| Export（导出）命令，导出 FBX 格式文件。

（4）在弹出的 FBX Export Options 对话框中选中相应复选框，单击 Edit Morph Export Rules 按钮，在弹出的 FBX Morph Export Rules 对话框中单击 Import CSV Rules 按钮，如图 2-16 所示。

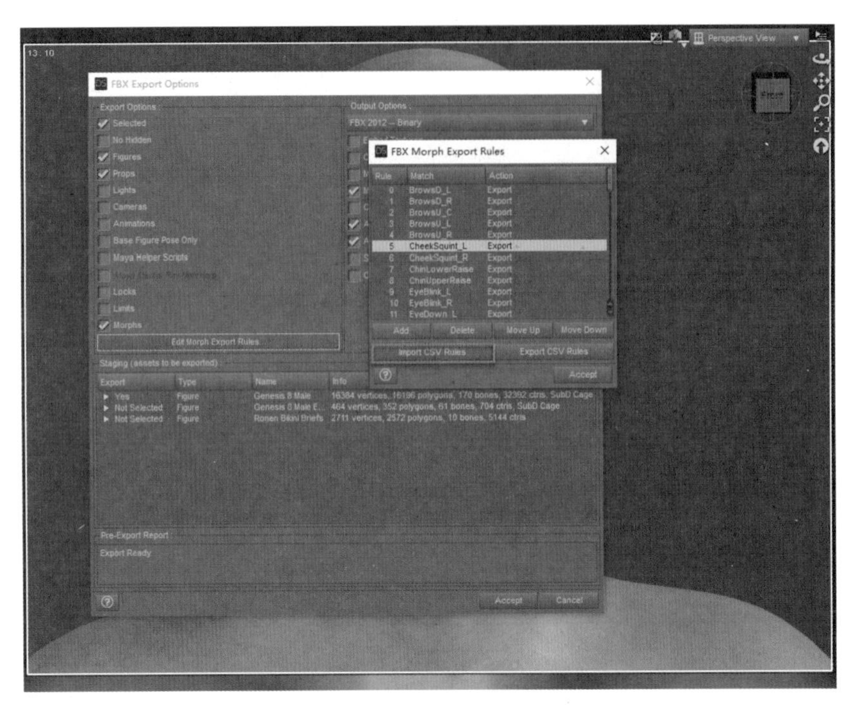

图2-16

（5）找到放置 DAZ blendshape 文件的位置，把所有的变形规则导入，再次选中变形时就有变形数据了，最后单击 Accept 按钮导出即可。

2.2.2 整理Cinema 4D面部模型贴图

在正式开始制作之前，需要把导出的 DAZ 模型贴图文件进行一些简单的处理，具体的操作步骤如下。

01 启动Cinema 4D，导入预先下载好的DAZ模型，将做绑定时不需要的服装和头发删除，如图2-17所示，关闭模型蒙皮。

02 隐藏眼睛部分和骨骼，单独提取眼球做一个独立模型。

03 在“对象”面板，双击Face（面部）的“多边形选集”按钮，执行“选择”|“隐藏未选择”命令，如图2-18所示。

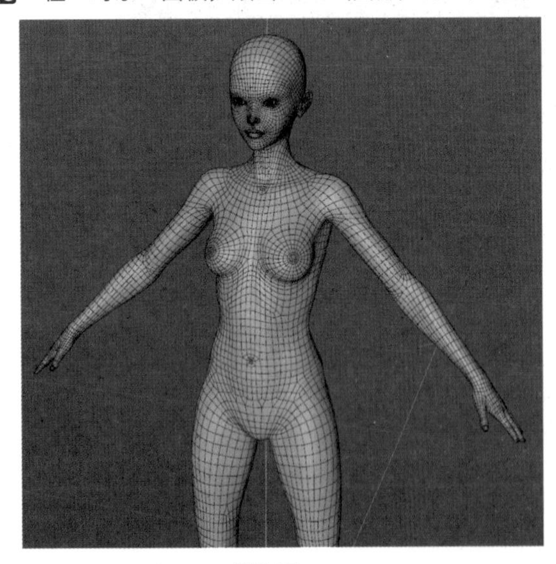

图2-17

图2-18

04 在“对象”面板的body选项中，单击嘴唇、耳朵和眼睛的“多边形选集”按钮，按Delete键，删除嘴唇、耳朵、眼睛多边形选集，如图2-19所示，隐藏除面部外的全部模型。

05 单击“菜单”面板中的“框选工具”按钮，框选角色面部。

06 单击“属性”面板中body选项后的Face“多边形选集”按钮，执行“选择”|“设置选集”命令，如图2-20所示，贴图便

恢复正常了，之后删除其他多余的贴图即可。

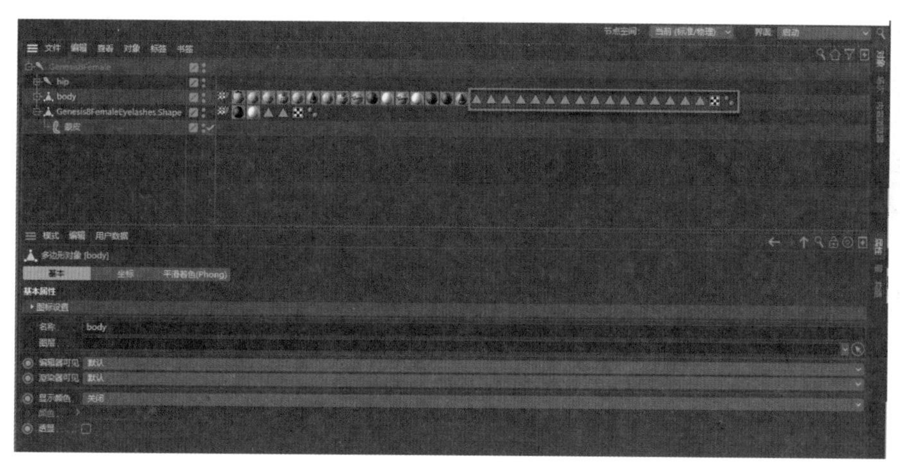
图2-19

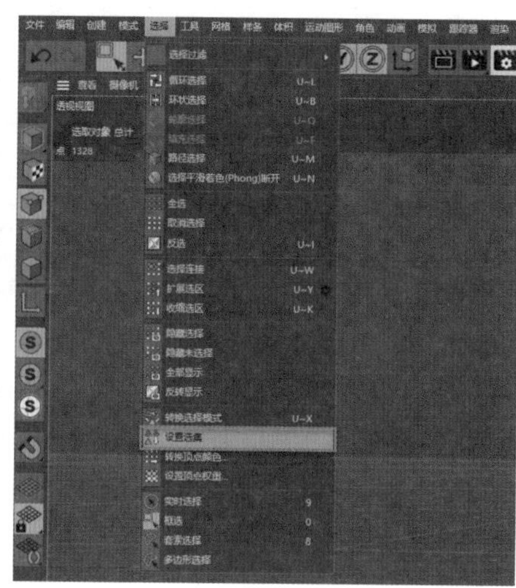
图2-20

2.2.3　整理肢体模型贴图

整理肢体模型贴图与整理面部模型贴图的方法相似，具体的操作步骤如下。

01 单击“属性”面板中指甲的“多边形选集”按钮，按Delete键将指甲删除。

02 单击“属性”面板中手臂的“多边形选集”按钮。

03 单击“菜单”面板中的“框选工具”按钮，框选角色手臂，执行“选择”|“设置选集”命令，手臂及肢体部分贴图就处理好了。

“腿部”部分的“多边形”标签整理方式与“手臂”部分的“多边形”标签相同。

2.2.4　整理眼睛模型贴图

整理眼睛模型贴图与整理面部模型贴图、肢体模型贴图的方法存在一些差异，具体的操作步骤如下。

01 双击“属性”面板中body后面的巩膜“多边形选集”按钮，执行“贴图栏目”命令，找到透明材质，把透明材质赋予多边形巩膜标签，如图2-21所示。

02 新建一个多边形标签，命名为eyes，单击“菜单”面板中的“框选工具”按钮，框选全部眼球部分，执行“选择”|“设置选集”命令，在“贴图栏目”中找到“眼睛”材质，把材质赋予眼球，再双击打开眼球“玻璃体”多边形标签，眼球材质就整理好了，如图2-22所示。

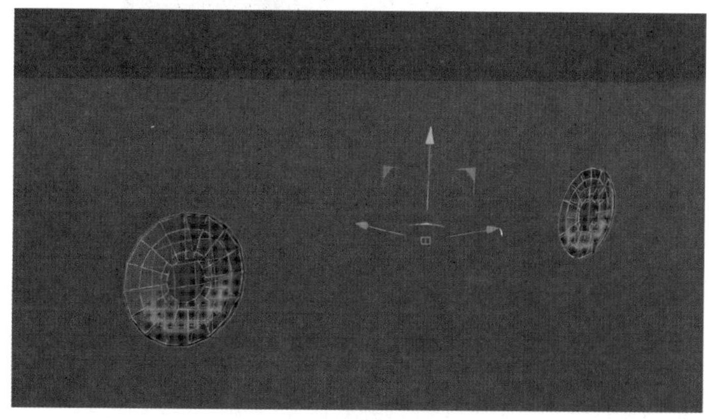
图2-21

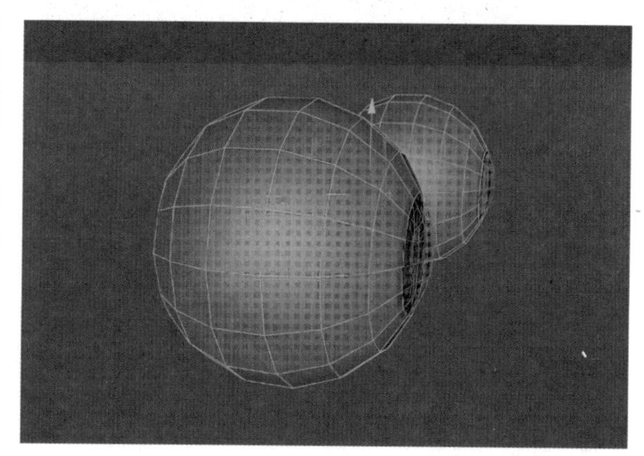
图2-22

03 单击“图标栏目”图标，在面模式下执行body命令，随后在“菜单”面板中单击“框选工具”按钮，框选左侧眼球部分并删除，留下眼睛的全部选集。

04 选中右侧眼球模型，并复制一个，在“权重工具列表”中单击“镜像工具”按钮，镜像一个眼球，将名称改为 R-eyes。

05 选中“对象”面板中的body选项，执行“选择”|“设置选集”命令，将人体模型全部显示。至此，整个角色基础模型就整理好了。

2.3 制作Cinema 4D表情模板

虚拟角色表情模板是由多个虚拟角色面部变形数据组合而成的。这些变形数据通过将面部分成一个个网格作为目标体来实现。当我们拆开表情模板时，可以看到这些模型面部都包含姿态变形数据。正是这些不同的网格变形组合，使面部表情得以形成和变化。

2.3.1 调整面部姿态

目前，从 DAZ 导出的模型姿态还只适用于 DAZ，不适用于 Cinema 4D，本小节将介绍如何将 DAZ 姿态变为 Cinema 4D 的姿态，具体的操作步骤如下。

01 启动Cinema 4D，在“属性”面板中找到body网格体，单击body后面的“变形标签”按钮。

02 单击“属性”面板中的按钮，添加一个新的“属性”窗口。

03 在“属性”窗口选中“编辑”单选按钮，如图2-23所示。

04 依次选中新的“属性”窗口中的姿态层级，再到“属性”面板中将所有的变形“强度”值调整为100%。

05 检查左右层级的“强度”值是否均为100%。

06 进入“姿态”面板，除第一个姿态外，全选所有选项，右击，在弹出的快捷菜单中选择“发送至网格”选项，所有姿态都会变成网格。

07 选中body选项，右击，在弹出的快捷菜单中选择“装配标签”|“姿态变形”选项，如图2-24所示。

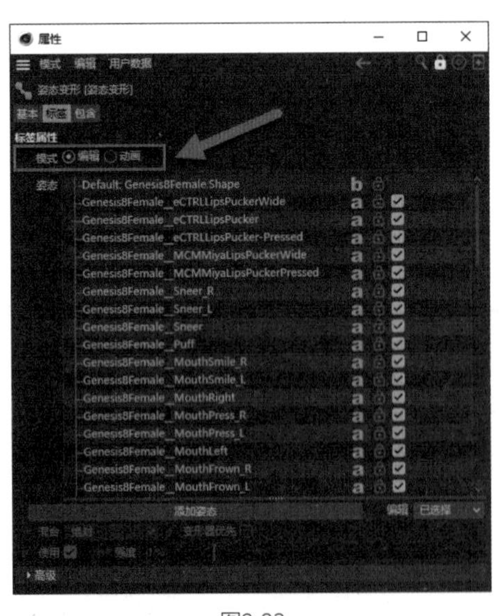

图2-23

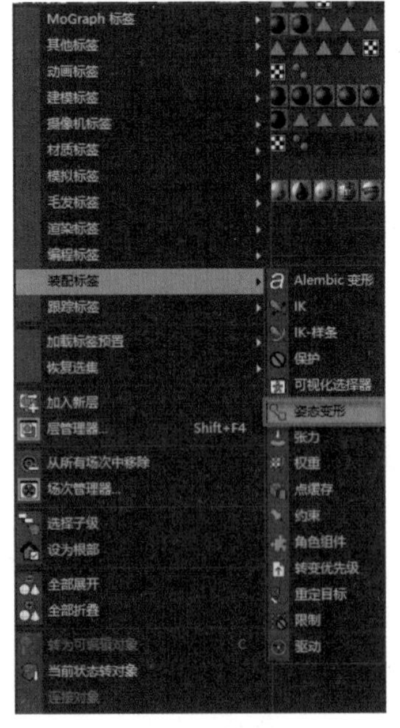

图2-24

08 在“姿态”面板的“混合”下拉列表中，选中“点”选项，先删除姿态，并将名称改为FACE。

09 在“属性”面板中全选网格数据，将全部姿态都复制到新的“属性”窗口中，按Delete键，删除“属性”面板中的网格体。

10 再检查一遍，确保正确，若存在多余的姿态可以删除。

2.3.2 调整眼睛姿态

调整眼睛姿态的具体操作步骤如下。

01 删除所有标签名称中前半部分的body genesisaFemale_文字，如图2-25所示，将所有网格体命名简化并另存。

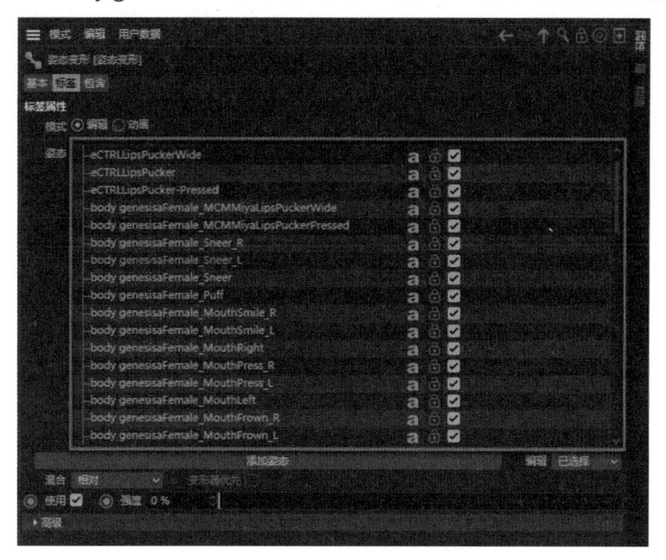

图2-25 简化姿态命名

02 眉毛和睫毛部分可以按照表 2-1 进行制作。

表 2-1 姿态参照表

带眉毛姿势	带睫毛姿势	DAZ 表情模板	中文含义
	√	EyeBlink_L	眨左眼
√	√	EyeDown_L	左眼下看
√	√	Eyeln_L	左眼内看
√	√	EyeOut_L	左眼外看
	√	EyeUp_L	左眼上看
	√	EyeSquint_L	左眯眼
	√	EyeOpen_L	左眼睁大
	√	EyeBlink_R	眨右眼
	√	EyeDown_R	右眼下看
√	√	Eyeln_R	右眼内看
√	√	EyeOut_R	右眼外看
√	√	EyeUp_R	右眼上看
	√	EyeSquint_R	右眯眼
	√	EyeOpen_R	右眼睁大
		JawFwd	下巴向前
		JawLeft	下巴向左
		JawRight	下巴向右
		JawOpen	下巴张开
		LipsTogether	闭嘴
		LipsFunnel	嘟嘴
√		LipsPucker	撅嘴
		MouthLeft	左嘴角
		MouthRight	右嘴角
√		MouthSmile_L	嘴角左侧笑
√		MouthSmile_R	嘴角右侧笑
√		MouthFrown_L	嘴角左撇嘴
√		MouthFrown_R	嘴角右撇嘴
√		MouthDimple_L	左酒窝

续表

带眉毛姿势	带睫毛姿势	DAZ 表情模板	中文含义
√		MouthDimple_R	右酒窝
		LipsStretch_L	嘴角左侧拉伸
		LipsStretch_R	嘴角右侧拉伸
		LipsLowerClose	翻下嘴唇
√		LipsUpperClose	翻上嘴唇
√		ChinUpperRaise	耸上嘴唇
		ChinLowerRaise	耸下嘴唇
		Mouth　Press_L	嘴左侧压下
		Mouth　Press_R	嘴右侧压下
√		LipsLowerDown_L	下嘴唇左下
√		LipsLowerDown_R	下嘴唇右下
		LipsUpperUp_L	左上嘴唇
		LipsUpperUp_R	右上嘴唇
√		BrowsD_L	眉毛左下
√		BrowsD_R	眉毛右下
√		BrowsU_C	眉心朝上
√		BrowsU_L	眉头左上
√		BrowsU_R	眉头右上
√		puff	脸颊鼓起
	√	CheekSquint_R	脸颊右眯
	√	CheekSquint_L	脸颊左眯
√	√	Sneer_L	鼻子左嘲讽
√	√	Sneer_R	鼻子右嘲讽
		/	吐舌头

03 删除MOUTH（嘴巴）的姿态标签，按照表格顺序排列层级关系，对应表格，总共剩余17个姿态需要调整，如图2-26所示。

04 把其余姿态拖至“属性”面板，将“强度”值调整为100%。全选标签并右击，在弹出的快捷菜单中选择“发送至网格”选项。

05 在“属性”面板中单击LOW网格体，并添加一个姿态标签。

06 在“姿态”面板中选中“点”选项，删除“姿态0”，保留“基础姿态”。

07 将“属性”面板中的所有姿态拖至标签上，并重命名，将前缀low Genesis8 Female Eyelashes删除，如图2-27所示。

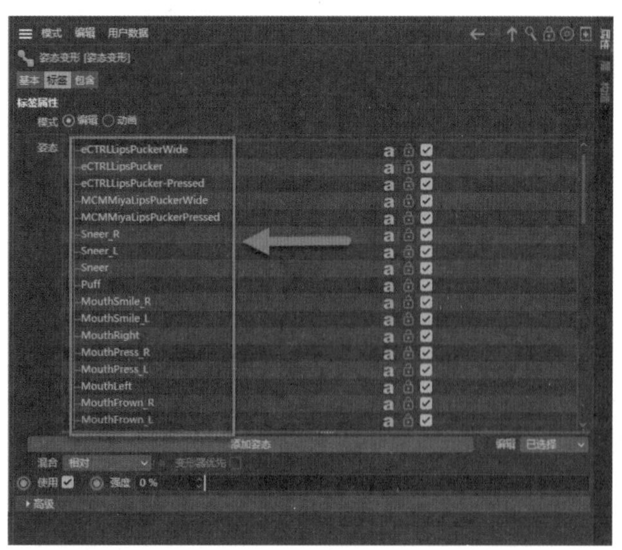

图2-26

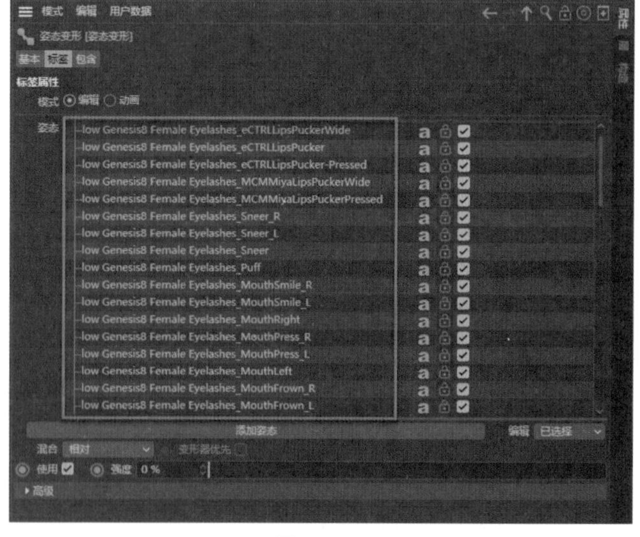

图2-27

提示

删除前缀的主要作用是为了命名规范，建议在操作过程中多加注意，不要删除关于前缀的任何命名。

2.3.3 连接眼睛、眉毛姿态

在调整眼睛姿态后，需要把眼睛的姿态和眉毛的姿态连接，使眼睛在动的时候眉毛也跟着动，具体的操作步骤如下。

01 右击“属性”面板中的body选项，在弹出的快捷菜单中选择“编程标签”| XPresso选项，如图2-28所示。

02 在弹出的XPresso编辑器左侧添加body|姿态变形器，右侧添加Low变形器，中间部分添加“范围映射”，如图2-29所示，“输入”和“输出”均调为百分比。

图2-28

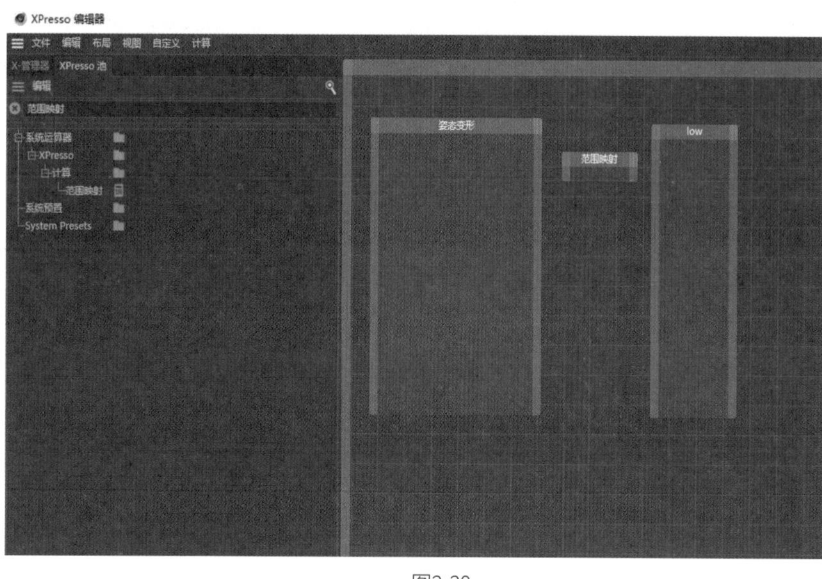

图2-29

03 单击“属性”面板中body的“姿态标签”按钮，将标签内置的姿态依次拖至XPresso编辑器内的姿态变形选框内。

04 单击“属性”面板中Low的“姿态标签”按钮，将标签内置的姿态依次拖至XPresso编辑器的Low选框内，放置顺序如图2-30所示。

05 单击XPresso编辑器内的“范围映射”选项，按快捷键Ctrl+C复制，再按快捷键Ctrl+V粘贴，复制粘贴多个范围映射框，并将左右两侧的姿态连接，连接顺序如图2-31所示。

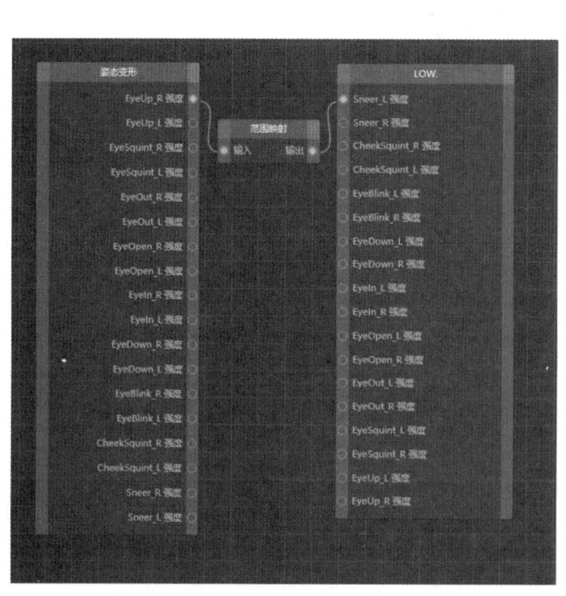

图2-30

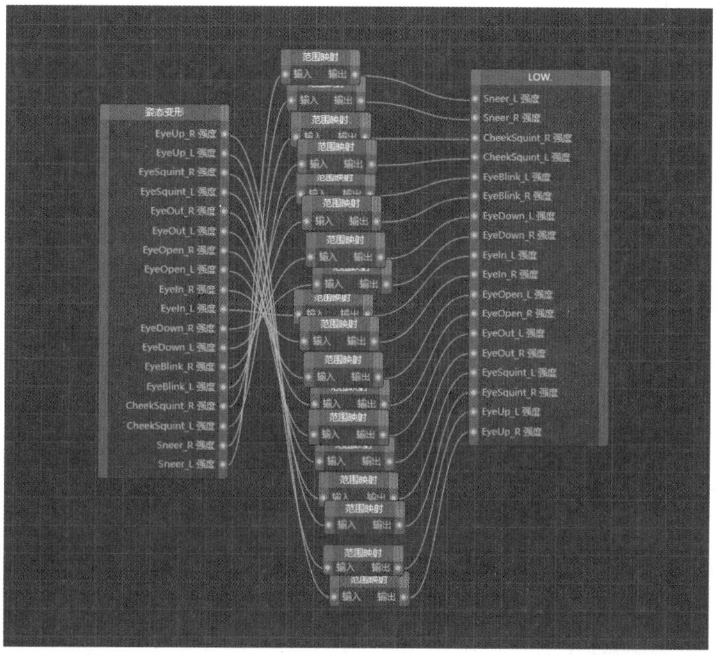

图2-31

06 检查无误，保存即可。至此，Cinema 4D表情模板制作完成。

2.4 面部动作捕捉前的准备

面部动作捕捉在虚拟角色动画制作中起着至关重要的作用。正确的软件配置和设备操作，对于避免在捕捉面部表情时出现意外障碍至关重要。本节将介绍面部动作捕捉所需的硬件、软件、界面功能以及操作设置，旨在帮助读者在面部动作捕捉过程中获得最佳效果。

2.4.1 面部动作捕捉的“道具”准备

在操作之前，需要准备好以下道具。

※ 带有深感摄像机的iPhone，如iPhone 14 Pro或iPhone 15 Pro。

※ 确保iPhone和计算机连接了同一个无线网络。

※ 查询计算机的IP地址。

※ 在iPhone上下载并安装Moves by Maxon App（一定要下载1.0版本），如图2-32所示，可以在应用商店免费下载。

图2-32

2.4.2 Moves by Maxon App功能介绍

在 iPhone 上启动 Moves by Maxon App，界面中显示 5 个按钮，如图 2-33 所示。

（1）“相机”按钮：点击该按钮，拍摄好的数据都会呈现出来。

（2）“录制”按钮：点击该按钮，开始录制。

（3）+ 按钮：点击该按钮，显示网格或者网格面。

（4）“人像”按钮：点击该按钮，切换显示所有帧还是第 1 帧，点击两次会记录所有帧数，但记录的文件会比较大。

（5）“帧数”按钮：点击该按钮，设置帧速率，有 30FPS 和 60FPS 可选，一般使用 30 帧即可。

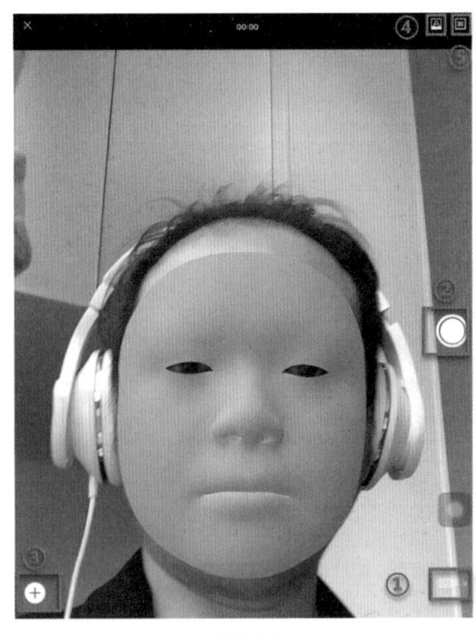

图2-33

2.4.3 Moves by Maxon连接Cinema 4D

为确保 Moves by Maxon 成功连接 Cinema 4D，在下载数据之前，需要将 iPhone 和计算机连接到同一个无线网络，并让计算机与软件在同一 IP 地址，具体的操作步骤如下。

01 在计算机中搜索CMD并运行，在“命令提示符”窗口中输入ipconfig/all，就会显示计算机的IP地址，如图2-34所示。

02 在Cinema 4D中进行设置，在IP文本框中输入计算机的IP地址。

03 将iPhone和计算机连接到同一个无线网络（如Wi-Fi网络、个人热点等）。

04 使用iPhone打开Moves by Maxon App，点击“帧数”按钮，再点击“录制”按钮，开始录制面部动态数据。

05 录制好面部数据后，可以单击 Connect（连接）按钮进行连接，如图2-35所示。

图2-34

图2-35

使用 iPhone 扫描 Cinema 4D 中出现的二维码，待二维码外框变为绿色后，即可看到预先捕捉好的动作数据，双击提前录制好的表情数据开始下载，数据下载完成后，可以看到面部动作捕捉的动画已经自动加载至 Cinema 4D 中了，如图 2-36 所示。

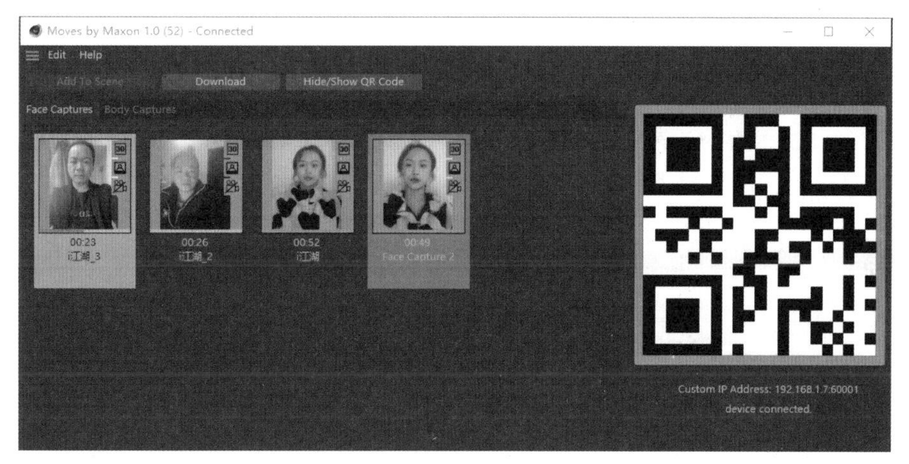

图2-36

提示

面部动作捕捉数据显示为白色框代表未下载，双击即可下载数据。如果iPhone和计算机没有在同一个的无线网络中，右侧的二维码会出现红色边框。

2.5 制作表情驱动器

完成所有表情姿态的捕捉后，需要采用 XPresso 标签进行控制器的绑定。XPresso 是一种基于节点的编程语言，允许用户动态链接对象属性。

2.5.1 整理和烘焙表情

整理和烘焙表情的具体操作步骤如下。

01 将面部表情模型导入Cinema 4D，确定动画的长度并播放。

02 选中“面部表情”|“i江湖_3”选项，在“对象属性”列表中添加声音并烘焙，如图2-37所示。

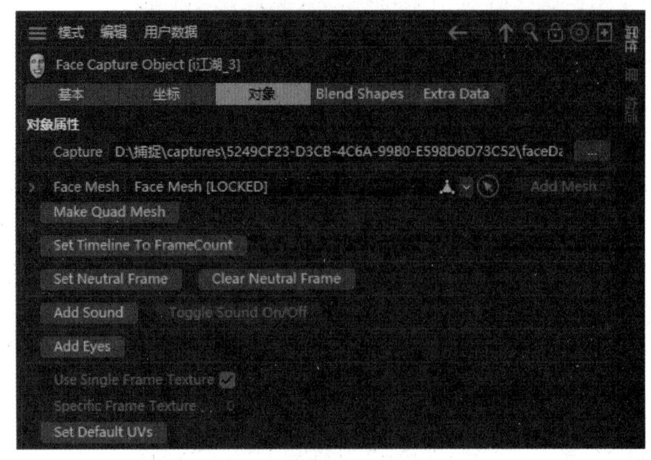

图2-37

03 复制眼睛层级到多边形下方，删除面部网格，再复制多边形选集标签，进入预先整理好的模型中。

2.5.2 连接XPresso姿态

连接 XPresso 姿态的具体操作步骤如下。

01 延长时间轴，并把表情和姿态连接在一起。单击右侧的多边形，添加XPresso标签。找到范围映射，将姿态拖入范围框，需要按照顺序排列姿态。

02 根据表 2-2的对应表情，首先调整DAZ表情模板的顺序，将所有的眼睛部分（EYES）提到上面，再把下巴部分（LIP）放到眼睛的下方，最后确认数量（52个）和顺序是否正确。

表 2-2 DAZ 表情模板顺序对照表

DAZ 表情模板	Moves by Maxon	中文含义
EyeBlink_L	Left Eye Blink	眨左眼
EyeDown_L	Left Eye Look Down	左眼下看
Eyeln_L	Left Eye Look In	左眼内看
EyeOut_L	Left Eye Look Out	左眼外看
EyeUp_L	Left Eye Look Up	左眼上看
EyeSquint_L	Left Eye Squint	左眯眼
EyeOpen_L	Left Eye Wide	左眼睁大
EyeBlink_R	Right Eye Blink	眨右眼
EyeDown_R	Right Eye Look Down	右眼下看
Eyeln_R	Right Eye Look In	右眼内看
EyeOut_R	Right Eye Look Out	右眼外看
EyeUp_R	Right Eye Look Up	右眼上看
EyeSquint_R	Right Eye Squint	右眯眼
EyeOpen_R	Right Eye Wide	右眼睁大
JawFwd	Jaw Forward	下巴向前
JawLeft	JawLeft	下巴向左
JawRight	JawRight	下巴向右
JawOpen	JawOpen	下巴张开
LipsTogether	Mouth Close	闭嘴
LipsFunnel	Mouth Funnel	嘟嘴
LipsPucker	Mouth Pucker	撅嘴
MouthLeft	Mouth Left	左嘴角
MouthRight	Mouth Right	右嘴角
MouthSmile_L	Mouth Smile Left	嘴角左侧笑

续表

DAZ 表情模板	Moves by Maxon	中文含义
MouthSmile_R	Mouth Smile Right	嘴角右侧笑
MouthFrown_L	Mouth Frown Left	嘴角左皱眉
MouthFrown_R	Mouth Frown Right	嘴角右皱眉
MouthDimple_L	Mouth Dimple Left	嘴角左酒窝
MouthDimple_R	Mouth Dimple Right	嘴角右酒窝
LipsStretch_L	Mouth Stretch Left	嘴角左侧拉伸
LipsStretch_R	Mouth Stretch Right	嘴角右侧拉伸
LipsLowerClose	Mouth Roll Lower Lip	翻下嘴唇
LipsUpperClose	Mouth Roll Upper Lip	翻上嘴唇
ChinUpperRaise	Mouth Shrug Lower Lip	耸上嘴唇
ChinLowerRaise	Mouth Shrug Upper Lip	耸下嘴唇
Mouth Press_L	Mouth Press Left	嘴左侧压下
Mouth Press_R	Mouth Press Right	嘴右侧压下
LipsLowerDown_L	Mouth Lower Lip Down Left	下嘴唇左下
LipsLowerDown_R	Mouth Lower Lip Down Right	下嘴唇右下
LipsUpperUp_L	Mouth Upper Lip Left	左上嘴唇
LipsUpperUp_R	Mouth Upper Lip Right	右上嘴唇
BrowsD_L	Brow Down Left	眉毛左下
BrowsD_R	Brow Down Right	眉毛右下
BrowsU_C	Brow Inner Up	眉心朝上
BrowsU_L	Brow Outer Up Left	眉头左上
BrowsU_R	Brow Outer Up Right	眉头右上
puff	Cheek Puff	脸颊鼓起
CheekSquint_R	Cheek Squint Left	脸颊右眯
CheekSquint_L	Cheek Squint Right	脸颊左眯
Sneer_L	Nose Sneer Left	鼻子左嘲讽
Sneer_R	Nose Sneer Right	鼻子右嘲讽
/	Tongue Out	吐舌头

03 确认无误后，将范围映射设置为百分比，输入输出范围也设置为百分比。

04 复制52个范围映射，并将它们对齐，按照顺序开始连接，如图2-38所示。

提示

此处的连接顺序可参照表2-2。

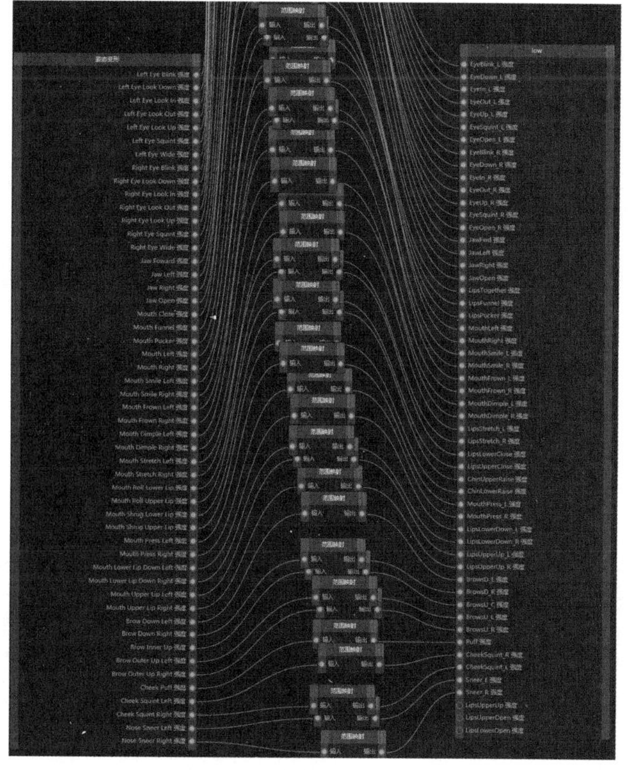

图2-38

2.6 面部动作捕捉操作流程

面部动作捕捉（Facial Motion Capture）是指利用机械装置、相机等设备记录人类的面部表情和动作，并将其转换为一组数据的过程。为了提升虚拟角色的真实感和情感表达力，进而增强虚拟角色动画的效果和感染力，本节将介绍使用 52 个混合面部姿态进行面部动作捕捉的流程。

在进行面部动作捕捉之前，需要确保姿态已经正确连接。接下来，播放动画以检查驱动是否已正确连接，如图 2-39 所示。如果驱动未连接，可能会出现眼睛不转动等问题。这时需要将角色的眼睛连接到相应的驱动上，其他驱动也应按照相同的方式进行连接，具体的操作步骤如下。

01 执行“网格”|“轴心”|“轴居中对象”命令，将轴从世界中心移至眼睛坐标中心。

02 在操作面板中右击右眼模型，在弹出的快捷菜单中选择“装配标签”|“约束”选项，如图2-40所示。

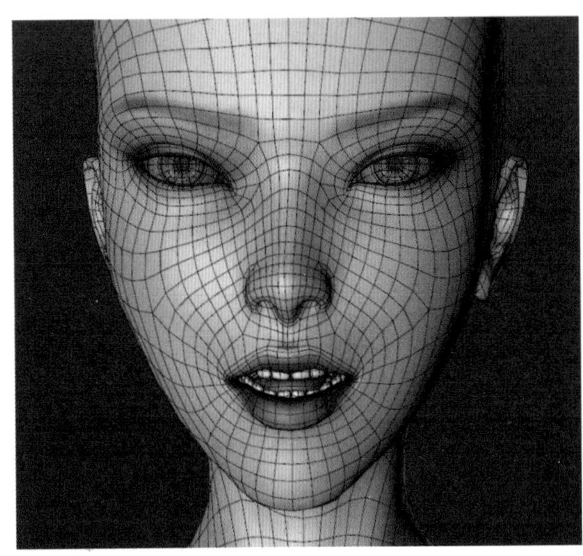

图2-39

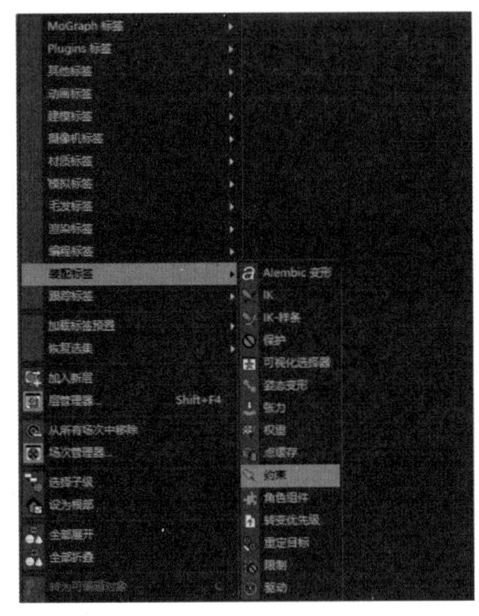

图2-40

03 复制眼球，并重命名为“中转站”，将“中转站”拖至眼球的下方。

04 右击low选项，在弹出的快捷菜单中选择“装配标签”|“约束”选项。

05 在“约束”面板中选中“维持原始”复选框，将新建的眼球拖到目标处。

06 再次播放动画查看效果，若还存在如眼球露出皮肤等穿帮问题，可以通过眼球控制器，调整眼球的位置。

07 在脸颊和嘴巴部分调整面部动画协调性，或者通过“时间线”窗口进行调节，并简化关键帧，使整个面部动画更协调。

提示

姿态调整还可以通过创建关键帧动画来控制姿态在时间上的变化，从而实现物体形态的动态变化。

第 3 章

虚拟角色动作捕捉

随着计算机技术和数字媒体技术的迅猛发展，动作捕捉技术已成为数字角色动画制作中不可或缺的技术手段，在电影、游戏等数字媒体领域，它已被广泛认为是数字角色动画制作的关键技术之一。从原理上划分，常见的动作捕捉技术主要包括光学式、惯性式和视频式捕捉等。然而，由于光学式和惯性式捕捉的成本较高，且仅有极少数个体会选择使用，因此本章将重点介绍一种几乎零成本、难度低的视频动作捕捉方式。这种方式不需要昂贵的动作捕捉设备，仅通过视频即可捕获 3D 人体动作，为虚拟角色动作捕捉提供了一种经济高效的解决方案。

3.1 虚拟角色动作捕捉原理

动作捕捉技术能够将现实世界中物体的运动信息转化为数字模型的运动数据，下面从动作捕捉、数据处理等方面进行介绍。

3.1.1 动作捕捉简介

动作捕捉技术是一种记录并处理人或其他物体动作的技术，通过传感器、摄像机和计算机软件等工具来跟踪和测量物体在三维空间中的运动轨迹。该技术能够捕捉面部和手指等细微动作，创建出更加逼真、自然和生动的动画效果。在虚拟角色动画制作中，动作捕捉技术被广泛应用于创建角色动作。例如，在电影《阿凡达》中，演员的表演通过动作捕捉技术被转化为纳美人的动作，从而使虚拟角色更加真实、自然。

动作捕捉的主流形式主要有三种：惯性捕捉、视频捕捉和光学动作捕捉。无论采用哪种方式，其核心目的都是捕捉现实世界中的位置和动作信息。这些捕捉过程需要使用高性能的硬件和软件，包括传感器、摄像机、计算机和相关软件。在捕捉过程中，传感器被放置在人物的关键部位，如关节和骨骼处，摄像机则负责捕捉传感器的位置和方向，并将数据传输到计算机软件中。软件再对这些数据进行处理和分析，最终将结果转化为动画或虚拟现实中的运动轨迹。

1. 惯性捕捉

惯性捕捉主要利用陀螺仪、速度仪和磁力计等装置来计算并捕捉动作。这种方法的优点在于设备穿戴简便，且对场地要求较低，如图 3-1 所示。在早期技术尚未成熟时，惯性捕捉曾一度非常流行。然而，它的缺点也不容忽视，即精度较差，且传感器极易受到磁力干扰而导致数据错误。因此，惯性动作捕捉通常用于动画预演等环节。

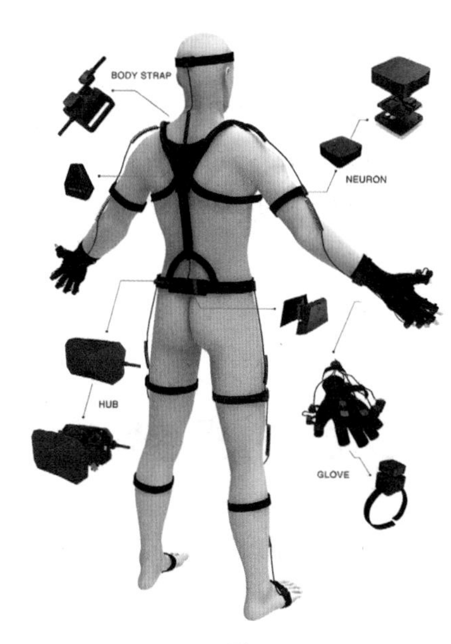

图3-1

2. 视频捕捉

视频捕捉是一种通过预先录制好的人物动作视频，利用软件自动识别对应物体的动作数据的技术。许多基于摄像机捕捉的方案都采用这种方式。其主要优点是成本低廉，无须任何专业设备和特定场地，只需拍摄一段视频并上传即可进行动作捕捉。然而，视频捕捉的缺点也较为明显，即数据精度较差，这可能导致捕捉到的动作数据在实际应用中不够准确或不可用。为了提高数据精度，可能需要采用更高级的算法或结合其他捕捉技术配合使用。

3. 光学捕捉

光学捕捉是目前最常用且商业应用最广泛的动作捕捉解决方案，它主要分为两种类型：主动式光学动作捕捉和被动式光学动作捕捉。

在被动式光学动作捕捉中，捕捉对象的身上会贴上具有光学标记的“标记点”，然后通过摄像机捕捉这些标记点反射出来的光线。而主动式光学捕捉则是标记点主动发射光线，然后由摄像机捕捉这些光线。无论是哪种光学捕捉方式，都需要使用多台摄像机来接收光信号，以确保准确捕捉和记录动作数据。

3.1.2 数据处理

动作捕捉数据处理是虚拟角色动画制作的关键环节。原始的动作捕捉数据在捕捉后并不能直接应用于模型中，因为未经处理的数据可能会导致角色模型无法正常工作。因此，在动作捕捉生成动作数据后，通常需要对原始捕捉数据进行处理、计算，并与数字模型相结合。这个过程旨在将硬件捕捉到的空间信息转化为骨骼信息，而这需要一套算法来解析。其中涉及的步骤包括控制点绑定（Rigging）、逆向运动学解算（IK 解算）和动画修正，如图 3-2 所示。

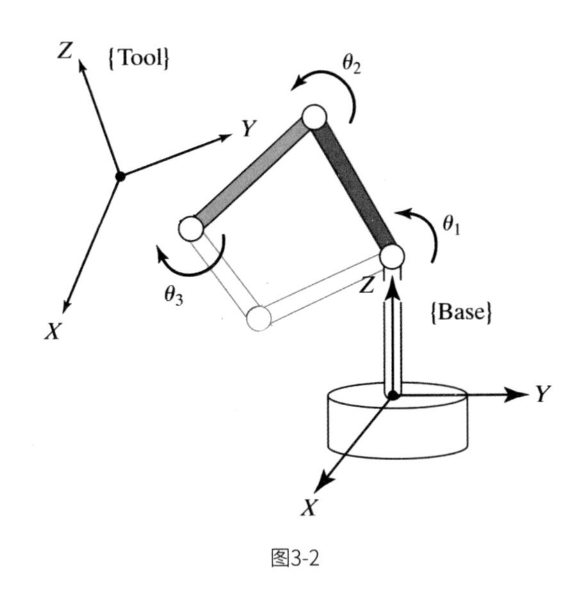

图3-2

3.1.3 控制点绑定与动画修正

控制点绑定是指将动作捕捉设备捕捉到的空间信息与骨骼或控制器信息相对应的过程。由于动作捕捉设备捕捉到的是实时移动的空间信息，而硬件部分获得的是点的位置信息，而非骨骼或控制器的信息，因此，控制点绑定的主要作用是将这些空间信息映射到相应的骨骼或控制器上。如果控制点绑定制作不精良，就可能导致穿模、扭曲等现象。

动画修正则是对已经完成控制点绑定的动画进行进一步的调整和优化，包括帧修正、曲线修正、逻辑修正和细节修正等。在进行动画修正时，可以补充一定的人物骨骼运动学和逆向运动学数据，以使动画更加符合预期效果或达到更高质量。

当数据处理完成后，由于角色模型的骨骼长短和位置差异，捕捉数据无法直接套用。这时需要进行“骨骼重定向”操作，将处理好的动作数据重新定向到人体模型中。需要注意的是，Cinema 4D 目前还无法自动完成这一操作，需要用户手动进行。通过重定向，动作数据可以在具有相似骨骼结构的模型上重复使用，提高了数据的利用率和灵活性。

3.2 视频动作捕捉与Mixamo骨骼

本节主要介绍视频动作捕捉的操作流程，以及如何将视频捕捉下来的动作数据重定向到 Mixamo 骨骼，帮助读者成功制作人物肢体动画。

3.2.1 捕捉视频的准备工作

在视频动作捕捉之前，需要预先准备一段视频（支持自拍或第三方视频），视频要求如下。

※ 单人全身清晰视频，要求四肢都在视频中，且人物不能太小，尽量不要穿全白或全黑的衣服。

※ 视频中的人物不能被物品遮挡，不能穿太宽松的上衣和过膝的裙子，以免遮挡身体。

※ 如果是自己拍摄的视频，注意拍摄视频时手机尽量平行于人体，不要倾斜拍摄，拍摄视频的场地要光线充足。

※ 视频长度在30s以内，视频大小在25MB以内。

3.2.2 视频捕捉

视频捕捉的具体操作步骤如下。

01 打开“小K网”网站，使用微信账号登录，新用户需要填写账号昵称。

02 登录后，根据上传视频的要求，选择上传视频，如图3-3所示，等待网站处理和捕捉。

03 上传完毕后会出现视频捕捉的范围，检查动作是否有问题，如果无误可以单击“下载动作文件（BIP和FBX）”按钮，下载动作文件，如图3-4所示；若动作有问题，则可以更换视频并重新上传。

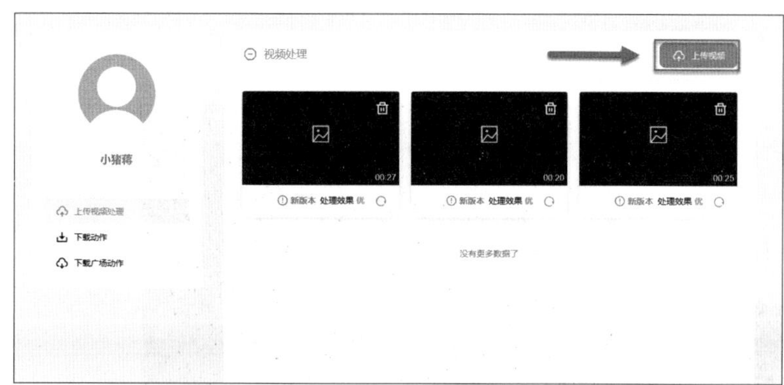

图3-3

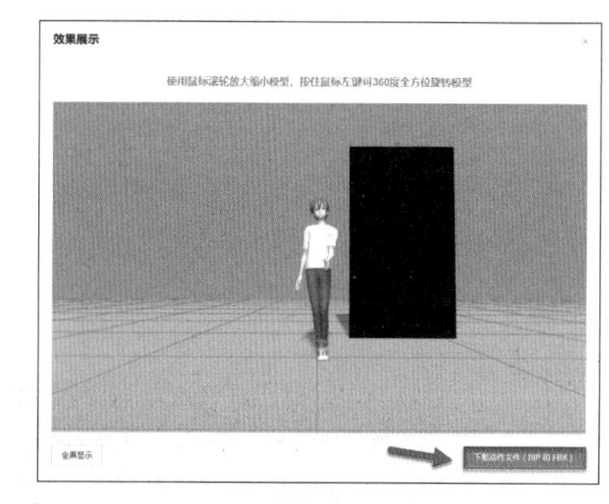

图3-4

04 下载后，双击文档内置的model.fbx文件，即可打开捕捉好的动作数据。

提示

自行拍摄上传的视频需要注意，拍摄的画面中只能有一个人，不能有多人入镜。

3.2.3 Mixamo骨骼与KK骨骼对比

在制作动画之前，需要了解 Mixamo 骨骼与 KK 骨骼的差异。

打开从“小 K 网”网站下载的动作文件，双击打开 a-pose 文件，再打开 Mixamo 的骨骼进行对比。比对后发现，Mixamo 比 KK 骨骼多一根头骨，同时 KK 骨骼也没有脚尖骨骼，如图 3-5 所示。

KK 骨骼没有手掌，所以手指部分的精细动作无法捕捉，从骨骼的形态来看 KK 骨骼是比较简化的骨骼系统，和 Mixamo 是无法比拟的。

Mixamo 骨骼的手掌是可以运动的，所以 Mixamo 骨骼和 KK 骨骼进行融合，需要对 KK 骨骼的动作和 Mixamo 骨骼的控制器进行调整。

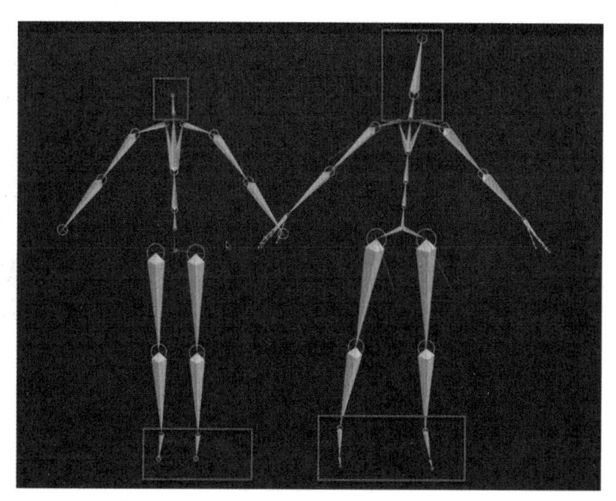

图3-5

3.3 KK Mocap和Mixamo动作融合

由于 KK 骨骼与 Mixamo 骨骼存在些许差异，骨骼动画是不能直接进行融合和使用的，所以本节将讲解 KK 骨骼与 Mixamo 骨骼动作融合的方法。先为 KK 骨骼添加 Apose，再将带有 Apose 的 KK 骨骼动作文件重定向至带有 Apose 的 Mixamo 骨骼上，最后进行约束和烘焙。

3.3.1 为KK骨骼动画添加初始Apose

为 KK 骨骼动画添加初始 Apose 的具体操作步骤如下。

01 打开预先从“小K网”导出的文件，将a-pose与model.fbx文件分别拖至Cinema 4D并合并到同一个项目中。

02 将a_pose骨骼重命名为A，“动作骨骼”重命名为B，如图3-6所示。

提示

重命名的意义在于方便区分，读者要养成重命名的好习惯。

03 选中骨骼A，按住鼠标中键，在时间线的第0帧位置创建关键帧，将时间线移至第30帧位置再创建关键帧。

04 选中骨骼A，执行“动画”|“运动剪辑片段”命令，弹出“添加运动剪辑片段”对话框，将“源名称”调整为A；用同样的方法调整骨骼B，将“源名称”调整为B。如图3-7所示，单击“确定”按钮即可。

图3-6

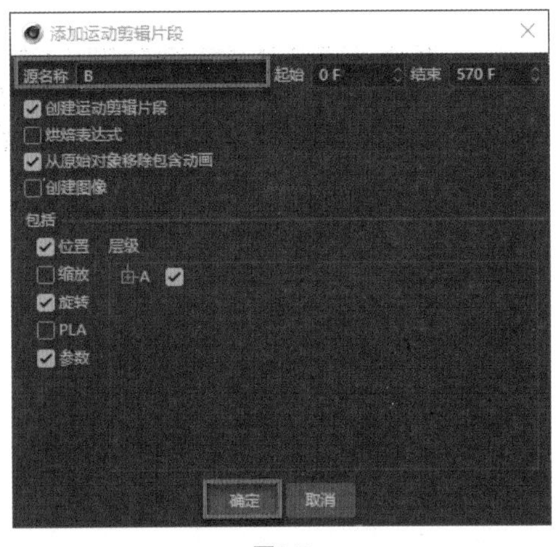

图3-7

05 选中骨骼A的运动剪辑片段，当“时间线”窗口出现A片段的时候，将B片段拖到A片段的后面并融合。

06 现在骨骼A也具有了动画属性，将骨骼B隐藏，再把运动片段B向前推移10帧进行过渡，最后将骨骼B删除，如图3-8所示。

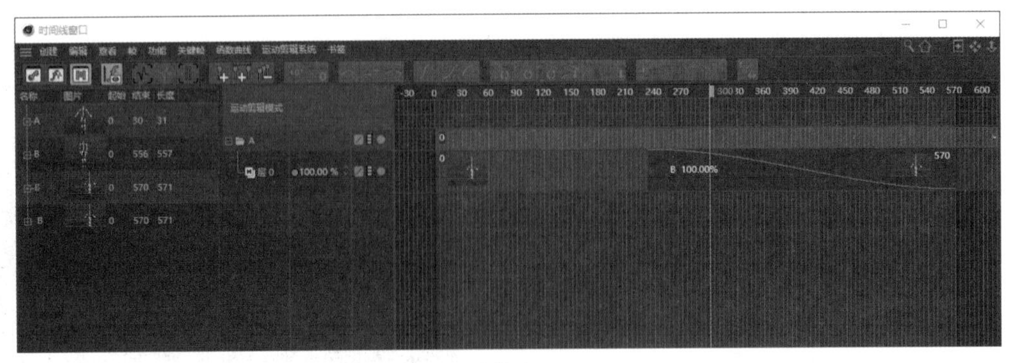

图3-8

07 如果觉得残影影响视觉效果，可以执行“运动剪辑（运动剪辑系统）”|“标签”命令，取消选中“显示运动剪辑残影”复选框，如图3-9所示，将时间轴调整到第70帧，这样视觉效果更加流畅。

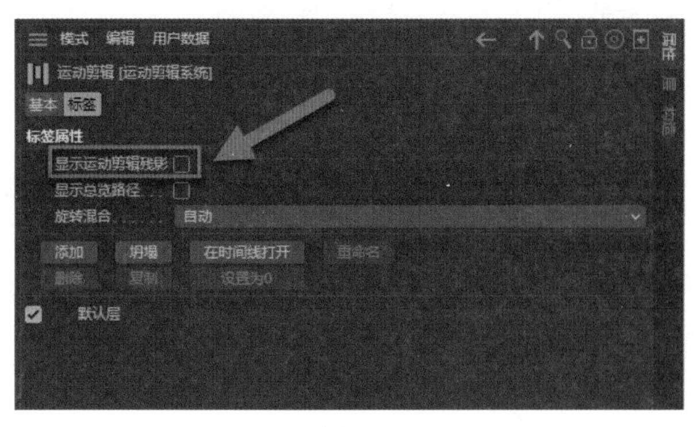

图3-9

提示

取消选中“显示运动剪辑残影”复选框后，操作界面会隐藏线性残影画面，使操作界面更整洁。

3.3.2 骨骼重定向

在赋予 KK 骨骼动画初始 Apose 后，需要把 KK 骨骼动画赋予虚拟角色的 Mixamo 骨骼上，这样才能让虚拟角色正常动起来，具体的操作步骤如下。

01 打开Mixamo的Apose骨骼，与KK骨骼动画（剪辑过Apose骨骼的KK骨骼动画）合并项目。

02 为了方便观察，需要选中KK骨骼，再进入“属性”面板，在“基本属性”选项区域，选中“颜色”单选按钮，将KK骨骼的颜色调整为红色，如图3-10所示。

03 单击工具面板中的“吸附”按钮，启用“轴心捕捉”功能。

04 单击KK骨骼的Hips选项，将KK骨骼移至Mixamo骨骼的Hips选项，KK骨骼会自动吸附在Mixamo骨骼上。

05 单击“属性”面板中的按钮，添加“对象窗口（2）”面板。

06 展开“对象窗口（2）”面板的骨骼层级，依照层级，将KK骨骼移动并吸附至与Mixamo骨骼相同的骨骼层级，即可完成骨骼重定向。

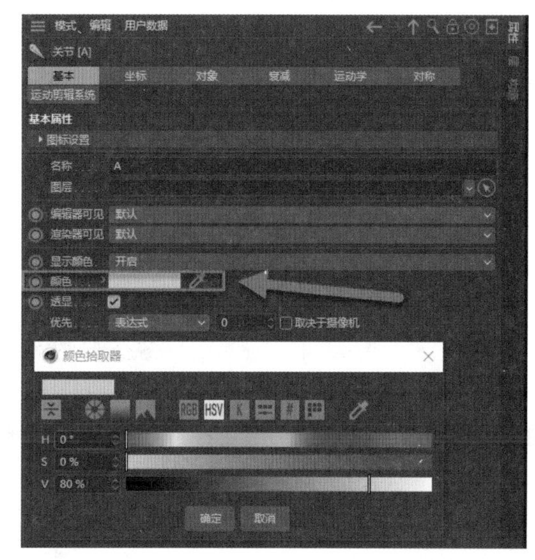

图3-10

提示

定向期间和定向结束时，不能“返回”或者“后退”步骤，否则就要重新开始，所以操作要一气呵成。

3.3.3 骨骼约束

在骨骼重定向后，需要把Mixamo骨骼约束在KK骨骼上，具体的操作步骤如下。

01 对照KK骨骼层级，整理Mixamo骨骼，再将对照后多余的骨骼进行叠加和隐藏。

02 单击Mixamo骨骼的Hips选项，按住Shift键，单击末尾骨骼进行全选。

03 在Hips骨骼处右击，在弹出的快捷菜单中选择“装备标签”|“约束”选项。

04 单击PSR按钮，选中“维持原始”复选框，如图3-11所示。

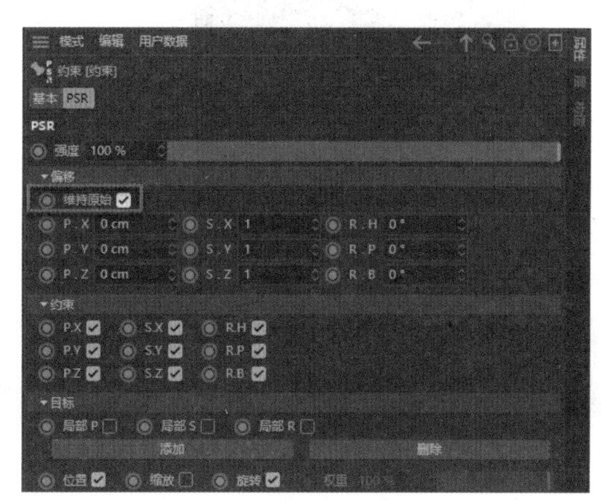

图3-11

05 将KK骨骼相同骨骼层级放置至MixamoPSR约束标签内，注意顺序不要出错。

06 约束完成，可以单击“时间线面板”的“播放”按钮▶，查看播放效果。

3.4 制作动作帧及烘焙

将 KK 骨骼动画约束到 Mixamo PSR 骨骼后，虽然 Mixamo 骨骼能够呈现动作，但这些动作并没有真正融合到 Mixamo 骨骼中。为了实现真正的融合，需要制作烘焙动作帧。完成这一步后，我们将得到完整的 Mixamo 骨骼动画。然而，仅拥有骨骼动画并不足以使人体模型完美适配。为了使人体模型也能够适配动作，本节将介绍如何使用 Cinema 4D 将 Mixamo 骨骼烘焙到人体模型，并优化人物的动作帧。通过这样的操作，可以确保 Mixamo 骨骼动画与人体模型之间的完美融合，从而实现更加逼真和流畅的角色动画效果。

3.4.1 关键帧烘焙

关键帧烘焙的具体操作步骤如下。

01 选中Hips骨骼，按住Shift键，单击末尾骨骼，进行全选。

02 右击打开“时间线”窗口，在第0帧位置创建关键帧。

03 在“时间线”窗口，按快捷键Ctrl+A，选择全部层级。

04 在“时间线”窗口的菜单栏中单击“功能”按钮，添加“烘焙对象”。

05 在“烘焙对象”窗口，确定起始至结束帧，取消选中“清空轨迹”复选框和“创建拷贝”复选框，只选中“烘焙表达式”复选框，最后单击“确定”按钮，开始烘焙帧动画，如图3-12所示。

06 单击“时间线”窗口中的“函数表”按钮，在函数曲线列表中右击，在弹出的快捷菜单中选择“全部折叠”选项，折叠所有层级。

07 在“时间线”窗口中全选所有层级，按住Shift键，单击“属性”面板中的“筛选”按钮，在“筛选”列表中单击“轨迹”选项，再单击隐藏“旋转”属性，其中“位置”和“缩放”属性保持不变。

08 选择除Hips骨骼外的所有骨骼层级，全选动画，按Delete键删除。

09 选中“属性”面板中的所有“约束标签”选项，在“对象”面板中单击“基本”按钮，取消选中“启用”复选框，如图3-13所示，回到“时间线”窗口，选中“旋转”复选框。

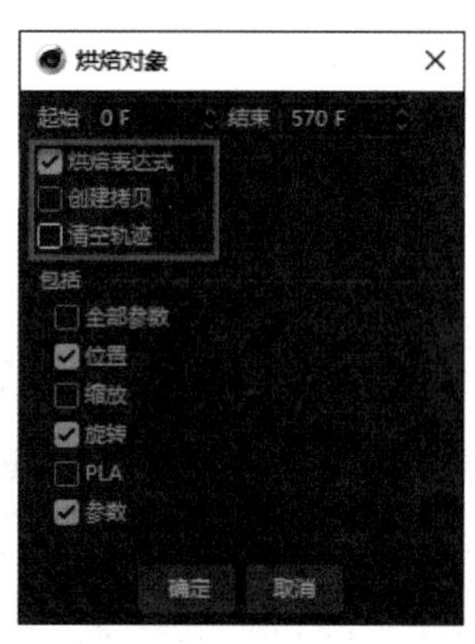

图3-12

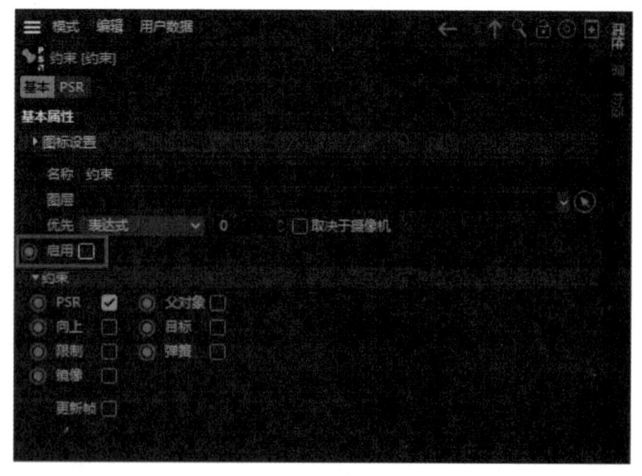

图3-13

10 删除人物网格体，即可得到了一个处理好的纯骨骼数据。

提示

取消选中PSR的“启用”复选框，意味着取消对该物体的约束控制，使其可以自由运动。

3.4.2 烘焙Mixamo骨骼关键帧动画

烘焙 Mixamo 骨骼关键帧动画的具体操作步骤如下。

01 在Cinema 4D中打开预先准备好的人体模型，再将Mixamo骨骼动画打开并合并到相同文件中。

02 单击Cinema 4D“界面”栏目，选择“动作布局（用户）”选项。

03 选中“属性”面板中的CON_Master选项，分别在“时间线”窗口的第0帧和第1帧位置，单击“创建关键帧”按钮，为CON_Master创建关键帧，使人物从第0~第10帧的动画形态始终保持在APose状态。

04 在“时间线”窗口中把时间线移至骨骼的下一个关键帧动作位置，选中“属性”面板中CON_Master选项，到“绑定布局”面板中，单击“烘焙动作”按钮烘焙帧，这里需要注意层级的位置，如图3-14所示。

05 在“时间线”窗口中将时间线移至骨骼的下一个关键帧动作位置，选中“属性”面板中的CON_Master选项，随后到“绑定布局”面板，单击“烘焙动作”按钮烘焙帧。重复操作，直至所有动画关键帧动作都烘焙完毕。

06 选择模型的“手肘”和“大腿”控制器，如图3-15所示，在“视图”窗口中右击，在弹出的快捷菜单中选择“时间线摄影表”选项。

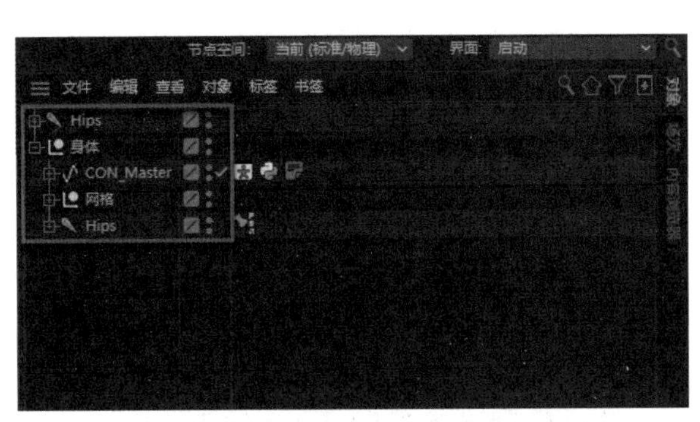

图3-14

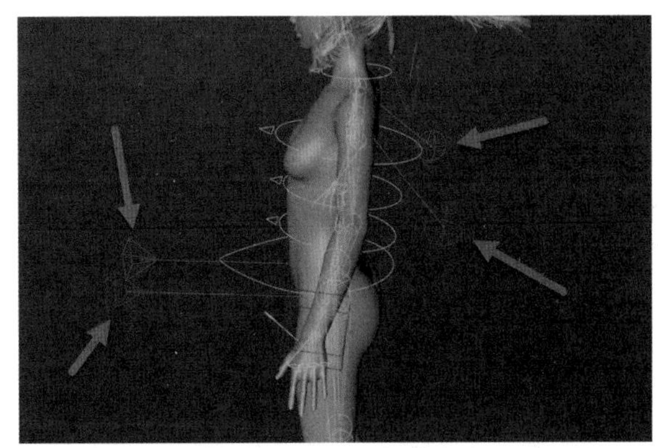
图3-15

07 在“时间线”窗口中选中所有关键帧动画，按Delete键删除所有关键帧。

08 在“绑定布局”面板中，单击“重置初始对象”按钮，将模型归位。

3.5 动作帧检查与优化

在烘焙动作帧后，模型可能会遇到一些问题，如穿模、卡帧，以及“风车式”手脚旋转等。这些问题需要进行后期的优化和处理。本节将介绍如何进行动作帧优化，以解决这些问题并提升动画质量。

3.5.1 动作帧检查

动作帧检查的具体操作步骤如下。

01 在Cinema 4D中打开烘焙好的人物动画文件。

02 在“视图”窗口中选中手腕控制器，在空白处右击，在弹出的快捷菜单中选择“时间线摄影表”选项，拖动时间线，查找动作出现问题的帧。

3.5.2 动作帧优化

动作帧优化的具体操作步骤如下。

01 在“时间线摄影表”中将时间线拖至模型穿模的位置，如图3-16所示，选中手腕控制器，通过调整控制器前后左右的位移来修正穿模情况，再创建关键帧，如图3-17所示，若出现其他问题，可以采用相同的方法进行优化。

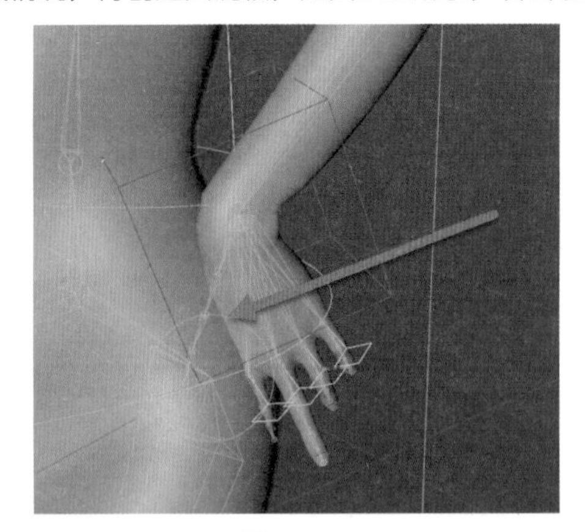

图3-16

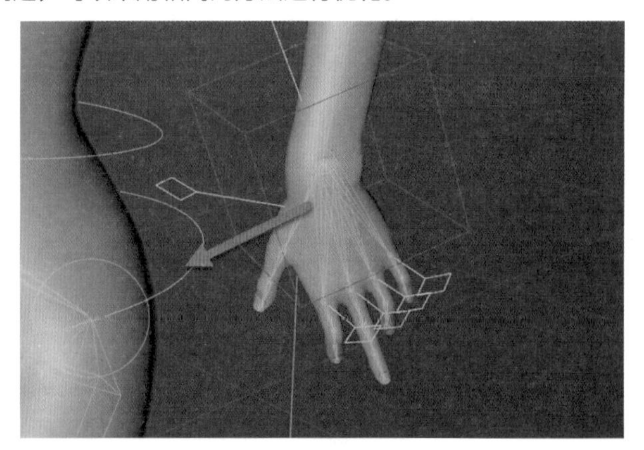

图3-17

02 拖动“时间线摄影表”中的时间线，在手腕扭曲的位置创建关键帧，如图3-18所示，选中手腕控制器，通过旋转控制器来修正穿模情况，如图3-19所示。如果出现其他问题，可以采用相同的方法进行优化。

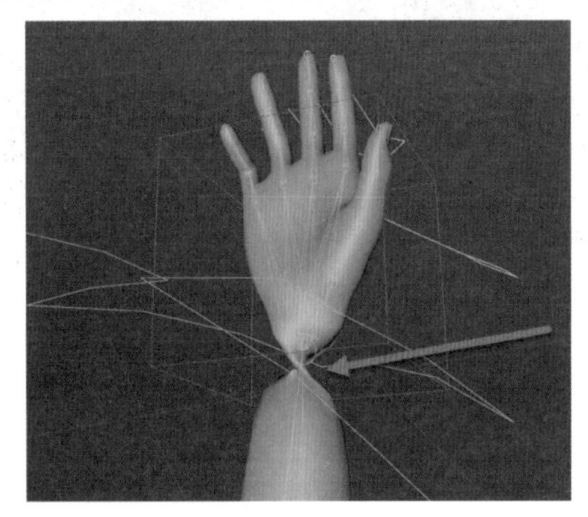

图3-18

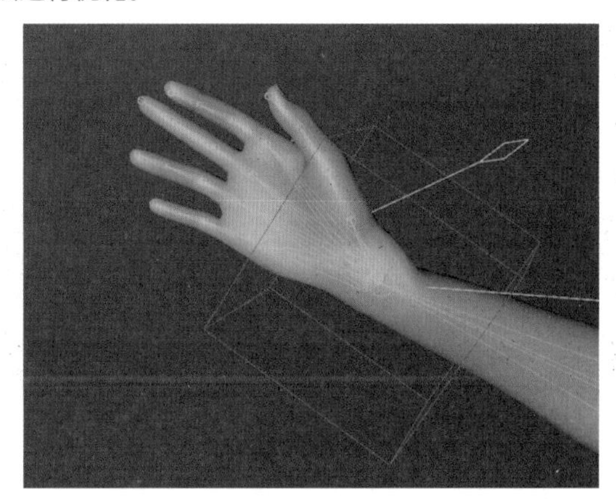

图3-19

在实践过程中，不光手腕部分容易出现穿模、扭曲等问题，脚腕、大腿等部位也容易出现类似问题，处理方法相同，调整后的效果如图 3–20 所示。

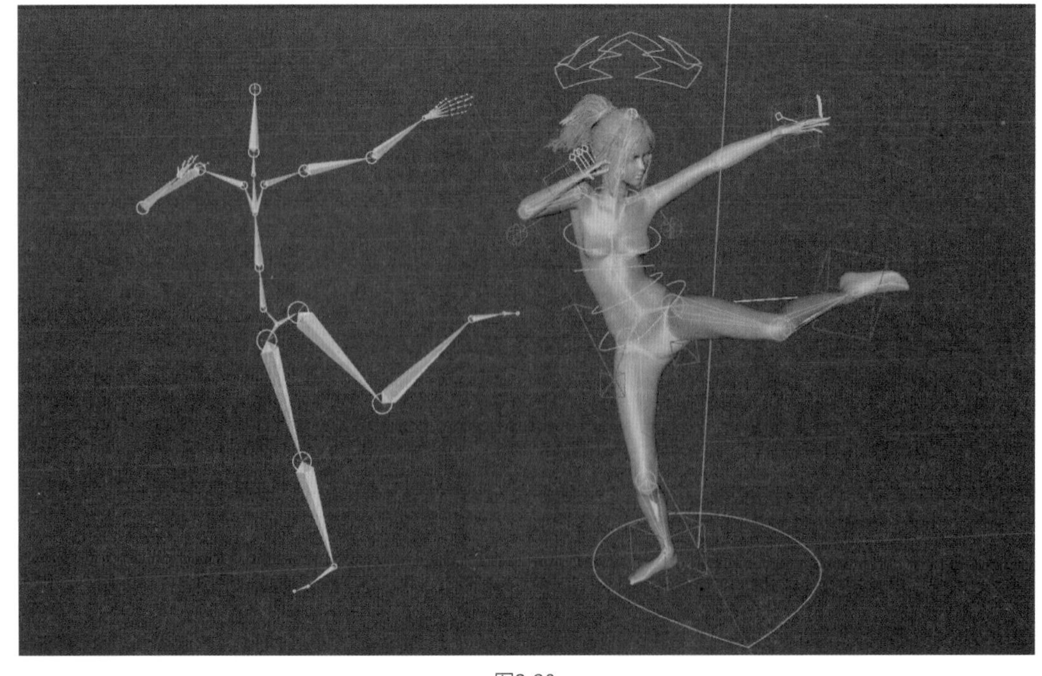

图3-20

3.6 添加音乐并输出动作

在 Cinema 4D 中，用户可以选择文件导出或文件另存的方式来输出动作文件。但在进行文件导出之前，一般会先添加音乐并设置相应的导出参数。在导出设置面板中，可以查看并设置多种导出参数，包括导出文件的格式、动画的起始时间，以及是否包含 UV 和法线等信息。这样的设置能确保导出的文件符合用户的具体需求。

3.6.1 为动作添加音乐

为动作添加音乐的具体操作步骤如下。

01 在Cinema 4D中，打开已修正的人物动画文件。

02 在工具栏中添加空白对象，如图3-21所示。

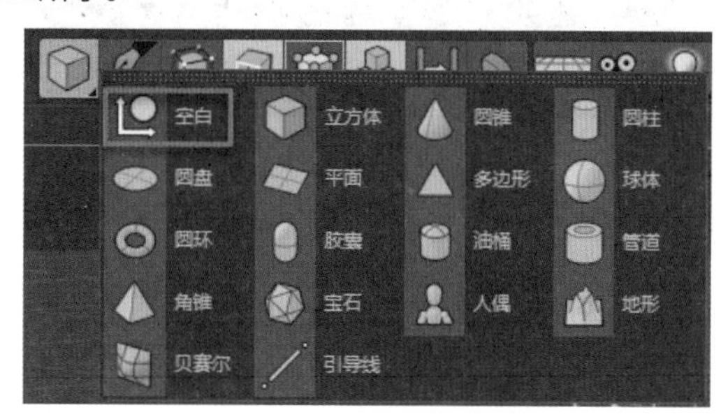

图3-21

03 右击新建的空白对象，在弹出的快捷菜单中选择“时间线摄影表”选项，在“时间线”面板的第0帧位置创建关键帧。

04 在“时间线摄影表”的“总览”区域右击空白对象，在弹出的快捷菜单中选择“专用轨迹”|“声音”选项。

05 在“属性”面板的“声音关键帧[声音]”选项区域，单击“添加声音”按钮 ... ，如图3-22所示，选择声音文件，即可为动作添加声音。

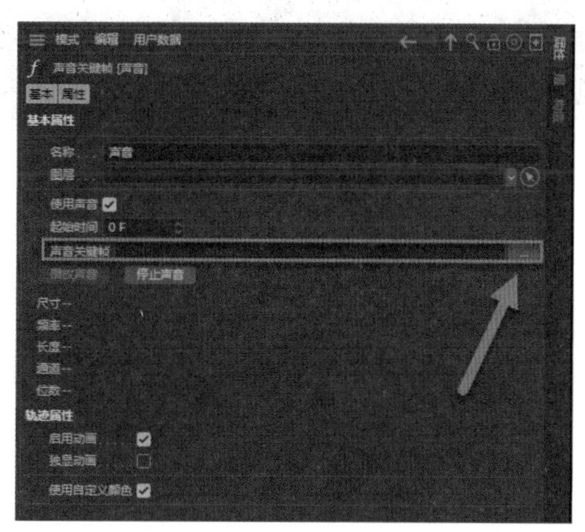

图3-22

提示

若出现声音无法对应人物动作的情况，可以调整“属性”面板中的“起始时间”参数解决问题。

3.6.2 导出文件

文件制作完成后，若需要将文件导入 Marmoset Toolbag 软件进行渲染或在 Marvelous Designer 软件中完成服装动力学设置，此时不能简单地通过另存文件的方式完成，而应选择导出文件，并确保文件格式为 Alembic，具体的具体操作步骤如下。

01 在Cinema 4D中执行“文件”|“导出”命令，导出格式选择Alembic。

02 在“Alembic 1.7.11导出设置”对话框中，设置“起始帧”和“结束帧”参数。选中“法线”和“多边形选择”复选框，如图3-23所示，确认无误后单击“确定”按钮即可。

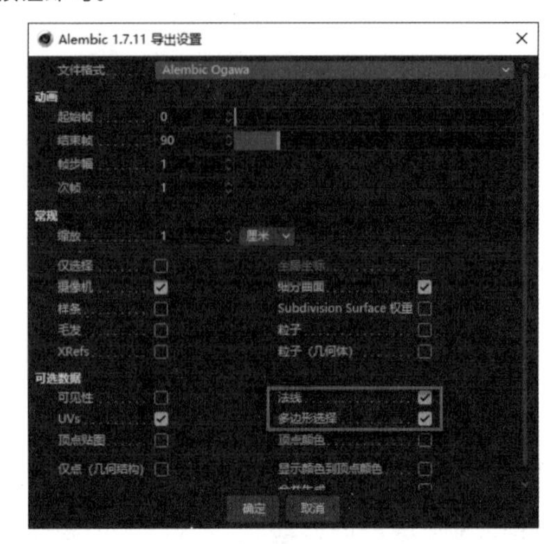

图3-23

3.6.3 文件导出处理

正常情况下，使用 Cinema 4D 导出的 Alembic 文件中，UV 通常是锁定的状态，这不利于后期的处理和编辑工作。为了解决这个问题，需要重新打开 Cinema 4D 导出的 Alembic 文件，并在“对象”窗口中找到 cloth_parent 对象。在其后方的“UVW 标签 [Model_UV]”选项区域中，取消选中“锁定 UVW”复选框，从而进行解锁操作，如图 3–24 所示。完成这些步骤后，就能在 UV 模式中自由编辑 UV 了。

图3-24

第 4 章

虚拟角色身体绑定

虚拟角色身体的绑定方式主要分为两种：第一种是人工手动绑定，第二种是程序自动绑定。人工手动绑定的优势在于其精细度更高，可以针对角色特性进行细致调整。相对而言，程序化的自动绑定虽然快速，但可能较为粗糙，存在一定的局限性，例如，权重分配不一定准确，对于复杂模型的处理也可能不够理想。因此，为了确保后期角色动画的灵活性和高质量，需要熟练掌握手动绑定的技巧。

4.1 常用的五种骨骼创建方式

Cinema 4D 常用的骨骼创建方式主要有使用“关节工具”创建骨骼、使用“所选到关节”工具创建骨骼、使用“样条转为关节”工具创建骨骼、使用“关节转为样条”工具创建骨骼、将空对象转为关节创建骨骼等五种，可以快速、有效地创建自定义关节系统，还能调整骨骼关节的形状、大小、方向等参数，修饰虚拟角色动画，达到理想的效果。

4.1.1 用“关节工具”创建骨骼

用“关节工具”创建骨骼的具体操作步骤如下。

01 启动Cinema 4D软件，执行“文件”|“导入”命令，导入使用Mixamo网站自动绑定的模型。

02 按住Ctrl键，同时单击“视图”窗口的空白处，即可创建关节，重复该操作可创建多个关节。

03 在“关节工具”选项区域，选中“空白根对象”复选框，创建的关节层级关系是没有组的，反之则会自动创建根对象组，如图4-1所示。

04 按住Ctrl键，依次单击模型盆骨以及头顶位置，即可出现一个笔直的关节。

05 执行“角色”|“关节工具”命令，即可在Cinema 4D世界坐标中心创建单个关节。可以移动该关节到所需位置，此种方法需要手动建立层级关系，层级关系如图4-2所示。

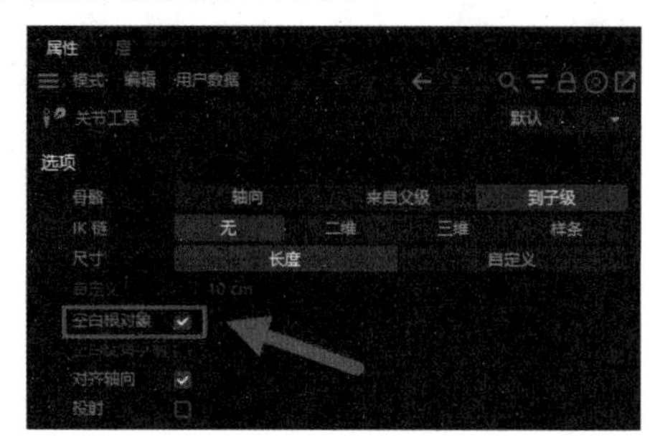

图4-1

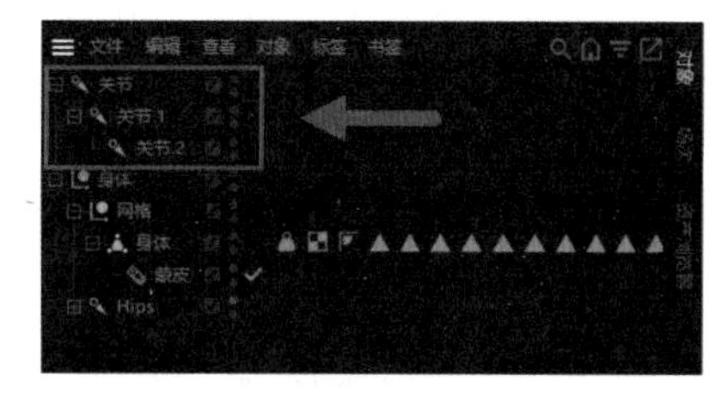

图4-2

> **提示**
>
> 按住Shift键，在所需的位置单击即可继续创建关节，此方法的优势在于，所创建的关节是笔直的，无须进行对齐操作。

4.1.2 用“所选到关节”工具创建骨骼

用“所选到关节”工具创建骨骼的具体操作步骤如下。

01 在工具栏中单击“线模式”按钮，执行“选择”命令，并使用“循环选择”工具，选中身体对象后依次在手肘和手腕处执行“角色”|“转换”命令。按住Shift键，单击“所选到关节”按钮，即可在手肘及手腕的中心点处创建关节。此方法的优势在于，所创建的关节在模型的中间，即绝对中心点的位置，如图4-3所示。

02 选中身体模型，在“属性”面板中选中“透显选项”复选框，开启“透显”功能，此功能方便查看和编辑骨骼。

03 在边模式下单击“循环工具”按钮，选中腰、腹和胸三部分，如图4-4所示。

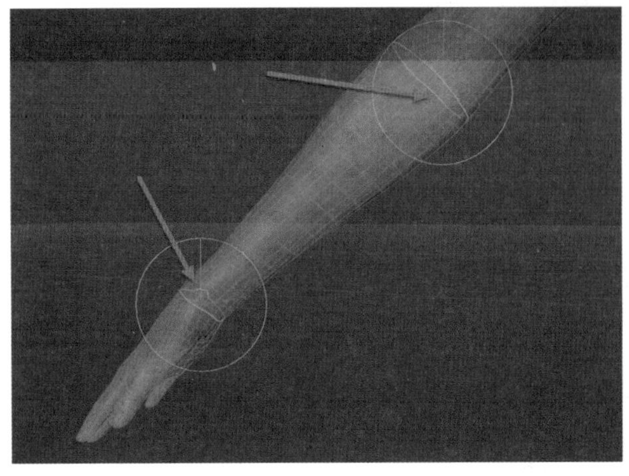

图4-3

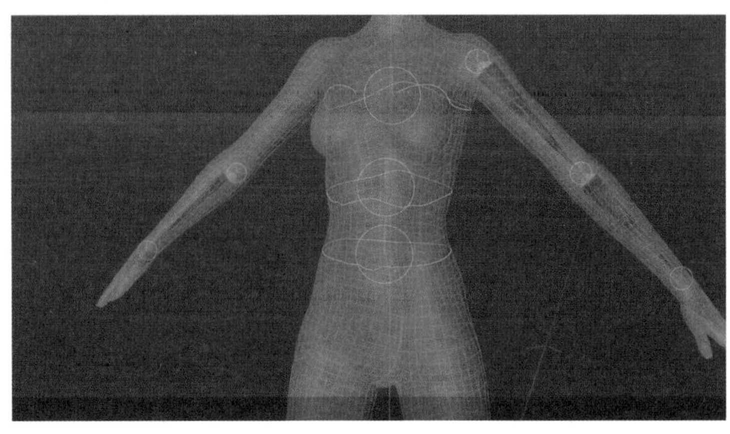

图4-4

04 执行“角色”|“转换”命令，按住Shift键，单击“所选到关节”按钮，随着腰部的曲率创建脊柱上的3个关节，并手动建立层级关系。

4.1.3 用“样条转为关节”工具创建骨骼

用“样条转为关节”工具创建骨骼的具体操作步骤如下。

01 单击并按住“立方体”按钮，在弹出的子选项中单击“平面”按钮，创建一个平面。按C键，将模型转换为网格。

02 在“线模式”下双击选取一条线段并右击，在弹出的快捷菜单中单击“提取样条”按钮，即可得到平面样条对象。

03 删除平面对象，选中平面样条对象，执行“角色”|“转换”命令，单击“样条转为关节”按钮，即可创建关节，如图4-5所示。

04 单击“点模式”按钮，在点模式下框选所有点并右击，在弹出的快捷菜单中选择“点顺序”选项，再单击“反转序列”按钮，即可反向排列点。

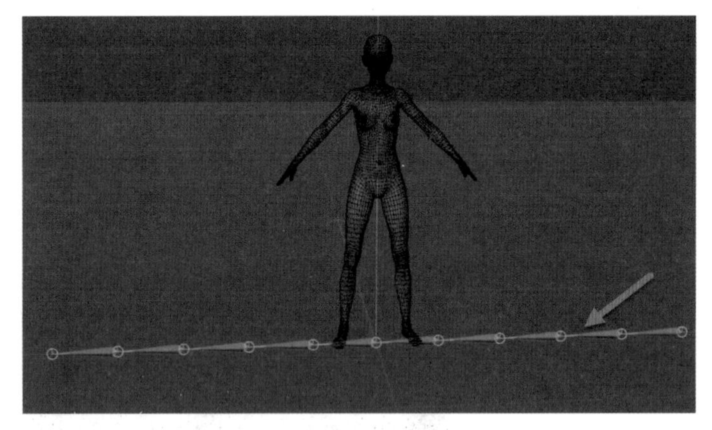

图4-5

05 执行“角色”|“转换”命令，并单击“样条转为关节”按钮，即可创建从左到右的关节。

4.1.4 用“关节转为样条”工具创建骨骼

用“关节转为样条”工具创建骨骼方式大致分为两种，具体如下。

※ 选中关节线条，执行“角色”|“转换”命令，并单击“关节转为样条”按钮，即可生成样条，如图4-6所示，样条的起始点顺序则根据关节的层级关系排列。

※ 按鼠标中键，选中所有关节，执行“角色”|“转换”命令，单击“转为空白对象”按钮，生成与关节层级关系相同的空白对象组，随后选中“关节”对象并右击，在弹出的快捷菜单中选择“装配标签”|“约束”选项，在其“属性”面板中将关节空白组对象拖入“目标”栏，即可通过“关节”空白组来创建骨骼。

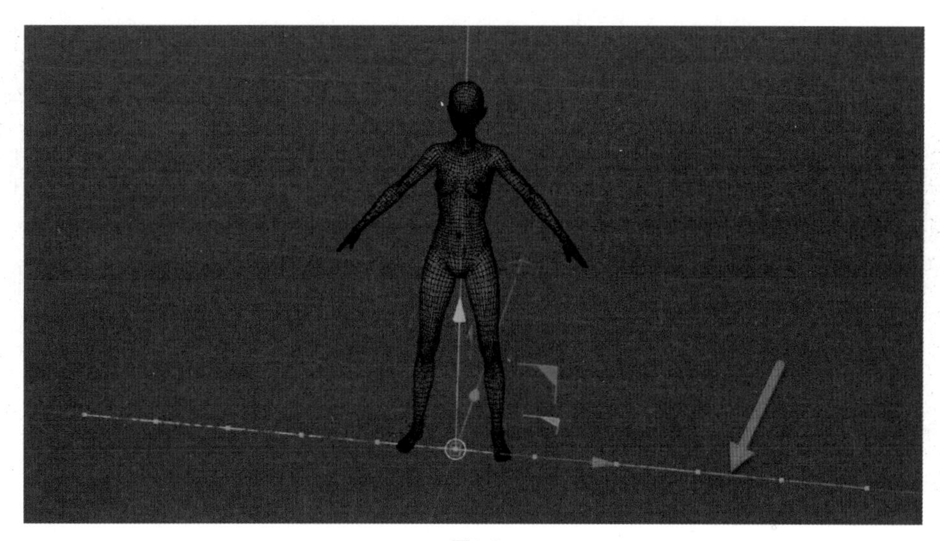

图4-6

提示

控制关节并非直接控制关节，而是通过控制器控制关节，为了让控制器更好地贴合关节坐标，可以通过该方式快速建立一套关节层级关系的控制器。

4.1.5 将空对象转为关节

将空对象转为关节的具体操作步骤如下。

01 选中前文生成的空白对象组，执行“角色”|“转换”命令，单击“转为关节”按钮，即可根据空对象层级建立一套关节。

02 选中上一步生成的关节，执行“角色”|“转换”命令，单击“转换关节至多边形对象”按钮，生成由关节转换而来的多边形，此时其已不再是关节而是多边形网格。

此种方法适用于将 Cinema 4D 中的关节导入其他建模软件。

4.2 角色权重工具

Cinema 4D 的角色权重工具在角色动画制作中扮演着至关重要的角色。通过该工具，用户可以调整模型与关节之间的权重关系，进而改变骨骼对模型的控制力度。权重分配不合理往往会导致动画模型的动作显得僵硬和不自然。因此，熟练掌握并运用 Cinema 4D 的角色权重工具，对于确保动画的流畅性和自然度至关重要。

4.2.1 权重工具的4个常用选项

※ 单击“身体”对象后的“权重”按钮，在“权重工具”选项区域中选中“投射”复选框，如图4-7所示，可以根据模型选择投射方式，即鼠标移至模型边缘，画笔会随着模型进行贴合，取消选中该复选框后则以摄影机的方式进行投射。

※ 选中“仅限可见”复选框，即在视图正面设置权重时，背面没有任何变化；取消选中“仅限可见”复选框，则在正面设置权重时，模型背面也会同时产生变化。

※ 选中“仅选取对象”复选框，只能在被选中的模型部分设置权重，超出选区范围不会产生变化，一般用在细微调整时，为了保证其他部位的权重不被误设置而选择。权重之和应为100%，如图4-8所示，表示该处的权重由Hips及Spine两根骨骼控制并分别占比，但它们之和为100%。

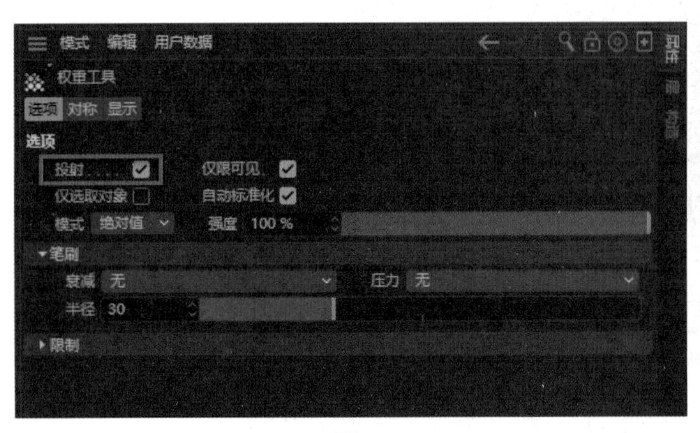

图4-7

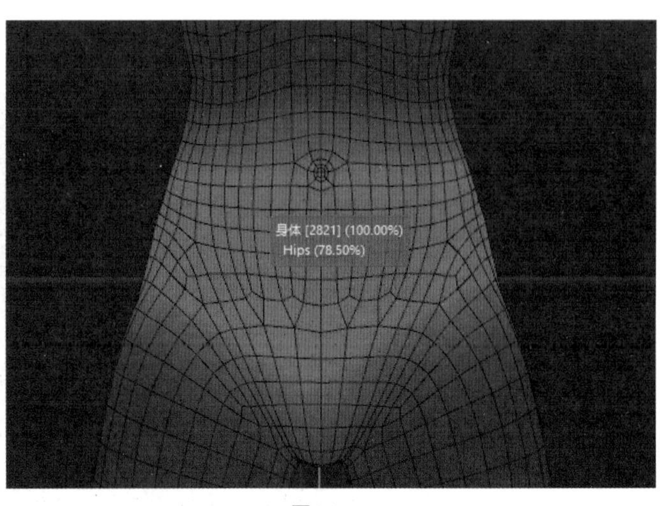

图4-8

※ 在选中“Hips”骨骼后，执行“角色”|“权重工具”命令，并在“属性”面板选中“自动标准化”复选框，将权重全部赋予Hips骨骼后再选择Spine骨骼，权重便减去了，并始终保持100%权重。

当权重值超出100%时，可以执行“角色”|“管理器”命令，单击“权重管理器”按钮，在“属性”面板中执行“命令”|“标准化”命令后，该点会自动减去超出比重的骨骼权重，使该点的权重之和再次回到100%。

提示

当某一骨骼达到100%权重后，自动标准化情况下计算机无法判定减去的权重可以分配到哪根骨骼，因此无法减去；而未到100%的权重由于由多根骨骼控制，计算机可以自动将减去的权重分配给其余骨骼。

4.2.2 权重笔刷工具模式

Cinema 4D的笔刷工具功能多样，可以用于绘制、涂抹、雕刻等多种操作。通过调整笔刷的属性和参数，用户可以轻松实现不同的视觉效果。在虚拟角色动画制作过程中，该工具能够帮助用户更加灵活和高效地完成各种任务。权重笔刷工具作为其中的一种，如图4-9所示，它在权重分配和调整方面发挥着重要作用，具体如下。

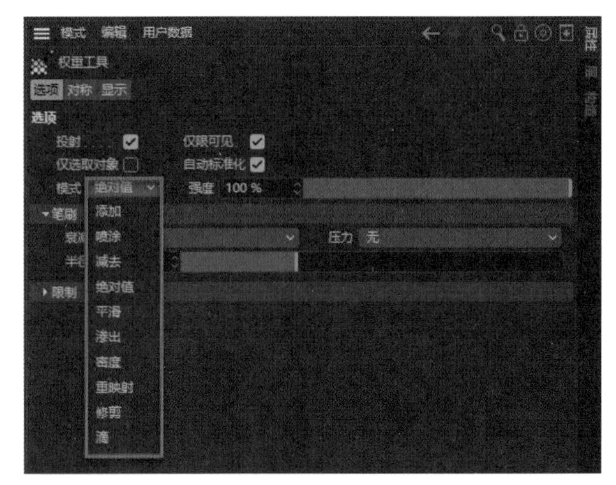

图4-9

※ 添加：为骨骼增加权重比例。

※ 喷涂：与“添加”类似，但计算模式不同，前者每次涂抹比例相同，后者叠加涂抹。

※ 减去：与“添加”相反，降低、减少权重比例。

※ 绝对值：强度选择多少，则涂抹后就占比多少。

※ 平滑：过渡权重比例，而且在单根骨骼达到100%权重的情况下，用此画笔涂抹后可以使用减去模式。

※ 渗出：类似墨水画的润笔功能，仅能在有权重的区域使用，通过涂抹将该区域的权重渗透到其他位置。

※ 密度：类似“添加”，但不能在没有权重的区域使用。

※ 重映射：可以通过曲线来控制画笔的强弱，但不常用。

※ 修剪：类似“减去”，建议直接使用减去模式即可。

※ 滴：吸取权重值，单击即可查看并直接使用该处的权重值。

4.2.3　权重笔刷工具类型

在使用权重笔刷时，可以通过调整“衰减”属性来精确控制笔刷工具对物体形状和动画的影响方式。衰减类型多种多样，包括硬度、线性、圆顶、铃状、圆环、针环和曲线，如图 4-10 所示，这些类型分别对应笔刷工具在不同距离、大小和方向上的衰减效果。以常用的硬度选项、线性选项和曲线选项为例，它们各自具有独特的功能和特点。通过熟练掌握这些衰减类型，用户能够更加灵活地运用权重笔刷工具，从而制作出更加生动和逼真的虚拟角色动画。

※　硬度：中间最实，边缘虚化。

※　线性：从边缘到中间出现一个很均匀的过渡。

※　曲线：控制一些特殊的画笔，“限制”为对权重细节的控制，如图4-11所示，从外到内以“有-无-有-无-有……”的方式交替显示自定义的画笔形状，完全根据曲线进行权重的绘制。

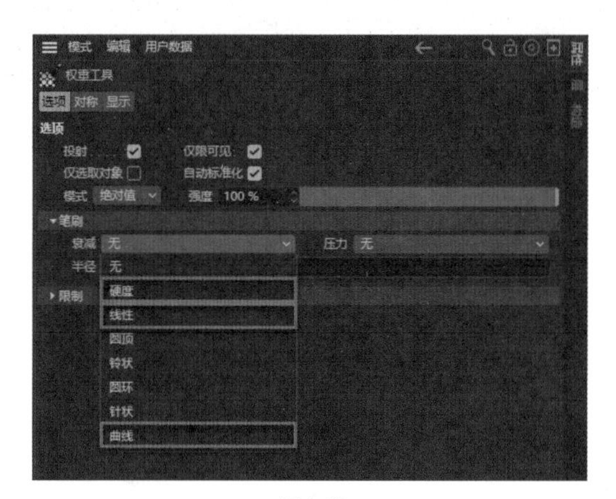

图4-10

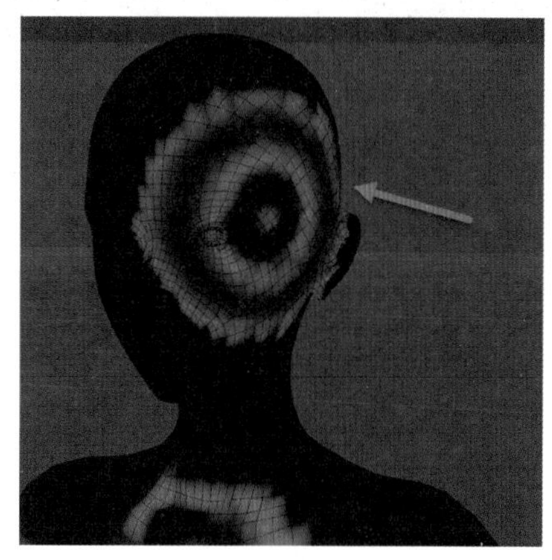

图4-11

提示

其余类型不常用，一般常用“硬度”类型。

4.3　角色权重系统

Cinema 4D 的角色权重系统旨在调整动画模型与关节之间的权重关系，进而影响骨骼对模型的控制力度。权重分配的不合理往往会导致动画模型的动作显得僵硬和不自然。因此，为了确保动画的流畅性和逼真度，需要通过 Cinema 4D 的角色权重管理器进行细致的调整。这样的调整能够优化模型与骨骼之间的互动，使动画表现更加生动和真实。

1.Cinema 4D 权重管理器的“命令”面板

Cinema 4D 权重管理器的“命令”面板的“模式”“强度”“自动标准化”等功能，与权重工具相似，此处不再重复讲解，一些特殊选项介绍如下。

※　全部应用：设置权重时，通常选择最大的一根骨骼，通过此命令先将权重全部赋予该骨骼，此时其他骨骼没有权重，如图4-12所示。

※　0：即对权重进行清零，一般应用在权重绘制过于混乱无法调整时，用于重新绘制。

※　复制：顾名思义，通常应用于左右对称的骨骼权重绘制中，即绘制完一侧后，通过此命令并配合“翻转Z”命令，则可为另一侧对称的骨骼复制相同的权重。

※　合并：将两根骨骼的权重合并到一根骨骼上，通常配合“复制”“翻转Z”命令使用。

※　镜像+到-：将一侧骨骼的权重镜像到与之对称的另一侧骨骼上，与“菜单”面板中“角色”栏的“镜像工具”按钮功能相同。

2.Cinema 4D 权重管理器的“关节”面板

有权重的关节会在“关节”面板全部显示，如图 4-13 所示。

图4-12　　图4-13

选中“锁定”复选框，可起到对已绘制完权重的骨骼的保护作用，避免其受到其他骨骼的影响。

3.Cinema 4D 权重管理器的“权重”面板

权重管理器中的“权重”选项用于控制各点的权重分配。要打开“权重管理器”面板，可以执行“角色”|“管理器”命令，然后单击“权重管理器”按钮，如图 4-14 所示。在过滤选项区域下的“第一过滤”下拉列表中，选择“未标准化”选项，可以检查所有未标准化的点的权重情况。另一个常用的过滤选项是“已选关节”，通常与“第二过滤”结合使用，以便更精确地控制权重分配。

在 Cinema 4D 权重管理器的“命令”选项卡中，可以通过鼠标中键选中所有骨骼，然后单击“权重管理器”面板中的“命令”按钮，再选择 0 选项来清空权重，使模型进入一个无权重的状态。该功能在需要重新分配权重时非常有用。

此外，Cinema 4D 权重管理器还提供了“自动权重”选项。通过执行“自动权重”|“模式”|“热力图”命令，可以以红到蓝的方式生成自动权重。选中“在绑定姿态内”复选框后，单击“计算”按钮，系统将自动计算模型的权重分配。在“基本参数”选项区域，选中“选择的点”复选框，可以在选定点范围内自动生成权重，这大幅提高了权重分配的效率和准确性。选中“允许空对象长度”复选框，如图 4-15 所示，则对空对象末端骨骼也增加权重。

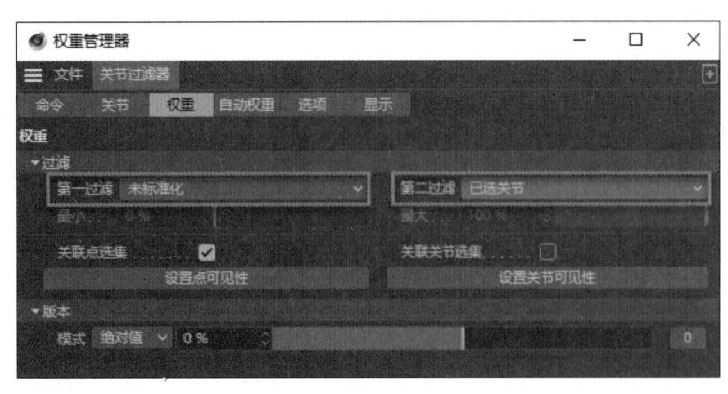

图4-14

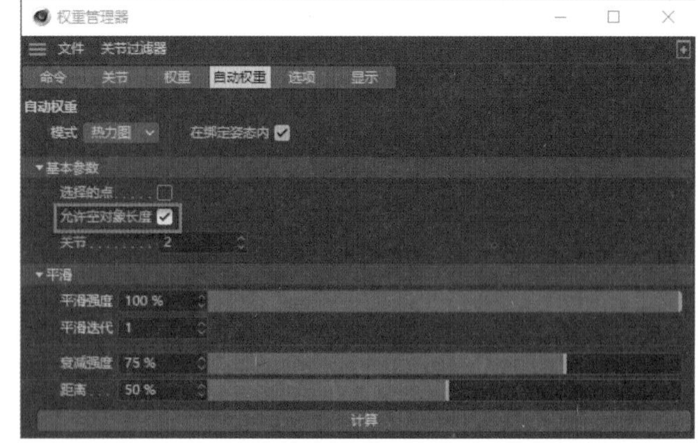

图4-15

权重管理器的“关节”功能可以控制深度，简单理解为数值越大过渡越自然、越平滑，数值越小越生硬。

4. 权重管理器的其他面板

权重管理器的“自动权重”功能将平滑计算权重，与“菜单栏”|“角色”|“绑定”按钮的功能相同，其他参数可根据需要自行调整到一个合理的状态，如图 4-16 所示。

“选项”面板基本不用，保持默认即可，此处不再展开介绍。

“显示”选项卡中的参数保持默认选中状态即可，为避免权重显示颜色与模型线框颜色重叠，可以改变权重显示颜色，方便观察绘制的权重，如图 4−17 所示。

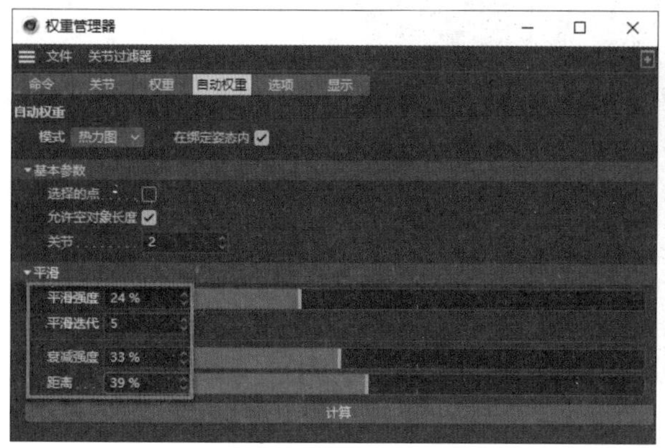

图4-16

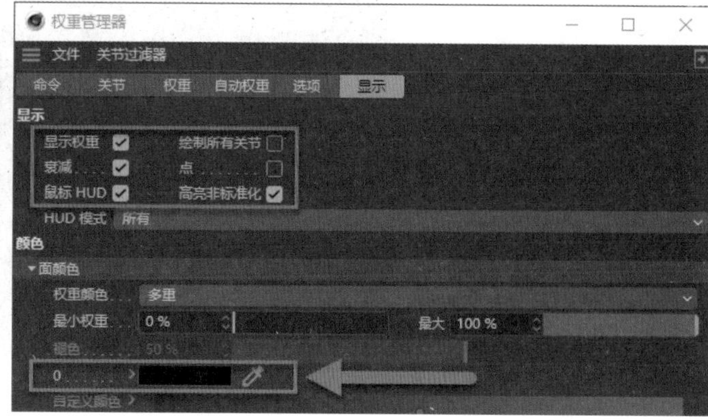

图4-17

4.4　角色肌肉系统

Cinema 4D 自带的角色肌肉系统是一个强大的附加组件，它专为快速创建肌肉系统、组织和其他有机物体及其物理模拟而设计。通过这个系统，用户可以轻松地仿真模拟人物在运动时的肌肉运动，基于身体的肌肉、脂肪和骨骼等进行精细建模，从而实现更加真实、逼真的角色表现。此外，该系统还提供了便捷的工具来调整肌肉的大小、形状和位置，并将其与骨骼紧密绑定。值得一提的是，这个肌肉系统还支持高级的物理模拟功能，能够准确地模拟肌肉的运动和力学特性，为虚拟角色动画制作带来了前所未有的真实感和逼真度。

4.4.1　初识肌肉系统

下面以实例的形式，带大家初步了解肌肉系统。

01 在Cinema 4D中，导入利用Mixamo网站绑定的角色文件。

02 执行“角色”命令，单击“肌肉”按钮，新建一个肌肉系统。

03 肌肉系统中间带了一个红色肌腱和网格控制框，执行“模式”|“点”命令，在“点”模式下，此控制框可以选中其控制点，以改变肌肉的形状。

04 单击“菜单”面板中的“模式”|“模型”按钮，在“模型”模式下可以看到两个点，即锚点，如图4-18所示。一块肌肉可以有多个锚点，根据需求进行设置，可以移动锚点以贴合模型关节的位置。

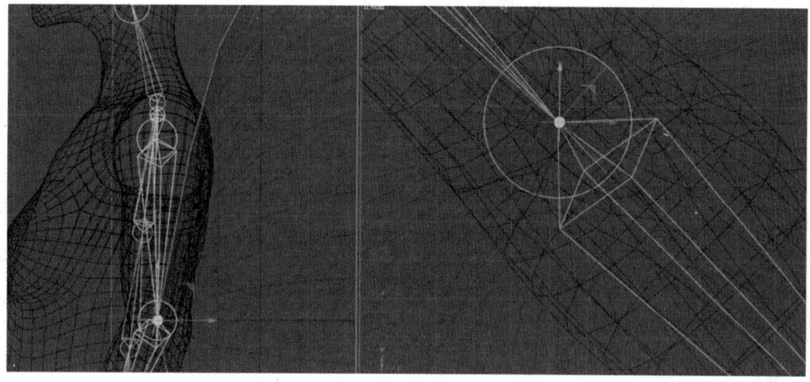
图4-18

05 直接移动锚点，肌肉系统坐标是不会跟随移动的。需要先移动坐标轴至想要绑定的肌肉的位置，在最合适的视图下对齐到关节，一端放在关节处，适当缩小后再移动另一个锚点到第二个关节，肌肉便已经移至关节位置，但无法看见。此时可以选中“身体”对象，在“属性”面板选中“透显”复选框，即可开启透明显示，方便观察肌肉系统，如图4-19所示。

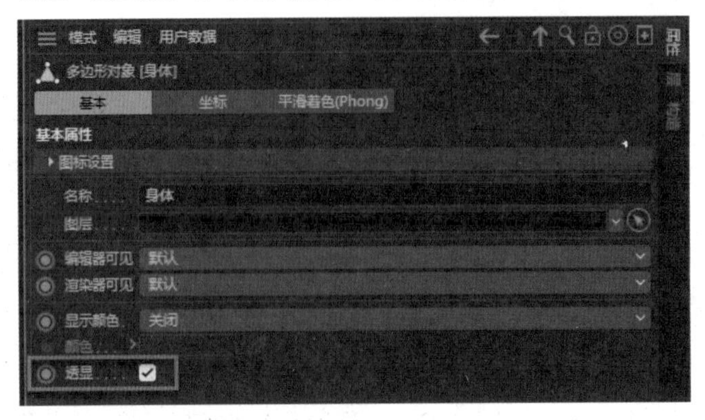

图4-19

4.4.2 肌肉系统动画制作

肌肉的主要功能是弥补仅依赖权重时的不足。在现实中，当手臂运动时，肌肉会随着骨骼的运动收缩和屈伸。然而，在仅有权重的情况下，模型并不会展现这种变化，因为权重本身无法模拟肌肉的鼓起效果。为了更真实地模拟这种情况，就需要加入肌肉蒙皮，以便在模型表面实现仿真的肌肉运动效果，具体的操作步骤如下。

01 肌肉一般存在“松弛”“压缩”“延伸”3种状态。默认的肌肉处于“延伸”状态，当其手臂曲起的时候，肌肉收缩就会产生“松弛”和“压缩”的状态。选中LeftForeArm骨骼，在第0帧的位置创建关键帧，在第20帧的位置旋转骨骼达到一个松弛的状态并创建关键帧，在第40帧的位置进一步压缩并创建关键帧，如图4-20所示。

02 选中“肌肉”对象单击按钮，单独调出“肌肉”属性窗口，拖动LeftArm骨骼至上层，即起点，拖动LeftArm骨骼至下层，即终点，此时肌肉会跟随骨骼进行运动，但还没有膨胀效果。

03 在第0帧的位置，即“延伸”状态下，取消选中“自动体积”复选框并单击“设置”按钮，此时的数值为25.288，在第20帧的位置，即“松弛”状态下，切换到点模式并框选肌肉，进行缩放后单击“设置”按钮，此时的数值为25.287；在第40帧的位置，即“压缩”状态下，继续放大肌肉并单击“设置”按钮，此时的数值为25.259；切换至“动画”模式播放肌肉膨胀动画，最后选中“肌肉”对象，单击“菜单”面板中的“角色”|“肌肉蒙皮”按钮，创建肌肉蒙皮，此时“肌肉”对象会自动出现在肌肉蒙皮的“属性”面板中，移动肌肉蒙皮至模型蒙皮下方，关闭“透显”功能，播放动画可看到肌肉运动效果。

04 若要模拟运动过程中肌肉反弹的效果，可以切换至“动力学”选项卡，单击“菜单”面板中的“模拟”按钮，选择“力场”选项，单击“重力场”按钮，添加并拖至“属性”面板中，修改数值为-980cm，此时可发现肌肉系统产生了一个力场的影响，如图4-21所示，调整其各项参数即可产生不同的效果。

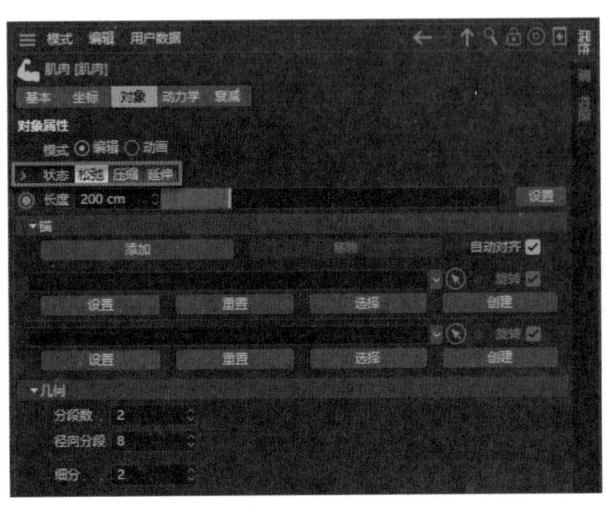

图4-20

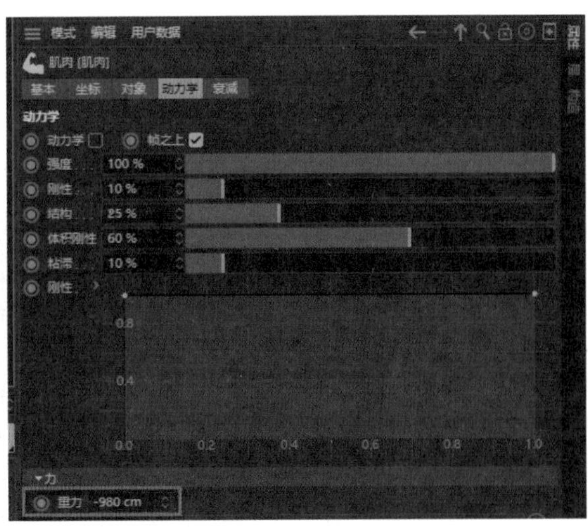

图4-21

在“对象”选项卡中需要关注以下几个参数。

※　脂肪偏移：即在肌肉和骨骼之间放置一层脂肪起到缓冲作用，改变人体的胖瘦。

※　细分：加大对肌肉的细分，数值越大越精确，模拟效果越好，但计算量增大。

※　衰减：对力场的一个衰减，可以通过单击“线性域”按钮，控制力场对肌肉的衰减范围，即对蒙皮的影响力。

提示

在线性域范围内才会产生肌肉的运动，而且越靠中心强度越大，效果越明显。

4.4.3　胸部抖动效果

制作胸部抖动效果的具体操作步骤如下。

01 单击“菜单”面板中的“角色”|“关节”按钮，在世界原点处创建一个关节并结合三视图将其移至胸部位置。

02 将新建的关节拖至Spine2骨骼下，此时两根骨骼会连接在一起。

03 新建“肌肉”对象并移动、缩放至胸部的合适位置，分别将两个锚点对齐胸部和乳头，如图4-22所示，在点模式下选中肌肉控制框中间的点并放大。

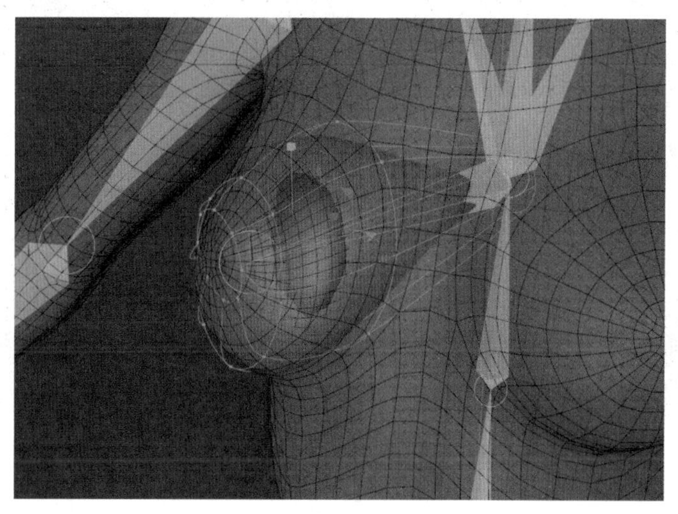

图4-22

04 在“属性”面板的“分段数”文本框中，增加可细化控制框的点数量，方便对肌肉形状的调整。

05 制作肌肉形态。分别将肌肉系统的两个锚点固定在Spine2骨骼及“关节”骨骼上，在“延伸”状态下单击“设置”按钮，此时的数值为17.183；在“松弛”状态下调整肌肉大小（此时略有破面可忽略）并单击“设置”按钮，此时的数值为17.551；在“压缩”状态下继续调整大小和形状并单击“设置”按钮，此时的数值为17.551。

06 在肌肉“属性”面板中切换至“动力学”选项卡，执行“模拟”|“力场”命令，单击“湍流”按钮，并拖至“属性”面板中，调整湍流数值达到胸部抖动的效果。

07 为肌肉系统添加肌肉蒙皮，并放置在模型蒙皮下方，此时用鼠标拖动模型的坐标也会产生胸部抖动效果。

4.5　建立角色身体关节

建立角色身体的关节可以分为多个部分，包括脊柱、腿部、手臂、手掌、手指和头部等。相对于头部和手指的关节建立而言，脊柱和腿部关节的建立过程较为简单。然而，建立手掌和手指的关节则相对复杂，需要更多的耐心和细心。此外，在创建手部关节之前，需要在操作面板的空白处单击以创建新的关节组。这是因为如果不这样做，系统将会延续腿部关节的创建方式，以子级的形式继续创建手部关节，这可能会导致关节结构不符合实际情况。本节将引导读者逐步掌握完整的角色模型关节建立流程，帮助读者更好地理解并掌握建立角色关节的技巧和方法。

4.5.1 建立角色脊柱关节

Cinema 4D 绑定骨骼和制作蒙皮时容易导致模型错位，所以在所有绑定完成后，需要检查模型有无变化，确保模型没有任何偏差，具体的操作步骤如下。

01 在Cinema 4D中，复制一个模型并命名为“参考”，给予一个红色材质球并右击，在弹出的快捷菜单中选择“装配标签”选项，单击“保护”按钮，为其装配保护标签。如果制作过程中红色不显示，表明模型没有完美重合。

02 单击“菜单”面板中的“模拟”按钮，再单击“关节工具”按钮，在其“属性”面板中取消选中“空白根对象”复选框，在胯部位置单击创建一个点，在头顶处再创建一个点，此时的关节是笔直的，如图4-23所示。

03 调整“关节1”骨骼及“关节2”骨骼的位置（头顶处的关节要略微高出头皮）。

04 继续单击“关节工具”按钮并按住Shift键，分别在肚脐、胸部（两乳之间靠下）、锁骨和下巴位置分别单击创建点，如图4-24所示，根据模型曲度，在按住7键的同时，移动关节位置。

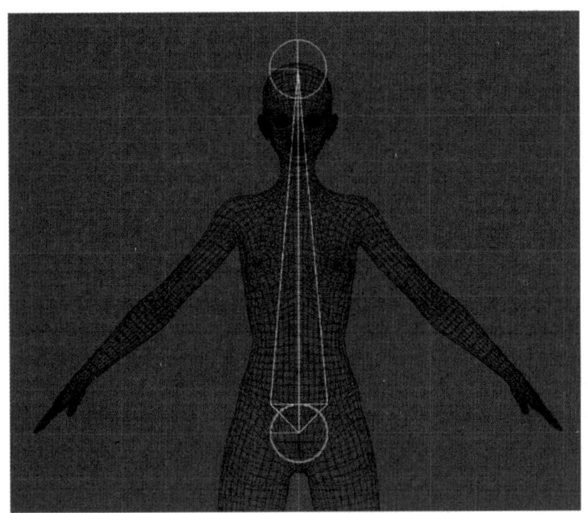

图4-23

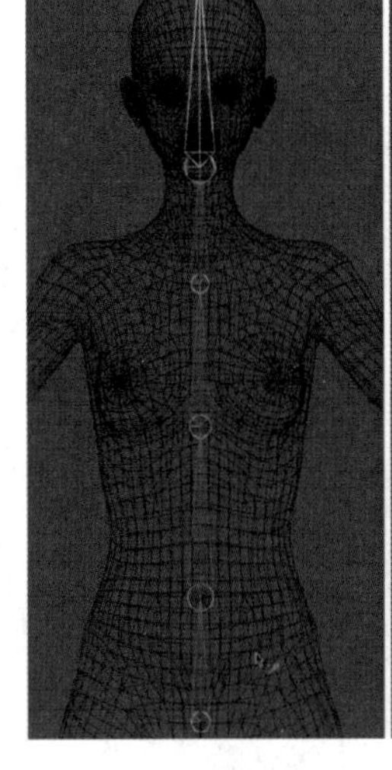

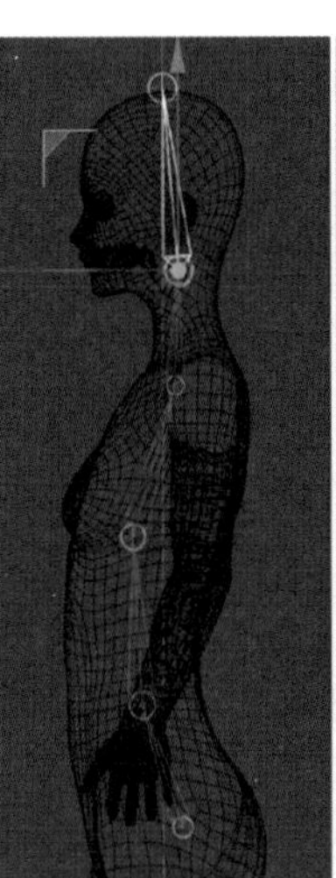

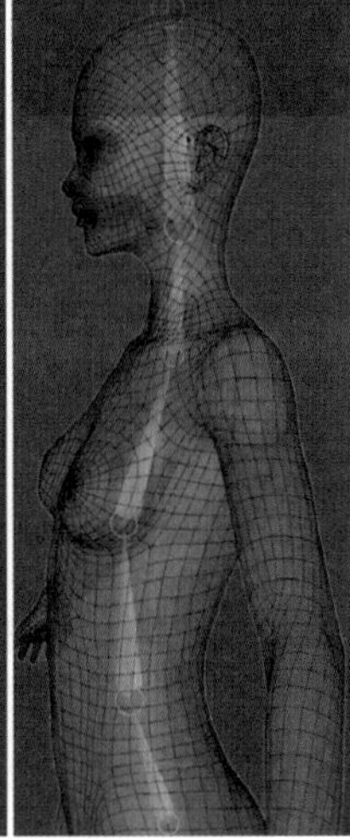

图4-24

05 目前关节Z轴的方向朝向“世界空间”方向是不正确的，需要让关节的Z轴朝向父级的方向，避免之后的关节旋转出现问题。全选骨骼，在关节“属性”面板的“对象”选项中，选择“轴向：Z”选项并单击“对齐”按钮。

4.5.2 建立角色腿部关节

建立角色腿部关节的具体操作步骤如下。

01 腿部关节与脊柱关节的建立方式相同，可以按住Ctrl键，单击“关节工具”按钮创建关节，并按住7键调整位置。

02 腿部的骨骼存在FK和IK的问题，其中FK是指正向动力学，通过父级带动子级；IK是指逆向动力学，通过子级带动父级，因此需要方向的约束。由于现实中抬腿的动作一般为朝前的，因此，膝盖处的关节要略靠前，形成一个弧度。

03 在关节“属性”面板中切换至“对象”选项卡，如图4-25所示。将骨骼尺寸模式改为“自定义”，“尺寸”值为3cm；关节尺寸模式改为“自定义”，“尺寸”值为3cm。

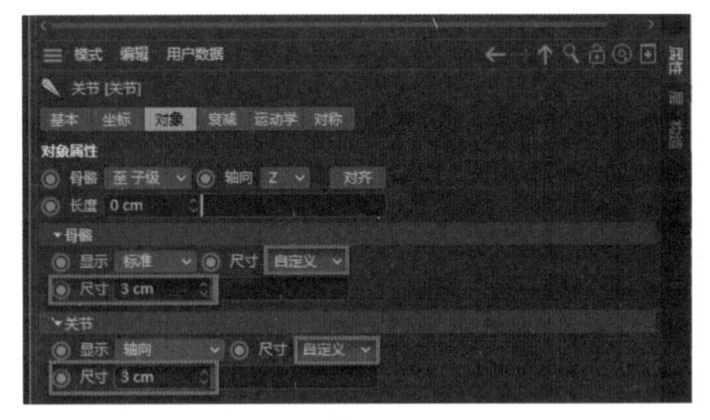

图4-25

04 创建脚掌处的关节并调整至合适的位置，全选腿部所有骨骼，在关节“属性”面板中的“对象”选项卡中选择“轴向：Z”选项，并单击“对齐”按钮。

4.5.3 建立角色手臂关节

建立角色手臂关节的具体操作步骤如下。

01 在Cinema 4D中，导入人体模型。

02 在肩膀偏弧形的位置建立一个关节，其余两个关节为了更精确地定位，采用“所选到关节”的方式进行创建。在边模式下执行“选择”命令，单击“路径选择”按钮，在模型手臂及手腕上选中一圈，执行“角色”|“转换”命令，并按住Shift键，单击“所选到关节”按钮完成创建。移动关节至合适的位置，手动建立层级关系，同理对齐Z轴，如图4-26所示。

03 为大腿及手臂关节命名，由于存在对称关系，命名时需要添加前缀，方便后续的镜像操作。

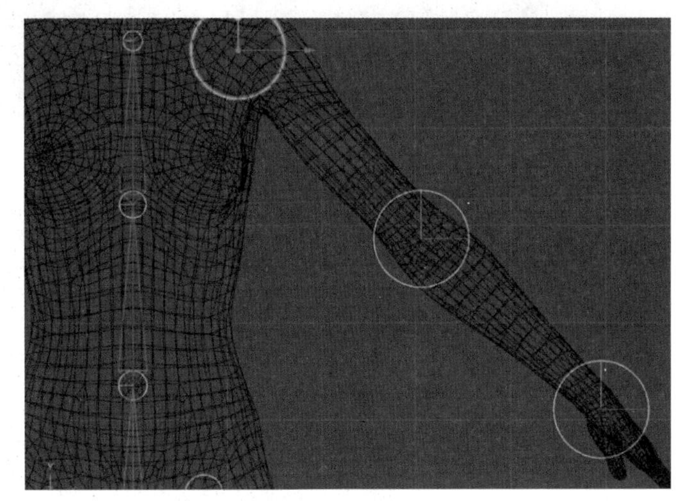

图4-26

4.5.4 建立角色手掌关节

创建手掌关节确实具有一定的挑战性。虚拟角色的手部包含多个关节和骨骼，这些元素相互交错，共同构成了一个复杂而精细的运动系统。为了准确地重建和动画化手部关节，建模师和动画师需要对人体结构有深入的了解。而手指间的协调运动对于创建逼真的手部动画至关重要，这要求动画师必须深入研究手指的交互方式以及手指间的运动规律。只有这样，才能确保虚拟角色的手部动画既符合人体工学原理，又具备高度的真实感和逼真度。

建立角色手掌关节的具体操作步骤如下。

01 在边模式下执行“选择”命令，单击“路径选择”按钮。

02 分别在拇指第一关节与第二关节处，选中手指线圈，如图4-27所示，执行“角色”|“转换”命令，并按住Shift键，单击“所选到关节”按钮，完成关节创建。

03 单击“所选到关节”按钮，创建拇指第二、三段关节。

04 在面模式下，创建第四段关节，并为关节命名，调整关节层级关系。

05 单击“所选到关节”按钮，分别为食指、中指、无名指和小指创建关节。

06 为食指、中指、无名指和小指创建的关节命名，并建立骨骼层级关系。

07 将四指分别靠近手掌处的一个关节向手掌的方向移动一定距离，折叠四指的层级关系并连接到“L-手腕”骨骼。

08 在创建好五指的所有关节后，需要分别为五指的关节轴向设置Z轴对齐，对齐轴向是为了让所有的运动都存在一个轴向，大拇指至小指关节Z轴朝向分别如图4-28~图4-32所示。

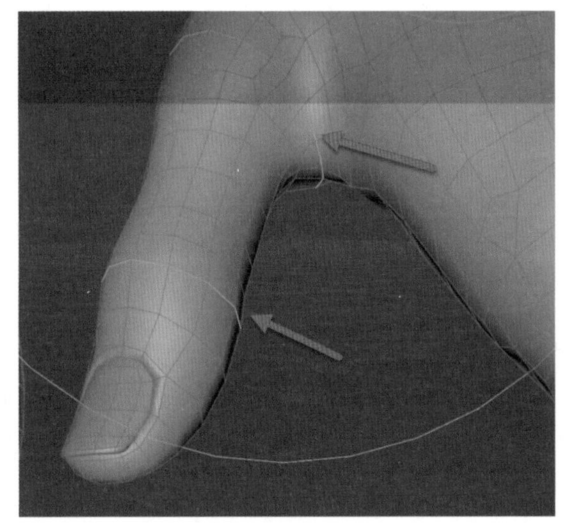

图4-27

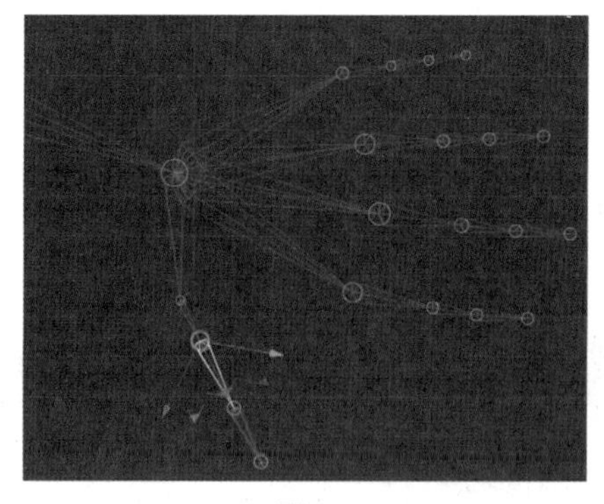

图4-28

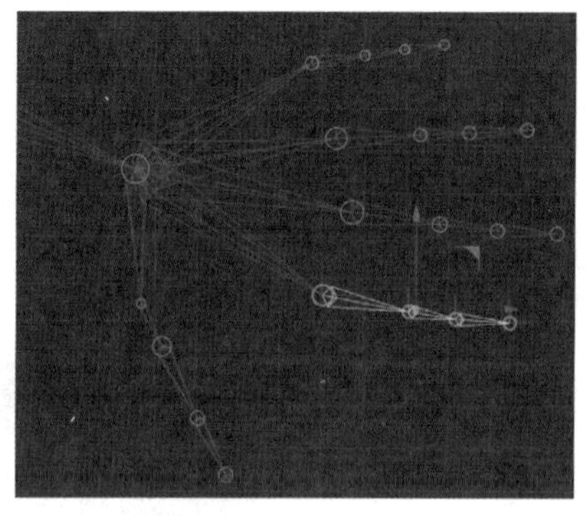

图4-29

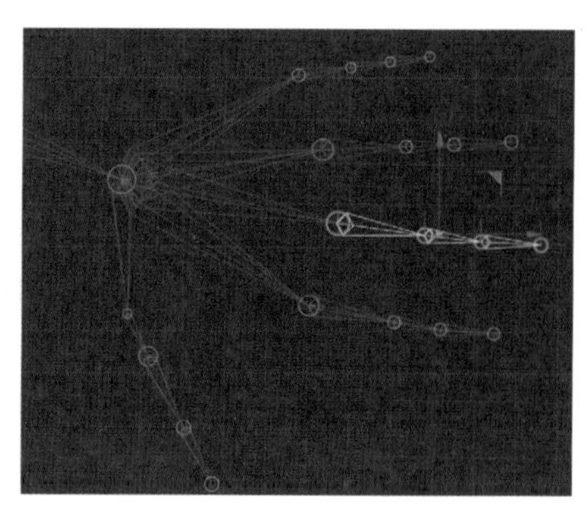

图4-30

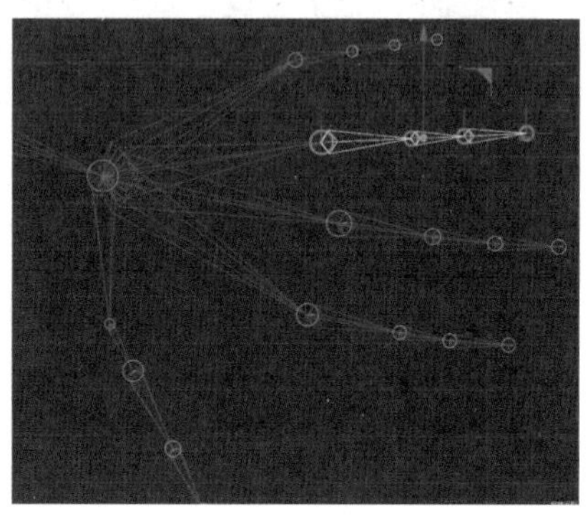

图4-31

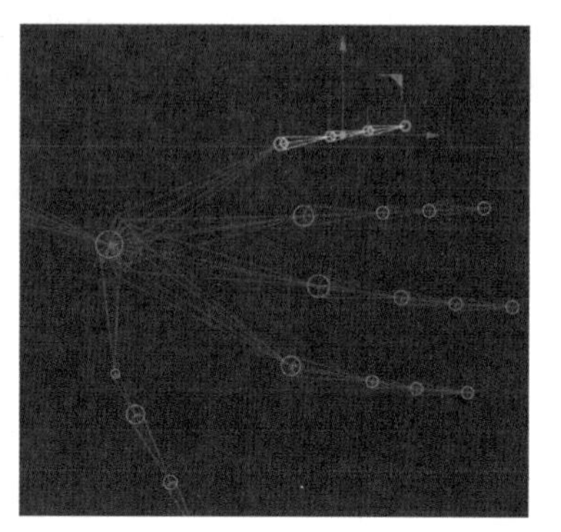

图4-32

提示

五指需要分别操作，不可一起对齐。

4.6 建立角色控制器

角色控制器是驱动虚拟角色运动的核心工具。在角色控制器中，可以设置角色的位置、方向，定义其动作和表情，甚至精细控制角色身体各部位的转动。通过该工具，能够轻松管理和调控角色的运动状态与形态，进而实现更加真实、生动的角色表现。除此之外，角色控制器还具备多项高级功能，如自动平滑骨骼动画、模拟肌肉组织的动态效果、设置关节运动限制，以及为角色添加刚体物理特性等。本节将重点介绍如何为角色的脊柱和腿部建立有效的控制器。

4.6.1 建立角色脊柱控制器

建立角色脊柱控制器的具体操作步骤如下。

01 在Cinema 4D中，导入角色模型文件。

02 依次选中“胯部”骨骼到“脖子”骨骼，执行“角色”|“转换”命令，单击“转为空白对象”按钮，自动生成相应关节的空对象。

03 全选所有空对象，在“属性”面板中切换至“对象”选项卡，在“显示”选项区域中选中“圆环”复选框。

04 在“方向”下拉列表中选中XY选项，根据需要调整“半径”及“宽高比”参数，以方便选中为宜。

05 全选空对象，在“属性”面板中切换至“基本”选项卡，并将“颜色”设置为黄色（颜色不固定，方便观察即可），如图4-33所示。

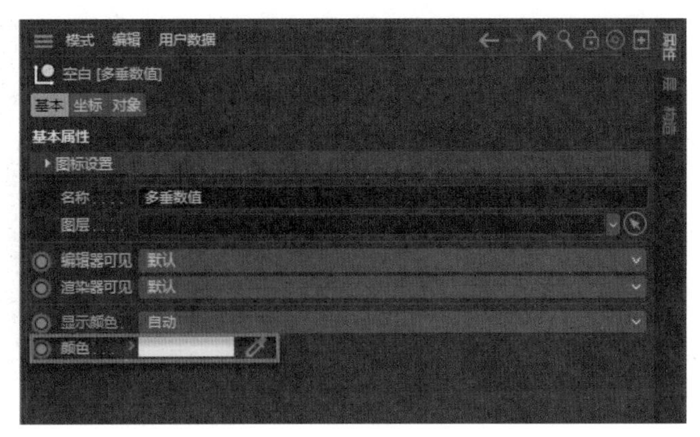

图4-33

06 切换到“坐标”选项卡，单击“冻结全部”按钮，确保每一个空对象的XYZ坐标值均为0。

07 选中“胯部”骨骼到“脖子”骨骼，右击“装配标签”下的“约束”按钮，在“属性”面板中自动切换至PSR选项。

08 单击“胯部”骨骼后的“约束”标签按钮，将“胯部”空对象拖入“约束”标签按钮。

09 在“属性”面板中的“目标”选项区域中，依次将“腹部”“胸部”“肩部”“脖子”空对象拖入其对应骨骼的“约束”选项区域的“目标”选项中。

10 选中“胯部”空对象，在透视图中旋转该对象测试约束效果，随后单击快捷工具栏中的“复位PSR”按钮，复原所有骨骼位置。

4.6.2 建立角色腿部控制器

腿部由于存在 FK 和 IK 两种控制方式，因此，需要创建多个原点。此时，需要使用 IK 来驱动腿部的运动，具体的操作步骤如下。

01 选中“L-大腿”到“L-脚腕”的骨骼，如图4-34所示，执行“角色”|“创建IK链”命令，生成“IK链”标签，并自动生成“L-脚腕-目标”空对象，此时可以通过“脚腕”的移动带动整条腿运动。

02 选中“L-脚腕”至“L-脚尖”的骨骼，为其生成“IK链”标签，并为新生成的“L-脚尖-目标”空对象重命名为“脚掌控制器”，用于制作踮脚尖的动作。

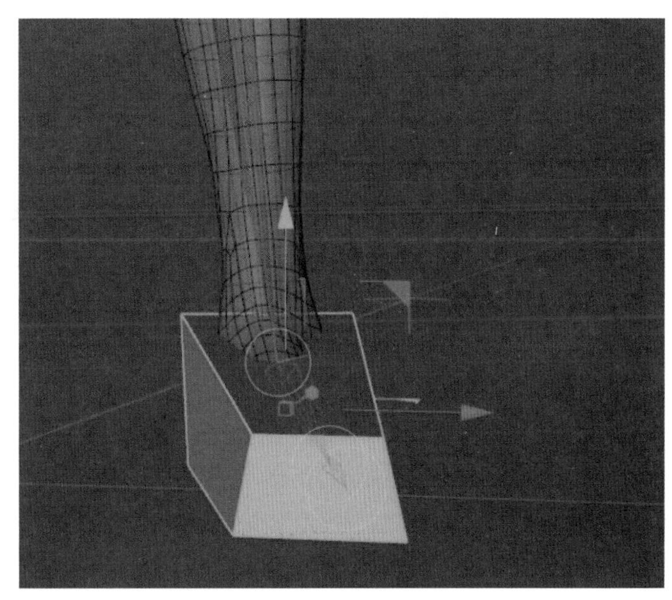

图4-34

03 执行“创建”|“参数对象”|“立方体”命令，创建一个“立方体”对象，移至脚掌位置并调整至合适大小后，按C键进行参数化。

04 在点模式下以契合脚掌形状为目的进行调整，在线模式下右击“提取样条”按钮后，生成“立方体”样条对象，此时可删除立方体，命名样条并调整层级。

05 选择“L-脚尖”骨骼，执行“角色”|“转换”|“转为空白对象”命令，生成一个“L-脚尖”空对象，将该空对象移至空对象组中并调整层级关系，此时可移动或旋转“L-脚尖”空对象，达到腿部跟随运动的效果 。

06 全选“L-脚步总控”对象及其子级，单击“冻结全部”按钮冻结所有坐标，如图4-35所示。

07 为“L-脚腕”骨骼生成“L-脚腕”空对象，同样调整层级关系并冻结全部。

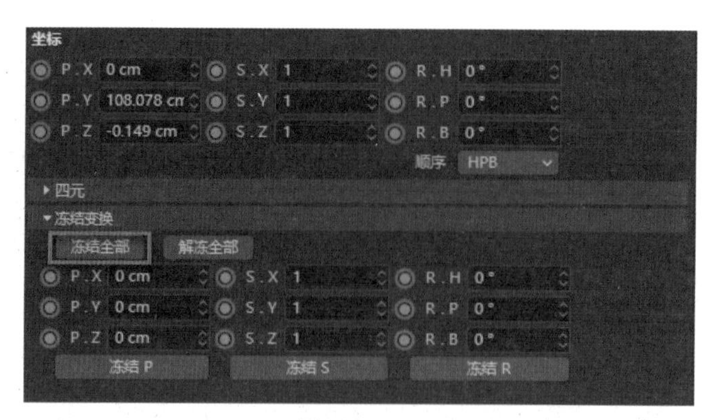

图4-35

4.6.3 IK链

完成控制器制作后，用户可能会注意到在腿部运动过程中膝盖的朝向并不理想。这时，就需要借助 IK 链（逆向运动学链）的相关知识来进行调整。在此过程中，还会涉及“极向量”的概念。通过运用这些知识和技术，用户可以更精确地控制膝盖的朝向，从而实现更自然、更逼真的腿部动画效果。具体的操作步骤如下。

01 单击“L-大腿”骨骼后的“IK链”按钮，在“属性”面板的“标签”选项中单击“添加旋转手柄”按钮，生成“L-大腿-旋转手柄”空对象。在操作过程中，不可移动腿关节，如图4-36所示。

02 再一次选中所有腿部空对象并冻结。因为主要组发生变化，其坐标也会随之变化，所以需要检查组中每一个对象坐标是否均为0，重命名旋转手柄并查看效果。

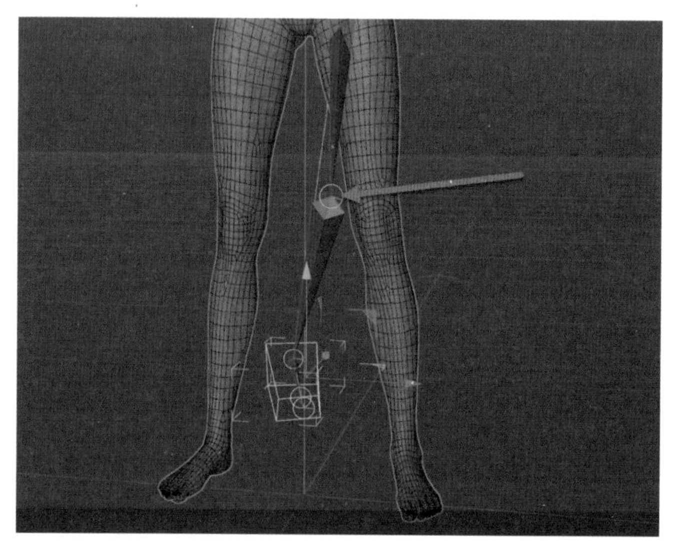

图4-36

4.6.4 镜像角色骨骼

镜像角色骨骼的具体操作步骤如下。

01 将“L-大臂”骨骼组连接到“肩部”骨骼，“L-大腿”骨骼组连接到“胯部”骨骼。

02 单击“菜单”面板中的“搜索”按钮，待弹出“搜索”对话框后，输入L，此时所有关于L的对象或骨骼全部显示出来。

03 全选所有空白对象和骨骼，执行“角色”|“镜像工具”命令，在“属性”面板中切换到“命名”选项卡，并修改替换名称。

04 切换到“方向”选项卡，将“坐标”改为“全局”，“轴”改为X(YZ)。

05 切换到“选项”选项卡，将“轴”设置为YZ，在“工具”选项卡中单击“镜像”按钮，如图4-37所示。

提示

镜像工具“属性”面板的“选项”选项卡中，“轴”的设置很重要。不正确的方向会导致镜像出的骨骼出现反向运动或坐标错误等问题。

06 在透视图中选中白色线框，即手部总控制器，按住Ctrl键，在“属性”面板中右击“添加到HUD”按钮，弹出HUD界面。

07 按住Ctrl键移动位置并右击，在弹出的快捷菜单中选择“对象本身激活”选项，此时可以移动HUD中的三角滑块查看各控制器的运动效果。

08 单击“搜索”按钮，输入R，显示所有关于R的控制器，并修改颜色（修改颜色非必需步骤，以方便自身查看为标准），如图4-38所示。

09 选择“R-手部总控”空对象，在“属性”面板中选择“用户数据”选项，单击“编辑用户数据”按钮，弹出编辑对话框，逐一修改名称，并单击OK按钮。

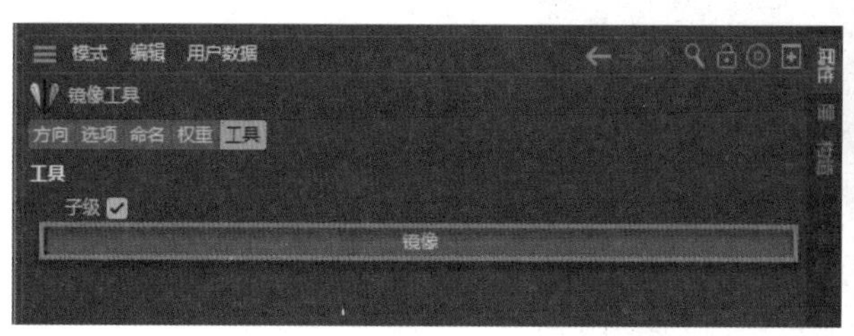

图4-37

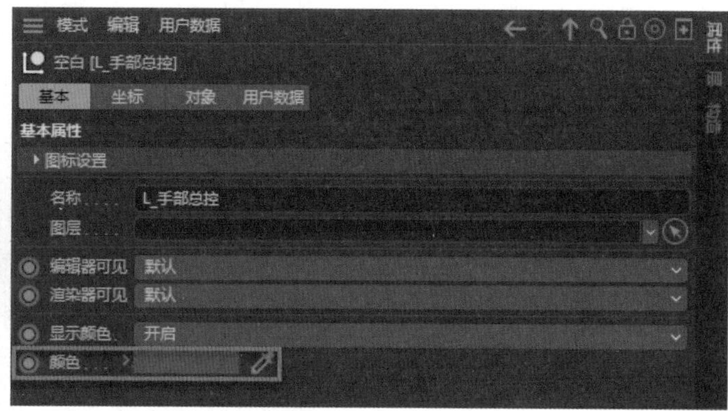

图4-38

10 删除原有的HUD界面，重新添加一次即可显示命名均正确的HUD界面。

11 整理并删除不需要的对象，全选所有骨骼后结组并命名为“骨骼”，全选所有控制器结组并命名为“控制器”。

12 全选所有骨骼并加选“身体”对象，执行“角色”命令，单击“绑定”按钮即可完成绑定工作。

4.6.5 绑定手指控制器约束

绑定手指控制器约束的具体操作步骤如下。

01 选中“L-大臂”至“L-手腕”的骨骼，执行“角色”|“创建IK链”命令，即可生成“L-手腕-目标”空对象及“IK链”标签。

02 将空对象命名为“手部总控”，设置显示模式并修改颜色。

03 选中“IK链”标签，单击“添加旋转手柄”按钮，生成“L-大臂-旋转手柄”空对象，此手柄同样不能移动其他轴，只能移动X轴，如图4-39所示，为此手柄设置显示对象及颜色。

04 全选手指骨骼，如图4-40所示，执行“角色”|“转换”命令，单击“转为空白对象”按钮，生成与骨骼对应的带有层级关系的空对象，其中每个手指的最后一级对象可以删除。移动整理保留后的手指控制器至“L-手部总控”空对象下作为子级，设置其显示对象。

提示

可以根据需要自由调整各手指的显示对象的大小，如大拇指圆环半径可以大一些，小拇指则相反，以方便观察及选取。

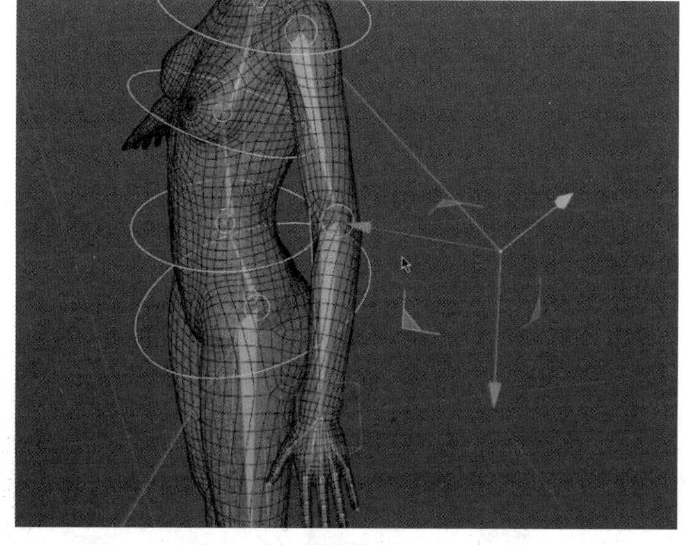

图4-39

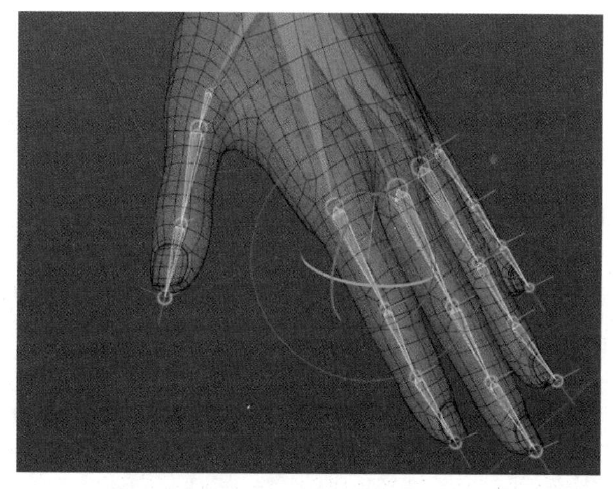

图4-40

05 全选所有手部控制器，在“属性”面板的“基本”选项栏目中选中“显示颜色”复选框，并设置颜色为红色。

06 将除带有数字3外的所有手指骨骼全选，如图4-41所示，右击，在弹出的快捷菜单中选择“装配标签”|“约束”选项。

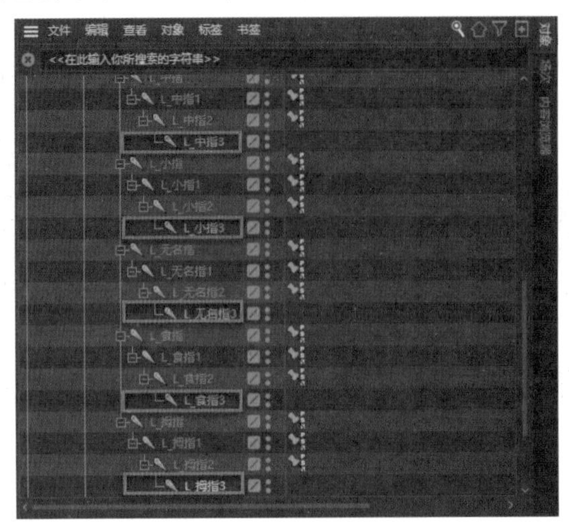

图4-41

07 单击“约束”标签按钮，在“属性”面板中选中PSR选项。

08 单击按钮，将“对象”列表单独列出以方便编辑。

09 选中“L-中指”骨骼对应的“约束”标签，在“属性”面板中切换到PSR选项。

10 在“对象”列表中选中“L-中指”空对象，并拖入“属性”面板中的目标栏。采用同样的方法为所有带有“约束”标签的手指逐一对应绑定控制器即可。

4.6.6 设置手指关节联动

设置手指关节联动的具体操作步骤如下。

01 选中“L-手部总控”空对象，并冻结其坐标 。

02 选中“L-拇指”空对象，如图4-42所示，右击，在弹出的快捷菜单中选择“编程标签”选项，单击XPresso按钮，将“L-拇指”空对象拖入XPresso编辑器面板中。

03 在透视图中旋转“L-拇指”空对象，发现其“属性”面板中H轴有变化，按快捷键Ctrl+Z复原后，将“H轴”拖入表达式中，其中蓝色表示输入，红色表示输出。

04 在编辑器中搜索“范围映射”，找到“范围映射”节点并拖入编辑器面板，如图4-43所示，修改“范围映射”节点的输入值，输出范围参数为“角度”并连线。同理将“L-拇指1”和“L-拇指2”空对象分别拖入编辑器面板，并将其各自“属性”面板中的H轴拖入各自对应的节点并连线。

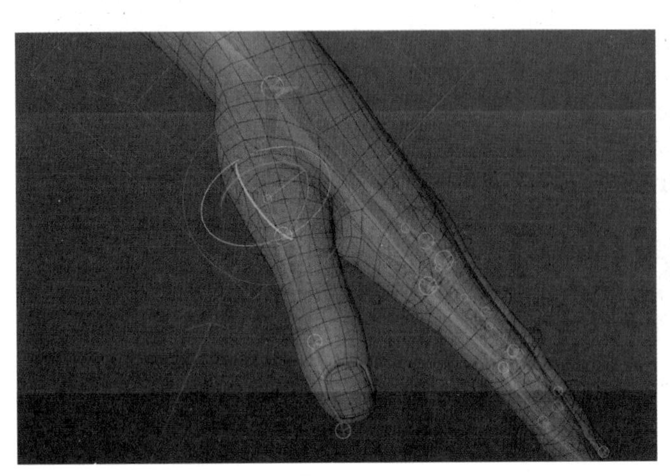

图4-42

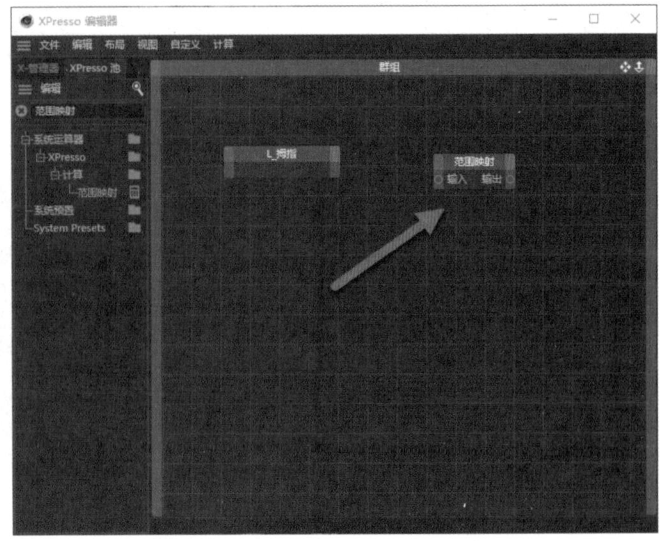

图4-43

05 为其余4根手指设置XPresso表达式，通过观察发现其余4根手指的旋转轴并非H轴而是P轴，因此需要将P轴拖入节点。

06 按住Ctrl键拖动“范围映射”节点，并复制两个，通过观察发现拇指的左右旋转轴为P轴，将各自的P轴分别拖入“L-拇指”“L-拇指1”“L-拇指2”3个节点中并连线，如图4-44所示。

07 为其余4根手指建立左右移动的节点，与拇指的区别在于其余4根手指的左右移动轴为H轴。此处仅展示食指连接后的参考，其余手指的操作方法相同，不再赘述。

08 手指的旋转并非无限制，因此需要为表达式限制角度。为“L-手部总控”空对象再建一个XPresso标签。

09 在该表达式的“属性”面板中单击“增加用户数据”按钮，弹出“编辑用户数据”对话框。

10 将“属性”选项中的“数据类型”都设置为“浮点”，“用户界面”设置为“浮点滑块”，“单位”设置为“百分比”，其余参数保持默认，并单击OK按钮确定。

提示

一定记得单击OK按钮，否则之前的操作全部失效。

11 将“L-手部总控”空对象拖入表达式编辑器中，右击并导入“L-拇指 弯曲”数据，同样赋予“范围映射”节点，将“L-拇指”空对象拖入编辑器中，将其H轴拖入对应节点并连线。

12 选择“L-手部总控”空对象，在其“属性”面板中移动“用户数据”栏中的滑块并查看效果，单击该栏中的“L-拇指弯曲”行。右击，在弹出的快捷菜单中选择“复位默认状态”选项，此时用户数据回归初始状态（0），如图4-45所示。

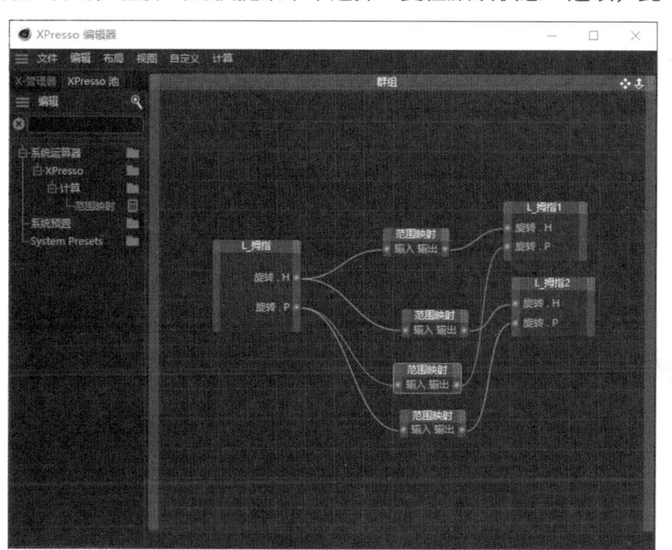

图4-44

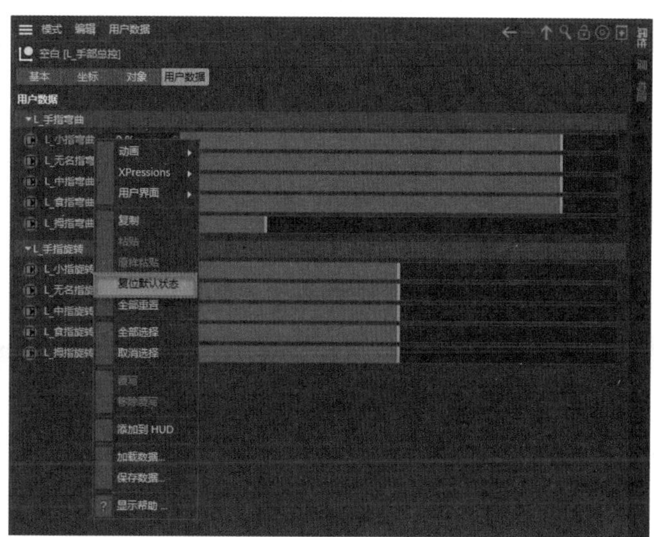

图4-45

13 再次选择“L-手部总控”空对象，在其“属性”面板中单击“增加用户数据”按钮，弹出“编辑用户数据”对话框，修改数据2的名称，注意将“属性”选项卡中的“数据类型”设置为“浮点”，“用户界面”设置为“浮点滑块”，“单位”设置为“百分比”，其余参数保持默认并单击OK按钮确定。

14 导入“L-拇指旋转”数据，并将“L-拇指”P轴拖入对应的节点中。

15 在表达式编辑器中右击，复制两个数据，再选中“用户数据（默认）”复选框后右击并粘贴，分别重命名并设置粘贴后的两个用户数据的参数。在“L-手部总控”节点中导入“L-食指弯曲”及“L-食指旋转”用户数据，将“L-食指”空对象拖入表达式编辑器中，并输入H轴和P轴，弯曲是P轴，旋转是H轴，连线并移动滑块查看效果。

16 在“编辑用户数据”对话框中单击“添加群组”按钮，并重命名为“L-手指弯曲”，将带有“弯曲”的用户数据拖入该群组下方，继续添加“群组”并重命名为“L-手指旋转”，将带有“旋转”的用户数据拖入该群组下方，如图4-46所示。

17 采用同样的方法，复制、粘贴并重命名其他手指的弯曲数据，随后根据顺序排列。

18 完成用户数据编辑后，继续拖入各手指空对象生成对应节点，拖入各自的H轴和P轴坐标，并逐一对应连线。全选手指弯曲滑块并右击，在弹出的快捷菜单中选择“添加到HUD”选项，如图4-47所示。添加手指旋转的HUD，按住Ctrl键可移动HUD界面至需要的位置，最后移动滑块测试效果。

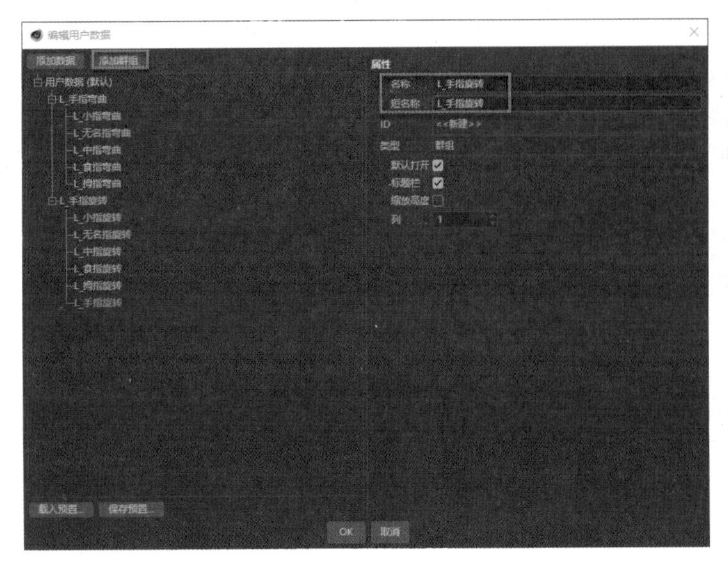

图4-46

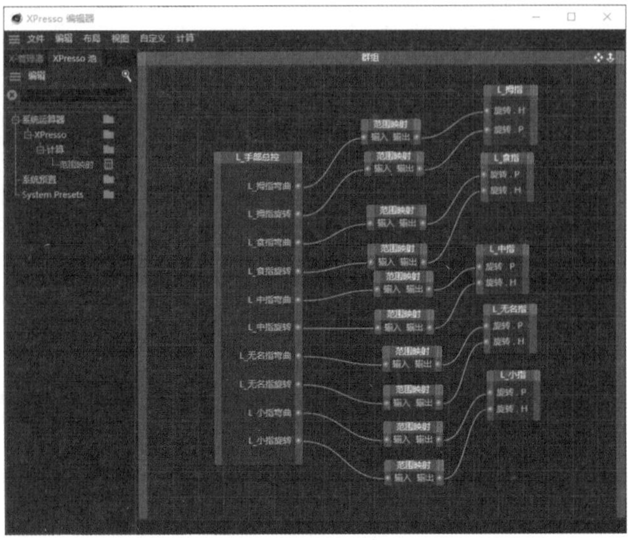

图4-47

4.7 权重优化

在虚拟角色动画制作中，设置权重是一项至关重要的技术。它使动画师能够将动画的控制权精确地分配给骨骼和控制器。通过设置权重，可以确保在播放动画时，骨骼和控制器能够正确地影响模型的顶点和面，从而实现更加流畅和逼真的动画效果。

Cinema 4D 提供了两种设置权重的方法：手动设置权重和自动设置权重。手动设置权重需要动画师使用权重笔刷工具逐一调整每个顶点或面的权重，这种方式虽然比较烦琐，但能够实现对权重分配的精细控制。而自动设置权重则是通过软件的算法自动计算并分配权重，这种方式快速便捷，但在某些复杂情况下可能无法达到最佳效果。

为了更好地分配和控制模型的动画权重，动画师可以结合使用手动设置权重和自动设置权重两种方式，并辅以权重优化器等工具进行调整。本节将详细介绍这两种权重的使用方法及优化，帮助读者更好地掌握设置权重的技巧。

4.7.1 优化腿部骨骼权重

优化腿部骨骼权重的具体操作步骤如下。

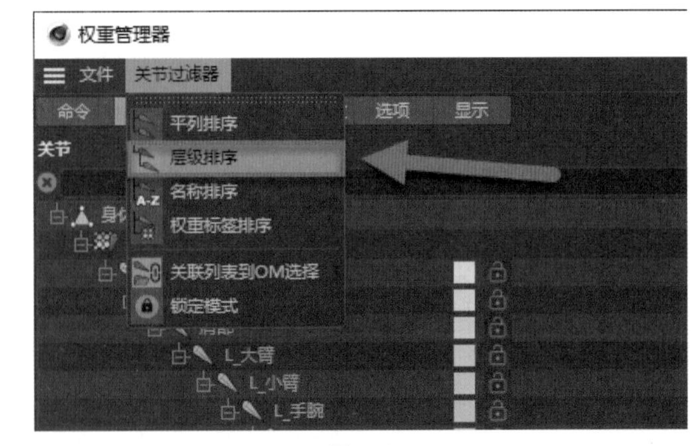

图4-48

01 打开工程文件，使用鼠标中键全选所有骨骼，再加选“身体”对象，执行“角色”|“绑定”命令，即可绑定，成功绑定会出现“蒙皮”标签并生成“权重”标签（此为系统自动权重）。

02 执行“角色”|“管理器”命令，单击“权重管理器”按钮，弹出“权重管理器”面板，执行“关节过滤器”|“层级排序”命令，如图4-48所示，显示带有层级的骨骼。

03 在“权重管理器”中选择“胯部”骨骼，在透视图中自动显示对应的权重状态，逐一单击所有骨骼，检查各自的权重是否正确，若发现不合理的权重配置可以进行调整。

04 测试控制器的过程中发现某些骨骼权重存在问题，如脚部的运动，此时可以选择“L-小腿”骨骼，执行“角色”|“权重工具”命令，按住Ctrl键，在脚腕处涂抹，适当减少该骨骼的权重。

05 选择“L-脚腕”骨骼，减少该骨骼多余的权重，涂抹过程中可以根据需要按住Shift键进行平滑处理。再选择“L-脚掌”骨骼，如图4-49所示，按住Ctrl+Shift键，互相配合涂抹达到柔和的效果，如图4-50所示。

06 选择“L-脚尖”骨骼发现此时没有权重，不用按任何键直接涂抹，为其添加权重。按住Shift键进行平滑处理，涂抹过程中发现指甲模型部分面不便于观察和涂抹，此时可取消选中“仅限可见”复选框，再涂抹时则可将未能观察到的部分一同涂抹进去。

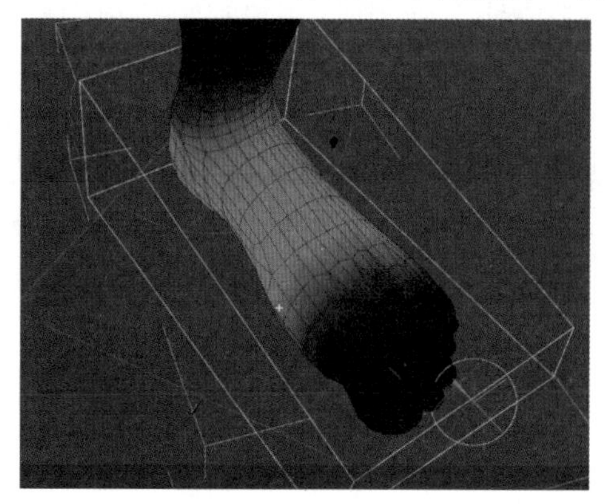
图4-49

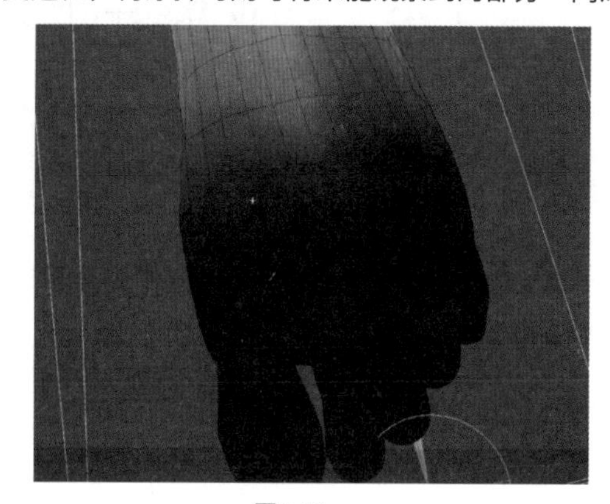
图4-50

提示

涂抹过程中要灵活配合按下Ctrl和Shift键，以及“仅限可见”等功能。

07 再次回到“L-脚掌”骨骼，将权重范围扩大，涂抹脚后跟加入该骨骼的权重，完成上述骨骼权重调整后，单击“复位PSR”按钮复位模型。

08 在“权重管理器”面板中切换至“显示”选项卡，如图4-51所示，改变颜色后发现模型权重状态更便于观察和涂抹调整。

09 选择“L-大腿”骨骼，执行“角色”|“权重工具”命令，为骨骼添加权重，并配合使用Shift键进行平滑处理。

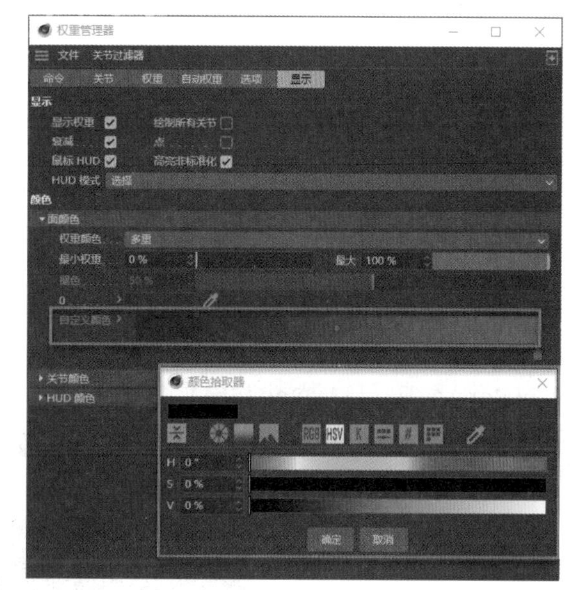
图4-51

4.7.2 优化上身骨骼权重

优化上身骨骼权重的具体操作步骤如下。

01 测试控制器发现胸部存在问题，单击“胸部”骨骼，并采用与腿部骨骼同样的方法优化，只需涂抹一侧即可。其余骨骼权重的优化方法相同，这里不再赘述。

02 执行“角色”|“管理器”命令，单击“权重管理器”按钮，在“权重管理器”中选择4根骨骼及“肩部”骨骼，切换到“命令”选项卡中，选中“镜像+到-”选项，如图4-52所示，完成权重的镜像操作。选择“L-大腿”至“L-脚尖”的所有骨骼，采用同样的方法完成权重的镜像操作。继续用同样的方法全选“L-大臂”及其子层级所有骨骼，完成镜像操作。

图4-52

第 5 章

虚拟角色高级模板绑定

虚拟角色的高级模板绑定是指将虚拟角色的多种能力和特性紧密结合，以便在虚拟世界中展示各种技能，达到最佳表现效果。通过高级模板绑定，角色可以更加逼真地表现，包括呈现出想象中的各种表情、动作等特征。本章主要介绍高级角色模板，并针对不同版本的 Cinema 4D 在使用过程中的优缺点进行详细的分析和说明。这样的介绍和分析有助于读者更好地理解和应用虚拟角色高级模板绑定的技术和工具。

5.1 Cinema 4D角色模板

Cinema 4D 的角色模板是快速实现角色绑定的强大工具之一，尤其适用于创建高级角色模型绑定。它包含了众多预设的组件和属性模板，能够满足两足动物绑定和刚体绑定的多种需求。两足动物绑定功能使创建虚拟角色以及其他类似动物的行走、奔跑、跳跃等动画效果变得轻而易举；而刚体绑定则能够模拟物体之间的碰撞、重力等物理效果，为动画制作带来更加真实的视觉体验。

5.1.1 绑定虚拟角色模板

在 Cinema 4D 中，要找到自带的绑定模板，需要执行“角色”命令。在“属性”面板中，有多个模板可以使用。一是 Mixamo Control Rig（Mixamo 绑定），如图 5-1 所示，该模板主要是针对 Mixamo 网站绑定设置的一套控制器系统；二是 Toon Rig（角色动画模板），它是 Cinema 4D 开发的专门针对动画绑定的角色高级模板，该模板可以快速制作动画控制系统。

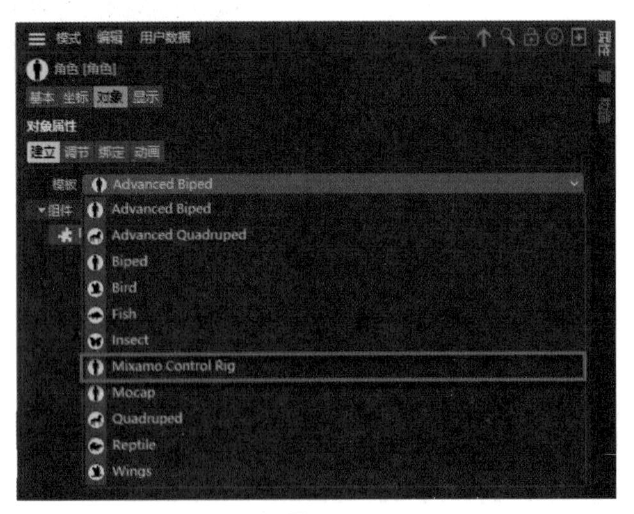

图5-1

Mixamo Control Rig（Mixamo 绑定）系统创建的模板中，单击 Mocap（DAZ 模板）按钮，启用针对 DAZ 产生的一套系统，可以通过此系统对 DAZ 的模型进行匹配，但此版本偏低，是 DAZ 的 G2 骨骼系统，而且没有面部表情（现在更多使用 G8 系统）。

除此之外，还有四足动物、鸟类、鱼类和翅膀等各种模板，通过学习使用这些模板，可以有效地缩减绑定时间。例如，创建一对翅膀，如图 5-2 所示。按前文讲述的绑定模式需要较长时间才能完成，但通过 Cinema 4D 中现有的角色模板，则可以快速完成角色的绑定，在“属性”面板中，选择 Wings（翅膀）模板即可，如图 5-3 所示。

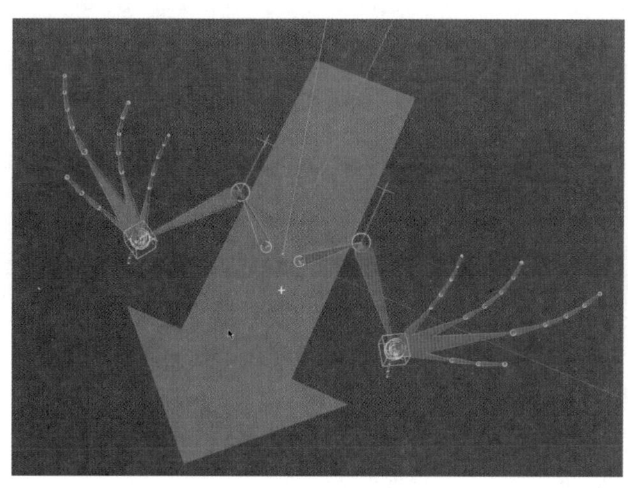

图5-2

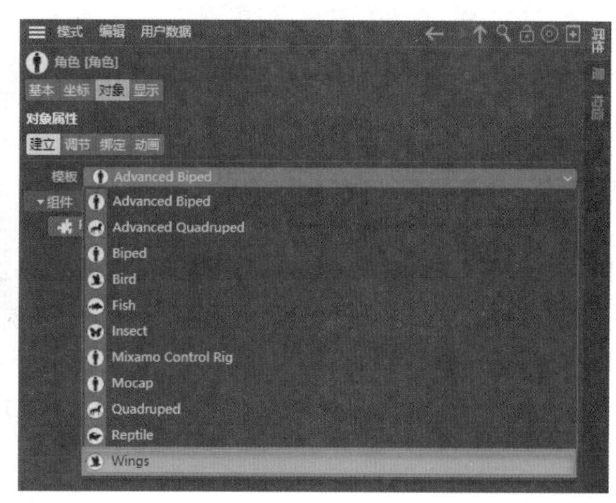

图5-3

5.1.2 Cinema 4D 21版本、23版本和25版本角色模板的区别

Cinema 4D 21 版本、23 版本和 25 版本的角色模板有一定的区别，21 版本的角色模板面板如图 5-4 所示，23 版本的角色模板面板如图 5-5 所示，25 版本的角色模板面板如图 5-6 所示。

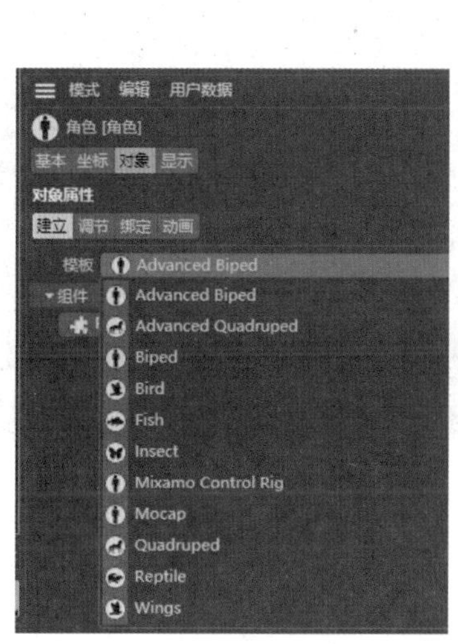

图5-4

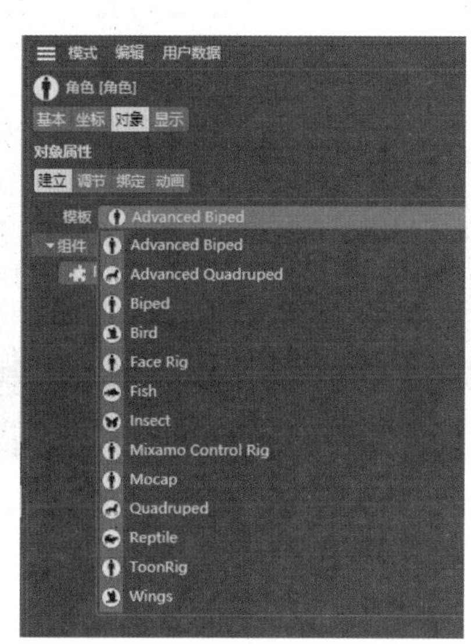

图5-5

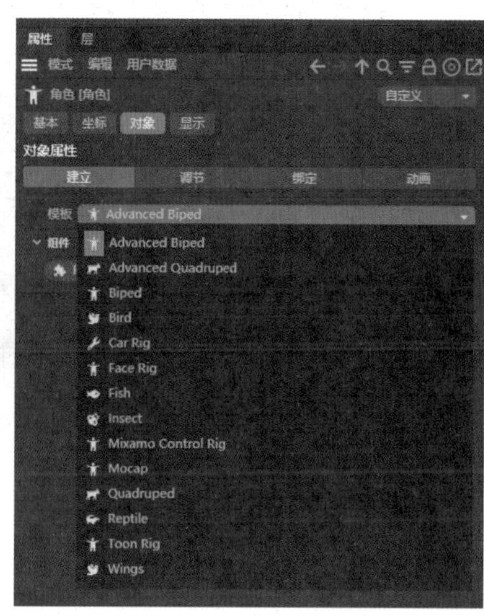

图5-6

Cinema 4D 23 版本在 21 版本的基础上新增了 ToonRig 功能，这是一个颠覆性的创新。使用 21 版本的 Mixamo 绑定人物时，存在一定的缺陷。

缺陷一：关节的运动不符合人体的结构规律。

出现该缺陷时，可右击并在弹出的快捷菜单中选择“自定义命令”|“选择过滤”选项。

在控制面板中单击“选择过滤”按钮，单击“无”按钮，再单击“选择过滤”按钮。

选中“关节”旋转人物手腕，此时人物手腕关节发生扭曲，因为此版本的模型由一根骨骼控制手腕，但实际人体构造是由两根骨骼控制的，手腕在旋转的过程中会带动手臂进行运动。所以，现在的旋转只是一种变形，并不是真正的运动，呈现的就是扭曲的形态，如图 5-7 所示。

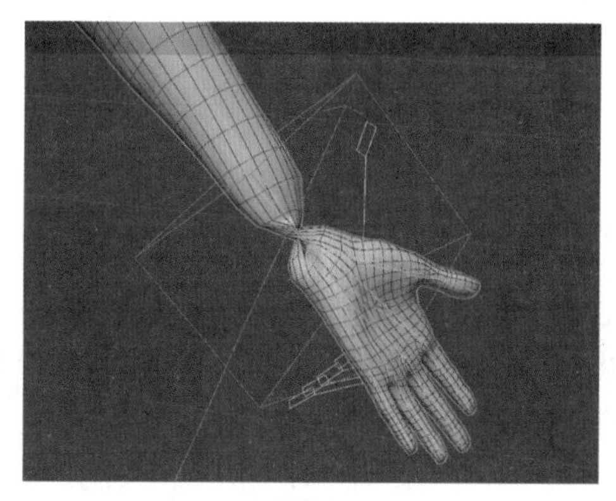

图5-7

缺陷二：缺少面部关节。

出现该缺陷时，需要手动创建关节并绑定面部，在“对象面板”中，将“关节”移至 head 下的“关节”处（长按并拖动即可）。选中“对象面板”中的“关节”选项，单击“权重管理”按钮▦，为关节添加权重，并对权重周边进行平滑过渡，通过上述操作将面部关节绑定。

Cinema 4D 23 版本的 ToonRig 绑定模板，可以非常好地解决 21 版本的问题，具体的操作步骤如下。

01 隐藏身体部分，可以看到人物身上的骨骼及关节非常多，这些关节可以控制人物展现更多的动作和姿态。

02 打开人物身体形态，单击“旋转”按钮◎，旋转人物手腕关节，此时人物的手臂将随着手腕的运动而运动，这是符合人体动力学规律的，如图5-8所示。

03 采用相同的方法，在23版本中执行抬腿命令时，也会有明显的拉伸感。此类效果是权重功能做不到的，其次，23版本还自带一套表情系统，如图5-9所示。

Cinema 4D 25 版本的 ToonRig 绑定模板中，增加了更多的表情控制点，能更好地控制人物的表情，如图 5-10 所示，所以建议用户使用 25 版本来学习角色模板绑定。

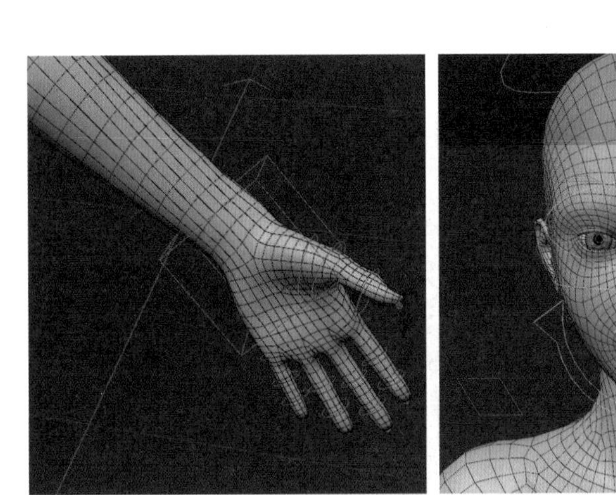

图5-8

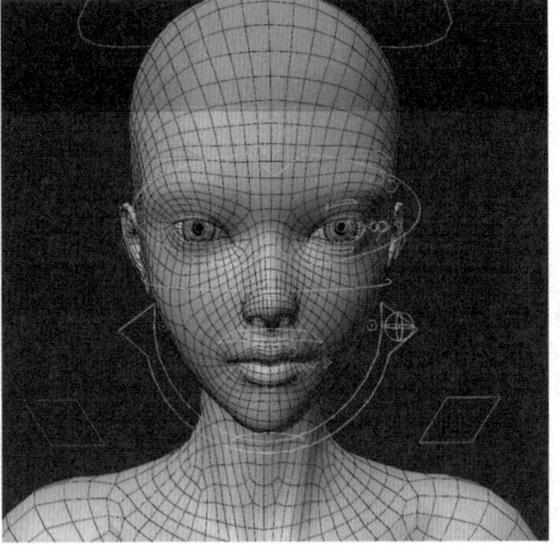

图5-9

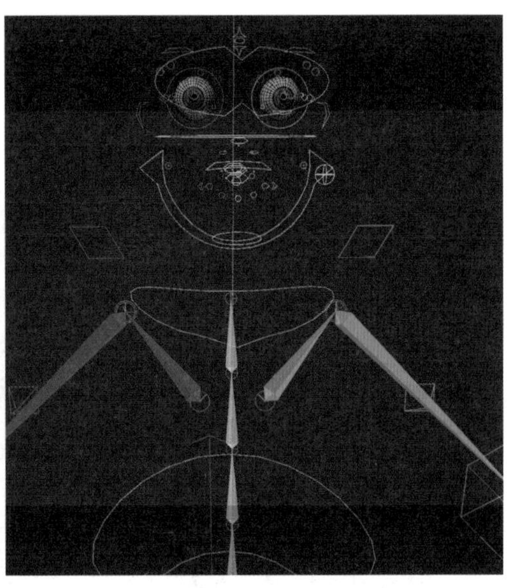

图5-10

5.2 高级角色模板身体骨骼绑定

本章重点聚焦于 C4D 角色模版的身体骨骼绑定，详细讲解了绑定方法和制作注意事项，包括点对点绑定、点区域的调整等，以满足不同角色模型的需求。但在开始做骨骼绑定的流程之前需要给身体模型先绑定控制器，以便于后期更细致地调整角色的动作。

5.2.1 添加控制器

添加控制器的具体操作步骤如下。

01 在Cinema 4D的“对象”控制面板中单击Hips骨骼层级，按Delete键删除其他，保留最初始的模型，随后开始绑定。在“对象”控制面板中，选中“角色”选项，然后在“属性”面板中选择Root选项。

02 调整人物的身高，执行“对象”|“身体”命令，在“属性”面板中单击“尺寸”坐标轴查看人物的身高。

03 单击“对象”控制面板中的“角色”按钮◐。在“属性”控制面板中单击“基本”选项卡，“角色”选择“双足”选项后，取消选中“自动尺寸”复选框，并在“尺寸”文本框中输入人物身高，如图5-11所示。

04 在角色“属性”面板中单击“对象”选项卡，执行ToonRig | Root | spine命令，即可出现脊柱的控制器，如图5-12所示。

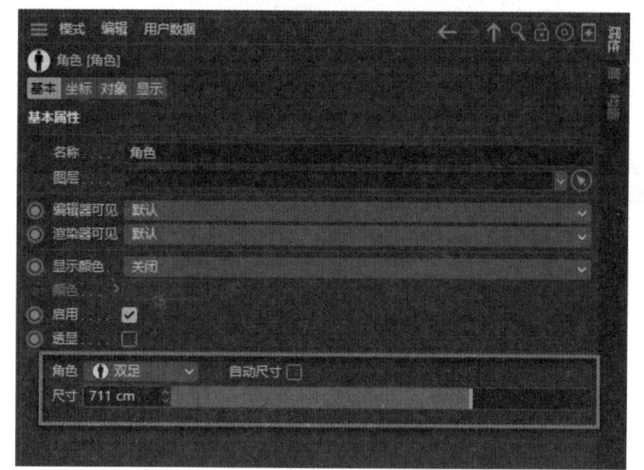

图5-11

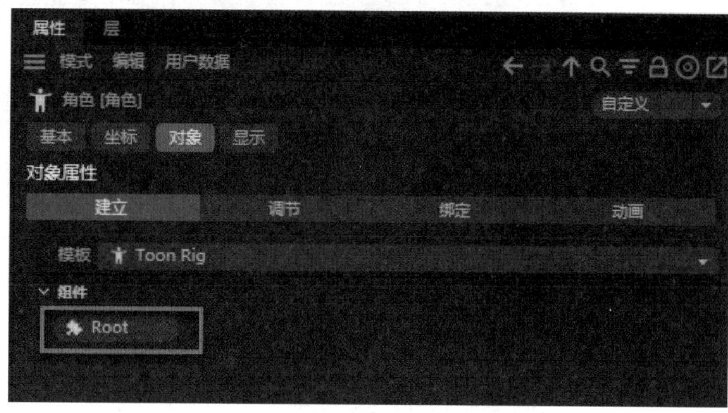

图5-12

05 按住Ctrl键，单击Arm按钮添加手臂，即可出现两只手臂的控制器，按住Ctrl键，单击Leg按钮添加腿部控制器。除此之外，还可以添加翅膀、耳朵等，可以根据需求选择。

5.2.2 高级角色身体绑定及注意事项

给角色添加控制器后，开始做高级角色身体绑定。

01 隐藏面部控制器（面部控制器比较多，隐藏起来便于身体控制器的操作），在“属性”面板中，单击“调节”按钮，随后将鼠标指针放到点位上，即可看到所选点位的骨骼名称（此处系统自带控制点位），在调节时将骨骼对应的点位拖至合适的位置即可。

02 每段骨骼的点位是有层级关系的。例如，拖动脊柱骨骼点位时，与之相连的点位也会随之调整。所以，在调节点位时，一定要按照先父级后子级的层级关系来调节。

03 调整点位时，需要旋转视角，从多个维度去确认点位，否则极易出现视觉差，导致控制点位不准确。对于新用户来说会有一点儿难度，需要多加练习找到其中的规律。

04 调节指关节时，上下骨骼是连接在一起的，尽量不要去旋转指关节的点位，否则指关节在运动时方向容易出现问题。因为人体结构是对称的，所以在调节前一定要选中“对称”复选框，如图5-13所示，这样在调节时可以使左右两侧对称的骨骼同时调节，以此减少绑定骨骼关节的时间。

图5-13

5.2.3 调整身体绑定节点

调整身体绑定节点的具体操作步骤如下。

01 躯干部分调节。黄色标签的点位是人物躯干部位的点位，可在Y轴上调节，如图5-14所示，接着在Z轴上调节，如图5-15所示，X轴保持不变。

02 腿部调节。通过X、Y、Z三个方位对腿部进行调节，如图5-16所示。膝盖关节要保持一定的向外弯曲度，如图5-17所示，这样IK手柄才能更精准地识别到骨骼正确的运动方向。

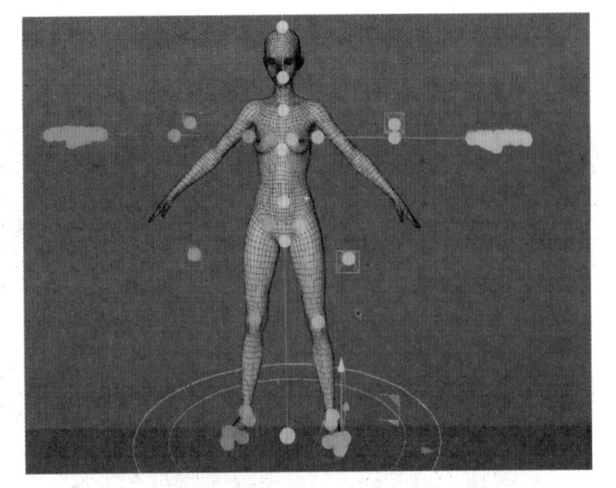

图5-14

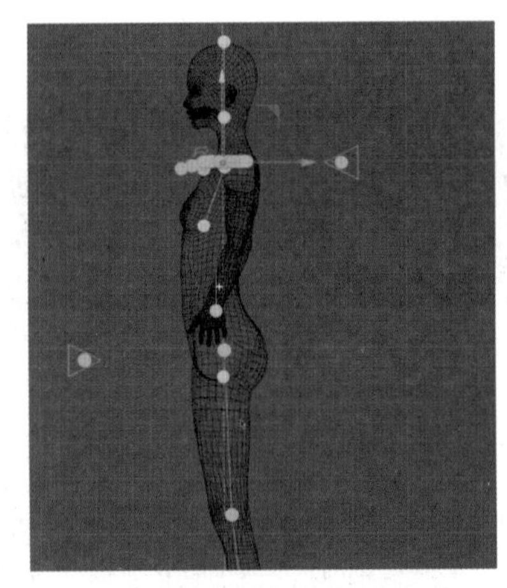

图5-15

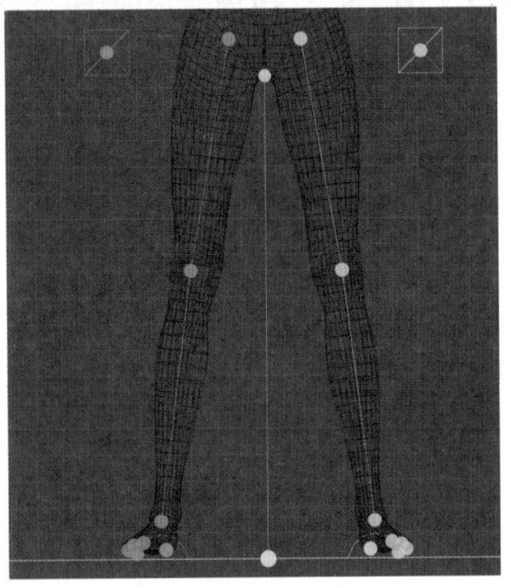

图5-16

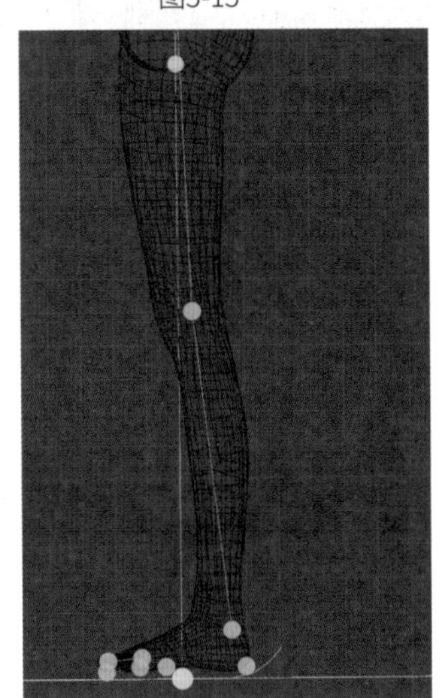

图5-17

03 脚掌调节。该人体模型的脚掌略高于地面，后期会配置一双鞋，但在调节时，控制器需要贴紧地面。

04 脚掌部分由6个点位控制，将鼠标指针悬停在调节点上，会显示该调节点的HUD信息，找到脚掌部中间的控制点Foot_Con+，移至脚掌中指下方，如图5-18所示，脚底的状态如图5-19所示，其他几个点位如图5-20所示。

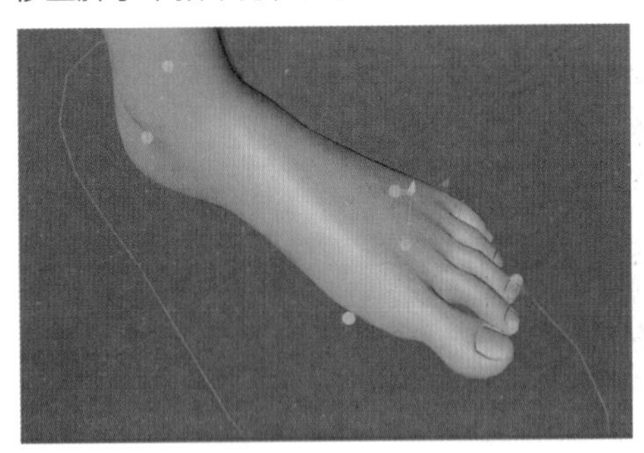

图5-18

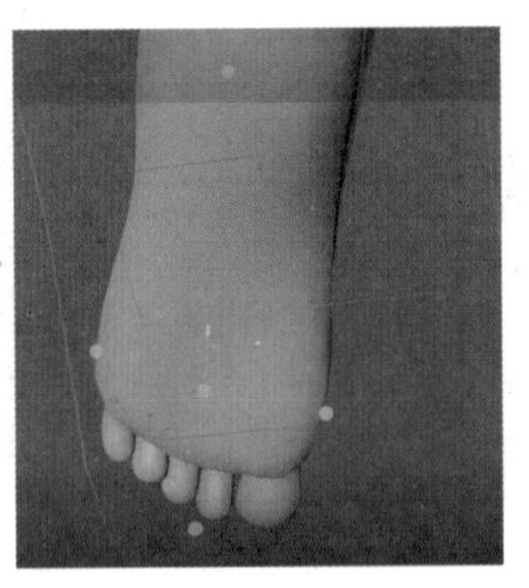

图5-19

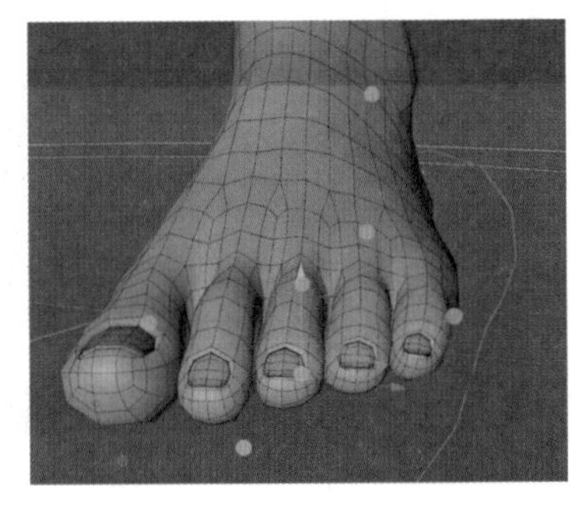

图5-20

05 手臂调节。先确定肩关节及肩膀的点位，如图5-21所示。通过旋转肩膀的点位使上臂的骨骼契合模型，并固定手腕。

06 手掌关节调节。通过移动骨骼关节点位，使手指尽量贴合模型，其中大拇指会比其他手指少一个关节，如图5-22所示。注意从上至下按层级处理，尽量避免旋转指关节。

提示

拇指的关节尽量放在边缘的中间部位。在建模时需要注意，关节的地方最少有3条线，中间线权重为100%，两边的线各减去50%。也可以将关节点安排在手指关节稍靠上的位置。

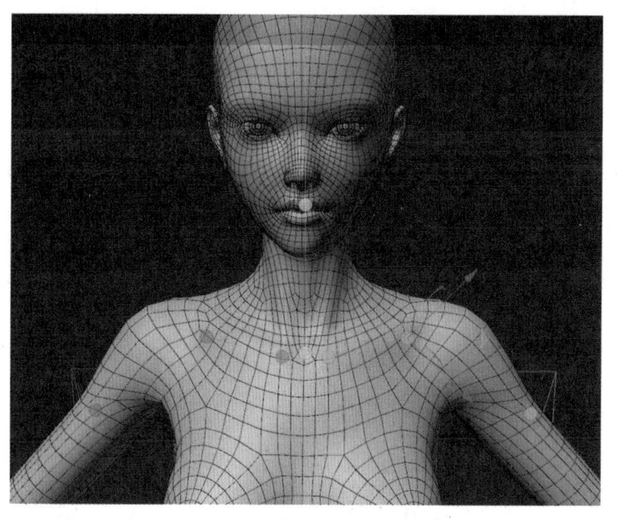

图5-21

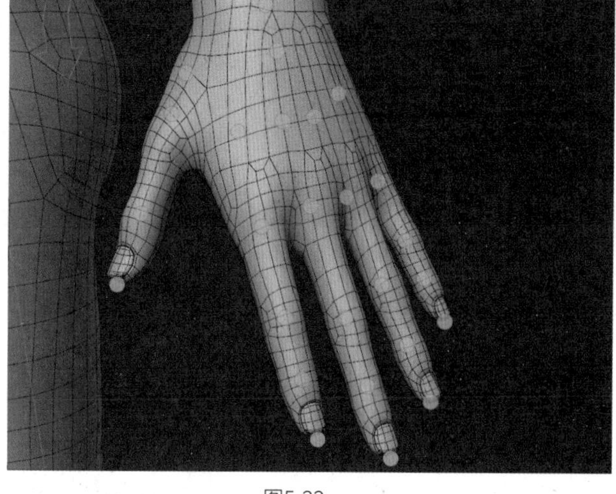

图5-22

5.3 建立高级角色模板面部骨骼

面部骨骼是支撑和保护面部软组织的关键结构，同时也塑造着面部肌肉和皮肤的形态。通过对面部骨骼的精细调整，可以实现面部表情的丰富呈现和变化。在面部骨骼结构中，上颌骨堪称最大，它稳固地支撑着上颌牙齿和上颌窦，进而对面部下半部分的轮廓产生深远的影响。

下颌骨，位于上颌骨的正下方，是支撑下颌牙齿的基石，它与上颌骨协同作用，共同构建了口腔和鼻腔的底部结构。而颧骨与鼻骨则坐落于面部的核心地带，分别承载着眼眶和鼻子的形态。这些面部骨骼之间，通过肌肉和软组织的紧密配合与相互作用，深刻影响着面部表情和整体外观。

在 Cinema 4D 中制作面部骨骼时，关节的创建至关重要。本节将详细阐述如何通过精准添加和调整各个关节，来构建生动逼真的面部骨骼结构。

5.3.1 面部关节绑定的准备工作

面部关节绑定的准备工作如下。

绑定面部骨骼关节。面部骨骼的层级关系比较复杂，在绑定时，需要按照顺序进行绑定。其顺序为 headmid 控制器、下巴总控、下巴控制、上嘴唇控制和其他附属件。注意，在属性调节中要选中“对称”复选框。

开始前需要做好的准备工作。先熟悉各部位的控制点，将鼠标指针放置在控制点上，即可看到该点位对应的部位名称。例如，嘴唇、眼睛、眉毛、眼球等关键部位的总控方位。当部分骨骼的控制点和人体模型不契合时，需要单选这一部分的总控，并进行缩放，以避免影响其他部位的控制点。

5.3.2 调整模型面部控制节点

调整模型面部控制节点的具体操作步骤如下。

01 在Cinema 4D中，找到并打开头部headmid骨骼（此为所有头骨的总控），选中head骨骼的控制点，在对象模式下使用缩放工具，选中所有控制点并在该模型中进行缩放，缩放到与人体模型头部差不多的大小，缩放前的效果如图5-23所示，缩放后的效果如图5-24所示。

02 选中head骨骼上半部分的骨骼，其主要控制眼睛、鼻子和上嘴唇，通过移动找到比较合适的位置，如图5-25所示。

03 调整嘴巴的位置，先将上嘴唇的点位调整至鼻子的下方，如图5-26所示。

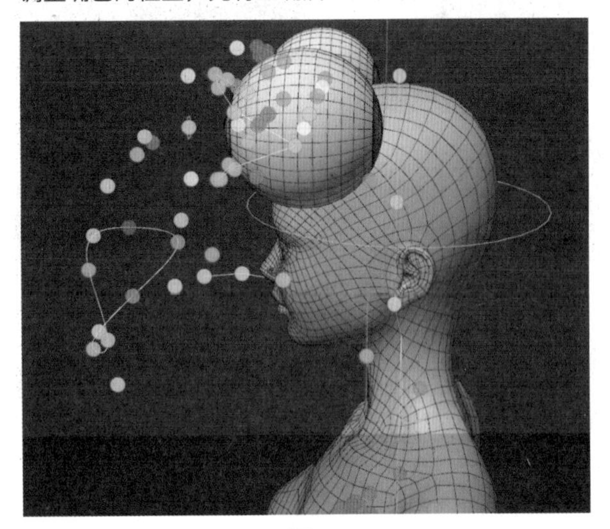

图5-23

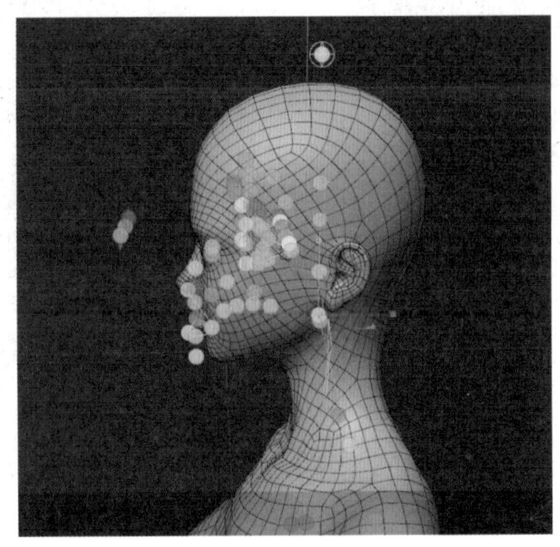

图5-24

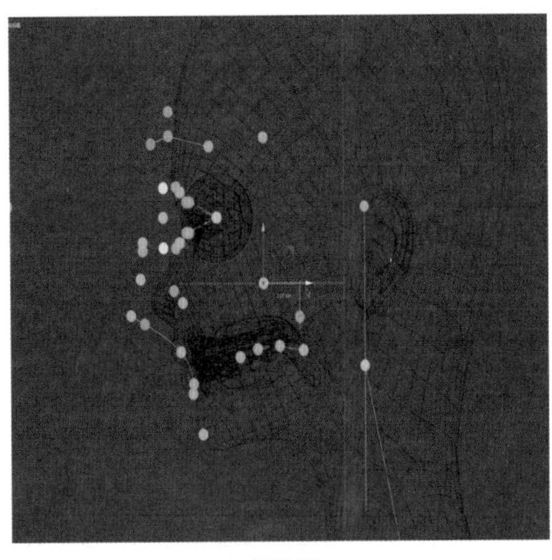

图5-25

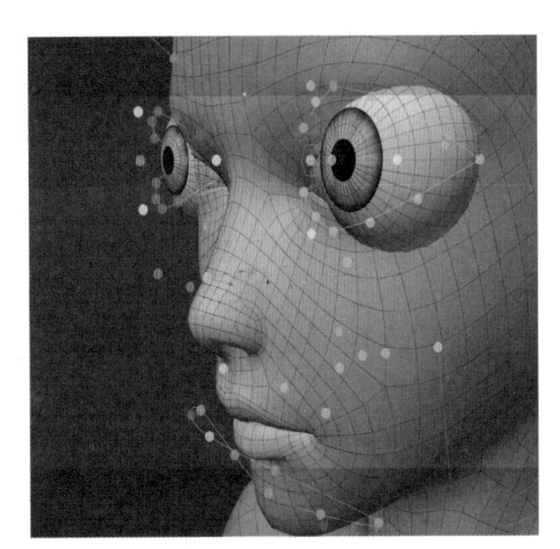

图5-26

04 拖曳鼻子的控制点到鼻梁的位置。调整鼻翼时，需要先将鼻梁的点位在Y轴的轴向调整为朝向鼻子运动的方向，即法线的方向，垂直旋转一定角度后，再移动鼻翼的控制点。

05 调整耳朵的点位。将耳朵的控制点放在耳窝的位置，如图5-27所示。将头骨的点位拉到头顶的位置，如图5-28所示，头部内有一个face的控制点，将其拉到面部的旁边，之后需要靠它来控制面部的运动，如图5-29所示。

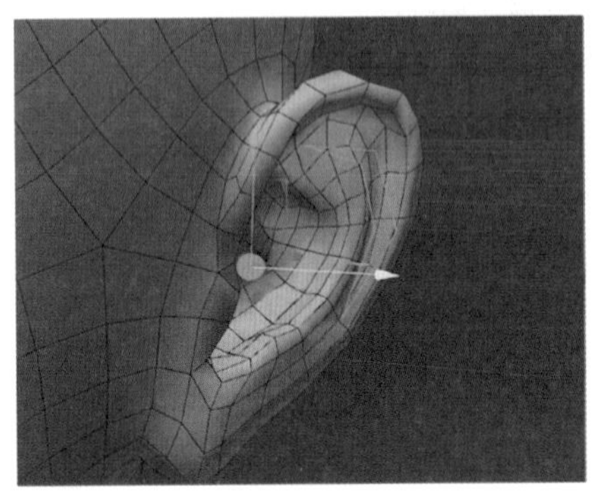

图5-27

图5-28

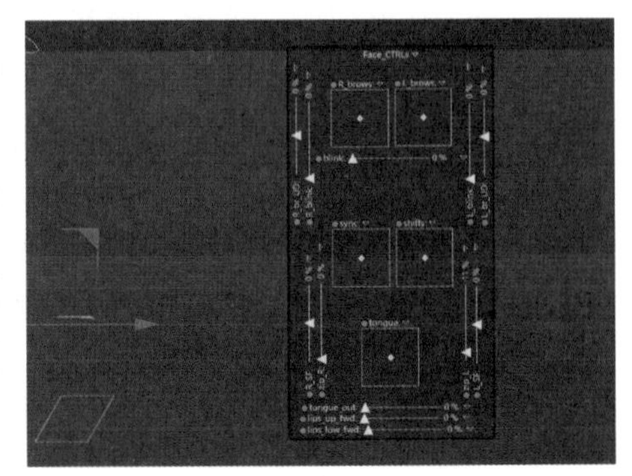

图5-29

06 所有的总控确定好后，再回到嘴唇上，对每个点位做精准的调节。首先是上唇，先在正视图下确定大致的方位，再切换到透视图找到正确的点位。同理，依次调整人物的下巴、脸颊、眼睛、眼球、眼皮、眉毛、舌头等骨骼的精准点位。

07 在调节眼睛部位时，需要注意两点：一是调节眼球时，需要移动眼部控制器的中心点，使中心点和眼球的中心点对齐；二是中心点确定后，再开始调节眼部周围的控制点位，如图5-30所示。

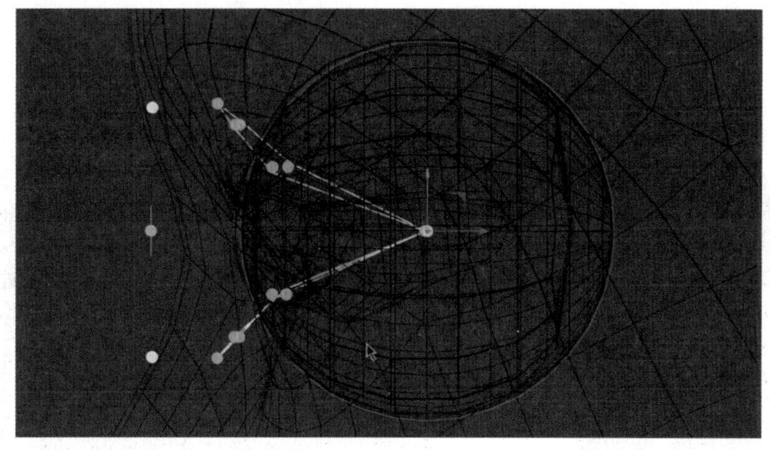

图5-30

提示

在调整时可能会出现的问题：眼球的控制点如果太靠前，会影响人体模型的闭眼动作，出现上眼皮不能完全闭合包裹眼球的部分；如果太靠后，会导致眼球没有弧度，不符合人体结构。当然如果是做卡通人体模型，眼球的弧度不大时，可以将控制器的中心点放在眼球中心靠后的位置，具体的调整根据具体情况而定。

调节眼皮时，上下眼皮的骨骼控制点位需要一一对应，尽量让上下两个点位在同一条垂直直线上。调节的过程中可以旋转视图，通过三维的角度调整，使对应的点位都尽量放在正确的位置上，如图5-31所示。

08 调节眉毛时，为了更准确地找到眉毛的控制点位，可以为贴图赋予材质，根据眉毛的走向放置眉毛的骨骼控制点位。

09 对面部所有的点位进行逐一检查，如图5-32所示，都调节完成后单击“保存”按钮即可。

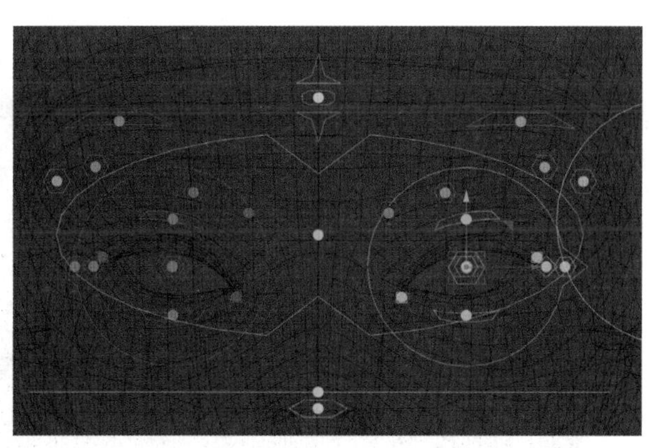

图5-31

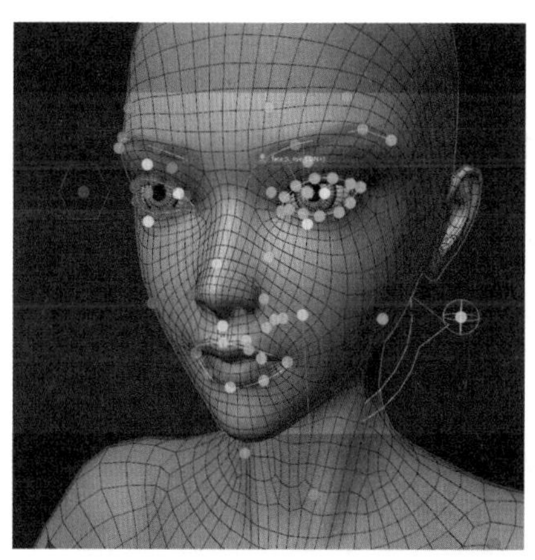

图5-32

提示

Cinema 4D的面部骨骼系统还支持权重绘制，可以手动分配肌肉对模型的影响程度。

5.4 调整高级角色模板控制器

在 Cinema 4D 中，角色控制器对于调整和操控角色动画至关重要。动画师利用角色控制器可以更灵活地调整角色的姿态和动作。特别是面部角色控制器，它通常涵盖了眼睛、眉毛、手臂、手、腿和脚等多个部位的控制器。这些控制器能够独立地移动和旋转，从而帮助动画师实现更为精细和逼真的角色动画效果。

5.4.1 调整各骨骼控制器

调整各骨骼控制器的具体操作步骤如下。

01 调整控制器的过程比较简单，在“对象”控制面板中选中“角色”选项，如图5-33所示。

02 在“属性”控制面板中找到“调节”选项卡，选中控制器对象，即可进入控制器模式，如图5-34所示。

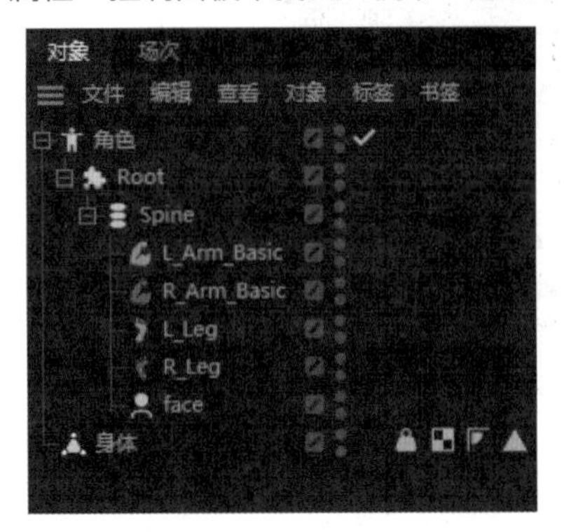

图5-33

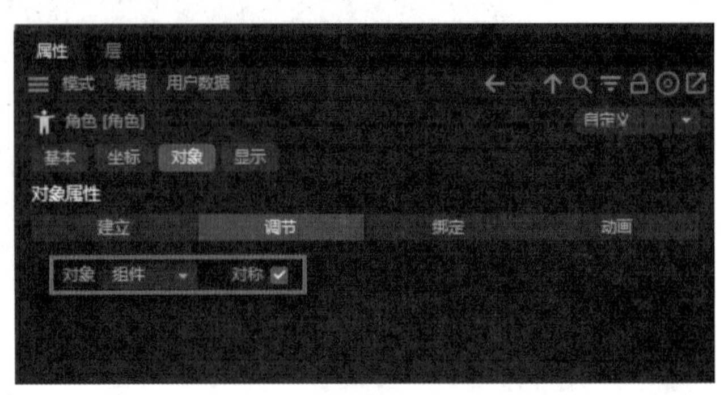

图5-34

03 控制器被分为IK和FK，圆形的是FK控制器，方形的是IK控制器。FK控制器是正向运动的，通过对父层级的调整去带动子层级的运动。IK控制器则相反，它是逆向运动的，通过对子层级的调整去带动父层级的运动。在控制四肢运动时，一般FK控制器用得比较少，可以先将所有FK控制器缩小，减小占用空间。

提示

缩小FK控制器时，露出一点儿尖即可，方便后期需要使用时随时调出。

5.4.2 调整脖子、肩膀和下巴等局部控制节点

调整脖子、肩膀和下巴等局部控制节点的具体操作步骤如下。

01 需要注意虚拟角色脖子和肩膀处，在调整时会带动子级关节一起变化，并且在该模式下无法避免。此时，可以按住7键，然后以移动轴心的方式来调整，这样即可只移动被选中的关节处，子层级将不受影响。

02 因为下巴的骨骼是不能动的，此时需要在点模式下，选中下巴所有的点并向前移动，如图5-35所示。

03 当出现控制器距离骨骼关节比较远的情况时，如图5-36所示，可以适当进行调整，使控制器贴近角色的关节处，从而达到更容易辨识的目的，调整后的效果如图5-37所示。

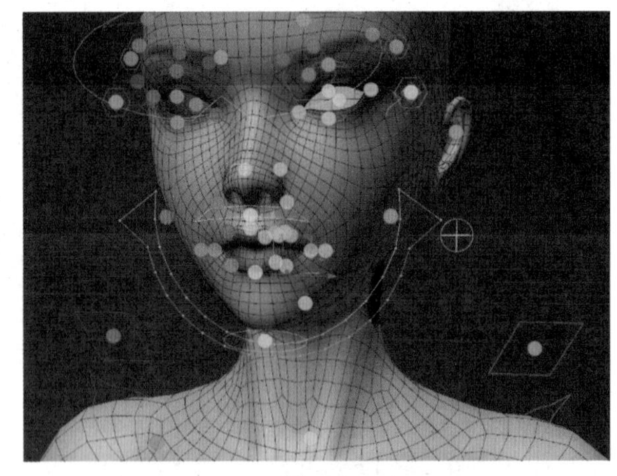

图5-35

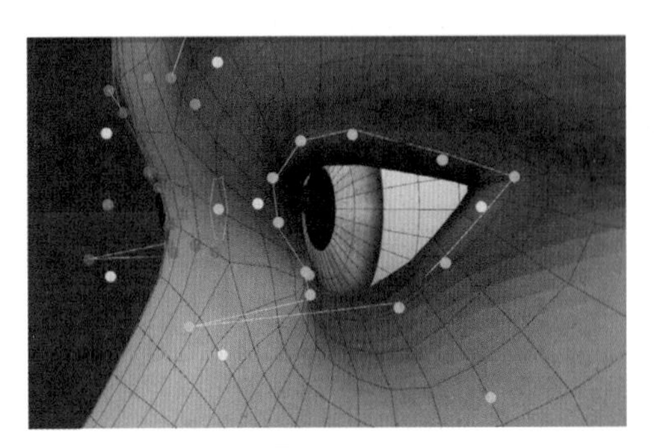

图5-36

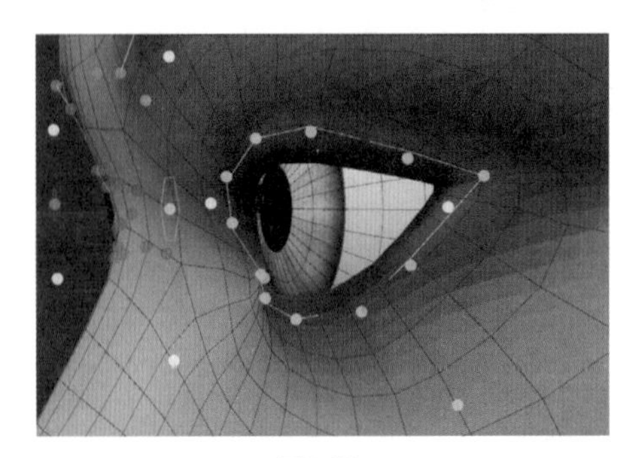

图5-37

5.5 设置高级角色模板绑定身体权重

权重是用来控制影响范围和程度的参数，简而言之，它表示角色网格中的一个点在进行肢体运动时，受到其他骨骼影响的程度。权重的核心意义在于，调整骨骼对模型顶点的影响程度，通过设置权重，可以平衡身体骨骼对控制点的影响，并对控制点的影响进行细致调节。这确保了模型在运动或弯曲时能够展现出正常且合理的变形效果。本节将详细介绍如何对腿部权重进行添加的操作。

5.5.1 绑定角色模板

绑定角色模板的具体操作步骤如下。

01 角色模板绑定。在快捷窗口中打开“权重管理器”面板，修改平滑数据，将“距离”值调整为23，“平滑迭代”值调整为2。执行“对象”|“身体”|“绑定”命令，将“身体”角色移至“对象”框中，最后单击“保存”按钮即可，如图5-38所示。

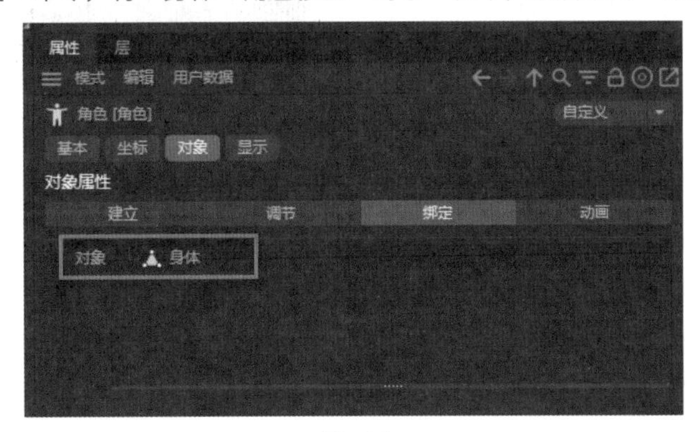

图5-38

02 查看角色的骨骼。在“对象”选项卡中选中“角色”对象，调整“显示”数据。

03 “视口”选择“控制器”选项，“高亮”选择“对象”选项，“可视”选择“全部”选项，“对象控制器”选择“完整层级”选项，如图5-39所示。完成后，即可显示全部控制器，如图5-40所示。

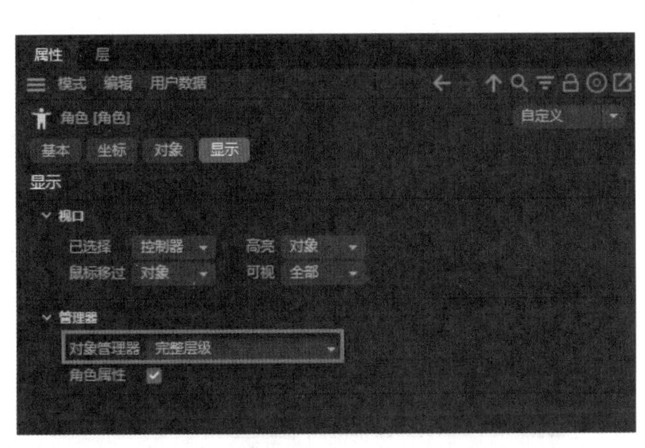

图5-39

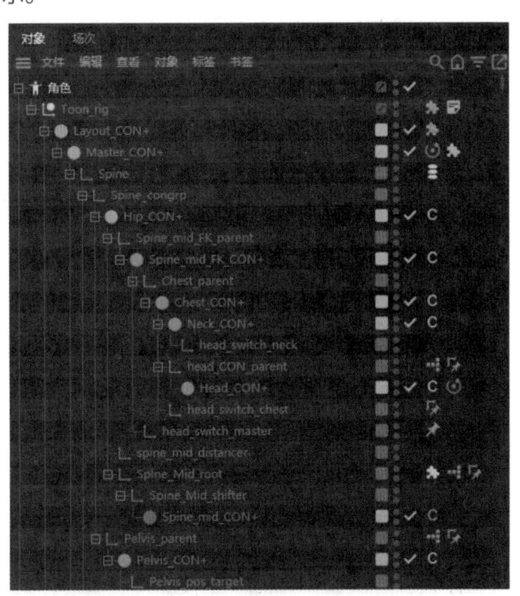

图5-40

04 为角色（脊柱）设置权重。在“对象”控制面板中选中Spine（脊柱）选项，打开脊柱的骨骼控制器，隐藏其他控制器，关闭暂时用不上的层级。单击“过滤器”按钮，并选中“样条”选项。单击“框选”按钮，框选所有控制器。激活“权重管理器”按钮，保留脊柱管理器，隐藏其他管理器。根据需求设置模型脊柱权重即可。

5.5.2 设置模型腿部权重

设置模型腿部权重的具体操作步骤如下。

01 为人体模型设置腿部权重。在“对象”控制面板中，选中L-Leg-Basic或R-Leg-Basic，打开腿部的骨骼控制器，隐藏其他控制器，并关闭暂时用不上的层级。单击“过滤器”按钮，选中“样条”选项。单击“框选”按钮，框选所有控制器。激活“权重管理器”按钮，保留腿部管理器，其他管理器隐藏。根据需求设置模型腿部权重即可。

02 为人体模型添加20帧的动画。抬起腿部关节，在第10帧处创建关键帧。然后在第20帧的位置，将腿部归位，再创建关键帧，播放时间设置为20帧，单击“播放”按钮，即可得到一段20帧的动画效果。

03 权重的镜像处理。在“对象”控制面板中选中镜像的关节，然后打开该关节的权重管理器，选中“镜像从+到-”选项，如图5-41所示。“+到-”指先设置左侧，镜像到右侧，反之则是“-到+”。

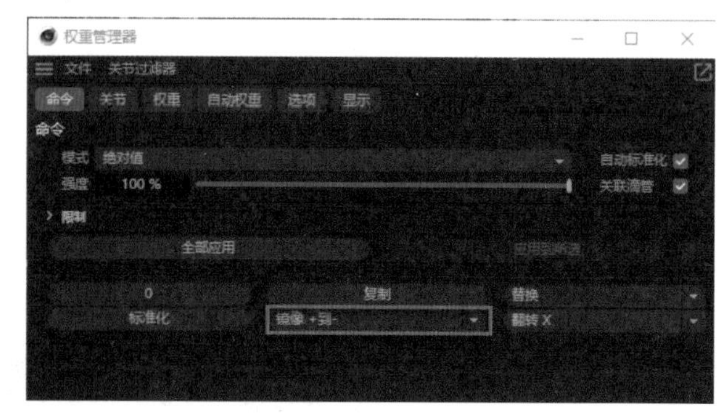

图5-41

5.5.3 设置模型手部权重

在 Cinema 4D 中，为人体模型设置手部权重。在“对象”控制面板中，选中 L-Arm-Basic 或 R-Arm-Basic，打开手部的骨骼控制器，隐藏其他控制器，并关闭暂时用不上的层级。单击“过滤器”按钮，选中“样条”选项。单击“框选”按钮，框选所有控制器。激活“权重管理器”按钮，保留手部管理器，其他管理器隐藏。根据需求设置模型手部权重即可。

5.5.4 设置权重及权重镜像可能出现的问题

※ 某一关节的控制权重范围太大，容易带动或影响其他关节的运动。需要减掉多余的权重。反之，权重范围太小，调整“进度条”为100%即可。随后再使用“平滑”工具设置权重，让关节迭代部分在运动时更自然。

※ 头部权重不能控制全部的头部骨骼。在“线”模式下，进入工具栏，单击“框选”按钮，框选头部的权重范围，再单击工具栏中的“填充”按钮，填充框选部分。

※ 在“权重管理器”中，单击关节中的Head Bind按钮，将“模式”调整为“添加”，并将数值设置为100%，如图5-42所示。然后，同时选中关节中的Head Bind和Neck Bind，将“模式”调整为“平滑”，并将数值设置为100%，如图5-43所示。在相连的关节处单击“扩展”按钮，进行2~3次平滑处理，效果会更自然。

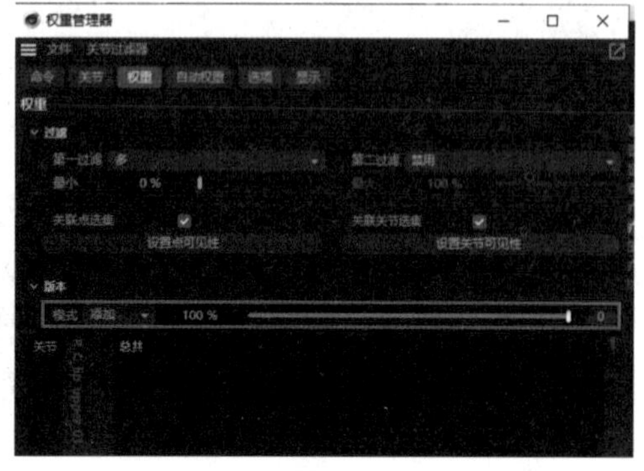

图5-42

图5-43

※ 关节镜像失败。遇到这种问题，处理的方法有3种。一是找到镜像失败的关节，只选失败关节，单独重新镜像一次；二是单独设置权重并进行平滑处理，处理前将其他部位的权重全部锁定；三是选中镜像失败的关节，在“权重管理器”中，执行“命令”|0命令，待数据清零后，再做镜像处理。

※ 关节折叠时，无法设置关节折叠部分的权重。可以暂时取消选中“仅限可见”复选框，此时整个关节部分都能设置权重，完成后重新选中“仅限可见”复选框。常规操作时默认选中“仅限可见”复选框，否则容易对看不到的地方进行过度处理。

5.5.5 权重小结

当出现有组织被带动不能正常运动时，一定要先确定出现问题的关节后再做衰减、添加和平滑等操作。设置指关节权重时，不能设置得过多，人体骨骼需要有力度感。

设置权重后，需要对每个关节进行检查，防止有遗漏的部位。检查完成后，单击“框选”按钮，选中所有的控制器，随后在工具栏中单击“PSR 复位”按钮，复位所有控制器。

所有操作完成后，而且检查也没有任何问题时，在“权重管理器”中，执行“命令”|“标准化”命令，权重处理完成，随后单击“保存”按钮即可。

5.6 Mixamo绑定方法

在前文中，已经介绍了人体模型的基础绑定方法。在此之前使用的是 Mixamo 进行绑定，本节将介绍一个小技巧，就是用 Mixamo 绑定之后，将需要的动作通过 RM 工具进行烘焙。

5.6.1 运用Mixamo工具绑定Cinema 4D模型

自21版本后，Cinema 4D已经集成了类似RM工具的控制器建立的一套系统，在R23版本后就自带Mixamo控制模板了，为此 RM 工具在 21 版本后也没有继续更新，本节内容可以采用 Cinema 4D21 版本进行学习。

使用 Mixamo 绑定模板的具体操作步骤如下。

01 在Cinema 4D中，导入人体模型。

02 打开通过Mixamo网站工具绑定的人体模型，单击“角色”按钮，在角色模板中选择Mixamo Control Rig（Mixamo 绑定）模板，这是一套专门针对“Mixamo网站”绑定的系统。

03 在“对象”面板中单击Root及Pelvis层级，随后按住Ctrl键，单击Arm Mixamo和Leg Mixamo，再同时选中Left Arm和Right Arm，并单击Hand。添加完成后得到的骨骼和人体模型还有差异，如图5-44所示。

04 为了使骨骼更贴合人体模型，需要将骨骼吸附到人体模型上。将骨骼的名称加上前缀Mixamo，右击自定义面板，在弹出的“命令管理器”对话框中，选择“命名工具”选项，并将“命名工具”拖到快捷菜单中，如图5-45所示。

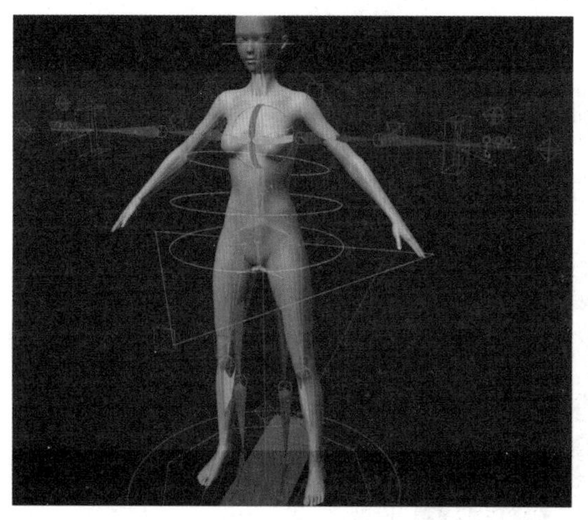

图5-44

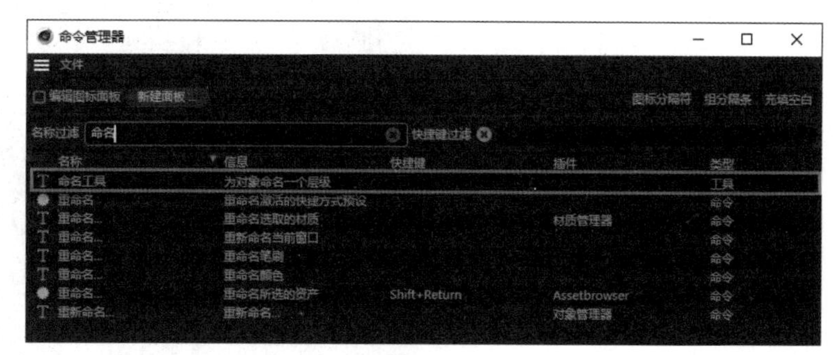

图5-45

05 选中Hips，单击“命名工具”选项，添加前缀Mixamo。

06 单击“角色”控制面板中的“角色”按钮，再单击“属性”中的“建立”按钮。进入“调节”选项卡，如图5-46所示，即可将骨骼吸附到人体模型上，如图5-47所示。

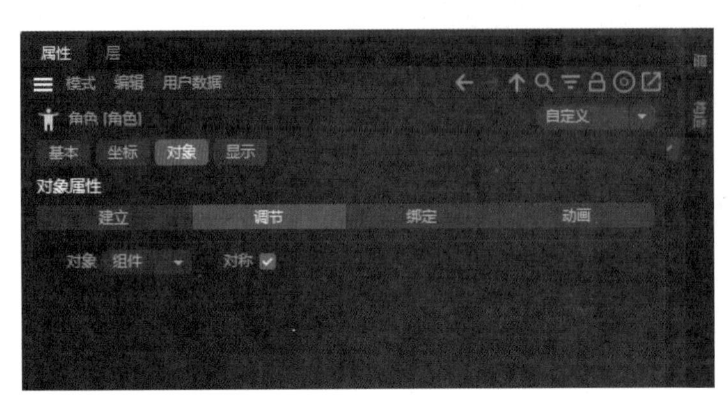

图5-46

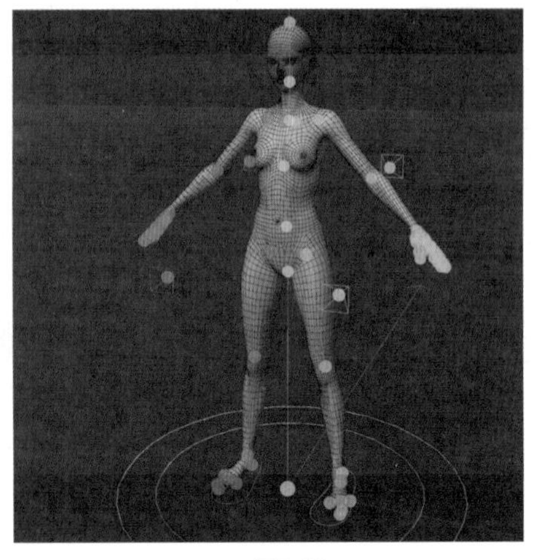

图5-47

5.6.2 细微调整人体模型

人体模型从腿部到膝盖再到脚后跟在一条直线上，需要将脚后的位置略微往后拉，使腿部的 3 个点位不在一条直线上，避免后期做极限动作时出现问题。可以切换为世界坐标，按 7 键，只对一个点位进行调整。部分控制器占据空间比较大，可以选中控制器，使用“缩放”工具将控制器缩小便于操作。

提示

在使用“缩放”工具时，可以选中“单一对象变换”复选框，这样每个控制器将以自身轴为参考进行旋转缩放，否则，将以整体的轴为参考。

5.6.3 其他功能

重设控制器。单击“角色”控制面板中的“角色”按钮，执行“属性”|“动画”命令，单击 Retarget Master、Retarget All 和 Weight Transfer 按钮，在“角色”控制面板中找到“身体”，并将“身体”拖入 Geometries 中，再单击 Transfer Weight 按钮，即可将权重传输到身体上。

此时移动人体模型的控制器是很顺利的，Mixamo 骨骼上已经没有了权重，可以将其隐藏起来。

打开层中的骨骼查看，然后删除角色标签中的 Mixamo 骨骼。选中手指控制器，即可在“属性”面板中对手指进行调整，也可以转换 IK 和 FK，如图 5-48 所示。

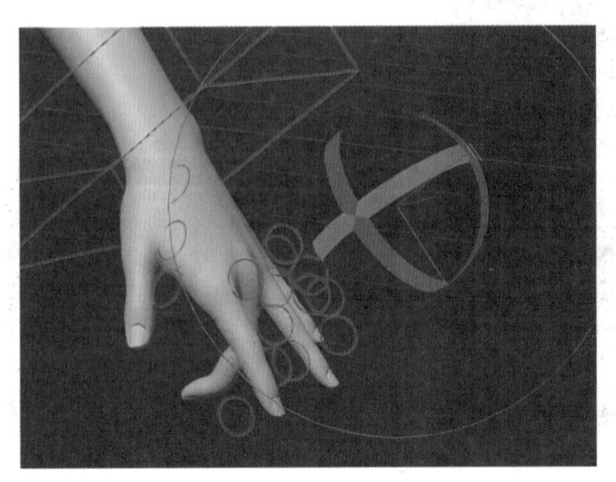

图5-48

5.6.4 操作技巧

如果觉得在“属性”面板中调节手指不方便，可以创建 HUD 进行调节。全选 Fingers 中的所有手指，右击并在弹出的快捷菜单中选择“添加到 HUD”选项，如图 5-49 所示，即可在 HUD 上对手指进行调整，如图 5-50 所示。

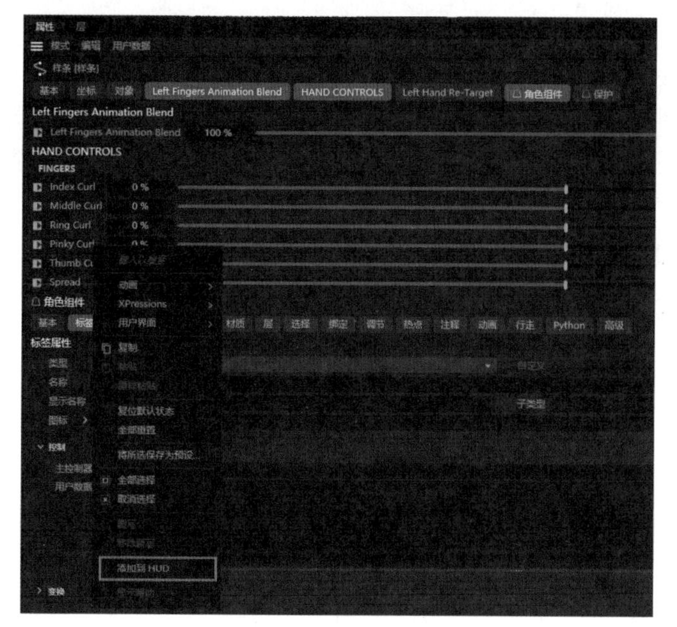

图5-49

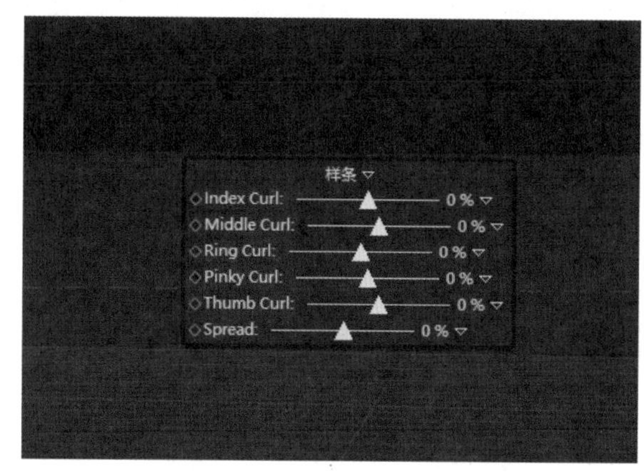

图5-50

提示

Mixamo绑定也有缺点，即缺少了面部绑定控制的功能。

第 6 章

虚拟角色面部绑定

Cinema 4D 角色面部绑定是将角色的面部模型与骨骼动画系统相连接的过程，旨在实现面部表情的生动展现。在进行绑定之前，动画师需要对角色的面部模型进行详细分析，确定每个表情的关键点，如眉毛、眼睛、嘴巴和鼻子等。随后，根据预期的面部表情动作，调整骨骼动画系统的参数，确保骨骼与面部模型完美契合。

通过调节控制器和参数，动画师可以精细调整表情的幅度和细节，从而达到预期的效果。Cinema 4D 角色面部绑定是一项要求极高精度和技巧的任务，但随着实践的不断深入和经验的逐步积累，动画师可以逐渐提升绑定的质量，使角色面部表情栩栩如生。

6.1 高级模板面部权重划分

在 Cinema 4D 中，虚拟角色面部权重的划分是一个精细的过程，它通过将面部控制器添加为人体模型的子级，并利用权重工具为每个面部控制器分配权重来实现。每个面部控制器都负责控制不同的面部肌肉运动，通过调整权重值，可以精确地控制每块肌肉的运动范围和强度。这样的操作能够实现更加自然和逼真的面部动画效果。

在进行权重划分时，需要特别注意保持各个控制器之间的协调和平衡。这是因为面部肌肉的运动是相互关联的，一个控制器的调整可能会影响其他控制器。因此，确保面部动画的整体协调性和自然性是至关重要的。

6.1.1 面部权重概述

面部权重的处理相当复杂，需要遵循一定的层级关系来设置权重。在这个过程中，关键是要准确地区分头部、鼻翼和嘴唇等位置的权重分配。不同的模型有着不同的分层方式，可以参照本书的分层方法，统一使用 DAZ 模型，并按照 DAZ 的分层标准进行操作。如果采用其他标准的模型，建议根据模型的建模和布线标准来设置权重，以确保权重分配的准确性和合理性。

6.1.2 头部分层

人体模型的头部分层，可以从面部嘴唇位置进行分割，沿整体模型布线，一直延伸到头部后脑的位置，具体的操作步骤如下。

01 在Cinema 4D中，导入并打开姿态文件。

02 执行“文件”|“导入”命令，导入DAZ模型至Cinema 4D面板。

03 双击“对象”面板中mouth（嘴巴）的“多边形标签”按钮，随后单击“工具栏”按钮，将口腔隐藏。

04 单击工具栏中的“线模式”按钮，将模型在线模式下打开，注意观察模型情况，从嘴角中轴线开始衍生到后脑，将头部分成上下两部分，如图6-1所示。

05 在“对象面板”中单击“身体”的“权重标签”按钮，再单击工具栏面板的“权重管理器”按钮。

图6-1

06 在左嘴角的中间位置，按住Shift键，选中嘴角中间的曲线，延伸至右侧嘴角位置，如图6-2所示，按住Shift键，加选右嘴角中间的曲线。

07 单击工具栏中的“循环选择”按钮，按住Shift键，从左侧耳朵往下的位置链接到右侧耳朵相同的位置。

08 单击工具栏中的“填充选项”按钮，填充头部的上半部分，如图6-3所示。

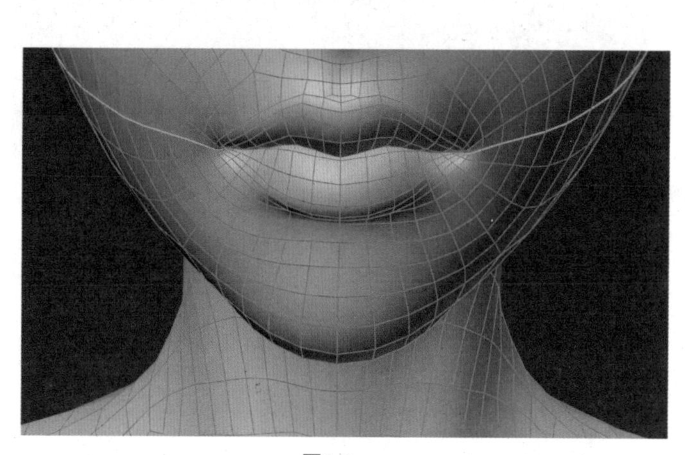

图6-2

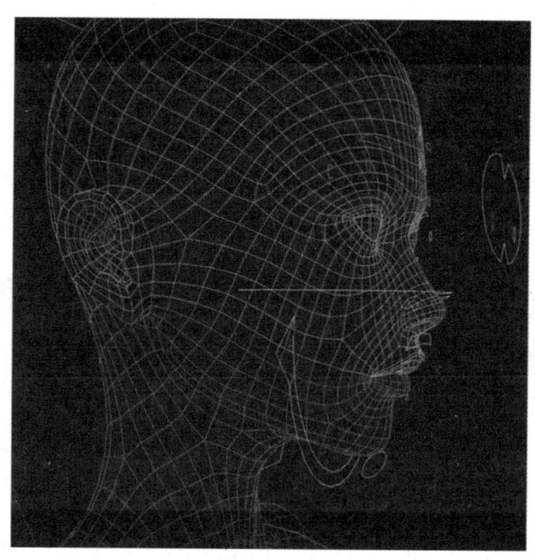

图6-3

6.1.3 面部口腔分层

人体模型的口腔比较隐秘，可以先把人体模型隐藏，只显示口腔模型，再从口腔位置进行分割，整体沿模型口腔一侧嘴角位置布线，一直延伸到另一侧嘴角的位置，将口腔分为上颚与下颚，具体的操作步骤如下。

01 检查断开位置是否合理，双击“对象”面板中牙齿的“多边形选集标签”按钮，选中“牙齿”多边形选集标签，单击工具栏中的按钮隐藏牙齿。

02 单击工具栏中的“线模式”按钮，在线模式下，单击工具栏中的“填充”按钮，选中耳朵以上的部分，填充分割线的下半部分，如图6-4所示，随后执行“选择”|“存储选集”命令，在“属性”面板中将选集命名为“下面”，如图6-5所示。

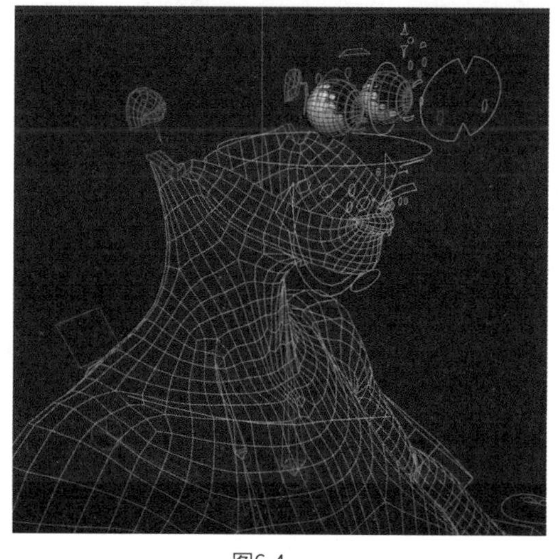

图6-4

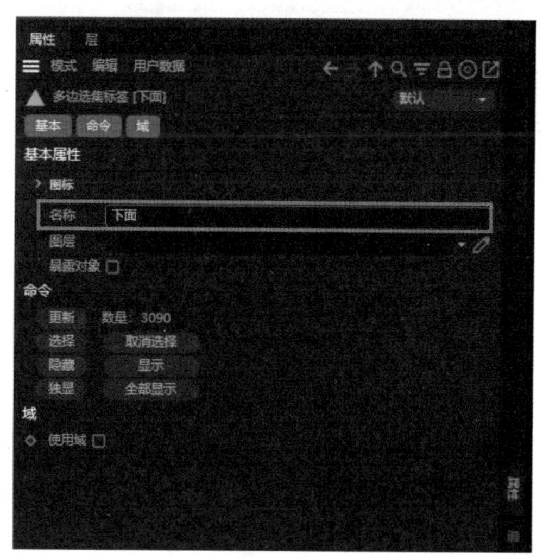

图6-5

03 此处需要把口腔分为两部分，单击工具栏中的“隐藏”按钮，隐藏模型的下半部分。双击“对象”面板中mouth的“多边形选集标签”按钮，单击工具栏中的“循环选择”按钮，在线模式下，从嘴巴中间部分选取路径，如图6-6所示。

> **提示**
>
> 口腔部分布线复杂，需要仔细看清走线的位置。

04 待线路闭合，单击工具栏中的“填充选项”按钮，填充口腔分割线的上颚部分。

05 执行“选择”|“存储选集”命令，如图6-7所示，并重命名为“上颚”。

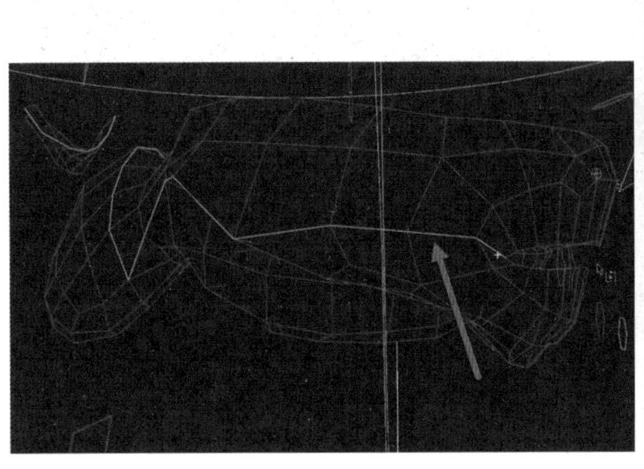

图6-6

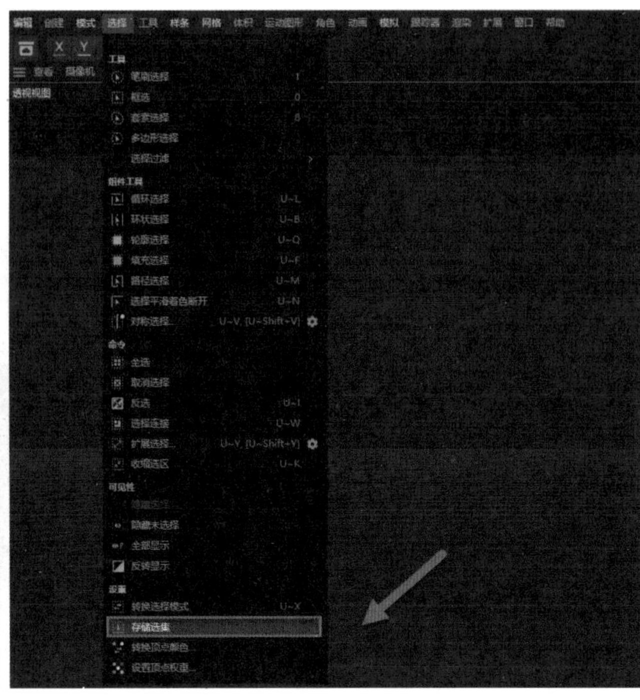

图6-7

06 单击工具栏中的“面模式”按钮，在面模式下，执行“选择”|“显示全部”命令，即可开始设置权重。

6.1.4 设置头部上半部分的分层与权重

人体模型的头部分层位置，可以从鼻子中间至脸颊下方的模型布线位置开始，将头部分为上半部分和下半部分，接着赋予头部的权重，具体的操作步骤如下。

01 单击工具栏中的“权重管理器”按钮，打开“权重管理器”，在空白处右击，在弹出的快捷菜单中选择“全部解锁”选项。

02 解锁后，在空白处右击，在弹出的快捷菜单中选择“全部锁定”选项，确保锁定所有层级，随后选中肢体部分不用的骨骼，右击并在弹出的快捷菜单中选择“隐藏”选项。

在“权重管理器”面板中单击头部骨骼，可以看到所有的权重都在头部骨骼上，所以需要把权重细分到面部，具体的操作步骤如下。

01 单击head骨骼权重后面的“锁定”按钮，解锁head骨骼权重。

02 展开face层级，单击head upper bind后面的“解锁”按钮进行解锁。单击工具栏中的“线模式”按钮，在线模式下，单击工具栏中的“循环选择”按钮，通过鼻子中间横向的线框，分割上下头部的权重。

03 单击工具栏中的“循环选择”按钮，按住Shift键，分别在耳朵两侧画出一条从耳朵到后脑勺的线，留出耳朵部分，如图6-8所示。

04 按住鼠标中键，打开右视图，单击工具栏中的“框选工具”按钮，进行框选。

05 按住Ctrl键，取消选中耳朵上多余的线条并单击工具栏中的“填充”按钮，填充上半部分，如图6-9所示。

06 在“模式”下拉列表中选择“添加”选项，将权重调整为100%，如图6-10所示，头部变为蓝色。

07 在“权重管理器”面板中单击“关节”按钮，选择head选项。

08 在工具栏中单击“线模式”按钮，在线模式下，回到“权重”面板，在“模式”下拉列表中选择“平滑”选项，将“权重”值设置为100%，单击工具栏中的“扩展”按钮进行扩展，再将“权重”值设置为100%进行平滑（该过程重复3次），如图6-11所示。

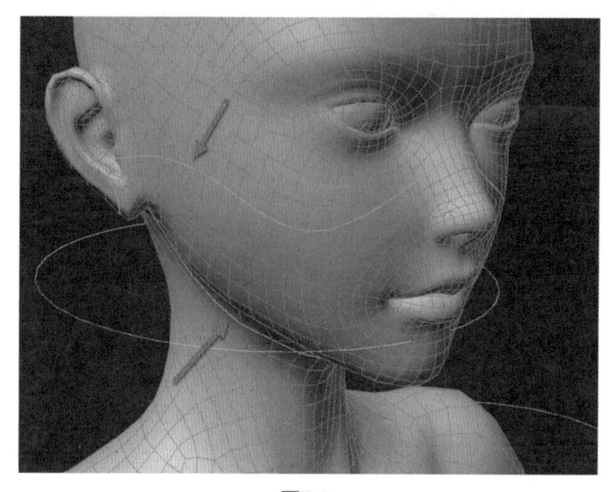

图6-8

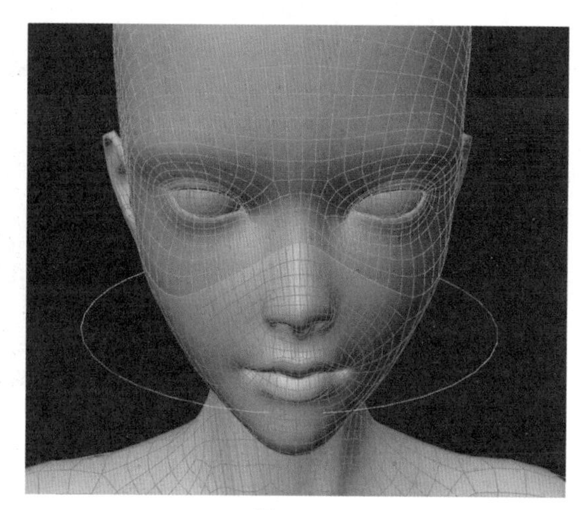

图6-9

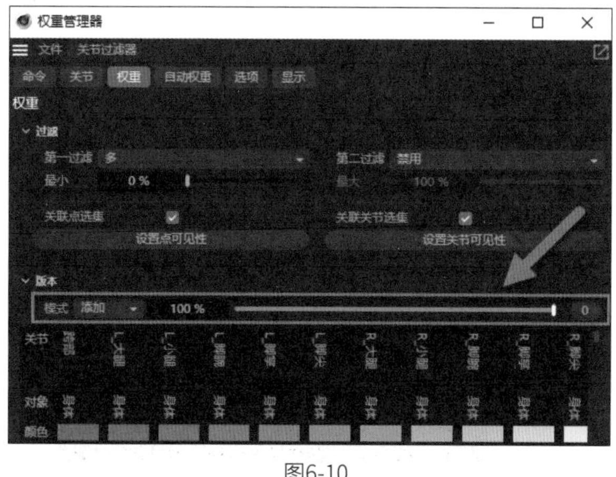

图6-10

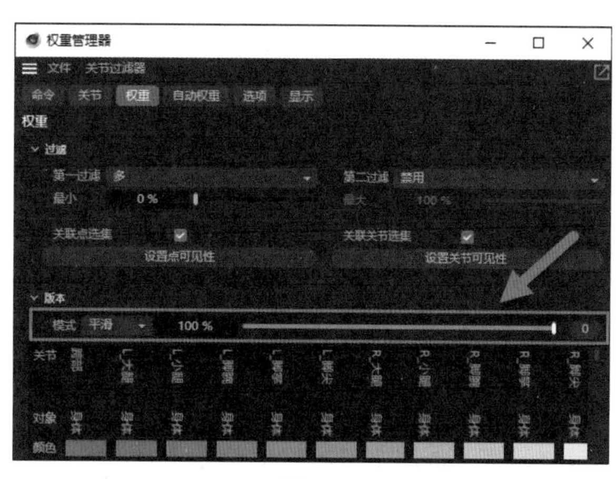

图6-11

09 在“视图”面板中选中“面”控制器，将控制器向上移动，面部的上半部被拉起来，中间无间断即可。

提示

检查无误后，记得将模型调回初始状态。

6.1.5 设置嘴唇权重

在设置嘴唇权重之前，依然需要框选嘴唇部分。框选结束后，可以在“权重管理器”面板中为相应部分添加权重，具体的操作步骤如下。

01 双击“对象”面板中mouth（嘴巴）的“多边形选集”按钮，再单击工具栏中的“隐藏”按钮，隐藏嘴巴模型。

02 单击工具栏中的“线模式”按钮，在线模式下，单击工具栏中的“循环选择”按钮，在界面空白处右击，用“框选”工具选择嘴唇到鼻头一圈的区域，并把鼻子部分放大，把鼻孔内部区域进行框选，如图6-12所示。

03 单击工具栏中的“填充”按钮，填充嘴唇到鼻头一圈的区域，在权重管理器中，单击“锁定”按钮，解锁head及upperlips的骨骼权重。

04 单击“权重”按钮，在“模式”下拉列表中选择“添加”选项，并将“权重”值设置为100%，如图6-13所示，嘴唇部分变为蓝色表示权重设置完成。

05 单击工具栏中的“线模式”按钮，在线模式下，打开“权重管理器”窗口，单击head骨骼，在“权重”面板的“模式”下拉列表中选中“平滑”选项，并将“权重”值设置为100%。单击工具栏中的“扩展”按钮进行扩展，再将“平滑”值设置为100%，进行平滑（该过程重复3次），随后单击“对象模式”按钮，回到初始模型状态。

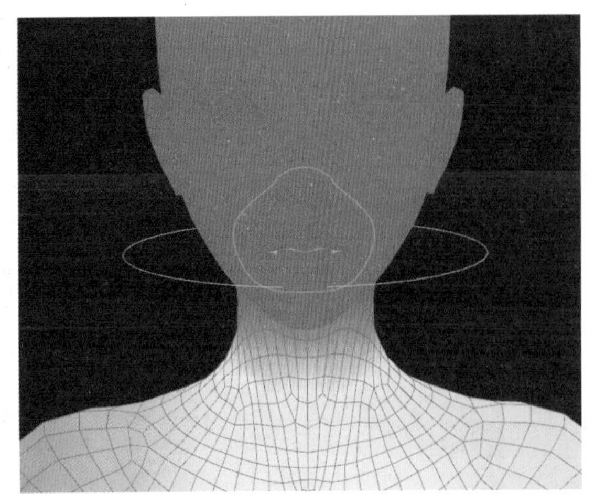

图6-12

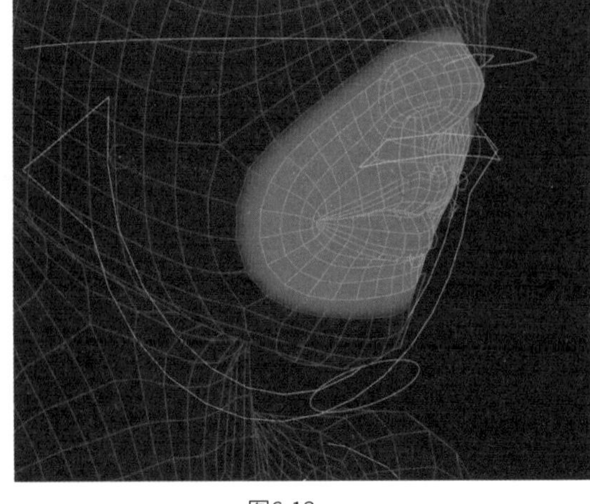

图6-13

6.1.6 设置下巴权重

设置下巴权重的方法与设置嘴唇权重的方法类似，但需要注意设置权重时，相关骨骼与权重的位置，具体的操作步骤如下。

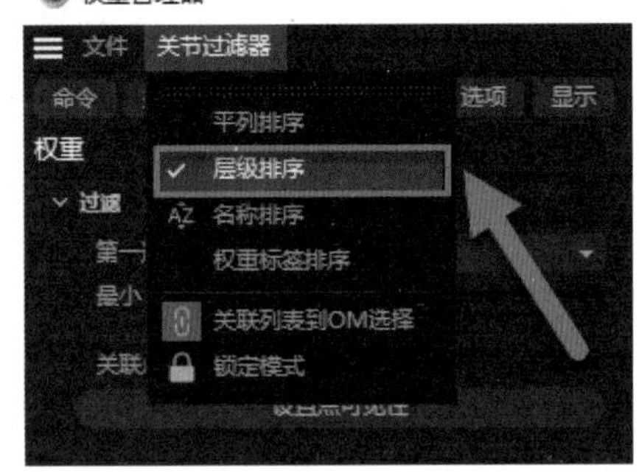

图6-14

01 双击“对象”面板中下巴的“多边形选集”按钮，回到“权重管理器”面板，单击“关节”按钮，锁定head骨骼。在“权重管理器”面板中单击head upper中的“解锁”按钮，锁定head upper骨骼的权重。

02 单击face骨骼，展开层级找到R_c_lip_upper_03，随后执行“关节过滤器”|“层级排序”命令，如图6-14所示。找到下嘴唇中间的骨骼L_M_lip_lower_05并解除锁定。

03 在权重管理器中单击“权重”按钮，在“模式”下拉列表中选择“添加”选项，将“权重”值设置为100%，待下嘴唇部分变为紫色时表示权重设置完成。

04 分别移动、检查上嘴唇控制器、下嘴唇控制器和下巴控制器，会发现下巴存在明显问题，所以还需要为下巴设置权重。

6.1.7 设置上颚权重

前文仅将口腔分为两部分，但没有设置权重，接下来将介绍如何为上颚设置权重，具体的操作步骤如下。

01 单击L_M_lip_lower_05骨骼权重的“解锁”按钮，进行锁定，再单击upperlips骨骼权重的“锁定”按钮，解锁upperlips骨骼。

02 执行“对象面板”|“身体”命令，单击工具栏中的“线模式”按钮，在线模式下，单击工具栏中的“循环选择”按钮，框选整个嘴巴，单击“锁定”按钮。开启L_M_lip_upper_05骨骼权重，在“权重”面板的“模式”下拉列表中选中“添加”选项，将“添加”值设置为100%。

03 同时选中L_M_lip_upper_05和upperlips骨骼，单击工具栏中的“线模式”按钮，在线模式下，将“模式”设置为“平滑”，并将“平滑”值设置为100%，单击工具栏中的“扩展”按钮进行扩展，并将“权重”值设置为100%，进行平滑处理（该过程重复3次）。在工具栏中单击“对象”按钮和“框选”按钮，回到初始模型状态。

6.1.8 平滑嘴角权重

嘴角部分可以将人体模型的嘴巴张开。将上嘴唇控制器往上提，单击“权重”按钮，开启骨骼权重，锁定 upperlips 骨骼，解锁 L_M_lip_lower_05 骨骼，并同时选中 L_M_lip_upper_05 和 L_M_lip_lower_05 骨骼权重。执行“角色”命令，单击“权重工具”按钮，对嘴角不平滑的位置进行平滑处理，如图 6-15 所示。

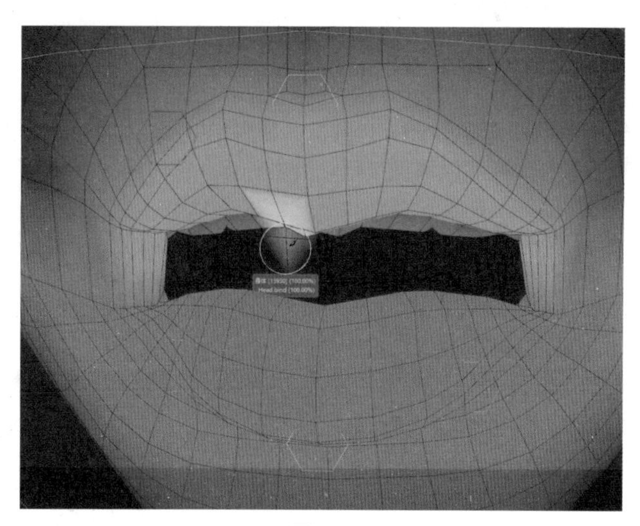

图6-15

6.1.9 设置下巴权重

在设置下巴权重之前，需要框选下巴区域，具体的操作步骤如下。

01 在“对象”窗口中找到“下巴”标签，输入UI进行反选，单击工具栏中的“隐藏”按钮进行隐藏。

02 单击工具栏中的“线模式”按钮，在线模式下，选中“框选”工具，选出下巴区域，单击工具栏中的“填充”按钮，填充下巴部分，如图6-16所示。

03 打开权重管理器，右击，在弹出的快捷菜单中选择“全部锁定”选项，开启head_bind和jaw_bind骨骼权重。回到关节列表，选中head_bind，在“权重”面板的“模式”下拉列表中选择“添加”选项，将“添加”值设置为100%，之后回到关节列表，选中“头部”骨骼权重，在“权重”面板的“模式”下拉列表中选中“平滑”选项，并将“平滑”值设置为100%。

04 单击工具栏中的“线模式”按钮，在线模式下，单击工具栏中的“扩展”按钮进行扩展，单击按钮扩展选取，再将“权重”值设置为100%进行平滑（该过程重复3次），如图6-17所示。在工具栏中单击“对象”按钮和“框选”按钮，回到初始模型状态。

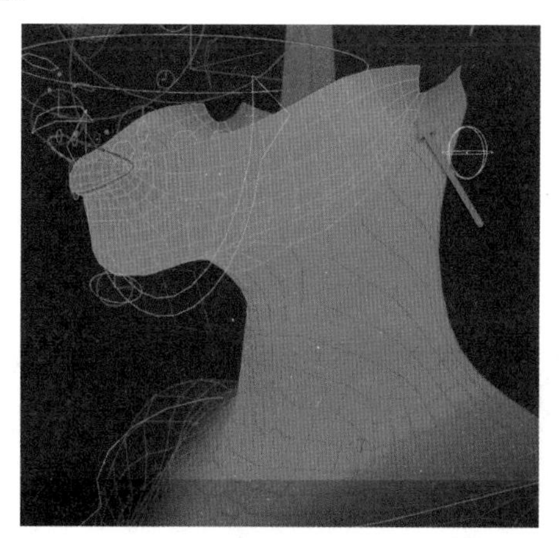

图6-16

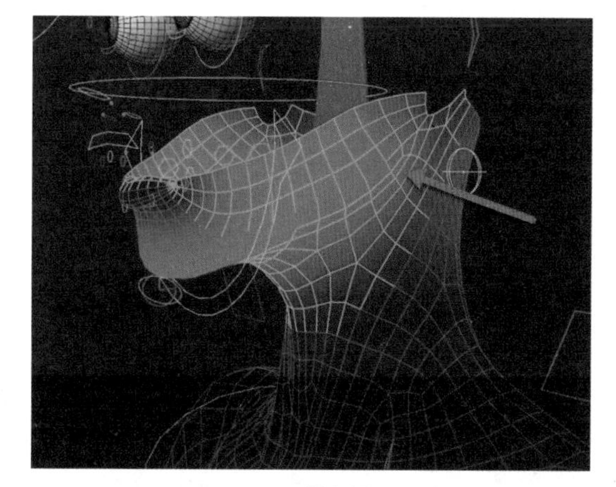

图6-17

05 单击工具栏中的“面模式”按钮，在面模式下，执行“选择”|“全部显示”命令，显示已设置的权重。

提示

绑定人体模型到骨骼时，设置权重是决定骨骼能否控制模型的关键，权重划分的准确性也决定了控制的模型动画是否自然。

6.2 高级模板设置口腔权重

在 Cinema 4D 中绘制口腔权重，是通过绘制权重图的方式调整口腔模型中牙齿的位移和旋转参数的，旨在实现预期的口腔运动效果。通过调整权重图中的节点和曲线，能够控制牙齿的运动范围和速度。口腔主要分为上颚、下颚、牙齿和舌头等部分。本节将介绍上颚、下颚及牙齿的权重设置方法和基础调整技巧，而由于舌头部分的复杂性，我们将其放在后文进行详细讲解。

6.2.1 设置上颚权重

设置上颚权重的具体操作步骤如下。

01 在Cinema 4D中，导入并打开姿态文件。

02 单击工具栏中的“点模式”按钮，在点模式下，执行“身体”|“模式”|“视窗设置”命令，选中“变形器编辑模式”复选框，如图6-18所示，随后单击工具栏中的“PSR返回”按钮，返回模型初始状态。

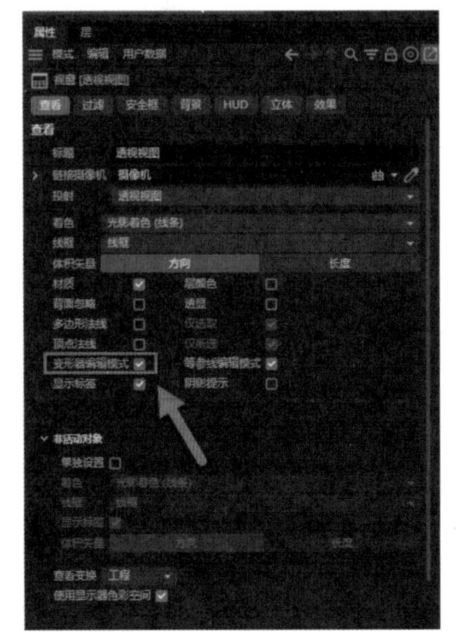

图6-18

03 双击“对象”面板中mouth的“多边形选集”按钮，执行“选择”|“隐藏未选择”命令，整个界面只显示口腔。

04 双击“对象”面板中上颚的“多边形选集”按钮，选中“关节”，并在关节界面上右击，在弹出的快捷菜单中选择“全部锁定”选项。

05 在“权重工具”面板中，解锁head_bind和teeth_up_bind骨骼权重，在“模式”下拉列表中选择“添加”选项，设置“添加”值为100%，完成操作。

6.2.2 设置下颚权重

设置下颚权重的具体操作步骤如下。

01 选中口腔的上颚部分，按快捷键U+I进行反选，选中下颚部分。

02 回到“权重工具”面板的“关节列表”选项，锁定teeth_up_bind骨骼权重，解锁teeth_low_bind骨骼权重，在“模式”下拉列表中选择“添加”选项，设置“添加”值为100%。

6.2.3 设置口腔权重

设置口腔权重的具体操作步骤如下。

01 在“权重工具”面板中选中“关节”，锁定head_bind骨骼权重，选中并解锁teeth_low_bind和teeth_up_bind骨骼权重，执行“角色”命令，单击“权重工具”按钮，使用“权重工具”对口腔上颚和下颚中间交界部分的权重进行平滑处理，如图6-19所示。

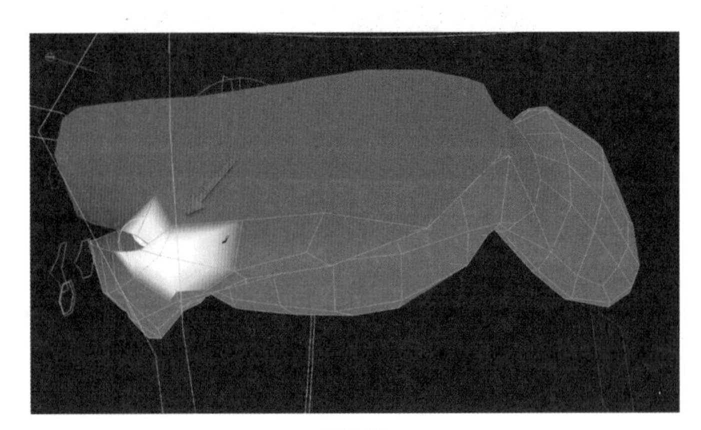

图6-19

02 单击工具栏中的“面模式”按钮，在面模式下，执行“选择”|“全部显示”命令，再单击工具栏中的“对象模式”按钮，在对象模式下，上下移动上颚和下颚控制器，检查面部权重是否有误。

03 经过检查面部权重可发现，面部权重存在牙齿没有权重、嘴唇权重有误等问题，要解决上述问题首先要打开权重管理器，将所有骨骼锁定，再解锁L_M_lip_lower_05及head_bind骨骼权重。

04 执行“角色”命令，使用“权重工具”按钮对嘴唇凸出部分进行平滑处理，之后单击工具栏中的“PSR返回”按钮，回到初始状态。

6.2.4 设置牙齿权重

设置牙齿权重的具体操作步骤如下。

01 双击“对象”面板中 teeth的“多边形选集”按钮，执行“选择”|“隐藏未选择”命令。

02 打开“权重管理器”面板，展开所有层级，右击，在弹出的快捷菜单中选择“全部选定”选项。

03 同时选中teeth_up_bind及head_bind骨骼权重，在“权重”面板的“模式”下拉列表中选择“添加”选项，将“添加”值设置为100%。

04 解锁teeth_low_bind骨骼权重，单击工具栏中的“填充”按钮，按住Shift键，依次选中下排牙齿，如图6-20所示。

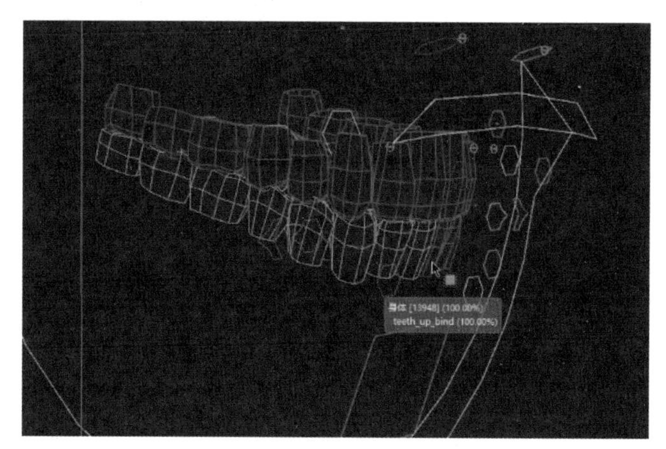

图6-20

05 待全部选中后，单击“权重管理器”面板中的“权重”按钮，在“模式”下拉列表中选择“添加”选项，并将“添加”值设置为100%，即可添加下牙权重。

06 在“权重管理器”面板中，锁定“上下牙”骨骼权重，单击工具栏中的“面模式”按钮，在面模式下，选中“身体”，执行“选择”|“全部显示”命令。

07 在“权重管理器”面板中右击，在弹出的快捷菜单中选择“全部锁定”选项，锁定所有骨骼权重，解锁L_M_lip_lower_05以及teeth_low_bind权重。

08 选中L_M_lip_lower_05，在“模式”下拉列表中选择“添加”选项，将“添加”值设置为100%，之后同时选中L_M_lip_lower_05和teeth_low_bind，执行“角色”|“权重工具”命令，使用权重工具对口腔权重进行平滑处理。

提示

平滑结束后，检查口腔权重是否有问题，若有问题，可以用上述方法进行平滑和修饰，否则进入下一环节。

6.2.5 设置鼻孔权重

设置鼻孔权重的具体操作步骤如下。

01 单击工具栏中的“线模式”按钮，在线模式下，执行“工具栏”|“循环选择”命令，随后选择“框选”工具，在视图窗口中选择头部线圈，单击工具栏中的“填充”按钮，选中头部的下半部分，执行“选择”|“隐藏未选择”命令。

02 单击工具栏中的“对象”按钮，在对象模式下，将鼠标指针放置在鼻孔位置，将上颚控制器往上移动，观测鼻孔位置是否有穿帮现象，若有，可在权重管理器中解锁head_bind和upperlips_bind骨骼权重，单击“权重工具”按钮，开始平滑穿帮的部分，如图6-21所示。

03 在“权重”面板中选中upperlips_bind，使用“平滑”工具，平滑上嘴唇的穿帮部分。

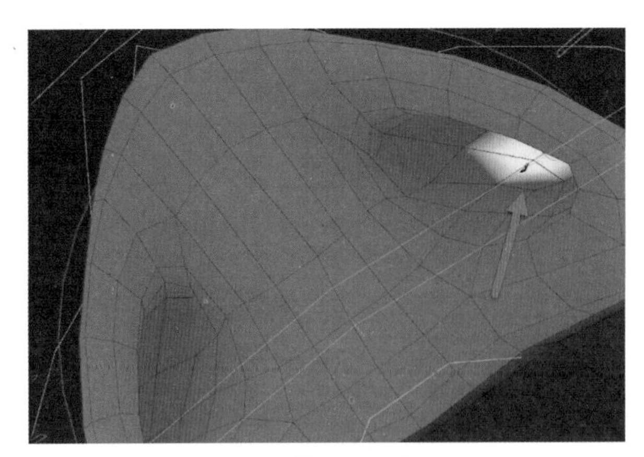

图6-21

6.3 高级模板设置舌头权重

设置舌头权重是指通过绘制权重图的方式控制舌头模型在口腔内的运动和姿态。舌头是一个比较特殊的器官，可以细分为“舌尖”“舌中”和“舌根”部分。在设置权重之前需要了解，“舌根”部分是相对固定的，基本不会运动，因此不需要进行细分与权重分配。舌头权重主要集中在“舌尖”和“舌中”部分。设置舌头权重时需要掌握一定的绘画技巧，并且需要对舌头的结构有一定的了解。通过不断地学习和实践，我们可以实现更加精细和自然的口腔和舌头的运动效果。

6.3.1 舌头分层

舌头分层的具体操作步骤如下。

01 在Cinema 4D中，导入并打开姿态文件。

02 首先隐藏角色的“上颚”部分，选中“嘴巴”控制器使人物嘴巴解锁并露出舌头部分，双击“对象”面板中mouth的“多边形选集”按钮，执行“选择”|“隐藏未选择”命令。

03 进入权重管理器，右击并在弹出的快捷菜单中选择“全部锁定”选项，再解锁teeth_low_bind和tongue01_bind骨骼权重，单击工具栏中的“循环选择”按钮，在线模式下，选中并填充舌头。

04 在面模式下，单击工具栏中的“实时框选工具”按钮，选择隐藏局部，再选中剩余的舌头部分。

05 打开权重管理器，右击并锁定全部骨骼权重，解锁head_upper_bind及tongue_01_bind骨骼权重。

06 单击工具栏中的“线模式”按钮，在舌头中间建立分割线。

07 选择完毕后，单击工具栏中的“填充”按钮，填充“舌中”至“舌尖”的部分，如图6-22所示。

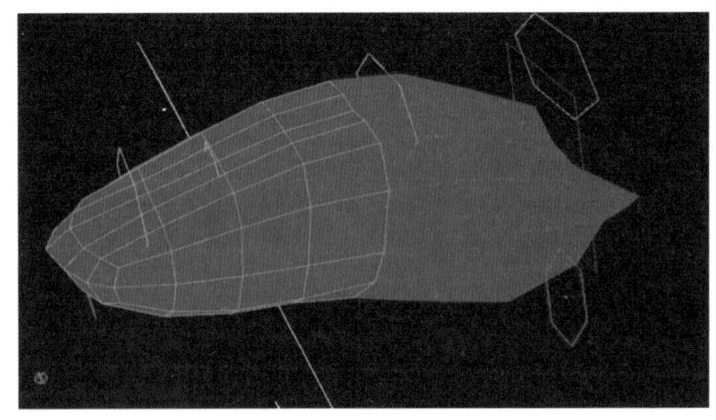

图6-22

6.3.2 设置舌尖分层与权重

设置舌尖分层与权重的具体操作步骤如下。

01 在权重管理器中关闭所有骨骼层级，解锁tongue_02_bind和tongue_01_bind骨骼权重，在“权重”面板的“模式”下拉列表中选择“添加”选项，并将“添加”值设置为100%，之后同时选中tongue_02_bind和tongue_01_bind骨骼权重，并在“权重”面板的“模式”下拉列表中选择“平滑”选项，将“平滑”值设置为100%。

02 单击工具栏中的“线模式”按钮，在工具栏中单击“扩展”按钮进行扩展，再将“权重”值设置为100%进行平滑（该过程重复3次），之后单击工具栏中的“对象”按钮，回到初始模型状态。

03 锁定tongue_01_bind骨骼，解锁tongue_02_bind和tongue_03_bind骨骼权重，选中tongue_03_bind骨骼权重后单击工具栏中的“循环选择”按钮，在舌头中间靠前的分割线处建立线框，待闭合之后，单击工具栏中的“填充”按钮，填充舌头前半部分，如图6-23所示。

04 单击权重，在“权重”面板的“模式”下拉列表中选择“添加”选项，并将“添加”值设置为100%，之后同时选中tongue_02_bind和tongue_03_bind骨骼权重，在“权重”面板的“模式”下拉列表中选择“平滑”选项，并将“平滑”值设置为100%。

05 单击工具栏中的“线模式”按钮，在线模式下，单击工具栏中的“扩展”按钮进行扩展，再将“权重”值设置为100%进行平滑（该过程重复3次），之后单击工具栏中的“对象”按钮和“框选”按钮，回到初始模型状态。

06 在“权重管理器”面板中右击，在弹出的快捷菜单中选择“全部锁定”选项，再右击，在弹出的快捷菜单中选择“全部解锁”选项。

07 按快捷键Ctrl+A，在“权重管理器”面板中单击“命令”按钮，再单击“标准化”按钮，如图6-24所示。

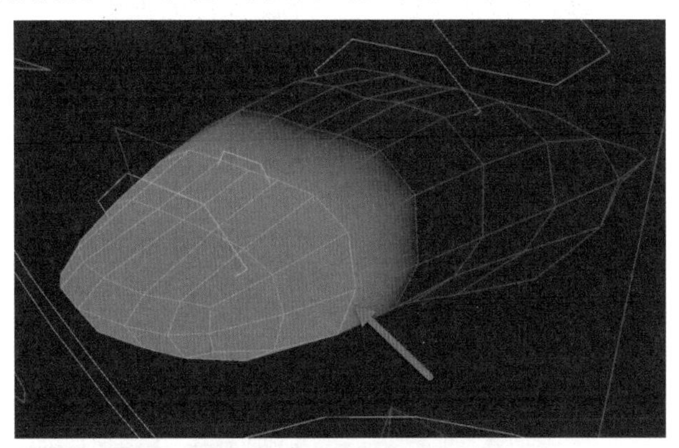

图6-23

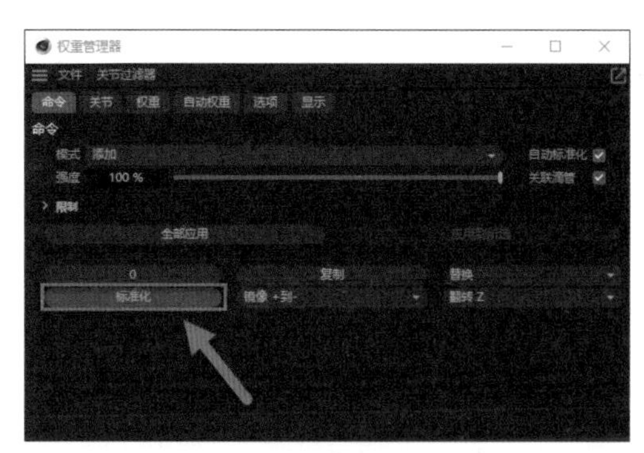

图6-24

08 在空白处右击，在弹出的快捷菜单中选择“隐藏标准化”选项，之后单击“面模式”按钮，在面模式下，执行“选择”|“全部显示”命令。

6.4 高级模板设置鼻子、脸颊、耳朵权重

设置鼻子、脸颊和耳朵的权重对于动画角色的面部表情至关重要，它们能够使角色的表情更加自然、逼真，从而让观众感受到更真实的情感表达。从人体动力学的角度来看，虽然鼻子、脸颊和耳朵本身不具备主动运动的能力，但这并不意味着它们在动画中不会被带动。例如，当模型张嘴时，脸颊部分就会随之运动。因此，为了确保动画的真实性和流畅性，需要对鼻子、脸颊和耳朵进行分区，并仔细设置权重。

6.4.1 设置鼻子权重

设置鼻子权重的具体操作步骤如下。

01 在Cinema 4D中，导入并打开姿态文件。

02 在线模式下，单击工具栏中的“框选”按钮，框选鼻子部分，待闭合之后，单击工具栏中的“填充”按钮填充鼻子，如图6-25所示。

03 在“权重管理器”面板中解锁nose_bind、Head_bind、upperlips_bind骨骼权重，选中nose_bind骨骼权重，在“权重”面板的“模式”下拉列表中选择“添加”选项，将“添加”值设置为100%。

04 在线模式下，同时选择nose_bind、Head_bind和upperlips_bind骨骼权重，选中“权重”选项，在“权重”面板的“模式”下拉列表中选择“平滑”选项，将“平滑”值设置为100%。

05 单击工具栏中的“扩展”按钮进行扩展，如图6-26所示，再将“权重”值设置为100%进行平滑（该过程重复3次）。

06 单击工具栏中的“对象”按钮和“框选”按钮，回到初始模型状态。

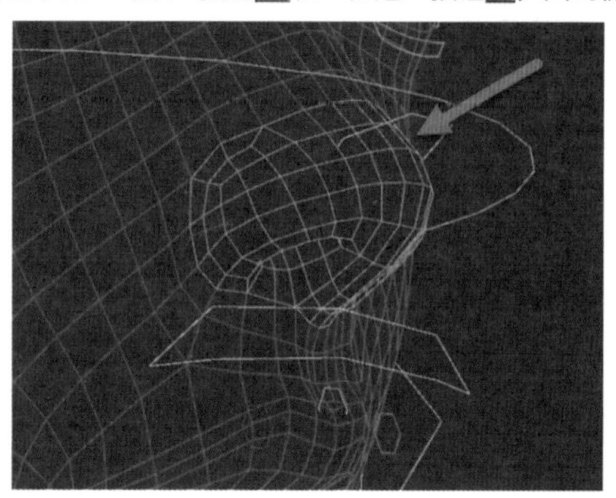

图6-25

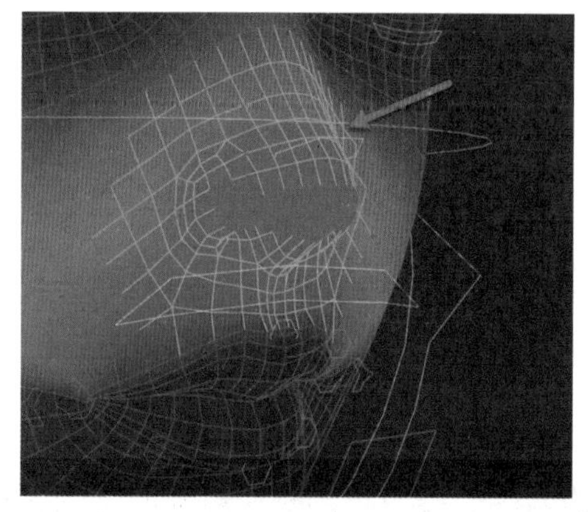

图6-26

07 在“权重管理器”面板中右击，在弹出的快捷菜单中选择“全部锁定”选项，在线模式下，单击工具栏中的“框选”按钮，用线框将模型分成两部分。

08 在“权重管理器”面板中解锁并选中nostni_L_bind骨骼权重，单击工具栏中的“填充”按钮，填充面部右侧，如图6-27所示。

09 解锁nostni_R_bind骨骼权重，在“权重”面板的“模式”下拉列表中选择“添加”选项，将“添加”值设置为100%。之后按快捷键U+I进行反选，填充面部左侧，为左侧鼻头添加权重。

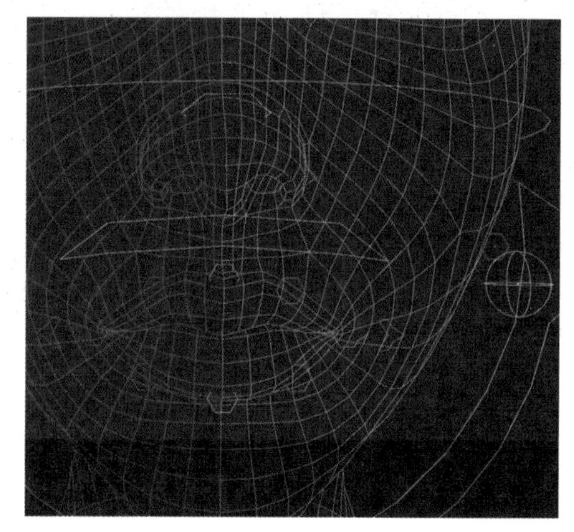

图6-27

10 在线模式下，锁定nostni_R_bind骨骼权重，选中并解锁nose_bind及nostni_L_bind骨骼权重，在“权重”面板的“模式”下拉列表中选择“平滑”选项，将“平滑”值设置为100%。

11 单击工具栏中的“扩展”按钮进行扩展，再将“权重”值设置为100%进行平滑（该过程重复3次），最后单击工具栏中的“对象”按钮和“框选”按钮，回到初始模型状态。

12 选中鼻子右侧控制器并往上移，同时选中nostni_L_bind与nostni_R_bind骨骼权重，执行“角色”命令，单击“权重工具”按钮进行平滑，至此，鼻子权重就设置好了。

6.4.2 设置脸颊权重

设置脸颊权重的具体操作步骤如下。

01 在“对象”面板中选中“身体”层级，回到“权重管理器”列表，右击，在弹出的快捷菜单中选择“全部锁定”选项，随后选中L_cheek_bind骨骼权重，单击工具栏中的“循环选择”按钮，在模型左侧面部画出脸颊的部分，如图6-28所示。

02 单击工具栏中的“填充”按钮，填充左侧脸颊部分，紧接着在“权重管理器”面板中解锁L_cheek_bind、jaw_bind和head_upper_bind权重骨骼，选中左侧脸颊骨骼权重，在“权重管理器”面板的“模式”下拉列表中选择“添加”选项，将“添加”值设置为100%，左侧脸颊的权重设置完毕。

03 单击工具栏中的“线模式”按钮，在线模式下，同时选中L_cheek_bind、jaw_bind、head_upper_bind和Head_bind骨骼权重。在“权重”面板的“模式”下拉列表中选择“平滑”选项，将“平滑”值设置为100%。

04 单击工具栏中的“扩展”按钮进行扩展，再将“权重”值设置为100%进行平滑（该过程重复3次），之后单击工具栏中的“对象”按钮和“框选”按钮，回到初始模型状态。

05 在“权重”面板中单击“权重”工具，对模型再次进行平滑处理。

06 在“权重管理器”面板中解锁R_cheek_bind骨骼权重，随后选择左侧脸颊骨骼权重，单击“命令”按钮，选择“镜像从+到-”选项，如图6-29所示，同时锁定R_cheek_bind和L_cheek_bind骨骼权重，按快捷键Ctrl+A，单击“标准化”按钮。至此，脸颊的权重设置完毕。

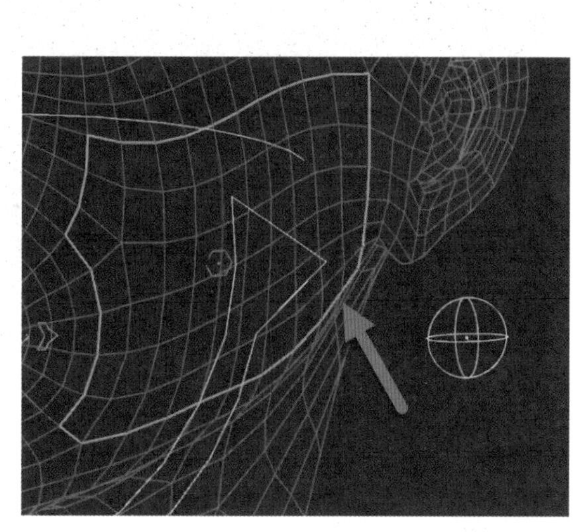

图6-28

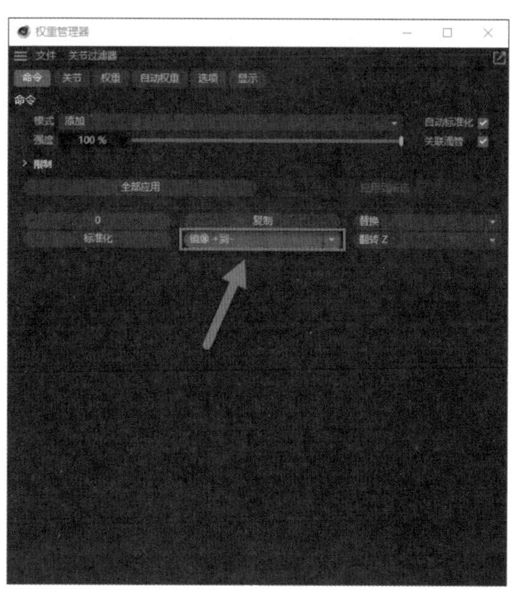

图6-29

6.4.3 设置耳朵权重

设置耳朵权重的具体操作步骤如下。

01 在“对象面板”中选中“身体”层级，在工具栏中单击“循环选择”按钮，在模型头部框选耳朵部分并填充，如图6-30所示。在“权重管理器”面板中解锁L_ear_bind和L_ear_bind骨骼权重，选中head_upper_bind骨骼权重，在“权重”面板的“模式”下拉列表中选择“添加”选项，并将“添加”值设置100%。

02 单击工具栏中的“线模式”按钮，在“权重管理器”面板中选中L_ear_bind和L_ear_bind骨骼权重。

03 单击“权重”按钮，在“模式”下拉列表中选择“平滑”选项，将“平滑”值设置为100%。

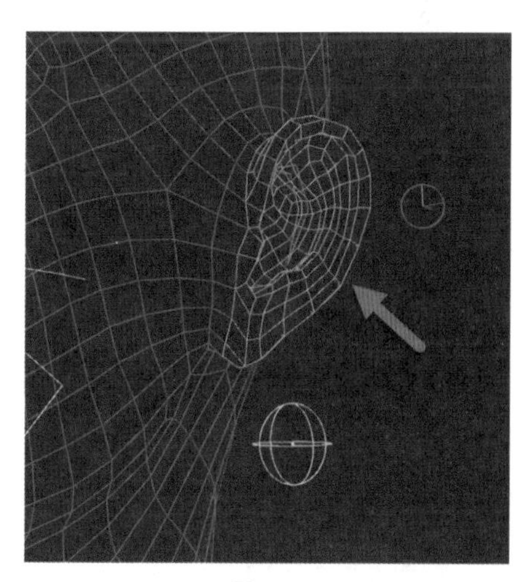

图6-30

04 单击工具栏中的“扩展”按钮进行扩展，将“权重”值设置为100%进行平滑（该过程重复3次）。

05 单击工具栏中的“对象”按钮和“框选”按钮，回到初始模型状态。

06 执行“命令”|“镜像从+到-”命令，右击，在弹出的快捷菜单中选择“全部锁定”选项。

07 解锁头部骨骼权重，执行“命令”|“标准化”命令，最后在“权重管理器”面板中解锁全部骨骼权重，解锁head_upper_bind骨骼权重，执行“命令”|“镜像从+到-”命令，最后保存即可。

6.5 高级模板设置眼睛和眉毛权重

设置眼睛权重旨在将动画曲线与模型的权重分配相匹配。在制作虚拟角色动画的过程中，角色的眼睛往往需要展现复杂的运动和表情变化。为了实现这些效果，必须精确地控制眼睛的运动方式，并与模型的权重分配相协调。至于眉毛的权重处理，需要仔细观察真人眉毛的运动规律。眉毛的典型动作包括抬眉、压眉和挑眉，这三种状态主要通过眉头、眉中和眉梢三个部分来控制。因此，在权重分配时，主要依靠这个部分的骨骼来控制蒙皮的运动。眼睛和眉毛的权重部分是整个面部权重中至关重要的组件。

6.5.1 设置眼皮权重

设置眼皮权重的具体操作步骤如下。

01 在Cinema 4D中，导入并打开姿态文件。

02 单击工具栏中的“线模式”按钮，在线模式下，到“对象”面板中单击身体。

03 在“权重管理器”面板中解锁L_eye_base_bind和head_upper_bind骨骼权重，随后单击工具栏中的“框选”按钮，框选眼睛区域。

04 闭合后，单击工具栏中的“填充”按钮，对左眼部分进行填充，如图6-31所示。

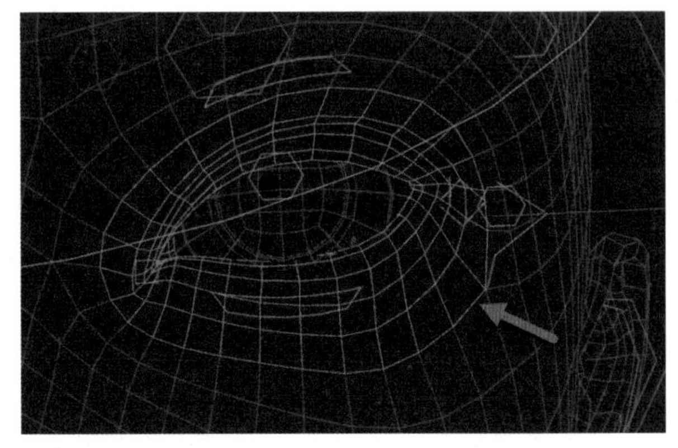

图6-31

05 在“权重管理器”面板的“权重”下拉列表中选择“添加”选项，并将“添加”值设置为100%，之后单击工具栏中的“线模式”按钮，在线模式下，同时选中L_ear_bind和head_upper_bin骨骼权重，在“权重”面板的“模式”下拉列表中选择“平滑”选项，将“平滑”值设置为100%。单击工具栏中的“扩展”按钮进行扩展，再将“权重”值设置为100%进行平滑（该过程重复3次），最后单击工具栏中的“对象”按钮和“框选”按钮，回到初始模型状态。

06 单击工具栏中的“线模式”按钮，在“权重管理器”面板中选中R_eye_base_bind和head_upper_bind骨骼权重，单击工具栏中的“框选”按钮，框选右眼部分，线路闭合后，单击工具栏中的“填充”按钮，进行填充。

07 在“权重管理器”面板的“权重”下拉列表中选中“添加”选项，将“添加”值设置为100%。

08 单击工具栏中的“线模式”按钮，在线模式下，同时选中R_eye_base_bind和head_upper_bind骨骼权重。在“权重”面板的“模式”下拉列表中选择“平滑”选项，将“平滑”值设置为100%，随后单击工具栏中的“扩展”按钮进行扩展，再将“权重”值设置为100%进行平滑（该过程重复3次），最后单击工具栏中的“对象”按钮和“框选”按钮，回到初始模型状态。

09 在“权重管理器”面板中右击，并在弹出的快捷菜单中选择“全部解锁”选项，执行“命令”|“标准化”命令，之后在“权重管理器”面板中右击，并在弹出的快捷菜单中选择“全部锁定”选项，将所有骨骼权重锁定。

6.5.2 设置眉毛权重分区

设置眉毛权重分区的具体操作步骤如下。

01 在“材质”选项区域中选择“身体材质”选项，将身体材质拖至对象面板的“身体”标签栏中，在模型上显现眉毛，如图6-32所示。

02 单击工具栏中的“线模式”按钮，再单击“框选”按钮，将两个眉毛的模型部分框选，闭合之后，单击工具栏中的“填充”按钮进行填充。

03 打开“权重管理器”面板，右击并在弹出的快捷菜单中选择“全部锁定”选项，解锁head_upper_bind和brow_master_bind骨骼权重，选中brow_master_bind骨骼权重并单击“眉头”，并在“权重”面板的“模式”下拉列表中选择“添加”选项，将“添加”值设置为100%。

04 在“权重”面板的“模式”下拉列表中选择“平滑”选项，将“平滑”值设置为100%。随后单击工具栏中的“扩展”按钮进行扩展，再将“权重”值设置为100%进行平滑（该过程重复3次），最后单击工具栏中的“对象”按钮和“框选”按钮，回到初始模型状态。

05 在线模式下，使用“框选”工具填充角色右半部分，如图6-33所示，在“权重管理器”面板的搜索框中输入brow，选中brow_mid_bind和L_brow_master_bind骨骼权重，在“权重”面板的“模式”下拉列表中选择“添加”选项，将“添加”值设置为100%。

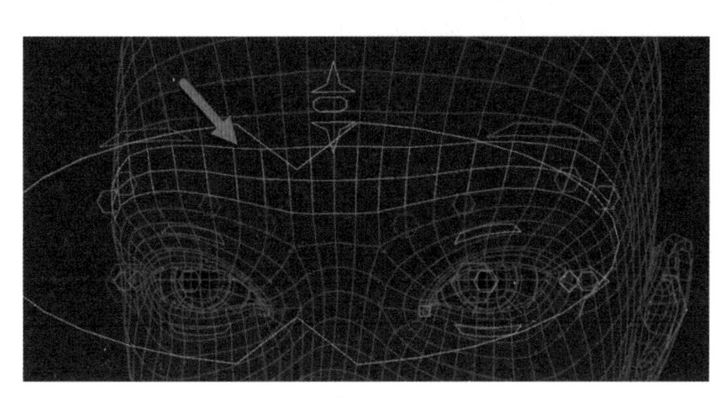

图6-32

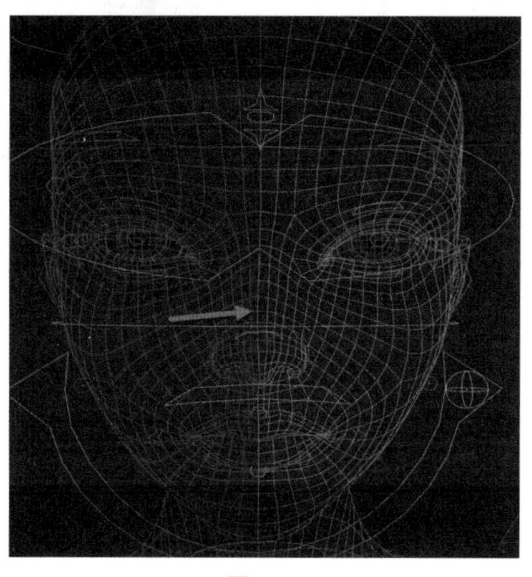

图6-33

06 按快捷键U+I进行反选，在“权重管理器”面板中选中R_brow_mid_bind骨骼权重，在“权重”面板的“模式”下拉列表中选择“添加”选项，将“添加”值设置为100%。之后在“权重管理器”面板中同时选中R_brow_mid_tbind和L_brow_mid_bind骨骼权重，在“权重”面板的“模式”下拉列表中选择“平滑”选项，将“平滑”值设置为100%，随后单击工具栏中的“扩展”按钮进行扩展，再将“权重”值设置为100%进行平滑（该过程重复3次），最后单击工具栏中的“对象”按钮和“框选”按钮，回到初始模型状态。

6.5.3 设置眉毛权重

设置眉毛权重的具体操作步骤如下。

01 在Cinema 4D中，导入并打开姿态文件。

02 单击工具栏中的“线模式”按钮，在线模式下，解锁R_brow_mid_bind骨骼权重。单击工具栏中的“框选”按钮，选择第2根“眉毛”骨骼，再在工具栏中单击“填充”按钮进行填充，并在“权重”面板的“模式”下拉列表中选择“添加”选项，将“添加”值设置为100%。

03 在“权重管理器”面板中选中L_brow_in_bind骨骼权重，在线模式下，用“线框”工具选中前面眉骨的骨骼，闭合后，填充线框如图6-34所示。

04 在“权重管理器”面板中选中L_brow_in_tip_bind骨骼权重，并在“权重”面板的“模式”下拉列表中选择“添加”选项，进行权重添加，并在线模式下，同时选中L_brow_in_bind和L_brow_in_tip_bind骨骼权重，并进行平滑（该平滑步骤与6.5.1小节下的08平滑步骤一致，该部分不做重述）。

05 在“权重管理器”面板中选中左侧所有眉毛骨骼L_brow_in_bind、L_brow_in_tip_bind、L_brow_out_bind、L_brow_mid_tip_bind骨骼权重，单击“镜像”按钮，再选中“眉头”骨骼权重，执行“命令”|“镜像从+到-”命令。

06 在“权重管理器”面板中右击，在弹出的快捷菜单中选择“全部解锁”选项，之后按照设置右侧眼皮权重的方式，将左侧眼睛的权重也设置好。

07 在“权重管理器”面板中选择“关节”，右击并在弹出的快捷菜单中选择“全部解锁”选项。

08 在“权重管理器”面板中解锁全部骨骼层级，执行“命令”|“标准化”命令，之后删除前面贴到模型上的贴图，即可进入设

置下一权重阶段。

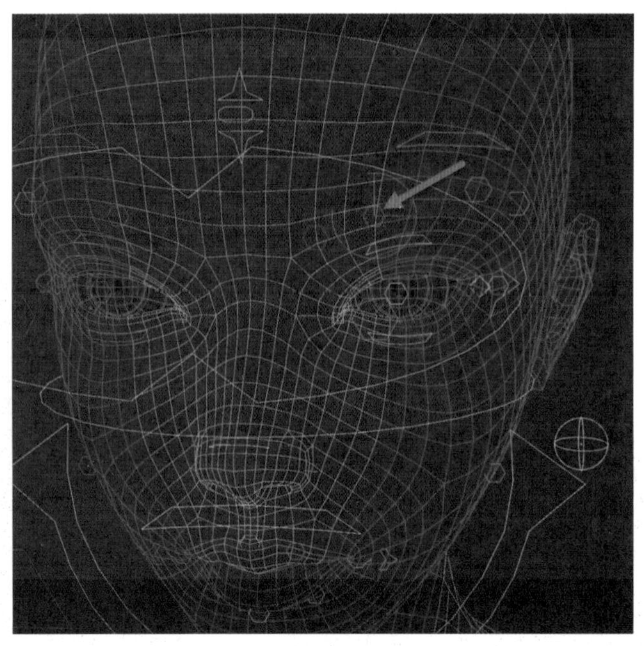

图6-34

6.6 高级模板设置下嘴唇权重

嘴巴与眉毛的权重处理方法有相似之处，但嘴巴的运动在人类表情中是最为丰富的，面部表情很大程度上都依赖嘴巴来展现。因此，嘴巴的权重分配在面部权重处理中也是最复杂的。

6.6.1 设置左下嘴唇权重

设置左下嘴唇权重的具体操作步骤如下。

01 在Cinema 4D中，导入并打开姿态文件。

02 打开“权重管理器”面板，在搜索框中输入LIP，找到控制嘴唇的关节L_M_lip_lower_05和jaw_bind并解锁，按快捷键U+I进行反选，填充鼻子和嘴巴的内部区域。

03 按快捷键U+I进行反选，调出“权重管理器”面板，在“权重”下拉列表中选择“添加”选项，并将“添加”值设置为100%，同时解锁jaw_bind和L_M_lip_lower_05骨骼权重，在“权重”下拉列表中选择“平滑”选项，并将“平滑”值设置为100%，如图6-35所示。

04 单击工具栏中的“线模式”按钮，在线模式下，单击“设置关节可见性”按钮，在“权重”下拉列表中选择“平滑”选项，并将“平滑”值设置为100%。之后单击工具栏中的“扩展工具”按钮进行扩展，再在“权重”下拉列表中选择“平滑”选项，并将“平滑”值设置为100%（该过程重复3次），最后单击工具栏中的“对象”按钮和“框选”按钮，回到初始模型状态。

05 在工具栏中单击“循环选择”按钮，将头部分成两半，单击工具栏中的“填充”按钮，填充头部的右侧部分，单击添加，将进度条拉至100%，之后同时选中R_M_lip_lower_05及L_M_lip_lower_05骨骼权重，在线模式下，在“权重”下拉列表中选择“添加”选项，并将“添加”值设置为100%。单击工具栏中的“扩展工具”按钮进行扩展（该过程重复3次），最后单击工具栏中的“对象”按钮和“框选”按钮，回到初始模型状态。

06 在工具栏中单击“框选”按钮，选择模型嘴角两侧的线框，填充外围区域，解锁L_C_lip_lower_05和L_M_lip_lower_05

骨骼权重，选中L_C_lip_lower_05骨骼权重，在“权重”下拉列表中选择“平滑”选项，并将“平滑”值设置为100%。之后进入线模式，在“权重”下拉列表中选择“平滑”选项，并将“平滑”值设置为100%，单击“扩展工具”按钮（该过程重复3次）。单击“对象模式”按钮和“对象选择工具”按钮回到初始模型状态，如图6-36所示。

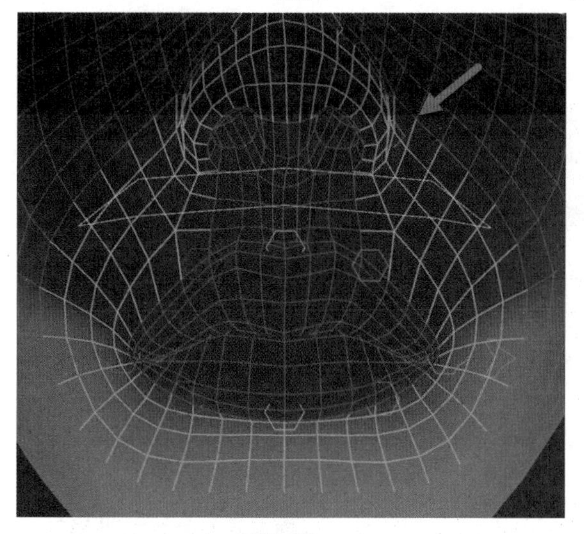

图6-35

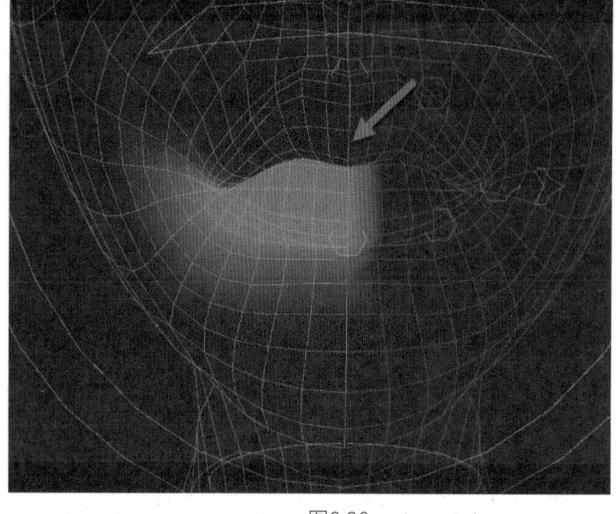

图6-36

07 解锁L_M_lip_lower_04和L_M_lip_lower_05骨骼权重，选中L_M_lip_lower_04骨骼权重，单击“框选”按钮，将模型分割。线路闭合后，单击“填充”按钮填充左侧部分，并在“权重”面板的“模式”下拉列表中选择“添加”选项，之后同时选中L_M_lip_lower_04和L_M_lip_lower_05骨骼权重。回到线模式下，单击“添加”|“平滑”，再将“权重”值设置为100%进行平滑。右边嘴唇权重亦是如此。

6.6.2 设置嘴角权重细节

设置嘴角权重细节的具体操作步骤如下。

01 单击“框选”按钮，选择模型嘴角位置线框并填充，如图6-37所示。

02 在“权重管理器”面板中解锁L_C_lip_lower_05和L_M_lip_lower_05骨骼权重，选中L_C_lip_lower_05嘴角沿线的骨骼，在“权重”下拉列表中选择“平滑”选项，并将“平滑”值设置为100%。之后回到线模式，在“权重”下拉列表中选择“平滑”选项，并将“平滑”值设置为100%。单击按钮进行扩展（该过程重复3次），最后单击“对象模式”按钮和“对象选择”按钮回到初始模型状态。

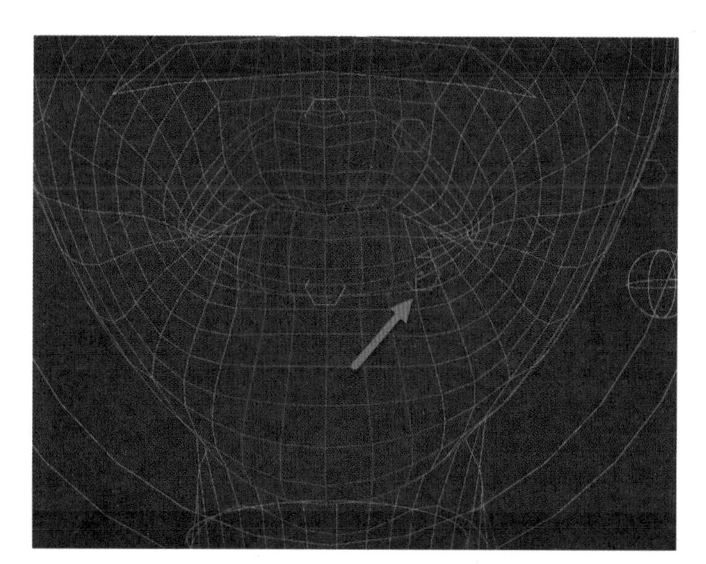

图6-37

03 单击锁定L_M_lip_lower_05骨骼权重，解锁L_M_lip_lower_03骨骼权重，选择L_M_lip_lower_03骨骼权重，单击工具栏中的“线模式”按钮，在线模式下，单击“框选”按钮，选中相关的模型线框，之后单击“填充”工具，填充外部部分。

04 单击L_M_lip_lower_03骨骼权重，在“权重”下拉列表中选择“添加”选项，并将“添加”值设置为100%，之后同时选择两侧的L_M_lip_lower_03和L_M_lip_lower_04骨骼权重，在“权重”下拉列表中选择“平滑”选项。之后在“权重”面板中右击，在弹出的快捷菜单中选择“全部锁定”选项，随后单击“框选”按钮，选择模型嘴角位置线框并填充，如图6-38所示。

05 单击锁定L_M_lip_lower_04骨骼权重，解锁L_M_lip_lower_02骨骼权重，选中L_M_lip_lower_02骨骼权重，在“权重”下拉列表中选择“添加”选项，并将“添加”值设置为100%。之后同时选择L_M_lip_lower_02和L_M_lip_lower_03骨骼权重，在

“权重”下拉列表中选择“平滑”选项，并将“平滑”值设置为100%，并锁定全部骨骼，对下一根骨骼进行分层，直至嘴角全部细分完成。

06 解锁L_C_lip_lower_05、L_M_lip_lower_03、L_M_lip_lower_04骨骼权重，在“权重”下拉列表中选择“添加”选项，并将“添加”值设置为100%。之后单击“线模式”按钮，再单击“框选工具”按钮，选择嘴角下部分相关的模型线框，之后单击“填充”按钮，填充嘴角及下巴部分，如图6-39所示。

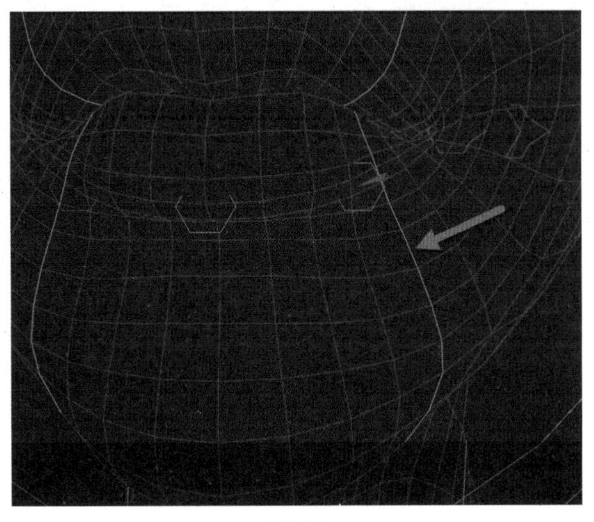

图6-38

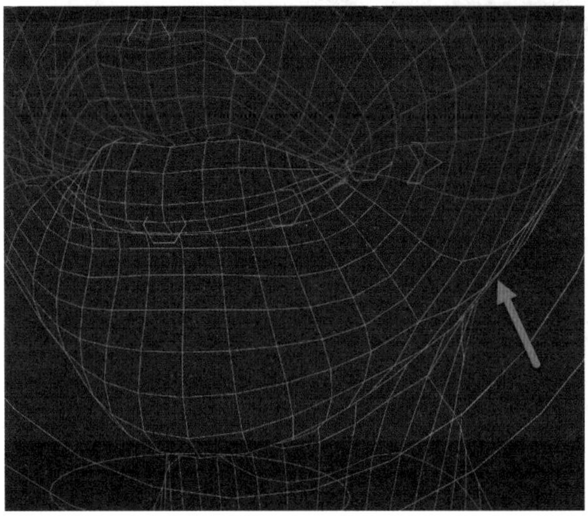

图6-39

07 在“权重管理工具”面板的搜索框中搜索LIP，执行“文件”|“增量保存”命令。

6.6.3 镜像下嘴唇权重

镜像下嘴唇权重的具体操作步骤如下。

01 在“权重管理器”面板中同时选中L_M_lip_lower_01、L_M_lip_lower_02、L_M_lip_lower_03、L_M_lip_lower_04、L_M_lip_lower_05、L_C_lip_lower_01、L_C_lip_lower_02、L_C_lip_lower_03、L_C_lip_lower_04、L_C_lip_lower_05骨骼权重。

02 在“权重”面板中执行“命令”|“镜像从+到-”命令。

03 解锁R_M_lip_lower_05骨骼权重，执行“命令”|“标准化”命令，之后同时选中R_M_lip_lower_05和L_M_lip_lower_05嘴角中间的两根骨骼，单击“权重工具”按钮，进行平滑处理即可。

提示

通过不断调整和优化权重值，可以实现对虚拟角色面部动画的精细控制，从而达到最佳的动画效果。

6.7 高级模板细化下嘴唇权重

下嘴唇与上嘴唇相似，骨骼的分布情况基本一致。但需要注意的是，上下嘴唇共同使用左右两个嘴角的骨骼。在处理权重时，这两个嘴角的骨骼需要平均分配上下嘴角的权重。至于其他骨骼，可以参照上嘴唇的操作进行处理。

6.7.1 细化下嘴唇权重

细化下嘴唇权重的具体操作步骤如下。

01 在Cinema 4D中，导入并打开姿态文件。

02 打开“权重管理器”面板，在搜索框中搜索upper，单击工具栏中的“线模式”按钮。单击“框选工具”按钮并填充头部右侧部分，在“权重”下拉列表中选择“添加”选项，并将“添加”值设置为100%。同时选中右侧的R_M_lip_upper_05和L_M_lip_upper_05骨骼权重，在线模式下，单击“平滑”按钮。

03 选中L_C_lip_upper_05骨骼权重，对选中区域进行填充，在“权重”下拉列表中选择“添加”选项，并将“添加”值设置为100%。在线模式下，同时选中L_C_lip_upper_05和L_M_lip_upper_05骨骼权重，并单击“平滑”按钮。

04 锁定L_M_lip_upper_05骨骼权重，选中L_C_lip_upper_05骨骼权重，单击工具栏中的“面模式”按钮，在面模式下，依次选择外围的面，如图6-40所示，单击添加权重。

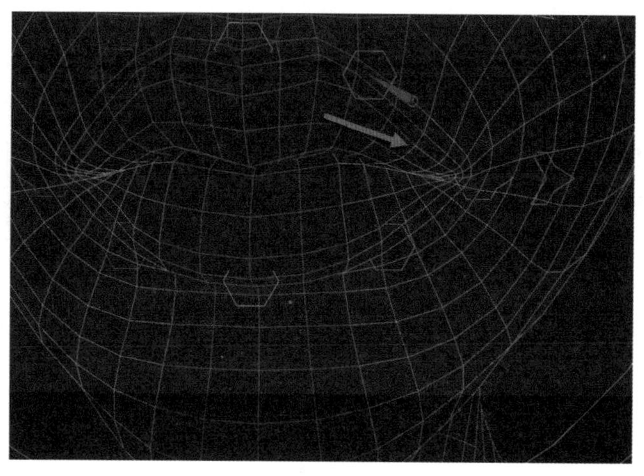
图6-40

05 依次取消选中上嘴唇嘴角的面，并分别为相应骨骼添加权重并平滑，直至面达到如图6-41所示的状态。上移上嘴唇控制器将模型嘴巴打开。按住Shift键，使用“权重”工具平滑嘴角，再分别对嘴角相邻两个骨骼进行单独的权重平滑。

06 单击工具栏中的“线模式”按钮，在线模式下，单击锁定全部路径，在嘴唇第二根骨骼的位置单击，选中闭合线路，如图6-42所示，并使用“填充”工具进行填充。

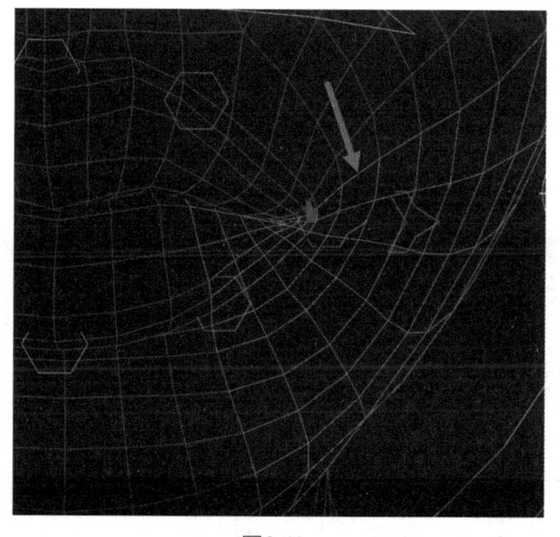
图6-41

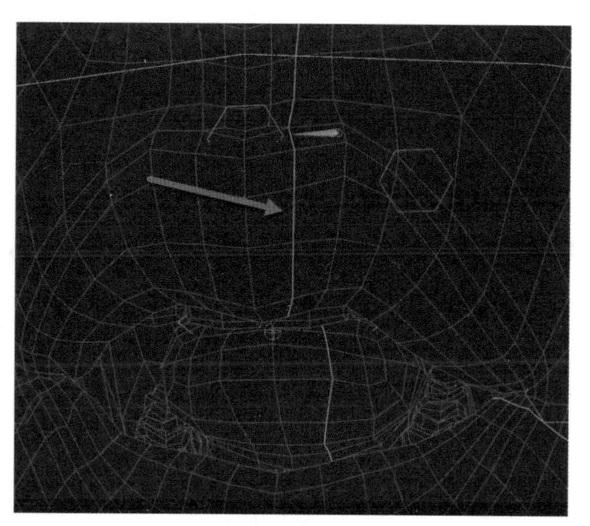
图6-42

6.7.2 细化嘴角权重

细化嘴角权重的具体操作步骤如下。

01 选中L_M_lip_upper_04和L_M_lip_upper_05骨骼权重，单击工具栏中的“线模式”按钮，在“权重”下拉列表中选择“平滑”选项，并将“平滑”值设置为100%。在“权重管理器”面板中，锁定L_M_lip_upper_05骨骼权重，解锁L_M_lip_upper_03和L_M_lip_upper_04骨骼权重，选中L_M_lip_upper_03骨骼权重，在面模式下，取消选择以下的面，为L_M_lip_upper_03骨骼设置权重。

02 锁定L_M_lip_upper_04骨骼权重，解锁L_M_lip_upper_02和L_M_lip_upper_03骨骼权重，为L_M_lip_upper_02添加权重，随后锁定L_M_lip_upper_03骨骼，解锁骨骼1和骨骼2，在面模式下，为骨骼1添加权重。

03 同时选中并解锁L_M_lip_upper_01-05、L_C_lip_upper_01-05、R_C_lip_upper_01-05、R_M_lip_upper_01-05骨骼权重，打开“权重管理器”面板，执行“命令”|“镜像从+到-”命令。

04 进入“权重”面板，锁定全部骨骼层级，解锁R_M_lip_upper_05和L_M_lip_upper_05骨骼权重，在“权重”下拉列表中选择“平滑”选项。随后解锁head_bind和R_M_lip_upper_05骨骼权重，选中head_bind骨骼权重，在“权重”下拉列表中选择“平滑”选项，之后检查权重，若出现问题，采用上述方式增减权重。

05 在面模式下，选中嘴角的3个面，如图6-43所示，解锁L_lip_corner_tweaker_bind、L_C_lip_lower_01、L_C_lip_upper_01骨骼权重，选中L_lip_corner_tweaker_bind骨骼权重，在“权重”下拉列表中选择“添加”选项，并将“添加”值设置为100%。右击并在弹出的快捷菜单中选择“全部锁定”选项，解锁R_lip_corner_tweaker_bind、R_C_lip_lower_01、R_C_lip_upper_01骨骼权重，选中左侧嘴角的3个面，选中R_lip_corner_tweaker_bind骨骼权重，为左侧也添加权重。

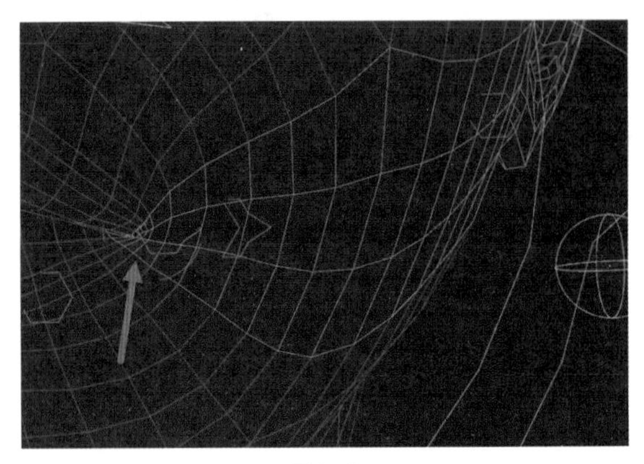

图6-43

6.8 设置眼皮权重

设置眼皮的权重需要依据骨骼的分布情况来进行。尽管我们尽量使骨骼的位置分布均匀，但实际上很难做到完全均匀。而且，即使在看似均匀分布的情况下，眼皮在开合时，不同位置的点运动的距离也会有所不同，因此它们受到的权重影响也会有所差异。为了解决这一问题，本节将介绍一种专门为眼皮设置权重的方法。

6.8.1 设置上眼皮权重

设置上眼皮权重的具体操作步骤如下。

01 在Cinema 4D中，导入并打开姿态文件。

02 右击并在弹出的快捷菜单中选择“全部锁定”选项，再选择“隐藏未选择”选项。

03 选择面部眼睛控制器，并将眼睛睁开，如图6-44所示。随后选择眼睛中间的骨骼，执行“权重管理器”|“权重”|“第一过滤”|“已选关节”命令，回到“权重关节列表”。

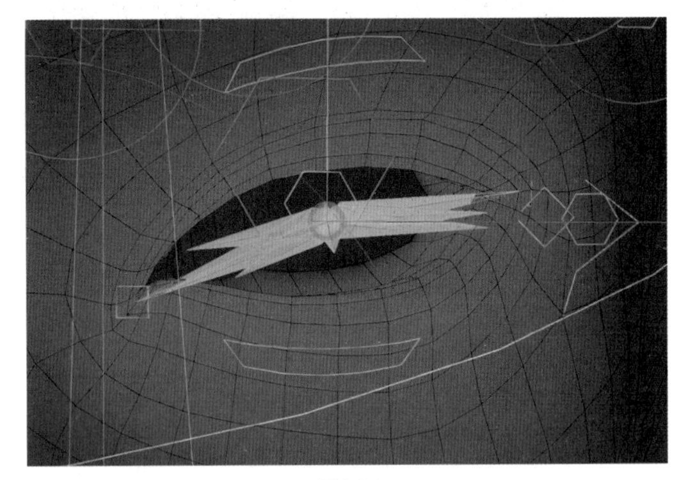

图6-44

04 单击工具栏中的“线模式”按钮，在线模式下，选中“对象”面板中的“身体”，单击“循环选择工具”按钮，选择“填充”选项。随后解锁L_lid_up_in_M_bind和L_lid_up_M_bind骨骼权重，选中L_lid_up_in_M_bind骨骼权重，在“权重”下拉列表中选择“添加”选项，并将“添加”值设置为80%。同时选中L_lid_up_in_M_bind和L_lid_up_M_bind骨骼权重，在“权重”下拉列表中选择“平滑”选项，并将“平滑”值设置为100%。

05 右击并在弹出的快捷菜单中选择“全部锁定”选项，解锁L_lid_low_in_M_bind和L_lid_low_M_bind骨骼权重，选中L_lid_low_in_M_bind骨骼权重，打开“权重”面板，在“权重”下拉列表中选择“添加”选项，并将“添加”值设置为100%。随后在“权重”下拉列表中选择“平滑”选项，并将“平滑”值设置为70%左右。

06 右击并在弹出的快捷菜单中选择“全部锁定”选项，随后单击工具栏中的“线模式”按钮，在线模式下，使用框选工具选择模型并填充，如图6-45 所示。同时解锁L_lid_up_in_bind和L_lid_up_in_M_bind骨骼权重，选中L_lid_up_in_bind骨骼权重，在“权重”下拉列表中选择“添加”选项，并将“添加”值设置为100%。随后在线模式下，同时选中L_lid_up_in_bind和L_lid_up_in_M_bind，进行轻微平滑处理。

07 在“权重管理器”面板中右击，在弹出的快捷菜单中选择“全部锁定”选项，解锁L_lid_low_in_bind和L_lid_low_in_M_bind骨骼权重，选中L_lid_low_in_bind骨骼权重，如图6-46所示，在“权重”下拉列表中选择“添加”选项。随后同时选中L_lid_low_in_bind和L_lid_low_in_M_bind骨骼权重，稍微进行平滑处理，然后全部锁定关节。

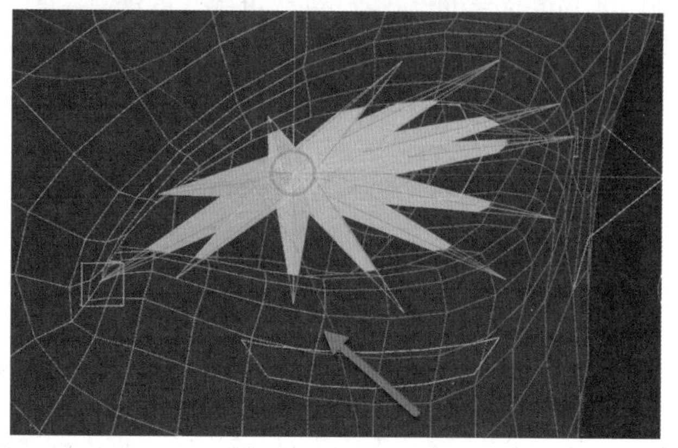

图6-45

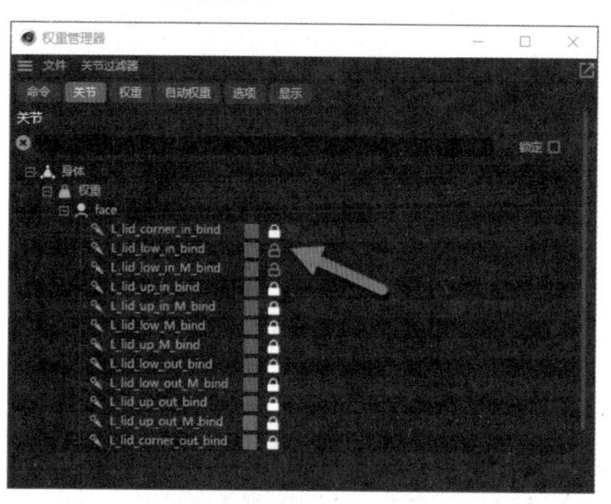

图6-46

6.8.2 设置下眼皮权重

设置下眼皮权重的具体操作步骤如下。

01 选中并解锁L_lid_low_M_bind骨骼权重，单击工具栏中的“线模式”按钮，在线模式下，使用“框选”工具选择眼睛右侧区域并填充，如图6-47所示。随后解锁L_lid_low_out_M_bind骨骼权重，选中L_lid_low_out_M_bind骨骼权重，在“权重”下拉列表中选择“添加”选项，并将“添加”值设置为100%。在线模式下，同时选中L_lid_low_M_bind和L_lid_low_out_M_bind骨骼权重并进行轻微平滑处理。

02 在“权重管理器”面板中单击“全部锁定”按钮，同时解锁L_lid_up_M_bind和L_lid_up_out_M_bind骨骼权重，选中L_lid_up_out_M_bind骨骼权重，在“权重”下拉列表中选择“添加”选项，并将“添加”值设置为100%。随后同时选中L_lid_up_M_bind和L_lid_up_out_M_bind骨骼权重，进行轻微平滑处理。

03 锁定L_lid_up_M_bind骨骼权重，选中L_lid_up_out_M_bind骨骼权重。在线模式下，使用“框选”工具选择模型并填充，如图6-48所示。随后同时解锁L_lid_up_out_bind和L_lid_up_out_M_bind骨骼权重，选中L_lid_up_out_bind骨骼权重，在“权重”下拉列表中选择“添加”选项，并将“添加”值设置为100%。随后同时选中L_lid_up_out_bind和L_lid_up_out_M_bind骨骼权重，并进行轻微平滑处理。

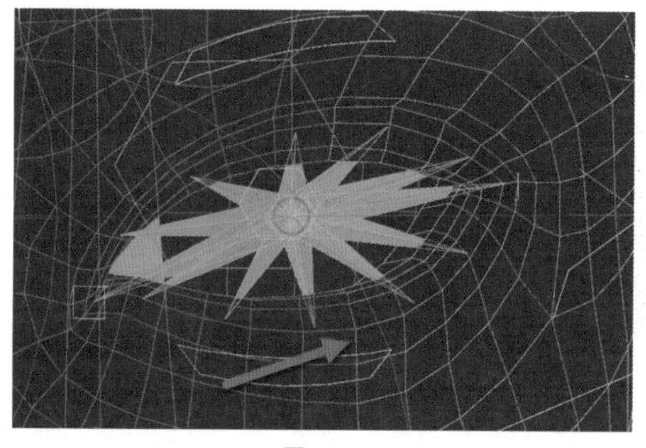

图6-47

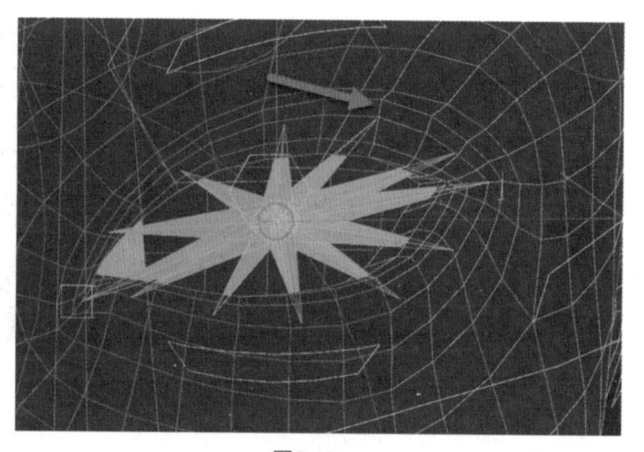

图6-48

04 在“权重管理器”面板中单击“全部锁定”按钮，解锁L_lid_low_out_bind和L_lid_low_out_M_bind骨骼权重，选中L_ lid_low_out_bind骨骼权重，在“权重”下拉列表中选择“添加”选项，并将“添加”值设置为100%，随后同时选中L_lid_low_out_bind和L_lid_low_out_M_bind骨骼权重，并进行轻微平滑处理。

6.8.3 设置眼角权重

设置眼角权重的具体操作步骤如下。

01 在“权重管理器”面板中解锁L_lid_low_out_bind、L_lid_up_out_bind和L_lid_comer_out_M_bind骨骼权重，在线模式下，选择眼角的面并进行填充，如图6-49所示。随后选中L_lid_comer_out_M_bind骨骼权重，在“权重”下拉列表中选择“添加”选项，同时选中L_lid_low_out_bind、L_lid_up_out_bind和L_lid_comer_out_M_bind骨骼权重，在“权重”下拉列表中选择“平滑”选项。

02 采用相同的方法处理内眼角，解锁L_lid_comer_in_bind、L_lid_low_in_bind和L_lid_up_in_bind骨骼权重，选中L_lid_comer_in_bind骨骼权重，在“权重”下拉列表中选择“添加”选项。随后单击工具栏中的“线模式”按钮，在线模式下选择眼角的面，如图6-50所示，同时选中L_lid_comer_in_bind、L_lid_low_in_bind和L_lid_up_in_bind骨骼权重，在“权重”下拉列表中选择“添加”和“平滑”选项。

图6-49

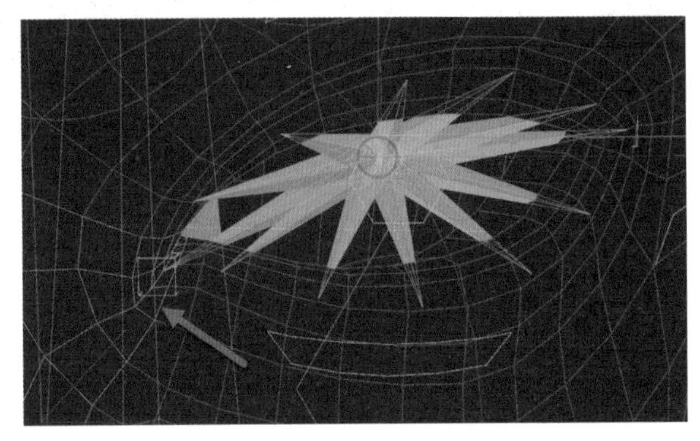

图6-50

提示

眼角权重决定了眼睛的开合程度，如果眼角权重不够准确或精细，那么表情和情绪的表达将会大打折扣。

6.8.4 调整眼睛闭眼权重

调整眼睛闭眼权重的具体操作步骤如下。

01 拖动closed_eye_state滑块，如图6-51所示，将眼皮调整为闭合状态，再调整其他眼皮参数，将眼皮闭合状态调整到最优状态。

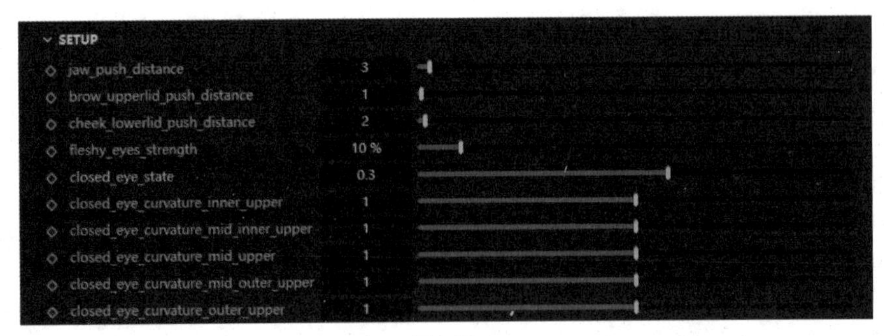

图6-51

02 在“权重管理器”面板中锁定全部骨骼，右击，在弹出的快捷菜单中选择“全部显示”选项，同时选择以L开头的所有眼睛骨骼，随后右击，在弹出的快捷菜单中选择“隐藏未选择”选项。

03 在点模式下，选中L_lid_up_in_bind骨骼权重，选择眼皮上方的两个点，同时选中L_lid_up_in_bind和L_eye_base_bind

骨骼权重，在“权重”下拉列表中选择“添加”选项，缓慢添加权重使眼皮移至合适的位置。

04 锁定L_lid_up_in_bind骨骼权重，解锁L_lid_up_in_M_bind和L_eye_base_bind骨骼权重，选中L_lid_up_in_bind骨骼权重，在“权重”下拉列表中选择“添加”选项，采用与上一步相同的方法，对眼皮权重进行调整。

6.9 高级模板细化眼皮权重

经过学习，相信大家已经掌握了设置权重的基本方法。然而，对于眼皮这样需要精确控制的器官来说，之前的设置精度可能还远远不够。因此，本节将在之前的基础上进一步进行细致的调整，介绍让角色动画更加生动逼真的方法。

6.9.1 设置眼睛权重的准备工作

设置眼睛权重的准备工作如下。

01 在Cinema 4D中，导入并打开姿态文件。

02 在“权重管理器”面板中右击，在弹出的快捷菜单中选择“全部锁定”选项，选中并同时解锁眼睛中间的骨骼，在“权重管理器”面板中执行“命令”|“标准化”命令。

03 在“权重管理器”面板中选中关节并右击，在弹出的快捷菜单中选择“全部解锁”选项，按快捷键Ctrl+A，全选骨骼，执行“命令”|“标准化”命令，随后右击，在弹出的快捷菜单中选择“全部锁定”选项。

04 在“对象”面板中依次单击comea标签和inses标签，选择“隐藏”选项，再选中eyesocket骨骼权重，在“权重管理器”面板中右击，在弹出的快捷菜单中选择“隐藏骨骼”选项。

05 在“属性”面板中解锁眼睛骨骼，在显示骨骼后，将权重从中间骨骼往两侧调整。在“面部控制器”面板中，将眼睛骨骼放置在眼睛闭合的位置，如图6-52所示，“闭合”值为80%。

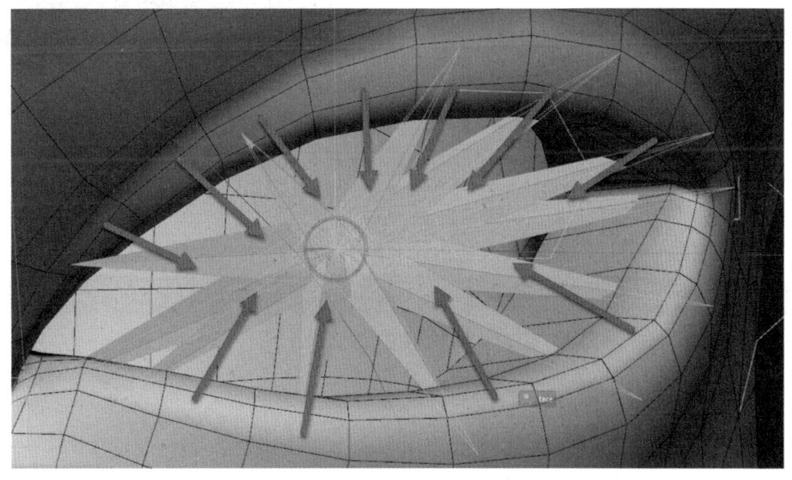

图6-52

6.9.2 设置上眼皮权重

设置上眼皮权重的具体操作步骤如下。

01 在“权重管理器”面板中解锁L_eye_base_bind和L_lid_up_M_bind骨骼权重，选中L_lid_up_M_bind骨骼权重，单击工具栏中的“点模式”按钮，在点模式下，再单击工具栏中的“选择工具”按钮，选择骨骼上方眼皮部分的两个点，解锁权重并将权重值调整为眼睛骨骼闭合的状态。

02 单击工具栏中的“点模式”按钮，在点模式下选择右侧的10个点，如图6-53所示，在“权重”下拉列表中选择“添加”选项，将眼角位置的权重拖至骨骼位置时，取消选中眼角的两个点，为其他点添加权重，直至将两个点拉至骨骼位置，以此重复，直至所有眼皮都被拉至骨骼平衡的位置。

03 单击工具栏中的“线模式”按钮，在线模式下，单击眼睛周围，使用“填充”工具进行填充，随后选择“隐藏未选择”选项，将眼睛局部位置模型显现，之后切换至点模式，将眼睛的“点”权重拉至圆弧形，如图6-54所示。

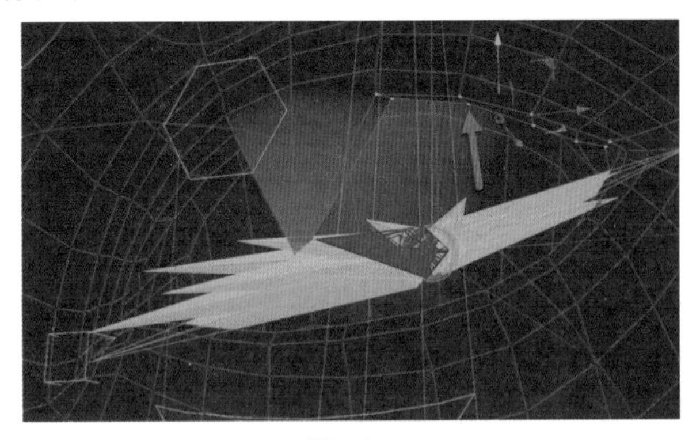

图6-53

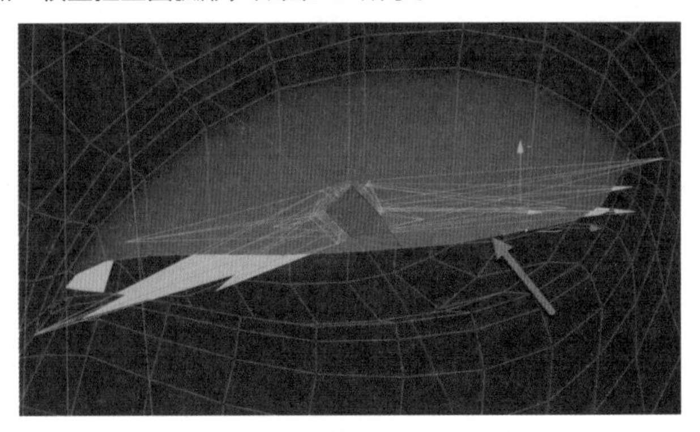

图6-54

6.9.3 设置下眼皮权重

设置下眼皮权重的具体操作步骤如下。

01 在“权重管理器”面板中同时解锁L_eye_base_bind和L_lid_low_M_bind骨骼权重，选中L_lid_low_M_bind骨骼权重，在“权重”下拉列表中选择“添加”选项，将下眼皮权重拖至上眼皮，闭合位置需要留有一点儿空隙。

02 单击工具栏中的“点模式”按钮，在点模式下，依次选择右侧下眼皮模型的点，分别依次添加权重，以此重复，直至所有的下眼皮都被拉至与上眼皮平衡的位置，如图6-55 所示，左侧模型也采用同样的方法处理。按快捷键Ctrl+D，隐藏坐标。

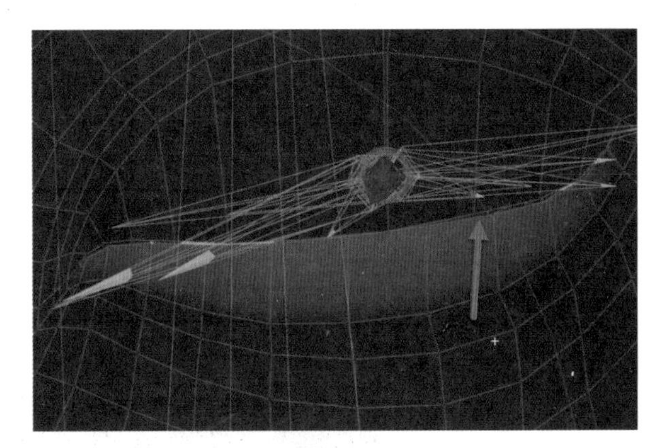

图6-55

03 单击工具栏中的“点模式”按钮，在点模式下，依次选择下眼皮权重的点并进行调整，使用“权重”工具将下眼皮表面平滑，之后解锁L_eye_base_bind骨骼权重，再选中L_lid_up_M_bind骨骼权重，使用“权重”工具，对上眼皮也进行平滑处理，之后打开“权重”面板，对眼皮闭合程度进行微调。

提示

如果眼皮模型不能完全闭合，可以通过调整“属性”面板中的参数进行调整。

6.10 高级模板检查优化眼皮权重

高级模板检查优化眼皮权重，是指在专业软件中对模型或对象的眼皮（或称“眼睑”）部分的权重进行细致的检查和精心的优化。通过精确计算和调整眼皮部分的权重分配，能够让模型的眼睛呈现更加逼真的外观，确保眼皮在动画演绎过程中运动得更加自然、流畅。权重的大小会直接影响眼皮的形态、厚薄以及质地等方面的表现，进而营造出更加真实、生动的视觉效果。

6.10.1 眼皮权重及权重镜像

调整眼皮权重及权重镜像的具体操作步骤如下。

01 在“属性”面板中显示眼皮相关的骨骼。在“权重管理器”面板中选中L_lid_low_M_bind骨骼权重，使用“权重平滑”工具，对眼皮进行平滑处理。

02 进入“面部控制器”面板，右击“复位默认状态”按钮。在面模式下，选择“全部选择”选项，显示全部模型。随后打开并选择R_eye_base_bind骨骼权重，在“权重管理器”面板中执行“命令”|0命令，清零右侧选中的骨骼权重，如图6-56所示。

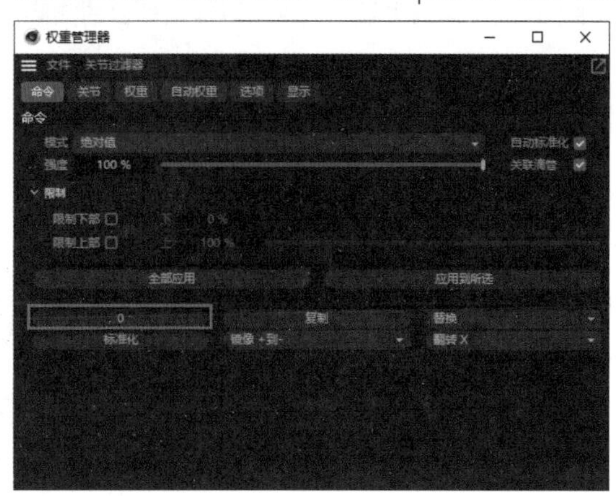

图6-56

03 在“权重管理器”面板中选中全部蓝色骨骼，执行“命令”|“镜像从+到-”命令，即可看到右侧的眼皮已经被镜像。

04 在“权重管理器”面板中选择“权重”面板中全部的红色骨骼，执行“命令”|“标准化”和0命令，再次全选蓝色骨骼，单击“选项”按钮，将“容差”值改为0.01，之后执行“命令”|“镜像从+到-”命令，此时左侧的眼睛权重就完美地镜像到右侧。

05 在“权重管理器”面板中右击，在弹出的快捷菜单中选择“全部解锁”选项。在同样的位置再右击，在弹出的快捷菜单中选择“显示未选择”选项。

06 按快捷键 Ctrl+A，单击“标准化”按钮，右击并在弹出的快捷菜单中选择“隐藏标准化”选项，随后选中身体控制器并移动，检查权重是否存在穿模等其他问题。

6.10.2 调整眼球

调整眼球的具体操作步骤如下。

01 在“对象”面板的搜索框中输入FFD，单击“全部激活”按钮，如图6-57所示。随后单击工具栏中的“点模式”按钮，在点模式下，选中“框选”工具，按鼠标中键选择右视图，在视图中选择眼球前面的点，如图6-58所示。随后回到透视图，将眼球往后移动，之后眼睛便能完美闭合了。

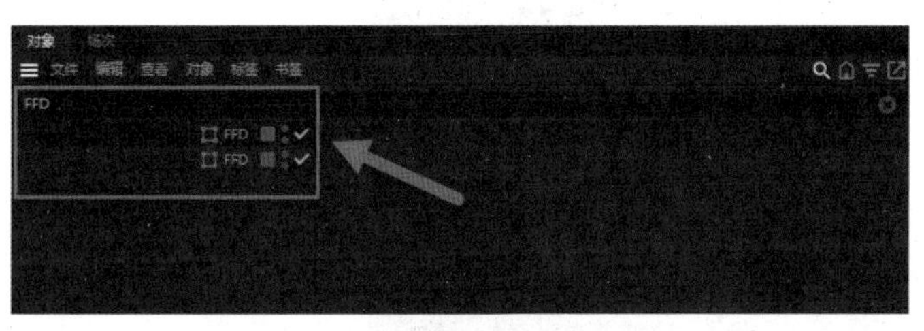

图6-57

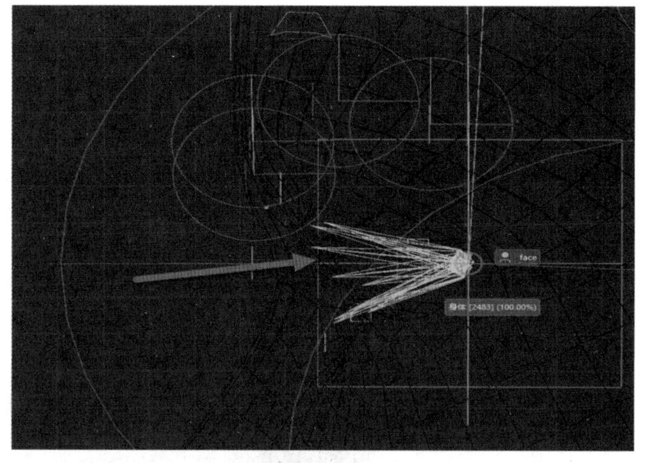

图6-58

02 如果想要调整眼球颜色，可以选中“材质”选项，对眼球材质的颜色进行调整，调整完成后隐藏FFD，移动眼睛控制器，最后检查眼睛部分的权重是否存在穿模等其他问题。

6.11 高级模板睫毛联动

高级模板睫毛联动技巧，是指运用特定的技巧和方法来制作和模拟逼真的睫毛动画效果。这种技巧主要关注眼皮与睫毛之间的相对运动和联动性。本节将通过 3 种方式进行详细讲解，大家可以根据项目的实际需求选择使用。

6.11.1 眼睛睫毛联动的第一种做法

眼睛睫毛联动的第一种做法的具体操作方法如下。

01 单击工具栏中的“面模式”按钮，在面模式下，分别选择左眼和右眼的眼皮内部需要长睫毛的面，随后删除身体，在空白处右击，在弹出的快捷菜单中选择“分裂”选项。

02 在“对象”面板中删除“身体”后面的所有标签，单击工具栏中的“面模式”按钮，在面模式下，单击“循环选择工具”按钮。使用“路径选择”工具，选择眼角内侧刚选中的面，随后在工具栏中单击“移动”按钮，选中左右眼线的控制器并往外拖动，再向上调整，最后把睫毛整体稍作调整，将上睫毛部分做出来，如图6-59所示。

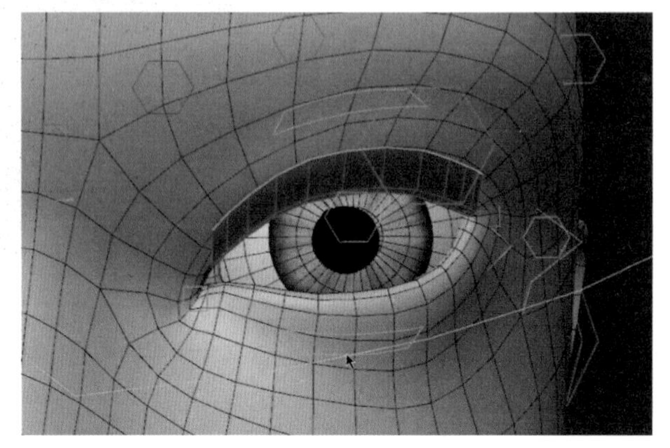

图6-59

03 下睫毛与上睫毛的制作方式相同，首先单击工具栏中的“面模式”按钮，在面模式下，分别框选左眼和右眼的下眼皮内部需要长睫毛的面，在空白处右击，在弹出的快捷菜单中选择“分裂”选项。选中新分裂出来的身体，在线模式下，单击“循环选择工具”按钮，选择眼角刚选中的线，之后单击“移动”按钮，选中左眼线与右眼线的控制器，先向外拖曳，再向下做外翻处理，最后对睫毛的整体稍作调整，即可完成下睫毛部分的制作。

04 回到“对象”面板，将刚才分裂出来的两个“身体”分别命名为“上睫毛”及“下睫毛”，在工具栏中新建一个材质球，将材质球设置为黑色，之后把黑色材质球分别赋予上睫毛和下睫毛。

05 分别单击上下睫毛层级之下的蒙皮并删除，选中上睫毛，选中蒙皮并重新为上睫毛添加权重，之后选中下睫毛，选中蒙皮并重新为下睫毛添加权重，此时睫毛便能和眼皮一起移动（眨眼）了。

6.11.2 眼睛睫毛联动的第二种做法

第二种做法是利用 DAZ 软件导出模型的睫毛并进行联动，具体的操作步骤如下。

01 打开并导入Cinema 4D模型文件，将原本的睫毛选中，按快捷键Ctrl+C进行复制，再按快捷键Ctrl+V进行粘贴，将原有的睫毛合并到现有文件中，如图6-60所示，随后隐藏睫毛。

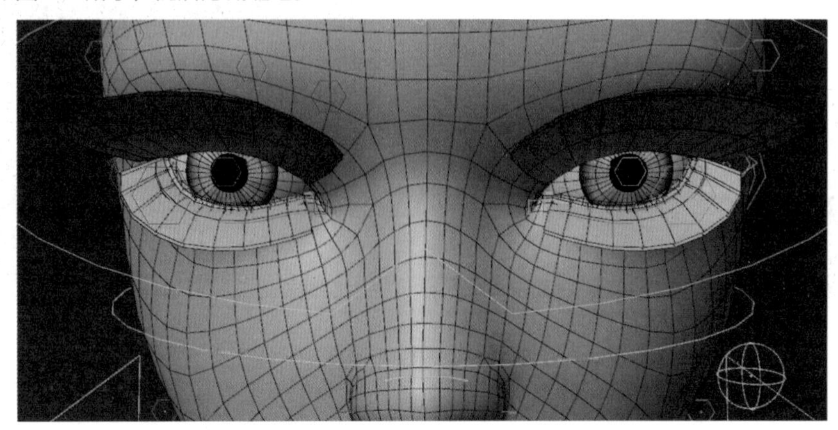

图6-60

02 单击工具栏中的“循环选择工具”按钮，在“对象”面板中单击“身体”按钮，选中眼睫毛所在位置的区域，随后单击“分裂”按钮进行分裂，再选中新分裂出来的“身体1”，将原有的蒙皮删除，再新建蒙皮即可。

03 选中DAZ睫毛，在工具栏中单击“弯曲”按钮，按住Shift键，选择网格并添加，之后在“属性”面板中选中“对象”，将DAZ睫毛拖入选框。

04 删除睫毛后面的“渲染合成”标签和“显示”标签，再在高级选项列表中选中“表面面积”选项，之后移动眼睛控制器，就能发现睫毛跟着眼皮移动了。

6.11.3 眼睛睫毛联动的第三种做法

选中 DAZ 睫毛，在工具栏中单击“弯曲”按钮，按住 Shift 键，单击“表面”按钮并添加，如图 6-61 所示，之后将睫毛拖进选框，再单击“初始化”按钮。

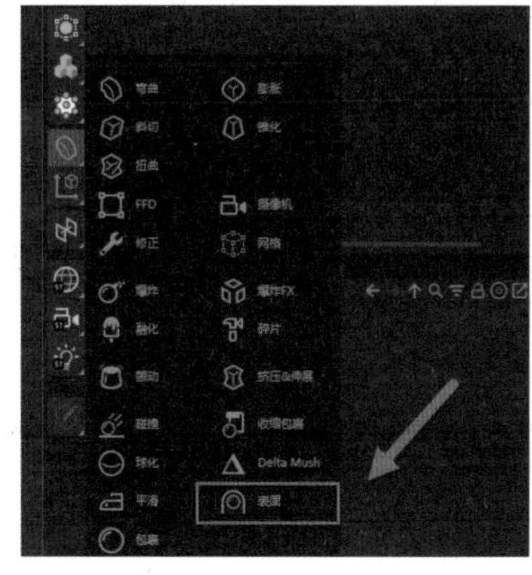

图6-61

6.12 高级模板链接嘴部控制器

嘴部控制器是一种特殊的工具，专门用于控制角色或模型嘴巴的形状和运动。在创建嘴部控制器的过程中，可以将其与嘴巴的上颚骨骼以及其他相关对象或组件链接，从而实现更加高级和复杂的动画效果，以及更丰富的交互体验。

6.12.1 嘴部控制器链接准备

嘴部控制器链接的准备工作如下。

01 在Cinema 4D中，导入并打开姿态文件。

02 选中face_CTRLs，在“属性”面板中选择控制器，取消选中enable_facemorph _xpresso复选框，如图6-62所示。随后在“对象”面板中单击jaw_poser后面的姿态标签，单击“已选择”按钮，在“权重”下拉列表中选择“添加”选项，并将“添加”值设置为100%。

03 在“权重管理器”面板中选中jaw_poser，选择下巴的控制器，将下巴张开至适合的位置（可以参考真人张嘴的角度进行调整）。除此之外，在“属性”面板中单击“标签”按钮，可以看到open滑块，拖动滑块也可以控制嘴巴的张合幅度。

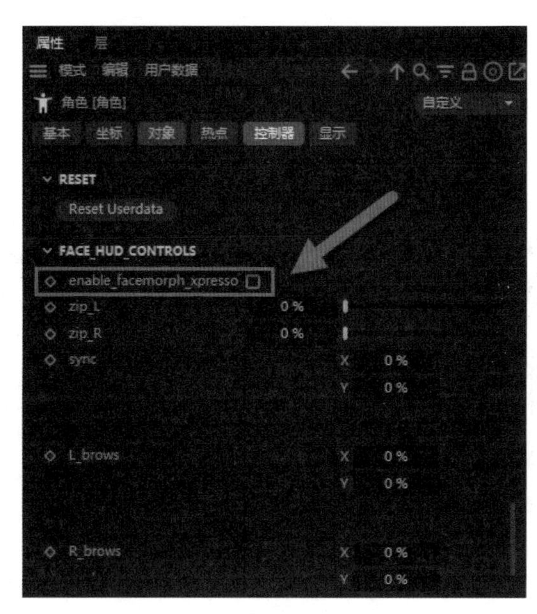

图6-62

6.12.2 制作嘴部控制器模板

制作嘴部控制器模板的具体操作步骤如下。

01 在“对象”面板中单击lips_parent后面的“姿态变形”标签按钮，接着进入动画模式，在“对象”面板中单击“面板创建”按钮，新建“属性面板（2）”窗口。

02 在“属性面板（2）”窗口中执行“标签”| oooh命令，将“强度”值设置为100%。通过调整“嘴巴控制器”的位置，将嘴调整至O形，如图6-63所示。

03 选中eeeh选项，将“强度”值调整为100%，随后选中嘴巴控制器，将嘴调整至咧嘴的口型，如图6-64所示。

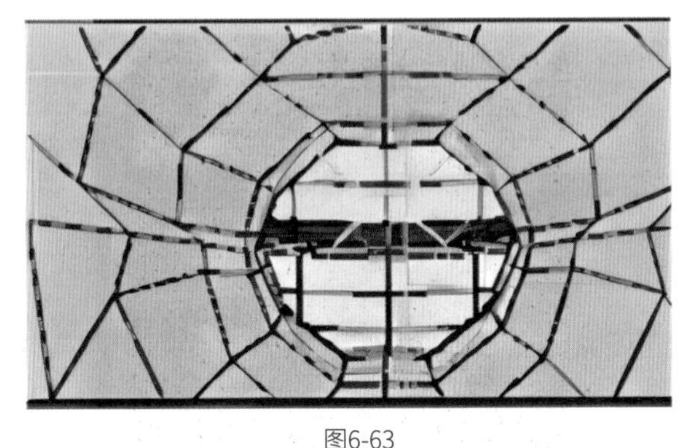

图6-63

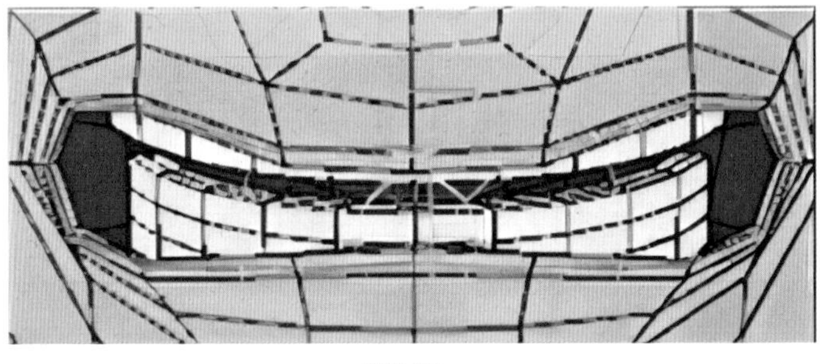

图6-64

04 选中close选项，将“强度”值调整为100%，随后选中嘴巴控制器，将嘴调整至“微笑闭合”的口型，如图6-65所示。

05 选中Smile_L选项，将“强度”值调整为100%，随后选中嘴巴控制器，将嘴调整至“左边咧嘴笑”的口型，如图6-66所示。

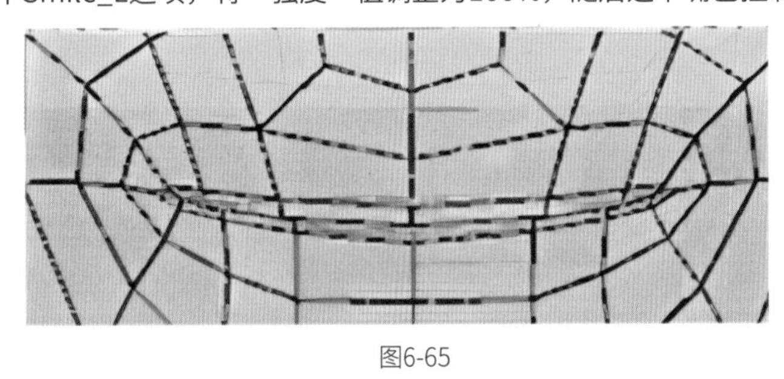

图6-65

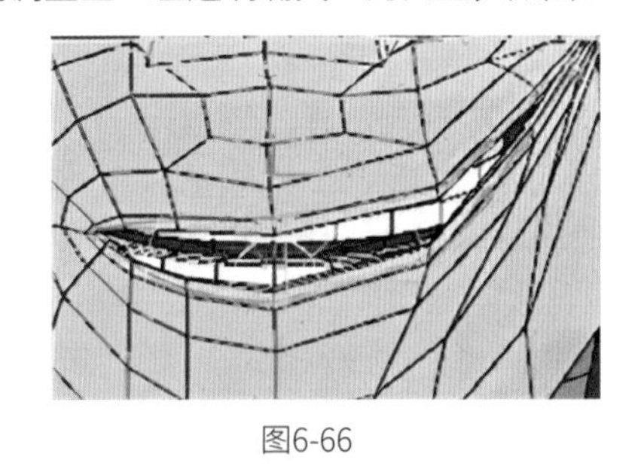

图6-66

06 选中Smile_R选项，将“强度”值调整为100%，随后选中嘴巴控制器，将嘴调整至“右边咧嘴笑”的口型，如图6-67所示。

07 选中frown_L选项，将“强度”值调整为100%，随后选中嘴巴控制器，将嘴调整至“左下边咧嘴笑”的口型，如图6-68所示。

08 选中frown_R选项，将“强度”值调整为100%，随后选中嘴巴控制器，将嘴调整至“右下边咧嘴笑”的口型，如图6-69所示。

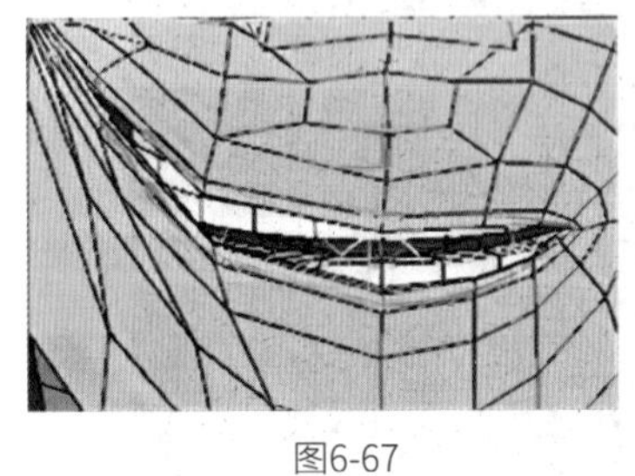

图6-67

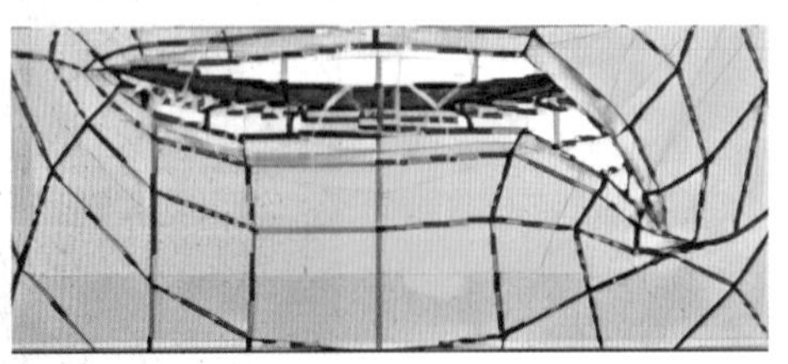

图6-68

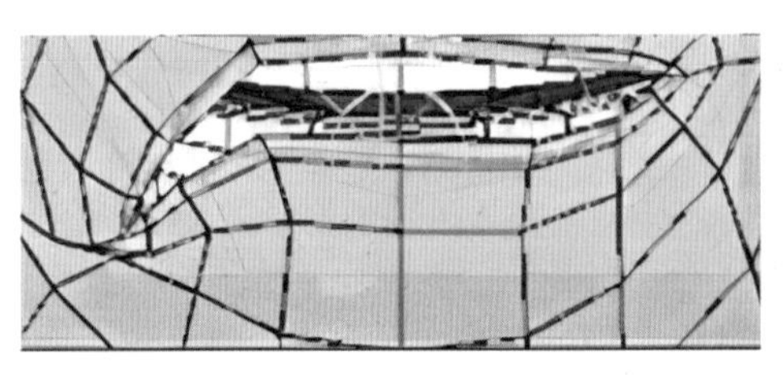

图6-69

09 选中lips_upper_fwd选项，将“强度”值调整为100%，随后选中嘴巴控制器，将嘴调整至“侧面收下嘴唇”的口型，如图6-70所示。

10 选中lips_lower_fwd选项，将“强度”值调整为100%，随后选中嘴巴控制器，将嘴调整至“侧面收上嘴唇”的口型，如图6-71所示。

11 选中shift_up选项，将“强度”值调整为100%，随后选中嘴巴控制器，将嘴调整至“闭嘴”的口型，如图6-72所示。

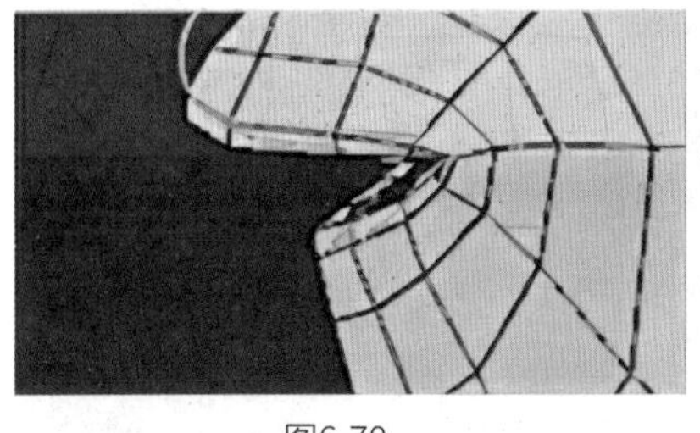

图6-70

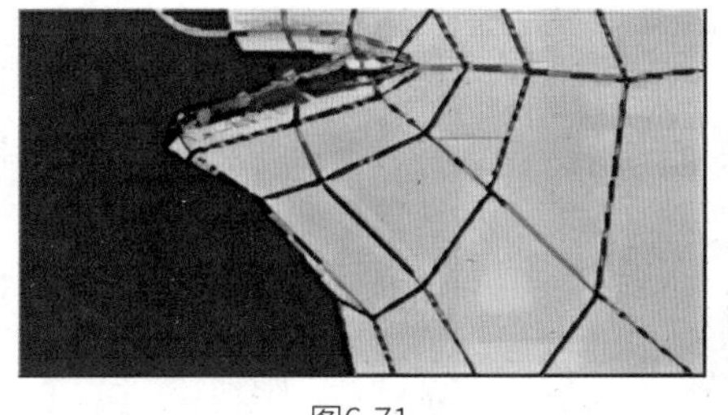

图6-71

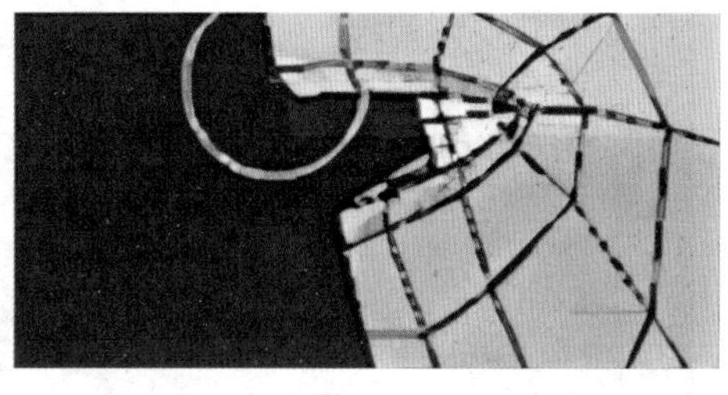

图6-72

12 选中shift_down选项，将“强度”值调整为100%，随后选中嘴巴控制器，将嘴调整至“嘴唇往里收”的口型，如图6-73所示。

13 选中shift_L选项，将“强度”值调整为100%，随后选中嘴巴控制器，将嘴调整至“左边抽搐”的口型，如图6-74所示。

14 选中shift_R选项，将“强度”值调整为100%，随后选中嘴巴控制器，将嘴调整至“右边抽搐”的口型，如图6-75所示。

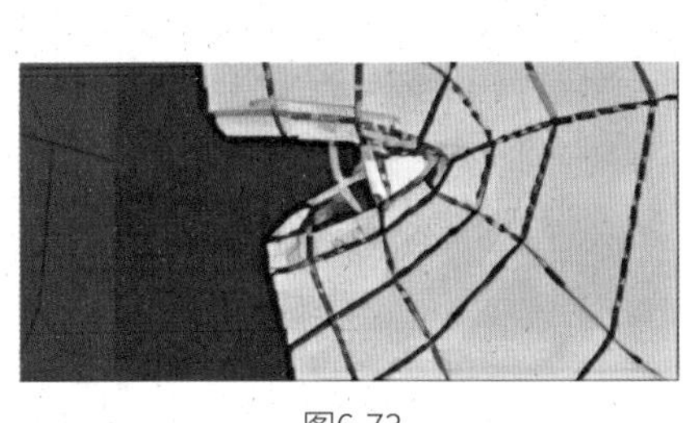

图6-73

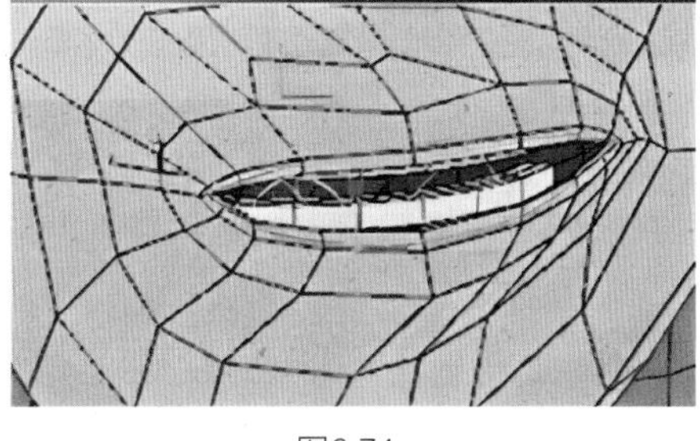

图6-74

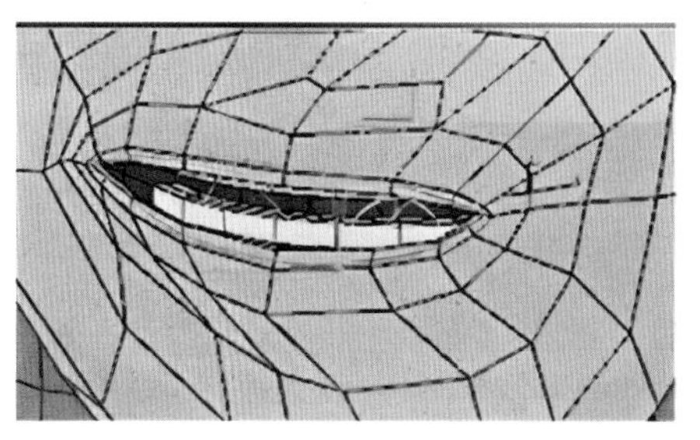

图6-75

6.13 高级模板链接舌头和眉毛控制器

舌头控制器是一种专门设计工具，用于精准控制角色模型中舌头的形状和运动。与嘴部控制器相似，舌头控制器也具备与其他对象或组件进行链接的能力，可实现更加高级和逼真的动画效果以及更丰富的交互体验。

6.13.1 链接舌头控制器

链接舌头控制器的具体操作步骤如下。

01 在“属性”面板中选中“身体”，并单击工具栏中的“面模式”按钮。在面模式下，单击“填充”按钮进行填充。

02 在工具栏中单击“隐藏”按钮隐藏“身体”部分，随后单击mouth的标签按钮，再单击“面模式”按钮，在面模式下，隐藏舌头上方的“上颚”和“牙齿”等模型，露出舌头。在“对象”面板中选中舌头的姿态标签，单击“新建”按钮，将新建的“属性面板（2）”显示出来。

03 选中“对象面板（2）”中的tongue_L骨骼，在“属性”面板中单击“已选择”按钮，将“强度”值设置为100%，随后选中tongue_01_poser骨骼，再单击“循环选择”按钮，将舌根位置向左旋转，如图6-76所示。

04 选中tongue_02_poser骨骼，将舌根位置逆时针旋转。选中tongue_03_poser骨骼，将舌尖位置顺时针旋转，并记录tongue_01_poser、tongue_02_poser和tongue_03_poser数值。

05 选中“属性面板（2）”中的tongue_R骨骼，将“强度”值设置为100%。选中tongue_01_poser骨骼，再单击“循环选择”按钮，将舌根位置顺时针旋转。选中tongue_02_poser骨骼，将舌根位置顺时针旋转。选中tongue_03_poser骨骼，将舌尖位置逆时针旋转，数值和前面记录的tongue_01_poser、tongue_02_poser和tongue_03_poser数值反向相同。

06 选中tongue_up骨骼，将“强度”值设置为100%，再选中tongue_03_poser骨骼，把舌尖部分向上拖曳，将tongue_02_poser向上拖曳，再旋转tongue_03_poser骨骼，把舌尖部分翘起来，如图6-77所示。将tongue_01_poser骨骼向下旋转，再稍作调整。

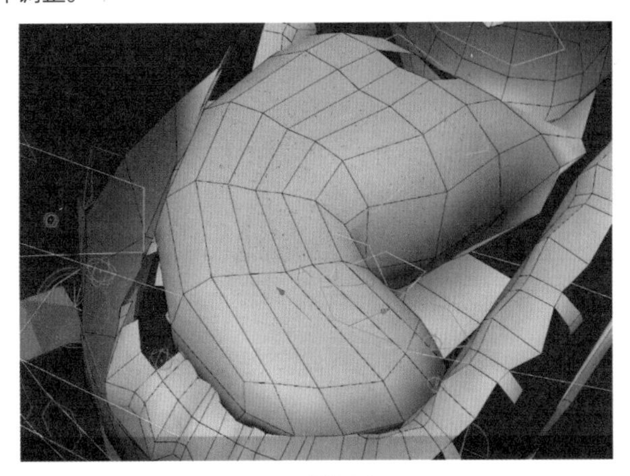
图6-76

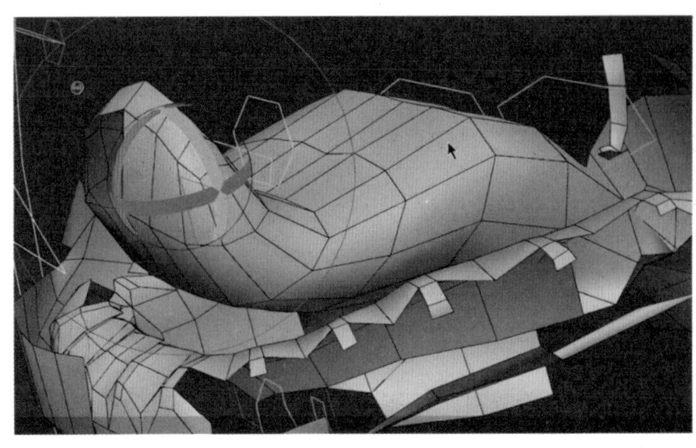
图6-77

07 选中tongue_down选项，将“强度”值调整为100%，并将舌头调至向下状态。

08 选中tongue_out选项，将“强度”值调整为100%，并将舌头调至向外伸出状态，如图6-78所示。

09 单击“面模式”按钮，在面模式下，执行“选择”|“全部显示”命令，在“属性面板（2）”中选中“动画”选项，随后重置调节杆，将模型的嘴巴张开，移动舌头动画面板控制点即可制作舌头动画，之后检查舌头控制器的动画，若有问题，可以进行修正。

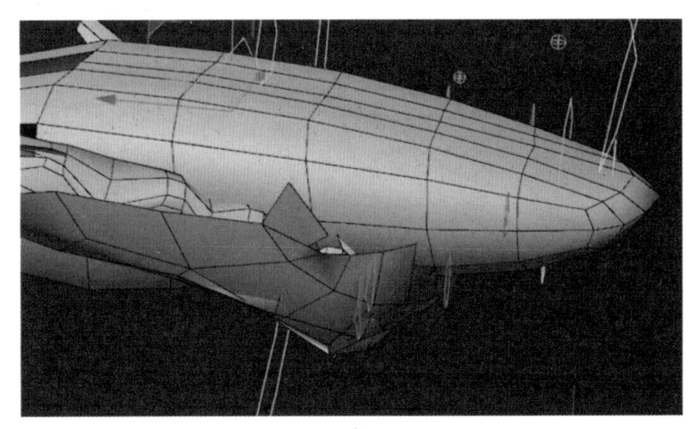
图6-78

6.13.2 链接眉毛控制器

链接眉毛控制器的具体操作步骤如下。

01 取消选中HUD复选框，在“对象”面板中选中眉毛骨骼，并为“身体”对象添加任意材质。

02 在“属性面板（2）”中选中L_brow_inner_up选项，将“强度”值调整为100%，同时选中左边眉毛骨骼控制器L_brow_in_poser和L_brow_in_tip_poser，将眉毛调整至左侧抬眉的动作，如图6-79所示。

03 选中L_brow_inner_down选项，将“强度”值调整为100%，选中左侧眉毛骨骼控制器L_brow_in_poser和L_brow_in_tip_poser，将眉毛调整至左侧皱眉的动作，如图6-80所示。

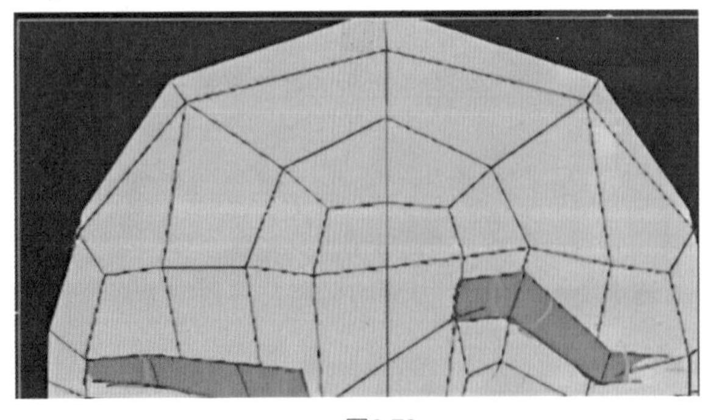
图6-79

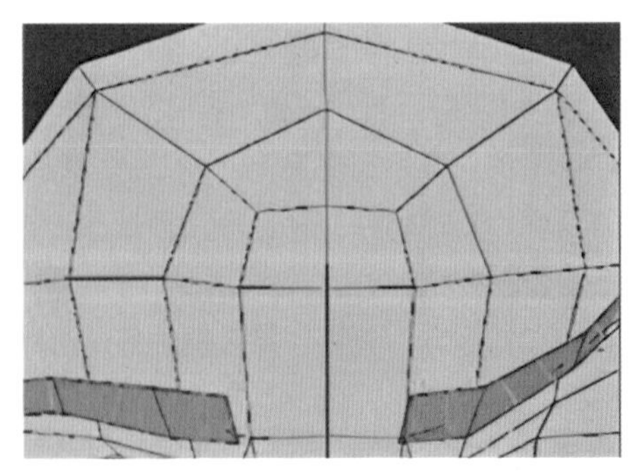
图6-80

04 选中L_brow_outer_up选项，将“强度”值调整为100%，选中左侧眉毛骨骼控制器并调整眉毛，如图6-81所示。

05 参考左侧眉毛的数值，把右侧眉毛按照同样方式进行调整。之后选中enable_facemorph_xpresso复选框，如图6-82所示，移动眉毛控制器，即可控制眉毛动画。

06 检查控制器眉毛动画后，单击“复位”按钮，按Delete键删除。

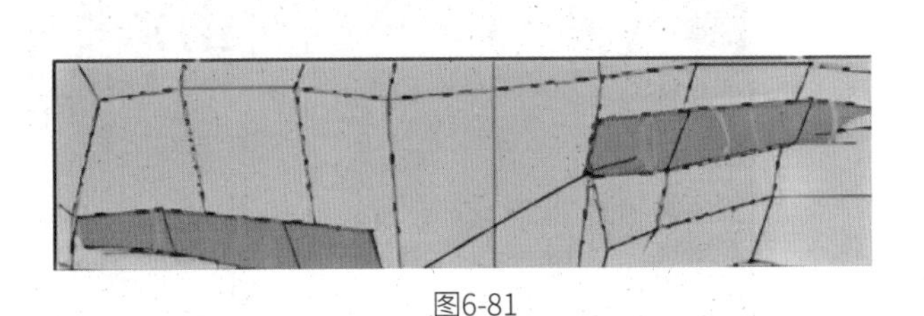

图6-81

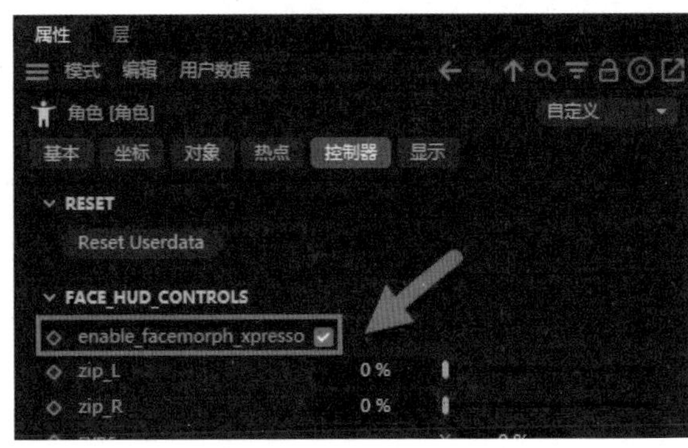

图6-82

6.14 高级模板嘴巴表情修型

嘴巴表情修型的主要作用是修正不符合标准的口型，使口型能更好地与面部其他器官相协调，从而让面部表情更加自然和谐。例如，通过有意识地提升嘴角，可以让笑容显得更加柔和；而放松唇珠并用力调整嘴角的姿态，则可以使笑容显得更加亲切。本节将介绍如何通过修型来获得更加生动、逼真的面部表情。

6.14.1 嘴巴节点修型

嘴巴节点修型的具体操作步骤如下。

01 在Cinema 4D中，导入并打开姿态文件。

02 在“属性”面板中单击“新建”按钮，新建“属性面板（2）”，随后在“属性”面板中单击“控制器”按钮，单击“展开”按钮在弹出的菜单中选择“清除”选项，如图6-83所示。

03 在“对象”面板中选择“身体”并右击，在弹出的快捷菜单中选择“姿态标签”选项，并将姿态标签重命名为“嘴巴修型”。随后选中“身体”选项，在“标签属性”列表中，将姿态重命名为“L-向上”，再将右嘴唇控制器向上拉，将人体模型嘴角调整至向下状态。

04 在工具栏中单击“点模式”按钮，在点模式下观察模型，单击“框选工具”按钮，选中关键点并进行移动和细节调整。

05 在“L-向上”处右击，在弹出的快捷菜单中选择“复制”选项，在旁边空白处右击，在弹出的快捷菜单中选择“粘贴”选项，右击新复制的“L-向上”，在弹出的快捷菜单中选择“反转X轴”选项，并将名称改为“R-向上”。随后向下移动右嘴唇控制器，在点模式下观察模型，使用“框选工具”选中关键点，对向下的嘴唇进行移动和细节调整，如图6-84所示。

图6-83

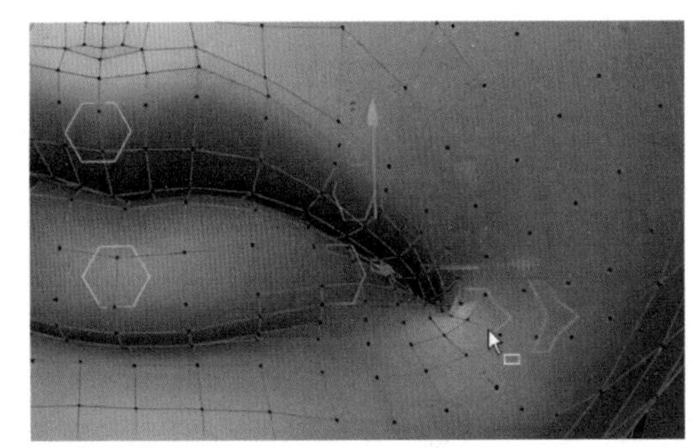

图6-84

6.14.2 嘴巴控制器修型

嘴巴控制器修型的具体操作步骤如下。

01 复制粘贴“L-向上”，右击“L-向上”，在弹出的快捷菜单中选择“反转X轴”选项，并将名称改为“R-向下”。

02 移动O口型的控制器，如图6-85所示。

03 选中新添加的姿态，将名称改为L_O。在点模式下，选择模型左侧嘴巴的点，对O口型进行微调。

04 单击“对象”按钮，回到对象模式，随后单击身体后面的“权重标签”按钮，在“属性”面板中找到L_O，右击，在弹出的快捷菜单中选择“复制”选项，再右击，在弹出的快捷菜单中选择“粘贴”选项，将新复制的L_O的名称改为R_O，单击反转X轴，随后在点模式下，对模型的右侧嘴角进行调整。

05 在“属性面板（2）”中调整层级顺序，在“对象”面板中单击身体后面的“姿态标签”按钮，并拖至Correctionsl_Pose_Morph_tag框内。随后单击“对象”按钮，回到对象模式，在“属性面板（2）”中单击“动画模式”按钮，调整滑块，对口型进行细节调整。

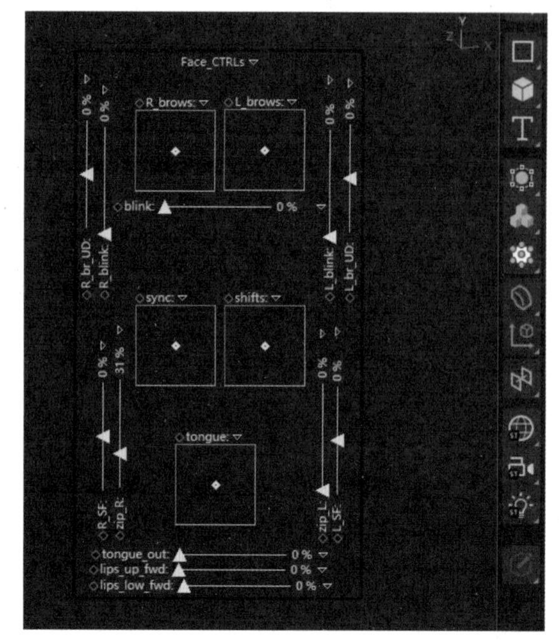

图6-85

06 在“属性面板（2）”中选中“L-向下”并复制，再单击“R-向上”进行替换，之后将替换的名称改为“L-向下”和“L-向下·1”。

07 拖动“表情控制器”面板的向下控制器，单击“L-向下·1”，将“强度”值调整为100%，之后单击“动画模式”按钮，即可发现问题得到了改善。

08 选中“R-向上”并复制，单击“L-向下”进行替换，将替换的“L-向下”的名称进行调整。随后将“L-向下·1”的名称改为“L-向下”，依次调整“L-向上”“L-向下”“R-向上”“R-向下”“L-O”和“R-O”的强度，将“姿态”值调整到最大。

提示

可以通过调整骨骼动画系统的参数，如嘴巴关节的限制和约束等，进一步优化口腔运动的细节。

6.15 高级模板眼睛表情修型

眼睛表情修型的作用在于使眼神更加自然、明亮、有神采，并且能够准确地传达出不同的情感。例如，通过修型技巧来模拟转眼、眨眼等动作，可以让眼神显得更加灵动活泼；而通过修型定眼、眯眼等动作，则能让眼神流露出更加自然的神态。眼睛是表达角色内心情感的窗口，因此，需要熟练掌握眼睛表情的修型技巧。

6.15.1 眼球权重调整

眼球权重调整的具体操作步骤如下。

01 在Cinema 4D中，导入并打开姿态文件。

02 单击“面模式”按钮，在面模式下，单击身体进行隐藏。选择“框选”工具，选中眼球，打开“权重管理器”面板，执行“关节”命令。

03 在“关节”列表中右击，在弹出的快捷菜单中选择“全部解锁”选项。

04 在“属性面板（1）”中选中“仅选取对象”复选框，如图6-86所示，并在“关节”列表选中head.bind骨骼，将“强度”值调整为100%，随后使用“权重”工具，设置双眼球权重，执行“选择”|“全部显示”命令即可。

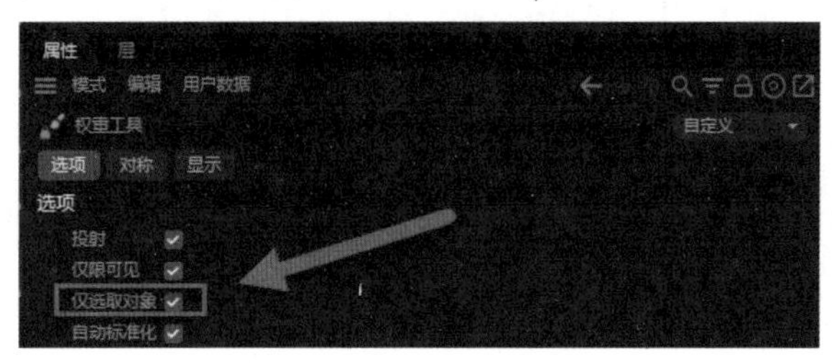

图6-86

6.15.2 调整眼皮破面及细节

调整眼皮破面及细节的具体操作步骤如下。

01 单击“面模式”按钮，在面模式下，单击身体并进行隐藏。选择“框选”工具，选中眼球，执行“选择”|“储存选集”命令，将名称改为EYES。

02 单击隐藏眼球并显示身体，在点模式下，使用“框选”工具，对眼皮破面的部分进行调整。

03 采用同样的方法，选中眼睛眼皮部分的点，将眼皮向外拉出容纳眼球的弧度，如图6-87所示。

04 复制L-EYES骨骼，将名称改为R-EYES，反转X轴并进行复制，将调整好的参数赋予右眼。随后选中L_C_lip_bind_upper_01_bind骨骼，并显示眼皮骨骼，再选中L_lid_up_M_bind骨骼。

05 在“面部控制器”面板中，将眼睛闭合程度调整至80%，右击L_lid_up_M_bind标签，在弹出的快捷菜单中选择XPresso选项，将L_lid_up_M_bind骨骼拉入群组。

06 右击L_lid_up_M_bind骨骼的红色部分，执行“坐标”|“全局旋转”命令，旋转P轴。

07 在搜索框内搜索“范围映射”，将“范围映射”拉入群组内，如图6-88所示。在右侧输入范围内选择“角度”选项，输出范围调整为“百分比”，再将“输出下限”值改为0%，“输出上限”值改为80%，“输入下限”值改为-27°，“输入上限”值改为0%，随后单击“反转”按钮。

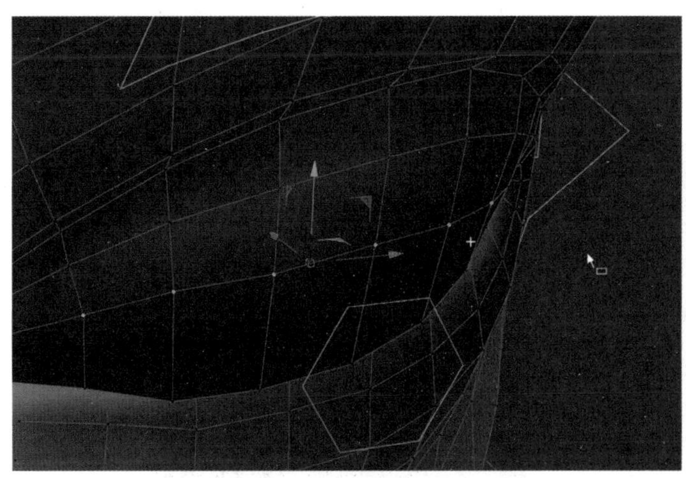

图6-87

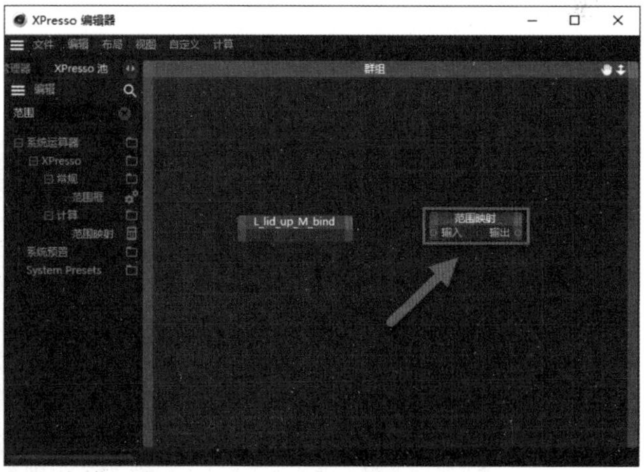

图6-88

08 单击身体的姿态标签，将嘴巴修型拖入群组选框，随后选中L_EYE骨骼，拖至嘴巴修型的蓝色部分，随后将3个选框链接。

09 选中R_lid_up_M_bind骨骼，找到右侧眼睛骨骼，采用同样的方法，把标签链接起来。

提示

控制器的功能和“面部控制”面板功能相同，hide_eye_shell为控制眼睛玻璃体选项，hide_eye_spec为是否显示高光的选项，hide_nostnl_controls为脖子控制器开关的选项，等等。

第 7 章

制作虚拟角色发型

在制作虚拟角色时，为女性角色设计古装盘发往往是最具挑战性的一环。由于制作时间冗长和制作难度较高等因素的影响，许多人对古装盘发的制作感到望而却步。然而，本章将从基础的古装盘发知识入手，逐步引导大家掌握面片式制作头发以及使用 Cinema 4D 的毛发系统制作头发等方法，帮助大家一步步攻克古装盘发的制作难题。

7.1 头发建模方法

头发建模是 3D 建模中用于创建逼真头发效果的一个重要环节。进行头发建模时，需要借助专业的 3D 软件，如 Cinema 4D 和 Maya 等。在这些软件中，我们可以运用各种工具和技术来模拟真实的头发效果，包括使用毛发对象、引导线以及毛发材质等。制作头发通常有 3 种主要方法：第一种方法是利用面片模拟头发的形态；第二种方法是借助 Cinema 4D 内置的毛发系统生成头发；第三种方法则是通过使用 Maya 中的 XGen 插件创建复杂的发型。

7.1.1 使用Cinema 4D制作面片式头发

使用面片式头发可以快速创建和渲染出头发效果，尤其是在需要处理大量头发时。由于面片数量相对较少，这种方法比传统的多边形模型更易于处理和渲染。面片式头发的优点在于其技术含量相对较低，易于掌握。然而，这种方法也存在一些缺点，例如制作过程相对烦琐、耗时，需要逐一进行细致的调整。下面将详细介绍如何制作面片式头发。

01 在Cinema 4D中，导入并打开姿态文件。

02 在工具栏中单击“线模式”按钮，沿着角色网格线框选出生长头发的区域，如图7-1所示。在工具栏中，将“填充”按钮移至被框选的区域。

03 右击并在弹出的快捷菜单中选择“分裂”选项，提取头皮部分，如图7-2所示，并在“对象”面板中将提取区域重命名为hair（头发）。

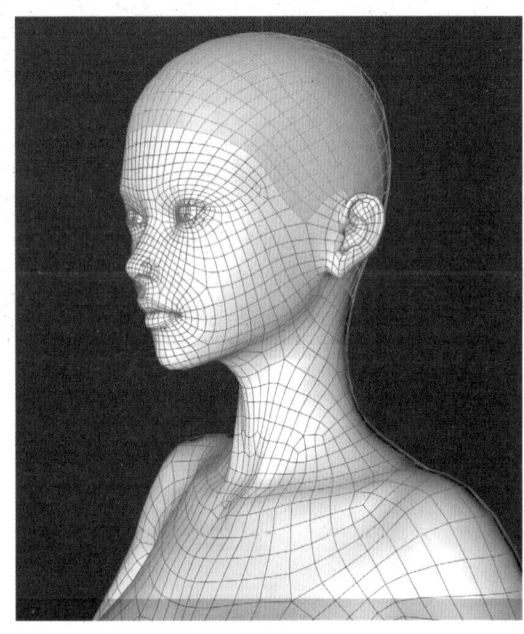

图7-1

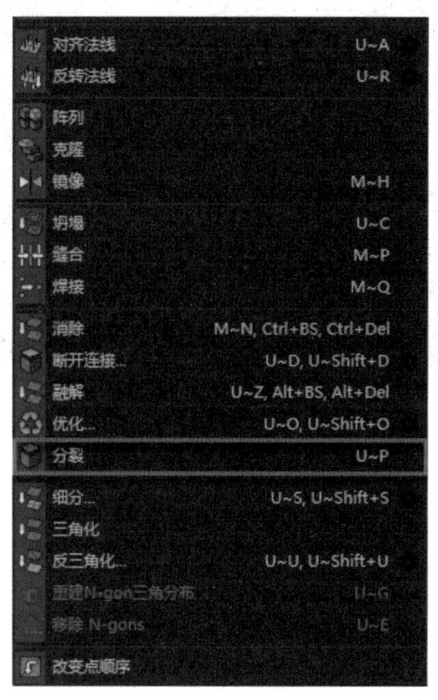

图7-2

04 将hair（头发）对象的材质球删除，即可得到生长头发的区域。

> **提示**
>
> 初次制作头发时，可先找头发参考图片，然后根据发根到发梢的路径制作头发走向。

05 在工具栏中先单击“创建”按钮，再选择“平面”选项，如图7-3所示。在“平面对象”选项区域中设置方向为+Y，根据用户需求设置平面的“属性”选项卡，如图7-4所示，即可得到初始面片。

图7-3

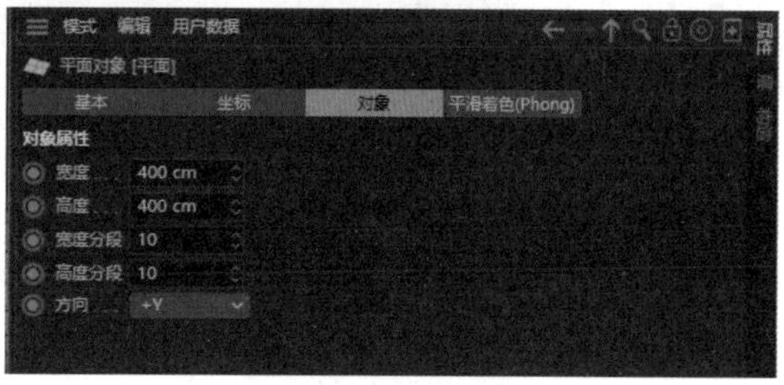

图7-4

06 在“对象”面板中单击“平面”材质按钮，在“材质管理器”面板中选中Alpha通道，选择预先前准备好的贴图，根据需要选择头发材质，即可得到头发的片面。

07 在工具栏中单击“三维模式”按钮，调整头发片面，如图7-5所示。执行“界面”|BP-UV-Edit|“打开纹理”命令，导入“资料库”中的头发材质，即可在UV视图中得到头发的纹理，如图7-6所示。

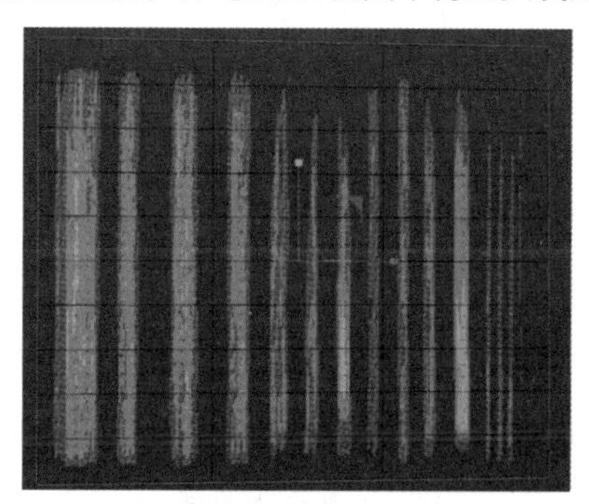

图7-5

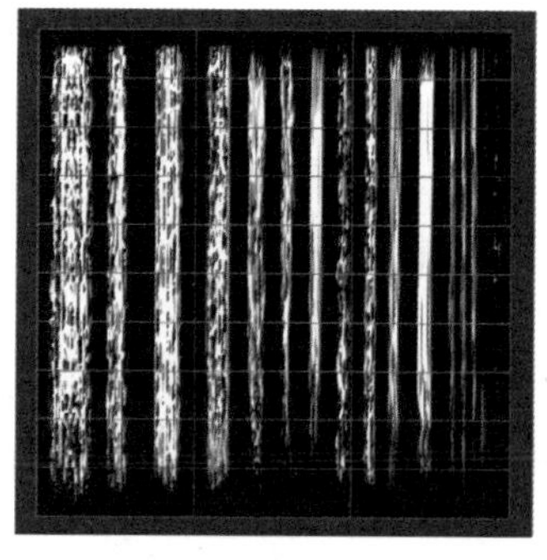

图7-6

08 右击“循环切割工具”按钮，根据需要切割头发的面片，如图7-7所示，并执行“界面”|“建模布局（用户）”命令。

09 在工具栏中单击“循环工具”按钮，选中一片头发并右击，在弹出的快捷菜单中选择“分裂”选项，即可分出一片头发，将其命名为hair01。

10 制作发型一般可分为3步。第一步使用较粗材质打底，使用较粗的头发材质可以更好地模拟真实头发的质感，真实头发通常具有不规则的表面和细微的纹理，使用较粗的头发材质可以在一定程度上模拟这种效果；第二步使用中等材质制作头发，可以更好地捕捉和展示头发的细节，如分叉、卷曲和波浪；第三步使用较细材质制作碎发，当风吹过时，真实的头发会呈现飘动和摇摆的效果，使用较细的材质制作碎发，可以更好地表现这些动态效果，具有修饰作用。

11 摆放头发面片。在工具栏中单击“套索选择”按钮，并单击“点模式”按钮，再单击“柔和选择”按钮，如图7-8所示。

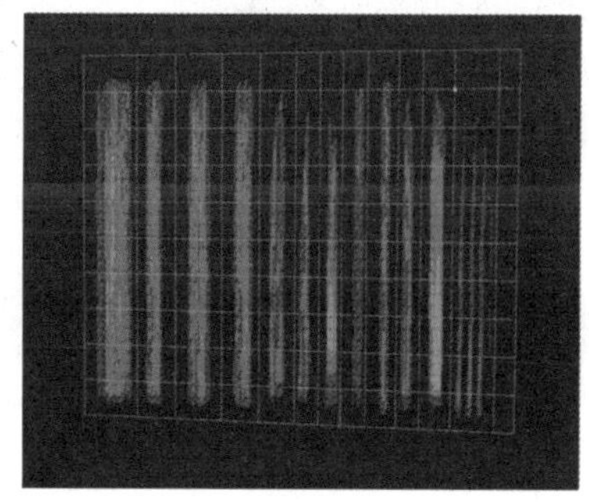

图7-7

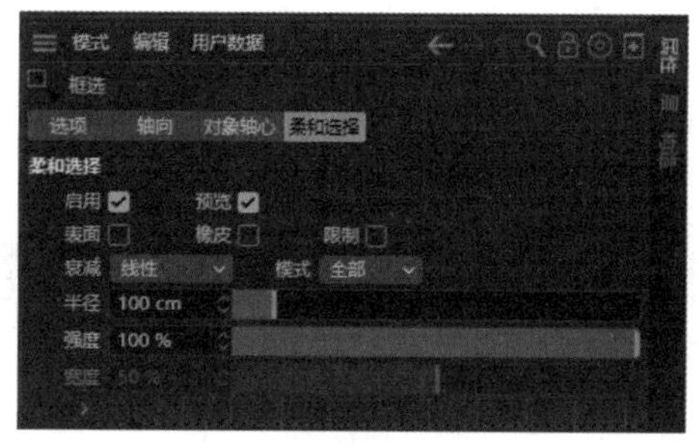

图7-8

提示

此处根据需要摆放并调整头发即可，如图7-9所示。

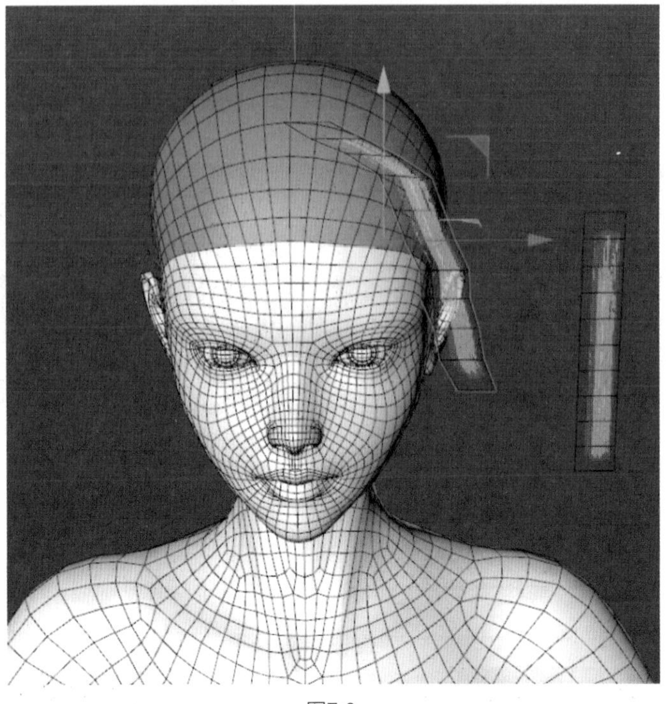

图7-9

7.1.2 使用Cinema 4D毛发系统制作头发

Cinema 4D 的毛发系统提供了丰富的工具，能够模拟自然现象，如重力、风力和碰撞等，进而创建出栩栩如生的动态效果。除此之外，还可以通过调整毛发的颜色、光泽和纹理等属性，打造出不同的外观和风格。下面将详细介绍如何使用 Cinema 4D 的毛发系统来制作头发的步骤。

01 隐藏人物身体部分，框选毛发生长部分hair，打开“毛发编辑”界面，在工具栏中单击“面模式”按钮。

02 在“命令管理器”面板中单击“添加毛发”按钮，即可生成毛发。此方式的优点在于简单，缺点在于做出来的头发缺失真实感。

03 毛发调整。在“对象”面板中新建空白对象组，执行“毛发”|“发根” |“引导线一致”命令，单击“生成”按钮，选择“实例”对象。

04 选中hair01对象，执行“对象”|“空白”命令。

05 在“命令管理器”面板中单击“引导线”按钮，可根据需求设置引导线参数，如图7-10所示。

06 单击“毛刷”按钮，根据需要调整引导线方向，并修改毛发材质球，即可形成一个面片。

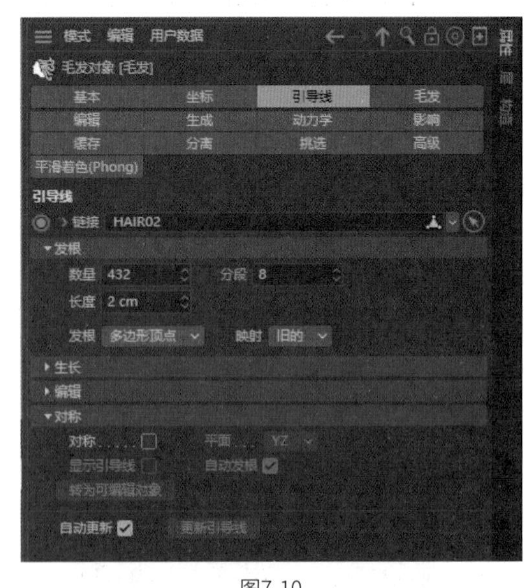

图7-10

提示

如果不设置朝向，会使毛发没有方向，朝四面八方延伸。

7.2 制作发型低模

发型低模制作是计算机图形学中的一种技术，旨在创建出逼真的发型效果。通过精心制作发型低模，可以为角色增添更多细节和个性，使其在视觉上更加逼真和吸引人。在制作低模过程中，合理的布线至关重要，需要确保布线匀称，以便为基础模型与高模之间的匹配打下良好基础。本节将重点介绍如何使用 ZBrush 来制作简单的发型低模。

7.2.1 使用ZBrush绘制头发生长区

使用 ZBrush 绘制头发生长区能够显著提升制作效率。在传统的虚拟角色制作流程中，创建头发的生长区往往需要耗费大量时间。然而，借助 ZBrush 的强大功能，我们可以直接绘制出所需的生长区，从而大幅缩短制作周期。以下将详细介绍如何使用 ZBrush 来绘制发型生长区。

01 打开ZBrush 3D，导入人体模型，并熟悉ZBrush常用的快捷操作指令。

※ 正视图：按住Shift键+鼠标左键。

※ 平移视图：按Alt键+鼠标左键。

※ 放大缩小模型：按鼠标左键。

※ 视图回到中心点位：按F键。

02 单击"绘制"按钮，使用"绘制"工具在人体模型头部部分画出头发的生长区，该区域可参考真人头皮区进行绘制，如图7-11所示。

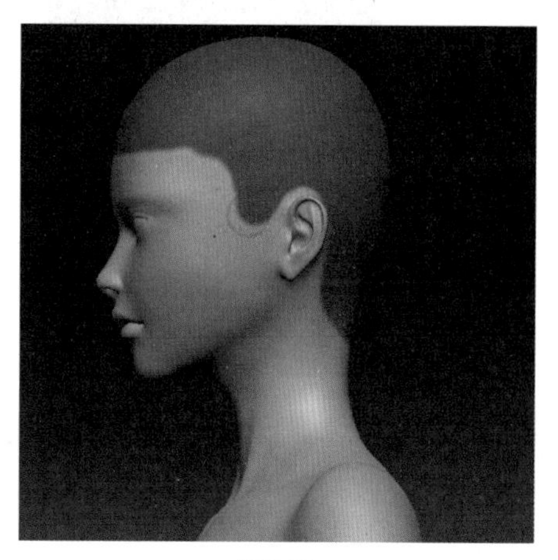

图7-11

7.2.2 绘制头发生长区快捷操作指令

以下是绘制头发生长区快捷操作指令。

※ 在绘制过程中，通常先使用Maskpen（遮罩笔刷）工具勾画大致的形状，再使用Mask（遮罩）笔刷填充内部的面，这样可以快速创建需要的区域，该过程若绘制出界（脱离了本体），可按Alt键+鼠标左键单击拖曳，擦除错误部分。

※ 在绘制过程中，可按【键使笔刷变大，进行快速大面积的绘制，也可按】键使笔刷变小，使绘制更精细，或者按空格键调整画笔的粗细。

※ 按X键，控制画笔对称功能，开启时，可以确保绘制区域的对称性。

※ 按Ctrl键，会出现Mask（遮罩），在空白处单击拖曳，即可取消被画选区。

※ 在工具栏中单击"几何体"按钮，可以看到多边形的面。

※ 通过使用子工具栏中的工具，可以对几何体进行编辑（增减分辨率、增减细分网格等）。

提示

ZBrush的功能强大，操作比较简单，其难点在于需要创作者有一定的美术基础。

7.2.3 使用ZBrush绘制发型低模

使用 ZBrush 绘制发型低模的具体操作步骤如下。

01 打开ZBrush 3D，导入人体模型。

02 在“子工具”面板中选中“提取”工具，设置“厚度”值为0.008，并执行“提取”|“接受”命令，将生长区域提取出来。

03 按住Ctrl键，在空白处单击，取消绘画图层，减少网格细分。

04 单击ZRemesher（重拓扑）和“一半”按钮，增加笔刷强度，如图7-12所示。

05 按住Shift键，对模型边缘进行平滑处理，如图7-13所示。

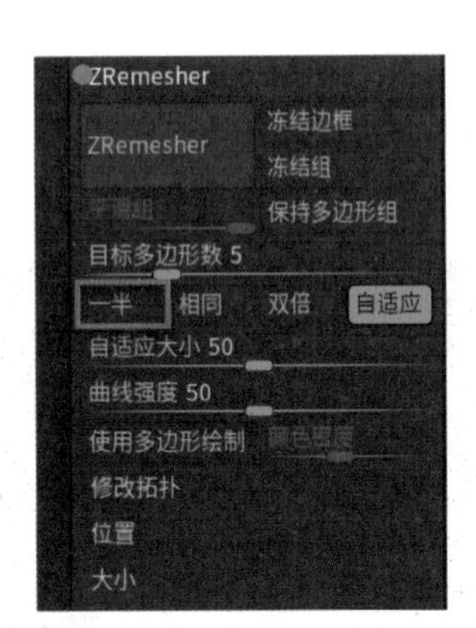

图7-12

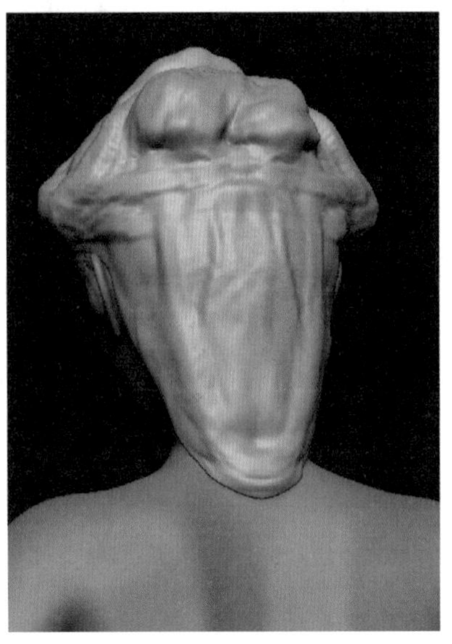

图7-13

提示

整个处理过程不用太精细，只需一个大致的模型，导出obj格式文件即可。

06 单击工具栏中的“动态细分”按钮，模型会根据雕刻出来的形状进行拓展，随后选择Clay Buildup（黏土笔刷）笔刷绘制头发模型，即可得到发型的大致模型。

提示

其他常用笔刷介绍。

- Move Topologica（移动网格）：网格移动工具，可以移动、拉伸和调整已绘制的模型。
- CurveTube（插入笔刷）：可以直接添加模型。
- Form Soft（软化笔刷）：软化笔刷具有软边缘的特点，可以用来进行颜色过渡、虚化、模糊和层次感的制作。

7.3 制作发型引导线

发型引导线在制作过程中发挥着至关重要的作用，它不仅能够创建参考线，还能构建参考平面，为发型设计提供精确的指导。通过精心制作发型引导线，可以更加准确地呈现发型的整体效果和细节特征。这些引导线能够清晰地指示出头发的走向、弯曲以及分叉等细微之处。通过调整引导线的位置、形状和密度，我们能够创造出各种不同形状和风格的发型，从而极大地增强角色的视觉效果，使整体场景更加真实生动。

7.3.1 新建样条

新建样条（New Spline）是一种强大的工具，用于在二维空间中创建曲线对象。通过该工具可以在三维环境中绘制连续的线段，进而构建出多种多样的形状和模型。新建样条功能灵活多变，能够生成各种复杂的二维曲线形态，如路径、线条和轮廓等。这些形态不仅可以作为构建其他三维模型的基础组件，也可以直接作为最终呈现的模型使用。接下来，将详细介绍如何使用新建样条功能。

01 打开Cinema 4D，导入人体模型和ZBrush制作的头发模型，并命名为HAIR H2。

02 在工具栏中单击“样条画笔”按钮，执行“网格”|“轴心”|“对象居中到轴”命令。

03 在工具栏中单击“点模式”按钮，随即单击“样条”按钮，摆放样条。该过程中可以按住Ctrl键增加点。

04 为了方便观察，在“角色”面板中选中HAIR H2对象并右击，在弹出的快捷菜单中选择“渲染标签”|“显示”选项。

05 在“标签属性”面板中执行“使用”|“着色模式”|“网格”命令。

06 在“基本属性”面板中修改样条颜色为绿色，并将人体模型调整为黑色，如图7-14所示。

07 当第一根样条调整好后，按快捷键Ctrl+C复制，再按快捷键Ctrl+V粘贴。调节第二根样条线，完成引导线的处理，并保存模型。引导线走向如图7-15所示。

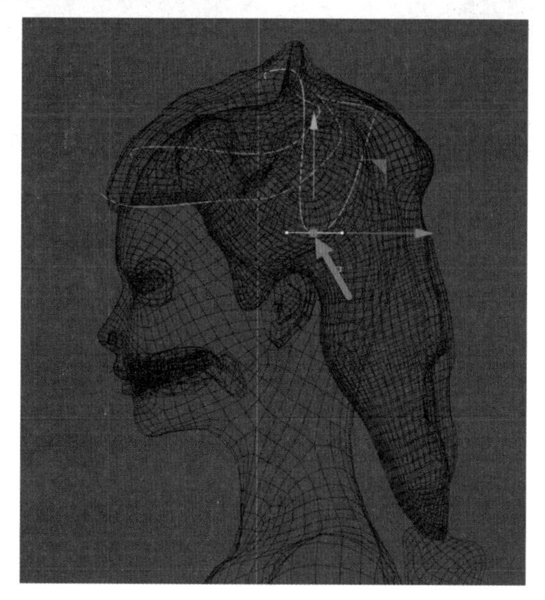

图7-14

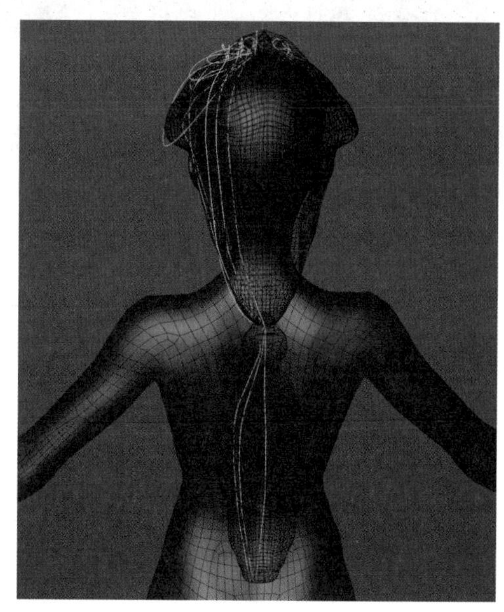

图7-15

08 根据需要确定头发盘起时的走向，添加合适的样条，如图7-16所示。

09 整理样条。在工具栏中单击FFD按钮，如图7-17所示，将“对象”中的FFD移至螺旋样条下。

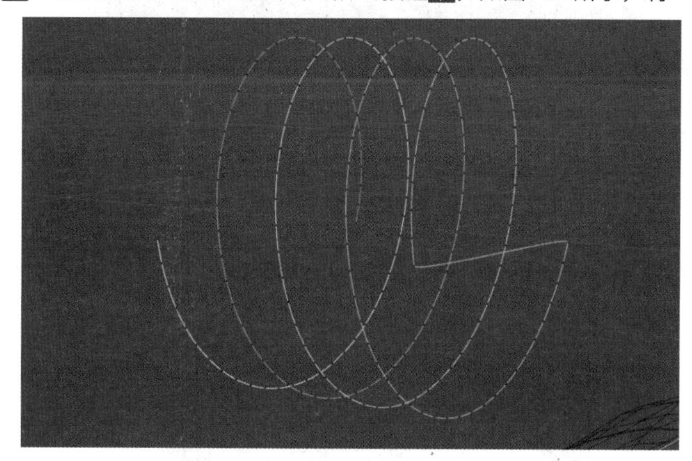

图7-16

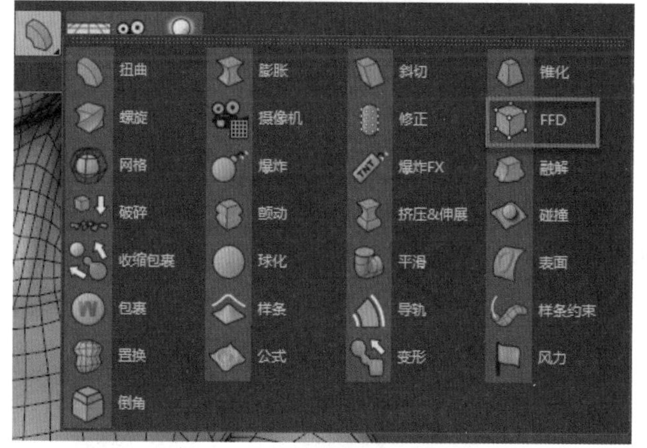

图7-17

10 在“属性”面板中单击“匹配到父级”按钮，并执行“过滤”|“变形器”命令。

11 在工具栏中单击“点模式”按钮，调整晶格，完成样条的整理。

12 发箍的处理。在需要添加发箍的位置，执行“工具栏”|“创建”|“管道”命令，并根据需要调整管道模型参数，得到发箍的形状，如图7-18所示。

13 在工具栏中单击“平面”按钮添加一个平面，并将平面调整到嵌入发箍的状态。

14 将发箍以下的头发从嵌入的平面中连接引导出来，如图7-19所示。

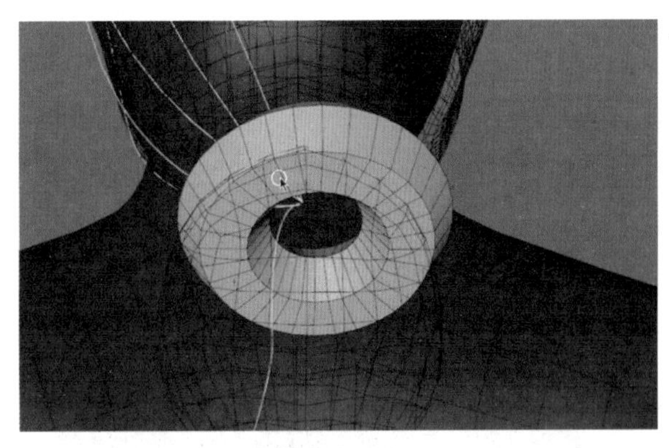

图7-18

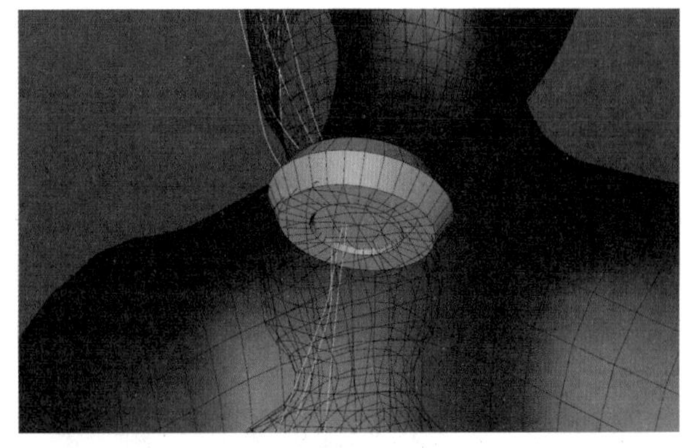

图7-19

提示

制作引导线很重要，后期发型制作效果的成败，取决于引导线的制作。

7.3.2 处理样条

处理样条的具体操作步骤如下。

01 打开Cinema 4D，导入带有发型和发型引导线的人体模型。

02 在工具栏中单击“细分曲线”按钮，再单击“扫描”按钮。在“扫描对象”选项区域中单击“封盖”按钮，取消选中“起点封盖”和“终点封盖”复选框，如图7-20所示。

03 在“对象”面板的“扫描”的选项卡下，新建“多边形”标签，设置多边形属性，“半径”值为2cm，“侧边”值为6。

04 处理扫描对象的细节。在扫描对象的“属性”面板中缩放样条细节，调整为两端细、中间粗的状态。在样条“对象属性”面板中，将“点插值方式”调整为“统一”，如图7-21所示。

图7-20

图7-21

05 在“多边形”面板中，将“点插值方式”调整为“无”，样条调整前如图7-22所示，样条调整后如图7-23所示。采用同样的方式，将其他样条绘制成多边形曲线。

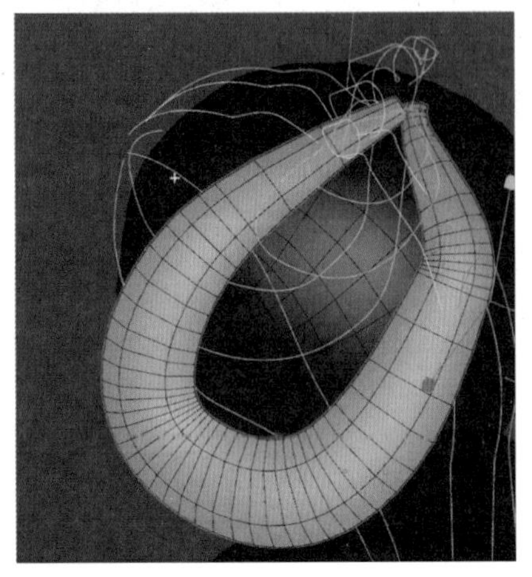

图7-22

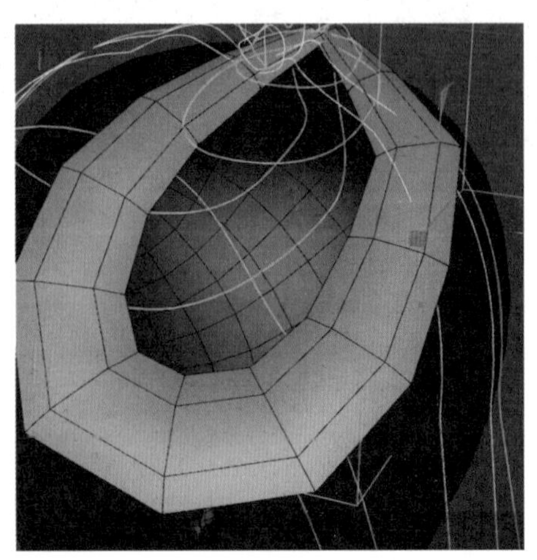

图7-23

06 发髻的处理。新建两个立方体并调整立方体的大小，调整到与发髻差不多即可。

07 在工具栏中单击“细分曲线”按钮进行平滑。

08 选定平滑后的立方体，右击，在弹出的快捷菜单中选择“循环/路劲切割”选项，为发髻两侧循环添加两条边。

09 同时选定两个发髻，右击，在弹出的快捷菜单中选择“连接对象+删除”选项，在工具栏中单击“视窗层级独显”按钮，然后删除发髻封口部分，方便后期提取引导线样条。

10 在工具栏中单击“视窗单体独显”按钮，初始样条模型制作完成，如图7-24所示。

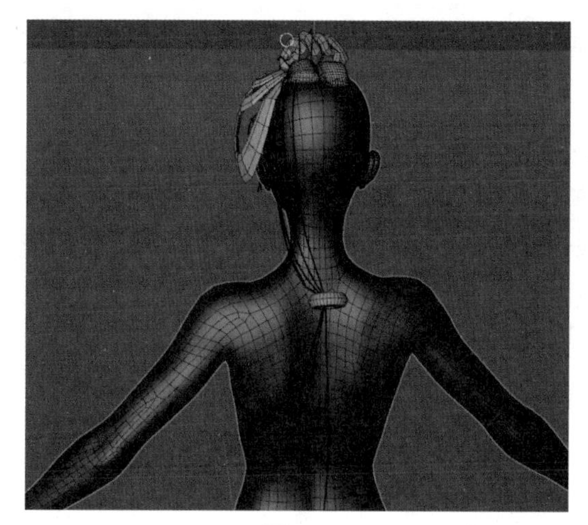

图7-24

提示

在调整多边形时，需要注意样条的层级关系，不要让多边形之间有重叠穿插的情况。另外，多边形的参数不是固定值，可以根据需要调整。

7.3.3 处理样条的技巧

处理样条的技巧如下。

※ 为了方便多边形的处理和调整，在“扫描对象”面板中单击“对象”按钮，并调整“细节”参数，如图7-25所示。

※ 右击，在弹出的快捷菜单中选择“分离窗口显示”选项，将分离窗口放置在界面中，更方便操作。

※ 样条扫描可复制。对已完成的扫描标签，在对象标签栏中按快捷键Ctrl+C复制，再按快捷键Ctrl+V粘贴，添加样条多边形对象。添加完成后，根据需要调整即可。

※ 导出模型。全选对象，按C键将对象转换成样条，删除人体模型，只留下引导线样条，如图7-26所示，保存并导出obj格式的引导线样条文件。

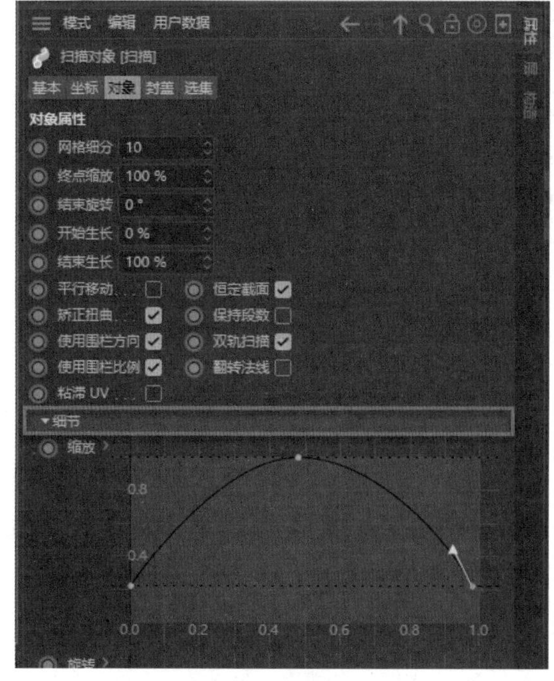

图7-25

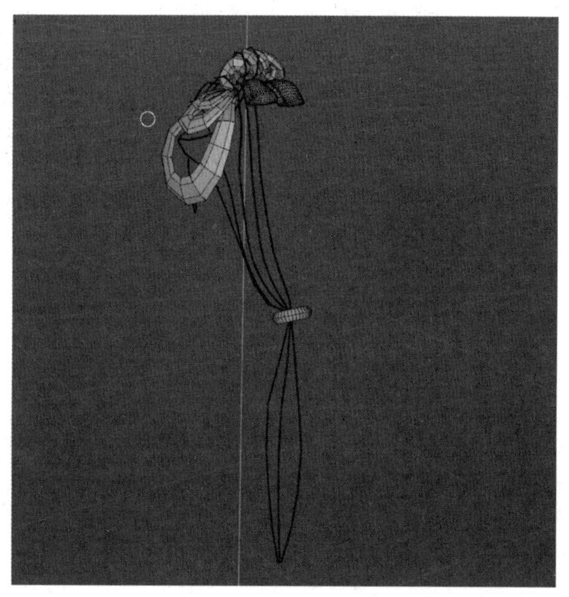

图7-26

7.4 制作头发导向器并准备模型

Cinema 4D 中制作头发导向器与 UV 拓展功能，在建模、动画和渲染等环节中发挥着重要作用。这些工具能够帮助制作者更加灵活地处理复杂的多边形对象。通过一系列的多边形绘制步骤，可以将一根引导线转化为多条走向一致的曲线。随后，利用曲线的提取功能，可以获得多个可供调整的引导线，从而满足各种复杂的建模和动画需求。

7.4.1 提取多边形曲线

提取多边形曲线的具体操作步骤如下。

01 打开Maya软件，随后导入预先制作好的引导线样条文件（obj格式）。

02 在Maya的工具栏中单击“线框显示”按钮，显示模型线框。

03 进入面模式。选中操作对象，长按鼠标左键并移动到“边”选项，即可选择边模式，如图7-27所示。

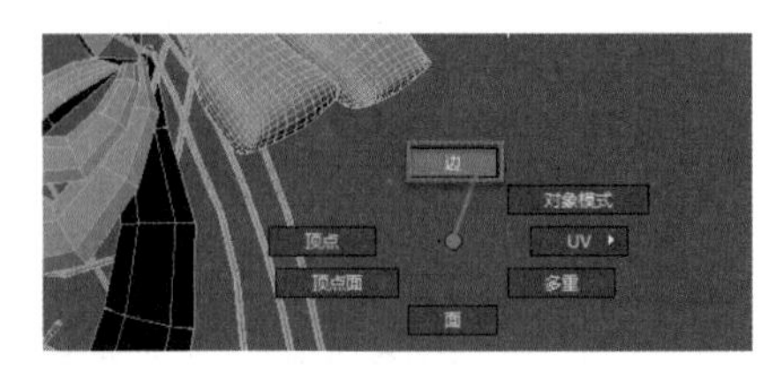

图7-27

04 双击任意一条引导线，执行“修改”|“转化”|“细分曲面到多边形”命令，如图7-28所示，即可提取所选曲线，即提取引导线。

05 采用同样的方式，对所有的引导线进行提取，最后即可得到模型。

06 在“目录”面板中选择“大纲视图”，并选中所有引导线。执行“编辑”|“按类型删除”|“历史”命令，删除模型中的面，如图7-29所示，仅留下引导线。随后将文件命名为hair guide（头发导向器），另存为Maya ASC II（Maya二进制）格式，注意引导线提取后，自动进行曲线平滑，无须进行平滑操作。

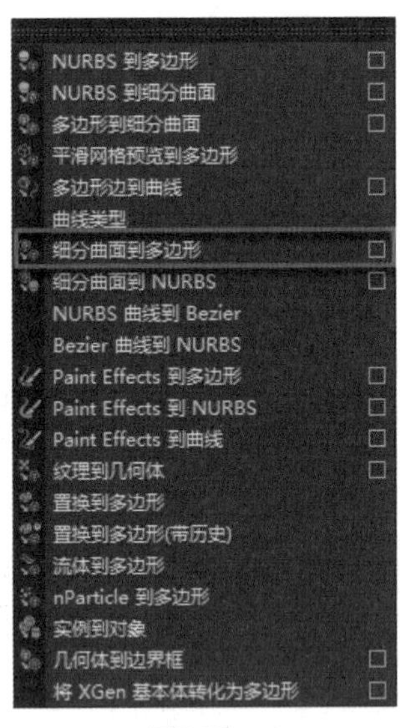

图7-28

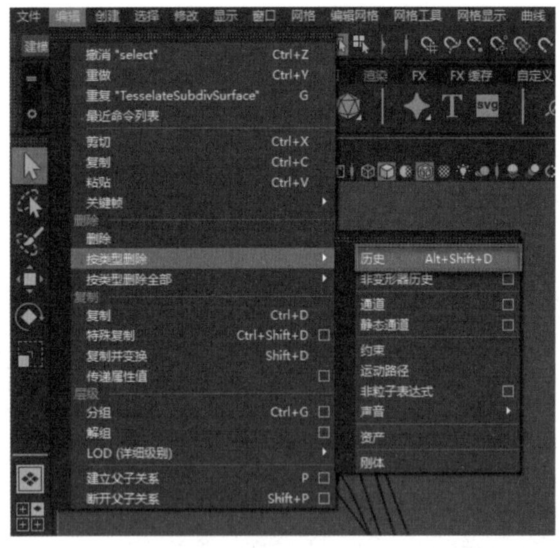

图7-29

7.4.2 准备模型技术处理

XGen 在制作过程中，对模型的要求比较高，所以在使用 XGen 之前需要对模型进行一定技术处理，具体的操作步骤如下。

01 打开Cinema 4D，导入带有发型和发型引导线的人体模型。

02 整理模型。删除模型引导线，保留人体模型及头发的模型，随后框选出头发生长区域，在工具栏中单击“填充”按钮，右击并在弹出的快捷菜单中选择“分裂”选项，即可提取生长头发的区域，如图7-30所示，将对象命名为hair（头发）。

03 对头发的模型进行处理。在工具栏中单击“体积生成”按钮，在“对象属性”面板中设置“体素尺寸”值为0.1 cm，如图

7-31所示，创建新的对象为“体积网格”，在“体积网格”的“属性”面板中设置“自适应”等参数，并调整标签顺序。

04 拓扑。执行“扩展”|“四边面重拓扑”命令，重设目标面为1000，并保存。

05 在面模式下，将模型多余的面删除。将拓扑后的标签更改为hair cankao，并删除原有标签。

06 通过UV视图，展开头发生长区域（即对象hair）。打开Unity3D软件，将hair对象导出为OBG格式文件，命名为hair UV。

07 打开“UV大师”软件，导入hair UV文件。在工具栏中单击“切割工具”按钮，将导入的区域切开，然后单击“展开”按钮，即可得到展开后的模型，如图7-32所示。

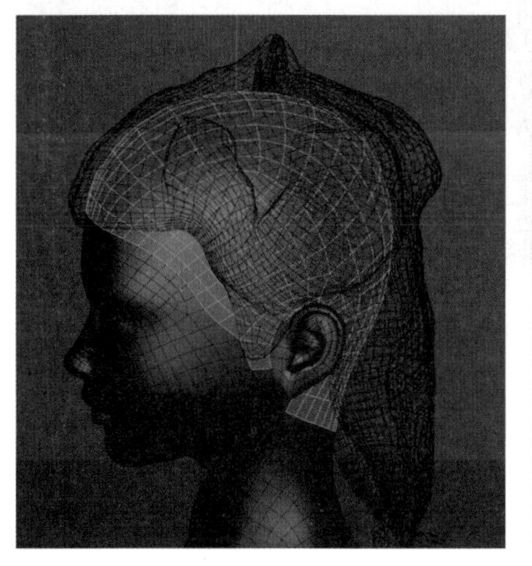

图7-30

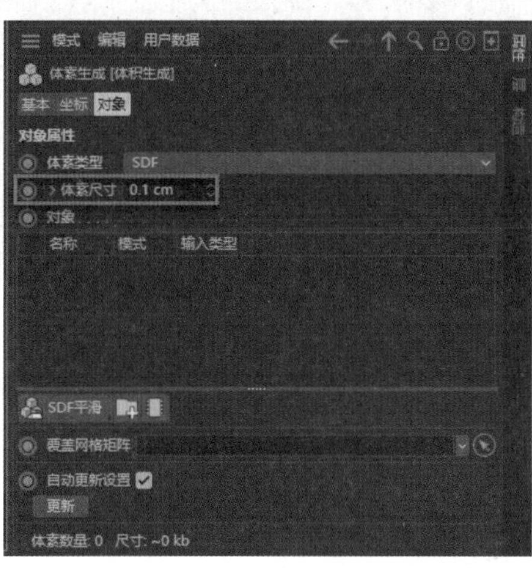

图7-31

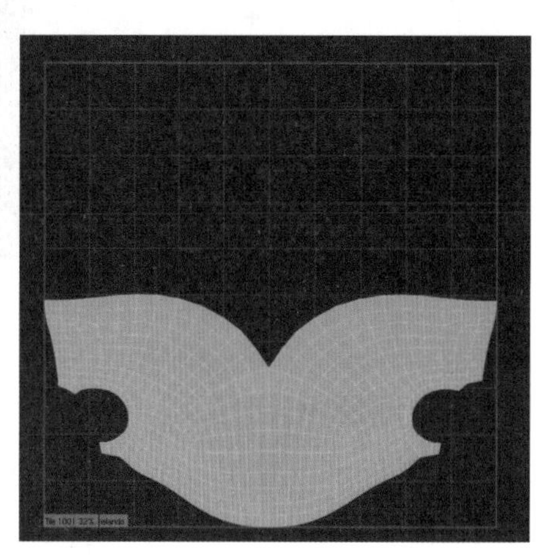

图7-32

08 按快捷键Ctrl+S，回到Cinema 4D界面。删除原有的hair对象，导入已展好UV的模型对象。

09 分别导出body（身体模型）、hair cankao（头发模型）、hair（头皮模型）为.obj格式文件。

> **提示**
>
> XGen对模型的要求比较高，所以在做模型整理时要非常细心，导出时，X、Y、Z坐标数据一定要清零。

7.5 XGEN工程文件规范

首次创建新工程文件时，Maya 会在指定的项目目录中自动创建一个 XGen 文件夹。该文件夹包含了各种与 XGen 相关的文件，如属性贴图、可修饰样条线、区域贴图和遮罩描述等。这些文件都整齐地存储在 XGen 文件夹的子文件夹内。为了确保 XGen 系统正常运行，在使用该系统之前需要对 XGen 的工程文件进行规范操作。

7.5.1 创建新场景

创建新场景的具体操作步骤如下。

01 打开Maya，导入模型文件。

02 执行“文件”|“新建场景”|“设置项目”命令，创建新文件，随后在“目录”列表中将文件重命名为hair test（头发测试）。

03 执行“设置”|“创建默认工作区”命令，即可创建新场景。

04 执行“文件”|“项目窗口”命令，在“项目”窗口中设置当前项目为hair test（头发测试），单击“接受”按钮，如图7-33所示，创建一个工程文件夹。

05 将新建的场景另存为hair（头发）文件，路径为Maya\hair test\scenes。

06 导入obj格式的body（身体模型）文件，按快捷键Ctrl+T，可以查看模型大小。按住鼠标右键拖至“完成”工具栏，模型大小数据消失，继续导入hair（.obj格式）和hair cankao（.obj格式）文件。

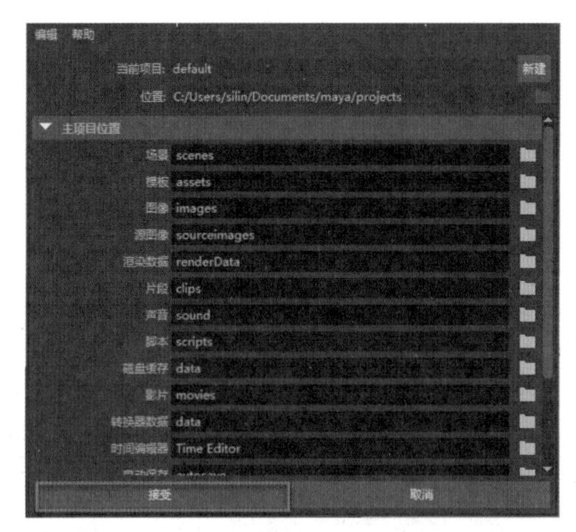

图7-33

7.5.2 创建XGEN工程

创建 XGEN 工程的具体操作步骤如下。

01 分别检查3个模型的坐标是否均为0，并检查UV编辑器是否有问题。

02 设置新材质。在“对象”面板中单击“材质球”，选中模型自带材质，按Delete键删除。

03 选中3个模型，按住鼠标左键选择新材质，然后在“属性编辑器”面板中单击“选择”按钮，如图7-34所示。

04 执行“网格”|“清理”命令，仅选中“4边面”复选框。

05 执行“编辑”|“按类型删除”|“历史”命令，导入引导线曲线hair guide（头发导向器）文件。

06 选中模型，按快捷键Ctrl+H，隐藏泥塑模型，然后选中所有的引导线，执行“选择”|“所有CV”命令进行检查。

07 执行“选择”|“第一个CV”命令，再次检查第一个点是否在发根的位置。若第一个点不在发根的位置，可以选中错误的曲线，执行“曲线”|“反转方向”命令，即可得到正确的曲线方向，如图7-35所示。

08 采用同样的方法，对所有的曲线进行检查及调整。检查完成后，单击“网格”按钮，选中“清理”选项，仅选中“4边面”复选框。检查材质，在“属性编辑器”面板中执行“删除未使用节点”命令。

09 执行“窗口”|“常规编辑器”|“名称空间编辑器”命令，如图7-36所示。

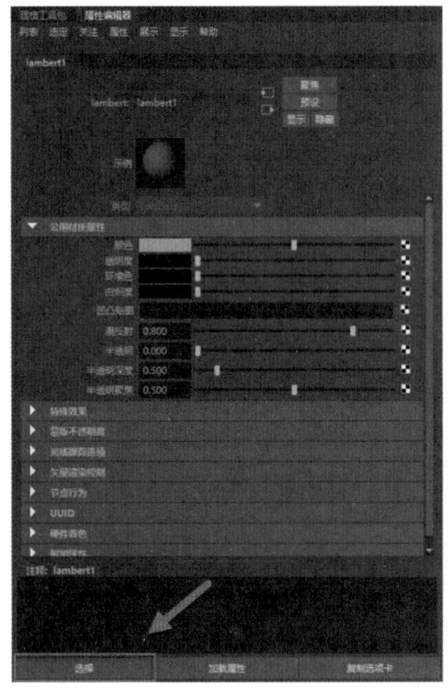

图7-34

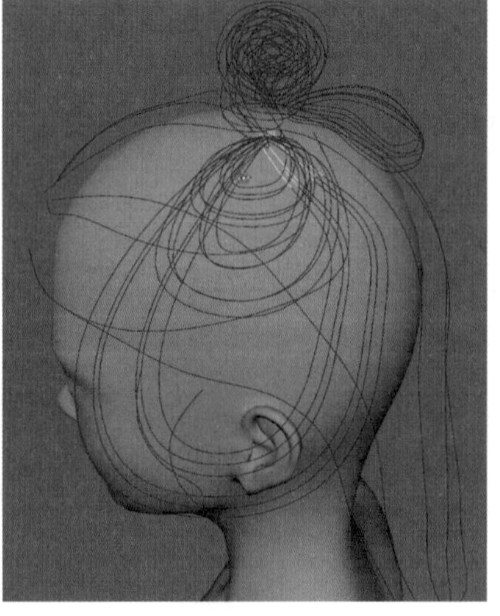

图7-35

图7-36

10 删除“名称空间编辑器”中的所有名称，系统弹出对话框，单击“与根合并”按钮，将“大纲视图”中的项目重命名，完成后再次清除历史。

11 若出现模型干扰视线问题，如图7-37所示，可以在“通道盒/层编辑器”面板中增加层，命名为cankao（参考层）。选中cankao（参考层）并右击，在弹出的快捷菜单中选择“添加选定对象”选项，如图7-38所示。选中身体和发卡模型，在“显示”面板中单击“网格”按钮，即可显示网格，避免相关模型干扰视线。再次清除历史，然后按快捷键Ctrl+S，保存最新模型。最后执行“文件”|“递增并保存”命令，如图7-39所示。注意命名时尽量不要使用中文。

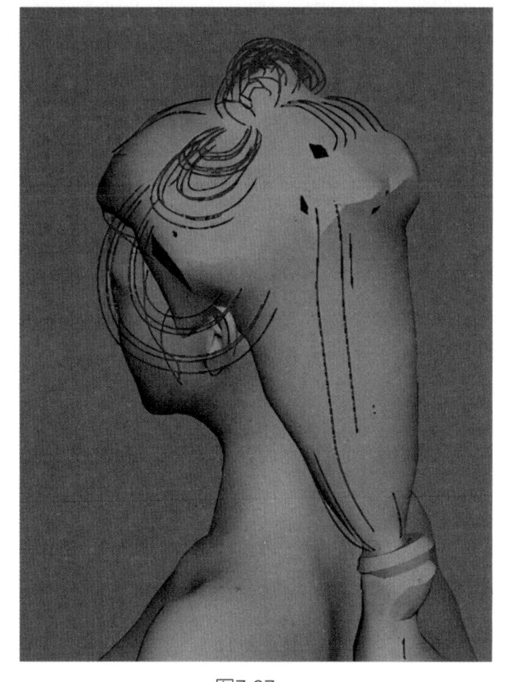

图7-37

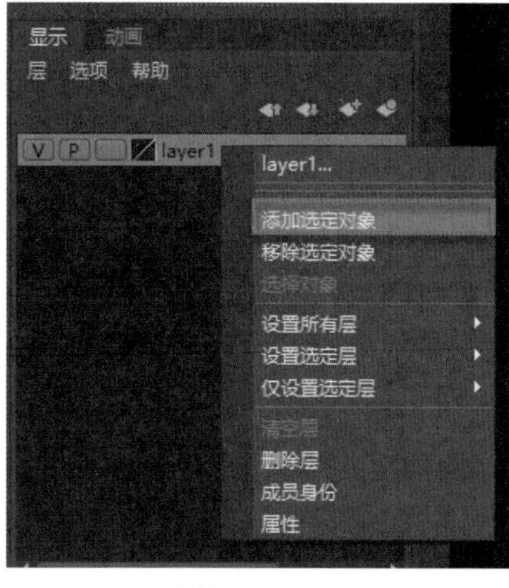

图7-38

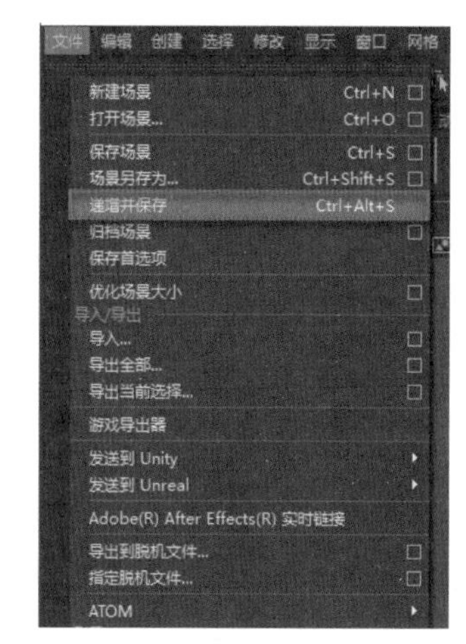

图7-39

7.6 制作盘发

使用 Maya 的 XGen 插件来制作古风盘发相比传统方式更加高效、便捷。XGen 凭借其强大的功能和灵活性，能够快速生成复杂的发型和头饰，从而极大地节省制作时间和精力。此外，XGen 还允许自定义众多参数，如头发的颜色、光泽度、透明度以及形状等，这使制作者能够根据需要轻松打造出各种不同风格的古风盘发，以满足不同的项目需求。本节将重点介绍如何使用 XGen 制作毛发，帮助大家快速掌握这一实用技巧。

7.6.1 XGen技术制作规则

※ 必须有工程文档。

※ 干净的场景（大纲干净，无多余物件、层和组等）。

※ 物体尺寸正确。

※ 物体没有历史和坐标信息。

※ 没有多余的材质球。

※ 生长毛发的物体需要有UV，并且在同一象限。

※ 物体、贴图命名正确，且无任何重复。

※ 没有多余的namespace（命名空间）。

※ 模型布线尽量是四边格，而且均匀。

※ 生长毛发的模型宁留多不留少。

※ guide不能生长在模型borderedge上。

※ 白色蒙版不能超过边界。

※ 绘制regin贴图只能用压感笔和鼠标。

※ 绘制黑色蒙版也只能用压感笔和鼠标。

※ 不能对guide删除历史。

※ 不能按快捷键Ctrl+Z撤销上一步操作。

7.6.2 制作盘发

制作盘发的具体操作步骤如下。

01 打开Maya，导入模型文件。

02 引导线分批次处理。对于暂时不用的引导线，在“通道盒/层编辑器”面板中增加层，可以根据需要命名，将需要隐藏处理的引导线移至新层级中，如图7-40所示。

03 创建新描述。选中hair对象，在XGen面板中单击“创建新描述”按钮，如图7-41所示。在“创建XGen描述”对话框中，将新的描述名称设置为hair01_co_description，创建新集合并命名为hair_collection。依次选中“样条线（用于长头发、藤等）”“随机横跨曲线”“使用由表达式控制的属性”等单选按钮，然后单击“创建”按钮，如图7-42所示。

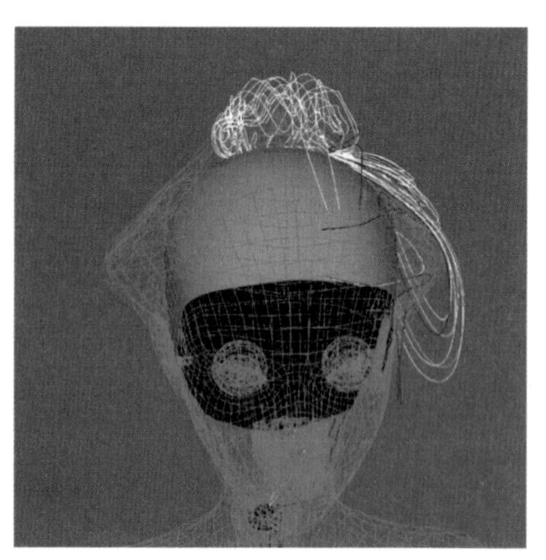

图7-40

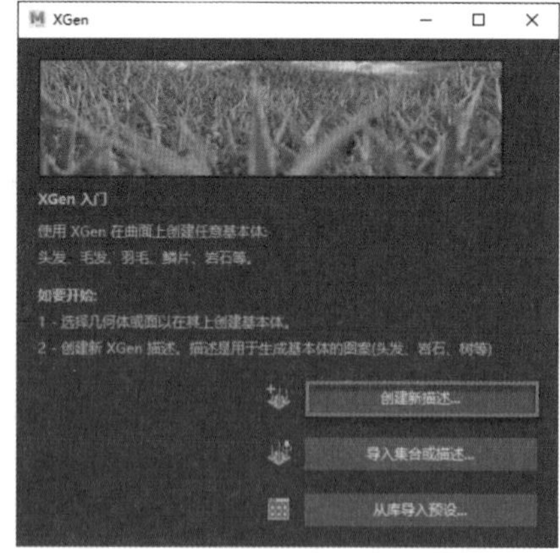

图7-41

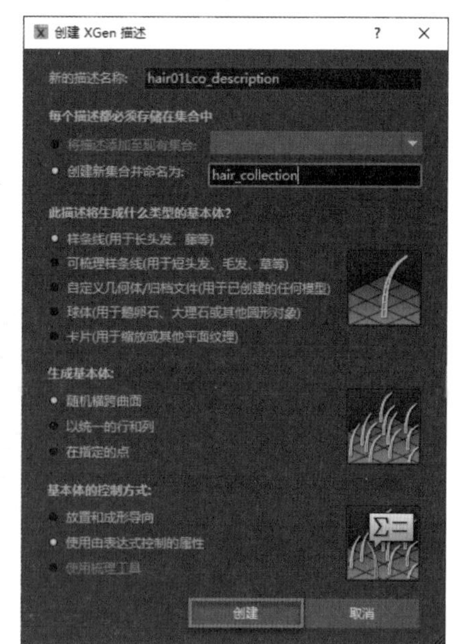

图7-42

04 选中目标引导线，在工具栏中单击“工具”按钮，选择“曲线到导向”选项，如图7-43所示。随后选中“删除曲线”选项，单击“添加导向”按钮，即可转成hair01_co_description的引导线。

05 重建导向。在工具栏中单击“查看”按钮，进入“基本体”选项卡，在“基本体属性”栏中单击“重建...”按钮，在弹出的“重建导向”对话框输入100（导向点数增多，引导线自动平滑），如图7-44所示。

06 设置毛发参数。进入“基本体”选项卡，设置“密度”值为100.0，“宽度”为0.02，取消选中“管状体着色”复选框，如图7-45所示，即可得到头发的形态（头发参数根据需要设定）。

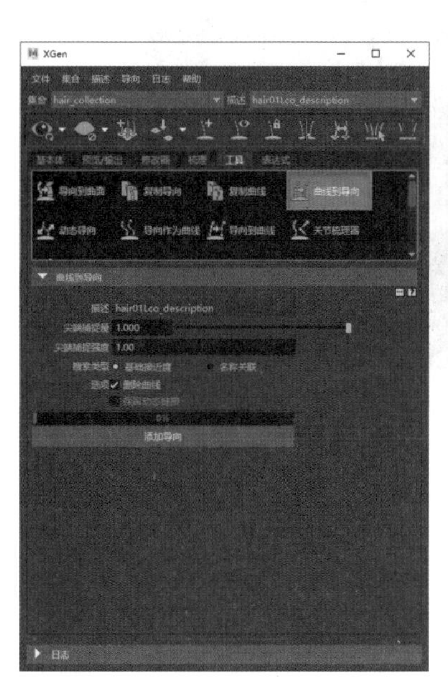

图7-43

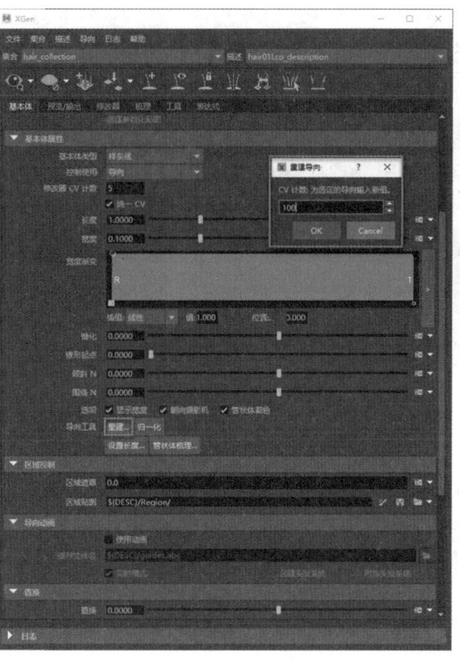

图7-44

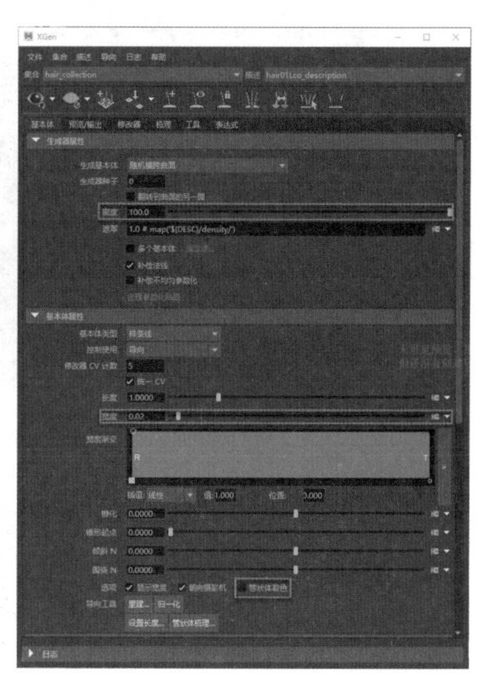

图7-45

7.6.3 处理盘发

处理盘发的具体操作步骤如下。

01 毛发出现穿插问题。隐藏头发视图，在工具栏中单击“隐藏”按钮，调整引导线。选中需要调整的引导线，按住鼠标左键拖至“导向控制点”，如图7-46所示。调整引导线，即对穿插的头发进行整理。在操作时可以使用“毛刷”工具，对细节部位进行整理，如图7-47所示。

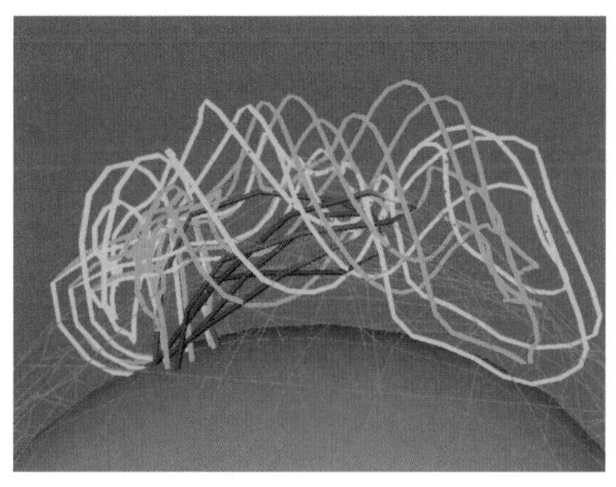

图7-46

图7-47

02 头发成束处理。在“基本体”选项卡中单击“遮罩”选项右侧的按钮，在弹出的菜单中选择“创建贴图”选项，如图7-48所示，将“贴图名称”设置为hair01_des_mask，“贴图分辨率”值设置为25，“颜色”为黑色（名称设置必须规范，标准分辨率通常设置为30~40，可以根据需要调整），随后单击“创建”按钮，选择“保存”选项。

03 单击“工具设置”按钮，将笔刷（Artisant）颜色设置为白色，用硬笔刷在发根处刷出头发生长的范围，再用虚笔刷虚化边界，单击“保存”按钮，即可得到相对紧凑的头发，如图7-49所示。

04 在“区域控制”面板中单击“创建贴图”按钮，在弹出的“创建贴图”对话框中，将“贴图名称”设置为hair_Region_mask，“贴图分辨率”设置为25.0，“起始颜色”设置为黑色，如图7-50所示。用硬笔刷绘制区域贴图，完成后将“区域遮罩”设置为1，单击“保存”按钮，即可使区域内所有的头发都集中在贴图范围内。

05 绘制遮罩区域贴图镜像。在“3D绘制工具”面板中选中笔刷的“反射”复选框，即可对两侧头皮进行镜像绘制。

图7-48

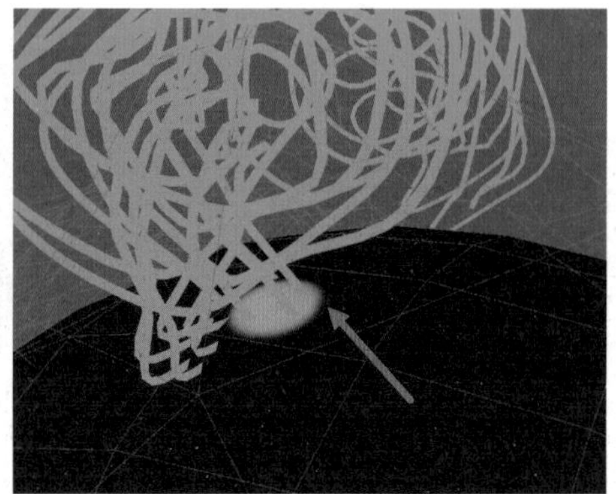

图7-49

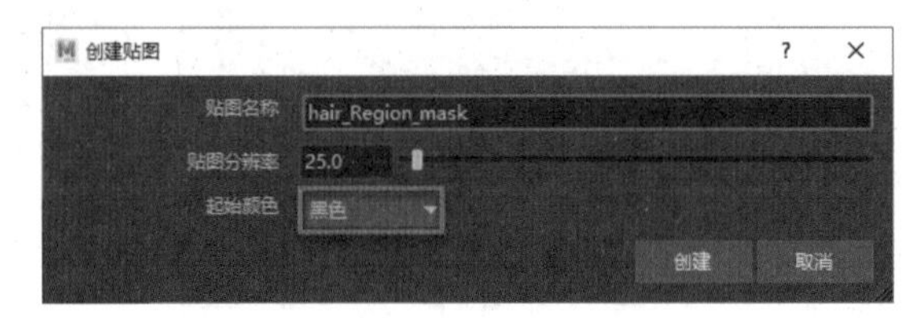

图7-50

提示

绘制遮罩区域贴图不要紧挨着头皮边缘，边缘预留一点儿空隙，完成后单击“保存”按钮。

7.7 绘制中发GUIDE

Maya 的 GUIDE（导向器）绘制功能主要用于创建导向以生成头发。它提供了一套完整的工具集，使创作者能够根据需要轻松创建各种复杂的发型和头饰，无论是传统的飘逸长发、古典的发髻，还是充满创意的未来主义发型，都能通过 GUIDE 实现。此外，Maya 的 GUIDE 还具备优化功能，能够在保证渲染质量的同时，有效减轻动画制作和渲染过程中的计算负担。本节将详细介绍 Maya 中 GUIDE（导向器）的绘制方法和技巧。

7.7.1 制作中发

制作中发的具体操作步骤如下。

01 打开Maya，导入模型文件。

02 打开XGen编辑器，在工具栏中单击“导向到曲线”按钮，再选择“添加向导”选项。

03 单击XGen编辑器中的“基本体”按钮，在“基本体属性”栏中，将“修改器CV计数”值改为80。

04 在XGen编辑器中执行“描述”|“创建描述”命令，在弹出的“创建XGen描述”对话框中，将名称修改为hair02_co_description。

05 将“将描述添加至现有合集”名称修改为hair_collection，选中“放置和形成导向”复选框，单击“创建”按钮。

06 选中模型头部的3条引导线，如图7-51所示，单击工具栏中的“曲线到向导”按钮，再选择“添加”选项。随后回到基本体，在“生成器属性”栏中，将“密度”值改为200，“修改器CV计数”值改为80，“宽度”值改为0.02，按住Ctrl键，选中头顶的3个线圈并删除。

07 在“对象”模式下，选中中发的3条引导线，单击“导向到曲线”按钮，对“中发”引导线做出调整，如图7-52所示。将“修改器CV计数”值改为80，随后单击“重建”按钮，将数值改为20，再次调整引导线的位置，调整后单击工具栏中的“显示”按钮，显示中发。

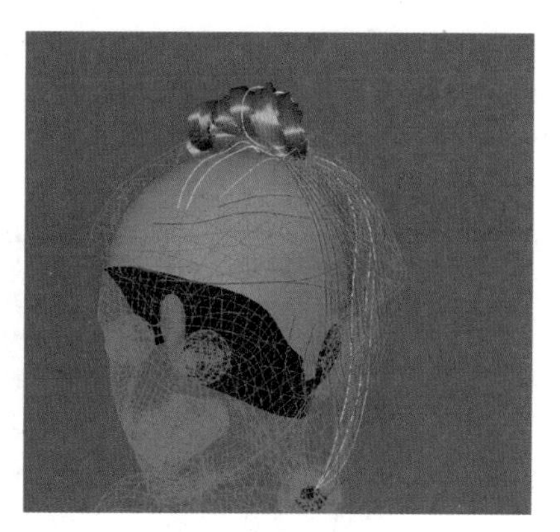
图7-51

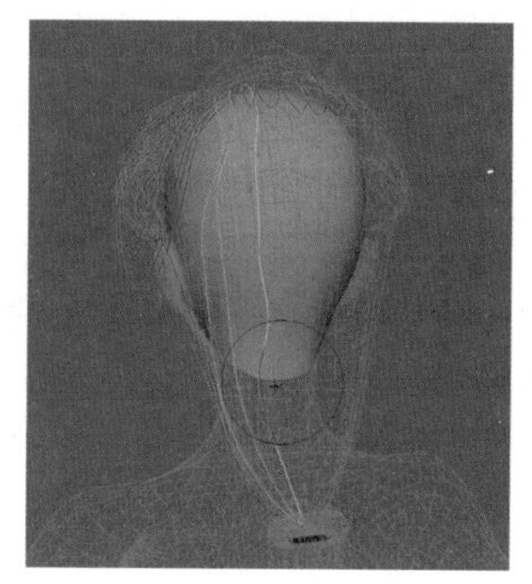
图7-52

08 头部“中发”引导线的制作与调整方式都与上述方法相同，在此不再赘述。

09 左侧头发制作完成后，单击“工具设置”按钮，在“笔刷”栏中选中“反射”复选框，随后用笔刷在头部画出需要镜像的头皮部分，如图7-53所示。

10 执行“基本体”|“区域控制”|“创建贴图”命令，设置名称后新建一个区域，随后单击“保存”按钮。

11 使用“笔刷工具”通过不同颜色区分头发不同的位置走向，如图7-54所示。将“区域遮罩”值改为1，即可看到头发走向分层明确。

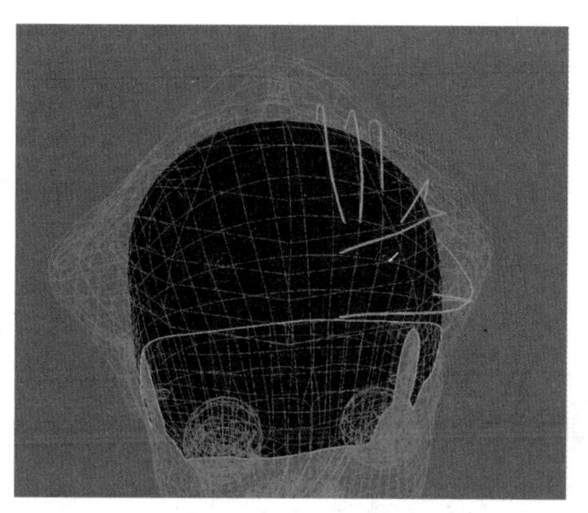
图7-53

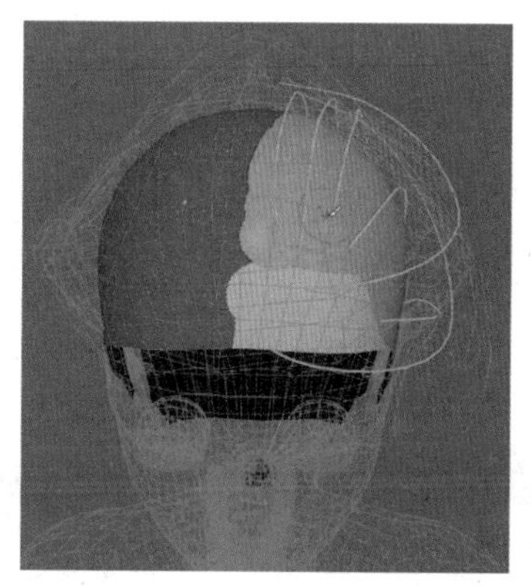
图7-54

7.7.2 常见操作问题及解决方法

常见操作问题及解决方法如下。

01 头发的创建没有完全按照导线的走向排布，如图7-55所示。

处理方法一：首先回到创建前的状态，在工具栏中单击“工具”按钮，在弹出的菜单中选择“导向到曲线”选项。选中“删除”选项，再单击“创建曲线”按钮，即可回到初始状态。在 XGen 控制面板中，选中 hair 选项，执行“描述”|“创建描述”命令，设置“曲线到导向”及“头发参数”等，即可得到正确的导向，如图 7–56 所示。

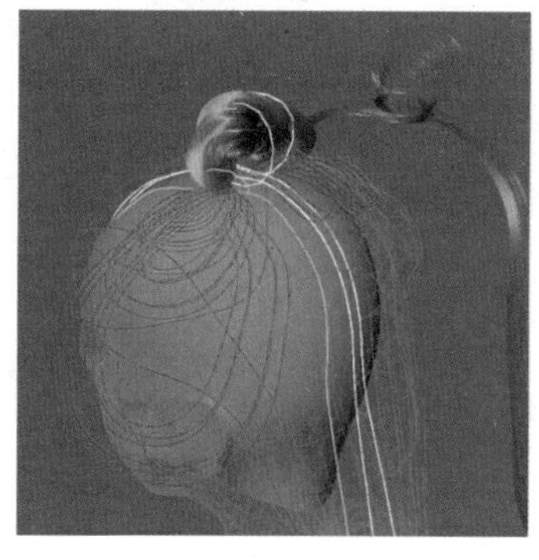
图7-55

图7-56

处理方式二：回到创建导向前的状态，直接删除环绕的一段曲线，拉直错误的曲线。在模型面板中，按住鼠标右键，并拖至“控制顶点”选项，选中向上绕的部分点位，按 Delete 键即可删除一段曲线，得到简单的曲线导向。

02 引导线调整。隐藏头发视图，在工具栏中单击“隐藏”按钮，调整引导线。选中需要调整的引导线，按住鼠标左键，拖至“导向控制点”选项，对引导线进行调整，如图7-57所示。

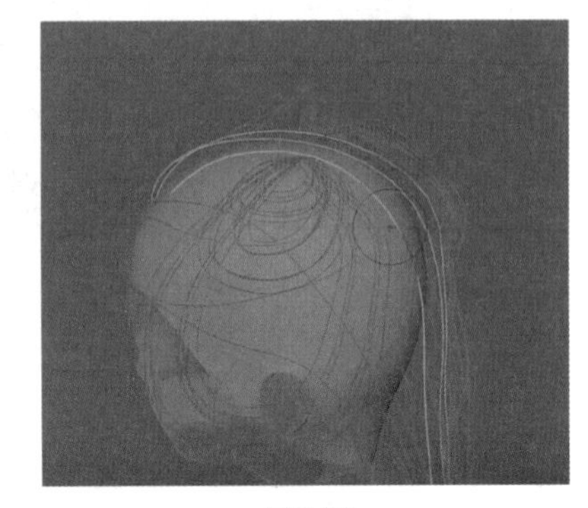

图7-57

03 添加遮罩。执行XGen |“生成器属性”|“遮罩”|“创建贴图”命令，将“贴图名称”设置为hair02_des_mask，“贴图分辨率”值设置为25，“颜色”为黑色，单击“创建”按钮，再单击“保存”按钮。

04 单击“工具设置”按钮，将笔刷（Artisant）颜色设置为白色，用硬笔刷在发根处刷出头发生长的范围，单击“保存”按钮。

05 在“区域控制”面板中单击“创建贴图”按钮，将“贴图名称”设置为hair02_Region_mask，“贴图分辨率”值设置为25，“颜色”设置为红色。用硬笔刷对区域贴图进行绘制，单击“保存”按钮，即可使区域内所有的头发都集中在贴图范围内。

06 头发生长的界限混乱，如图7-58所示。根据头发的编织方向及层级的不同，在区域控制中设置不同的区域贴图，如图7-59所示。即可得到界限清晰的头发，如图7-60所示。

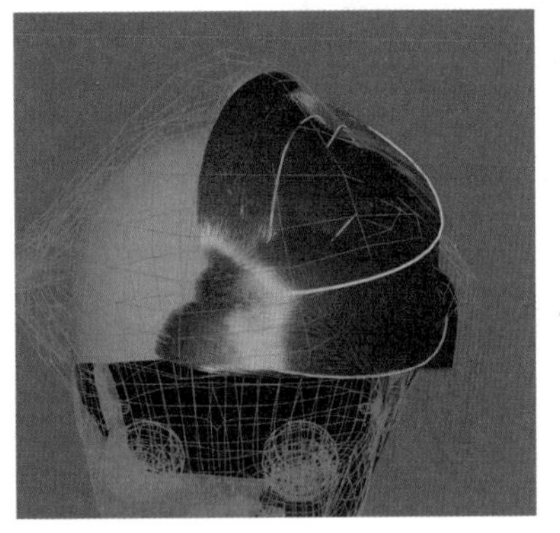

图7-58

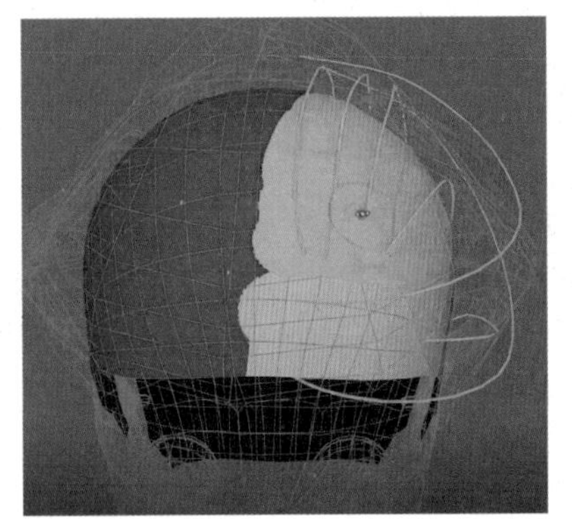

图7-59

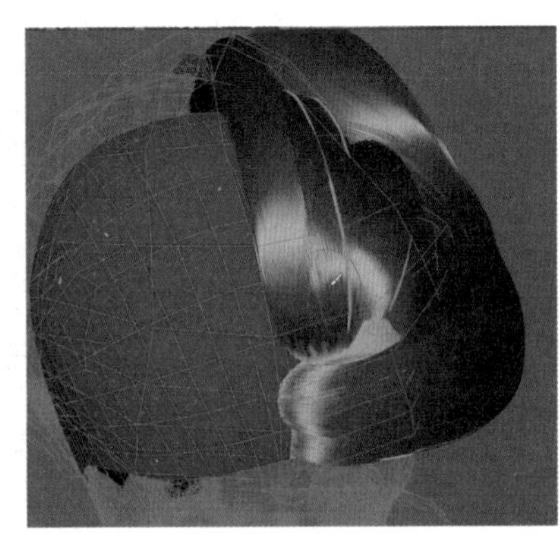

图7-60

07 若头发出现翘起的情况，如图7-61所示，可以通过单击“添加引导线”按钮，植入新引导线，调整后即可使不受控制的头发按照引导线的方向缠绕（头发的引导线一般在200根左右），如图7-62所示。

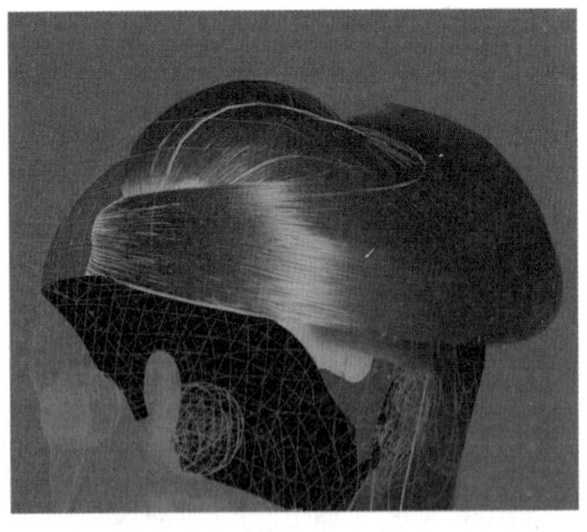

图7-61

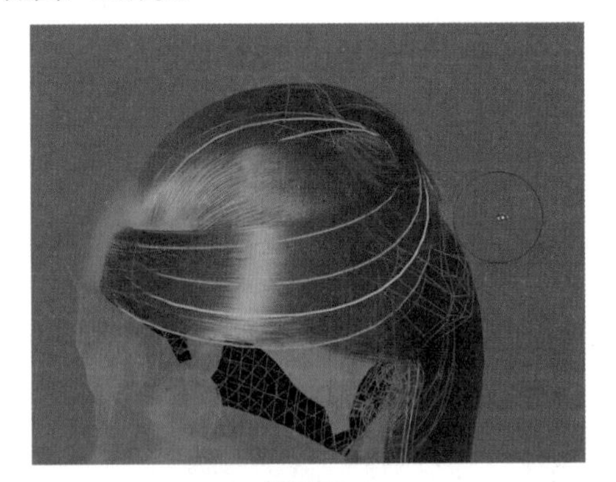

图7-62

08 镜像绘制遮罩区域贴图。在“3D绘制工具”面板中选中笔刷的“反射”复选框，即可对头皮两侧进行镜像绘制（注意不要紧挨着头皮边缘，边缘预留一点儿空隙），完成后单击“保存”按钮。

7.8 中发GUIDE细节深化

GUIDE 细节深化的主要作用是对模型进行局部精细调整和修改，以提升中发模型的精度和逼真度。这包括调整中发区域引导线的形态、增加细节盘发、修改表面细节、细化边缘，以及实现引导线的镜像等操作。通过这些深化处理，可以显著提高模型的精确度和视觉真实感，使其更好地满足实际场景的需求。

7.8.1 制作和调整盘发细节

制作和调整盘发细节的具体操作步骤如下。

01 打开Maya，导入模型文件。

02 新建两条引导线，并放置到头部侧面作为挂耳发，通过使用“笔刷”工具，调整“引导线”位置，以保证每一缕头发都美观，此处可以根据选择的模型参考而定，根据实际情况增减发型引导线，如图7-63所示。调整完毕后，单击工具栏中的“显示”按钮，显示全部头发。

03 设置宽度渐变。曲线设置可以在曲线的“基本体属性”中设置“宽度渐变”值。单击添加控制点，左右两端分别对应毛发的发根和发梢，通过控制曲线的比例来控制头发粗细的渐变效果。

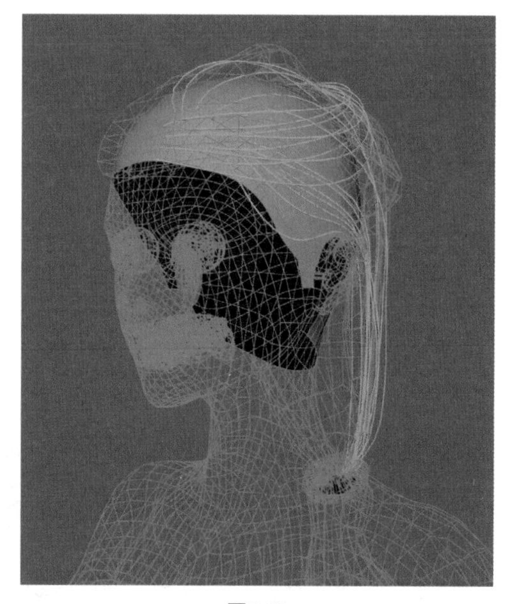

图7-63

7.8.2 镜像盘发

镜像盘发的具体操作步骤如下。

01 按住Shift键，选中角色头部左侧所有的引导线，在XGen编辑器的工具栏中单击“镜像”按钮，将左侧头发镜像到右侧。

02 单击工具栏中的“显示”按钮，显示所有头发，此时会发现头发都被镜像到右侧了，如图7-64所示。

03 在镜像后会发现，头部中间部分的头皮是裸露的，需要手动修饰和调整，如图7-65所示。

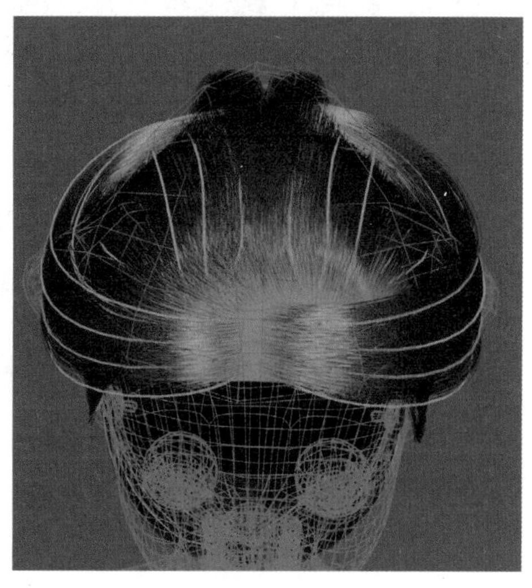

图7-64

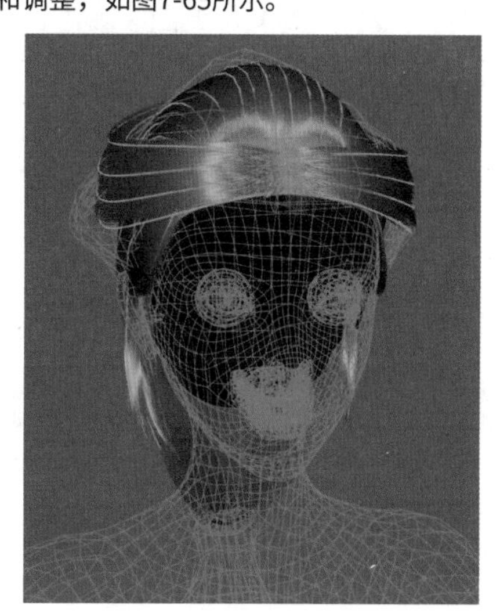

图7-65

7.9 调整中发整体细节

在 Maya 中制作头发时，调整整体细节是一个至关重要的步骤。通过调整整体细节，可以使中发看起来更加自然和真实。具体而言，调整头发的发缝区域，以及进行整体细节修饰等操作，能够使虚拟角色的发型与现实世界中的人物头发更加相似，同时也更加美观。此外，调整整体细节还能够优化头发的边缘和轮廓，避免出现锯齿、毛刺等不自然的现象。这样的调整不仅可以提升头发的视觉质量，还能够增强整个角色的逼真度和可信度。

7.9.1 调整中发

调整中发的具体操作步骤如下。

01 打开Maya，导入模型文件。

02 模型头发分缝区域太大，也过于明显，如图7-66所示。创建新的区域遮罩hair02_Region_mask，选择贴图图片（软件默认图片），对分缝区域进行调整，如图7-67所示。

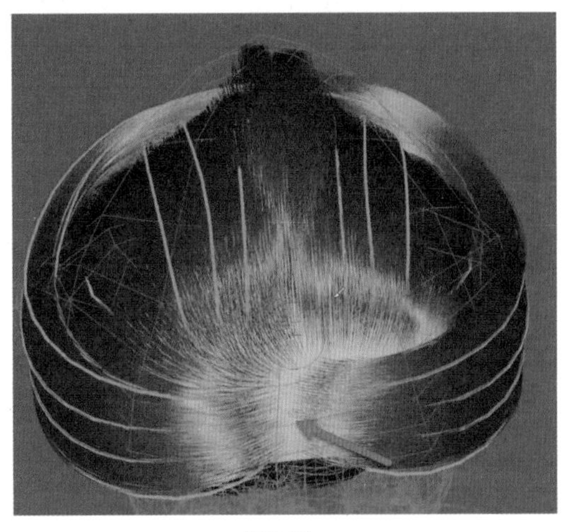

图7-66

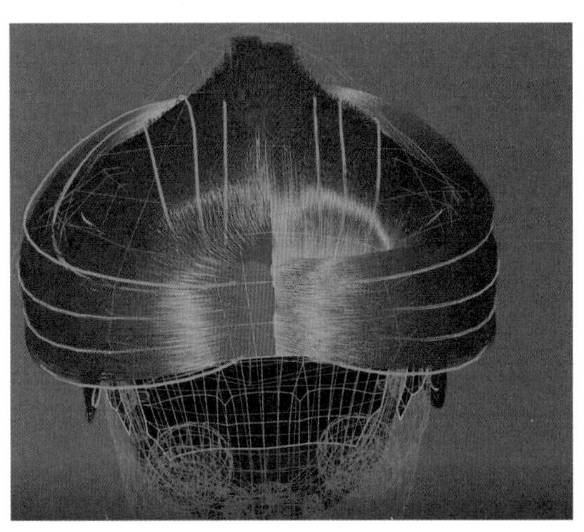

图7-67

03 头发出现翘起来的情况，如图7-68所示。通过调整引导线仍然无法使头发恢复正常状态，可以使用增加引导线的方式将其压下去，如图7-69所示。

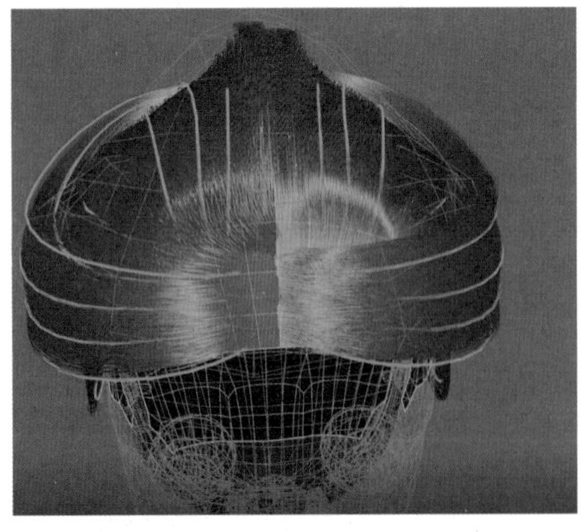

图7-68

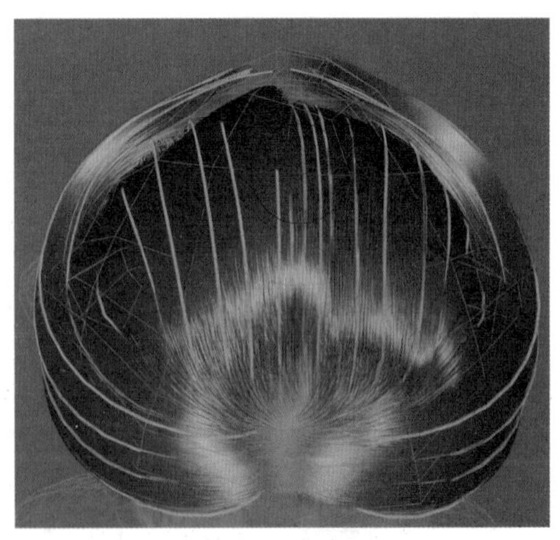

图7-69

7.9.2 制作中发

制作中发的具体操作步骤如下。

01 在完成发型梳理调整之后，进入XGen编辑器，在“修改器”栏中单击“添加”按钮，在弹出的“添加修改器”对话框中，单击“成束”图标，再单击“确定”按钮。

02 在“修改器”栏中单击“设置贴图”按钮，在弹出的“生成成束”对话框的“点”栏中单击“导向”按钮，随后单击“保存”按钮，如图7-70所示，引导线被全部结组。

03 在“修改器”栏的“束效果”中单击“扩展”图标，生成新的独立窗口clumpScale，把R侧的点往上拖曳，将T侧的点往下拖曳，在曲线位置新建点，将中间部位向上调整，如图7-71所示。

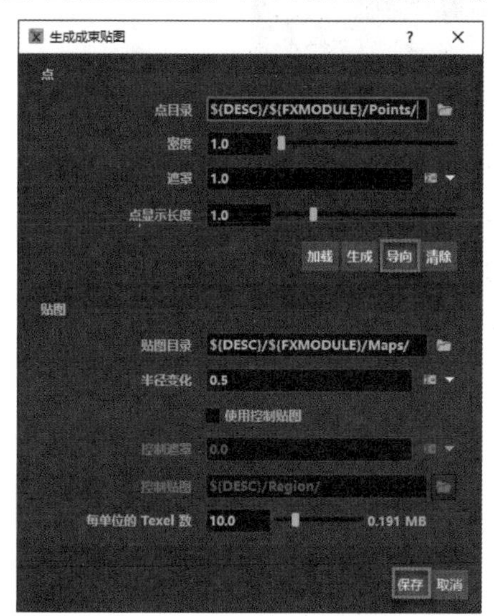

图7-70

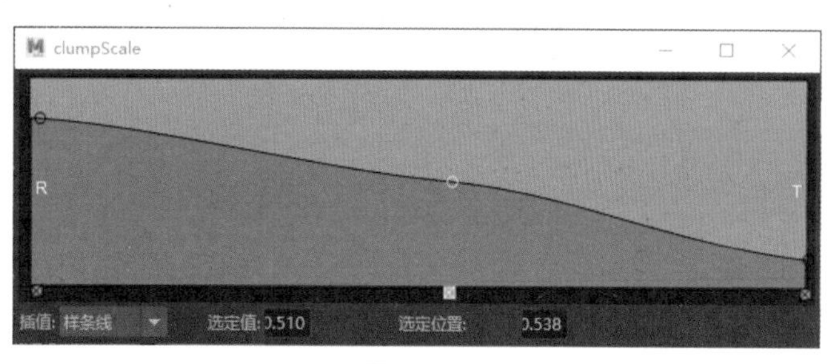

图7-71

04 在“成束修改器”栏中单击“创建贴图”按钮，在弹出的对话框中，设置名称为hair02_camp_mask，随后单击“确定”按钮并保存。

05 在“笔刷”栏中单击Artisan选项下的“点状笔刷”按钮，将颜色设置为黑色，随后在头部中间位置使用笔刷工具涂抹，如图7-72所示，之后再使用clumpScale，对效果修改器进行调整，即可隐藏发缝。

06 打开“修改器”窗口，单击“切割”按钮，再单击“确定”按钮。

07 在“切面修改器”栏中将“数量”值改为rand (0.0, 4.2)，即可发现头发发尖部分被切成了“尖穗”状（此处的数值并非固定数值，可以根据创造人物发型的长度去调整数值）。

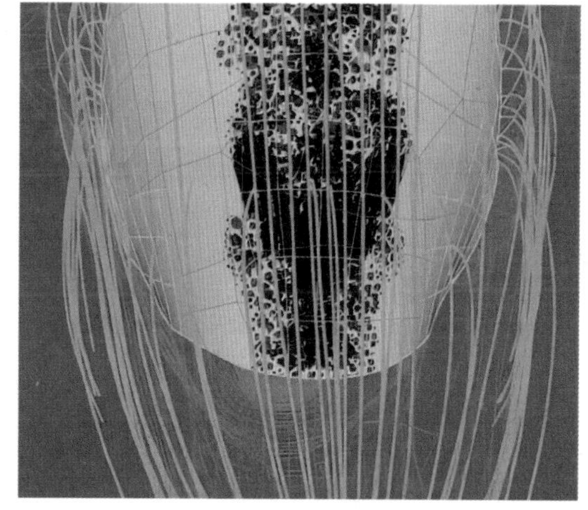

图7-72

08 打开“修改器”窗口，单击“成束”图标，再单击“确定”按钮（“束”可以重复添加）。

09 在“修改器”栏中单击“设置贴图”按钮，在弹出的“生成成束”对话框中，单击“生成”按钮，并调整“密度”值为1.5，随后单击“保存”按钮，再调整束效果曲线。

10 打开“修改器”窗口，单击“噪波”图标，再单击“确定”按钮，随后在“XGen 表达式编辑器”窗口中，把以下代码复制到选框中，单击“应用”按钮即可。噪波修改器代码如下。

```
$nonStrayValue = 0.0000;#0.0,1.0
$strayValue = 1.0000;#0.0,1.0
$percent = 10.0;#0.0,100.0
$stray = hash($id) <= $percent/100.0 ? $strayValue : $nonStrayValue;
$stray
```

11 在“噪波修改器”窗口中修改噪波值，具体数值如图7-73所示。

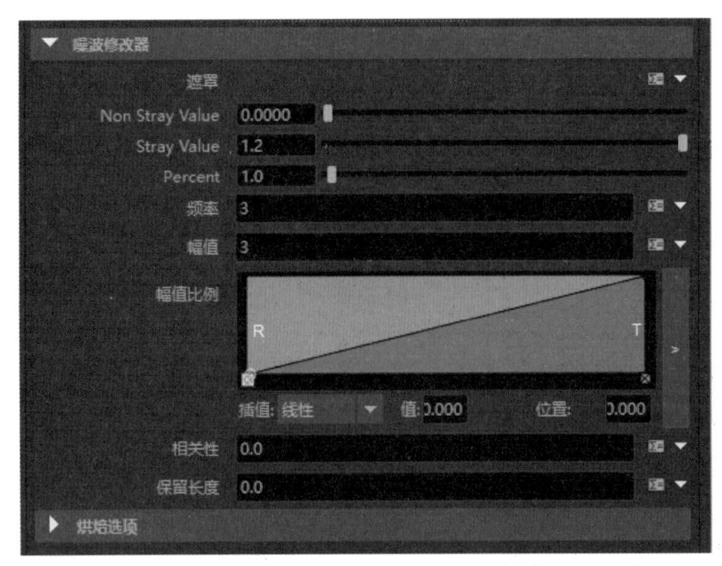

图7-73

7.9.3 小技巧

对于简单的曲线，可以减少导向的 CV（控制顶点）计数点，使整体调节更加平滑。相反，对于复杂的曲线，可以增加导向的 CV 计数点，以便更精细地调整曲线的弯曲部位，使其更加平滑。

如果遇到引导线长度不足的问题，可以在工具设置中找到笔刷的设置选项，并取消选中“锁定长度”复选框。这样，即可使用笔刷来延长引导线。

建议定期进行增量保存的操作，以避免在出现意外情况时，需要重新开始整个工作。通过增量保存，可以只保存自上次保存以来所做的更改，从而节省时间和存储空间，同时确保工作的安全性。

7.10 鬓发

鬓发在古装盘发造型中扮演着重要角色。本节将介绍如何使用 XGen 的基于曲面的方法，快速创建和编辑复杂的鬓发。借助曲面创建工具，可以轻松设计出各种发型，如盘发、卷发和直发等。这种高效的发型设计方法不仅有助于更快地实现创意造型，还能有效减少制作时间和成本。

7.10.1 制作鬓发

制作鬓发的具体操作步骤如下。

01 打开Maya，导入模型文件。

02 选中目标引导线，在工具栏中单击“工具”按钮，在弹出的菜单中选择“曲线到导向”选项。选中“删除曲线”选项，单击“添加导向”按钮，即可转成hair01_co_description的引导线。

03 重建导向。在工具栏中单击“查看”按钮，再单击“基本体”按钮。选择“导向工具”，再单击“重建”按钮，将CV计数设置为12（导向点数增多，引导线自动平滑）。

04 设置毛发参数。执行XGen |“基本体”命令，将“密度”值设置为50，“宽度”值设置为0.02，取消选中“管状体着色”复选框，即可得到头发的形态（头发参数根据需求设定）。

05 在“区域控制”中单击“创建贴图”按钮，将“贴图名称”设置为hair03_Region_mask，“颜色”设置为红色。用硬笔刷对区域贴图进行绘制。在绘制过程中，根据鬓发的盘发特征绘制不同颜色的区域贴图加以控制，单击“保存”按钮即可，如图7-74所示。

06 添加遮罩。执行XGen |“生成器属性”|“遮罩”|“创建贴图”命令，将“贴图名称”设置为hair03_des_mask，“贴图分辨率”值设置为25，“颜色”为黑色，单击“创建”按钮再单击“保存”按钮。随后单击“工具设置”按钮，将笔刷（Artisant）颜色设置为白色，用硬笔刷在发根处刷出头发生长的范围，如图7-75所示，单击“保存”按钮。

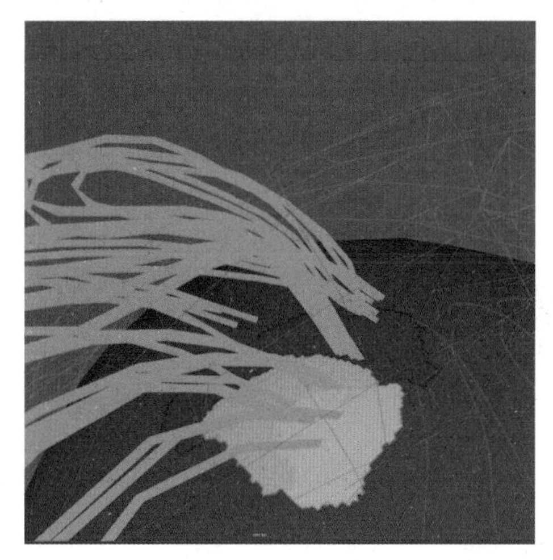

图7-74

图7-75

07 设置头发成束。在“修改器”面板中选择“成束”工具，设置贴图，单击“导向”按钮，再单击“保存”按钮，最后设置“束比例”值即可，如图7-76所示。

08 添加噪波。在“修改器”中选择“噪波”选项，复制噪波表达式，打开遮罩编辑器，粘贴噪波表达式，单击“应用/接受”按钮，出现遮罩修改器，根据需要设置相关参数即可。

09 引导线镜像。选中需要镜像的引导线，单击“绕X轴镜像选定导向”按钮，即可完成引导线的镜像操作，如图7-77所示。引导线镜像操作时，区域贴图不能同时镜像，需要单独调整区域贴图。

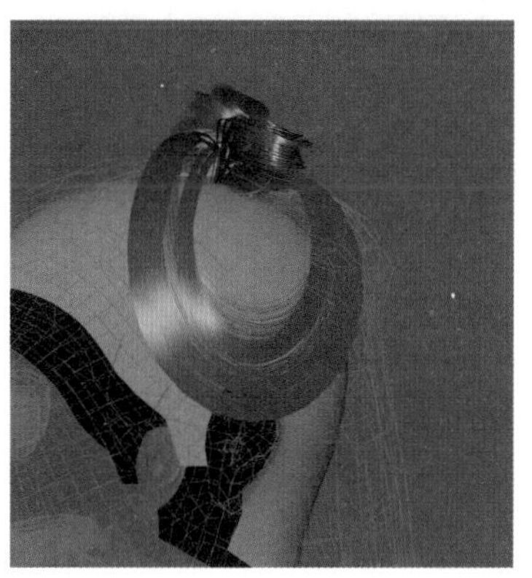

图7-76

图7-77

7.10.2 调整鬓发

调整鬓发的具体操作步骤如下。

01 打开Maya，导入模型文件。

02 创建新描述。选中hair对象，执行XGen |“创建新描述”命令。在弹出的“创建XGen描述”对话框中，将新的描述名称设置为hair04_des_description，创建新集合并命名为hair_collection，选中“样条线（用于长头发、藤等）”“随机横跨曲线”“使用由表达式控制的属性”复选框，单击“创建”按钮。

03 曲线到导向。选中目标引导线，在工具栏中单击“工具”按钮，在弹出的菜单中选择“曲线到导向”选项。选中“删除曲线”选项，再单击“添加导向”按钮，即可转成hair04_co_description的引导线。

04 重建导向。在工具栏中单击“查看”按钮和“基本体”按钮，在弹出的菜单中选择“导向工具”选项。单击“重建”按钮，将CV计数设置为10（导向点数增多，引导线自动平滑）。

05 设置毛发参数。执行XGen |“基本体”命令，设置“密度”值为300，“宽度”值为0.02，取消选中“管状体着色”复选框，即可得到头发的形态（头发参数根据需求设定）。

06 添加遮罩。执行XGen |“生成器属性”|“遮罩”|“创建贴图”命令，在弹出的对话框中设置“贴图名称”为hair04_des_mask，“贴图分辨率”值为25，“颜色”为黑色，单击“创建”按钮，再单击“保存”按钮。单击“工具设置”按钮，将笔刷（Artisant）颜色设置为白色，用硬笔刷在发根处刷出头发生长的范围，单击“保存”按钮，如图7-78所示。

07 在“区域控制”中单击“创建贴图”按钮，在弹出的对话框中将“贴图名称”设置为hair04_Region_mask，“贴图分辨率”值设置为25，“颜色”为红色。用硬笔刷绘制区域贴图，单击“保存”按钮，即可使区域内所有的头发都集中在贴图范围内，如图7-79所示。

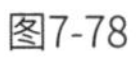

图7-78

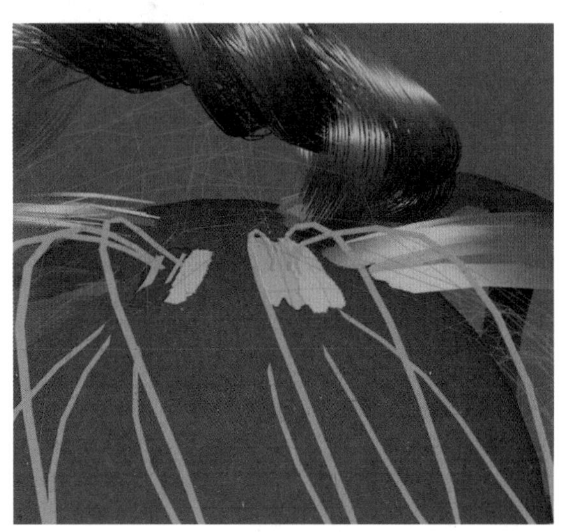

图7-79

08 引导线调整。隐藏头发视图，在工具栏中单击“隐藏”按钮，对引导线进行调整。选中需要调整的引导线，按住鼠标左键并拖至“导向控制点”选项，对引导线进行调整。

7.11 制作枕发及碎发

枕发和碎发在角色造型中起着至关重要的作用，它们能够增强角色的表现力和逼真度，同时提高动画效果的可维护性和可扩展性。通过精心制作枕发和碎发，可以使整个角色模型更加完美和生动，为古装角色造型赋予更高的艺术价值和视觉享受。本节将重点介绍使用 XGen 制作枕发及碎发的详细步骤。

制作枕发及碎发的具体操作步骤如下。

01 打开Maya，导入模型文件。

02 创建新描述。选中hair对象，执行XGen |“创建新描述”命令。在“创建XGen描述”对话框中，将新的描述名称设置为hair06_des_description，创建新集合并命名为hair_collection，选中“样条线（用于长头发、藤等）”“随机横跨曲线”“使用由表达式控制的属性”复选框，单击“创建”按钮。

03 曲线到导向。选中目标引导线，在工具栏中单击“工具”按钮，在弹出的菜单中选择“曲线到导向”选项。选中“删除曲线”选项，单击“添加导向”按钮，即可转成hair01_co_description的引导线。

04 重建导向。在工具栏中单击“查看”按钮和“基本体”按钮，选择“导向工具”选项。单击“重建”按钮，将CV计数设置为10（导向点数增多，引导线自动平滑）。

05 设置毛发参数。执行XGen |“基本体”命令，将“密度”值设置为100，“宽度”值设置为0.02，取消选中“管状体着色”

复选框，即可得到头发的形态（头发参数根据需求设定）。

06 设置“宽度渐变”曲线。曲线设置可以在曲线“基本体属性”栏中设置“宽度渐变”曲线。单击添加控制点，左右两端分别对应毛发的发根和发梢，通过控制曲线的比例来控制头发粗细的渐变效果，如图7-80所示。

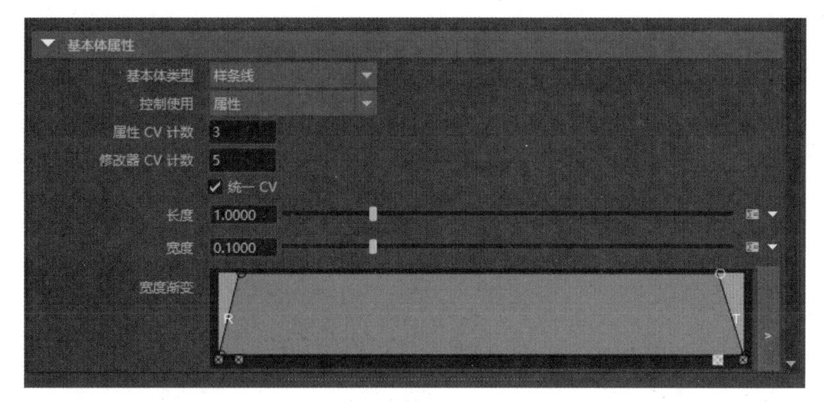

图7-80

07 在“修改器”中选择“切割”工具，设置切割数量为4（非固定值，根据需要设定）。

08 设置头发成束。在“修改器”中选择“成束”工具，设置贴图，单击“导向”按钮再单击“保存”按钮，最后设置“束比例”值即可，如图7-81所示。

09 添加“噪波”。在“修改器”中选择“噪波”选项，复制噪波表达式，打开遮罩编辑器，粘贴噪波表达式，单击“应用/接受”按钮，出现遮罩的修改器，根据需要设置相关参数即可。

10 制作碎发。执行XGen |“创建新描述”命令。在“创建XGen描述”中，将新的描述名称设置为hair08_des_description，选择“样条线（用于长头发、藤等）”“随机横跨曲线”“放置形成导向”复选框，单击“创建”按钮。在碎发生长的区域添加并调整引导线，如图7-82所示。创建遮罩贴图hair07_des_mask（碎发分布不用太均匀），设置相关参数，处理好的头发最终效果如图7-83所示。

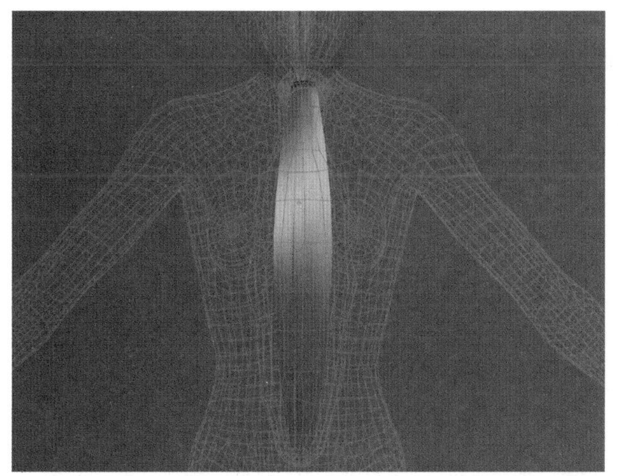

图7-81

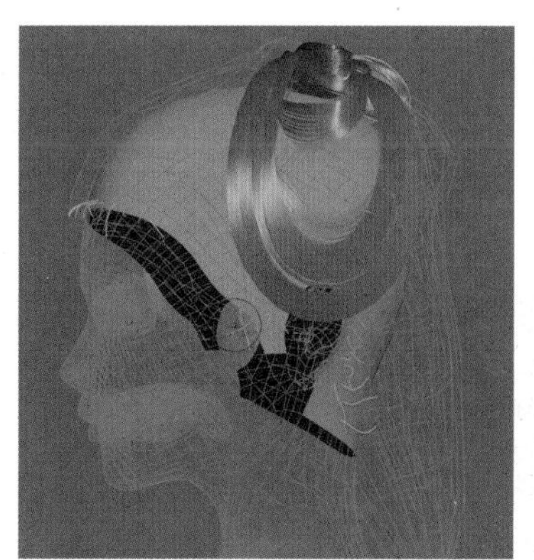

图7-82

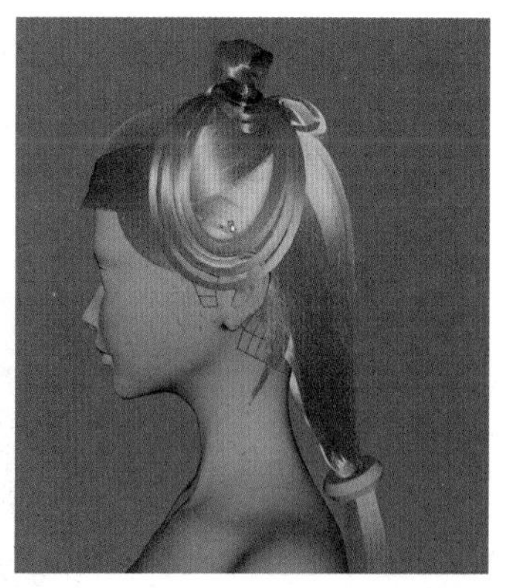

图7-83

7.12 导出头发面片

面片是一种按照毛发生长规律摆放的模型，通过将复杂的发型和毛发保存为单独的面片，可以避免将其转换为其他格式文件或导入其他软件中。导出头发面片后，可以方便地将其以其他软件可接受的格式（如FBX、obj等）导入其他软件中进行处理和编辑。此外，由于头发面片是独立的模型，它们的修改和维护也变得更加便捷，可以在其他软件中进行编辑和修改。这种方法的优点在于能够极大地减少渲染时间，但缺点在于摆放面片的效率较低，而且不够直观。本节将主要介绍面片的导出方法。

7.12.1 创建面片

创建面片的具体操作步骤如下。

01 打开Maya，导入模型文件。

02 选中需要创建面片的对象，在工具栏中单击“基本体”按钮，在弹出的对话框中设置“密度”值为3，“宽度”值为1。在工具栏中单击“预览/输出”按钮，设置“运算”为“创建几何体”，取消选中“在平铺中防止UV”和“在条带上创建关节”复选框，单击“创建几何体”按钮，即可得到选中对象的面片，如图7-84所示。

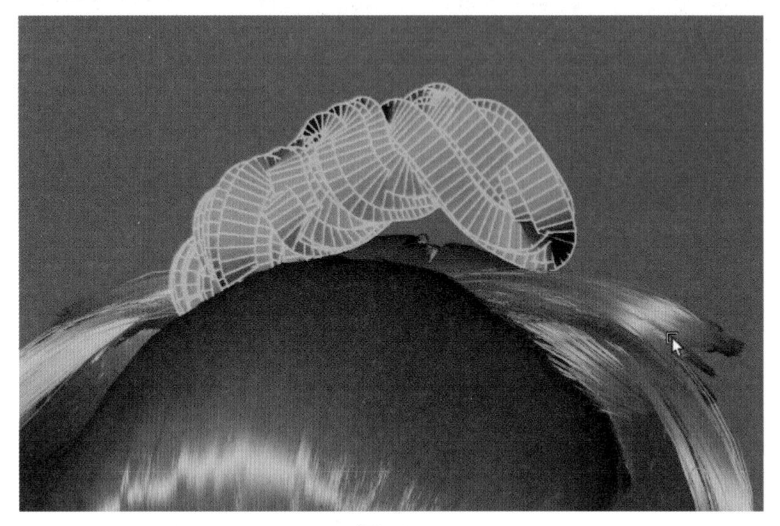

图7-84

03 调整面片的段数，可以通过“基本体”面板中的“修改器CV计数”进行调整。若创建面片的朝向出现问题，可以在“基本体”面板中取消选中“朝向摄影机”复选框。

04 法线朝向不正确的处理方法。

方法一：若法线错误的面片比较少，可以直接在面模式下选中需要调整的面片对象，执行“网格显示”|“反向”命令，调整面片。

方法二：若法线错误的面片比较多，执行“创建”|“多边形基本体”|“球体”命令，调整球体的大小，包围需要调整的面片，然后新建一个显示层，如图 7-85 所示。选中球体网格和面片所在对象，执行“网格”|“传递属性”命令，在“传递属性选项”对话框中，将“顶点法线”设置为“启用”，“采样空间”设置为“世界”，最后单击“传递”按钮，即可完成所选对象的所有法线调整，如图 7-86 所示。

图7-85

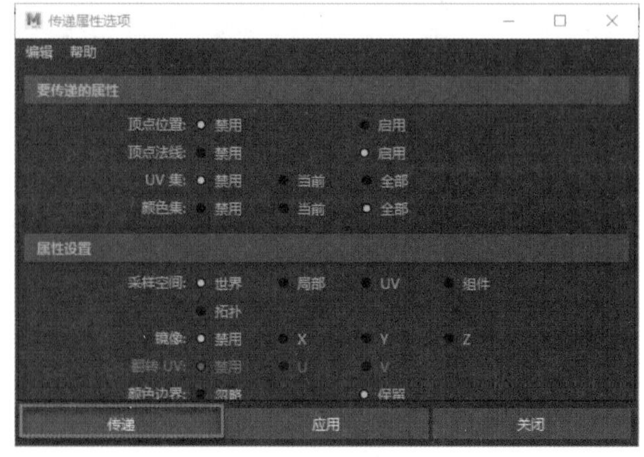

图7-86

提示

每一个对象传递完成后都需要删除历史记录，执行“编辑”|“按类型删除”|“历史”命令，然后进行下一步，最后删除球体，否则传递不成功。

7.12.2 导出面片

导出面片的具体操作步骤如下。

01 导出面片。删除头发的模型，保留并选中所有的面片模型。执行“文件”|“导出当前选择”命令，命名为“发型-ok”并导出obj格式文件即可。

02 打开Cinema 4D软件，创建新场景，合并“发型-ok”、body、faka模型文件，模型合并后的正面图如图7-87所示，背面图如图7-88所示。

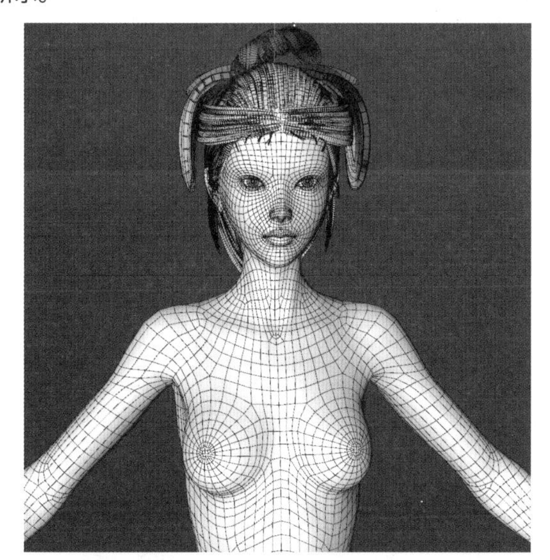

图7-87

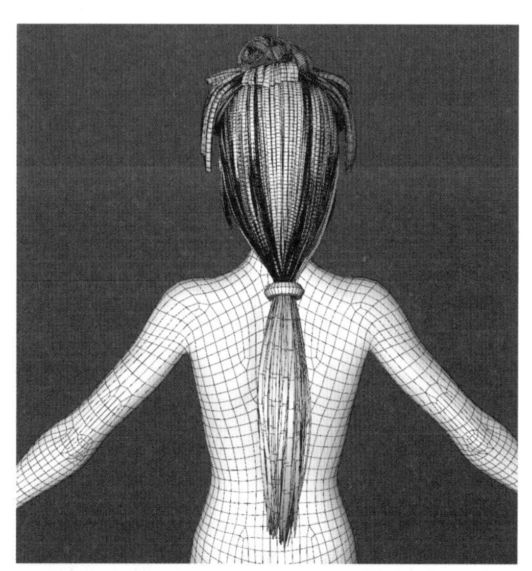

图7-88

第8章

虚拟角色表情表演

在虚拟角色动画中，情绪表演是传递角色内心感受和情感的关键途径。通过精准的情绪表演，观众能更深入地理解角色的情感和心理状态，从而更加沉浸在虚拟角色所展现的场景之中。本章内容涵盖广泛，从最基础的创建眼皮关键帧、眼球关键帧、眉毛关键帧、耳朵关键帧、鼻子关键帧、嘴唇关键帧、口腔关键帧、舌头关键帧和牙齿关键帧等基础知识，到将视频参考软件导入虚拟角色面部动画关键帧的高级技巧，都进行了详细讲解。这样的内容安排旨在帮助大家快速掌握虚拟角色情绪动画的制作技能，实现从入门到熟练精通的过渡。

8.1 创建关键帧前的准备工作

在虚拟角色动画制作中，为确保给观众带来真实感受，角色的动作和表情都需要实现流畅的过渡。通过设置关键帧，我们能够确保角色动作转换更加自然，进而提升观众的沉浸体验。在设置关键帧时，需要综合考虑角色的动作、表情，以及整体故事的节奏和情感表达。因此，在开始创建表情关键帧的学习之前，大家需要先进行一些文件预设，并对 Cinema 4D 的操作面板进行布局和调整，以便为后续的实际操作打下坚实基础。

8.1.1 创建表情关键帧的准备工作

创建表情关键帧的准备工作如下。

01 在Cinema 4D中，导入并打开姿态文件。

02 在开始创建面部动画关键帧之前，需要检查面部贴图是否适配正确，并找到前期绑定的面部控制器，取消选中enable_facemorph_xpresso复选框，如图8-1所示。

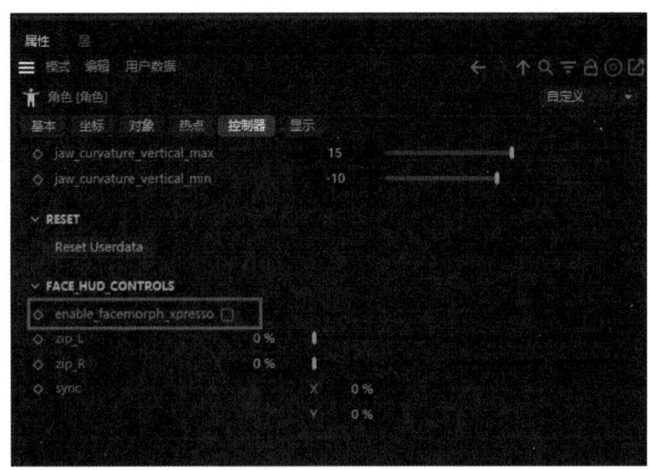

图8-1

03 单击“排列布局”中的“双并列视图”按钮，将操作面板调整为双并列视图。

04 单击面板左侧的摄影机，将摄影机视图调整为顶视图，单击面板右侧的摄影机，选择系统默认摄像机，将摄影机设置为“默认摄影机”。

05 提前找一段表情（对口型）的参考视频，单击“顶视图”窗口的空白位置，将窗口激活，按快捷键Shift+V，同时选中“视窗设置”复选框。

06 执行“属性”面板中的“背景”命令，单击“加载”按钮，在弹出的对话框中找到并双击提前准备的表情参考视频，将其加载到顶视图中。

提示

如果加载到视图中的视频太大，则需要进行调整，可以长按背景右下角的“水平尺寸”数值，通过拖动鼠标进行调整。通过调整“水平偏移”及“垂直偏移”的数值，可以调整视频的水平位置，最终调整视频比例至适中位置，如图8-2所示。单击“播放器”按钮播放参考视频。

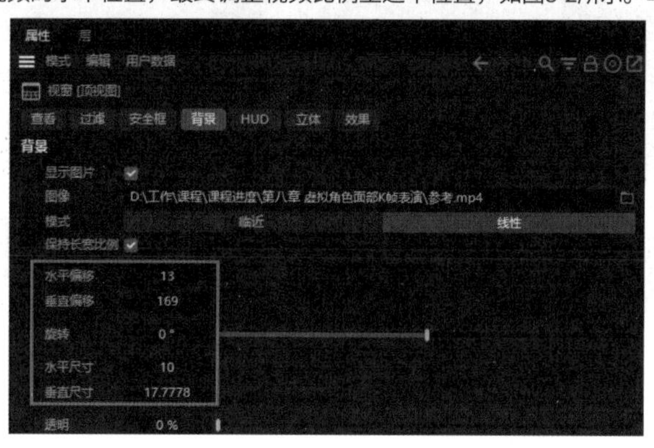

图8-2

07 将时间线拖至第0帧位置，按S键创建关键帧。

08 新建空白对象，在右侧找到新建好的空白对象，右击并在弹出的快捷菜单中选择“显示时间线窗口”选项。

09 在“时间线”窗口中，将“空白对象”拖至“时间线”窗口的列表中，右击“空白对象”，在弹出的快捷菜单中选择“添加专用轨迹”|“声音”选项，如图8-3所示。

10 单击右侧的“声音关键帧”按钮，如图8-4所示，在弹出的对话框中，选择同一个视频并双击，即可导入视频声音。

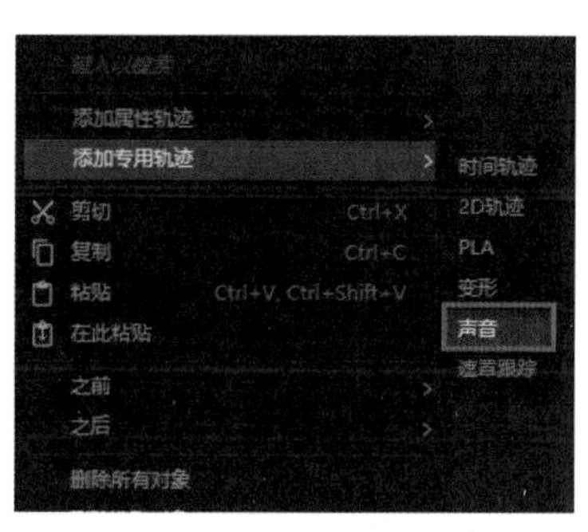

图8-3

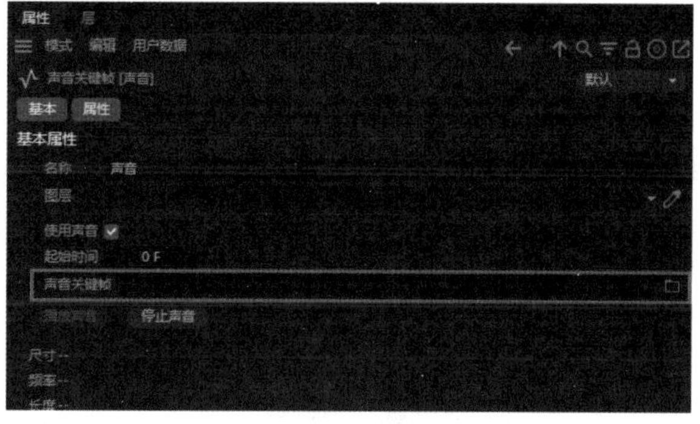

图8-4

8.1.2 设置关键帧面板

设置关键帧面板的具体操作步骤如下。

01 执行“窗口”|“自定义布局”|“自定义面板”命令，将“过滤标签”拖入弹出的对话框列表中。

02 在左侧工具栏中单击“选择过滤”按钮，在弹出的菜单中选择“无”选项，再单击“选择过滤”按钮，选择“样条”选项。

03 全选嘴部10个控制器以及下巴和上颚，在右视图中右击，在弹出的快捷菜单中选择“显示时间线窗口”选项，将时间线拖至第0帧位置，单击“关键帧”按钮创建关键帧，之后回到“时间线”面板，在列表位置右击，在弹出的快捷菜单中选择“全部折叠”选项。

04 执行“窗口”|“自定义布局”|“自定义面板”命令，打开“命令管理器”窗口。

05 在“命令管理器”窗口的搜索栏中输入“实时选择”，单击Model（模型）栏目，在“快捷键”文本框中输入1，为“实时选择”设置快捷键，如图8-5所示。采用同样的方法，将“实时框选”的快捷键设置为2，这里的快捷键可以自由设置不做强制要求。

06 右击按钮栏的空白处，在弹出的快捷菜单中选择“自定义面板”选项，随后在“命令管理器”窗口的搜索栏中输入“复位”，将“复位变换”选项拖至按钮栏，如图8-6所示，栏中的相同位置会增加“复位”按钮。

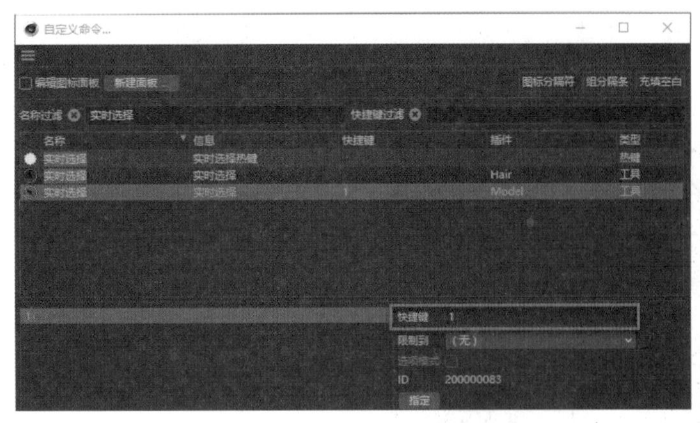

图8-5

图8-6

8.2 嘴部动画关键帧

嘴部动画关键帧在角色动画中扮演着重要角色，主要用于描绘角色的嘴巴运动和口型变化。通过设置关键帧，动画师能够精确地模拟角色的嘴唇开合、舌头移动以及牙齿露出等动作，并控制这些动作的时间和幅度。这使角色的语言表达更加清晰、生动，增强了观众的沉浸感。本节将重点介绍嘴部动画关键帧的制作步骤，需要特别注意的是，嘴部动画不仅涉及嘴唇本身，还包括与嘴巴运动相关联的下巴部分。因此，在本节中也会提及下巴动画的关键帧设置。

8.2.1 嘴唇关键帧

设置嘴唇关键帧的具体操作步骤如下。

01 在Cinema 4D中，导入并打开姿态文件。

02 分析本书参考视频嘴巴初始姿态的动作，选中右视图中的嘴唇控制器，移至与参考视频第1帧下嘴唇相似的位置，如图8-7所示，在第1帧位置单击“关键帧”按钮创建关键帧，采用同样的方法选中嘴唇控制器，移至与第1帧相似位置，在第1帧位置单击“关键帧”按钮创建关键帧，就有了嘴巴的初始动画。

03 回到“时间线”窗口，执行“帧”|“帧预览范围”命令，单击“加载”按钮并拖至顶部按钮栏的空白位置，再单击“窗口”按钮，另存布局即可。

04 同时按住按鼠标中键和Alt键可以移动时间线的帧数；滑动“帧范围”下的“来自时间”的时间滑块可以调节帧左右的距离。

05 观察视频面部特征，该帧与第1帧相似。将时间滑块拖至下一个关键帧位置，如图8-8所示。全选第1帧动画，同时按住按鼠标中键和Alt键，将其复制到时间滑块所在位置，创建关键帧。

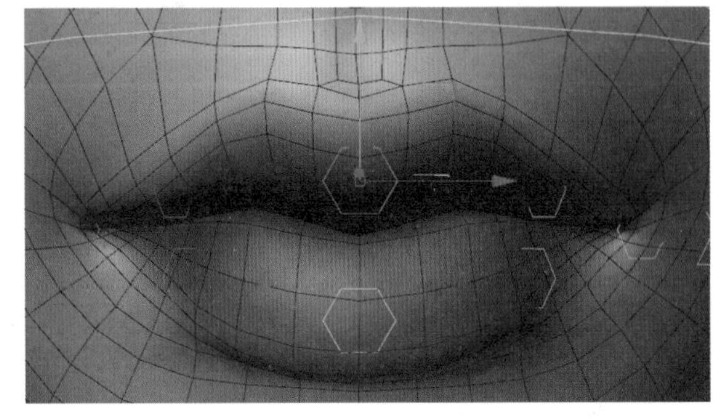

图8-7

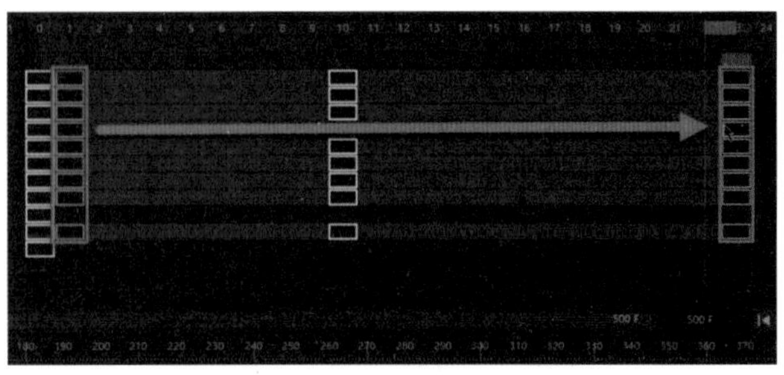

图8-8

8.2.2　上颚和下巴关键帧

观察视频中的面部特征，特别是上颚与下巴的运动。将时间滑块移下一个关键帧的位置，并调整至嘴部张开的状态。在右侧的视图面板中，分别向上、向下拖动上颚和下巴的控制器，使口型的大小与参考视频匹配。接着，选择嘴唇控制器，进行上下微调，直至与参考视频的口型完全一致。完成这些调整后，创建关键帧。重复上述操作以完善整个嘴部动画。由于篇幅限制，此处不再逐一展示操作步骤，可以自行实践并完善嘴部动画的关键帧案例。

8.3　眉毛动画关键帧

眉毛动画关键帧在角色动画中起着至关重要的作用，它主要用于描述眉毛的运动和变化。眉毛作为人体面部的重要特征之一，其运动和变化能够有效地传达人的情感和情绪状态。通过设置关键帧，动画师可以精确地模拟角色眉毛的上下运动、皱眉和扬眉等动作。在表情动画中，眉毛的关键帧尤为重要，因为即使是最细微的改变，也能够让观众深切地感受到角色情绪的波动。本节将详细介绍创建眉毛关键帧的技巧，帮助大家更好地掌握这一重要的动画技术。

8.3.1　眉毛控制器载入“时间线”窗口

眉毛控制器载入“时间线”窗口的具体操作步骤如下。

01 在Cinema 4D中，导入并打开姿态文件。

02 选中两侧眉毛的10个控制器并在空白处右击，在弹出的快捷菜单中选择“显示时间线窗口”选项，将时间线拖至第0帧位置，创建关键帧。

03 在左侧摄影表位置右击，在弹出的快捷菜单中选择“全部折叠”选项，如图8-9所示。

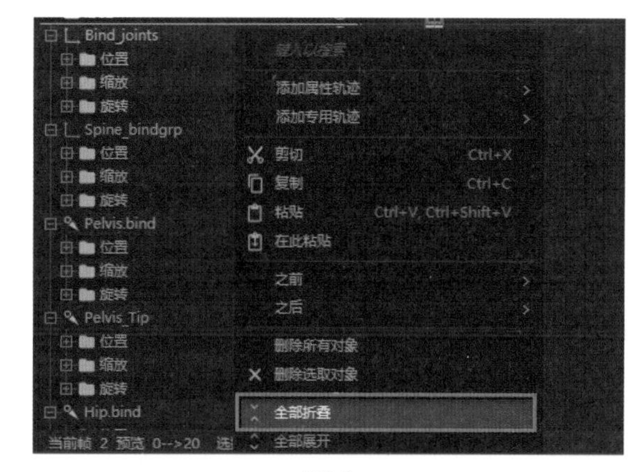

图8-9

8.3.2　调整眉毛局部控制器

调整眉毛局部控制器的具体操作步骤如下。

01 把时间线移至第1帧，观察参考视频的眉毛部分。

02 分别对角色两侧眉毛的局部控制器进行调整，并创建关键帧。

03 调整局部控制器后，在时间线中只有局部有关键帧，多数帧是空白的，这是不合理的，因此需要填充空白部分的帧。

04 由于前一帧的动画和后一帧的动画是相同的，因此可以选中空白位置前面的帧，将其复制到空白位置来填补。

05 观察参考视频的眉毛部分，将时间线移至下一个关键帧的位置，如果观察到表情眉毛状态是皱眉，可以选中眉毛最上方的控制器并下压，再进行局部细调，之后在空白帧位置复制前一帧，如图8-10所示，确保眉毛动画过渡平滑。

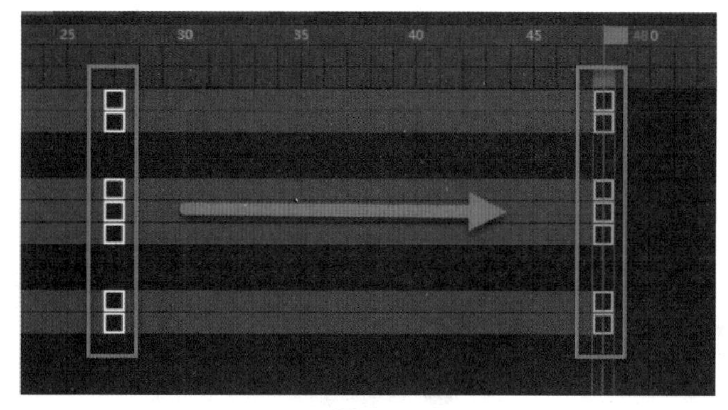

图8-10

06 将时间线拖至下一个关键帧的位置，继续观察参考视频的眉毛部分，可以看到很长一段时间里，两侧眉毛始终保持同一个动作。

07 复制前一列的所有帧，并粘贴到同一个动作的末尾部分（快要变换到下一个动作的关键帧位置），再将空白位置的帧复制填充。该过程均是重复操作，此处就不逐一展示详细的操作过程了，请自行完善眉毛的动画。

提示

眉毛动画关键帧结束后，滑动时间线播放眉毛动画，检查有无“跳帧”现象，若有则需要进行调整，若无则进入眼睛动画的环节。

8.4 眼睛动画关键帧

优秀的角色眼部动作可以为动画增添魅力。眼部动画不仅使动画角色能够看向特定目标，更重要的是帮助角色传达其心理活动。同时，面部微表情和角色的细微动作也是传达角色情绪不可或缺的部分。当然，一个引人注目的眼神背后有其独特的设计思路。用面部表情准确传达角色心理是一项具有挑战性的任务。本节将深入探讨眼球的细致动画关键帧制作方法，从而深度解析眼神动画和表情的奥秘，希望能为大家提供切实的帮助和指导。

8.4.1 眼皮动画关键帧

眼睛关键帧具体分为两方面内容，一是眼皮关键帧，二是眼球关键帧，创建眼皮关键帧的方法与之前的操作大致相同，而创建眼球关键帧则与之前存在些许差异。创建眼皮关键帧的具体操作步骤如下。

01 在Cinema 4D中，导入并打开姿态文件。

02 选中眼睛的上眼皮和下眼皮控制器，如图8-11所示，在空白处右击，在弹出的快捷菜单中选择“显示时间线窗口”选项，在左侧摄影表栏的空白处右击，在弹出的快捷菜单中选择“全部折叠”选项，折叠选中的眼皮控制器层级。

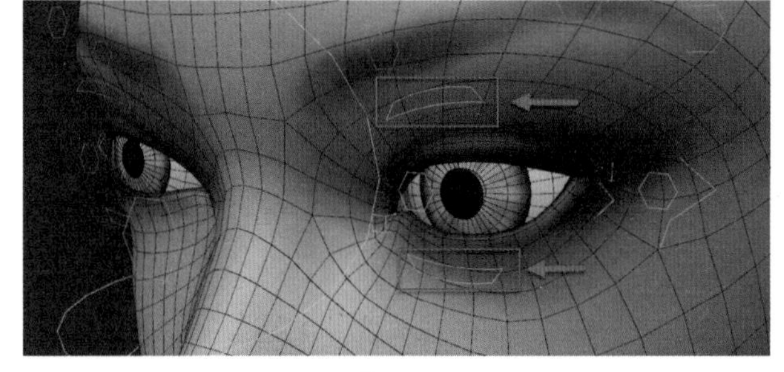

图8-11

03 将时间线拖至第0帧，观察参考视频的眼皮动画，选中双眼眼皮的下端控制器，并微微向上移动，创建关键帧，再选中双眼眼皮位置的上端控制器，移至与参考视频相似的位置，创建关键帧。随后移动时间线至下一个关键帧位置，观察参考视频的眼皮动画，分别选中双眼眼皮位置的上下端控制器，并调整模型动画，移至合适位置，创建关键帧。

04 如果遇到同样的眼皮动作，例如视频中的眯眼动作，可以到前眯眼部分，复制眯眼部分的帧至应放置的眯眼位置，也可以在原始位置基础上继续调整。

8.4.2 创建眼球关键帧的准备工作

创建眼球关键帧的准备工作如下。

01 创建眼球关键帧与其他关键帧有些许差异，需要找到做模型时角色原有的眼球关键帧，执行“文件”|“打开项目”命令，在弹出的“项目”对话框中找到并打开当时做好的眼球文件。

02 按快捷键Ctrl+C，复制眼球，返回原始操作界面，将眼球复制到模型眼框内。

03 单击工具栏中的“点模式”按钮，进入点模式。

04 单击“框选”按钮，取消选中“仅可见”复选框，如图8-12所示，调整眼球与眼眶融合的细节，再单击“对象”按钮进入对象选择模式。

05　单击“对象”面板中的“新建”按钮，复制一个“对象（2）”选框，之后在“对象1”选框中展开层级，找到不要的眼球层级，单击眼球层级后面的“隐藏”按钮，隐藏原始眼球。

06　拖动模型层级，找到左右眼睛模型材质，右击选中材质，按Delete键删除原有模型材质。

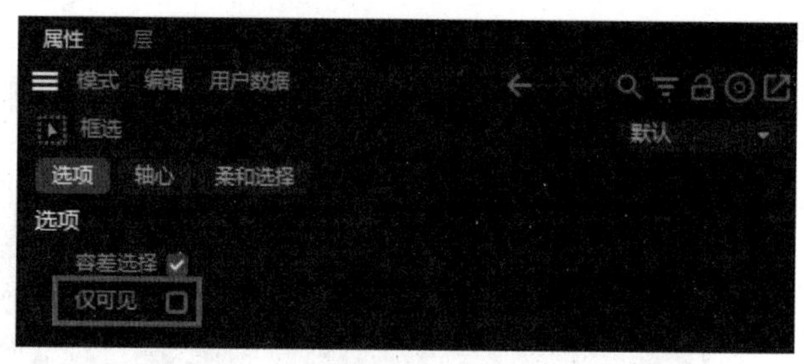

图8-12

07　在“对象窗口2”中，长按鼠标右键，选中R-EYES（右眼）并拖入“对象窗口1”的R_eyeball_mesh（右眼球网格）的同层级中，之后单击“显示”按钮强制显示，随后选中眼球控制器并向右拖曳，检测眼球能否转动。

08　打开“材质编辑器”面板，在文件列表中，单击“加载”按钮，选择眼球贴图并导入。

09　在“对象窗口2”中，长按鼠标右键，选中L-EYES（左眼）并拖入“对象窗口1”的L_eyeball_mesh（左眼球网格）层级中，选中L-EYES（左眼），再单击“显示”按钮强制显示，现在即可通过最大的眼睛控制器对眼球进行控制。

提示

导入眼球贴图后会弹出对话框，提示“此图像不在项目搜索路径中，是否要在项目位置创建副本？”这里单击“否”按钮，之后关闭“材质编辑器”面板。

8.4.3　创建眼球关键帧

创建眼球关键帧的具体操作步骤如下。

01　选中双眼的控制器并右击，在弹出的快捷菜单中选择“显示时间线窗口”选项，在摄影表位置的空白处右击，在弹出的快捷菜单中选择“全部折叠”选项。

02　将时间线拖至第0帧，观看参考视频的眼球运动，移动双眼控制器至相似位置，并创建关键帧。再根据参考视频的眼球运动，将时间线往后移至下一关键帧的位置，移动双眼控制器至相似位置，创建关键帧。

03　眼球动画关键帧均是重复操作，此处就不逐一展示详细的操作过程了，请自行完善眼球动画。

04　完成眼球动画后，将时间线拖至第0帧，单击“播放”按钮播放动画，检查所有眼球动画。

8.5　添加头部和牙齿动作

头部和牙齿的动画关键帧相对较为简单。头部动画的关键帧主要涉及“旋转”动作，而牙齿动画的关键帧则主要是垂直位移。随着嘴巴动画的张合，牙齿并不会始终停留在原始位置。例如，上牙会随着上颚的移动而移动，下牙则随着下颚的移动而移动。但需要注意的是，这部分的位移需要手动创建关键帧并校准，以确保动画的准确性和流畅性。

8.5.1　使用牙齿控制器及创建关键帧

使用牙齿控制器及创建关键帧的具体操作步骤如下。

01　在Cinema 4D中，导入并打开姿态文件。

02　移动时间线至嘴巴张开露出牙齿的位置，选中teeth_up_CON+（上牙齿的控制器）与teeth_low_bind（下牙齿控制器），如图8-13所示，在空白处右击，在弹出的快捷菜单中选择“显示时间线摄影表”选项，在摄影表栏目空白处右击，折叠层级，如图8-14所示。

03　将时间线拖至第0帧，观察参考视频中牙齿的位置，选中下牙齿控制器，并向上移动，调试露出牙齿位置并创建关键帧，再选上牙齿控制器，移至与参考视频相似的位置，创建关键帧。随后移动时间线至下一个关键帧位置，观察参考视频牙齿露出的状态，并调整关键帧。

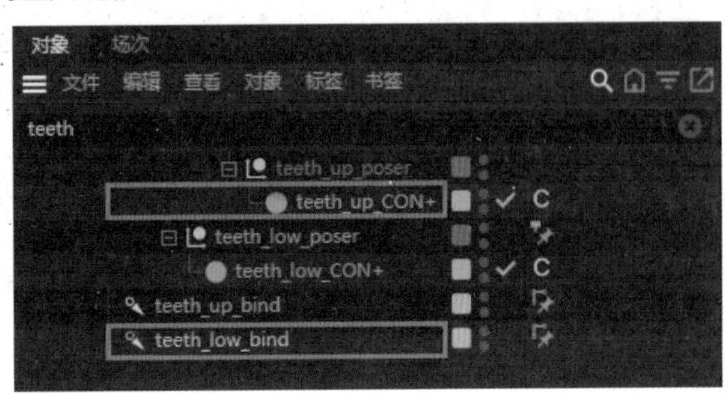

图8-13

图8-14

8.5.2 调整牙齿及舌头贴图

调整牙齿及舌头贴图的具体操作步骤如下。

01 在“对象”窗口中找到牙齿贴图，并单击“标签”按钮▲，在下方贴图栏中新建一个材质球，单击“纹理”按钮，导入牙齿贴图，如图8-15所示。

02 按住鼠标右键，将新建的材质球拖至右侧“对象”窗口的“身体”栏中，将贴图赋予牙齿，再将牙齿的“标签”按钮▲拖至下方的Teeth（牙齿）“选集”中，如图8-16所示。

03 按快捷键Ctrl+C，将导入的口腔贴图复制到界面中，随后单击Mouth（嘴巴）的“标签”按钮▲，将复制的材质拖至Mouth（嘴巴）“选集”中，即可将贴图赋予舌头，如图8-17所示。

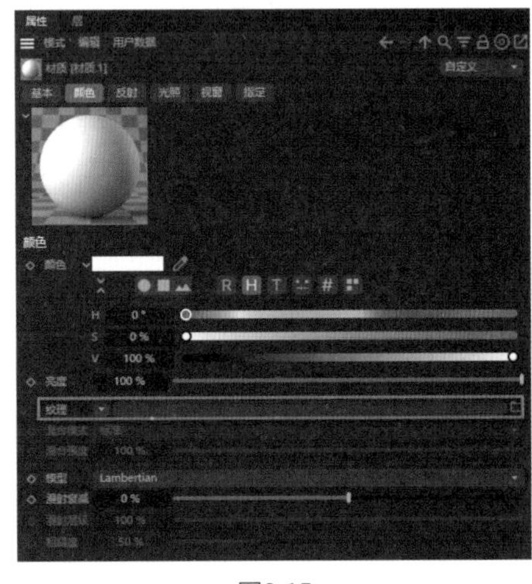

图8-15

提示

导入牙齿贴图后会弹出对话框，提示“此图像不在项目搜索路径中，是否要在项目位置创建副本？”这里单击“是”按钮，随后关闭“材质编辑器”面板。

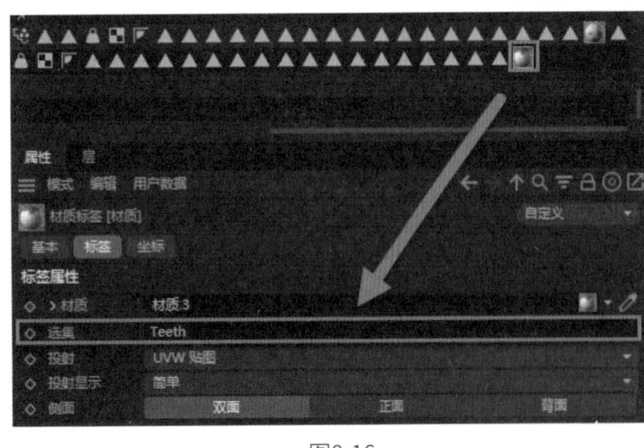

图8-16

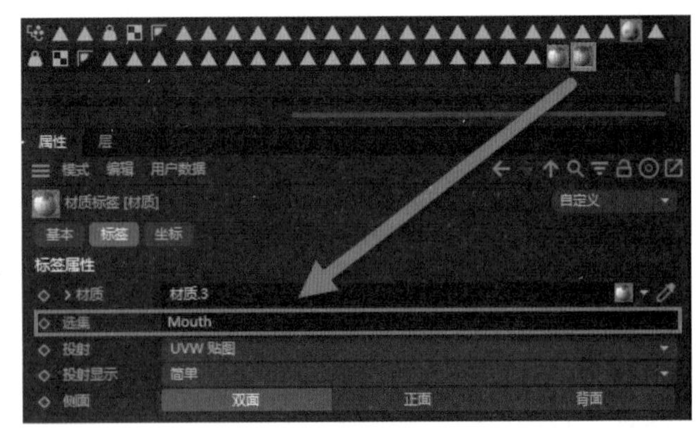

图8-17

8.5.3 制作牙齿关键帧动画

制作牙齿关键帧动画的具体操作步骤如下。

01 将时间线移至下一关键帧位置，观察参考视频中牙齿露出的部分，这里下牙是不露出的。在“对象”窗口中，找到牙齿层级并单击复位，再选中上牙控制器，往下移动，使模型上下牙齿与参考视频相似。

02 观察参考视频中牙齿露出的部分，将时间线移至下一个关键帧的位置，可以看到上牙往下移动太多，如图8-18所示，与参考视频不一致。选中上牙控制器并往上移动，创建关键帧，再选中下牙控制器，使用下牙露出位置和参考视频中牙齿露出的位置相似。如果舌头位置与参考视频不一致，也可以选中牙齿控制器进行垂直微调，如图8-19所示。

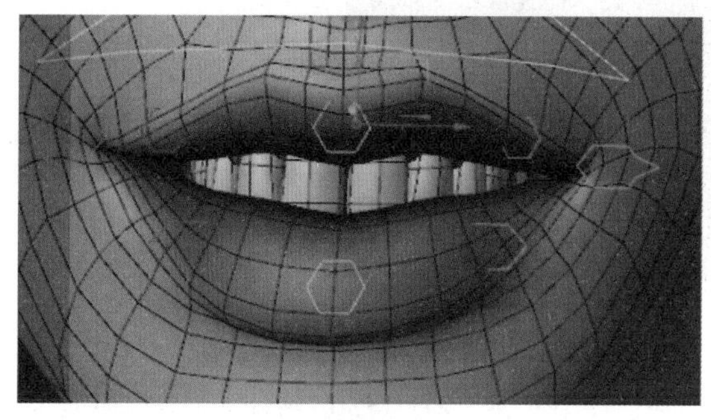
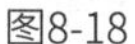

图8-18

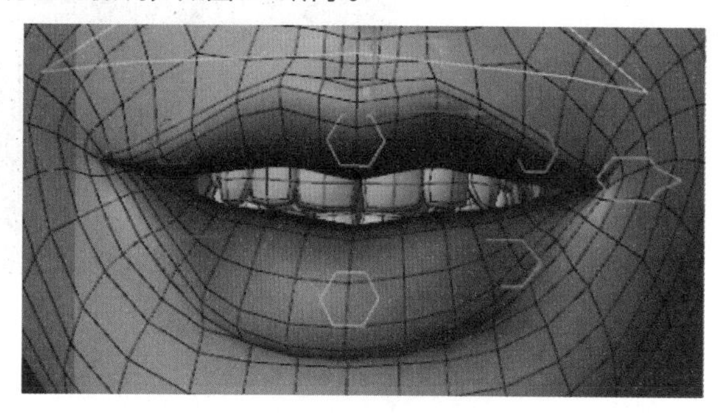

图8-19

8.5.4 创建头部动画关键帧

创建头部动画关键帧的具体操作步骤如下。

01 选中头部控制器并右击，在弹出的快捷菜单中选择“显示时间线窗口”选项。在时间线摄影表栏中，将头部控制器层级折叠。

02 执行“帧”|“帧预览范围”命令，如图8-20所示，并在第0帧旋转头部控制器。将头部移至与参考视频中相似的位置，创建关键帧，移动时间线至下一个关键帧位置。旋转头部控制器，将头部移至与参考视频中相似的位置，并创建关键帧。

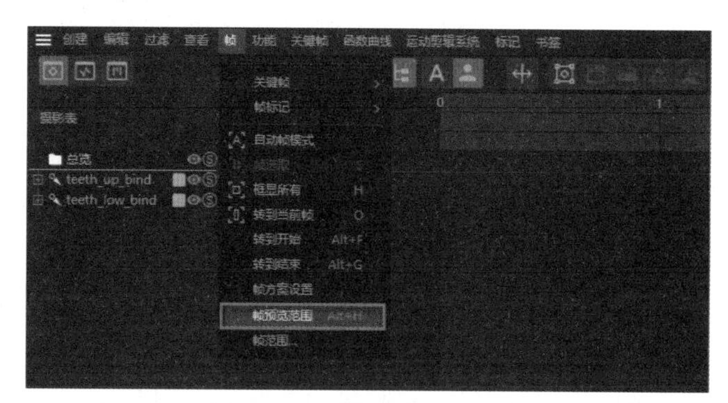

图8-20

03 创建头部动画关键帧均是重复操作，此处就不逐一展示了，请自行完善头部动画。头部关键帧创建完毕后，将时间线拖至第0帧，单击“播放”按钮▶播放动画，检查所有头部动画是否卡顿。

> **提示**
>
> 头部控制器只有旋转功能，没有位移功能，创建关键帧时需要注意。

8.6 优化动作帧

在一般情况下，完成动作关键帧后，往往会出现一些动画卡顿或不流畅的问题。为了解决这些问题，需要进行动作优化。本节将介绍如何使用 Cinema 4D 自带的“函数曲线”功能进行动作帧优化，以提高动画的流畅性和观感。

8.6.1 抛光头部动画曲线

抛光头部动画曲线的具体操作步骤如下。

01 在Cinema 4D中，导入并打开姿态文件。

02 在“时间线”窗口中单击“函数曲线模式”按钮，打开函数表并调整曲线。

03 拖动时间线，观看头部曲线，选中曲线关键帧，调整过度“跳帧”和不平滑的关键帧，如图8-21所示。

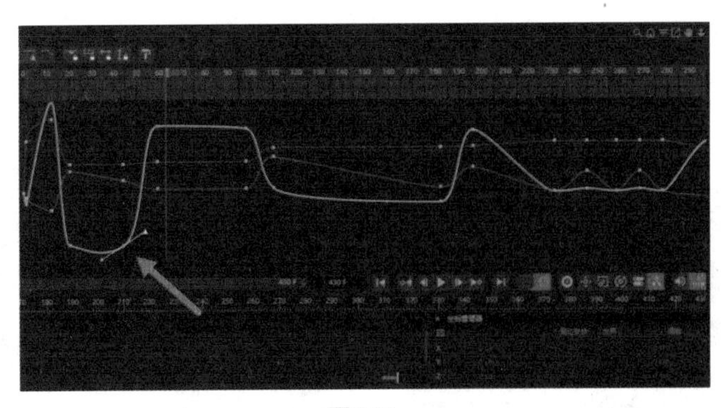

图8-21

提示

红、黄、蓝3条曲线分别代表面部动画的X轴、Y轴和Z轴，所以在调整曲线时，人物表情动作也会跟着有细微的变化，调整前如图8-22所示，调整曲线后，头部方向也跟随发生变化，如图8-23所示。

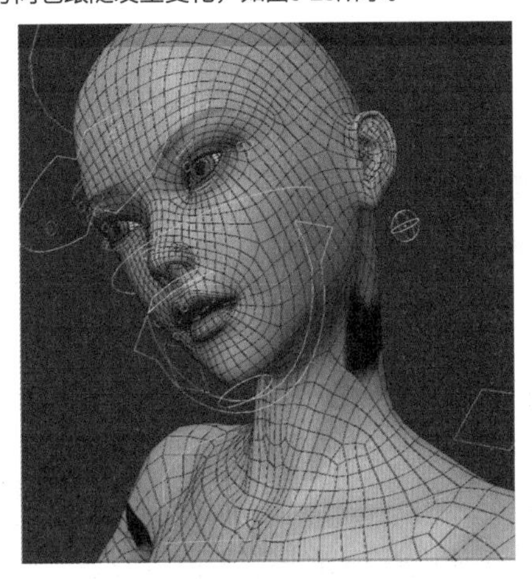

图8-22

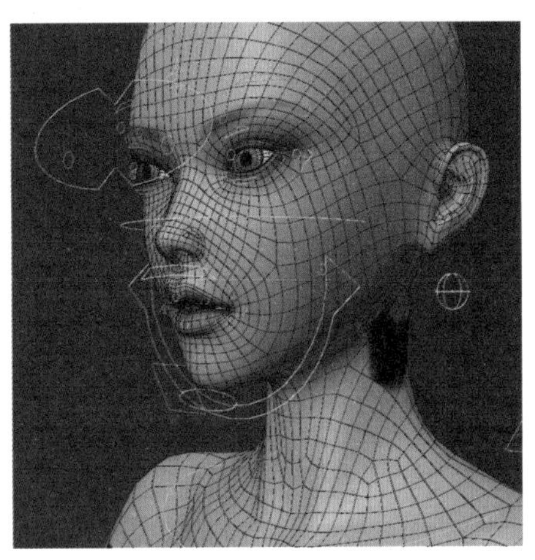

图8-23

04 在操作过程中发现眼球或其他动作与参考视频不一致，可以右击眼球控制器，在弹出的快捷菜单中选择“显示时间线窗口”选项，如图8-24所示，随后在摄影表中右击，在弹出的快捷菜单中选择“全部折叠”选项，如图8-25所示。在需要调整的位置，移动需要调整的控制器，将眼球动画调整至合适的状态，并创建关键帧，再删除有误的帧。

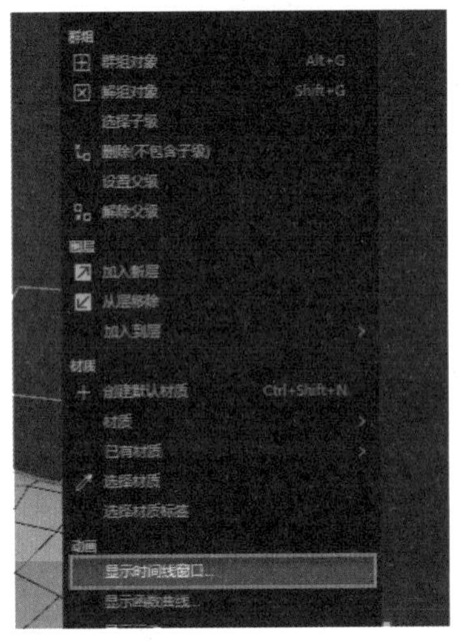

图8-24

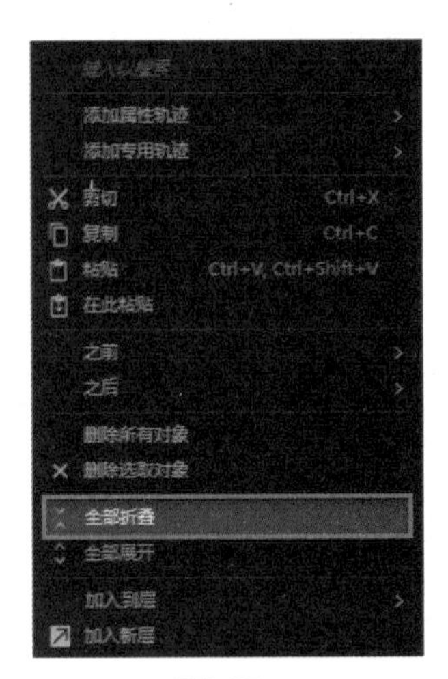

图8-25

05 调整其他动画也采用相同的操作。以眼皮为例，打开左、右眼皮的时间线摄影表，会发现时间线都是平滑的，在想要做改动的地方没有关键帧可以更改，如图8-26所示。此时可以在需要调整关键帧动画的位置单击“关键帧”按钮，为平滑的曲线加上关键帧，之后选中曲线关键帧再进行调整，如图8-27所示。

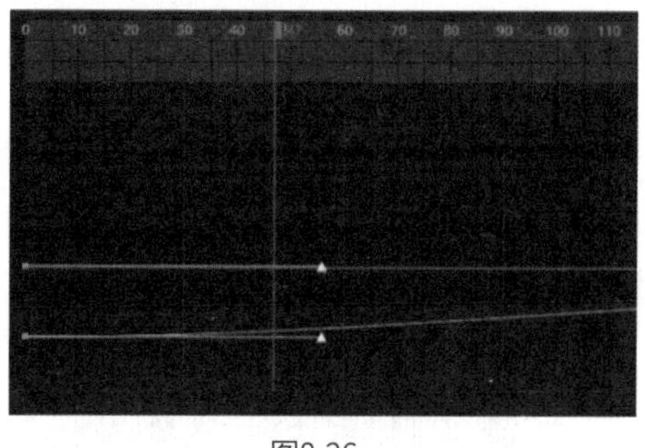

图8-26

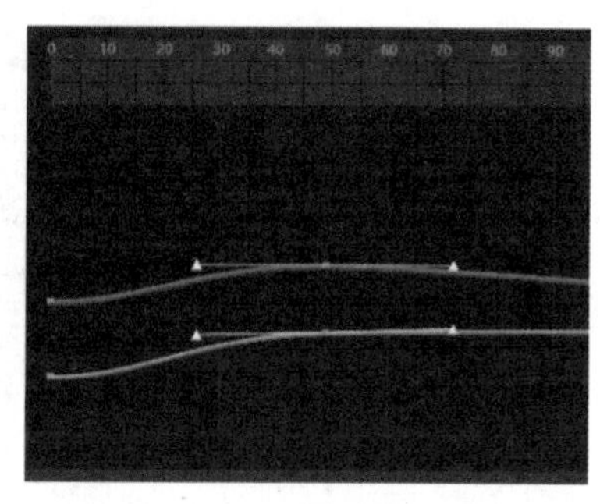

图8-27

06　调整好动画后，在工具栏中单击“实时框选”按钮，选中面部所有的控制器。再将时间线拖至第1帧，创建关键帧，回到第0帧，单击“复位”按钮复位至初始位置，如图8-28所示。

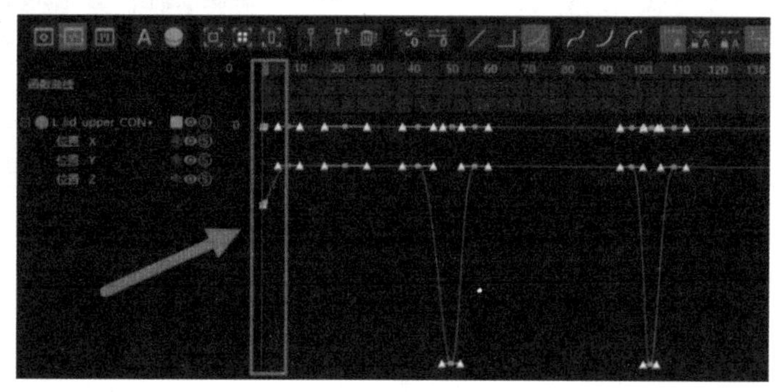

图8-28

8.6.2　绑定头发

绑定头发的具体操作步骤如下。

01　执行“文件”|“合并项目”命令，如图8-29所示，在弹出的对话框中找到带有头发的文件并导入，随后删除除头发外的多余模型。

02　新建一个材质球，将材质球拖至对象管理器列表中的hair（头发）上，再双击新建的材质球，打开材质编辑器，编辑材质颜色，如图8-30所示，编辑好颜色之后，关闭材质编辑器。

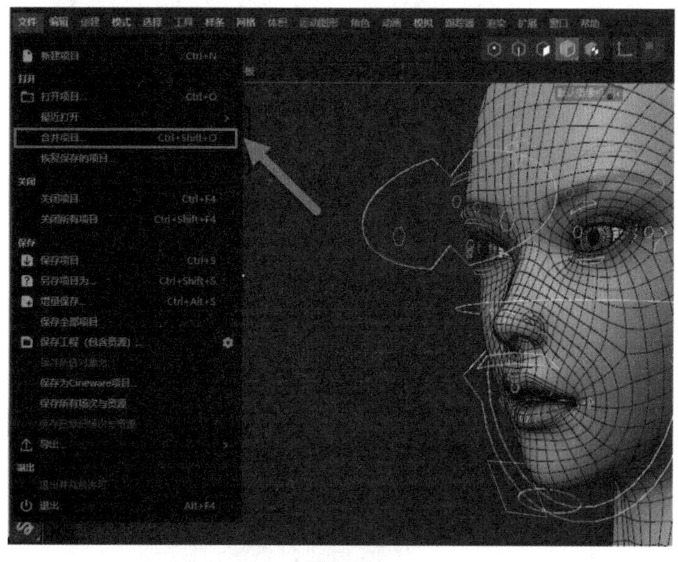

图8-29

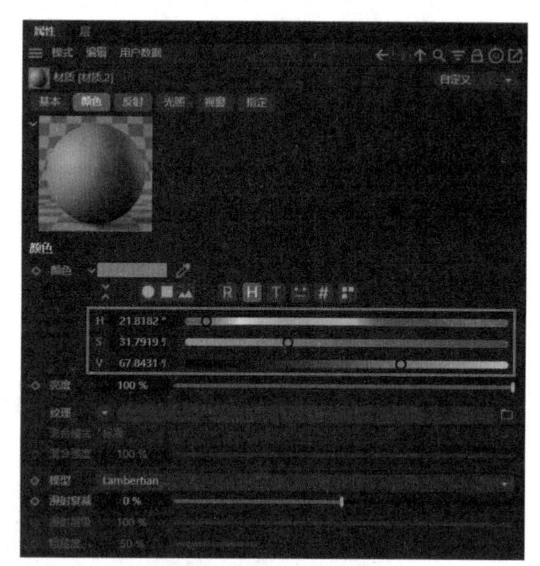

图8-30

03　在工具栏中单击“移动工具”按钮，在“对象”面板中选中hair（头发）选项，执行“装配标签”|“权重”命令，如图

8-31所示。随后在帧范围栏目中，单击“新建副本”按钮，显示独立属性窗口，如图8-32所示。

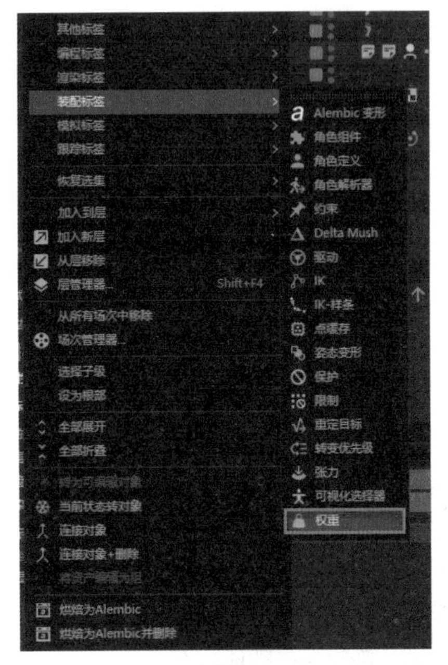

图8-31

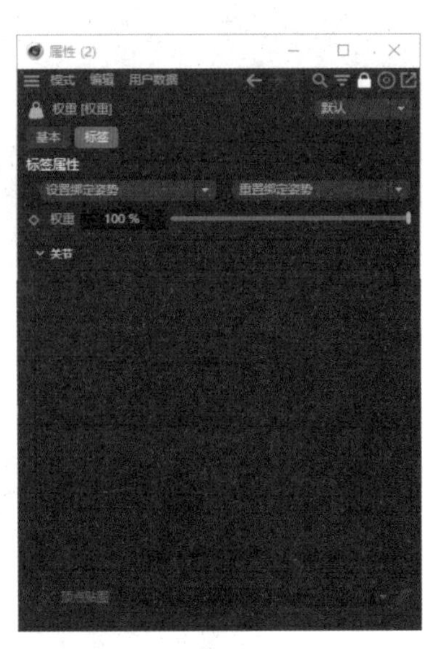

图8-32

04 在“对象”面板中选中Head.bind（头部）骨骼，将其拖至“属性面板（2）”的关节框内，如图8-33所示。随后执行“角色”|“管理器”|“权重管理器”命令，打开“权重管理器”面板。

05 在“对象”面板中选中hair（头发），随后选中“权重管理器”中的Head.bind（头部）骨骼，单击“面模式”按钮。

06 在面模式下，按快捷键Ctrl+A，在“权重管理器”面板的“模式”下拉列表中选中“添加”选项，并将“添加”值调整到最大，如图8-34所示。

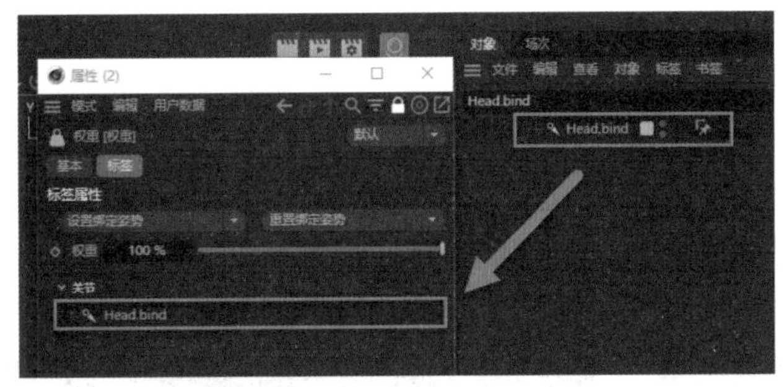

图8-33

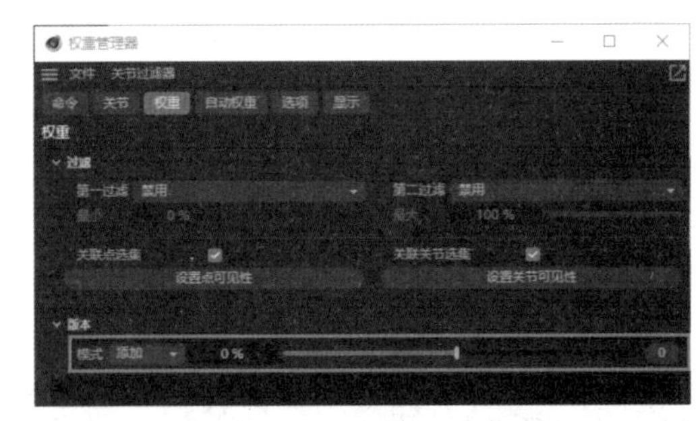

图8-34

07 按住Shift键，执行“角色”|“蒙皮”命令，如图8-35所示。随后在右边栏中，新建一个空白对象并右击，在弹出的快捷菜单中选择“显示时间线窗口”选项，如图8-36所示。

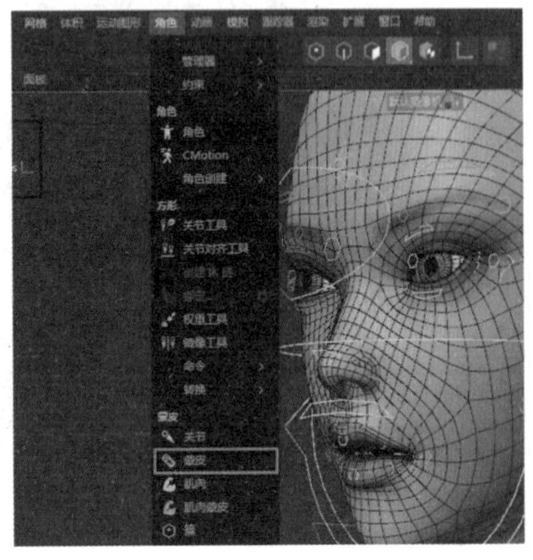

图8-35

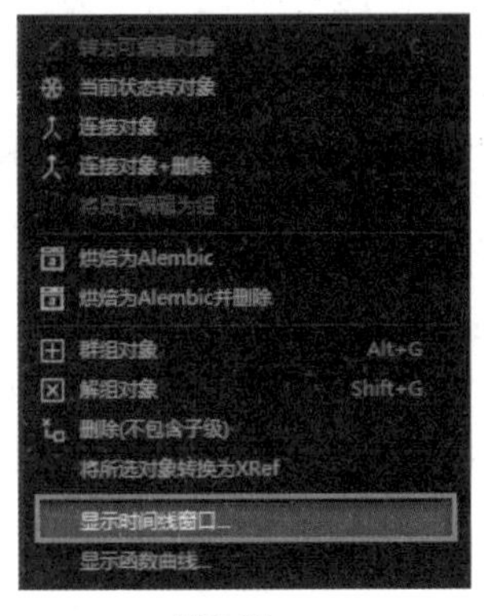

图8-36

08 在摄影表位置选择“女孩舞”选项，在“属性”面板中单击“声音关键帧”按钮，双击导入预先准备的参考视频，如图8-37所示，之后单击“播放”按钮▶，播放动画，观看面部动画渲染后的效果，如图8-38所示。

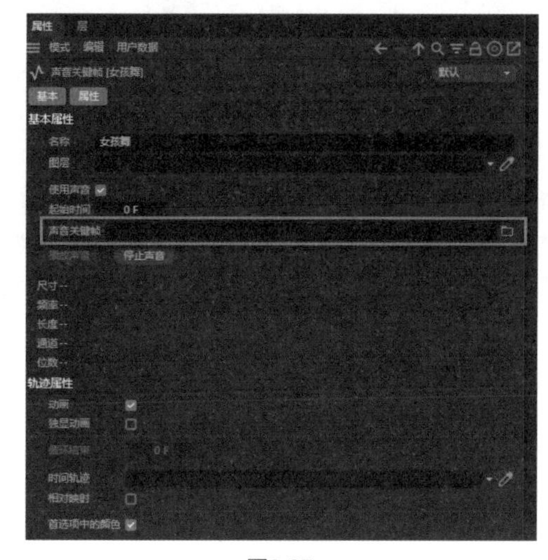

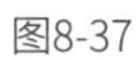
图8-37

图8-38

第 9 章

制作虚拟角色表情模板

虚拟角色表情模板主要用于生成各种人物表情，如眨眼、张嘴、闭嘴、微笑和发怒等。这些表情可以组合在一起，并与人物模型进行绑定。通过创建 BlendShape（混合变形姿态），我们可以制作出丰富的表情动画。此外，表情模板还可以应用于面部动作捕捉技术，使虚拟角色的表现更加真实、生动，从而增强观众的沉浸感。本章将带领大家学习如何制作虚拟角色表情模板，为后续的动画制作打下基础。

9.1 姿态管理器

Cinema 4D 的姿态管理器是一种强大的工具，用于存储、调用以及混合角色的关键姿态。它可以独立于场景进行操作，不仅适用于角色，还适用于任何类型的参数化对象。利用姿态管理器，可以轻松地存储和调用角色的关键姿态，并将这些姿态作为独立于场景的资产来使用。此外，姿态管理器还提供了混合不同关键姿态的功能，这使创建出更加逼真和生动的动画效果成为可能。

9.1.1 设置姿态管理器

在 Cinema 4D 的 19 版本至 22 版本中，并没有“姿态管理器”这一功能。该功能仅在 Cinema 4D 的 23 版本及更高版本中提供。因此，本节将使用 Cinema 4D 的 25 版本进行详细的讲解和演示。在这个版本中，该功能被命名为“姿态库浏览器”。请注意版本差异，以确保使用的是正确版本的软件。设置姿态管理器的具体操作步骤如下。

01 打开Cinema 4D 25版本软件（该版本可到Cinema 4D官网下载）。

02 执行“文件”|“设置”命令，在设置面板中找到“姿态库浏览器”，单击“添加文件夹”按钮。

03 执行“角色”|“管理器”命令，双击打开“姿态库浏览器”面板，如图9-1所示。

04 在“姿态库浏览器”面板中单击“新建库”按钮，创建新的层级和文件夹。此处可将新建的层级命名为“小拉拉”。

图9-1

提示

在“小拉拉”层级下方，还可以新建多个文件夹，增加新姿态。

05 以面部姿态为例，在“小拉拉”下新建Face层级，随后选择Face层级，单击“新建组”按钮。

06 调整任意面部动画（此处可以参考前文的方法调整眼球），调整到想要的面部姿态后，单击“将选定对象添加/覆盖到姿态”按钮，即可保存创建好的姿态。

07 进入右下角的“层”面板，关闭Controllers（控制器）。

08　回到“姿态库浏览器”面板，单击“拍照”按钮，为调整好的面部姿态拍一张照片，如图9-2所示，再到右下角的“层”面板，打开Controllers（控制器）。

09　将Face下设层级的眼睛姿态名称从“新姿态”改为eyes。采用上述同样的方法创建mouth open姿态，在姿态下方再新建一个生气的姿态，并命名为sad。

10　在“姿态库浏览器”面板中，单击“将选定对象添加/覆盖到姿态”按钮，并为新建的姿态添加姿态照片，随后在“姿态库浏览器”面板中单击“缩略视图”按钮，即可观看到预先保存的姿态。

11　执行“姿态库浏览器”|“选择”|“全局”命令，此时当拖动某个姿态下的滑块时，模型便会做出相应的动作，如图9-3所示。

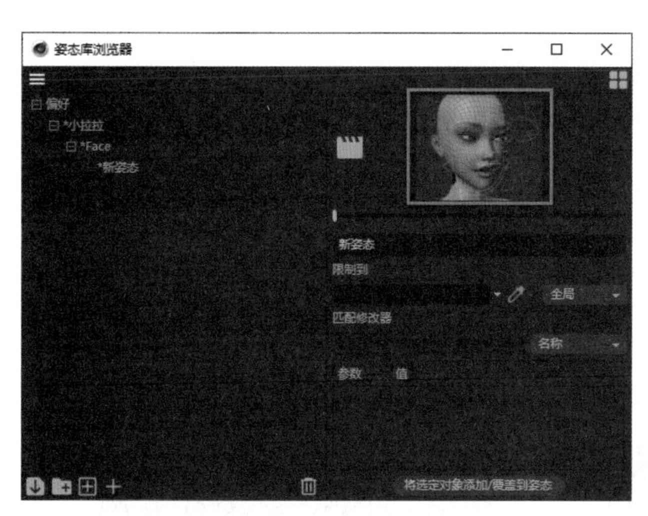

图9-2

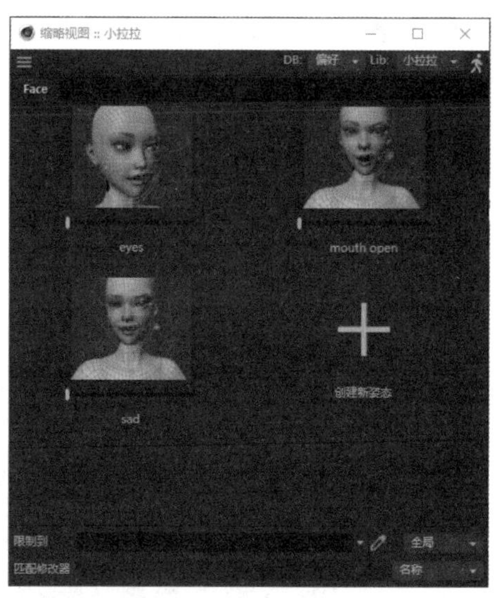

图9-3

9.1.2　使用姿态创建动画

使用姿态创建动画的具体操作步骤如下。

01　右击工具栏中的“选择过滤”按钮，在弹出的菜单中选择“无”选项。

02　右击工具栏中的“选择过滤”按钮，在弹出的菜单中选择“样条”选项。

03　单击工具栏中的“实时框选”按钮，框选角色所有的面部控制器，将时间线拖至第0帧。

04　回到“姿态库浏览器”面板，选择eyes姿态，将“姿态”值调整到最大。

05　回到“时间线”窗口，单击“关键帧”按钮，创建关键帧。

06　将时间线拖至第5帧，在“姿态库浏览器”面板中，将sad的滑块拖至最右侧并创建关键帧。

07　将时间线拖至第8帧，在“姿态库浏览器”面板中，将mouth open的滑块拖至最右侧，如图9-4所示。

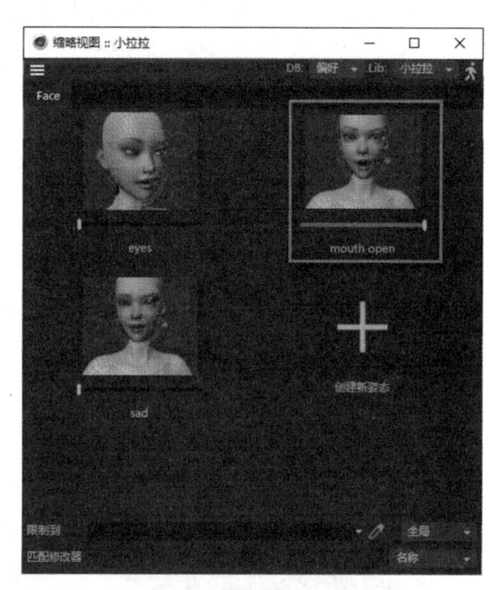

图9-4

提示

若想尝试制作手部或者腿部的姿态，也可以采用同样的方法进行实操和演练。

9.2 姿态变形基础嘴部动画

Cinema 4D 的姿态变形是一种强大的工具，用于控制对象的姿态。通过为对象添加姿态变形器，可以调整其姿态。利用姿态变形器，不仅能够控制对象的关键姿态，还能将这些姿态作为独立于场景的资产使用。此外，姿态变形器还具备混合不同关键姿态的能力，从而创建出更加逼真和生动的动画效果。

9.2.1 姿态变形的方法一

通过点变形方式完成姿态变形，具体的操作步骤如下。

01 在Cinema 4D中新建一个球体，按C键，将球体参数化，随后在“视图窗口”栏中单击“显示”按钮，选择“光影着色（线条）”选项，显示网格。

02 执行“对象”|“球体”|“装配标签”|“姿态变形标签”命令，随后单击新建的“姿态变形”标签并在“属性”面板中查看详情，其中，“混合”模式下的“位置”“点”“层级”等复选框表示要记录的相应信息，此处选中“点”复选框，如图9-5所示。

03 选中“点”复选框后，“属性”面板如图9-6所示，因为还没有设置姿态动画，所以拖曳姿态“强度”滑块时不会有任何反应，此时可以单击工具栏中的“点模式”按钮，回到视图窗口，选择球体部分的“点”区域，向上拖至想要的变形状态，再回到“属性”面板，拖动“强度”滑块即可发现姿态已经被存储，这便是姿态变形。

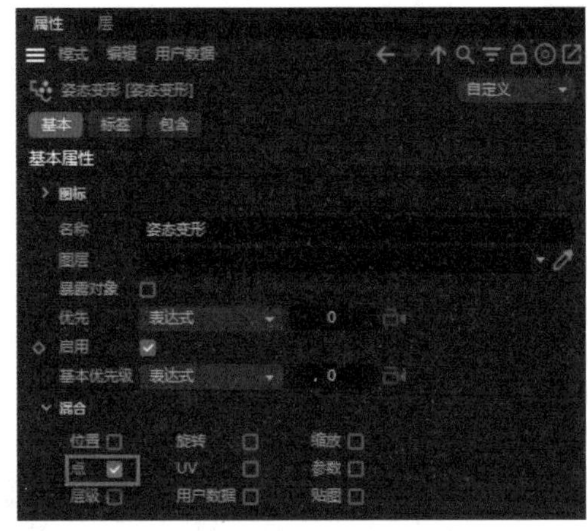

图9-5

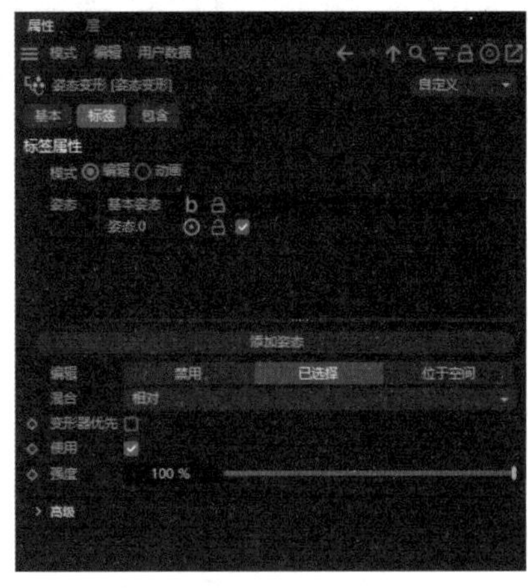

图9-6

9.2.2 姿态变形的方法二

通过目标变形方式完成姿态变形，具体的操作步骤如下。

01 在“对象”面板中单击“球体”按钮，按快捷键Ctrl+C进行复制，再按快捷键Ctrl+V进行粘贴，新建一个球体，通过新复制的球体，制作球体变形，如图9-7所示。

02 回到“对象”面板，在“姿态变形”栏中添加“姿态1”，把球体1放入目标中。再拖动“强度”滑块即可变成相同姿态，如图9-8所示。

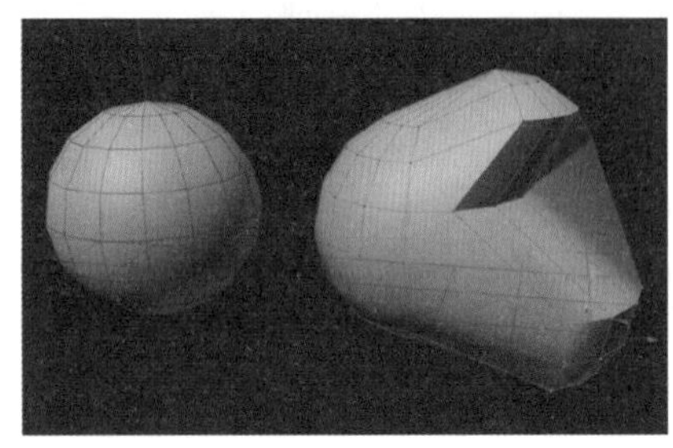

图9-7

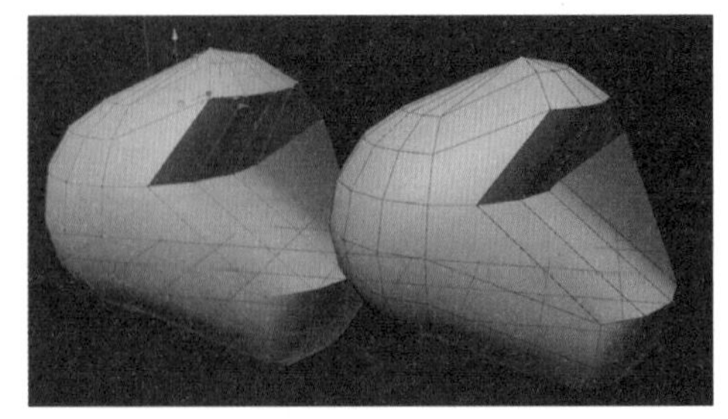

图9-8

9.2.3 姿态变形的方法三

通过绑定方式完成姿态变形，具体的操作步骤如下。

01 切换到正视图，执行“角色”|“关节”命令，新建一个骨骼，之后切换Cinema 4D的界面为“绑定”布局。

02 使用“关节”工具在正视图的球体处添加3个关节，并整理关节的层级关系，随后选中3个关节再选中球体，执行“角色”|“绑定”命令进行绑定。

03 选中骨骼进行旋转，在姿态变形中添加“姿态2”，再回“属性”面板中拖曳“强度”滑块，发现没有变化。此时需要在“属性”面板中右击，在弹出的快捷菜单中选择“送至网络”选项，如图9-9所示，在“对象”面板中就得到了一个新的obj格式的球体。

04 选中obj格式的球体，将球体拖至“标签”属性中，此时拖动“强度”滑块就会有变化。

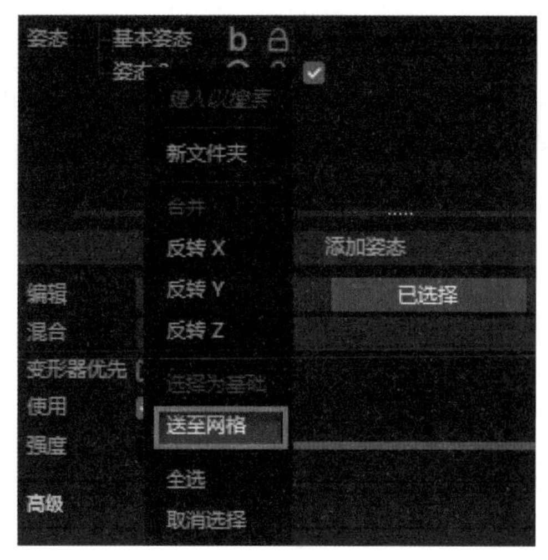

图9-9

9.3 设置眼部姿态

眼睛被誉为心灵的窗户，观众常常能够通过角色的眼神来感知和理解其情感与特征。不同的眼部姿态可以塑造出各异的角色形象和气质，使观众更加深入地理解和共情角色的情感状态。本节将从“姿态库浏览器”入手，带领大家逐步深入眼睛姿态的制作，探索如何通过细腻的眼部表达为角色注入更加鲜活的生命力。

9.3.1 眼部姿态设置的准备工作

在制作眼部姿态之前，需要做一些准备工作，具体的操作步骤如下。

01 打开Cinema 4D，执行“角色”|“管理器”|“姿态库浏览器”命令，打开“姿态库浏览器”面板，将之前制作的姿态删除，清理“姿态库浏览器”面板。

02 查看“姿态中英文对照表”，如表 9-1所示，后续将依照它制作眼睛姿态。

表 9-1 姿态中英文对照表

Moves by Maxon	中文含义
Left Eye Blink	眨左眼
Left Eye Look Down	左眼下看
Left Eye Look In	左眼内看
Left Eye Look Out	左眼外看
Left Eye Look Up	左眼上看
Left Eye Squint	左眯眼
Left Eye Wide	左眼睁大
Right Eye Blink	眨右眼
Right Eye Look Down	右眼下看
Right Eye Look In	右眼内看
Right Eye Look Out	右眼外看
Right Eye Look Up	右眼上看
Right Eye Squint	右眯眼
Right Eye Wide	右眼睁大

续表

Moves by Maxon	中文含义
Jaw Forward	下巴向前
Jaw Left	下巴向左
Jaw Right	下巴向右
Jaw Open	下巴张开
Mouth Close	闭嘴
Mouth Funnel	嘟嘴
Mouth Pucker	噘嘴
Mouth Left	左嘴角
Mouth Right	右嘴角
Mouth Smile Left	嘴角左侧笑
Mouth Smile Right	嘴角右侧笑
Mouth Frown Left	嘴角左皱眉
Mouth Frown Right	嘴角右皱眉
Mouth Dimple Left	嘴角左酒窝
Mouth Dimple Right	嘴角右酒窝
Mouth Stretch Left	嘴角左侧拉伸
Mouth Stretch Right	嘴角右侧拉伸
Mouth Roll Lower Lip	翻下嘴唇
Mouth Roll Upper Lip	翻上嘴唇
Mouth Shrug Lower Lip	耸上嘴唇
Mouth Shrug Upper Lip	耸下嘴唇
Mouth Press Left	嘴左侧压下
Mouth Press Right	嘴右侧压下
Mouth Lower Lip Down Left	下嘴唇左下
Mouth Lower Lip Down Right	下嘴唇右下
Mouth Upper Lip Left	左上嘴唇
Mouth Upper Lip Right	右上嘴唇
Brow Down Left	眉毛左下
Brow Down Right	眉毛右下
Brow Inner Up	眉心朝上
Brow Outer Up Left	眉头左上
Brow Outer Up Right	眉头右上
Cheek Puff	脸颊鼓起
Cheek Squint Left	脸颊右眯
Cheek Squint Right	脸颊左眯
Nose Sneer Left	鼻子左嘲讽
Nose Sneer Right	鼻子右嘲讽
Tongue Out	吐舌头

9.3.2 设置眨左眼姿态

设置眨左眼姿态的具体操作步骤如下。

01 在“属性”面板中选择 “层”选项，关闭姿态的所有层级，如图9-10所示，随后在工具栏中单击“选择过滤”按钮，在弹出的菜单中选择“样条”和“空白组”选项。

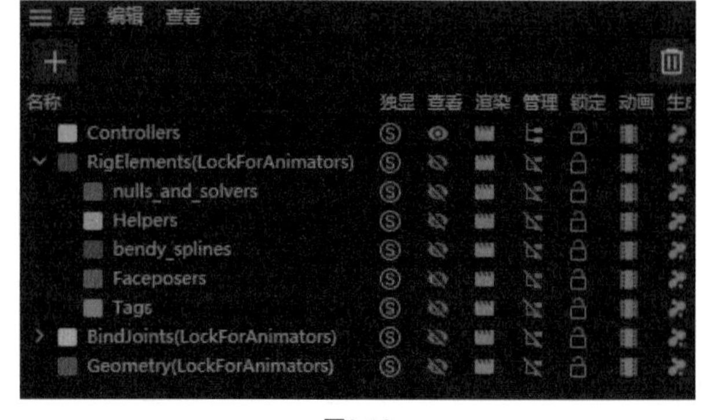

图9-10

02 回到视图，全选面部的所有控制器，在时间线的第0帧上单击“关键帧”按钮，创建关键帧，并在“时间线”窗口中将时间总帧数修改为52帧，接下来的每一帧将做一个表情姿态。

03 参照“姿态中英文对照表”找到Left Eye Blink，先制作“眨左眼”的姿态。

04 打开“姿态库浏览器”面板，单击“新姿态”按钮，并命名为“眨左眼”，随后将时间线拖至第1帧，到“表情控制器”面板，将模型表情调整为“眨左眼”的姿态，随后单击“关键帧”按钮，记录第1帧“眨左眼”的姿态，如图9-11所示。

05 完成创建姿态关键帧后，全选面部的所有控制器，在“姿态浏览库”窗口，选择“眨左眼”选项，随后单击“将对象添加/覆盖到姿态”按钮，再单击“捕捉缩略图像”按钮，捕获“眨左眼”的表情画面。

06 执行“文件”|“导出”命令，将文件导出为obj格式，文件名设置为“眨左眼”，随后把导出的obj格式文件合并到当前的文件中，合并后出现眨左眼的姿态。

07 打开“姿态变形”标签，在“属性”面板中将“姿态0”删除。

08 把“眨左眼”姿态拖至“基本姿态”下方，随后调整参数为0，将模型表情恢复到初始状态，如图9-12所示，这一步很关键，复位后再次播放，观察是否完成设定的姿态动作。

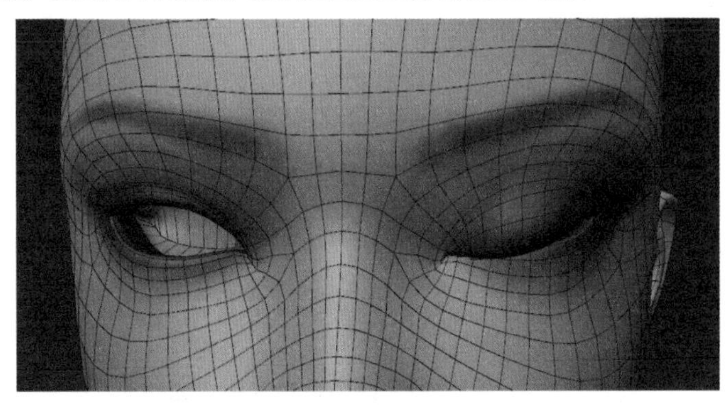

图9-11

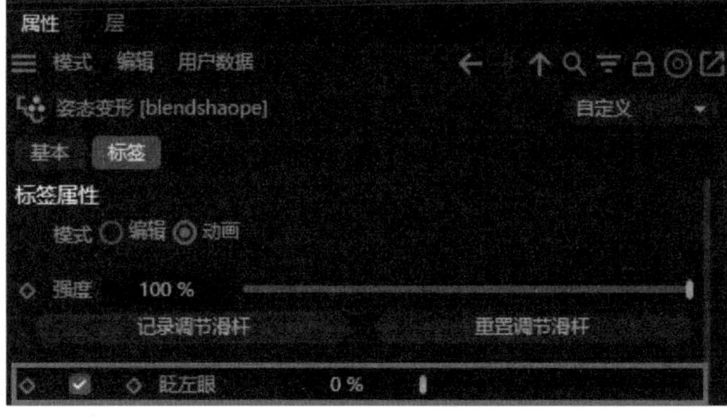

图9-12

09 “眨左眼”姿态完成后，右眼的动作可以直接复制粘贴，但需要进行X轴的镜像操作。此时，眨眼的动作就完成了，通过这样的操作还可以做其他对称的姿态。

9.3.3 左眼下看姿态设置

依照“姿态中英文对照表”，第 2 帧需要制作“左眼下看”姿态，具体的操作步骤如下。

01 在“姿态库浏览器”窗口中单击“新姿态”按钮新建姿态，并命名为“左眼下看”。

02 将时间线拖至第2帧，到“表情控制器”面板中，将“自动关键帧”开启，调整控制器将眼皮向下拉，下眼皮轻微向上拉，将模型表情调整为“左眼下看”的姿态，随后单击“关键帧”按钮，记录第2帧“左眼下看”的姿态。

03 完成姿态关键帧后，全选面部的所有控制器，在“姿态库浏览器”窗口中选择“左眼下看”，随后单击“将对象添加/覆盖到姿态”按钮。

04 单击“捕捉缩略图像”按钮，捕获“左眼下看”的表情画面，如图9-13所示。

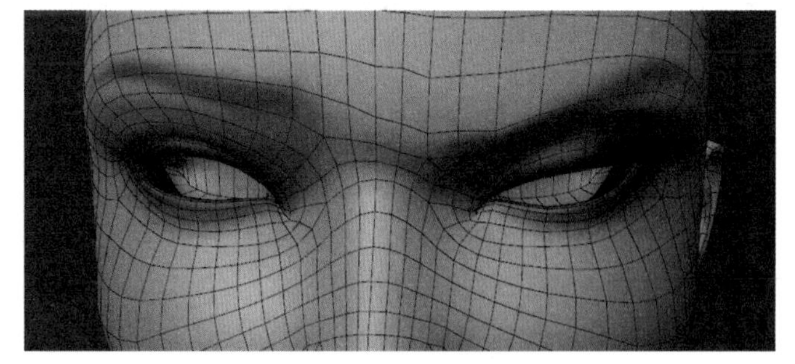

图9-13

05 将“左眼下看”姿态导出为obj格式文件后再合并，随后在第3帧全部复位。

9.3.4 左眼内看姿态设置

左眼内看姿态设置的具体操作步骤如下。

01 将时间线拖至第3帧，选择面部的所有控制器，创建关键帧并复位动画，随后将左眼控制器往里推，做出“左眼内看”姿态并添加至姿态中，如图9-14所示。

02 将“左眼内看”姿态保存为obj格式文件，随后重复前文相同的步骤即可，其他姿态设置方式相同。

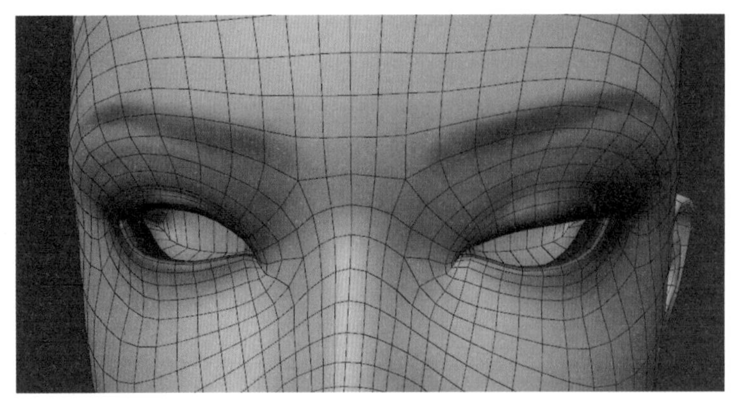

图9-14

9.3.5 合并眼部姿态

合并眼部姿态的具体操作步骤如下。

01 打开Cinema 4D，将姿态模型文件打开。

02 执行“对象”|“身体”|“姿态标签”|“基本”命令，把“姿态变形”命名为Blendshape。

03 将预先制作好的obj格式文件按“姿态中英文对照表”的顺序合并至当前文件，并在“对象”面板中将姿态重命名为“姿态中英文对照表”中相应的中文名称，例如合并导入的是“眨左眼”的姿态，名称就改为“眨左眼”，其他姿态也如此操作，如图9-15所示。

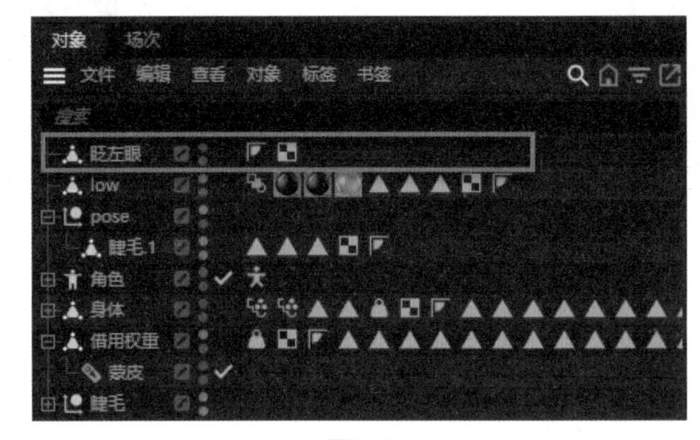

图9-15

04 在“对象”面板中按住Shift键选中所有姿态，再按快捷键Alt+G，将所有姿态结组，并将新组重命名为pose。

05 全选所有姿态，在“对象”面板中选中“身体”后的姿态标签，随后将所有姿态拖至“属性”面板中。

06 弹出“添加一个作为绝对（是）或相对（否）变形对象”对话框，单击“否”按钮。

07 在“属性”面板中依次选中导入的姿态，检查姿态表情是否正确，若确认无误则进入下一环节，若有姿态出现问题，则将其删除后重做并导入。

9.3.6 镜像眼部姿态

镜像眼部姿态的具体操作步骤如下。

01 在确认已做的“眨左眼”“左眼下看”“左眼内看”“左眼外看”“左眼上看”“左眯眼”“左眼睁大”等姿态无误后，在“属性”面板中选中所有姿态并右击，在弹出的快捷菜单中选择“复制”选项，再右击并在弹出的快捷菜单中选择“粘贴”选项。

02 将复制进面板的姿态名称按顺序改为“眨右眼”“右眼下看”“右眼内看”“右眼外看”“右眼上看”“右眯眼”“右眼睁大”，随后选中改名后的所有姿态并右击，在弹出的快捷菜单中选择“反转X”选项，如图9-16所示，这样右眼的姿态便做好了，至此眼部姿态制作完成。

图9-16

9.4 制作下巴姿态

通过调整下巴的姿态，我们可以有效地影响角色的面部表情和情感表达，如高兴、悲伤、愤怒和惊讶等。常见的下巴姿态有张开嘴巴、咬紧牙齿、抬头和低头等，这些不同的姿态能够表达不同的情感和动作。

在 Cinema 4D 中，控制下巴的姿态可以通过多种工具实现，包括骨骼、约束和变形器等。例如，我们可以在角色的骨骼系统中添加下颌骨部分，并通过旋转和调整下颌骨的位置来实现下巴的张开和闭合动作。此外，约束和变形器也是非常有用的工具，它们可以帮助我们精确地控制下巴的移动和变形。例如，我们可以设置约束让下巴跟随口型的移动，或者使用变形器将下巴变形为不同的形状，以适应不同的表情需求。

9.4.1 制作“下巴向前”姿态

依照姿态“姿态中英文对照表”，下巴部分需要依照顺序制作“下巴向前”“下巴向左”“下巴向右”“下巴张开”的姿态表情。下巴姿态与眼睛部分姿态的制作方法大致相同，但需要注意，下巴具有动画的时候，会带动两侧脸颊一起运动，所以在制作下巴部分姿态时，需要微调脸颊控制器，具体的操作步骤如下。

01 打开Cinema 4D，在“视图”面板中选中下巴控制器并微微向前推，将两侧脸颊也稍稍往下拉，将面部姿态调整为“下巴向前”的姿势，如图9-17所示。

02 选中面部的所有控制器，单击“关键帧”按钮，在第1帧创建关键帧，记录“下巴向前”的姿态。

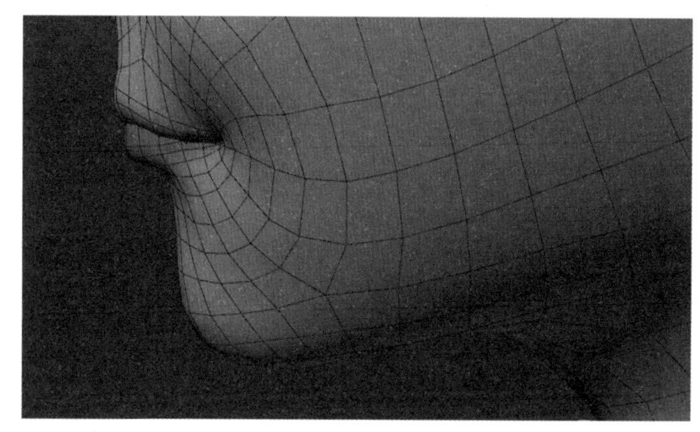

图9-17

9.4.2 制作“下巴向左”姿态

制作“下巴向左”姿态的具体操作步骤如下。

01 将时间线拖至第2帧，并将数据清零创建关键帧，随后将下巴控制器微微向左推，两侧脸颊也稍稍移动，将面部姿态调整为“下巴向左”的姿势，如图9-18所示。

02 在“姿态库浏览器”面板中新建层级，将姿态名称改为“下巴向左”。

03 单击“将对象添加/覆盖到姿态”按钮，随后单击“捕捉缩略图像”按钮，捕获“下巴向左”表情画面。

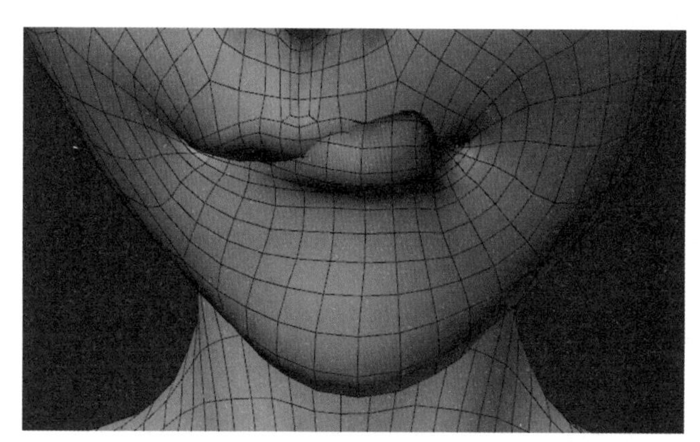

图9-18

9.4.3 制作“下巴张开”姿态

制作“下巴张开”姿态的具体操作步骤如下。

01 将时间线拖至第3帧，将第2帧数据清零并单击“关键帧”按钮创建关键帧，随后回到视图窗口，选中下巴控制器，将下巴张开至合适位置，如图9-19所示。

02 单击“关键帧”按钮，在第3帧创建关键帧，记录“下巴张开”的姿态。

03 回到人物视图，全选面部控制器，到“姿态库浏览器”面板中新建层级，将姿态名称改为“下巴张开”，再单击“捕捉缩略图像”按钮，捕获“下巴向左”的表情画面。

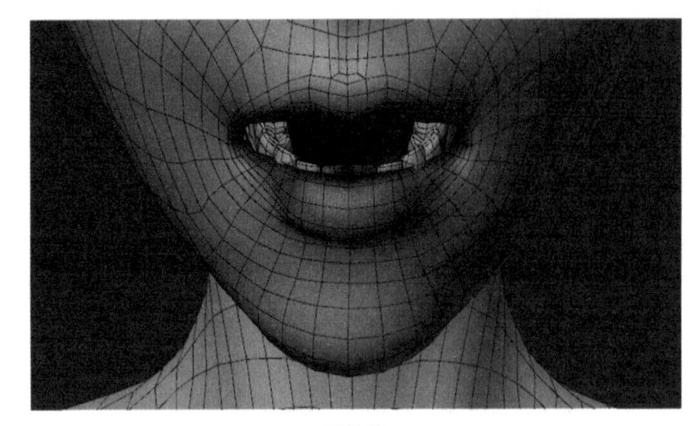

图9-19

9.4.4 导入下巴姿态

导入下巴姿态的具体操作步骤如下。

01 依次选中已创建的姿态，将它们分别导出为obj格式文件并保存，随后将导出的obj格式姿态文件按“姿态中英文对照表”的顺序合并至当前文件。

02 在“对象”面板中将姿态重命名为“姿态中英文对照表”中对应的中文名称，例如，若合并的是“下巴向前”的姿态，则名称改为“下巴向前”，其他姿态也是如此操作，如图9-20所示。

03 选中所有姿态，在“对象”面板中选中“身体”后的姿态标签，随后将所有姿态拖至“属性”面板。随后，弹出“添加一个作为绝对（是）或相对（否）变形对象”对话框，此处单击“否”按钮。

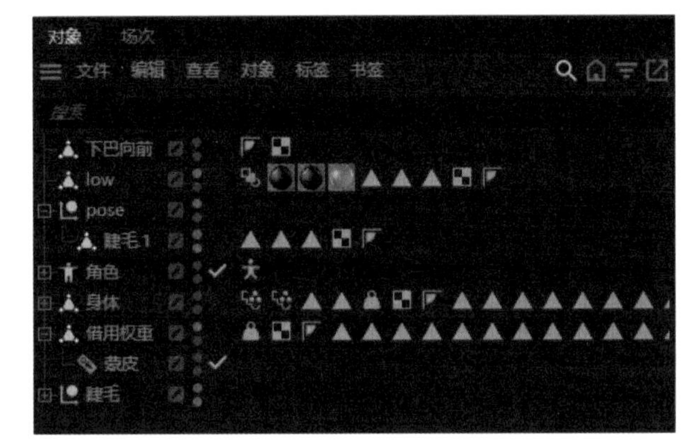

图9-20

04 在“属性”面板中依次选中导入的姿态，检查姿态表情是否正确，若确认无误则进入下一个环节，若有姿态出现问题，则需要删除后重做并导入。

9.4.5 制作“下巴向右”姿态

制作“下巴向右”姿态的具体操作步骤如下。

01 在“属性”面板中选中“下巴向左”姿态，复制“下巴向左”的姿态，并重命名为“下巴向右”。

02 右击并在弹出的快捷菜单中选择“反转X轴”选项，下巴姿态就做好了。

9.5 制作嘴部姿态

通过制作嘴部的各种姿态，可以有效影响角色的面部表情和情感表达。例如，微笑、大笑、嘟嘴和咬唇等都是通过特定的嘴部姿态来表现的。常见的嘴部姿态包括嘴唇的张开、闭合、弯曲和伸缩等动作，这些姿态能够表达各种情感和动作，每一种姿态在角色的表情传达中都有着不可或缺的作用。

9.5.1 制作“闭嘴”姿态

嘴部姿态比较多，共 22 个，在制作嘴部姿态时需要耐心完成，具体的操作步骤如下。

01 打开Cinema 4D，导入并打开制作姿态的模型文件。

02 在“视图”窗口中选中嘴部控制器，将面部姿态调整为闭嘴，如图9-21所示，单击“关键帧”按钮创建关键帧。

03 到“姿态库浏览器”面板中新建层级，将姿态名称改为“闭嘴”，再单击“捕捉缩略图像”按钮，捕获“闭嘴”表情。

9.5.2 制作“嘟嘴”姿态

制作“嘟嘴”姿态的具体操作步骤如下。

01 将时间线拖至下一帧位置，并清零数据创建关键帧，随后将嘴部控制器调整为“嘟嘴”的姿势，如图9-22所示。

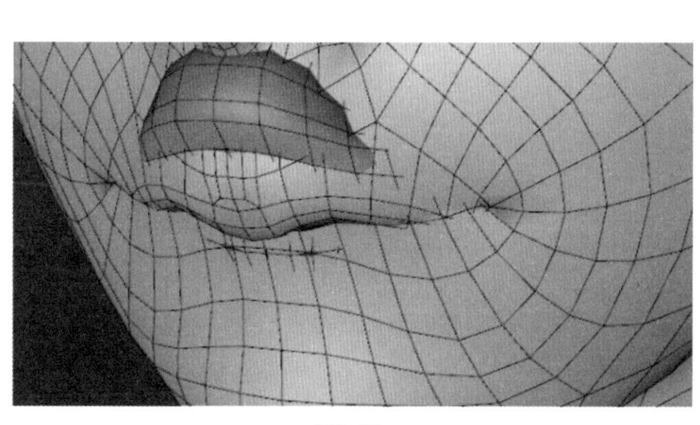

图9-21

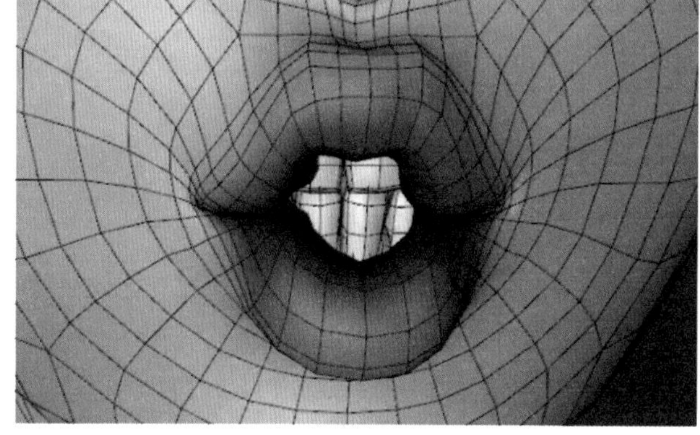

图9-22

02 在“姿态库浏览器”面板中新建层级，将姿态名称改为“嘟嘴”，再单击“将对象添加/覆盖到姿态”按钮，随后单击“捕捉缩略图像”按钮，捕获“嘟嘴”表情画面。

9.5.3 制作“噘嘴”姿态

制作“噘嘴”姿态的具体操作步骤如下。

01 将时间线拖至下一帧位置，并清零数据创建关键帧，随后将嘴部控制器调整为“噘嘴”的姿势，如图9-23所示。

02 调整好“噘嘴”姿态后，在“姿态库浏览器”面板中新建层级，将姿态名称改为“嘟嘴”，随后单击“捕捉缩略图像”按钮，捕获“噘嘴”表情画面，这样“噘嘴”姿态就完成了。噘嘴和嘟嘴有些相似，但是这两个姿态是不同的动作，缺一不可，表情的调整和制作也是一个漫长的过程，需要耐心完成。

03 在制作好“闭嘴”“嘟嘴”“噘嘴”的姿态后，依次选中这3个姿态，将姿态分别导出为obj格式文件并保存。

04 将导出的obj格式文件，按“姿态中英文对照表”顺序合并至当前文件，并在“对象”面板中，将姿态重命名为“姿态中英文对照表”中对应的中文名称，例如合并的是“闭嘴”姿态，名称则改为“闭嘴”，其他姿态也是如此操作。

9.5.4 制作“左嘴角”及“右嘴角”姿态

制作“左嘴角”及“右嘴角”姿态的具体操作步骤如下。

01 在Cinema 4D视图窗口中，可选中默认嘴部控制器，将嘴部表情调整为“左嘴角往上移”的姿势，如图9-24所示，随后单击“关键帧”按钮创建关键帧，注意往上抬的嘴角要有弧度。

02 到“姿态库浏览器”面板中新建层级，将姿态名称改为“闭嘴”，再单击“捕捉缩略图像”按钮，捕获“闭嘴”表情。

03 将“左嘴角”表情保存为obj格式文件，再导入当前文件，在“属性”面板中选中“左嘴角”姿态，右击，在弹出的快捷菜单中选择“复制”和“粘贴”命令，复制“左嘴角”姿态，并把新复制的“左嘴角”重命名为“右嘴角”。

04 右击“右嘴角”状态，在弹出的快捷菜单中选择“反转X轴”选项，即可通过镜像完成“右嘴角”姿态的制作。

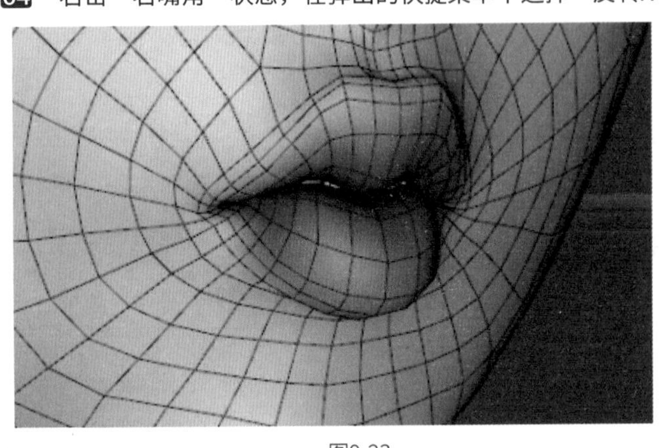
图9-23

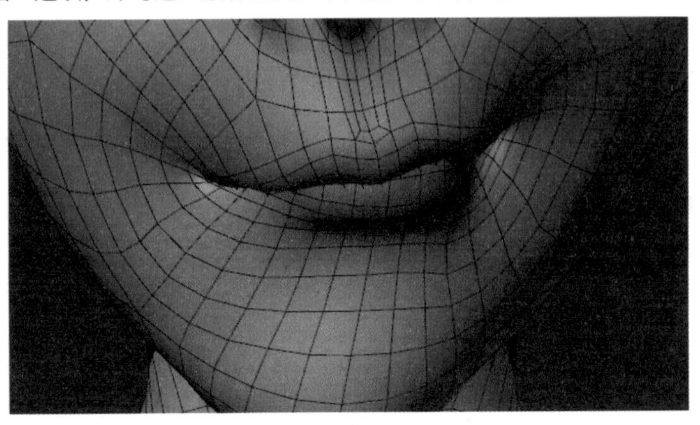
图9-24

提示

其他嘴部姿态制作方式与上述过程相同，此处就不逐一讲解了。

9.5.5 合并嘴部姿态

合并嘴部姿态的具体操作步骤如下。

01 打开Cinema 4D，导入并打开制作姿态的模型文件。

02 执行“文件”|“合并文件”命令，将预先制作好的obj格式姿态文件，按照“姿态中英文对照表”按顺序依次导入，随后在“对象”面板中将姿态重命名为“姿态中英文对照表”中对应的中文名称。

03 在“对象”面板中全选导入的姿态模型，按快捷键Alt+G结组，并锁定所有姿态，开始修正。

04 在“对象”面板中选中任意姿态，按住Shift键全选所有姿态，再按快捷键Alt+G，将所有姿态结组。

9.5.6 修正嘴部姿态

修正嘴部姿态的具体操作步骤如下。

01 在“对象”面板中选中“左嘴角”姿态，随后在工具栏中单击“平滑工具”按钮，在“视图”窗口中平滑左嘴角，使其嘴角位置变得圆滑。

02 单击“抓取工具”按钮，将模型嘴唇没有完全闭合的位置，拖至闭合状态，如图9-25所示。

03 在“对象”面板中选中“嘴角左侧拉伸”选项，此处嘴角位置也没有闭合，如图9-26所示。

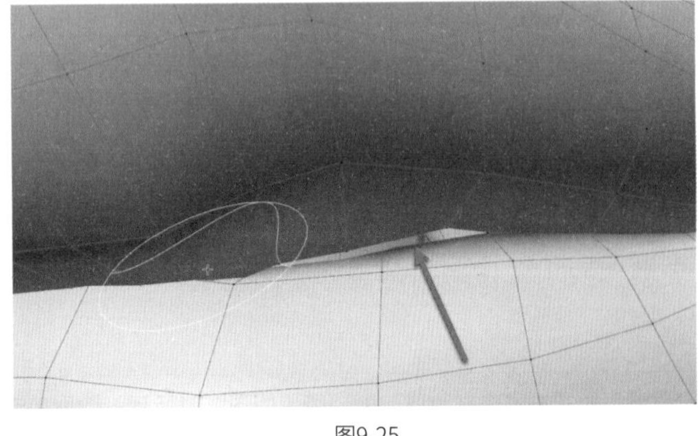
图9-25

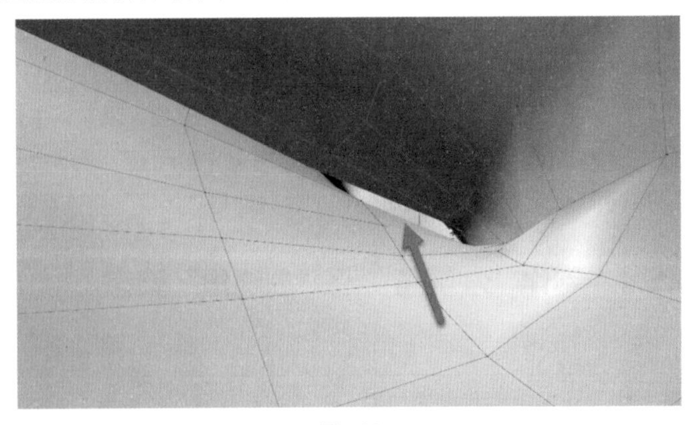
图9-26

04 单击“点模式”按钮，在点模式下，选中嘴角相应的模型点，调整点位置来修复嘴角姿态，其他姿态修复和调整也可以采用上述方法操作。

05 在“对象”面板中选中“嘴角左酒窝”选项，随后在“菜单栏”面板中单击“实时选择”按钮，选中需要调整的嘴角位置，在“属性”面板中单击“柔和选择”按钮。

06 在“柔和选择”窗口中单击“全部”按钮，将“半径”值改为1cm，随后在点模式下，选中“嘴角”位置，将嘴角向上调整。将导入的所有嘴部姿态调整完毕后，可以在“对象”面板中全选所有姿态，并复制到模型文件的pose层级下。

07 在“对象”面板中单击“身体”后的姿态标签，随后选中导入的所有姿态，将它们拖至“姿态”栏中。

08 拖动相应“动作”滑块，检查动作是否正确。若不正确可能是没有归位，待归位后再创建关键帧即可。

9.5.7 制作“翻上嘴唇”姿态

制作“翻上嘴唇”姿态的具体操作步骤如下。

01 打开Cinema 4D，导入并打开制作姿态的模型文件。

02 在“视图”窗口中选中虚拟角色面部控制器，将上嘴唇往上提拉并旋转，最后将两侧脸颊稍稍往下拉，鼻子也往下拉，将面部姿态调整为“翻上嘴唇”姿态。

03 调整完毕后，在“姿态库浏览器”面板新建姿态，将名称改为“翻上嘴唇”并单击“捕捉缩略图像”按钮，记录“翻上嘴唇”的姿态，如图9-27所示。

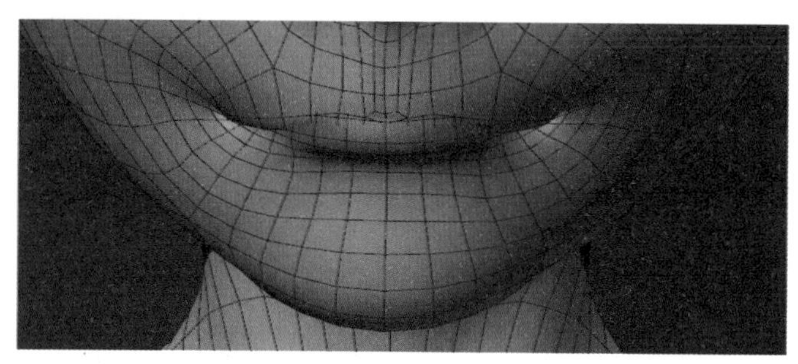

图9-27

9.5.8 制作“耸嘴唇”姿态

制作“耸嘴唇”姿态的具体操作步骤如下。

01 选中虚拟角色面部控制器，旋转上嘴唇并微微往外翻，鼻子往下压，将面部姿态调整为“耸上嘴唇”姿态，如图9-28所示。

02 调整完毕后，在“姿态库浏览器”面板中新建姿态，记录当前关键帧，随后将名称改为“耸上嘴唇”并单击“捕捉缩略图像”按钮，记录“翻上嘴唇”的姿态。

03 选中虚拟角色嘴唇控制器，将下嘴唇控制器往下拉并缩小，将面部姿态调整为“耸下嘴唇”姿态，如图9-29所示。

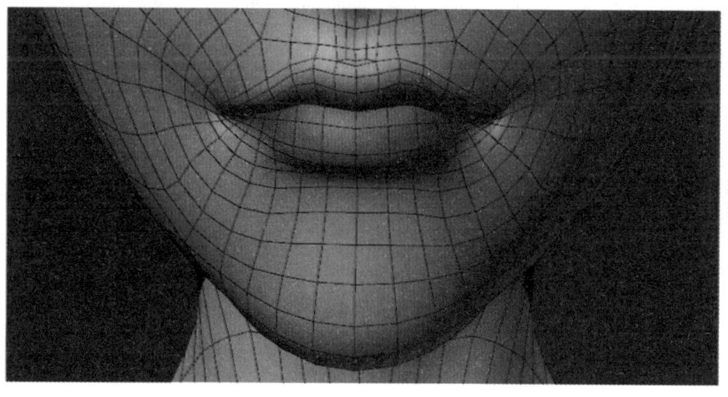

图9-28

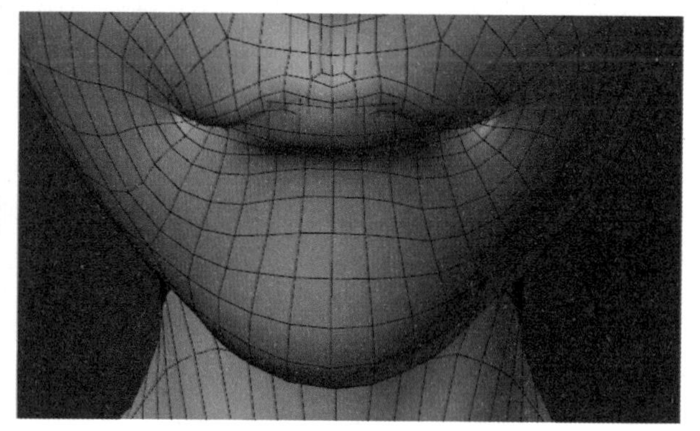

图9-29

04 调整完毕后，在“姿态库浏览器”面板中新建姿态，并记录当前关键帧，随后将名称改为“耸上嘴唇”，单击“捕捉缩略图像”按钮，记录“翻上嘴唇”的姿态，其他姿态制作方法相同。

9.5.9 微调嘴部姿态

当所有嘴唇部分的姿态都已完成制作，接下来需要按照“姿态中英文对照表”的顺序将这些姿态全部导出。导出的格式应选择 obj。在制作表情模板的过程中，由于步骤存在一定的重复性，长时间进行类似的姿态动作制作可能会导致麻木或大意。因此，在完成一部分制作后，务必进行仔细检查，特别注意姿态的命名是否准确。如果发现姿态存在问题，应及时修正，以确保最终的表情模板的质量。具体的操作步骤如下。

01 导出完毕，将“对象”面板的所有姿态删除，随后执行“文件”|“导入”命令，导入预先准备好的obj格式姿态文件。

02 打开顺序需要按照“姿态中英文对照表”的顺序。在“对象”面板中，单击导入的姿态，并按住Shift键，全选所有姿态，再按快捷键Alt+G，将所有姿态结组，即可开始姿态检查并开始依次修正姿态。

9.5.10 调整“下嘴唇左下”姿态

在“对象面板”中选中“下嘴唇左下”姿态，回到“视图”窗口，单击“点模式”按钮，在点模式下，选中“下嘴唇左下”状态需要调整的模型点，调整点位置，可修复模型面部等问题。

9.5.11 反转姿态并排序

反转姿态并排序的具体操作步骤如下。

01 选择所有控制器，单击工具栏中的“复位”按钮，随后将模型面部在“无姿态”状态下创建关键帧。

02 将修正好的姿态全选，拖至“属性”面板的姿态标签下方，随后检查每一个姿态是否有问题。复制粘贴所有需要镜像的嘴部姿态，再修改名称。右击并在弹出的快捷菜单中选择“反转X轴”选项，并按照“姿态中英文对照表”进行排序，如图9-30所示。

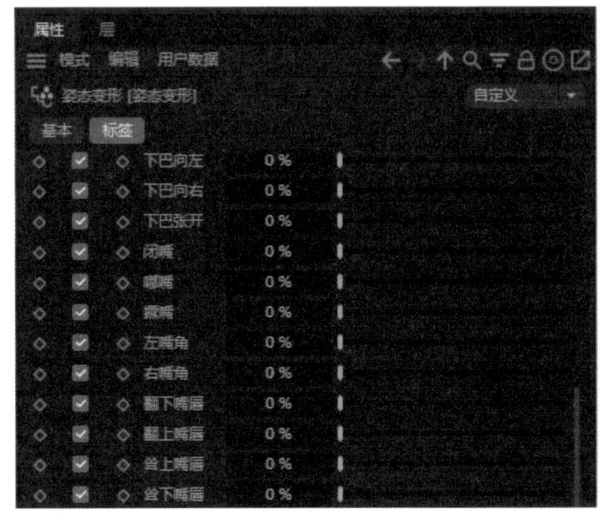

图9-30

9.6 调整眉毛姿态及最终检查

通过调整眉毛的姿态，我们可以有效地影响角色的面部表情和情感表达。例如，开心、生气、惊讶等情感都可以通过特定的眉毛姿态来传达。常见的眉毛姿态包括抬起、下降、弯曲、舒展等，这些不同的姿态能够表达各种不同的情感和动作，是角色表情传达中不可或缺的部分。

9.6.1 制作“眉毛左下”姿态

制作“眉毛左下”姿态的具体操作步骤如下。

01 打开Cinema 4D，导入并打开制作的姿态模型文件。

02 在“视图”窗口中选中虚拟角色的眉毛控制器，将面部姿态调整为“眉毛左下”，如图9-31所示。

03 调整完毕后，在“姿态库浏览器”面板中新建层级，将姿态名称改为“眉毛左下”，再单击“将对象添加/覆盖到姿态”按钮，随后单击“捕捉缩略图像”按钮，捕获“眉毛左下”表情画面。

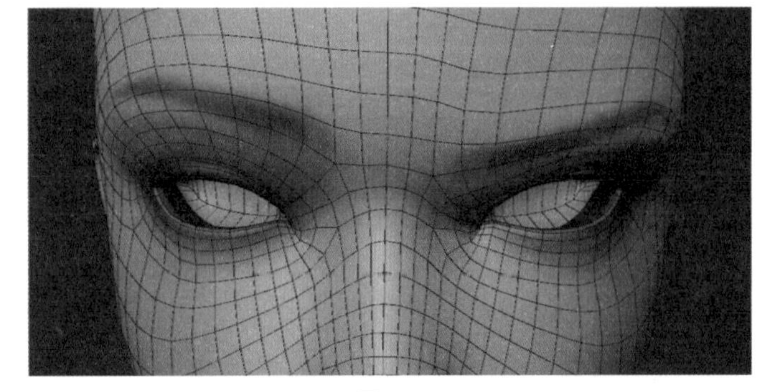

图9-31

9.6.2 制作“眉心朝上”姿态

制作“眉心朝上”姿态的具体操作步骤如下。

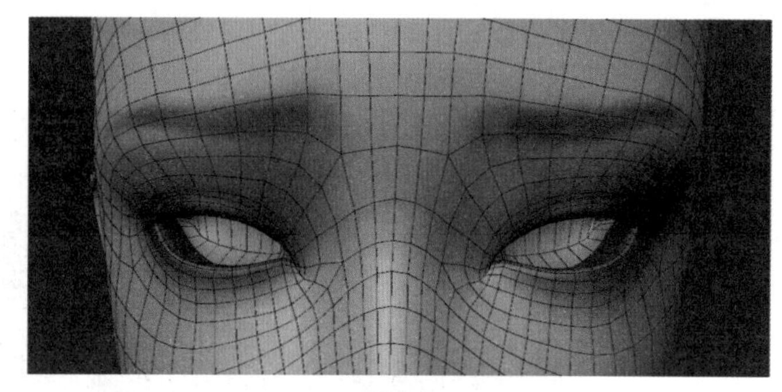

图9-32

01 选中眉毛控制器，将眉毛往里缩，要有皱眉的感觉，如图9-32所示。

02 调整完毕后，在“姿态库浏览器”面板中新建层级，将姿态名称改为“眉心朝上”，再单击“将对象添加/覆盖到姿态”按钮，随后单击“捕捉缩略图像”按钮，捕获“眉心朝上”表情画面。

9.6.3 制作“眉头左上”姿态

制作“眉头左上”姿态的具体操作步骤如下。

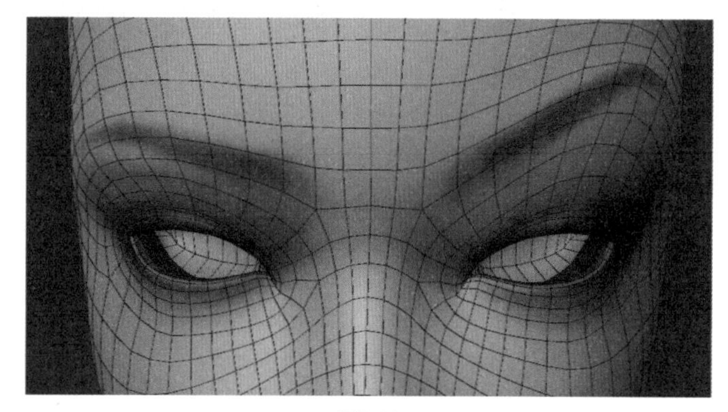

图9-33

01 选中眉毛控制器，将眉毛部分往上提，使眉毛呈现“眉头左上”姿态，如图9-33所示。

02 调整完毕后，在“姿态库浏览器”面板中新建层级，将姿态名称改为“眉头左上”，再单击“将对象添加/覆盖到姿态”按钮，随后单击“捕捉缩略图像”按钮，捕获“眉头左上”表情画面。

03 “脸颊”“鼻子”“吐舌头”的姿态制作方法与上述眉毛姿态的制作方法相同，在此不再赘述。

9.6.4 完成剩余的姿态并检查

完成剩余的姿态并检查的具体操作步骤如下。

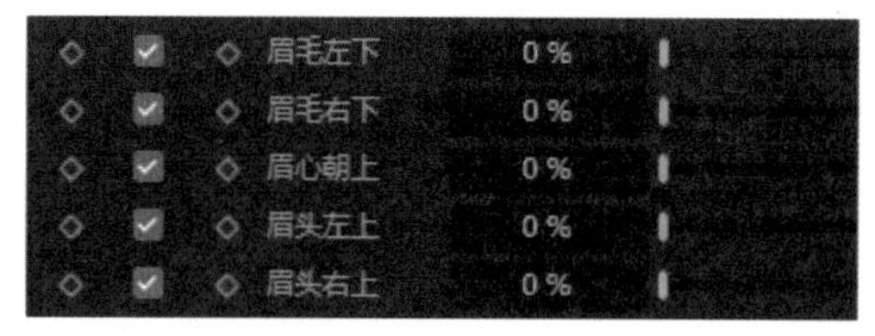

图9-34

01 将预先导出的obj格式姿态文件合并到所有姿态文件中，并重命名为对应姿态名称。

02 按照“姿态中英文对照表”的顺序，将做好的所有表情姿态排序，如图9-34所示。

03 在“对象”面板中依次选中姿态，检查姿态是否需要微调，有则再次调整。

04 在“对象”面板中选中任意姿态，按住Shift键全选所有姿态，再按快捷键Alt+G，将所有姿态结组。

05 选中姿态，将所有姿态拖至“属性”面板中，并检查顺序是否正确，至此，表情模板制作完成。

9.7 面部测试总结

本节的主要任务是测试表情模板。在测试过程中，需要重点考虑表情模板的识别准确性。具体而言，我们将验证表情模板是否能准确地识别出各种表情，并在不同的场景下表现稳定。此外，还将评估模板是否能够根据不同的场景和需求进行灵活的扩展或修改。通过这些测试，可以确保表情模板在实际应用中的可靠性和有效性。

接下来介绍面部测试的准备工作，具体如下。

01 表情模板制作好后，与面部控制器冲突，需要把面部控制器断开。首先在“对象”面板中选中“角色”选项，随后在“属性”面板的FACE_HUD_CONTROLS（面部HUD控件）下取消选中enable_facemorph_xpresso复选框即可，如图9-35所示。

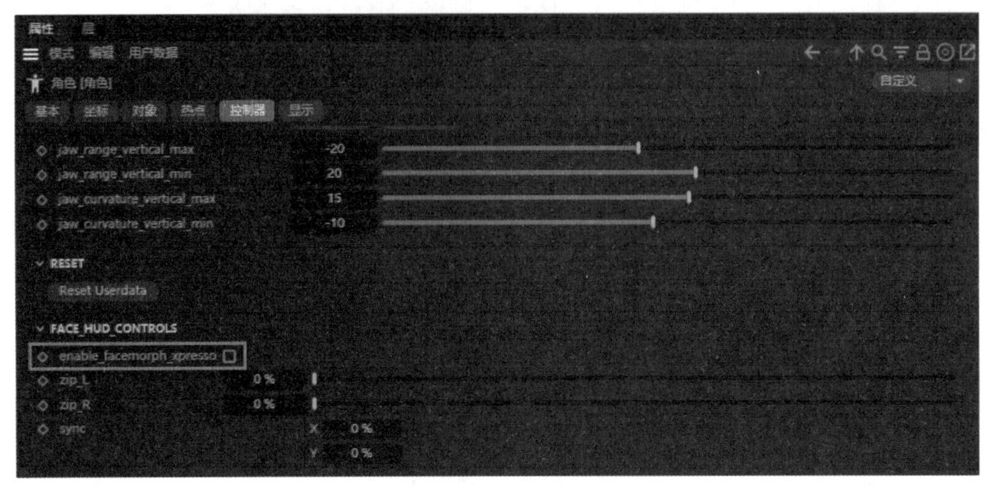

图9-35

02 之前在制作表情模板时，为了方便制作眼部姿态，眼球部分被删除，所以目前需要进行完整的面部动作捕捉，重新导入并合并眼球。在“对象”面板中双击打开“中转站XPresso”标签，随后将姿态重新连接，如图9-36所示，此时播放即可看到姿态动画。

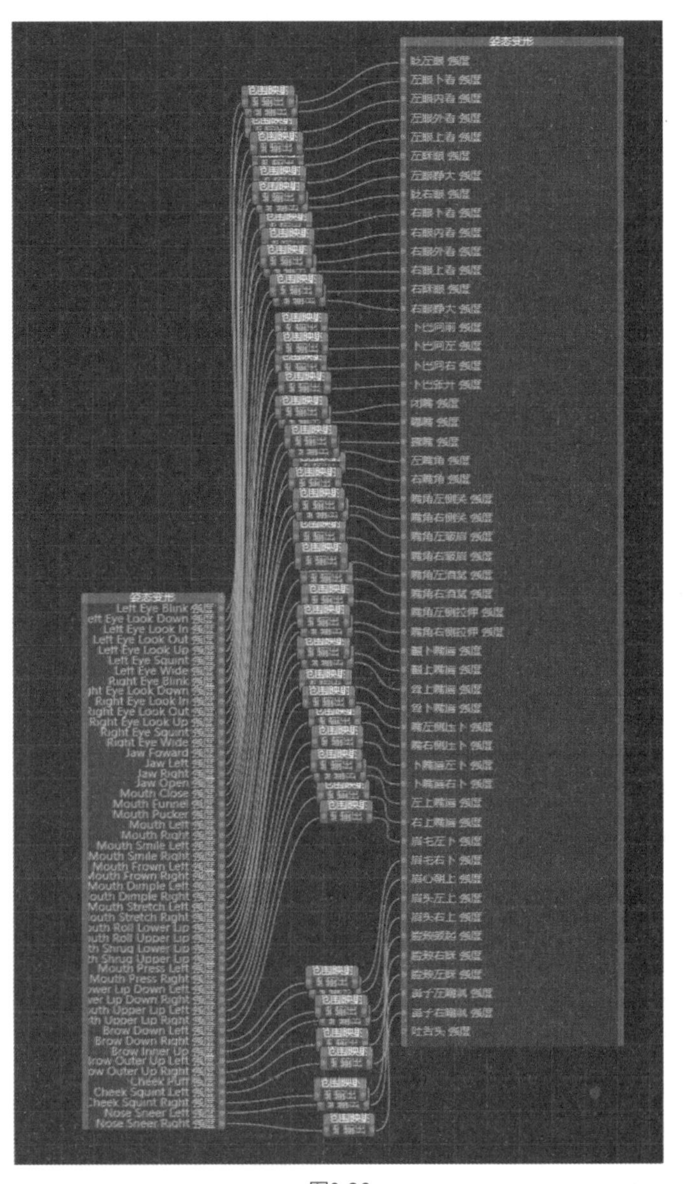

图9-36

第 10 章

虚拟角色服装设计及布料动力学

布料动力学是一门跨学科的学问，它专注于研究布料在运动过程中的力学特性。在 Marvelous Designer 软件的实际应用中，布料动力学能够模拟布料的褶皱和细节，并允许用户即时查看模拟效果。此外，该软件还支持生成 obj 格式的文件，这使它能够与各种建模软件无缝配合，从而显著减少了制作布料物理属性模型所需的时间。本章将深入探讨虚拟角色服装的创建以及服装布料动力学的应用，通过具体案例展示如何快速制作虚拟角色的服装动力学效果。

10.1 Marvelous Designer软件界面

Marvelous Designer（简称 MD）是一款功能强大的 3D 服装设计软件。相比普通 3D 软件在服装设计方面的应用，Marvelous Designer 能够更完整地展现服装的褶皱和面料的质感，使设计师能够高效地完成人物服装和道具面料的设计制作。Marvelous Designer 有两个版本可供选择：Marvelous Designer 10 和 Marvelous Designer 11。对于初学者而言，建议不要将 11 版本作为首选，因为该版本存在容易崩溃和死机的问题。相比之下，10 版本更加稳定可靠。因此，本节将以 Marvelous Designer 10 版本为例进行讲解。

10.1.1 界面展示

Marvelous Designer10 的操作相对其他 3D 操作软件要简单一些，菜单栏中的所有命令在面板中几乎都有，如图 10-1 所示。

图10-1

（1）菜单栏：Marvelous Designer 软件菜单栏包括文件、编辑、3D 服装、2D 板片等多个菜单。

（2）3D 工具栏：Marvelous Designer3D 是一种可视化界面，可以帮助用户在二维显示器上呈现三维立体的效果，并对其进行各种编辑和调整。

（3）2D 工具栏：用来控制和操作 2D 环境中的对象，包含选择工具、线条工具、形状工具、文本工具、填充工具、导出工具等。

选择最左侧“图库”|Avatar（模特）选项，选择 Female_V2 文件夹，打开模型，如图 10-2 所示。

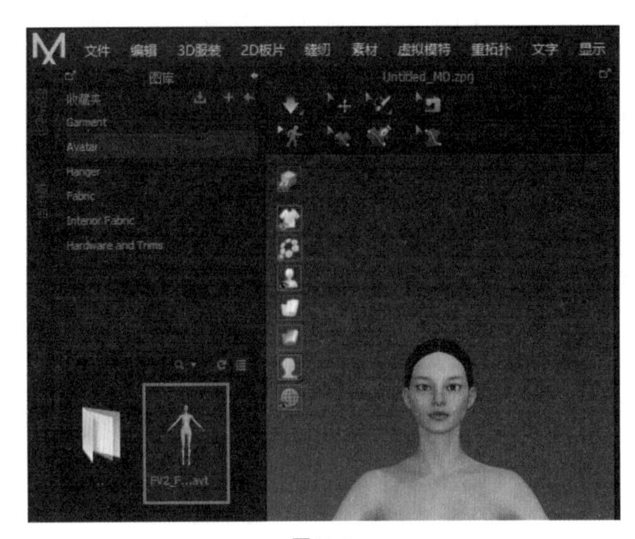

图10-2

当要导入文件时，执行“文件”|“添加”命令，选择需要导入的文件即可；当要导入服装时，执行“文件”|“添加”|“服装”命令，选择服装预设文件并打开，即可载入预设服装；当要进行服装模拟时，在3D工具栏中单击“模拟”按钮，即可为模特穿上预设的服装。

10.1.2 菜单栏常用功能

“3D服装”菜单，如图10-3所示。

※ 固定针（套绳）：可将选中的服装区域点、面固定在某一处位置，并在模拟时保持固定。

※ 选择网格（笔刷）、选择网格（箱体）、选择网格（套绳）：用于设置选择类型。

※ 重置2D安排位置（全部）：查看模特服装的三维板片情况。

“2D板片”菜单，如图10-4所示。

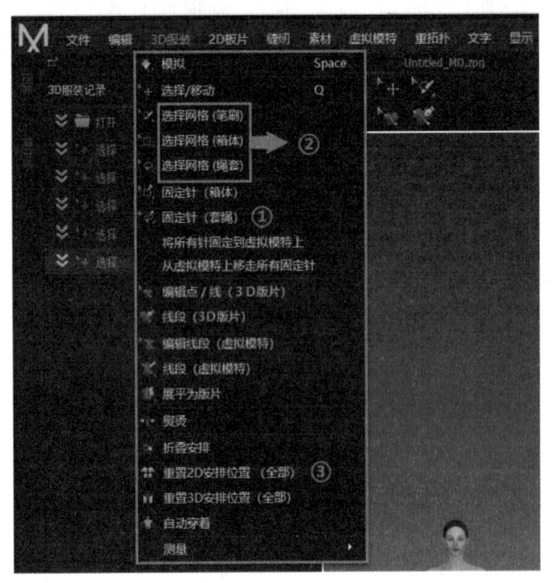

图10-3

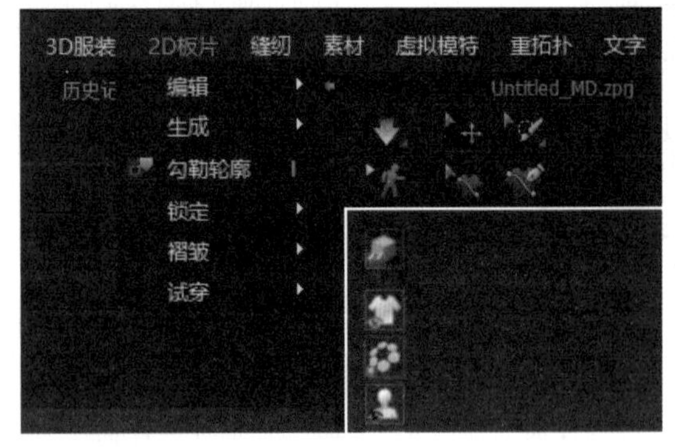

图10-4

※ 生成：可在2D板片上绘制省、正方形、口袋等图形。

※ 褶皱：制作百褶裙的常用工具。

※ 试穿：快速调节形态，使服装更加贴合模特，自动调整至合适的尺寸。

“缝纫”菜单，如图 10-5 所示。

※ 编辑缝纫线：选择已有的缝纫线并进行编辑。

※ 线缝纫：将两条自然的缝合线缝合起来。

※ 自由缝纫：将3条以上的缝合线进行缝合。

“素材”菜单中，“纹理”和“图形”命令不常用，通常会在 SP 软件中绘制。

“虚拟模特”菜单中，提供了对模特进行编辑时的常用“测量”工具。

“显示”菜单中，激活相应的命令，即可展现对应的预览效果。

当世界坐标不方便操作时，尽可能在“偏好设置”菜单中选用“局部坐标”（以物体为中心）选项，如图 10-6 所示，屏幕坐标将朝向摄像机。

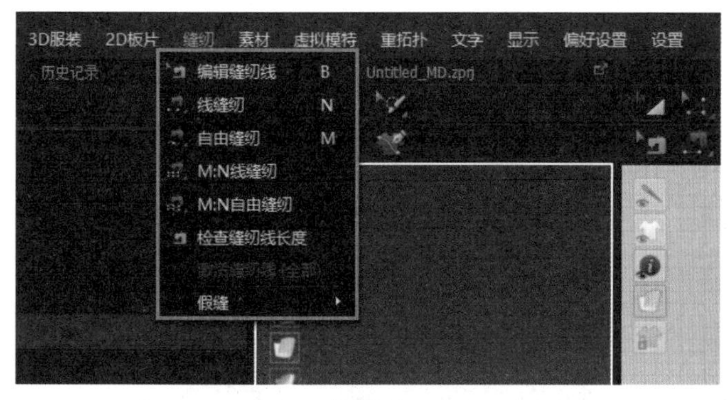

图10-5

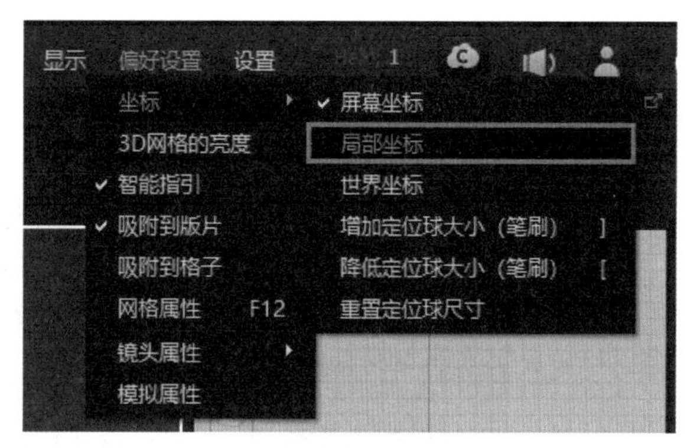

图10-6

10.1.3 其他功能

Marvelous Designer 软件右下角有 4 个按钮，如图 10-7 所示。

（1）“双屏”按钮：包括一个主面板和一个副面板。

（2）“显示 3D 界面”按钮：切换 3D 界面，便于查看和编辑绘制的图形。

（3）“显示 2D 界面”按钮：切换 2D 界面，使绘制的图形更加平面化，方便进行排版和编辑等操作。

（4）“复位”按钮：功能等同于硬件上单击“复位”按钮，激活时回到初始位置。

单击 SIMULATION（视图模式）按钮，在弹出的菜单中包含 SIMULATION（解算模式）、ANIMATION（动画编辑模式）、MODULAR（服装编辑模式）、UV EDITOR（UV 视图模式）、SCULPT（雕刻模式）选项，可切换软件界面布局，如图 10-8 所示。

图10-7

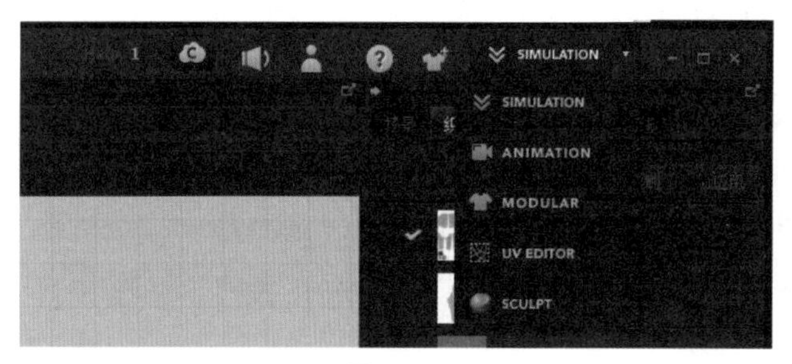

图10-8

10.2 制作上衣和裙子

本节将介绍如何为虚拟角色设计制作古装。在使用 Marvelous Designer 软件制作古装上衣之前，我们需要了解所需的材料和工具。通常，缝纫线、布料、剪刀和镊子等实体工具是必不可少的。请注意，这里提到的“软件工具”应为“实体工具”，因为 Marvelous Designer 是一个虚拟服装设计软件，而缝纫线、布料、剪刀和镊子等都是实际的物品。制作古装上衣不仅需要技巧和经验，更需要发挥创造力，用心去感受每一个细节。希望本节的内容能为大家在制作古装上衣的过程中提供启发，并期待未来能看到更多独具特色的古装上衣作品。

10.2.1 导入角色模型

在导入角色之前，需要对将要制作的服装类型有一个清晰的概念。可以预先寻找合适的服装参考图，如图 10-9 所示，并分析参考图中的板片是如何构建的。此外，了解服装受众群体的特点和喜好也是至关重要的，这将有助于我们确定服装的款式、颜色、材料等关键要素。导入角色模型的具体操作方法如下。

01 执行“文件”|“导入”命令，并在弹出的Import obj对话框中选择预先制作好的obj格式模型文件。

02 Marvelous Designer软件是基于物理模拟的软件，因此尺寸必须符合真实物体的尺寸，所以在Import obj对话框中的%文本框中输入1000.00%，将模型尺寸放大10倍，其余保持默认设置即可，如图10-10所示。

图10-9

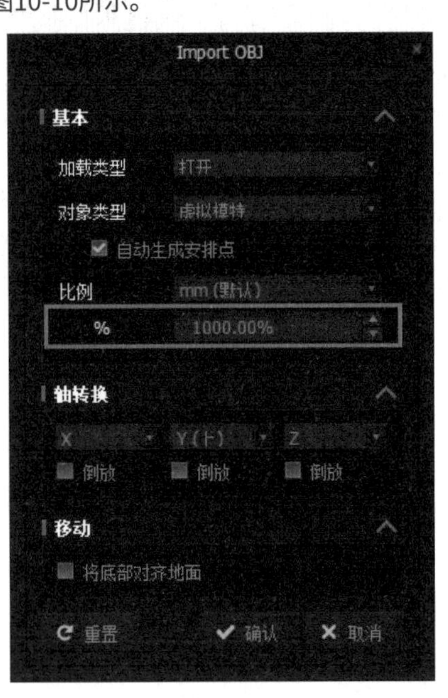

图10-10

10.2.2 绘制内衣

古装内衣是古装服装制作的第一层，具体的操作步骤如下。

01 在“2D工具栏”中单击“长方形工具”按钮，在2D操作面板的角色胸部位置绘制一个长方体，如图10-11所示。

02 选中绘制的长方体，在“2D工具栏”中长按“编辑板片”按钮，在弹出的菜单中选择“编辑板片”选项。

03 在编辑板片模式下，选中长方体上方的一条线，并在选中的线段中间部分右击，在弹出的快捷菜单中选择“分割”选项，如图10-12所示。

04 在弹出的“分割”对话框中，将“比例”值调整为50%，此时会在长方体线段中间出现一个编辑点，如图10-13所示。

05 选中长方形线段中间部分的点，并向下拖曳，再选中底部左右两个点，按←键和→键，调整板片形态。

06 选中调整好的板片，按快捷键Ctrl+C复制板片，再按快捷键Ctrl+V粘贴板片。

07 在左侧三维视图中，通过“选择/移动”工具，调整第二块板片的位置至角色后方。

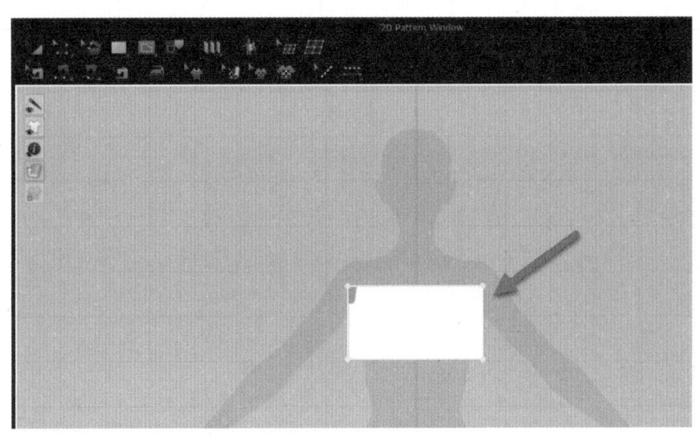

图10-11

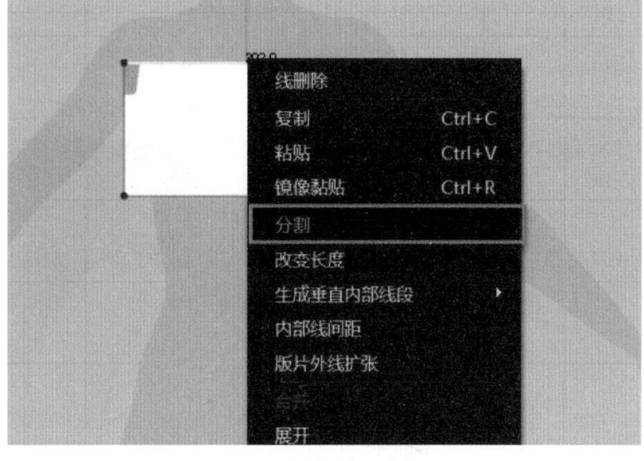

图10-12

08 选中第二块板片并右击，在弹出的快捷菜单中选择“表面翻转”选项，翻转此板片的方向。

09 在“3D工具栏”中单击“线缝纫工具”按钮，将两块板片缝合，如图10-14所示。

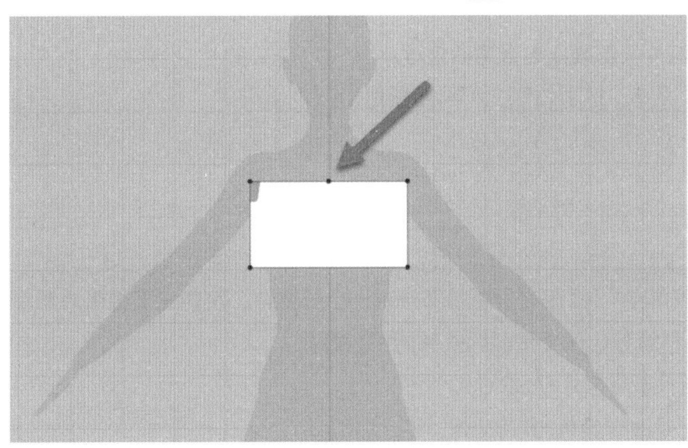

图10-13

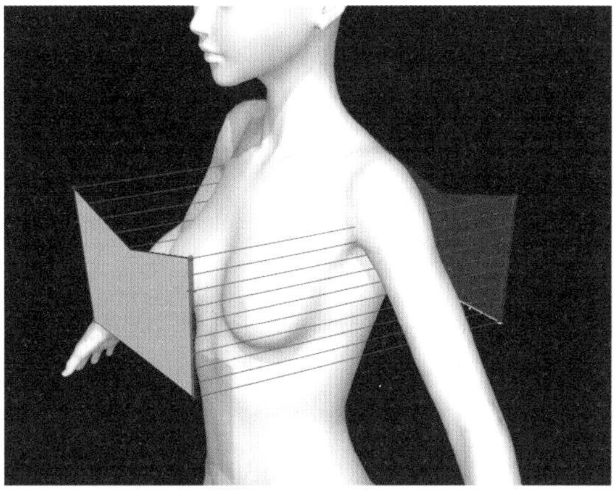

图10-14

10 在“2D工具栏”中单击“内部多边形/线工具”按钮，在板片左上角单击，拉出一条线，随后双击完成内部线的绘制。

11 按快捷键Ctrl+C复制，再按快捷键Ctrl+V粘贴，复制此线。

12 按住Shift键选中左右两条线，并按快捷键Ctrl+C复制，再按快捷键Ctrl+V粘贴，复制两条线至第二块板片，如图10-15所示。

13 绘制与内部线段同宽的长方形，并与前后两块板片中的线缝合，如图10-16所示。

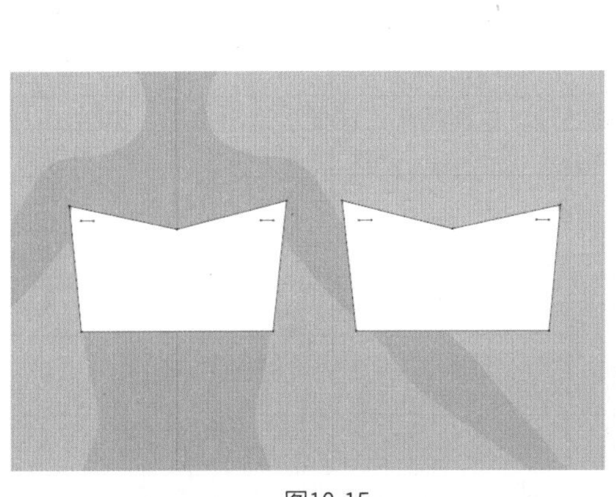

图10-15

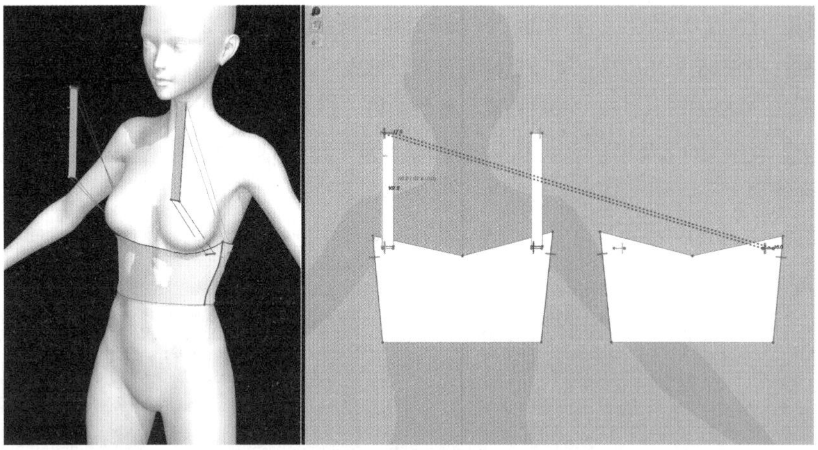

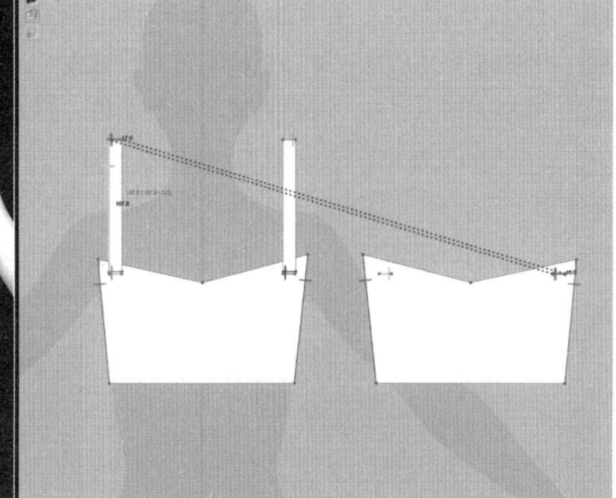

图10-16

提示

按快捷键Ctrl+B，可反转缝纫线方向。

14 调整板片位置、大小和角度至合适状态并进行解算，在解算过程中，鼠标指针变成手形，可按住鼠标左键不放拖曳服装。

15 通过“应力图”了解肩带的状态，呈红色时表示拉扯力过大。

16 将肩带板片的长度调整至适合状态，如图10-17所示。

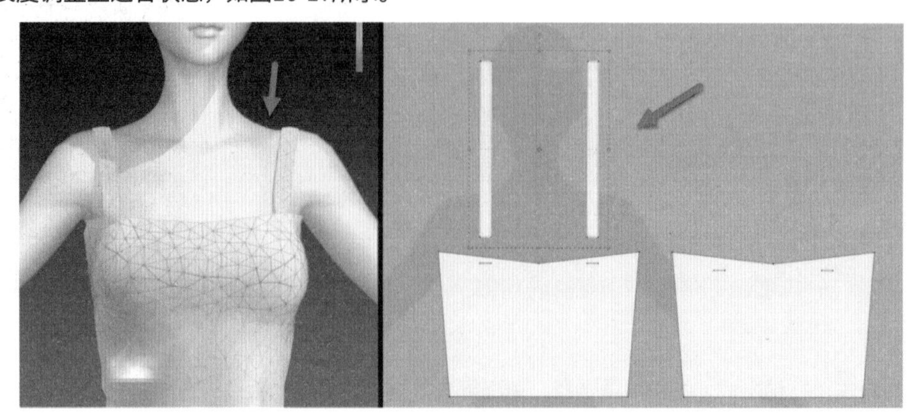

图10-17

17 在“2D工具栏”中单击“编辑圆弧工具”按钮，对板片底部线条进行弯曲处理。

18 选中模拟好的内衣并右击，在弹出的快捷菜单中选择“冷冻”选项，使之不再受模拟影响。

10.2.3 绘制腰带

绘制腰带的具体操作步骤如下。

01 在“2D工具栏”中单击“长方形工具”按钮，在“2D操作”面板的角色腰部绘制一个长方体，制作完整腰带并解算。

02 在绘制完成腰带板片后，选中内衣板片，按快捷键Ctrl+K解冻，使腰带与内衣共同参与解算。

03 在“物体窗口”面板的“织物”栏中单击“增加”按钮，新增板片FABRIC 2。

04 在“属性编辑器”面板中将FABRIC 2改名为“腰带”，并改变颜色加以区分。

05 将内衣纬向缩率和径向缩率调整至100%，将腰带板片的纬向缩率调至50%，使其有拉扯的感觉。

06 调整完成后并右击，在弹出的快捷菜单中选择“冷冻”选项，使之不再受模拟影响。

10.2.4 绘制裙子

绘制裙子的具体操作步骤如下。

01 在“2D工具栏”中单击“长方形工具”按钮，在“2D操作”面板中绘制竖向矩形。

02 选中左下角的点，长按鼠标左键进行拖曳，调整为三角形态，随后选中右下角的点并拖曳，位置要与左侧对称。

03 调整完毕后，在“移动距离”面板中将“移动的距离”值调整为200。

04 在“2D工具栏”中单击“编辑圆弧工具”按钮，对板片底部线条进行弯曲处理，这样裙子形态便呈现出来了，如图10-18所示。

05 选中裙子板片并右击，在弹出的快捷菜单中选择“克隆层（外部）”选项，复制一个同样的板片，并调整位置和方向，如图10-19所示。

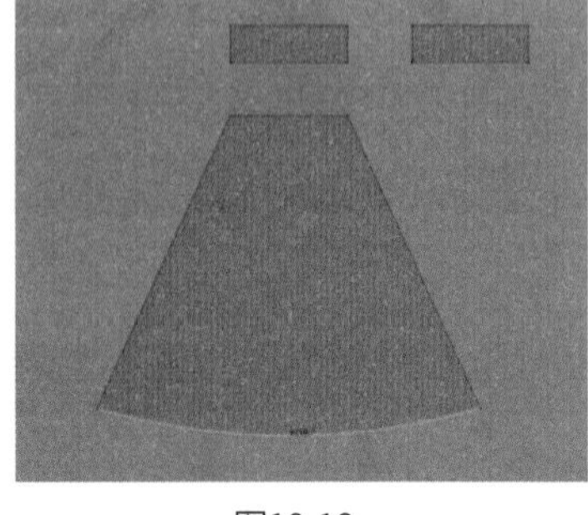

图10-18

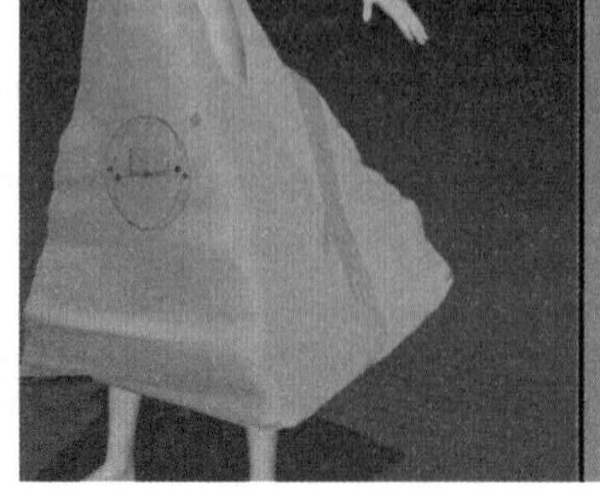

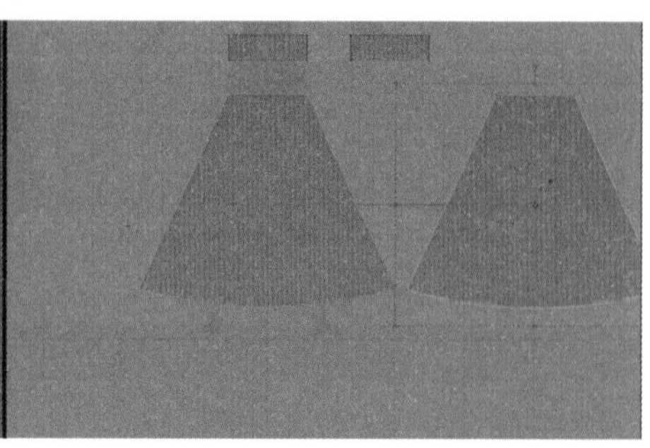

图10-19

06 在“3D工具栏”中单击“编辑缝纫线工具”按钮，按住鼠标左键框选裙子的所有缝纫线，单击“删除缝纫线”按钮并重新缝线。

07 通过选择“重置3D安排位置（选定的）”选项，重新编辑调整板片。

08 使用“固定帧（箱体）”工具，调整裙子板片样式。

09 使用“选择网格（箱体）”工具，框选裙子的一角，按住鼠标左键拖曳将裙子的一角拉起，观察模拟效果。多余的固定针可通过右击，在弹出的快捷菜单中选择“删除选择的固定针”选项删除。

提示

编辑其中一块裙子板片时，克隆的板片会自动同步调整。

10.3 制作裙摆

通过 Marvelous Designer 软件，可以模拟出各种颜色、图案和纹理的面料效果，同时还能处理各种细节，从而让裙摆看起来更加美观和精致。裙摆的制作其实并不复杂，只需熟练掌握并运用板片的编辑技巧，以及点位的排布方法即可。对于初学者来说，可以下载模板板片进行临摹练习，以便更快地掌握裙摆制作的技巧。

10.3.1 绘制并编辑裙摆内部线

绘制并编辑裙摆内部线的具体操作步骤如下。

01 在“2D工具栏”中单击“长方形工具”按钮，在“2D操作”面板的人物腰部，绘制竖向矩形为腰带板片。

02 选中绘制的腰带板片，在“2D工具栏”中长按“编辑板片”按钮，在弹出的快捷菜单中选择“编辑板片”选项，绘制内部线。

03 在编辑板片模式下，选中长方体上方的一条线，并在选中的线段中间部分右击，在弹出的快捷菜单中选择“分割”选项，绘制与内部线中间两点同等宽度的矩形。

04 在“3D视图”面板中移动、旋转至合适的状态，进行缝合和模拟，如图10-20所示。

图10-20

10.3.2 绘制裙摆饰带

绘制裙摆饰带的具体操作步骤如下。

01 按快捷键Ctrl+C复制，再按快捷键Ctrl+V粘贴，复制两条线至第二块板片。

02 按快捷键Ctrl+C复制，再按快捷键Ctrl+V粘贴，复制裙摆2D矩形板片，移动、缩放至对称位置。

03 按快捷键Ctrl+C复制，再按快捷键Ctrl+V粘贴，复制板片，并调整为长、短两条，作为饰带，并更改饰带板片颜色以便区分。

04 执行“3D服装”|“固定针（套绳）”命令，在裙摆板片中添加与饰带同宽的点间距，将短饰带与裙摆内部线进行缝合并模拟，单击“模拟”按钮，进行模拟，如图10-21所示。

图10-21

10.3.3 绘制蝴蝶结

绘制蝴蝶结的具体操作步骤如下。

01 复制短饰带板片，缩短至合适长度，并缝合板片两端。

02 执行“3D服装”|“固定针（套绳）”命令，用“固定针”固定顶部并模拟。

03 右击反转模拟显示方向不正确的板片，如图10-22所示。

04 复制一个蝴蝶结，并将蝴蝶结与裙子缝合。

05 模拟后，蝴蝶结过于生硬，可以调整网格大小，将“粒子间距”值设置为5。

06 裙摆位置处于最上方，将蝴蝶结缝合其上，删除蝴蝶结及裙摆上的“固定针”，冷冻裙摆再进行模拟即可，如图10-23所示。

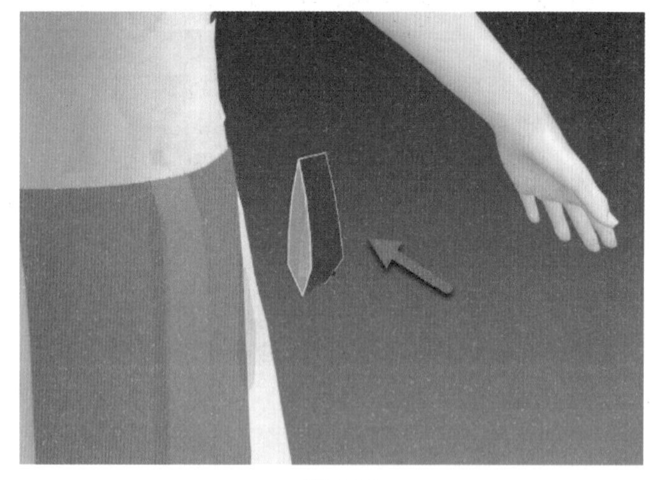

图10-22

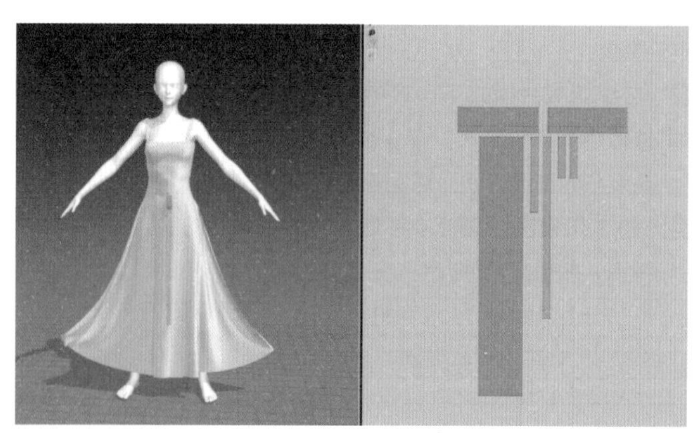

图10-23

10.4 制作外套

Marvelous Designer可以模拟面料的可持续性，包括评估对环境的影响和资源的消耗，从而帮助在设计阶段就进行优化，以减少对环境的负面影响。在制作外套和裙摆的板片时，虽然大体上相似，但在细节方面，如褶皱、纽扣、布料等的处理上，需要注意参数细微处的调整，以确保最终效果的精致和逼真。

10.4.1 绘制外套板片

绘制外套板片的具体操作步骤如下。

01 在“2D工具栏”中单击“长方形工具”按钮，在2D操作面板中，绘制竖向矩形为外套板片。

02 将板片调整至外套形状。

03 选中绘制的长方体，在“2D工具栏”中长按“编辑板片”按钮，在弹出的快捷菜单中选择“编辑板片”选项。

04 在编辑板片模式下，在袖口至底部线段之间添加点，为外套设计分割线，并在选中的线段中间右击，在弹出的快捷菜单中选择“分割”选项。

05 调整并移动袖口处的点，执行“编辑圆弧”命令，对板片外沿进行圆弧处理。

06 选中服装板片并右击，在弹出的快捷菜单中选择“对称板片”选项，按快捷键Ctrl+C复制，再按快捷键Ctrl+V粘贴，复制出外套另一侧的板片，如图10-24所示。

提示

前后面板片在肩膀处的宽度要尽可能保持一致。

07 更改复制的背部板片颜色，以进行区分。

08 在三维视图中移动、旋转板片至角色背面位置并进行缝合。

09 在“2D工具栏”中单击“M:N线缝纫工具”按钮，将前后板片自由缝合，如图10-25所示。

图10-24

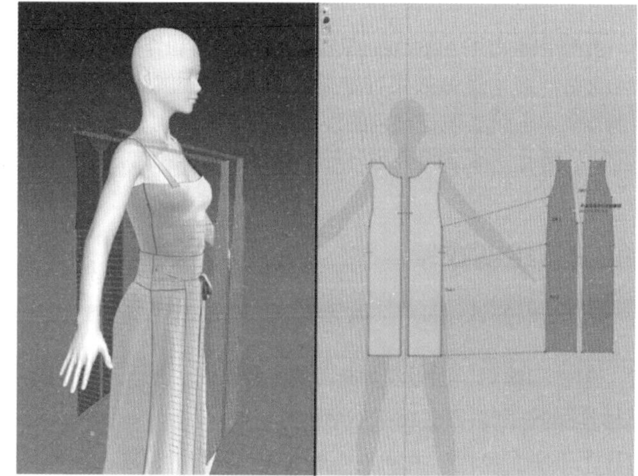

图10-25

10 在“3D工具栏”中单击“模拟”按钮进行外套模拟，并在解算状态下拖曳、调整至合适的状态。

11 删除裙子上的固定针，解冻所有板片，单击“模拟”按钮，模拟所有板片。

12 在“2D编辑”面板中调整服装板片大小至合适状态，随即冷冻除外套板片外的所有板片并模拟。

13 在“织物”面板中将外套板片单独设置为一种预设布料。

14 在“3D工具栏”中单击“假缝工具”按钮，并在模特身上假缝。

15 在“假缝”属性编辑面板中设置“线的长度（毫米）”值为80.0并模拟，如图10-26所示。

图10-26

10.4.2 处理外套褶皱

处理外套褶皱的具体操作步骤如下。

01 选择外套板片，选中板片外侧两角的点并上移，再向内稍稍移动，此处的位置和数值不固定，可根据需要进行调整。

02 适当分开两块板片之间的距离，选中线段并横移到合适的位置。

03 在“3D工具栏”中单击“模拟”按钮模拟外套，并在解算状态下拖曳，调整至合适的状态。

04 在模拟状态下，按鼠标左键拉扯，直到效果令人满意为止，如图10-27所示。

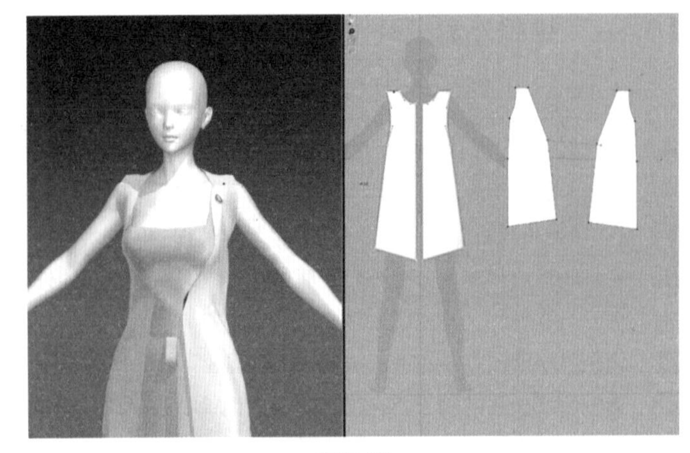

图10-27

10.5 制作衣领和袖子

Marvelous Designer 在衣领和袖子的制作上能够增加设计的多样性和创意性。衣领和袖子是服装的关键组成部分，对服装的贴合度和整体效果有着重要影响。通过 Marvelous Designer，可以更加精确地控制衣领和袖子的形状、大小、材料以及结构，从而实现更出色的设计效果。在绘制衣领和袖子时，其步骤与外套相似，但需要更加准确的尺寸来确保与外套的完美匹配。因此，本节将介绍与尺寸相关的功能和方法。

10.5.1 绘制衣领

绘制衣领的具体操作步骤如下。

01 在“2D编辑”面板左侧的工具栏中长按“显示2D信息”按钮，在弹出的菜单中选择“显示2D尺寸”选项，依次测量衣领处线段的长度，如图10-28所示。

02 在“2D工具栏”中单击“长方形工具”按钮，绘制长方形板片，绘制完成后双击板片，打开“制作矩形”窗口。

03 在“制作矩形”窗口中，根据所得相加线段数调整板片的高度为560.0mm，高度为560mm，即可精确绘制出自定义大小的矩形，如图10-29所示。

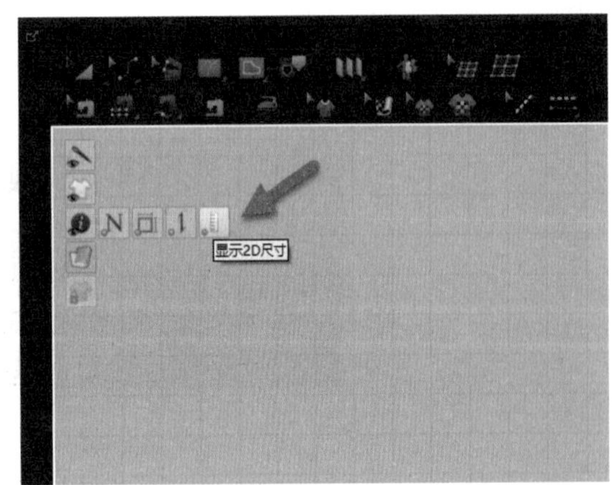

图10-28

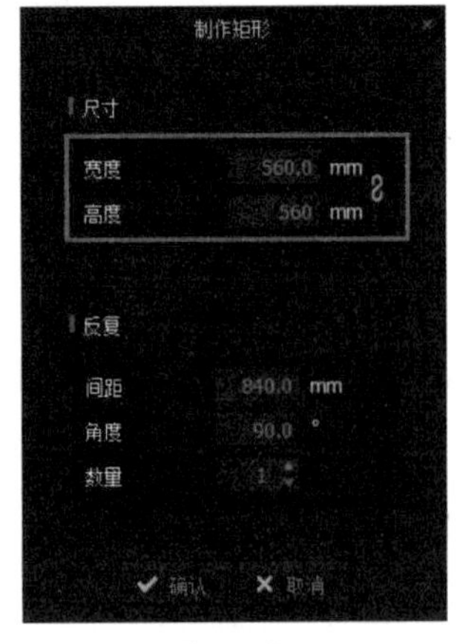

图10-29

04 在“2D工具栏”中单击“加点/分线工具”按钮，在需要分割的线段处右击，弹出“分裂线”对话框。

05 在“分裂线”对话框中输入想要分割的线段长度值，单击“确定”按钮即可。

06 依次将线段分割成4小段，数值分别为衣领处测量的4段数值，即172mm、108mm、108mm、172mm。

07 按住Shift键，压缩矩形宽度并旋转180°，连线衣领、冷冻外套并进行模拟。

提示

压缩矩形宽度时可等比缩放或旋转。

08 在“2D工具栏”中单击“M:N线缝纫工具”按钮，将衣领与外套自由缝合。

09 根据需要略增加衣领的宽度和长度，并修改板片密度值为10，解冻外套并模拟，如图10-30所示。

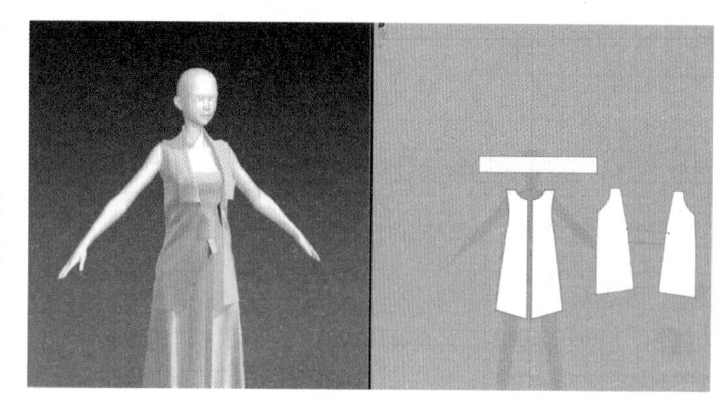

图10-30

10.5.2 绘制袖子

绘制袖子的具体操作步骤如下。

01 重复衣领测量步骤，测量袖子长度并相加。

02 在“2D工具栏”中单击“长方形工具”按钮，在“2D操作”面板，绘制竖向矩形为外套袖子板片，并移至手臂位置。

03 在“3D工具栏”中单击“线缝纫工具”按钮，将袖子板片与外套缝合并模拟，如图10-31所示。

04 模拟后发现方向不正确，可以选中板片并右击，在弹出的快捷菜单中选择“表面翻转”选项。

05 选择“线缝纫”工具缝合衣袖。

06 根据效果调整板片的宽度和高度，编辑板片形状，袖口处做圆弧处理。

07 右击板片，在弹出的快捷菜单中选择“堆成”选项，并在三维视图中调整至合适位置，采用同右衣袖的方法缝合并模拟，如图10-32所示。

图10-31

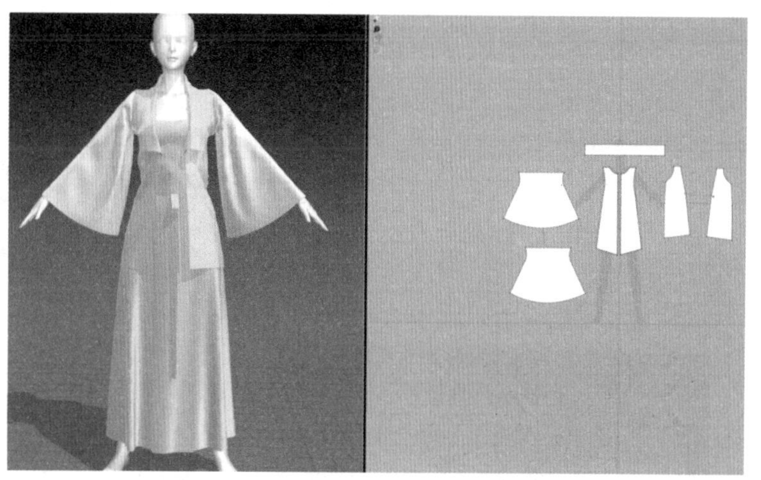

图10-32

10.6 整理板片UV

Marvelous Designer 中的板片 UV 整理功能对于提高产品质量和效率具有重要意义。UV 整理是指对服装板片进行纹理、拼接和排版的调整，以确保服装在制作过程中的准确性和一致性。通过 Marvelous Designer 的 UV 整理功能，可以使服装的纹理、拼接和排版更加精细和准确，从而帮助用户更好地控制服装的细节，如拼接处、省道、褶皱等的处理，确保最终制作出的服装与设计图稿高度一致。此外，Marvelous Designer 的 UV 功能相对简单，还可以方便地导入其他三维软件进行 UV 贴图的绘制，进一步提升了设计的灵活性和便捷性。

10.6.1 整理板片优化

整理板片优化的具体操作步骤如下。

01 解冻所有服装板片，在“3D工具栏”中单击“模拟”按钮，进行外套模拟，并在解算状态下调整至合适的效果。

提示

由于服装模拟存在很多不确定因素，耐心等待模拟运行一段时间达到稳定状态后再停止。

02 在“3D编辑”窗口中单击左侧工具栏中的“纹理表面”按钮，在弹出的菜单中选择“线框表面”选项。

03 显示板片网格，执行“界面”|UV EDITOR命令，进入UV视图，如图10-33所示。

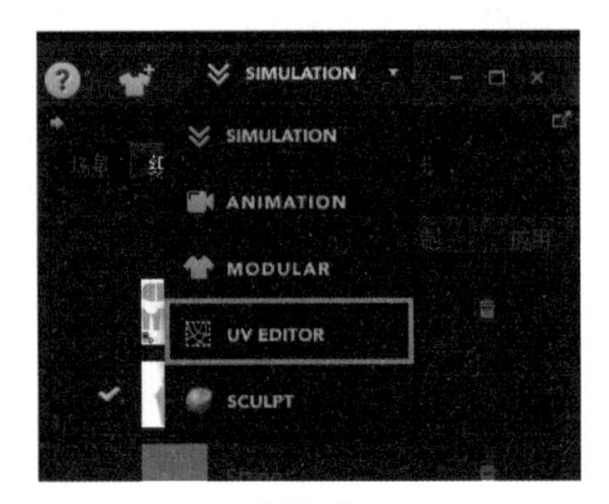

图10-33

提示

虽然每块板片都可以缩放，但各板片之间的比例较难保持统一，所以之后的纹理绘制会受影响。

10.6.2 整理板片

整理板片的具体操作步骤如下。

01 右击板片，在弹出的快捷菜单中选择“将UV放置到（0-1）”选项，其余保持默认设置，单击“确定”按钮即可。

02 在UV视图中，依次将板片分开，并选中两块以上板片并右击，在弹出的快捷菜单中选择“对齐”|“中间”选项，如图10-34所示。

03 分别整理服装UV为两个象限，即上衣UV和裙子UV，如图10-35所示。

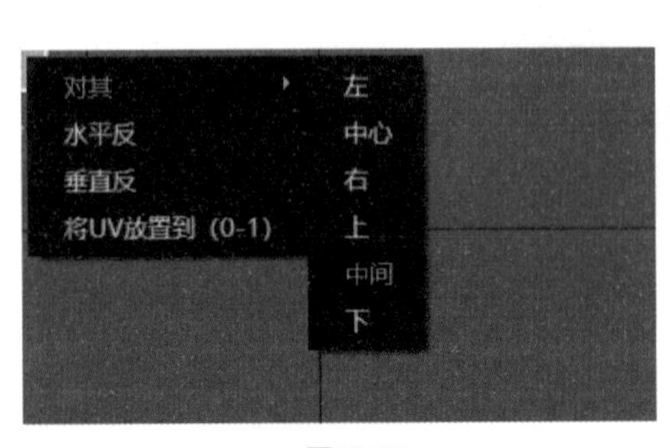

图10-34

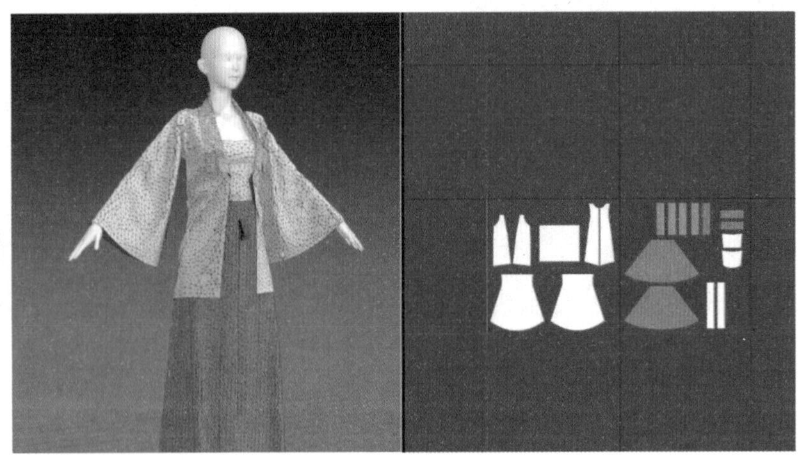

图10-35

提示

框选或按住Shift键加选后统一缩放，尽可能铺满一个象限。

10.7 重定向动作捕捉数据骨骼

重定向动作捕捉数据骨骼的意义在于将运动捕捉技术采集到的实际人体运动数据，映射到虚拟场景中的人体模型上，从而确保虚拟场景中人体模型的动作既逼真又与实际人体动作保持一致和同步。本节将回到 Cinema 4D 中，详细讲解重定向动作捕捉数据骨骼的操作过程，为后期将模特完美地穿上 Marvelous Designer 中模拟的服装奠定坚实的基础。

10.7.1 处理动作捕捉数据

处理动作捕捉数据的具体操作步骤如下。

01 打开Cinema 4D，加载预先准备好的动作捕捉数据文件。

02 导入后，若出现人物为横向状态，如图10-36所示，可以单击“快捷工具栏”中的“空白”按钮，新建空对象组，并将所有骨骼及其组件拖入该组中，并旋转空组-90°即可，如图10-37所示。

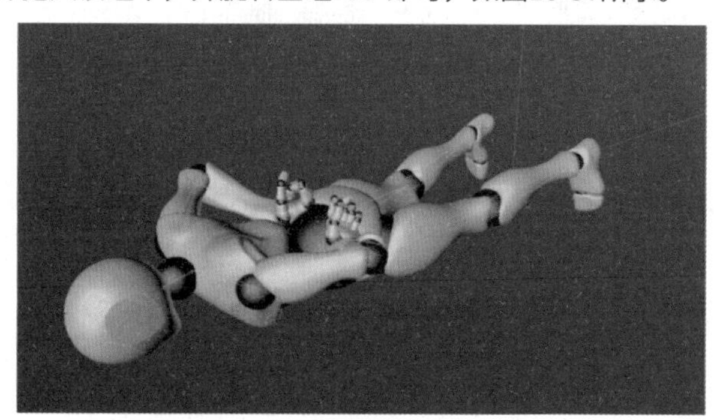

图10-36

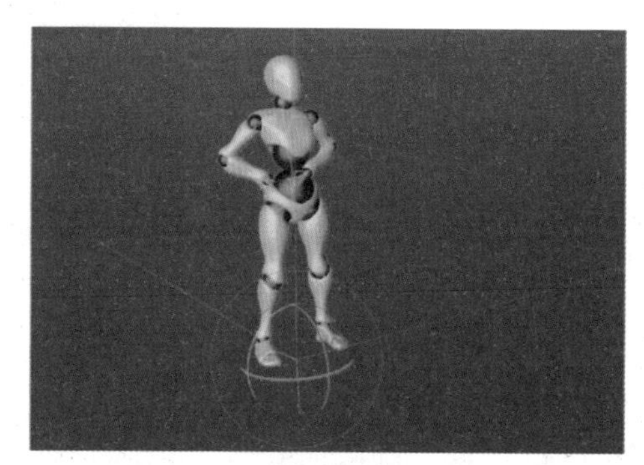

图10-37

03 单击“动作播放”按钮，预览整体动作，在确认无误后，到“对象”面板中删除“网格体”对象及其余组件，只保留骨骼。

04 执行“文件”|“导出”命令，将骨骼导出并命名为“纯骨骼”，随后单击“导出”按钮。

05 选中骨骼，按快捷键Ctrl+C复制，再按快捷键Ctrl+V粘贴。

06 选择“空白”对象并右击，在弹出的快捷菜单中选择“装配标签”|“角色定义”选项，随后选择Hips骨骼对象并右击，在弹出的快捷菜单中选择“装配标签”|“角色定义”选项。

07 单击“空白”对象后的“角色定义”标签按钮，在“属性”面板中执行“打开管理器”|“提取骨架”命令。

08 单击Hips骨骼后面的“角色定义”标签按钮，在“属性”面板中执行“打开管理器”命令，并在“角色定义”窗口中单击“提取骨架”按钮，如图10-38所示。

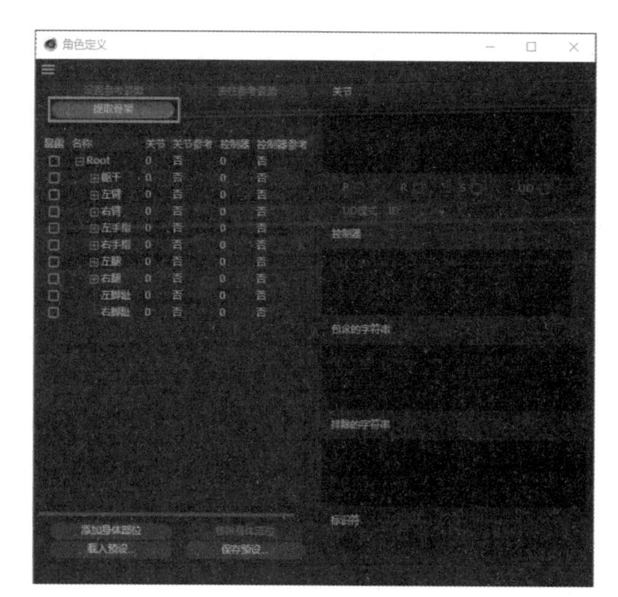

图10-38

09 选择“空白”对象后的“角色”标签，展开对象骨骼，右击并删除Neck1骨骼。

10 依次展开“左腿”“左脚部”骨骼层级，删除空白组，再展开“右腿”和“右脚部”骨骼层级，删除空白组即可。

10.7.2 重定向动作捕捉数据骨骼

重定向动作捕捉数据骨骼的具体操作步骤如下。

01 打开预先准备好的A-pose骨骼文件，并将骨骼复制到模型工程中。

02 按住鼠标中键全选骨骼，开启颜色设置，将颜色设置为红色以便观察。

03 选中动画骨骼，隐藏身体模型，并开启强制显示，随后手动将每节骨骼逐一调整至T-pose骨骼上。

提示

匹配到T-pose骨骼时，尽可能保持重合。

04 将调整后的T-pose骨骼复制粘贴至动作捕捉数据工程中，全选骨骼并在时间轴的第0帧和第10帧创建关键帧。

05 选中“空白1”对象，执行“动画”|“添加运动剪辑片段”命令，在弹出的“添加运动剪辑片段”对话框的“源名称”文本框中输入C，随后单击“确定”按钮，如图10-39所示。

06 单击“运动剪辑标签”按钮，在“属性”面板中单击“在时间线打开”按钮。

07 在“运动剪辑”窗口中将片段B拖至片段C的后面，选中片段B，将片段B拖向片段C，将它们部分重叠，作为动作过渡，如图10-40所示。

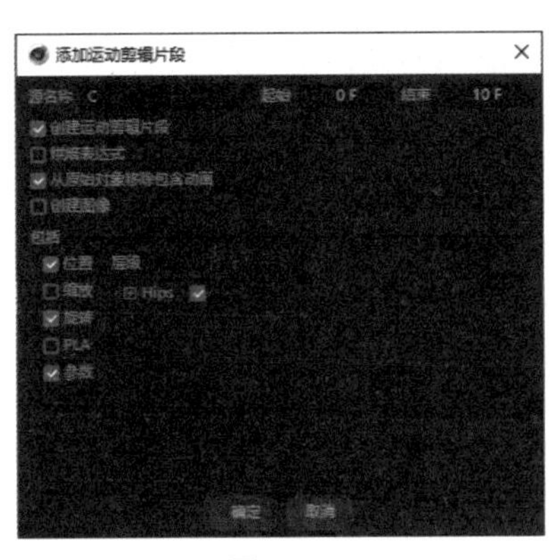

图10-39

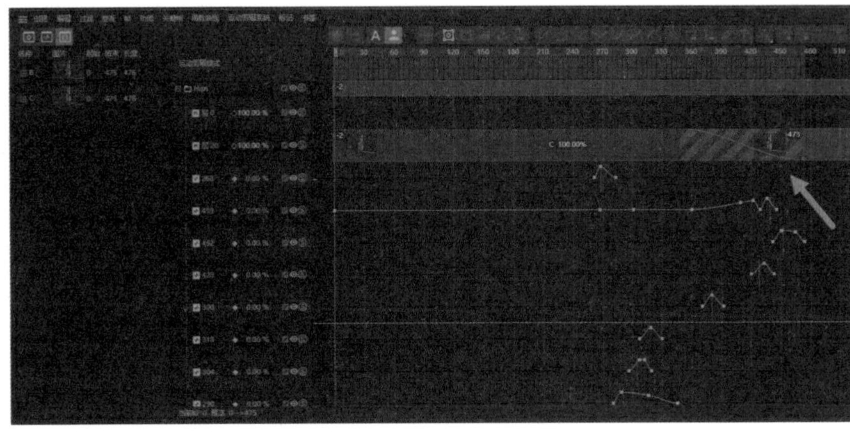
图10-40

08 保留“空白1组”并删除其余组件，按住中键全选Hips骨骼并右击，在弹出的快捷菜单中选择“显示时间线窗口”选项。

09 在打开的“时间线”窗口中任意单击骨骼附近的空白处取消选择，随后按快捷键Ctrl+A，全选骨骼，并执行“功能”|“烘焙对象”命令。

10.7.3 烘焙动作

烘焙动作的具体操作步骤如下。

01 融合建立完成后，将带有T-pose的动作复制粘贴至模型文件内。

02 单击Hips骨骼处的“角色定义标签”按钮，进入“创建解析器”窗口，拖曳“空白”对象处的“角色”标签至下方的“来源角色”栏，如图10-41所示。

03 采用同样的方法，烘焙身体组件中的Hips骨骼，并删除多余组件。

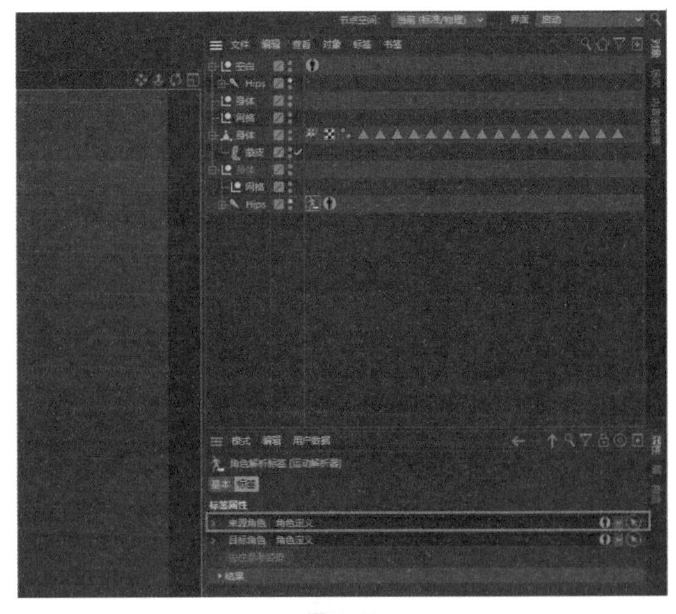
图10-41

10.8　修整动作捕捉数据

修整动作捕捉数据的意义在于对动作捕捉设备所获取的原始运动数据进行清理、校正和编辑，以提升动画的精确性和逼真度。在处理关键帧、姿态等数据时，灵活地进行数据清理和校正是至关重要的。掌握修整动作捕捉数据要点是提高修整效率的关键所在。在面对烦琐、复杂的运动时，如何准确地切入关键点需要大量的修整实战经验来磨练。

10.8.1　修整运动剪辑

修整运动剪辑的具体操作步骤如下。

01 在“对象”面板中选中Hips骨骼，执行“动画”|“添加空白运动剪辑层”命令。

02 单击“运动剪辑标签”按钮，右击，在弹出的快捷菜单中选择“在时间线打开”选项，此时会出现一个空白的“时间线”窗口。

03 在“运动剪辑标签”属性面板中单击“添加”按钮，如图10-42所示。

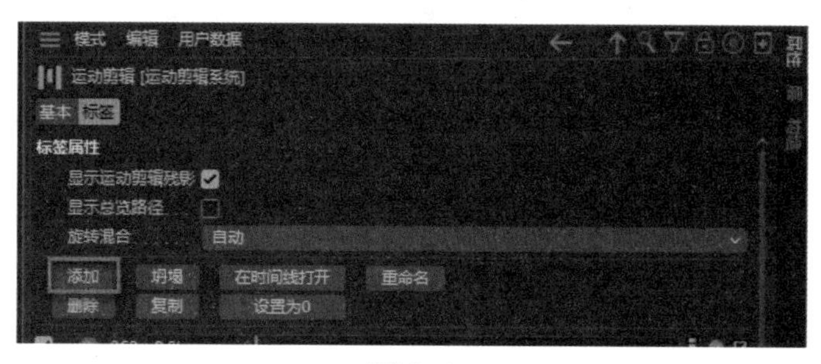

图10-42

04 在新的“时间线”窗口中修改层名为8（命名不固定）。

05 单击工具栏中的“过滤”按钮，在弹出的菜单中选择“关节”选项。

06 将时间轴移至第8帧，并在人体模型上选择需要调整的关节，旋转至合适的状态。

07 单击“时间线”窗口中的“关键帧”按钮创建关键帧，随后按同样的操作步骤，完成右肘关节的调整。

提示

此时剪辑标签处，如图10-43所示，出现层的修饰，此层会对所有动画帧产生影响。

图10-43

08 将滑块移至第0帧，并创建关键帧，在第8帧处，将滑块移至100，并创建关键帧。

09 在第26帧处，将滑块移至0，并创建关键帧，此时完成第8帧动作的修整工作。同理，继续播放动画，在发现动作穿帮时候，重复上述操作添加层，并修整即可。

提示

修改帧的位置及数值调整仅供参考，需要根据实际情况灵活处理。

10.8.2　修整髋关节

修整髋关节的具体操作步骤如下。

01 选中层100，调整髋关节角度至角色合适位置并创建关键帧。

02 选中层8，同时选中层100，在第73帧处移动滑块至0，并创建关键帧。

03 在第84帧处，移动滑块至100，并创建关键帧，在第97帧拖动滑块至75，并创建关键帧。

04 在第114帧处，拖动滑块至100并创建关键帧，即可完成髋关节的修整工作。

05 重复上述操作，继续修整其余出错的帧即可，此处就不逐一叙述了。

提示

每一层修整完成后，需要在合适的位置移动滑块至0，并创建关键帧，否则会影响后续所有帧的动作。

10.9 裙子动力学解算

裙子动力学解算在动画制作中扮演着至关重要的角色，它关乎人物动作与裙子跟随表现的真实性和自然度。在创作动画过程中，人物的运动与裙子的摆动是相互关联的，特别是在人物执行复杂动作时，如跳跃、跑步或舞蹈等，裙子的动态表现会极大地影响动画的整体观感。因此，借助裙子动力学解算技术，我们能够更加精准地模拟裙子的摆动效果，从而让动画作品看起来更加生动和逼真。本节将深入探讨如何为动画文件进行模拟，并进行实时的调整优化。

10.9.1 导出及导入abc文件

导出及导入 abc 文件的具体操作步骤如下。

01 完成动作文件的修整后，执行“文件”|“导出”|Alembic（*.abc）命令，如图10-44所示，将文件导出为abc格式文件。

02 打开Marvelous Designer，执行“文件”|“导入”|Alembic命令。

03 在“导入”面板中将“比例”值设置为1000%，其余保持默认。

04 单击“界面”按钮，在弹出的菜单中选择ANIMATION选项，进入动画编辑模式。

05 单击“播放”按钮，预览动画效果。

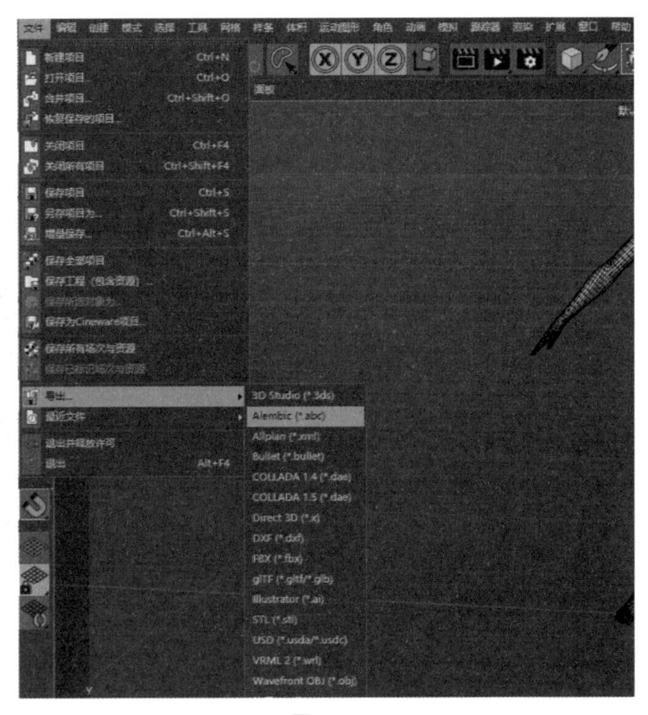

图10-44

10.9.2 模拟内衣分层

模拟内衣分层的具体操作步骤如下。

01 执行“文件”|“添加”|“项目”命令，在弹出的对话框中，选择预先准备好的“红马.zprj”文件，其他选项保持默认，并单击“确认”按钮。

02 在“3D编辑”面板中选中外套，按Delete键，将外套部分删除。

03 在“3D编辑”面板中右击腰带，在弹出的快捷菜单中选择“隐藏3D板片”选项，将腰带隐藏。

04 隐藏后，发现内衣衣角部分有“穿帮”现象，如图10-45所示。可以在“3D工具栏”中单击“模拟”按钮进行模拟，在模拟状态下，冷冻裙子，单独模拟内衣，并在模拟状态下拖曳调整穿帮部分，如图10-46所示。

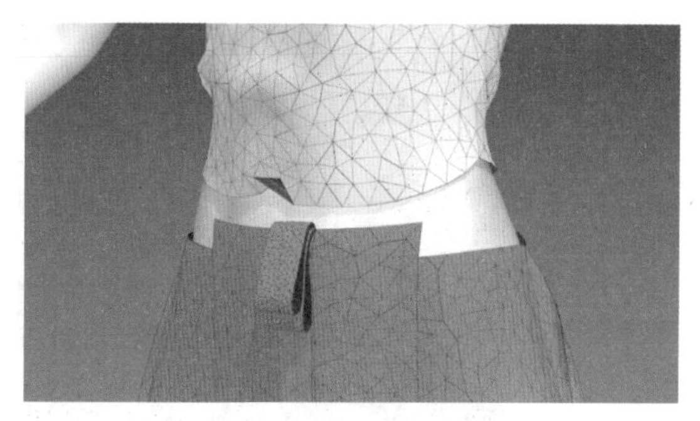

图10-45

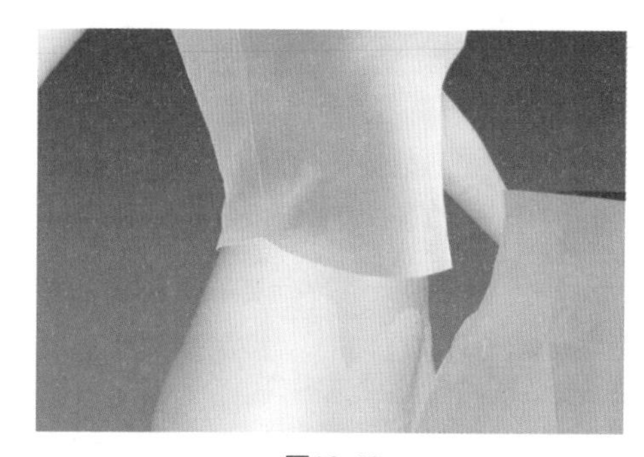

图10-46

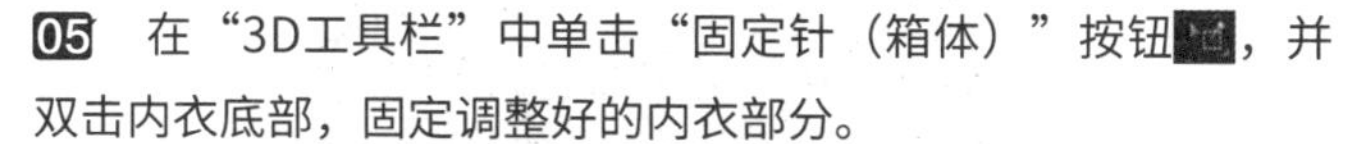

05 在“3D工具栏”中单击“固定针（箱体）”按钮，并双击内衣底部，固定调整好的内衣部分。

06 右击内衣，在弹出的快捷菜单中选择“将所有针固定到虚拟模特上”选项，如图10-47所示，另一面采用同样的方式固定。

07 选中内衣肩带，在“3D工具栏”中右击“假缝”按钮，在弹出的快捷菜单中选择“固定到虚拟模特上”选项，将内衣固定到模特上。

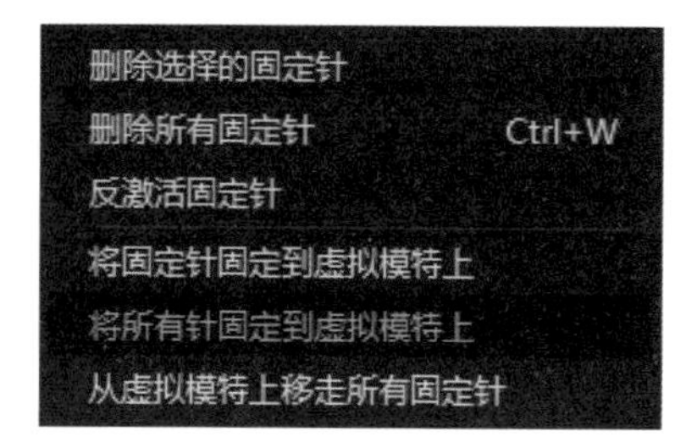

图10-47

10.9.3 模拟裙子分层

模拟裙子分层的具体操作步骤如下。

01 将裙子移回原位并解冻，冷冻上衣并在“3D工具栏”中单击“模拟”按钮进行裙子模拟。

02 在模拟过程中，单击裙子穿帮处，向外拖曳调整穿帮部分。

03 解冻上衣，将内衣与裙子一起模拟，直至模拟完成，如图10-48所示。

04 单击“界面”按钮，在弹出的菜单中选择ANIMATION选项，进入动画编辑模式。

05 单击“录制”按钮开始模拟服装，并在模拟过程中需要时刻注意人物动作与服装是否模拟融洽，如出现裙子被踩踏、撕扯时，如图10-49所示，可暂停模拟，并将被踩踏、撕扯的裙子部分用固定帧工具固定住，如图10-50所示，之后再开始模拟。

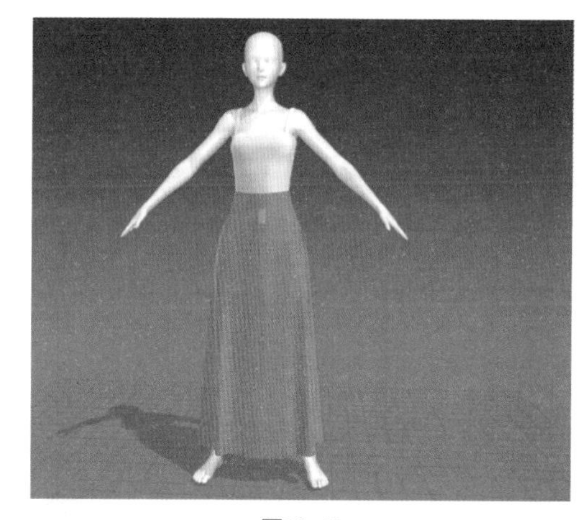

图10-48

图10-49

图10-50

06 如果在录制过程中动画丢失，可以删除模特重新导入，但需要重新设置固定针。

07 单击“暂停/播放”按钮 停止录制，冷冻所有板片，解冻出现穿帮的板片，单击“GPU模拟”按钮 解算（可同时按住鼠标左键拖至合适的效果），解冻全部，从修复帧开始继续录制。

08 全部修复完成后，执行“文件”|“导出”|Alembic（HDF5）命令，在弹出的Export Alembic（.abc）对话框中设置参数，如图10-51所示。

提示

“暂停/播放”按钮 红色状态为录制中，灰色状态为停止，单击即可切换。

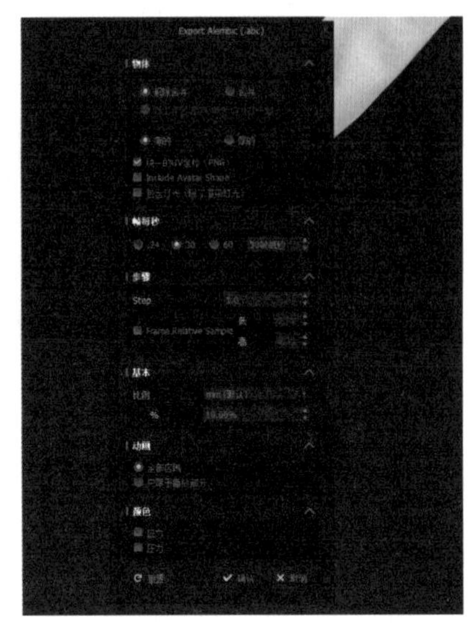

图10-51

10.10 裙子网格重拓扑动画传递

在动画制作过程中，裙子的网格模型往往需要经过大量的计算和渲染，这会消耗大量的计算资源。通过对裙子的网格模型进行重拓扑处理，可以有效地减少计算和渲染所需的时间，进而优化动画的整体性能。裙子网格重拓扑后的动画传递不仅可以显著提升动画的真实性和逼真感，还能优化动画性能，增强动画的交互性，使动画制作更加精细和高效。

10.10.1 导出obj文件

导出 obj 文件的具体操作步骤如下。

01 打开Cinema 4D，执行“文件”|“合并项目”命令，导入预先保存的Alembic（HDF5）文件。

02 播放动画，发现布料网格不平滑，如图10-52所示。

03 打开Marvelous Designer，并打开服装动画工程文件，解冻所有板片并全选。

04 在3D视图中右击，在弹出的快捷菜单中选择“重置3D安排位置（选定的）”选项。

05 单击“菜单栏”面板中的“编辑缝纫线”按钮 。

06 框选所有板片缝线并右击，在弹出的快捷菜单中选择“反激活缝纫线（选定的）”选项。

07 执行“文件”|“导出”|“obj（选定的）”命令，并在导出Export obj对话框中设置参数，如图10-53所示。

图10-52

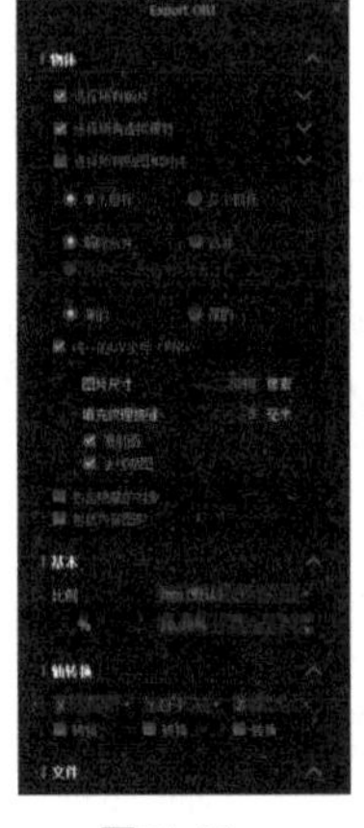

图10-53

10.10.2 在ZBrush软件中重新拓扑

在 ZBrush 软件中重新拓扑的具体操作步骤如下。

01 打开ZBrush，执行Alpha | “导入”命令，打开预先导出的obj（选定的）文件，随后拖曳拉出板片。

02 单击“菜单栏”面板中的Edit按钮，进入编辑界面。

03 在工具栏中单击“显示网格”按钮，显示网格。

04 在“子工具”面板中执行“几何体编辑” | ZRemesher命令，单击激活“相同”按钮，其余保持默认，单击ZRemesher按钮，开始自动拓扑，如图10-54所示。

05 拓扑完成后发现网格显示过于密集，不便于后期处理，此时可以单击“一半”按钮，随即再次单击ZRemesher按钮开始拓扑，如图10-55所示。

图10-54

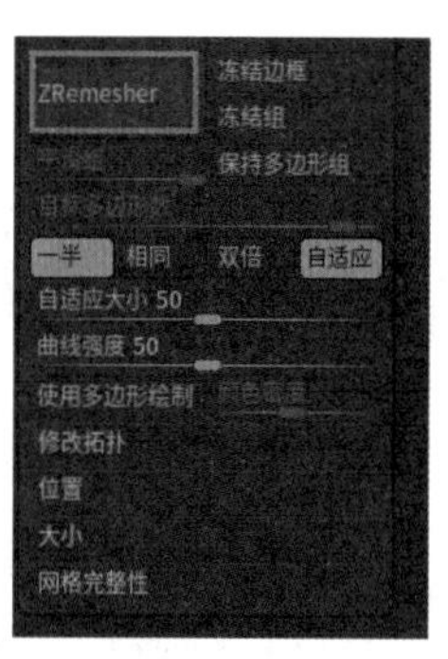

图10-55

06 随后在工具栏中单击“导出”按钮，导出obj格式文件即可。

提示

二次拓扑后，模型面数相对减少，但部分形状有缺失。

10.10.3 在Cinema 4D软件中修补拓扑面的缺失部分

在 Cinema 4D 软件中修补拓扑面的缺失部分的具体操作步骤如下。

01 打开Cinema 4D，执行“文件” | “合并项目”命令，合并预先保存好的obj文件。

02 执行“光影着色（线条）”命令。

03 在工具栏中单击“点模式”按钮，在点模式下，按快捷键M+E，启用“多边形画笔”工具，补充完整的正方形。

04 执行“文件” | “导出”命令，导出obj格式文件。

10.10.4 在Maya中传递动画

在 Maya 中传递动画的具体操作步骤如下。

01 打开Maya，分别导入带有UV的BP.obj文件以及重新拓扑后的BP2.obj文件，导入后两块板片呈现重叠状态。

02 执行UV | “UV编辑器”命令，选中BP.obj文件即可显示UV，此时全是三角面，如图10-56所示 。

03 选中BP对象，并按Ctrl键加选BP2对象。

04 执行“网格” | “传递属性”命令，弹出“传递属性选项”对话框，设置参数如图10-57所示，单击“传递”按钮即可。

05 打开BP2的UV编辑器，即可发现重新拓扑后的网格UV已显示，将板片1的UV传递给BP2。

06 再次选中BP和BP2对象，执行“编辑” | “按类型删除” | “历史”命令，删除BP对象，仅保留BP2对象 。

07 导入带有服装动画的cloth.abc文件，选中该文件，并按Ctrl键加选BP2。

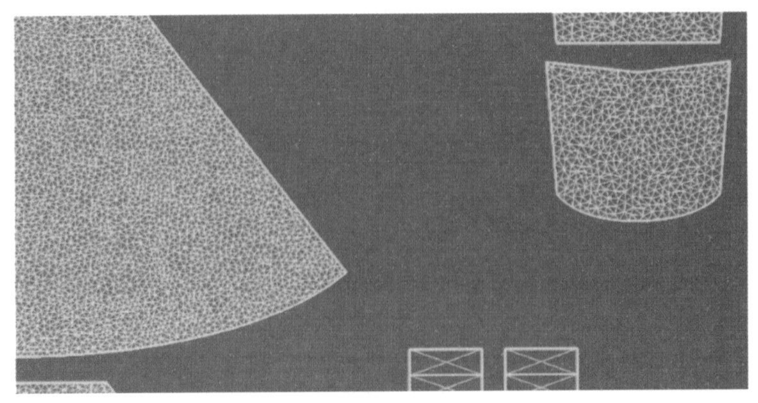

图10-56

08 执行“网格”|“传递属性”命令，弹出“传递属性选项”对话框，设置参数，如图10-58所示，再单击“传递”按钮即可。此时发现带有UV的服装板片已经自动贴附到服装动画上。

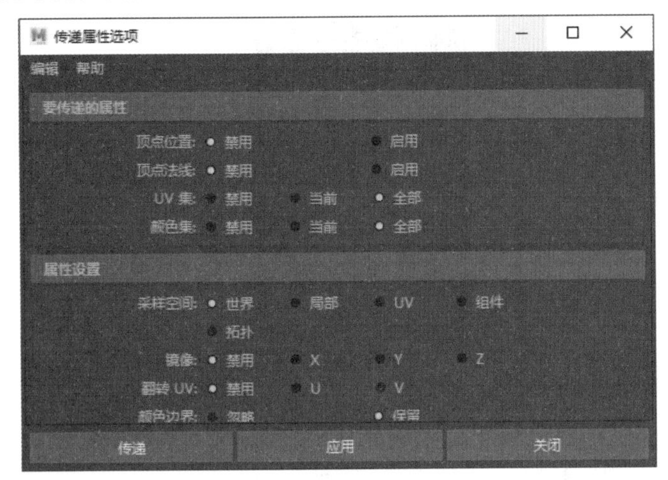

图10-57

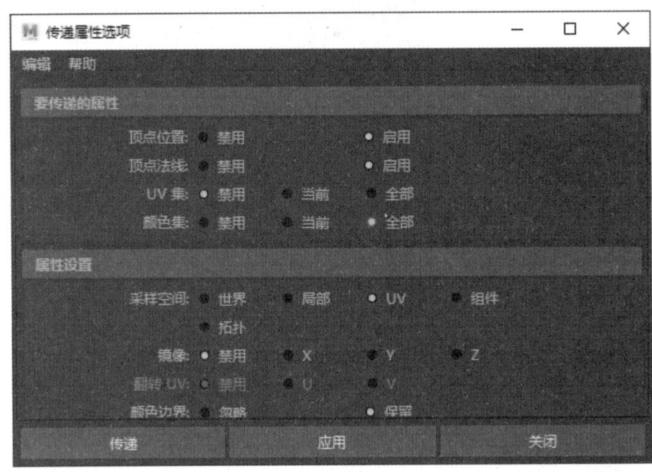

图10-58

09 选中BP2及cloth对象，执行“编辑”|“按类型删除”|“历史”命令，随后删除cloth，仅保留BP2对象。

10 在“时间线”面板中，根据cloth动画长度输入数值，并拉满加载进度条，帧速率选择30fps。

11 导入带有动作的cloth.abc文件，选择cloth对象再按Ctrl键，加选BP2对象。

12 执行“网格”|“传递属性”命令，弹出“传递属性选项”对话框，设置参数，并单击“传递”按钮进行传递。

13 等待加载完成，按快捷键Ctrl+H，隐藏cloth对象。

14 执行“缓存”|“Alembic 缓存”命令，弹出“将当前选择导出到Alembic”对话框并设置参数，如图10-59所示，随后单击“导出全部”按钮，等待加载即可完成导出。

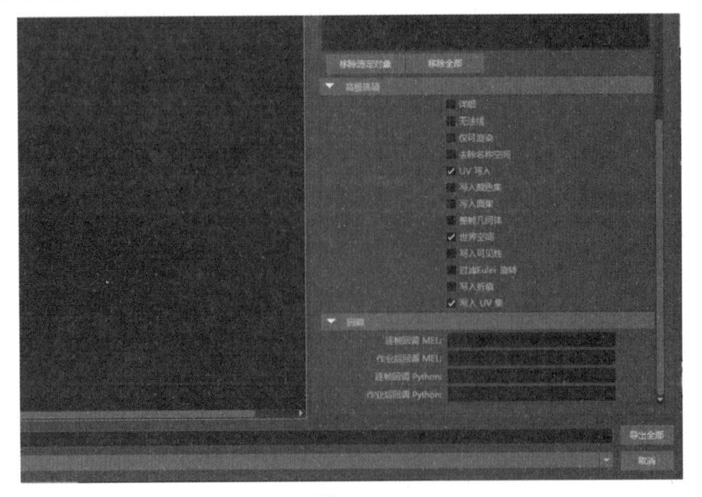

图10-59

提示

导出完成后，可在Cinema 4D中合并cloth.abc文件并播放动画，查看效果。

10.11 网格重拓扑动画传递

网格重拓扑在动画传递中能够提升动画的视觉效果并优化其性能。此外，重拓扑还可以为裙子增添更多细节和层次感，使动画更具视觉吸引力。在使用 Marvelous Designer 进行布料解算时，应尽量避免布料与手指等尖锐物体或多边形接触，因为这些接触容易导致服装被刺破或撕裂，从而影响动画的连贯性。为了避免这种情况，建议提前制作蒙版以保护服装的完整性。

10.11.1 服装模拟前期准备

服装模拟前期准备工作如下。

01 打开Cinema 4D，新建一个球体对象，并将球体移动、旋转至手指位置并包裹。

02 在工具栏中右击“弯曲”按钮，在弹出的快捷菜单中选择FFD按钮，如图10-60所示，新建一个FFD对象。

03 调整球体与FFD对象的子级及父级位置，随后选中FFD层级，在“属性”面板中单击“匹配到父级”按钮。

04 单击工具栏中的“点模式”按钮，在点模式下，单击“框选工具”按钮，框选球体上的点，通过移动或缩放进行调整，如图10-61所示。

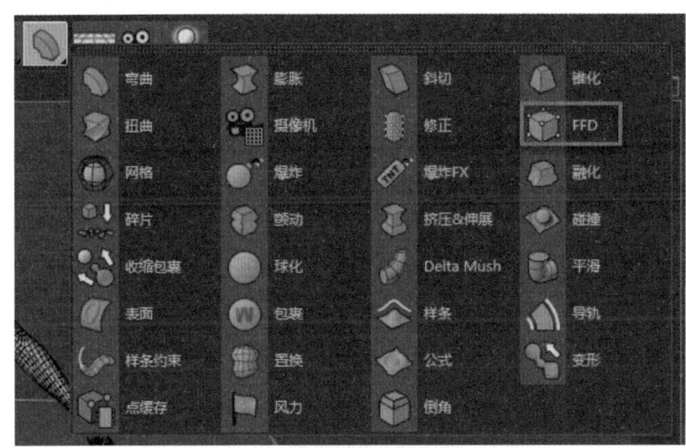

图10-60

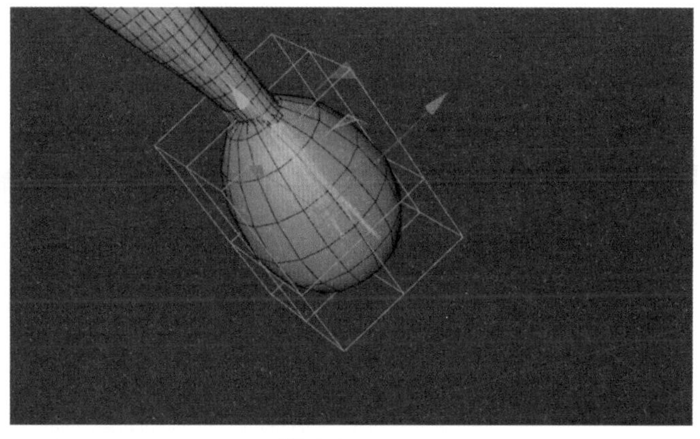

图10-61

05 按住鼠标中键选择球体并右击，在弹出的快捷菜单中选择“链接对象+删除”选项，再执行“角色”|“镜像工具”命令。

06 在“镜像”属性面板中单击“镜像”按钮。

07 选中球体并加选镜像后的球体并右击，在弹出的快捷菜单中选择“链接对象+删除”选项，合并成一个球体。

08 选中球体并右击，在弹出的快捷菜单中选择“装配标签”|“权重”选项。

09 找到LeftHand骨骼并拖入“权重标签”按钮中，采用同样的方法拖曳RightHand骨骼。

10 执行“角色”|“管理器”|“角色管理器”命令，打开“权重管理器”面板，即可显示关节。

11 依次选中球体和LeftHand骨骼权重，在面模式下，使用“框选”工具，框选整个球体。

12 在“权重管理器”面板中单击“权重”按钮，修改“模式”为“添加”，并将“添加”值调整为最大，为球体绑定骨骼。

13 找到RightHand骨骼，执行“角色”|“蒙皮”命令，随后将工程导出为people.abc文件。

提示

单击“蒙皮”按钮时，需要按住Shift键进行添加。

10.11.2 外套模拟

外套模拟的具体操作步骤如下。

01 打开Marvelous Designer，执行“文件”|“导入”命令，导入预先导出的people.abc文件。

02 执行“文件”|“添加”|“项目”命令，将“红马.zprj”文件加载至操作面板中，在弹出的对话框中保持默认设置，并单击“确认”按钮。

03 为了方便观察，将people.abc文件中的模型颜色修改为黑色，如图10-62所示。

04 选中黑色模型，在“属性编辑器”面板中修改“表面间距”值为10，并根据需要调整外套板片的长度和宽度等。

05 进入ANIMATION（模拟）模式，单击“录制”按钮，开始模拟服装，若动画丢失，删除模特重新导入即可。

06 当发现有问题的帧时，单击“录制”按钮停止录制，并冷冻所有板片，解冻出现问题的板片。

图10-62

07 单击“解算”按钮，解冻全部，并从修复帧开始继续录制解算。

08 待全部模拟操作完成后，执行“文件”|“导出”命令，将文件导出为waitao.abc文件即可。

10.11.3 导出obj文件

导出 obj 文件的具体操作步骤如下。

01 打开Marvelous Designer，解冻所有板片，在三维视图中全选板片并并右击，在弹出的快捷菜单中选择“重置3D安排位置(选定的)”选项。

02 单击“编辑缝纫线”按钮，框选所有板片缝线并右击，在弹出的快捷菜单中选择“反激活缝纫线（选定的）”选项。

03 执行“文件”|“导出”命令，将文件导出为obj（选定的）格式文件，在弹出的对话框中设置参数并单击“确认”按钮，如图10-63所示。

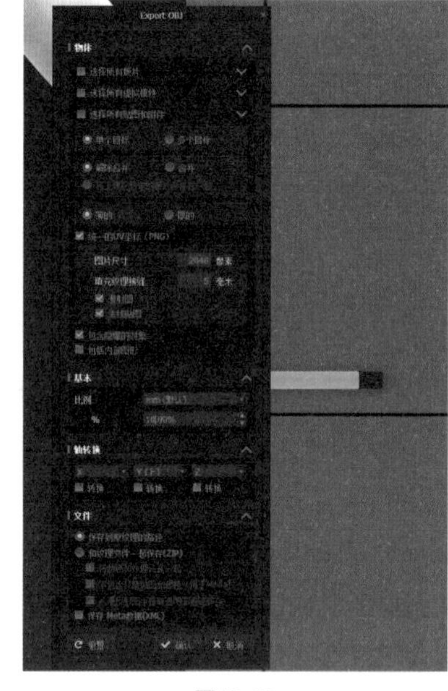

图10-63

10.11.4 在ZBrush中重新拓扑

在 ZBrush 中重新拓扑的具体操作步骤如下。

01 打开ZBrush，执行“文件”|“导入”命令，打开预先导出的BP.obj格式文件，并拉出板片。

02 在工具栏中单击“编辑”按钮，进入编辑界面。

03 单击“显示网格”按钮，在“子工具”面板的“几何体编辑”栏中单击ZRemrsher按钮。

04 单击“相同”按钮，其余保持默认，随即单击ZRemrsher按钮，开始自动拓扑。

05 单击“一半”按钮，再次单击ZRemrsher按钮，开始第二次拓扑。

06 导出文件为BP2.obj，导出选项保持默认即可。

10.11.5 在Cinema 4D中修补拓扑面的缺失部分

打开 Cinema 4D，单击“光影着色（线条）”按钮，在点模式下，按快捷键 M+E，选择“多边形画笔”工具补充完整正方形，如图 10-64 所示，随后导出为 BP2.obj 文件即可。

图10-64

10.11.6 在Maya中传递动画

在 Maya 中传递动画的具体操作步骤如下。

01 打开Maya，执行“文件”|“导入”命令，分别导入有UV的BP.obj文件，以及重新拓扑后的BP2.obj文件。

02 单击工具栏中的UV按钮，打开“UV编辑器”面板。

03 选中BP文件，查看UV是否正确导入。

04 将BP文件的UV传递给BP2。先选中BP文件，按住Ctrl键加选BP2文件。

05 执行“网格”|“传递属性”命令，调出“传递属性选项”面板。

06 设置“传递属性选项”面板中的参数，单击“传递”按钮，即可查看BP2的UV编辑器，重新拓扑后的网格已显示UV，如图10-65所示。

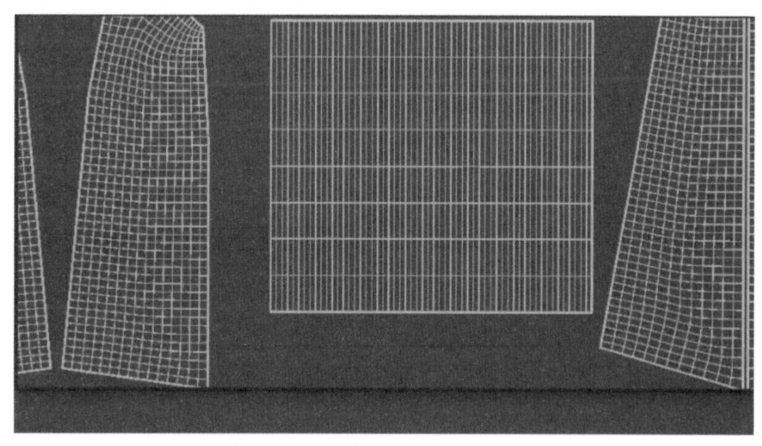

图10-65

07 选中BP和BP2文件对象，执行“编辑”|“按类型删除”|“历史”命令。

08 在“对象”面板中删除BP对象，仅保留BP2对象。

09 导入带有服装动画的cloth.abc文件，选择该文件并加选BP2文件。

10 执行“网格”|“传递属性”命令，调出“传递属性选项”面板，并单击“传递”按钮进行传递。

11 此时带有UV的服装板片已经自动贴附到服装动画上。

12 选中BP2和cloth对象，执行“编辑”|“按类型选择”|“历史”命令，删除cloth对象，仅保留BP2对象。

13 根据cloth动画帧数输入数值，并拉满进度条，帧速率选择30fps，导入带有动作的cloth.abc文件。

14 选择cloth对象再加选BP2对象，执行“网格”|“传递属性”命令，调出“传递属性选项”面板，单击“传递”按钮进行传递。

15 待加载完毕，按快捷键Ctrl+H，隐藏cloth对象，并执行“缓存”|“Alembic缓存 ”|“将当前选项导出到Alembic”命令，设置导出参数，单击“导出当前选择”按钮，等待加载完成后即可导出文件。

16 打开Cinema 4D，合并cloth.abc文件并查看对比效果（此处可以根据需要为服装增加细分），如图10-66所示。

图10-66

17 合并发型文件，为头发添加“权重”标签。

18 找到Head骨骼，并拖入头发的权重标签内。

19 调查“权重管理器”面板，依次选中hair对象和Head骨骼权重，在面模式下，使用“框选”工具，框选整个头发。

20 在“权重管理器”面板中单击“权重”按钮，修改“模式”为“添加”，并将添加进度条拉满，为头发绑定骨骼。

21 执行“角色”|“蒙皮”命令，此处需要留意，选择蒙皮的时候，需要按住Shift键。

10.11.7 拓展知识补充

打开 Marvelous Designer，右击服装，在弹出的快捷菜单中选择“重置网格”选项，即可自动将服装网格重置成四边形，后续可直接导出使用。四边形网格的模拟不如三角形网格稳定，故形态不稳定也不自然，采用该方法重置后的四边形网格，在接缝处会存在问题，因此，需要根据需要选择适合的拓扑方法。

在“2D 工具栏”面板中单击“创建拓扑工具”按钮，随即在板片上依次单击 4 个点即可绘制四边形。

在“2D 工具栏”面板中单击“编辑拓扑工具”按钮，在已绘制的网格上右击，在弹出的快捷菜单中选择“细分（当前板片）”选项即可，布线参考如图 10-67 所示。

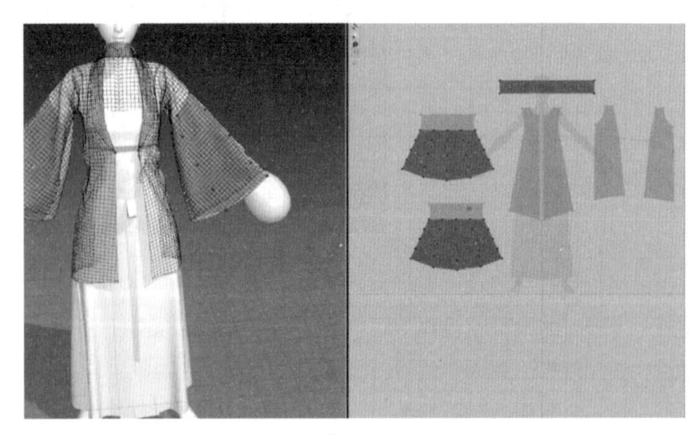

图10-67

提示

圆弧部分可以通过调整点的位置自由布线，此种方法适用于静帧。

第 11 章

虚拟角色毛发动力学模拟

虚拟角色毛发动力学模拟主要应用于动画制作、影视特效等领域，旨在使虚拟角色的毛发呈现更加真实、自然和生动的效果。在进行模拟时，必须考虑毛发的多项基本属性，如长度、粗细、颜色、形状、密度、硬度及弹性等。同时，还需兼顾风、雨等环境因素对毛发产生的影响。

模拟过程中涉及物理学、计算机图形学等多个学科的知识，并且需要借助专业的软件工具，如 Maya、Cinema 4D 等。本章将重点介绍在 Cinema 4D 中如何进行发型制作的知识，以帮助读者更好地掌握相关技术。

11.1 制作毛发及引导线

制作毛发引导线的核心作用在于，通过少量的线条实现对大量毛发形态的精准控制。在毛发制作过程中，由于毛发数量庞大，直接显示全部毛发可能会导致界面操作变得极为缓慢。因此，选择合适的毛发生成类型至关重要。除了直接生成毛发本身，还可以采用样条形式或对象替代形式来生成毛发。本节将通过一个简洁明了的毛发案例，详细介绍在 Cinema 4D 中制作发型的主要步骤以及相关工具的使用方法。

11.1.1 制作引导线

制作引导线的具体操作步骤如下。

01 按快捷键Ctrl+N，新建一个场景。

02 在工具栏中单击“钢笔”按钮，在模型毛发生长的区域一根根地将毛发绘制出来。也可以在工具栏中单击“钢笔”按钮，在场景中任意区域画一根样条，再将样条添加到多边形对象上。

03 在“对象”面板中选中样条，在工具栏中单击“扫描”按钮，将扫描出来的模型转换成多边形网格，使用“循环选择”工具选中模型需要提取的线并右击，在弹出的快捷菜单中选择“提取样条”选项，即可得到需要的样条线。然后将绘制或提取出来的样条，直接盘在头发上即可，如图11-1所示。

提示

调整多边形的大小。在框选对象时，单击“柔和选择”按钮，在弹出的菜单中选择“容差选择”选项。然后在“缩放”模式下，单击“柔和选择”按钮，在弹出的对话框中选中“启用”和“表面”复选框，并设置“半径”值，即可对样条进行调整。

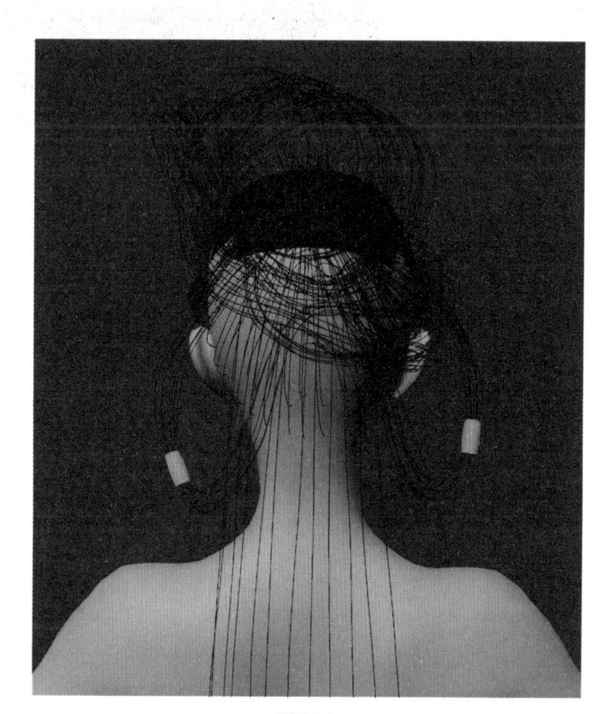

图11-1

11.1.2 制作毛发引导线

制作毛发引导线的具体操作步骤如下。

01 在工具栏中单击“线模式”按钮，在头皮生长区域绘制出均匀的线条，如图11-2所示。

02 建立分布均匀的样条，右击，在弹出的快捷菜单中选择“提取样条”选项，再对样条进行平滑处理。随后右击，在弹出的快捷菜单中选择“平滑”选项，在“属性”面板中，将“点”值设置为10，单击“应用”按钮，如图11-3所示。即可得到分布均匀的样条点位布局，如图11-4所示。

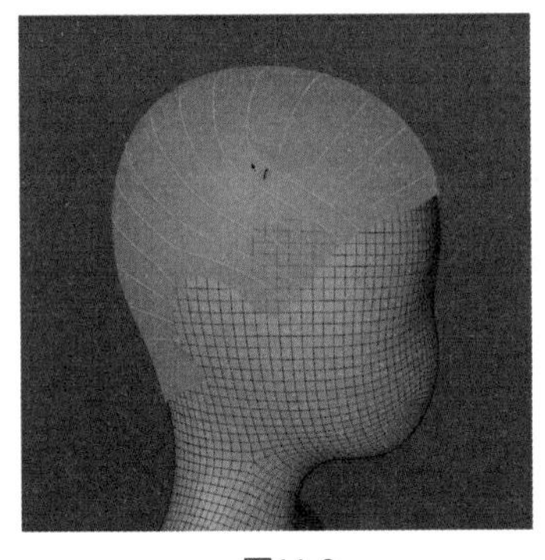

图11-2

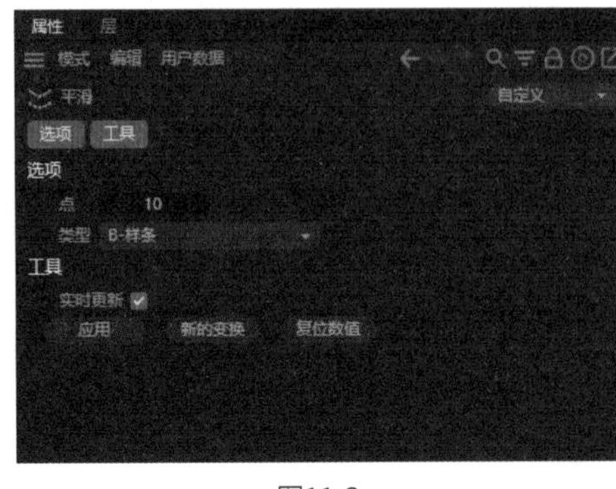

图11-3

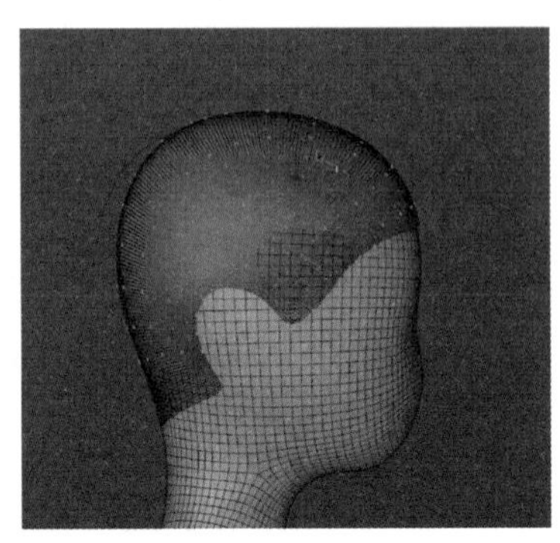

图11-4

03 右击，在弹出的快捷菜单中选择“分裂片段”选项，将得到一组分段样条（生长毛发引导线的区域），如图11-5所示。随后在“命令管理”面板中单击“添加毛发”按钮，生成毛发引导线，如图11-6所示。

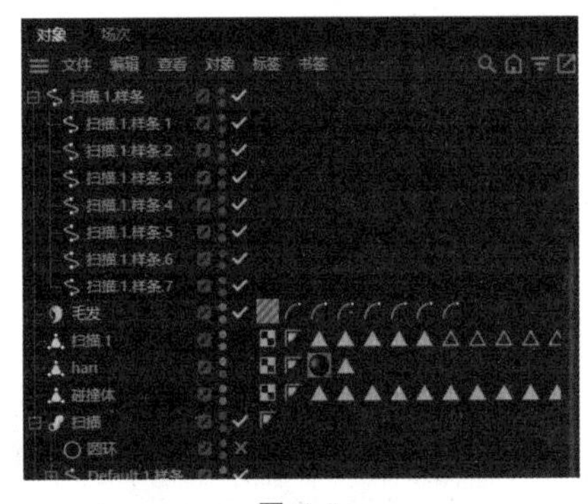

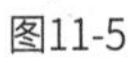

图11-5

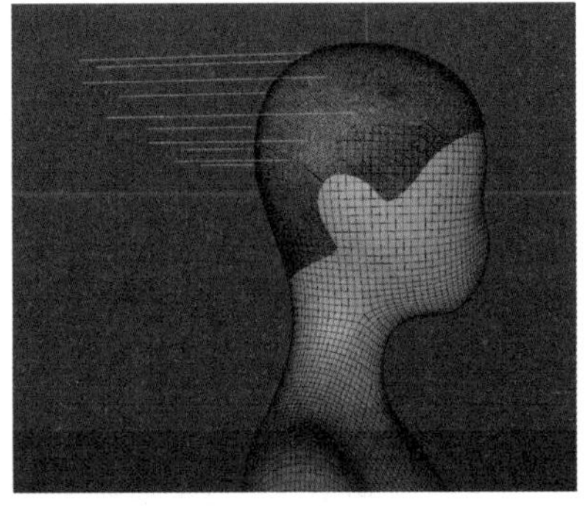

图11-6

11.1.3 常用工具

在工具栏中单击“区域渲染”按钮，按住鼠标左键并拖动，在视图中框选引导线区域（即毛发区域）即可在如图11-7所示的“属性”面板中查看毛发属性。

发根：该选项区域中的“数量”“分段”和“长度”值，均是对模型头发参数的设置。发根的生长可通过引导线的顶点，也可通过分段进行生长。

生长：控制头发生长的朝向，如控制头发朝向法线，如图11-8所示，也可以控制头发朝向Y轴，如图11-9所示。

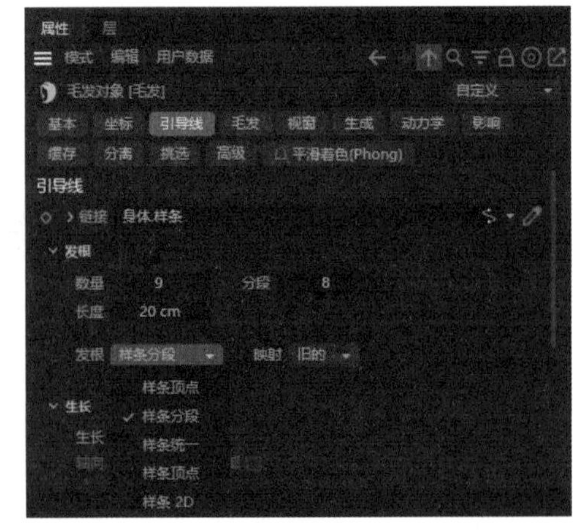

图11-7

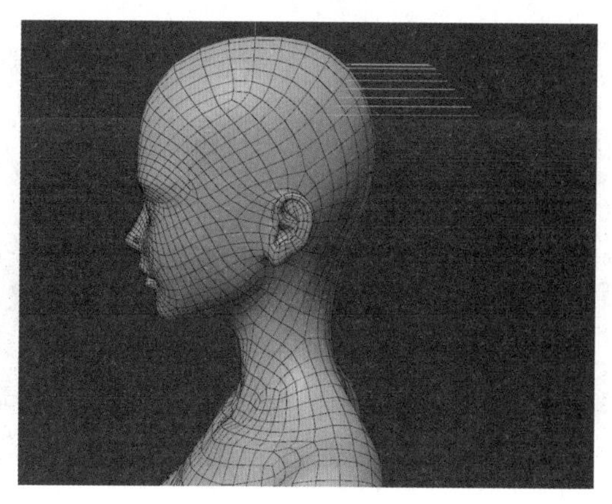

图11-8

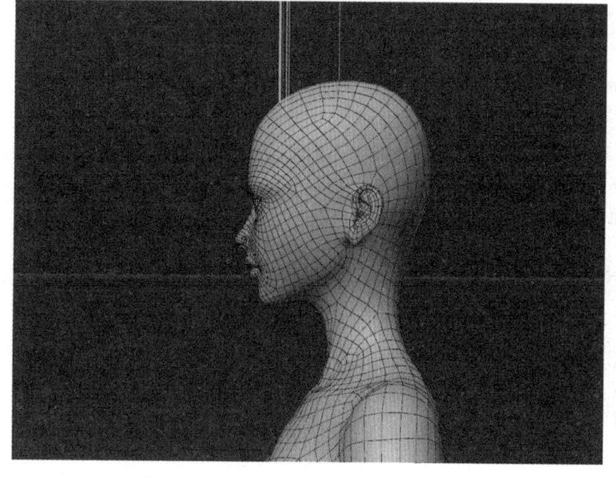

图11-9

对称：选择需要对称处理的引导线，选中“对称”和“显示引导线”复选框，即可将被选引导线进行对称处理，最后单击“转为可编辑对象”按钮即可，如图 11-10 所示。

“毛发”选项卡：单击“毛发”按钮，进入“毛发”选项卡，设置每一根引导线生成的毛发数量及控制段数，如图 11-11 所示，毛发粗细、颜色和密度等设置在材质球中设置，如图 11-12 所示。

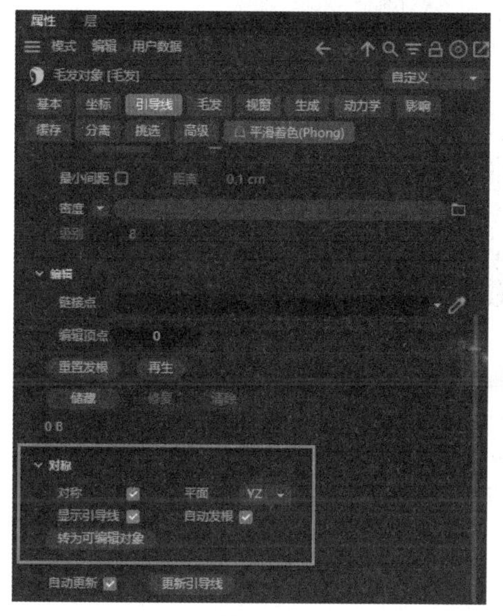

图11-10

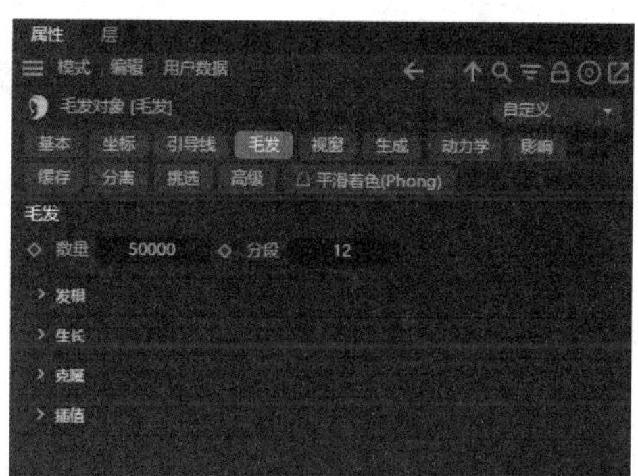

图11-11

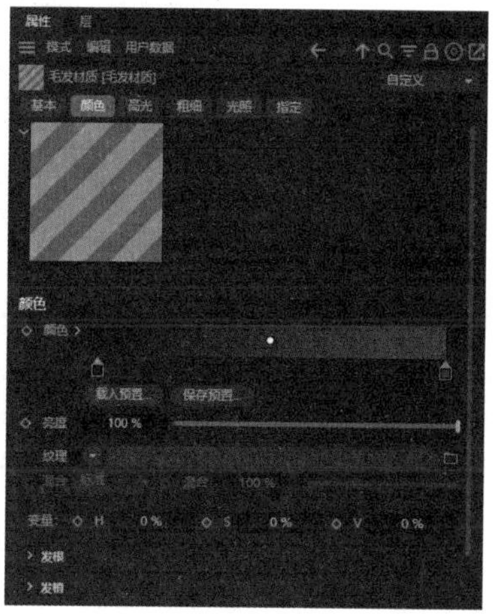

图11-12

生长：控制毛发的生长区域，可以通过贴图控制。

克隆：可以对毛发生长密度进行控制，克隆数是毛发数量的倍数。调整发根可以避免克隆，新克隆的毛发和原毛发重合。“偏移”值是克隆出来的发根、发梢在设置的区域范围内调整的偏移量（具体参数根据需求设置），如图 11-13 所示。

提示

使用贴图前，需要对头皮进行“展UV”操作。

插值：控制毛发生成的数量。毛发不可能跟 guid 的数量相同，在每两个 guid 之间生成多根毛发，而毛发生成的形式由插值控制。“集束”是最重要的控件，可以将已生成的分散的头发集束到一起（具体参数根据需求设置），如图 11-14 所示。

编辑预览：可以设置毛发在多种形态下的显示形式（仅针对视窗的显示，不影响渲染的效果）。

生成：可以通过毛发引导线生成多种类型，有平面、多边形和实例等类型。

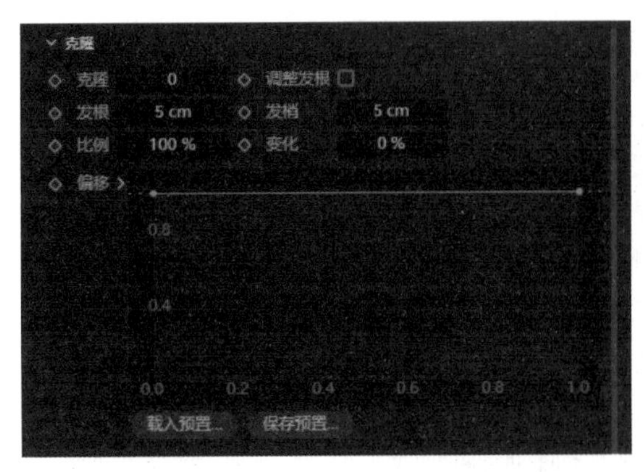

图11-13

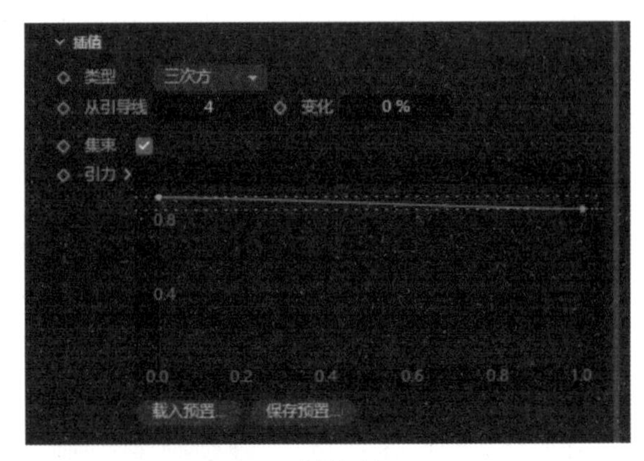

图11-14

影响：控制重力对毛发的影响。例如，执行“模拟”“力场”“引力”等命令，如图 11–15 所示，即可使被选中的对象在力场的作用下发生变化，如图 11–16 所示。

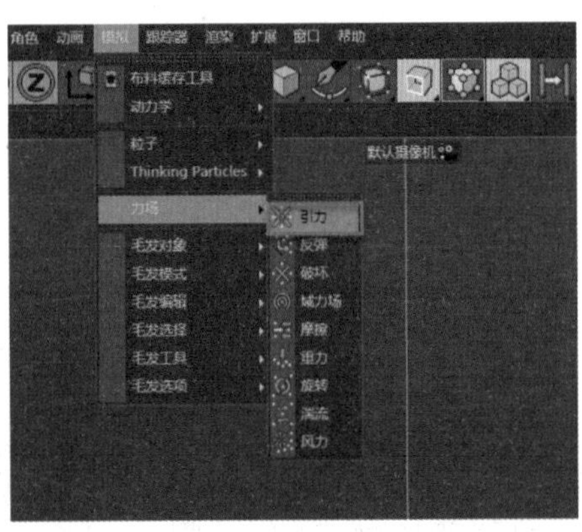

图11-15

图11-16

缓存：在动力学中，缓存是一项关键设置。它能够预先计算毛发的动力学数据，并将这些数据存储在内存中。当播放时间轴时，对于已经缓存的毛发，系统不会再次进行实时的动力学模拟，而是直接调用缓存数据，从而实现快速播放。值得一提的是，使用缓存后，可以随意拖动时间轴来观察毛发的动态效果，无须重复进行模拟操作。

分离：当头发的间隔较小或引导线控制的毛发显得混乱不明确时，可以使用“分离”工具进行处理。在“毛发对象”中，首先选中“毛发”选项，然后进行“插值”设置，通过设定集束来区分需要分离的头发。将这些头发分别设置为不同的“选集”，然后直接拖入“分离”群组中。在此，可以设置分离的距离和角度，以便对不同选集的毛发进行精确的分离处理。

设置快捷键：为了方便操作，可以根据操作习惯自定义快捷键。只需右击，在“自定义面板”中进行相应设置即可。

平滑分段：当引导线被延长时，其延长部分通常只有两个控制点。通过使用“平滑分段”功能，可以将延长前的控制点平均分布到延长后的整条引导线上，从而使引导线的形态更加平滑。

提示

Cinema 4D制作头发时需要的引导线比较多，整理时尽量避免引导线之间出现交叉情况。

11.1.4 制作毛发

制作毛发的具体操作步骤如下。

01 在“命令管理”面板中单击“添加毛发”按钮，生成毛发引导线。

02 设置“毛发对象”中的“引导线”值，调整生长方向为Y轴，如图11-17所示。随后选中需要整理的毛发对象，在“命令管理”面板中单击“毛刷”按钮，即可对选中的对象进行整理，如图11-18所示。

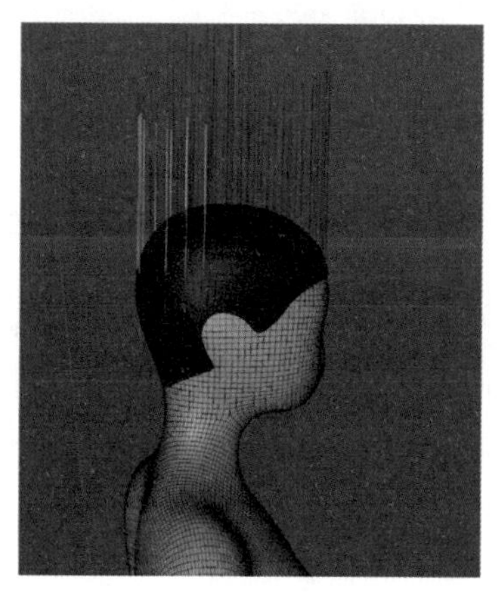

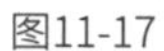

图11-17

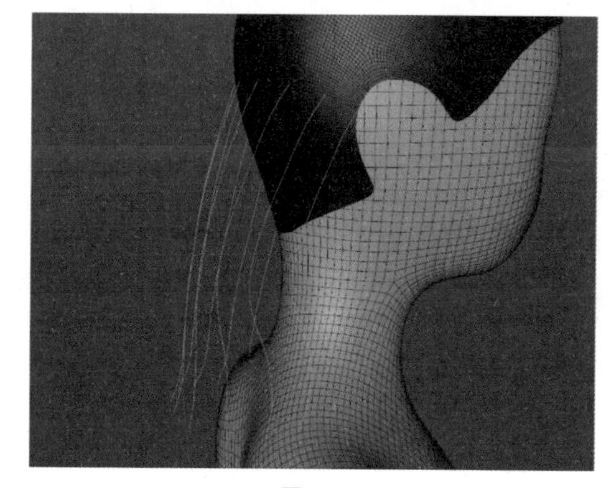

图11-18

提示

头发垂直于头皮生长，所以头发被梳顺后，需要在发根处推出一点儿角度，使头发呈现拱起的形态。

03 在毛发对象中选中引导线，并在“链接”框中选中需要整理的毛发对象。

04 在“链接”栏中单击右侧的箭头按钮，在弹出的菜单中选择“清除”选项，清除链接内容，如图11-19所示。

05 在“链接”栏中选择头皮hair对象，并在“命令管理”面板中单击“固定发根”按钮和“应用”按钮，再单击“推动”按钮，设置推动的参数即可。

06 在刷第二层时，尽量避免第二层头发被刷到第一层中，因为头发需要有层次感，如图11-20所示。

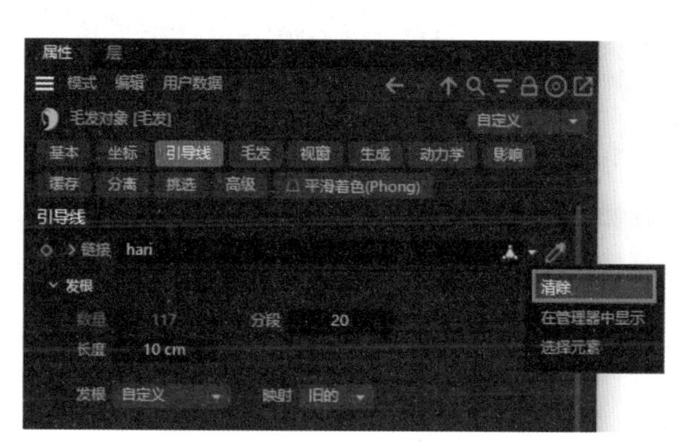

图11-19

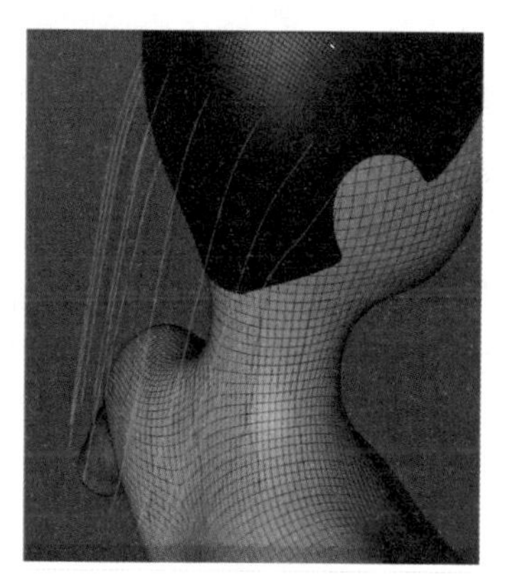

图11-20

07 为了避免头发在模型身体中发生穿进穿出的现象，需要在毛发上添加“碰撞体”。删除引导线与样条之间的链接，然后选中“碰撞体”，在“命令管理”面板中单击“固定发根”按钮，再单击“应用”按钮，即可将毛发链接到碰撞体层面，再使用毛刷对引导线进行整理，如图11-21所示。

08 在渲染的视图下得到的头发模型，如图11-22所示。经过细节上的调整及修改，最终可以得到短发造型（此为参考，主要是演示相关工具的使用方法），如图11-23所示。

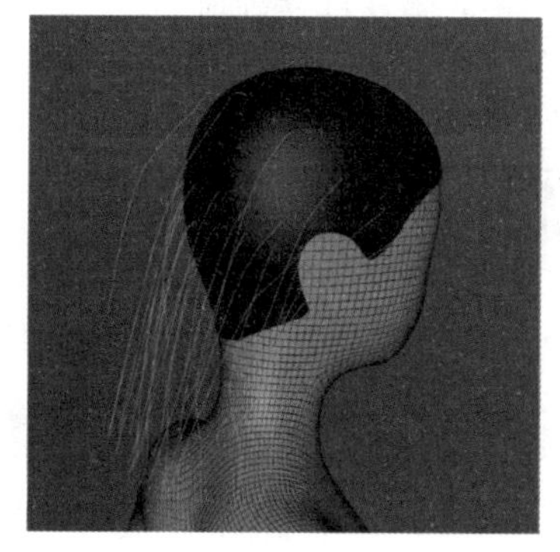

图11-21

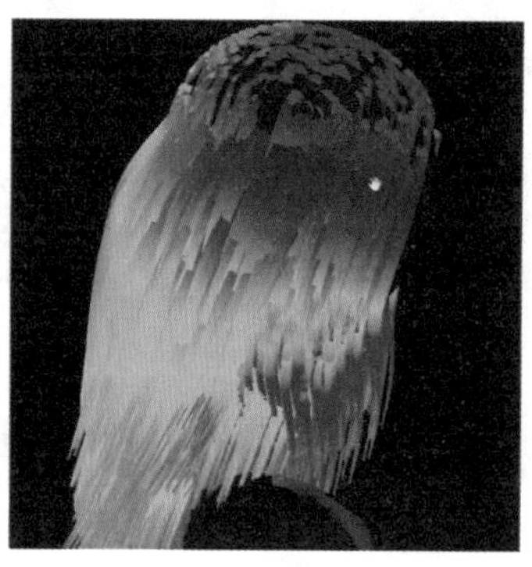

图11-22

图11-23

11.2 毛发生成技巧

在 Cinema 4D 中，隐藏着许多易被忽视但却极为实用的小技巧。本节将揭示在制作毛发过程中，如何巧妙运用这些技巧，以提升制作效率和最终呈现效果。

11.2.1 毛发生成流程

使用晶格工具调整引导线。选中需要调整的样条，在工具栏中添加晶格 FFD，如图 11-24 所示，并设置晶格参数。在工具栏中单击“点模式”按钮，对晶格的调整即是对被选区域的样条进行调整。调整完成后，选中样条并右击，在弹出的快捷菜单中选择“当前状态转对象”选项，如图 11-25 所示，将当前状态转换为多边形网格。

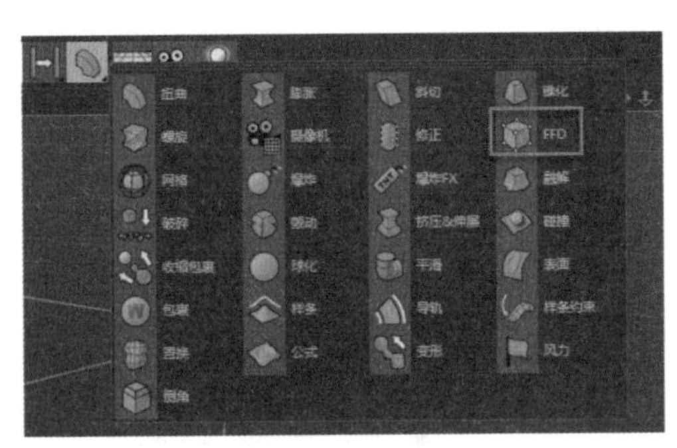

图11-24

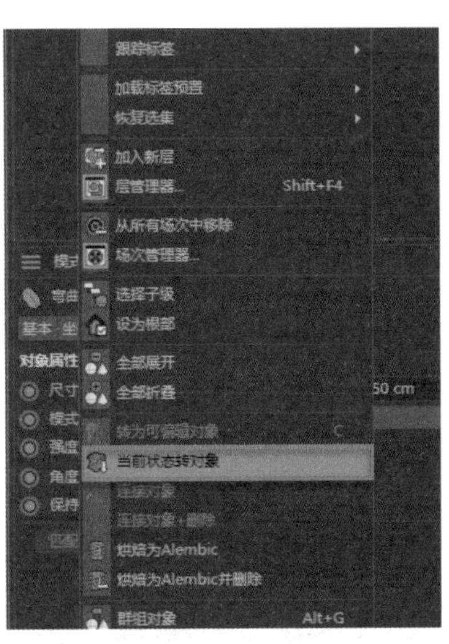

图11-25

样条转毛发。选中需要编辑的样条，执行“模拟”|“样条编辑”|“样条转为毛发”命令，再隐藏样条，即可在毛发的对象下进行编辑。

毛发的发根固定。选中毛发对象，将引导线的链接设置为 hair（头皮），单击“固定发根”按钮，再单击“应用”按钮，即可固定发根到头皮上。

在“属性”面板的“毛发对象”选项区域，单击“毛发”按钮，设置毛发的“发根”为“多边形区域”，“数量”值为 50000，“分段”值为 40，如图 11-26 所示。然后在渲染的视图中检查毛发的生成状态，如图 11-27 所示。

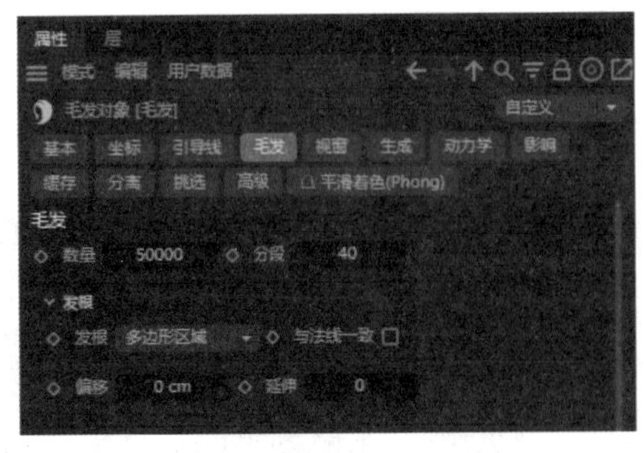

图11-26

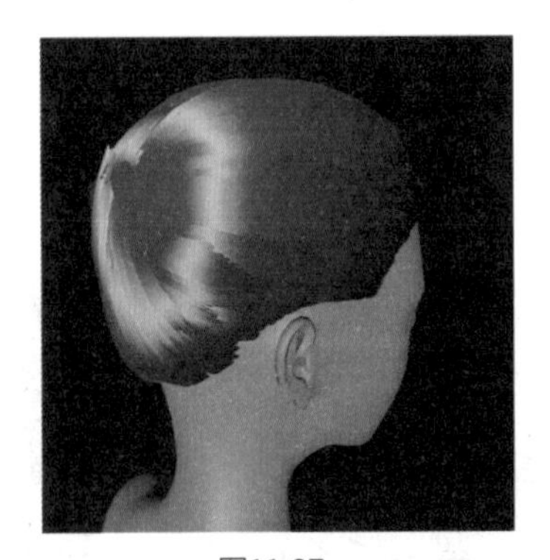

图11-27

提示

用毛刷调整引导线时，建议取消选中“毛发IL”复选框，防止在调整的过程中修改引导线的长度，导致用毛刷调整后的引导线扭曲比较严重，需要做平滑处理。

11.2.2　解决毛发层次混乱的问题

当遇到毛发层次混乱的问题时，如图 11-28 所示，可能是引导线比较稀疏导致的，如图 11-29 所示，接下来介绍解决该问题的 4 种方法。

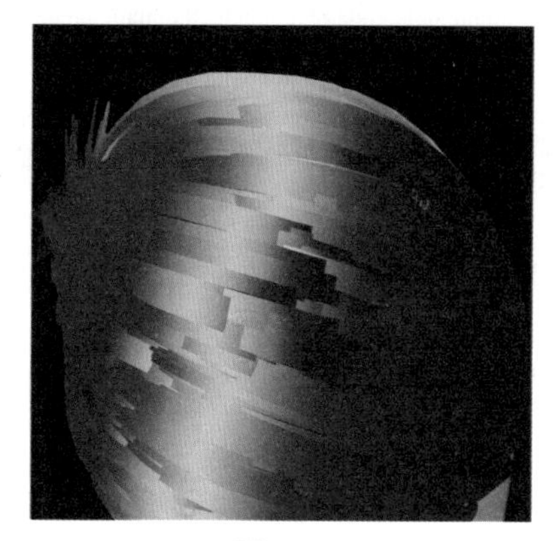

图11-28

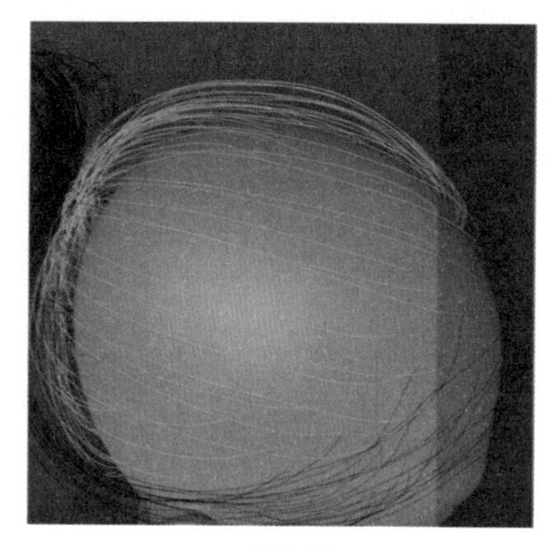

图11-29

方法一：最简单的方式是调整引导线，或者新增引导线去控制偏移的毛发。

方法二：设置区域贴图。在“对象”栏选中 hair 对象，为 hair 添加材质球并命名为 A1，设置生长区域的贴图为白色，将视图界面切换至 BP-3D Paint 模式，然后将 A1 材质球设置为黑色（不生长毛发区域），随后用白色的笔刷刷出需要生长毛发的区域，如图 11-30 所示，然后单击“保存”按钮。接着将 hair 层面的贴图添加到毛发层面上，回到“毛发编辑”模式，在毛发的密度中找到并添加已保存的 hair 贴图，即可得到顺滑的模型，如图 11-31 所示。

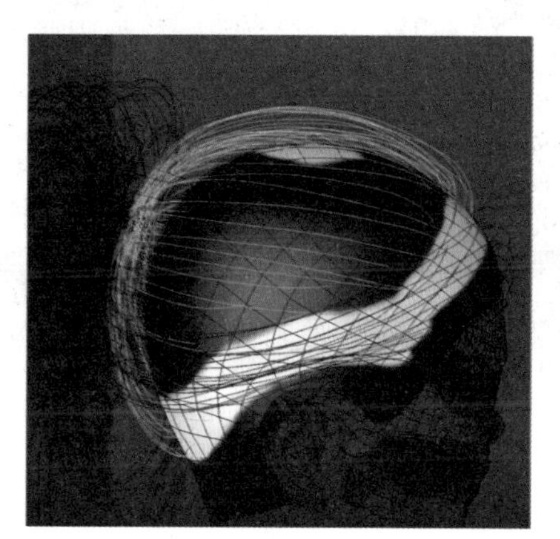

图11-30

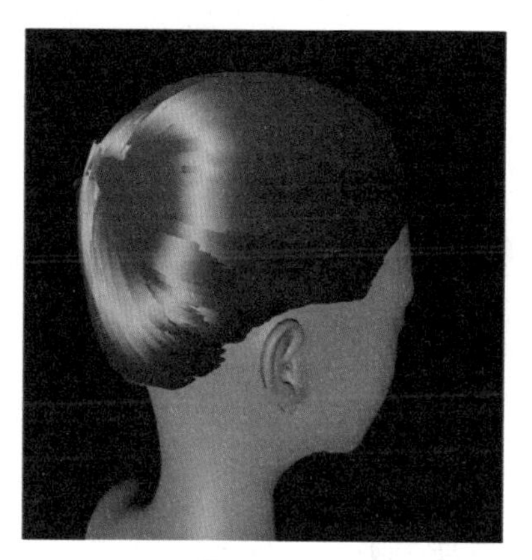

图11-31

方法三：使用“集束”工具将偏移的毛发梳在一起。其中，“数量比例”控制每一束毛发的数量在整体毛发中的占比；“集束比例”控制所有毛发中一定比例的毛发进行集束调整；“半径”控制每一束毛发的半径范围。

方法四：生长区域边缘的毛发翘起，不能被拉回到头皮上，可以适当擦除生长区域，调整为不能生长的范围。

提示

Cinema 4D渲染操作不方便，可以在预览中调整显示为多边形模式，更方便地找到需要调整的引导线。

11.3　毛发分组

在 Cinema 4D 中，毛发分组应用的主要作用是便于对不同类型的毛发执行不同的操作和属性调整。例如，可以为角色身上的各个部位（如头部、身体等）分别指定独特的毛发分组，随后针对每个分组独立调整其参数（如长度、密度、颜色等），从而打造出更加精细且逼真的毛发效果。

11.3.1 设置区域贴图

设置区域贴图的具体操作步骤如下。

01 样条转毛发。选中需要转换的样条，执行“模拟”|“毛发编辑”|“样条转为毛发”命令，隐藏样条，即可在毛发的对象下进行编辑。

02 毛发的发根固定。在“毛发对象”栏中单击“引导线”按钮，将引导线“链接”设置为hair，并在“命令管理器”中单击“固定发根”按钮，在“属性”面板中单击“应用”按钮，如图11-32所示，即可固定发根到hair上。

03 在“毛发对象”栏中单击“毛发”按钮，设置“发根”为“多边形区域”，“数量”值为2000，“分段”值为36，然后在渲染的视图中检查毛发的生成状态。

04 设置区域贴图。在“对象”栏中选中hair对象，为其添加材质球并命名为A2，设置生长区域的贴图设置为白色，将视图界面切换至BP-3D Paint模式，然后将A2的材质球设置为黑色（不生长毛发区域），用白色笔刷，刷出需要生长毛发的区域，完成后单击“保存”按钮。

05 将hair层面的贴图添加到毛发层面上。回到“毛发编辑”模式，在毛发的密度中找到并添加已保存的hair贴图，即可得到如图11-33所示的模型。

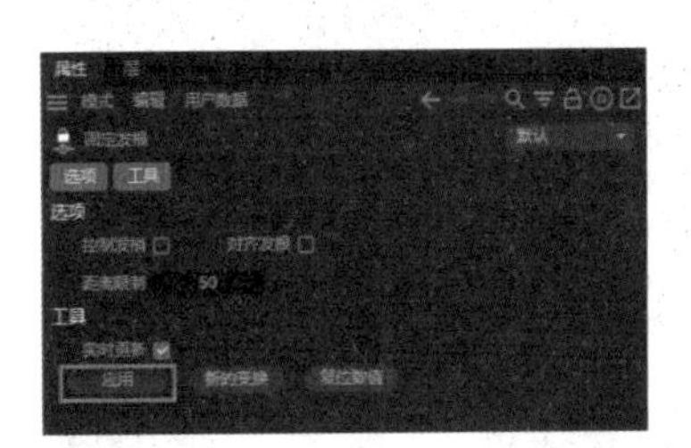

图11-32

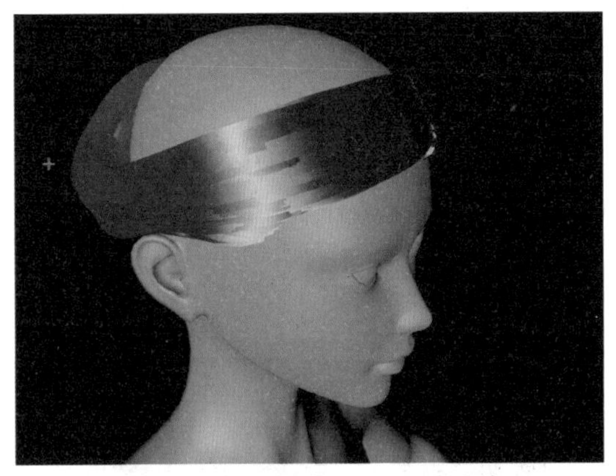

图11-33

11.3.2 毛发分组流程

毛发分组的具体操作步骤如下。

01 若生长区域不明确，如图11-34所示，重新绘制生长区域的贴图，即可得到生长区域清晰的效果。

02 若中分线附近的毛发引导线控制不明确，如图11-35所示，可以使用“分离”工具处理，将需要分离的头发分别设置为不同的“选集”，然后将两个选集直接拖至“群组”中，设置分离距离和角度，即可对中线两边的选集毛发进行分离处理，调整后的效果如图11-36所示。

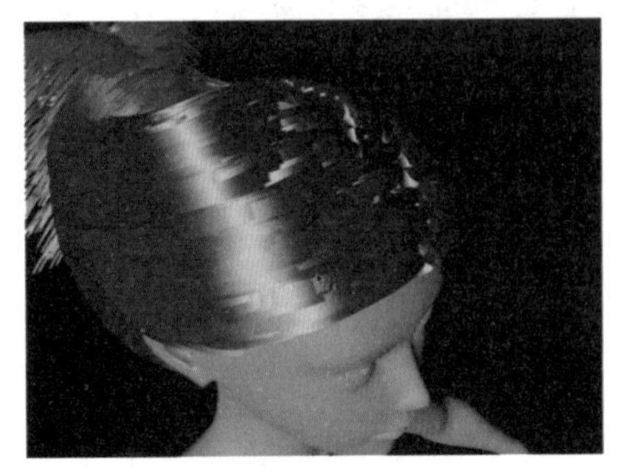

图11-34

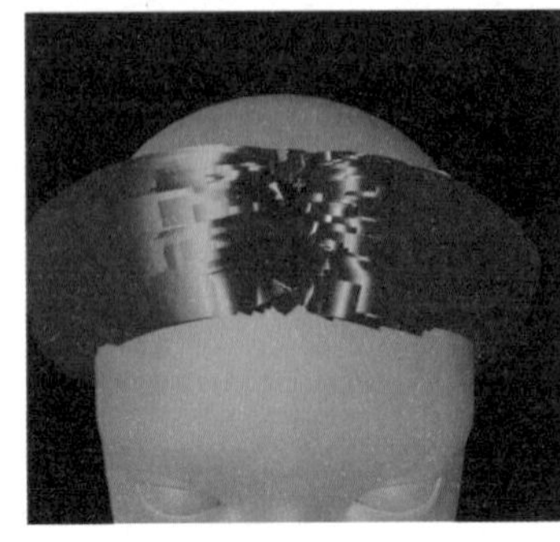

图11-35

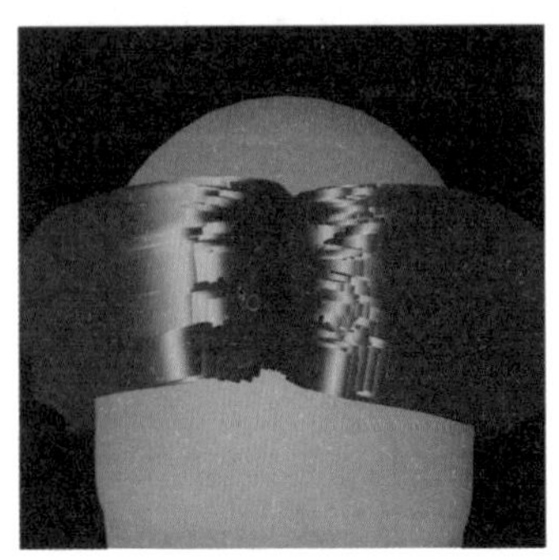

图11-36

11.4　毛发渲染

在 Cinema 4D 中，毛发渲染设置的主要作用是控制和调整毛发的最终渲染效果，同时它也会对毛发的渲染速度和质量产生影响。某些高级设置可能需要更多的计算资源来进行渲染，从而导致渲染时间增加。因此，通过合理地调整这些设置，可以在渲染速度和质量之间找到一个最佳的平衡点。

11.4.1　设置环境

设置角色的具体操作步骤如下。

01 打开Cinema 4D，在工具栏中单击“界面”按钮，进入RS（用户）模式，然后单击“新建穹顶灯”按钮，添加RS Dome Light（RS顶部灯光），随后在工具栏中单击“摄影机”按钮，添加摄影机。

02 执行“摄像机”|“属性”命令，将“焦距”值设置为152。

03 执行“窗口”|“内容浏览器”| object命令，并添加贴图隐藏背景，最终可得到的效果如图11-37所示。

图11-37

11.4.2　渲染毛发

渲染毛发的具体操作步骤如下。

01 创建新材质Hair，在“贴图”工具栏中执行“创建”| Redshift | Materials | Hair 命令，再将新建的材质赋予毛发01对象，查看毛发材质的状态，此时是Cinema 4D的材质，直接赋予RS。

02 删除Cinema 4D材质，保留RS材质，在工具栏中单击“区域光源”按钮，移动并调整光源，使其照亮模型背面的黑暗角落，调整控制光源亮度的Intensity值为30，将身体材质调整为暗色，效果如图11-38所示。

03 毛发材质的设置主要分为3部分。第一部分的Intemal Reflection可控制整体毛发的主要颜色及基本色相；第二部分的Transmisson控制有阴影的部位，例如偏黑暗场景下的颜色调整；第三部分的Primary Refection控制反射光，即背光处边缘被反射出来的颜色。

04 通过材质编辑器中的“卷发”和“纠结”参数调整毛发粗糙度，如图11-39所示。

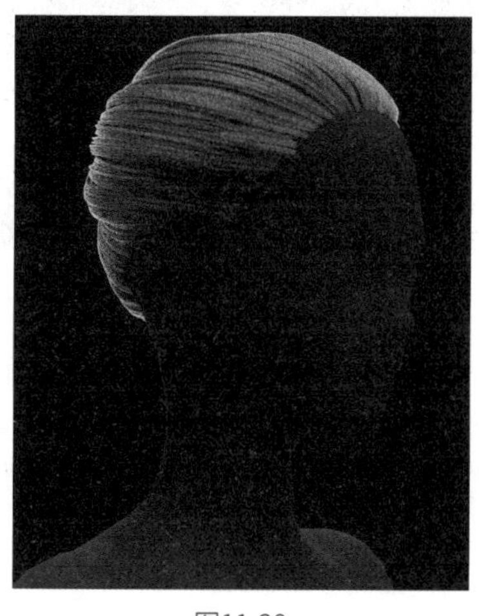

图11-38

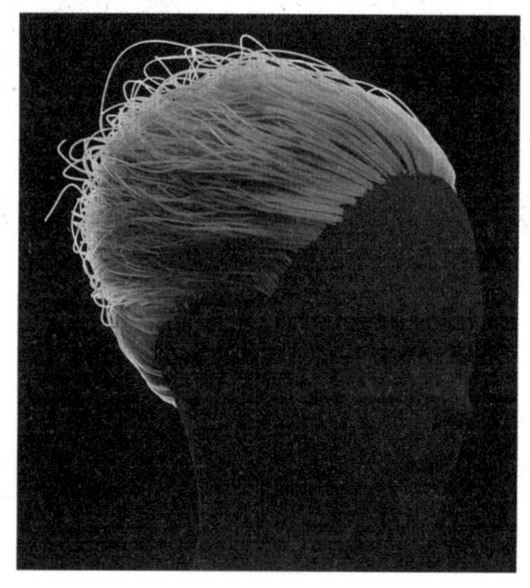

图11-39

05 渐变发色设置。调整RS Hair Position（RS头发位置）值，控制毛发最前端的颜色；调整Ramp（斜面）值，控制渐变节点，让毛发的颜色形成渐变效果。

11.5 模拟动力学

毛发动力学模拟的主要作用是创建和渲染具有逼真动力学效果的毛发动画。此外，它还能将动力学与角色动画紧密结合，使角色的毛发能够随着角色的动作和动画时间线自动适应和变化。头饰绑带作为角色发型的重要组成部分，其动力学模拟同样至关重要。它能模拟头饰在不同情境下的运动效果，如受力时的变形、位移和旋转等运动形态，以及在不同运动状态下所展现的动力学特征。通过对头饰运动效果的模拟，我们可以预测其在各种情况下的表现，并深入理解头饰与头部之间的相互作用关系。本节将详细介绍如何对简单的头发及发饰绑带进行动力学模拟操作。

11.5.1 设置毛发动力学

设置毛发动力学的具体操作步骤如下。

01 导入角色模型的服装（毛发的动力学设置与服装是有相互碰撞的），在“毛发对象”中单击“动力学”按钮，根据毛发各个部分的特征需要，选中或取消选中各部位的“启用”复选框。

02 为服装及毛发添加碰撞标签。在“对象”栏中选中需要添加碰撞标签的对象并右击，在弹出的快捷菜单中选择“毛发标签”|“毛发碰撞”选项。

03 执行“模拟”|“力场”|“风力”命令，随后设置风力对象的属性，“速度”值为15，“紊流”值设为50%，其他参数保持默认值（数据根据需要设定），如图11-40所示，即可得到风力模拟场景。

04 设置毛发对象的动力学参数。设置“表面半径”值为3，“质量”值为1，“粘滞”值为15%，“迭代”值为50。“保持发根”值为0%，“硬度”值为100%，“静止混合”值为10%，“发根”值为0.4，“发梢”值为0（数据根据需要设定）。

05 设置毛发碰撞参数。将“摩擦”值设为5%，“反弹”值设为10%，如图11-41所示。

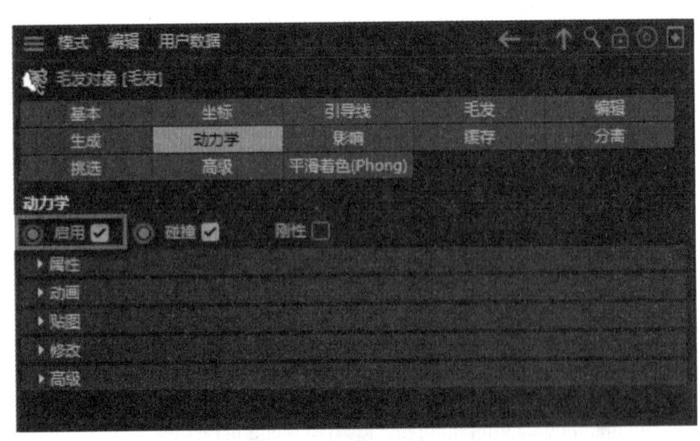

图11-40

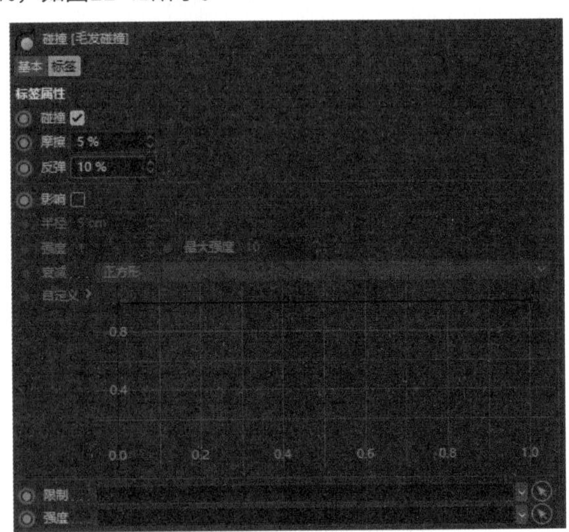

图11-41

06 执行“模拟”|“毛发选择”|“交互动力学”命令，调出“交互动力学”窗口，单击“重绘”按钮，开始模拟。取消选中“重绘”复选框，并单击“复位”按钮，即可回到初始状态。

提示

模拟动力学之前，需要为所有毛发设置初始状态，选中毛发对象，在“命令管理器”面板中单击“设置初始状态”按钮即可。

11.5.2 模拟绑带的动力学

模拟绑带的动力学的具体操作步骤如下。

01 执行“对象”|Hair命令，在工具栏中单击“线模式”按钮，画出绑带的区域，如图11-42所示，并在工具栏中单击“扩展”按钮，将延长线转为面，如图11-43所示。

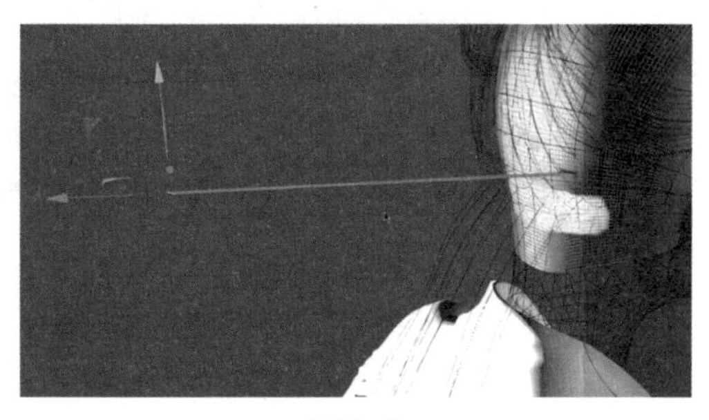

图11-42

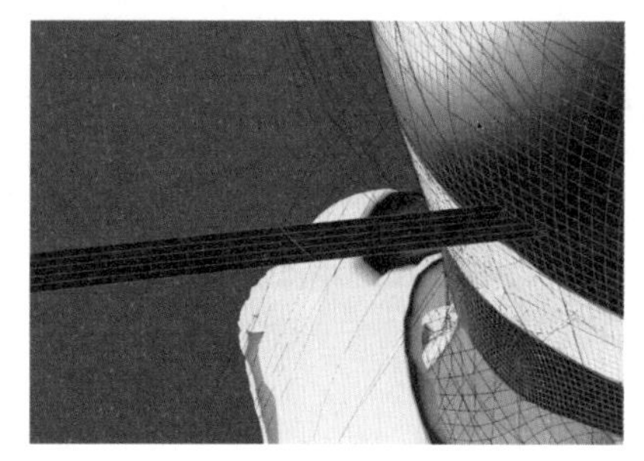

图11-43

02 框选出绑带的区域，右击，在弹出的快捷菜单中选择“分裂”选项，随后为绑带对象重命名。

03 选中绑带的对象标签，右击，在弹出的快捷菜单中选择“模拟标签”|“布条绑带”选项，将绑带链接至hair上。

04 选中绑带标签，执行“模拟标签”|“布料”命令，设置“迭代”值为40，如图11-44所示。最后为服装和绑带添加碰撞标签即可，最终的头发效果如图11−45所示。

提示

在模拟动力学时，若计算机运转速度比较慢，可以在“毛发对象”面板中执行“缓存”|“计算”命令，开始模拟动力学的运动，播放结束后，单击“保存”按钮。以后在不调整各项参数的情况下，再做模拟会更顺畅。

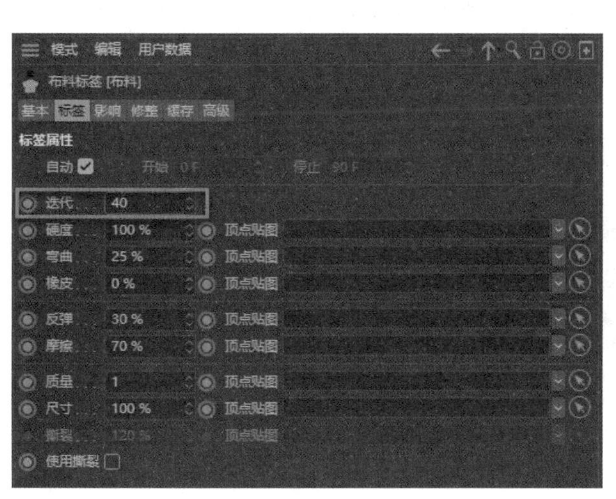

图11-44

图11-45

第 12 章

制作虚拟角色 UV 贴图

UV 贴图在实现逼真和高质量渲染中扮演着至关重要的角色，它能够为角色模型带来丰富的视觉效果和真实感。通过为虚拟角色应用 UV 贴图，我们可以显著增强模型的外观，赋予其细腻的纹理和细节，模拟真实的光照和阴影效果。同时，UV 贴图还有助于减少模型的几何细节，从而优化渲染性能，并实现有效的资源管理和共享。本章将重点学习如何为模型展开 UV，并根据不同模型的特点，探索和运用多种方法来制作 UV 贴图。

12.1 整理模型

在正式开始拓展 UV 之前，对模型进行检查和整理是至关重要的步骤。这样做不仅能够简化后续的操作流程、优化 UV 布局，还能确保模型的几何结构保持完整。同时，通过前期的检查和整理，可以有效避免在拓展 UV 过程中出现错误，为后续的纹理绘制、动画制作和渲染等阶段奠定更坚实的基础。

12.1.1 整理Cinema 4D模型

整理 Cinema 4D 模型的具体操作步骤如下。

01 打开Cinema 4D，导入角色模型文件。单击“对象”面板中的“标签”按钮，如图12-1所示，按Delete键，删除文件中所有“标签”，即可获得一个“干净”的角色模型。

02 打开DAZ软件，从中找到hair模块，选择一个合适的发型，并导出fbx格式文件。

03 将预先导出的头发模型合并至Cinema 4D角色模型文件中，如图12-2所示。

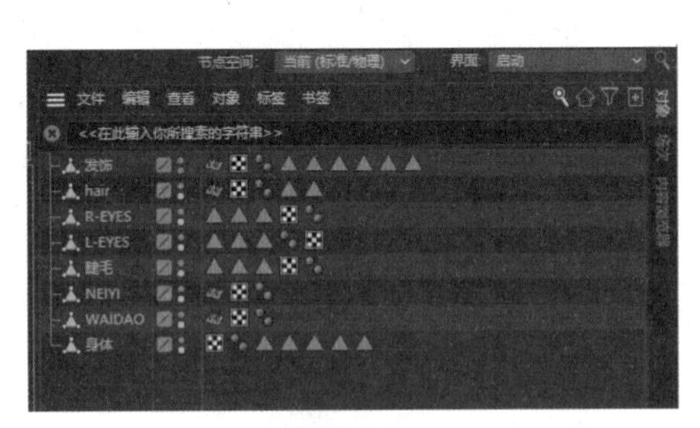

图12-1

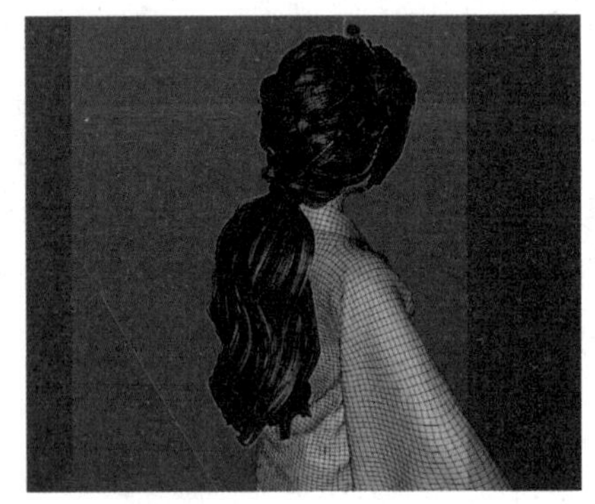

图12-2

12.1.2 调整合并的头发与角色模型

在 Cinema 4D 中合并的“头发模型”与“角色模型”需要进行调整，具体的操作步骤如下。

01 在“对象”面板中找到头发贴图，将hair头发贴图删除，只保留头发模型中的头皮与发束。

02 将发束模型隐藏，方便后期处理模型头部与头皮的贴合情况，如图12 3所示。

03 调整好头皮模型后，再对发束部分进行检查，若有穿模情况加以调整。

04 打开DAZ软件，任意挑选一对角色眼球模型，将模型导出格式为FBX格式，导出后返回Cinema 4D，将导出的眼球合并至模型眼框内并调整，如图12-4所示。

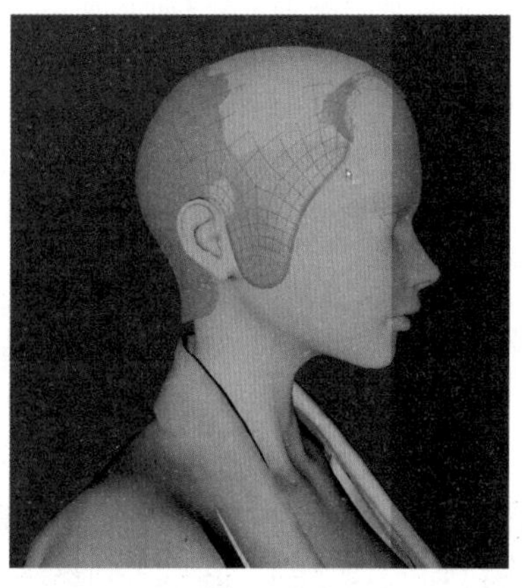

图12-3

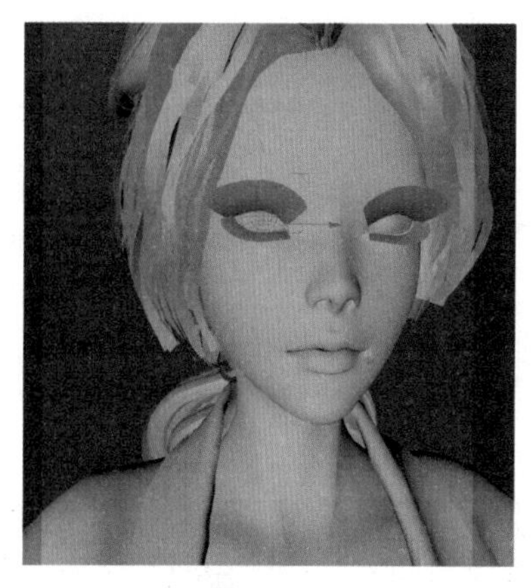
图12-4

12.2 UV基础理论

在虚拟角色制作过程中，UV 是关键元素，用于指定贴图如何精确地映射到模型表面。UV 作为标记点，在纹理贴图上的点与模型网格上的点（即顶点）之间建立了一一对应的关系。若多边形或细分曲面不具备 UV 纹理坐标，其纹理将无法正确渲染。通常，在建模完成后、为模型指定纹理之前，需要进行 UV 映射和排列。这是因为，一旦模型发生更改，而 UV 未做相应调整，模型与 UV 之间就会出现不匹配现象，进而影响到纹理在模型上的显示效果。本节将从 UV 的基本概念入手，帮助大家理解 UV 及其作用，并通过简单的实际操作案例加深理解。

12.2.1 UV的定义

UV 通常是指纹理坐标（Texture Coordinates），这是一种二维坐标系统，其核心作用是将纹理映射到三维模型的表面。UV 坐标为每个三维模型表面的顶点定义了一个纹理映射的位置，这些位置与模型的顶点坐标保持一一对应的关系，确保纹理图像能够精确地对应到模型上。UV 坐标的范围通常限制在 0~1，其中坐标 (0,0) 代表纹理图像的左下角，而坐标 (1,1) 则代表右上角。

通过将纹理图像与 UV 坐标相关联，可以在模型表面实现纹理映射，将纹理图像中的颜色、纹理以及细节等特性应用到模型上。这一过程不仅为模型赋予了更加逼真和详细的外观，同时也大大增强了模型的真实感和视觉吸引力。通过在模型的每个顶点上指定相应的 UV 坐标，我们能够确保纹理能够准确地贴合在模型表面上，从而达到预期的视觉效果。

12.2.2 UV的作用

在进行 UV 展开之后，我们得以在 UV 空间中自由地对纹理进行编辑、绘制或修改。通过调整 UV 坐标的位置和布局，能够精准地控制纹理在模型表面的分布、拉伸程度，以及纹理绘制的精度和细节层次。当一个模型表面的细节越丰富，其所需的计算资源也就越大，对硬件配置的要求也相应提高。而利用 UV 贴图技术，我们可以有效地解决这一矛盾。

UV 贴图的核心作用在于，它能够将高模表面的精细细节“烘焙”到 UV 贴图上，随后再将这张贴图应用到低模上。这样一来，我们可以在大幅降低资源需求的前提下，依然实现高模级别的显示效果。这种技术不仅优化了渲染性能，还确保了视觉效果的逼真度。

12.2.3 整理UV

在拿到一个模型之后，首先需要检查模型是否存在拉伸的问题。通常，通过透视图很难直接察觉到这种异常，这时就需要借助 UV 展开来进行检查。以 Cinema 4D 为例，假设创建了一个简单的立方体，它包含 6 个面。当给这个立方体赋予一张棋盘格贴图时，默认情况下，立方体的每个面都会贴上这张完全相同的棋盘格。接下来，将介绍如何让立方体的 6 个面共享同一张棋盘格贴图。具体的操作步骤如下。

01 找到UV编辑器，单击BP-UV Edit按钮，即可打开UV编辑器。

02 模型的UV展开情况会显示在窗口的左视图中，默认为一张四边形图，单击“边模式”按钮，在边模式下，单击可以连续选中模型的多条边，随后单击“投射”按钮，如图12-5所示，可以选择“立方”“立方2”“方形”等不同的展开方式，如图12-6所示。

03 选择“立方2”模式进行投射时，模型的6个面共用一张贴图进行显示，接下来创建一个面稍复杂的模型，例如球体，它的默认UV展开情况，如图12-7所示。

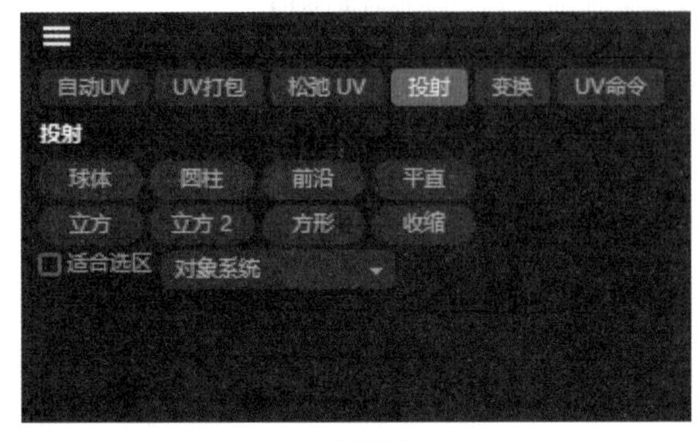

图12-5

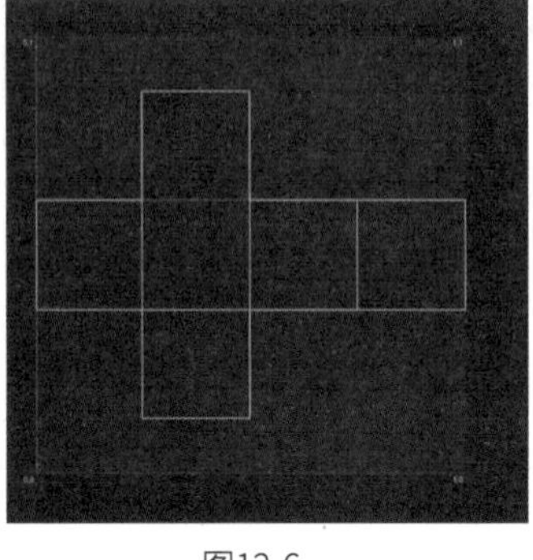
图12-6

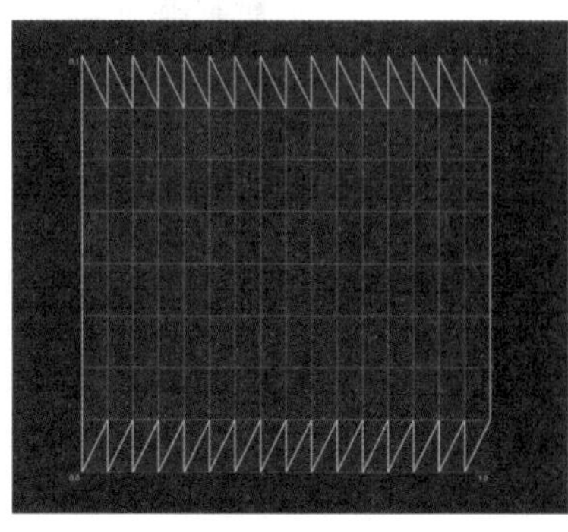
图12-7

赋予一张棋盘格贴图时会发现，在球体的顶端位置出现了拉伸的情况，接下来介绍如何解决这一问题，具体的操作步骤如下。

01 将球体模型转变成多边形，选择其中的几条边并进行切割，左侧窗口可以时刻观察到切割后模型UV的展开情况。

02 选择UV投射模式中的“方形”，转换为如图12-8所示的展开状态，可以理解为模型被分割成了多个面。在重新赋予模型棋盘格贴图时，模型贴图拉伸的情况明显得到改善，如图12-9所示。

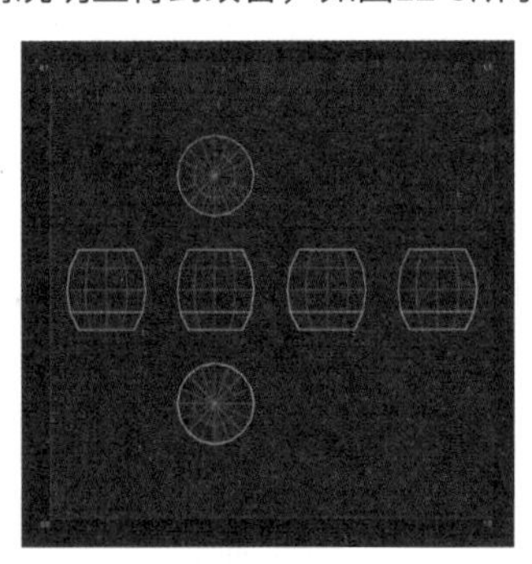
图12-8

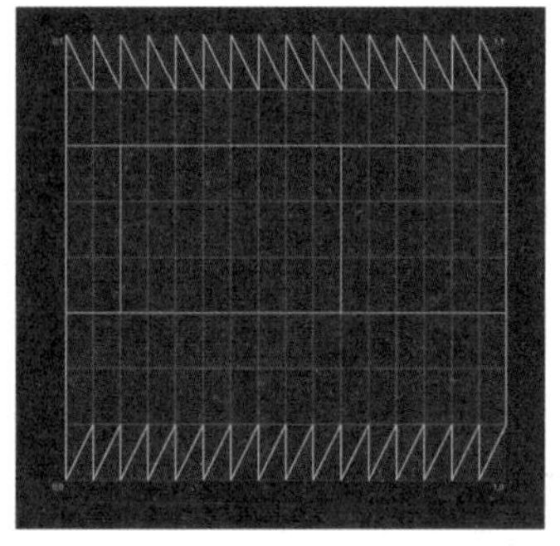
图12-9

12.2.4 展开虚拟角色UV

展开虚拟角色 UV 是虚拟角色制作过程中的一个重要环节，它涉及通过展开 UV 坐标来精确指定贴图在模型表面的位置以及贴图的旋转方式。本案例将以发型配饰的 UV 展开为例，详细演示如何有效地展开模型 UV，确保贴图能够完美贴合模型表面，从而达到理想的视觉效果。具体的操作步骤如下。

01 执行“文件”|“合并项目”命令，将制作好的发饰模型合并至角色，并适当调整好与角色头部的位置，如图12-10所示。

02 检查模型中各个部位的UV展开情况，例如发饰UV、服装UV、身体UV，如图12-11~图12-13所示。

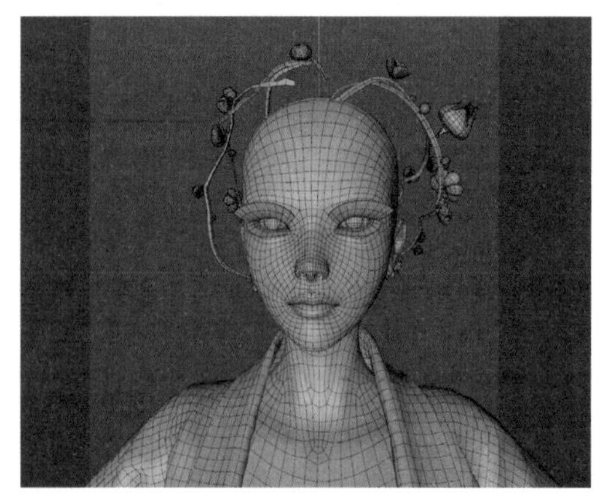
图12-10

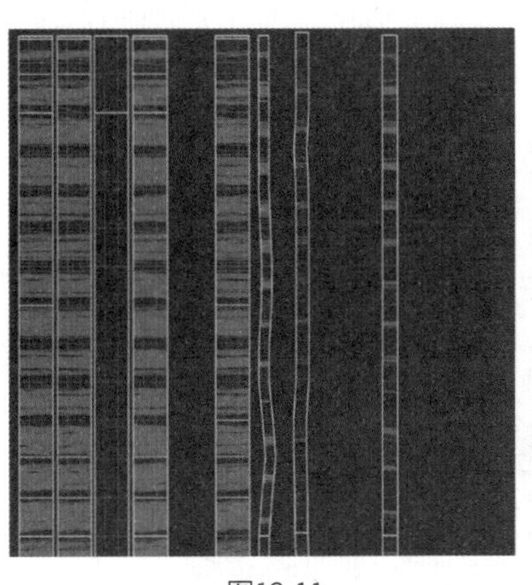

图12-11

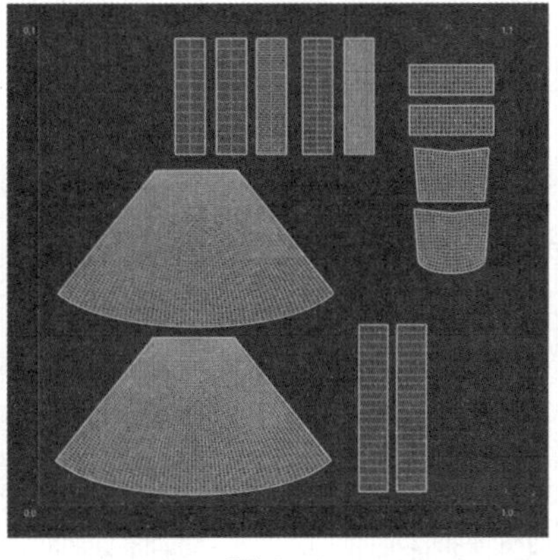

图12-12

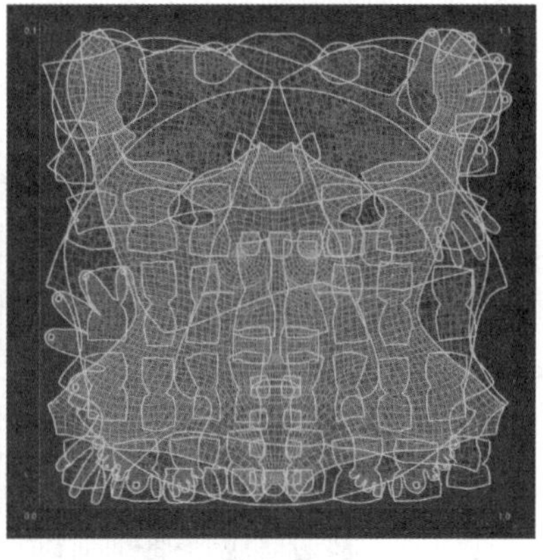

图12-13

03 身体部分的UV展开后相对复杂，而且各部位的展开图套叠在一起，不利于观察和后续的贴图操作，如图12-14所示。可以在“UV编辑器”面板中的“变换”选项区内调整X或Y值，将各UV部件平行移动并铺展，如图12-15所示。

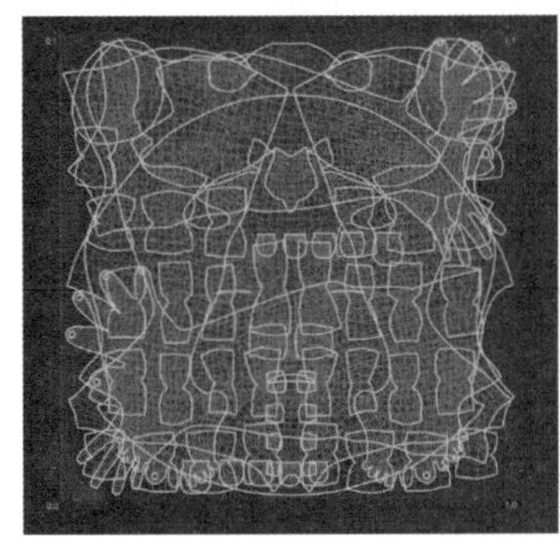

图12-14

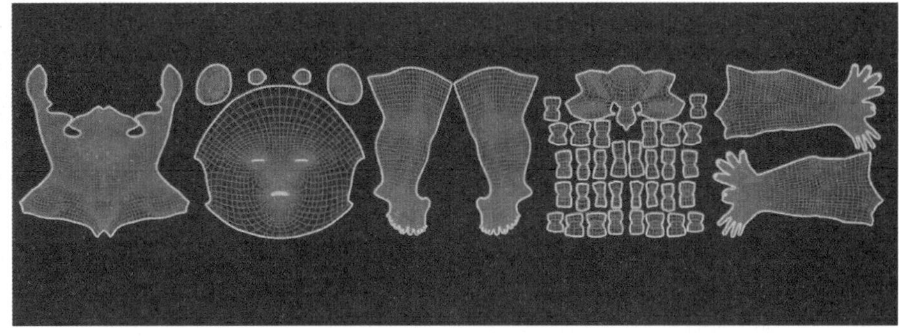

图12-15

04 展开角色的眼球模型UV后，拆分为眼白、虹膜和瞳孔3部分，如图12-16所示，对各个部分进行检查，采用相同的方法展开睫毛的UV，检查发现其中泪腺UV有套叠的情况，单独进行平行移动即可，如图12-17所示。

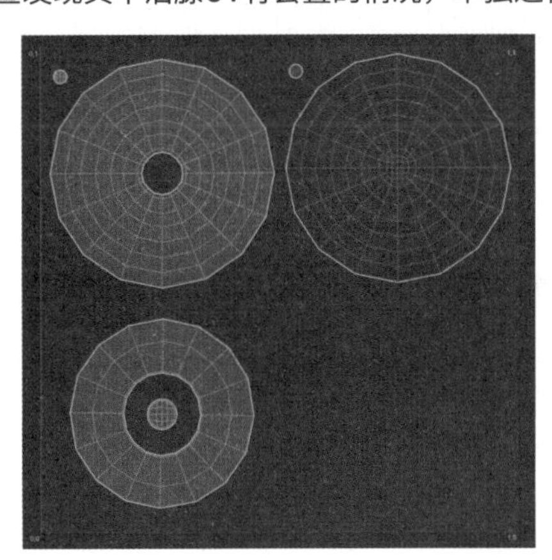

图12-16

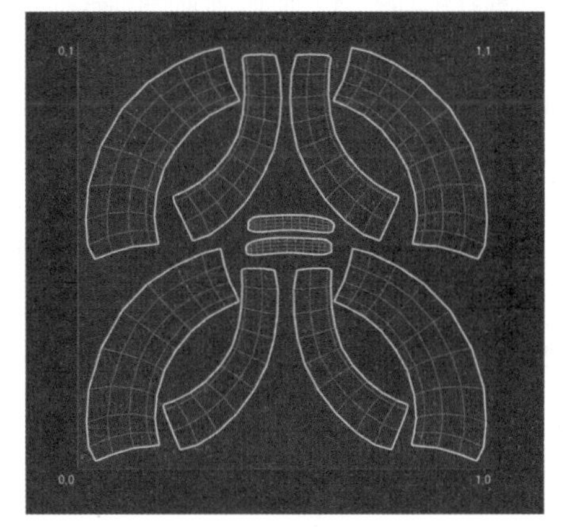

图12-17

12.3 拆解角色模型UV

拆解角色模型 UV 是虚拟角色制作中的一个关键步骤，它涉及将模型的 UV 坐标进行切割并展开。这一过程旨在将原本合并在一起的多个 UV 分离成单个独立的元素，从而方便后期制作角色纹理贴图和材质。本节将详细介绍如何对角色模型的各个部位进行精确的 UV 切割和展开，这一环节对于确保后续模型贴图的准确性和质量至关重要。

12.3.1 拆解头发及头皮UV

拆解头发及头皮 UV 的具体操作步骤如下。

01 将头发模型单独显示并展开UV，发现其中发束部分有UV扭曲的情况，如图12-18所示，需要将其调整顺直。

02 单击“UV选择”按钮激活UV选择功能，选中需要调整的UV，单击“四方边界”按钮，随后单击“UV缩放”按钮，将鼠标移至UV展开界面的右上角，显示缩放的鼠标指针，单击拖曳缩放图标。

03 将选中的部件UV调整为顺直的长条形，采用相同的方法将发束中其他需要的UV都调整顺直，如图12-19所示。

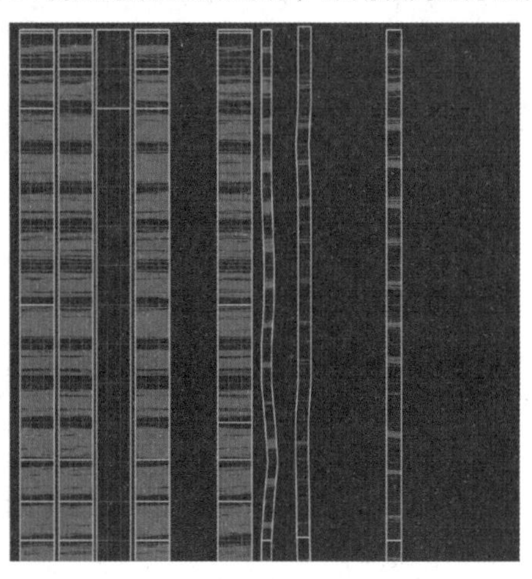

图12-18

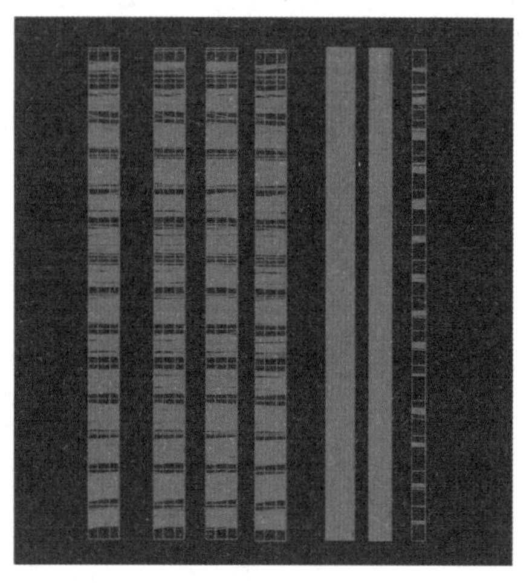

图12-19

04 将头皮部分的模型单独显示并展开UV，进行单独调整即可。

12.3.2 编辑整理头皮UV

编辑整理头皮 UV 的具体操作步骤如下。

01 在软件官网下载并安装UV解包软件RizomUV VS。

02 打开RizomUV VS，执行“文件”|“载入”命令，导入角色模型“头皮”文件。

03 选中需要编辑的UV，执行“变换”|“拉直”命令。

04 在“UV视图”窗口选中的UV对象自动拉直，随后执行“变换”菜单中的“旋转”“平移”“缩放”等命令调整UV对象，调整完成后，保存即可。

05 将调整好的头皮UV文件重新导入Cinema 4D中，与角色的发束模型重组合并，即可获取头部完整的UV模型。

12.3.3 RizomUV VS常用工具

展开 UV 快捷功能：单击“展开工具”中的“U 型锁”按钮，模型将自动展开 UV。

UV 视图的旋转、移动及缩放：单击工具栏中的“选取对象”按钮，在对象选中状态下，单击“UV 变换”按钮，即可对选中对象的 UV 进行旋转、移动和缩放等操作。

12.4 拆解发饰UV

发饰表面的 UV 面可以被拆分成多个独立的 UV 面，这样做的好处是每个 UV 面都可以应用独立的贴图，这不仅增强了贴图的灵活性，还能在后期渲染时提高效率。本节将以古装盘发为例，详细展示如何对发饰的 UV 进行拆解，确保每个部分都能得到恰当的贴图处理，从而优化渲染效果。

12.4.1 调整发饰UV

调整发饰 UV 的具体操作步骤如下。

01 打开RizomUV VS，将完整的发饰模型分解成5个小组件，把每个组件分别进行UV展开。

02 隐藏发饰1~4组的组件，单独显示“发饰”组件，利用Cinema 4D中的导出功能，将其导出为obj格式文件。

03 回到RizomUV VS中，打开预先导出的“发饰”组件模型文件，单击“缝合”工具栏中的“拆分”按钮，在模型中需要拆分的结构边上双击，即可将该边所在的对象拆分，如图12-20所示。

04 在工具栏中执行“展开”|“U型锁”命令，将发饰组件UV展开成为3部分，单击左侧编辑工具栏中的“选择对象”按钮，再执行“变换”命令，将展开的3个发饰UV分别拉直，如图12-21所示。

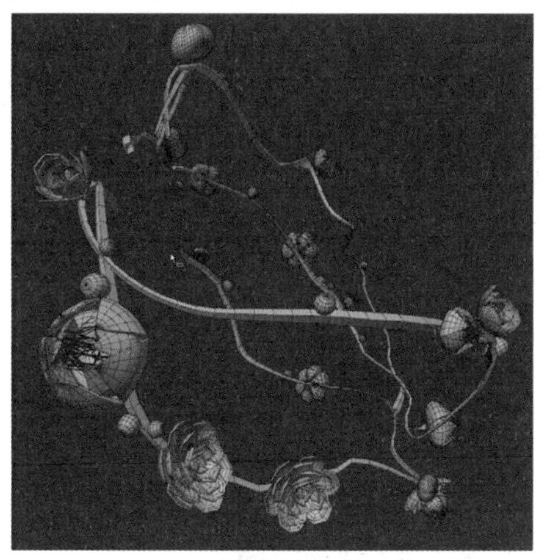

图12-20

图12-21

12.4.2 绘制发饰UV

绘制发饰 UV 时只需要绘制其中一个，其他两个 UV 可以套用，具体的操作步骤如下。

01 通过UV变换命令中的移动、缩放和排列等功能，将3个UV对齐。

02 将发饰组件中的第2部分拆分为单独的花骨朵模型。

03 在“视图”窗口中双击，执行“循环选择”命令，使用“循环选择”工具选中花骨朵底面线框，以形成封闭的环，如图12-22所示。单击“缝合”工具栏中的“拆分工具”按钮，将其切割开。

04 在“视图”窗口双击，使用“拆分”工具，切割花蒂与花苞交界处切割，其他花骨朵采用相同的步骤进行处理。

05 待整个发饰模型都处理完成后，单击“展开”工具栏中的“U型锁”按钮，对切割好的花骨朵模型进行UV展开，如图12-23所示。

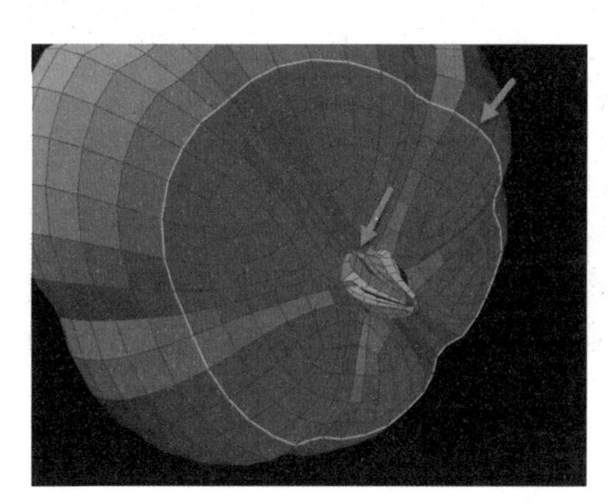

图12-22

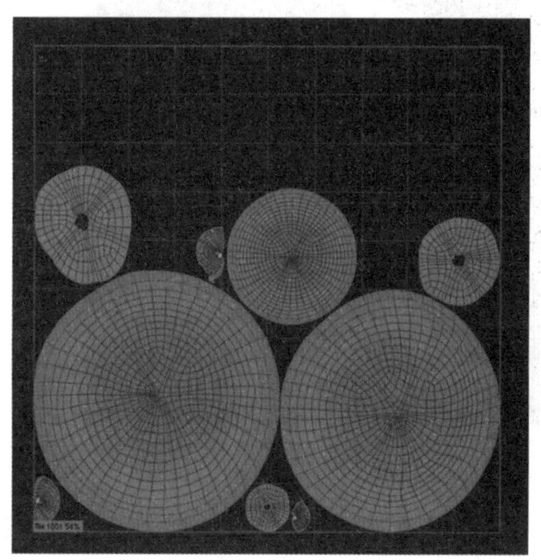

图12-23

12.4.3 分裂发饰UV

当模型中相同属性的个体数量较多时，逐一拆分 UV 的效率会显著降低。因此，在处理具有大量个体的组件时，可以考虑采用以下方法来提高效率。

01 选中其中一个模型，右击，在弹出的快捷菜单中选择“分裂”选项，将其单独分离出来。

02 执行“选择”命令，单击“填充选择”按钮，重复相同的操作将模型组中所有的组件一一分裂出来，如图12-24所示。

03 将其中一个模型组件导入Cinema 4D，如图12-25所示，随后导入RizomUV VS中，在“视图”窗口对模型组件切割出一条封闭线框，再进行UV展开，展开完成后保存文件，重新导回Cinema 4D，并将UV标签的（0,0）坐标信息复制并粘贴给其他的模型单元。

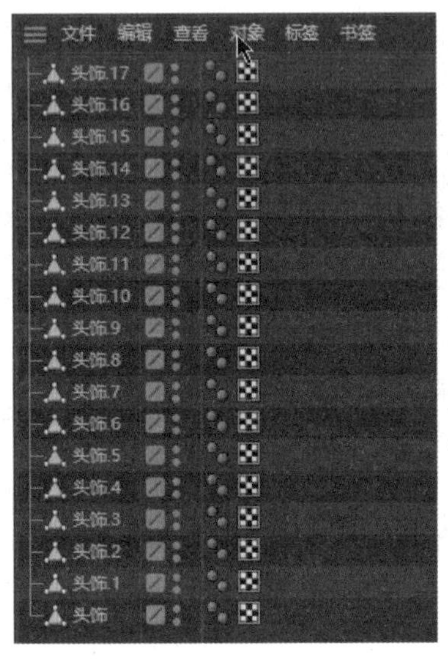

图12-24

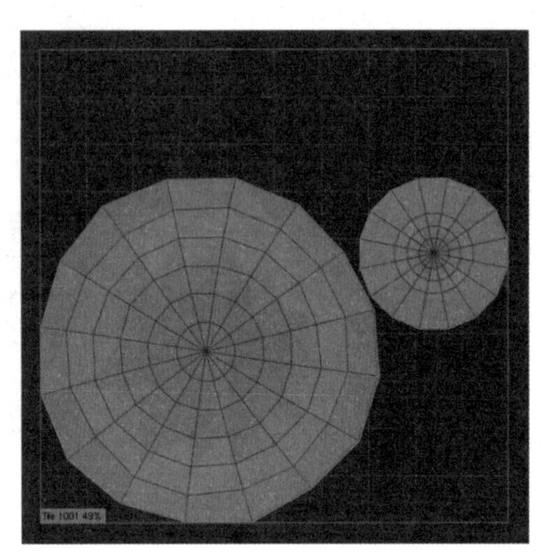

图12-25

04 选中发饰模型中的花朵组件，按照花蕊→花瓣→花蒂的顺序，依次进行模型的UV切割和展开，如图12-26所示。随后执行“变换”命令，移动拆开的花瓣UV，对齐相同的花瓣，将花瓣UV叠在一起，进行分类整理，最后将所有的花蕊UV的Su值设置为0.005，Sv值设置为0.2，随后将设置好的花蕊对齐并重叠，如图12-27所示。

提示

此处可先利用“拉直”命令将花蕊UV全部调整顺直，再通过调整“变换”面板中的参数调整UV的尺寸。

图12-26

图12-27

05 将拓展好的花朵UV文件导入Cinema 4D，合并至发饰模型中。

06 复制导入的花朵模型，这样可以套用其UV，并逐一替换掉模型中其他的花朵。

07 最后进行UV的最终检查。

提示

UV的最终检查是在UV展开后进行的，主要检查UV展开是否正确、贴图是否合理、是否有拉伸、是否有黑边、是否需要调整贴图坐标等。通过最终检查UV，可以保证贴图的质量和效果，避免出现错误或问题，影响模型的整体效果和后续工作。

12.4.4 UV自检方式

整理好 UV 之后，进行 UV 的最终检查是至关重要的。通过这一自检环节，我们能够确保 UV 拆解的正确性和质量，进而为后期的渲染和制作奠定坚实的基础，最终提升整体效果。 需要检查的项目如下。

※ 检查UV是否正确展开：检查UV坐标是否正确，是否需要调整。

※ 检查UV是否重叠：检查UV坐标是否重叠，以及是否存在翻转现象。

※ 检查UV边界是否正确：检查UV边界是否正确，以及是否需要调整。

※ 检查UV是否拉伸严重：检查UV是否存在严重的拉伸情况，以及是否需要调整。

※ 检查UV切开的地方是否正确：检查UV切开的地方是否正确，以及是否需要调整。

以发饰为例，把发饰中盛开的花朵模型在 Cinema 4D 中分解开，如图 12–28 所示，并将其中一个分解的组件导入 RizomUV VS，进行 UV 切割和展开，切割完成后的效果如图 12–29 所示。最后将发饰、Hair、EYES、睫毛、衣服和身体等 UV 结构整合检查即可。

图12-28

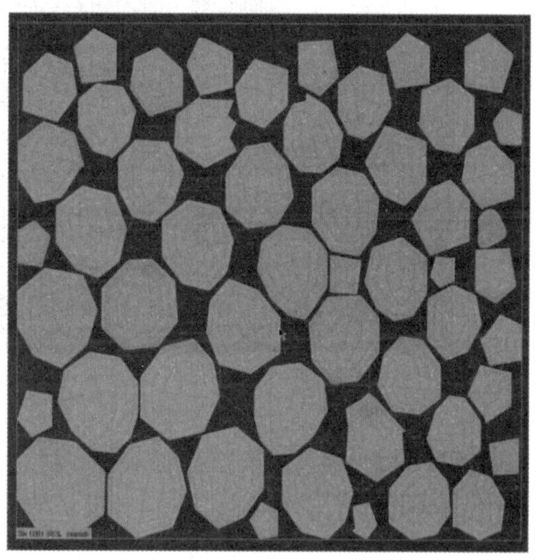

图12-29

12.5 烘焙发饰法线贴图

烘焙发饰法线贴图一般用于在虚拟角色制作过程中，生成高精度的法线贴图，可以提高模型的精度和细节水平。在烘焙发饰法线贴图时，需要选择合适的烘焙工具和参数设置，以确保生成的发饰法线贴图具有高质量和高性能。

12.5.1 绘制发饰UV贴图

为方便后续绘制贴图，可以预先把角色模型的各部件分别以 obj 格式导出。绘制发饰 UV 贴图的具体操作步骤如下。

01 打开ZBrush，执行“文件”|“导入”命令，将预先保存好的发饰模型obj格式文件导入。

02 按F键，将模型在视窗中居中显示。

03 由于发饰模型的网格面数较少，整个模型看起来棱角明显，可以单击快捷工具栏中的“网格”按钮，激活网格工具，再利用右侧“子工具”面板中的“细分网格”工具来细化模型。

04 执行“文件”|“导出”命令，将模型命名为“发饰H”并输出为obj格式文件即可。

12.5.2 绘制发饰UV贴图

绘制发饰 UV 贴图的具体操作步骤如下。

01 打开Marmoset Toolbag。将“发饰H”“发饰”和高模、低模文件同时导入软件中，导入后界面左上会显示导入的两个模型选项。

02 单击工具栏中的“烘焙”按钮，下侧会出现烘焙菜单并显示High和Low两个选项，将“发饰”文件移至预先烘焙菜单的Low选项上，将“发饰”文件移至High选项上。

03 为了方便观察模型，单击Scene（场景）面板中的Sky按钮，将Backdrop（背景）面板的Backdrop Brightness（背景亮度）滑块往左拖曳，将颜色调暗，这样视图能更加凸现模型。

04 单击Low层级按钮，视图中的模型边缘被一层半透区域包裹的是模型烘焙的范围，如图12-30所示。

05 通过拖曳Max offset（最大偏移量）滑块，可以调整烘焙包裹的范围。

06 在Scene（场景）面板中选中Bake Project 1（烘焙项目1）选项，设置Master（分辨率）值为2048×2048，如图12-31所示，此处也可以根据实际项目需要进行调整。

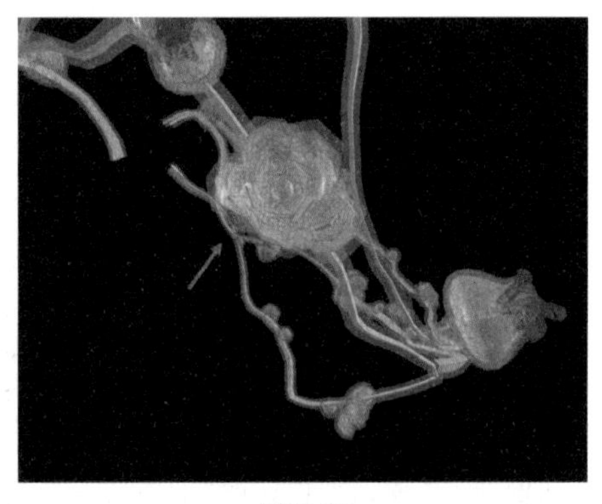

图12-30

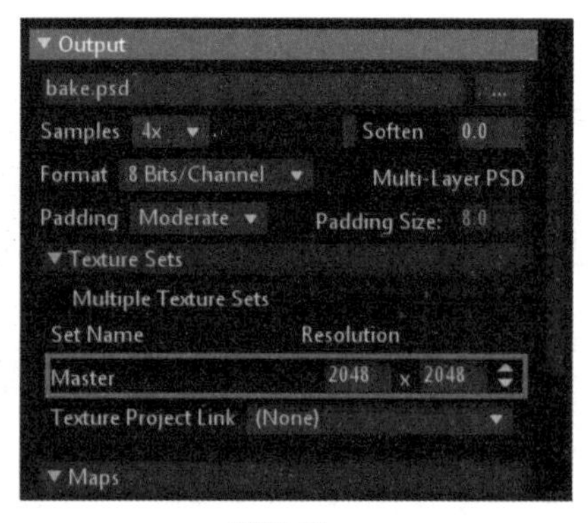

图12-31

07 单击Maps面板中的Cofigure按钮，设置输出的内容，包括模型的高度、位置、曲率和厚度等，分别输出贴图即可。

08 设置输出参数以及选中需要输出的内容后，单击Bake按钮烘焙并自动保存，保存路径可以在Output（输出）框中设置。

09 选中Normals（UV）、Curvature（曲率）、Ambient Occlusion（环境光遮挡）复选框，在预先设定的保存路径中找到法线贴图（如图12-32所示）、曲率贴图（如图12-33所示）和AO贴图（如图12-34所示）。

10 在拆解UV后将多张相同UV重叠在一起。烘焙后导出的贴图中难免有一些不完整或者多余的部分，可以使用Photoshop进行快速修整，如图12-35所示。

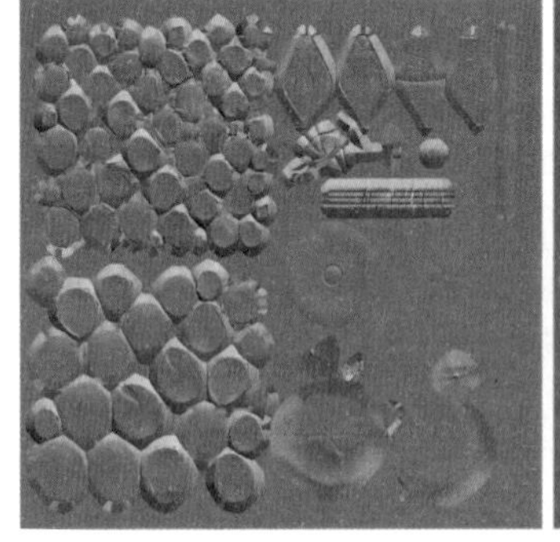

图12-32

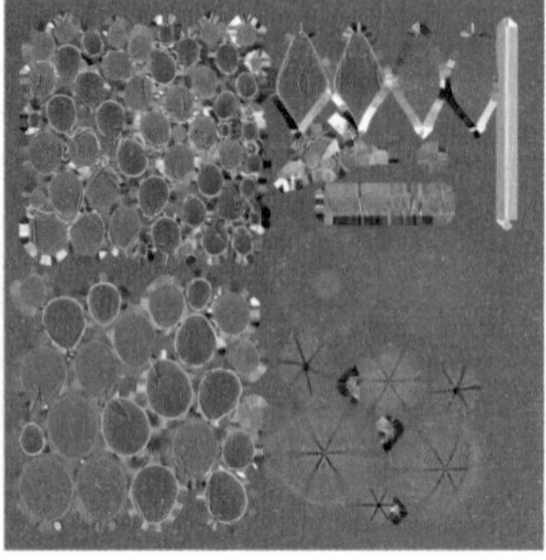

图12-33

图12-34

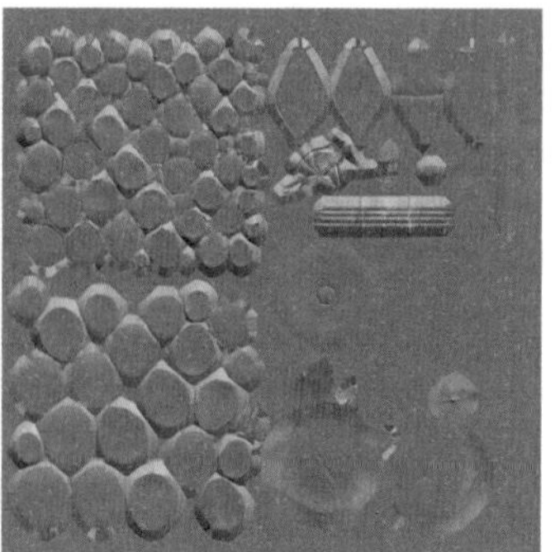

图12-35

12.6 Substance Painter软件

Substance Painter（简称 SP）是一款极为强大的 3D 纹理贴图软件，也是当下最新的次时代游戏贴图绘制利器。它全面支持 PBR（基于物理的渲染）技术，采用了最新的物理渲染方法，为构建 3D 素材提供了全方位的工具支持。这款软件能够一次性绘制出所有材质，并且在短短几秒内就能为贴图增添精致的细节。接下来，将简要介绍其界面及功能。

12.6.1 Substance Painter界面

Substance Painter 的界面主要包括以下几部分。

※ 工具栏：提供了绘制贴图的主要工具。

※ 菜单栏：用于导入模型以及整个视窗的调整等。

※ Shelf展架（材质栏）：用于赋予材质的、赋予贴图纹理以及一些细节纹理的制作，与素材库类似。

※ 图层：类似Photoshop中的图层，可以进行叠加或更改混合模式。

※ 纹理集：用于查看纹理集、设置属性、烘焙贴图。

12.6.2 新建项目

新建项目的具体操作步骤如下。

01 打开Substance Painter，执行“文件”|“新建项目”命令，在弹出的“新项目”对话框中保持默认参数。

02 在“新项目”对话框中，单击“选择”按钮，如图12-36所示，即可导入文件项目。

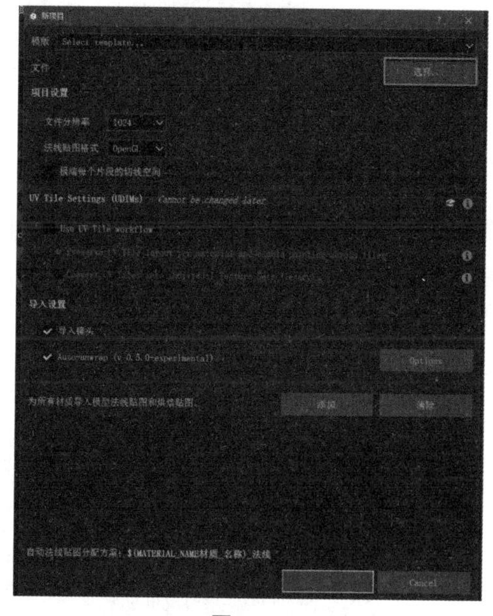

图12-36

12.6.3 快捷指令

Substance Painter 包括的快捷指令如下。

※ 视图旋转：在“视图”窗口，同时按住鼠标左键和Alt键可以旋转物体视角。

※ 视图缩放：长按鼠标右键并拖动，即可缩放视图。

※ 背景环境旋转：同时按住鼠标右键和Shift键拖动，可以旋转HDR贴图（即背景环境）。

※ 平移UV贴图：在右侧视图中同时按住鼠标中键和Alt键拖动，即可平移UV贴图。

※ 缩放UV视图：按住鼠标中键并拖动，可以缩放UV视图。

12.6.4 常用面板和工具

Substance Painter 实用工具如下。

※ 软件界面右侧包含“图层”面板和“贴图编辑器”面板。

※ 在软件界面右侧的工具栏中包含“画笔”工具、“显示”工具、“着色器设置”工具。

※ “材质展架”视图的左侧为快捷工具栏，视图的下侧为材质展架，其中包含了常用材质类型，如图12-37所示。

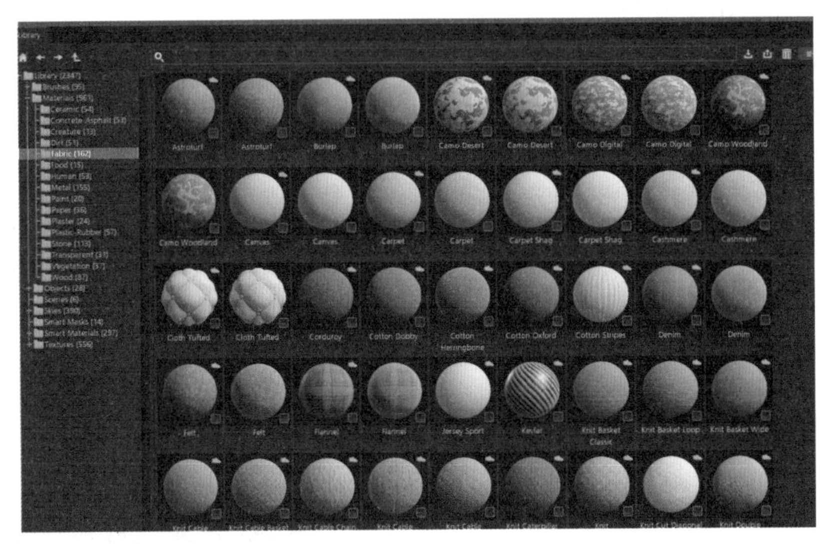

图12-37

12.6.5 设置烘焙参数

设置烘焙参数的具体操作步骤如下。

01 调出“烘焙”面板，如图12-38所示，单击“纹理集设置”按钮，在“通道”栏中单击+按钮或-按钮，设置需要输出的通道类型。

02 设置输出文件的分辨率，单击“烘焙模型设置”按钮，设置输出文件的分辨率，如图12-39所示。

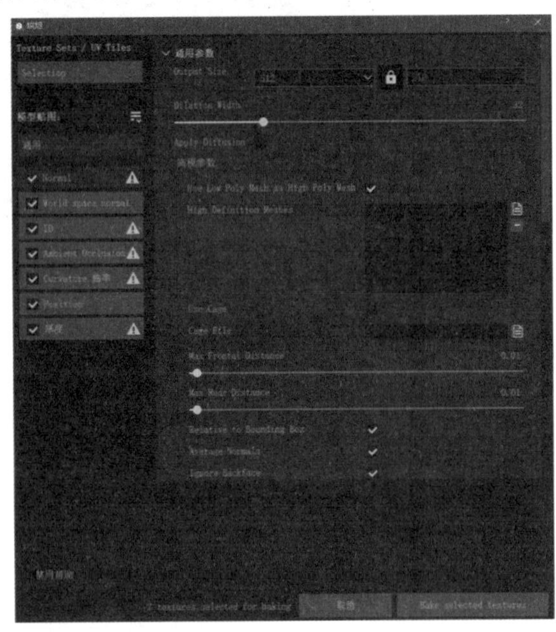

图12-38

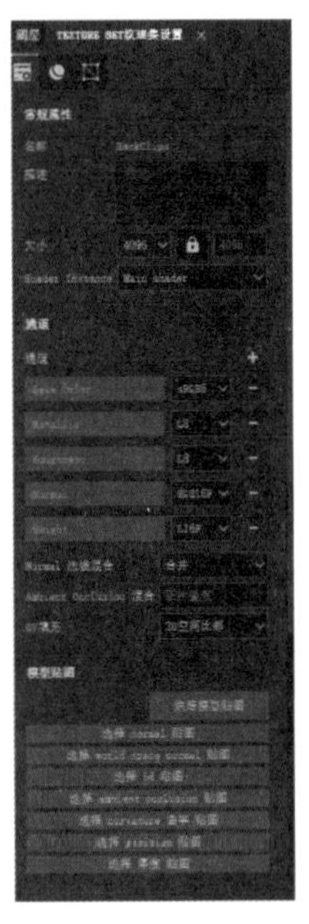

图12-39

03 单击+按钮，即可加载发饰高模。

04 在“模型贴图”下的通用列表中，设置使用低模匹配的高模。

05 单击“烘焙”按钮，开始烘焙。

06 烘焙结束后，可以在“贴图编辑器”面板的下侧预览输出的不同通道的贴图。

12.6.6 烘焙贴图

烘焙贴图的具体操作步骤如下。

01 在“展架”面板中找到贴图选项，随后在右侧面板中找到需要查看的贴图。

02 新建一个空白图层，然后激活并显示“填充”面板。

03 找到贴图文件存放的文件夹，将文件拖至“展架”面板中，弹出“导入”对话框，随后选择导入资源类型和Texture（纹理）贴图，在该对话框下侧找到导入的位置，选择“当前会话”选项。

04 在“展架”面板的Texture（纹理）栏中找到预先导入的贴图，选中贴图后拖至“填充”面板对应的通道上并释放，即可将贴图加载到模型上。

05 UV视图右上角可以切换显示的类型，选择Normal（正常）选项，即可查看刚刚导入的UV贴图。按B键切换为默认视图通道，按C键切换为自定义通道。

12.7 绘制发饰贴图

发饰贴图绘制的意义在于提升虚拟角色发饰的真实感，它能增强发饰的逼真度和立体感。通过贴图绘制技术，我们可以精准控制发饰的颜色、光泽、透明度和纹理等关键属性，进而为虚拟角色设计出各式各样的发饰和独特风格，丰富角色的多样性，提升其吸引力。此外，绘制发饰贴图还可用于修复角色模型中的常见问题，如头发穿模、飘浮等瑕疵，使虚拟角色呈现更加完美的状态。

12.7.1 制作发饰材质

制作发饰材质的具体操作步骤如下。

01 打开Substance Painter，在右侧单击“着色器设置”按钮，选择Main shader（金属材质），在“材质”面板中，拖动Copper（铜）材质球至相应图层。

02 选中Copper（铜）图层中的Base metal子图层，在“填充”面板中选中Base Color（基础颜色）调色板并调整颜色。

03 在程序贴图中选择一个金属拉丝效果的贴图，并加载到模型的Height（高度）通道，此时视图模型中便呈现金属拉丝的效果。

04 若需要发饰的不同组成部件呈现不同的材质和贴图效果，可以使用相同的方法在“图层”面板中加载一个塑料质感的材质球，通过添加遮罩的方式将需要单独呈现的模型部件分割。

05 在“图层”面板的工具栏中单击“油漆桶”按钮，填充白色遮罩，随后单击工具栏中的“网格”按钮，在“UV视图”面板中，将花瓣的UV全部框选，此时被选中的模型部件就会单独呈现塑料材质球的效果。

12.7.2 制作发饰贴图

制作发饰贴图的具体操作方法如下。

01 新建一个空白图层，利用画笔工具对花瓣细节进行调整。在“绘画”面板中单击“画笔参数”按钮，此时可以对画笔的参数进行调整，还可以通过“展架”中的“Brushers笔刷”选择画笔的预设类型。

02 在选好画笔类型并调整好画笔的相关参数之后，就可以对花瓣的局部着色进行调整。此时，可以直接在左侧透视图上的模型表面进行绘画，还可以在右侧展开的UV视图上进行绘画，如图12-40所示。

图12-40

03 在“图层”面板中单击“魔术棒”按钮，在弹出的菜单中选择“添加滤镜”选项，为“图层1”增加一个模糊滤镜，在“Blur滤镜”面板中，拖动“滑块”调整模糊的强度。

04 选中“图层”面板中的塑料材质球图层，按快捷键Ctrl+C进行复制，再按快捷键Ctrl+V进行粘贴，产生一个“副本”图层（该副本图层保留了原图层的属性）。

05 在“副本”图层上右击，在弹出的快捷菜单中选择“清除遮罩”选项，将原有遮罩清除。

06 选中蒙版，在模型或者UV视图中，框选需要调整的模型对象，再利用画笔工具进行调整，将组成发饰模型的不同部件逐一分组，再绘制贴图即可。

提示

在Substance Painter中输出发饰贴图，需要将贴图绘制和贴图输出分开进行，即先在Substance Painter中绘制好发饰贴图，然后再将绘制好的贴图输出到指定路径。Substance Painter的发饰贴图输出是主观反映客观的一种方式，通过输出贴图，可以将角色的发饰客观化，从而让观者更好地理解和接受角色的形象和特点。

12.7.3 输出贴图

在正式输出贴图前，按快捷键 Ctrl+S，可将工程文件快速保存，避免贴图导出过程中程序出错，导致工程文件损坏或者操作历史丢失。输出贴图的具体操作方法如下。

01 执行“文件”|“导出贴图”命令，进入“导出”界面，其中包含“设置”“导出模板”“导出列表”3个选项区域。

02 单击预设模板中的+按钮，添加一个新的模板，并命名为“发饰”。

03 在创建命令右侧单击基础颜色的RGB模块，添加一条RGB输出通道，随后在“输入贴图”栏目中选择Base Color（基础色）选项，将Base Color（基础色）选项拖至新通道的RGB模块上，选择RGB Channels（RGB通道）选项即可，如图12-41所示。

04 在“输出模板”中为新增的通道命名，单击S按钮可以调用命名公式，例如$project-$textureSet，表示引用工程文件名，随后输出贴图，将贴图文件输出格式设置为png。

05 采用上述方法添加一个Gray（灰度）通道，加载Glosines（光泽度）贴图，再添加一个RGB通道，并加载OpenGL（普通）贴图。

06 将Metallic（金属）贴图加载到一个新的Gray（灰度）通道上，即一共创建了3个输出通道，如图12-42所示。

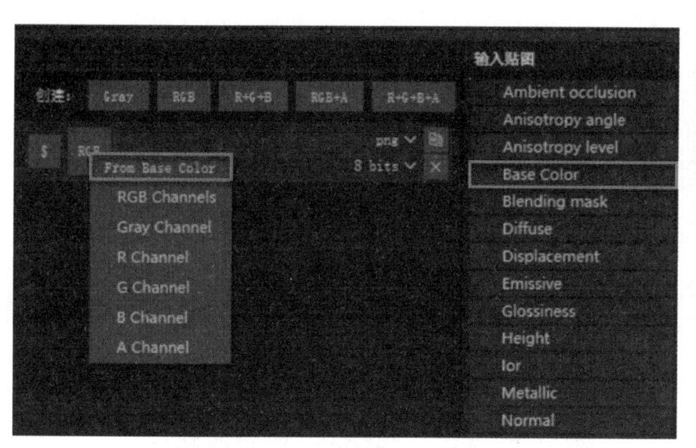

图12-41

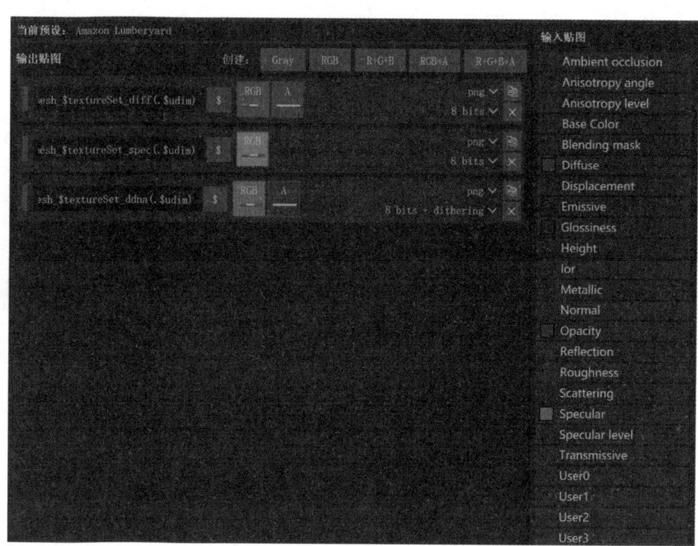

图12-42

07 单击“输出”面板中的“设置”按钮，切换到全局输出参数设置界面，该界面可以设置的内容包括“文件的输出路径”“输出模板”“文件类型”“大小”“填充类型”等。设置完成后，单击“保存”按钮即可。

08 打开“导出贴图”对话框，单击“设置”按钮，选择default（默认）选项，查看贴图输出信息是否正确，确认无误后单击右下角的“导出”按钮，完成后从预设好的路径中找到输出的贴图文件即可。

12.8 绘制头发贴图

头发是虚拟角色形象中不可或缺的一部分。通过精心绘制细致的头发贴图，不仅能够提升角色的真实感和视觉效果，还能增加角色的多样性和个性化魅力，进一步增强观者的沉浸感。在绘制头发贴图的过程中，需要特别关注角色的发色、发型的选择，基础贴图的制作，细节的精细处理，贴图的调整与优化，以及最终的贴图应用等方面，从而确保贴图的质量和效果达到预期效果。

12.8.1 设置头发材质

设置头发材质的具体操作步骤如下。

01 在Substance Painter中新建一个项目，在“新建项目”对话框中选择头发模型保存的路径，选中Use UV File workflow复选框，单击“确定”按钮即可导入头发模型。

02 选择一个具有透明属性的shader（着色器）材质球，在“烘焙输出”设置面板中，将输出宽度值设置为2048，随后单击“开始烘焙”按钮。

03 在“纹理集”设置面板的“通道栏”中保留Glossiness（光泽度）、Opacity（不透明度）、Normal（正常）、Base Color（基础色）4个通道，单击通道右侧的—按钮可以删除当前通道，单击+按钮可以新增通道。

04 在“图层”面板中新建一个图层，在Base Color（基础色）栏中指定一个酒红色，将预先制作好的发丝贴图导入Substance Painter，导入文件类型全部设置为texture（纹理），随后将资源导入位置设置为“当前会话”，此时在texture（纹理）贴图展架中即可看到导入的发丝贴图。

12.8.2 设置头发贴图

设置头发贴图的具体操作步骤如下。

01 将“头皮1006”的UV暂时隐藏，只显示“1007发束”的UV，将“填充”面板材质栏中的Opacity（不透明度）滑块拖至最左侧。复制“填充图层1”创建一个副本，将预先导入的发丝贴图从展架位置拖至Opacity（不透明度）材质通道中，此时所有的发束全部应用Hair07发丝贴图（不同的发束应用不同的发丝贴图），可以在UV视图中找到变形器，并将其移至发束UV所在的象限，再将UV Wrap改为“无”。

02 为了便于观察发丝贴图后的效果，可以将“填充图层1”的“Opacity（不透明度）”项滑块调到最右侧使其显示出来，此时再将变形器的宽度缩短并移动其位置，重叠其最左侧的发束UV。

03 将“填充图层1”副本的Base Color（基础色）通道调为黄色，再将“填充图层1”暂时隐藏，可以观察到Hair07发丝贴图加载到第一种发束上的效果，如图12-43所示。

图12-43

04 在“图层”面板中，使用复制粘贴头发的方式创建“副本2”图层，并将Hair06发丝贴图加载到Opacity（不透明度）通道中，随后移动变形器到第二种发束UV上，在Base Color（基础色）通道中指定另一种颜色便于区分。

05 使用同样的方法，将剩余的5种发丝贴图分别加载到其他5种发束模型上，将7种发丝贴图分别加载到对应的7种发束上，并使用不同的颜色进行区分。

12.8.3 将头皮模型导入Substance Painter

将头皮模型导入 Substance Painter 的具体操作步骤如下。

01 在“图层”面板中单击“画笔”按钮，新建一个绘画图层。

02 在“绘画”面板中为Base Color（基础色）指定一种红色，在透视图中将需要调整的区域用“画笔”工具标记出来。

03 将头皮UV的Base Color（基础色）通道导出为贴图。

04 将导出的Base Color（基础色）通道贴图和预先准备好的头皮贴图导入Substance Painter中，将素材的Alpha通道打开，并复制该通道，粘贴到Base Color UV（基础UV）贴图的空白图层中。

05 调整Alpha图层形状，使其与头皮Base Color UV（基础UV）贴图尽可能契合，如图12-44所示。

06 隐藏头皮Base Color UV（基础UV）贴图的背景层，为调整后的Alpha图层填充一个纯色，如图12-45所示，随后单独输出保存，文件格式选择PNG。

图12-44

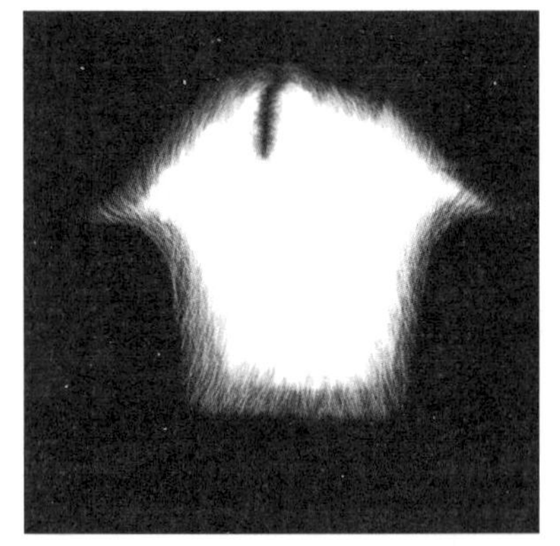

图12-45

12.8.4 输出头发贴图

输出头发贴图的具体操作步骤如下。

01 回到Substance Painter，新建一个“填充”图层，将导出的PNG文件导入后，将其加载到Opacity（不透明度）通道，此时可以看到头皮透明通道贴图后的效果。

02 新建一个“填充”图层，在rough粗糙度通道中添加一个程序贴图，进入“导出贴图”对话框，依次选择Base Color（基础色）、rough（粗糙度）、Opacity（不透明度）三个通道并进行贴图输出，头皮部分的贴图文件就制作完成了。

12.9 雕刻头部高模

雕刻头部高模是利用 ZBrush 创建高精度头部模型的过程，这一过程涵盖了头部结构、面部特征以及发型等精细部分的雕刻。在制作阶段，首先会雕刻出头部的基本形状，包括头骨结构、面部肌肉和五官的布局。完成这些基础工作后，再进行细节的深入雕刻和修饰。头部高模雕刻是提升角色真实感的关键环节，通过这种技术，可以制作出细节丰富、质感逼真的高精度头部模型。

12.9.1 用ZBrush雕刻头部

高模雕刻本身不直接生成贴图，但它可以作为生成贴图的重要依据。通过结合烘焙技术，雕刻的细节可以被转化为纹理贴图，这些贴图在渲染时能够应用到低模上。这种方法可以在保持渲染性能的同时，实现高质量模型的细节展现。

由于本案例中角色身体部分的贴图是从高模中获取的，因此，首先需要雕刻低模的各部分细节纹理以构建高模。高模的雕刻工作选择在 ZBrush（简称 ZB）中进行，如图 12-46 所示。具体的操作步骤如下。

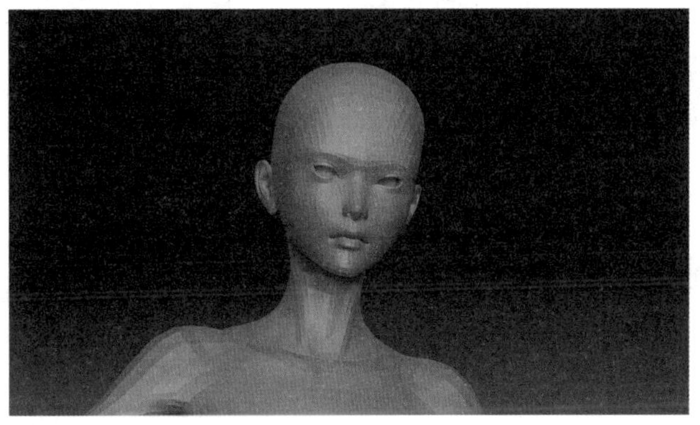

图12-46

01 按快捷键Ctrl+D开启“细分网格”功能，加深模型的面部棱角。

02 在“笔刷类型”面板中选择一个Pinch（捏住）笔刷，在雕刻时按X键，开启对称操作模式。

03 在“视图”窗口中依次单击模型的嘴唇、鼻沟、鼻梁、眼眶、耳朵等区域的棱角处进行加深，如图12-47所示，随后选择ClayBuildup（堆积）笔刷工具，为模型的嘴唇添加一些类似褶皱的唇纹细节，如图12-48所示。

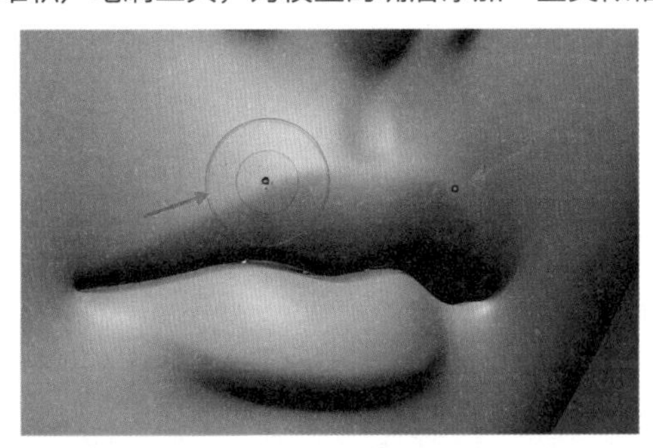

图12-47

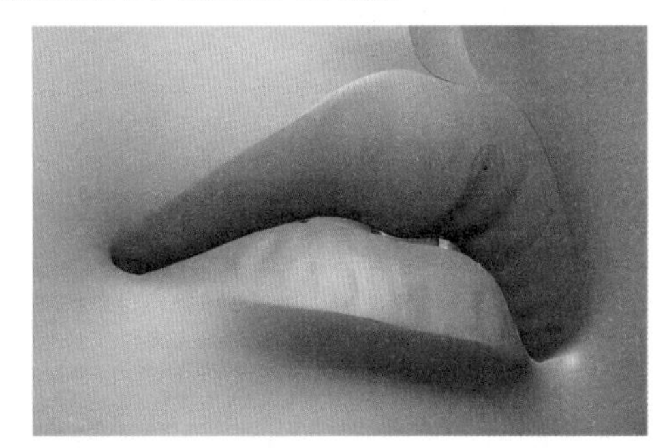

图12-48

04 单击“笔刷”面板左下角的“加载笔刷”按钮，可以导入外部笔刷，笔刷资源可以在ZBrush官网获得。

05 使用“大皮肤毛孔”笔刷，在角色的面部区域添加一些毛孔细节，如图12-49所示。随后使用“唇边”笔刷，在角色唇边添加唇边毛孔细节，如图12-50所示。

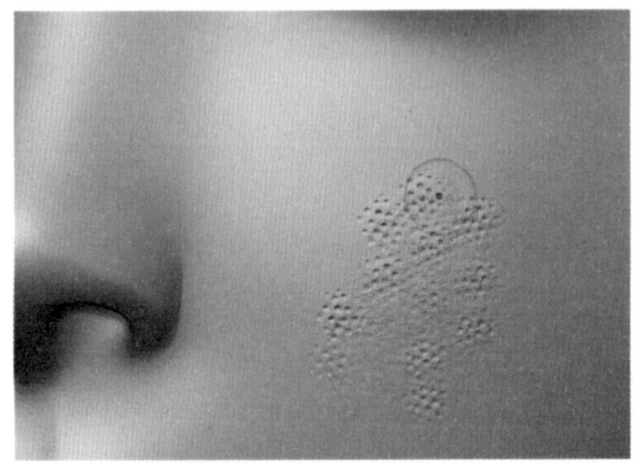

图12-49

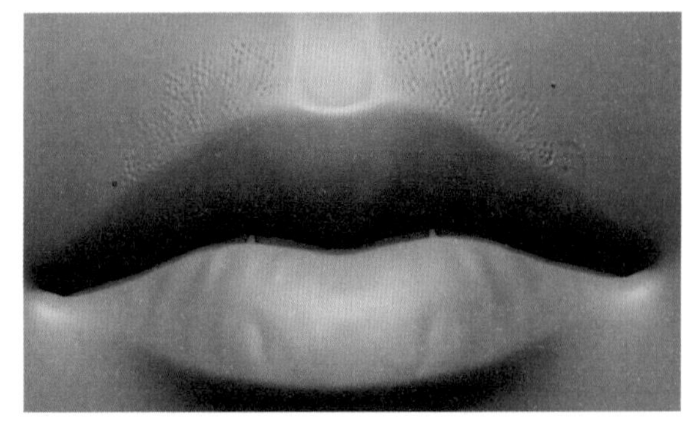

图12-50

06 绘制出下嘴唇的遮罩区域，按住Ctrl键在空白处单击，随后单击“反转遮罩”按钮，效果如图12-51所示。从外部导入“唇”笔刷，并在下嘴唇处涂抹。用Rew smoke（毛孔）笔刷为面部其他区域增加一些淡毛孔细节，如图12-52所示。

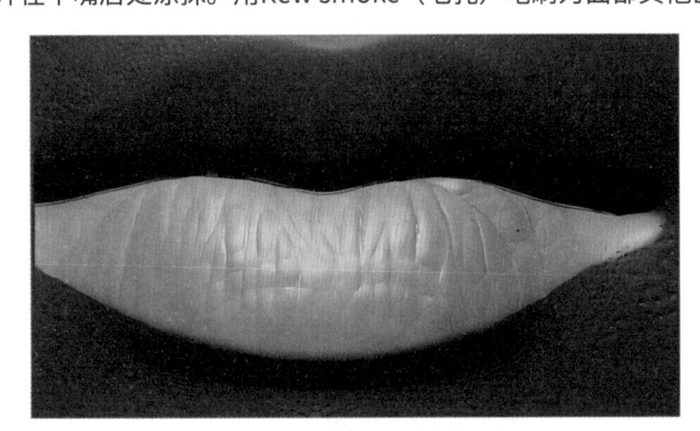

图12-51

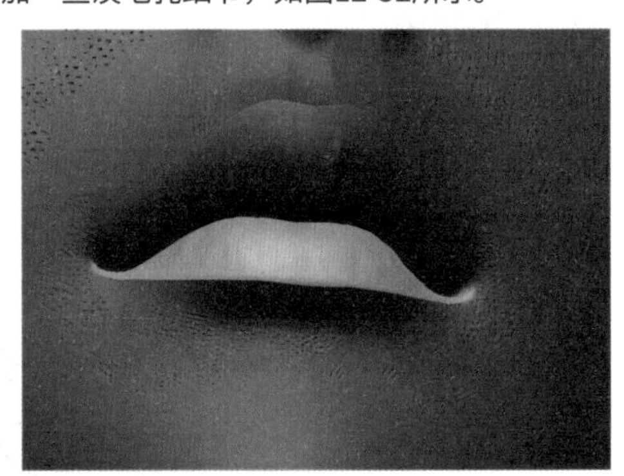

图12-52

12.9.2 导出头部雕刻结果

在操作面板中，可以根据自己对角色的理解和期望，为面部增加一些不同的纹理细节，当面部细节雕刻完成后，可以导出一个中模和一个高模，具体的操作步骤如下。

01 在“子工具”面板中将中模的模型精细等级设置为3。

02 在“工具”面板中单击“导出”按钮，弹出“导出”对话框，将文件命名为body_m并输出为obj格式，即可输出低模。

03 使用同样的方法，将模型精细度等级调至最高的6，然后导出obj高模文件，这样角色面部的高模雕刻文件制作完成。

12.10 烘焙高模

在烘焙高模的过程中，首先需要对高精度的模型进行优化处理，删除冗余的面数和不必要的细节，从而创建出一个低面数的模型。接下来，利用烘焙工具将高精度模型上的细节信息（例如皱纹、肌肉纹理等）精确地烘焙到这个低面数模型上，以确保在渲染时能够实现高质量的视觉效果。最后，对烘焙完成的模型进行进一步的优化和调整是必不可少的步骤，这有助于提升渲染效果。

12.10.1 烘焙的作用

烘焙的作用在于捕捉和存储模型的高级细节，随后以纹理的形式将这些细节应用到模型表面，从而赋予模型更逼真、更精细和更真实的外观。通过烘焙，不仅可以优化计算机的渲染性能，降低计算负载，还能增强光照效果，减少纹理资源的消耗。此外，烘焙技术还具备跨平台和高兼容性的优势，使模型在不同平台和设备上都能保持良好的显示效果。

12.10.2 烘焙身体高模

烘焙身体高模的具体操作步骤如下。

01 在Cinema 4D中将角色的面部模型单独导出为obj文件，将该文件导入Marmoset Toolbag（八猴）渲染软件中，如图12-53所示。

02 单击Scene（场景）面板中的“新建烘焙文件”按钮，创建新的工程文件。

03 找到身体的中模文件，并拖至Scene（场景）面板中，将模型自动加载至面板中。

04 拖动中模文件在新建的烘焙工程文件的High子目录上释放，即可将中模加载到创建的烘焙工程文件中。

05 单击Output（输出）面板中的Configure（配置）按钮，弹出“烘焙输出配置”对话框，将face拖至Low子目录，如图12-54所示。

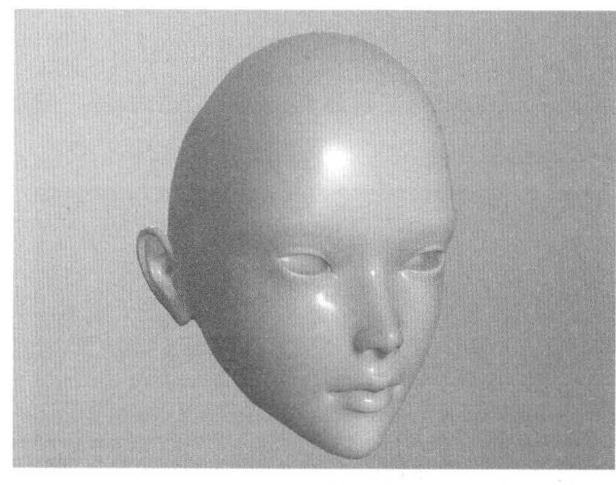

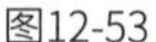

图12-53

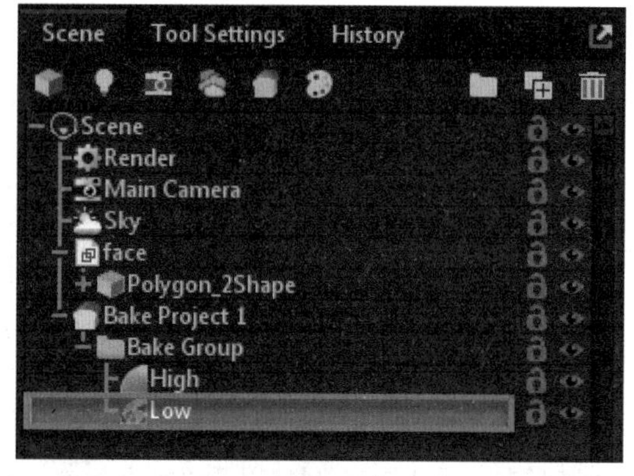

图12-54

06 将网格细分数值设置为3，单击左侧的Bake（烘焙）按钮开始烘焙。

07 采用同样的方法，将高模导入Marmoset Toolbag渲染软件中，随后单击左侧快捷栏中的Bake（烘焙）按钮，输出Height（背景高度）通道贴图。

12.10.3 烘焙面部高模

除身体外，烘焙也适用于面部，可以利用 ZBrush 等软件，对角色的面部模型进行烘焙，具体的操作方法如下。

01 打开ZBrush，在“多边形组”面板中单击“UV分组”按钮，将角色的高模进行UV分组，随后单击Z按钮，选中置换贴图，输出High（高度）通道贴图，如图12-55所示。

02 回到Marmoset Toolbag渲染软件，弹出“输出配置”对话框，选中Normals（高法线）、Curvature（曲率）、Cavity（毛孔细节）、Thickness（厚度）AO等通道贴图，随后单击Bake（烘焙）按钮开始烘焙。

03 将角色身体模型导入Marmoset Toolbag渲染软件，在Maps（地图）面板中选中 Thickness（厚度）和AO两个通道，随后单击Bake（烘焙）按钮开始输出贴图。

04 采用相同的方法，将角色的手臂和腿也分别导入Marmoset Toolbag渲染软件，单击Bake（烘焙）按钮烘焙出对应通道的贴图。

05 检查输出的全部贴图，其中部分贴图可能存在破损等情况，若出现相应情况可以在Photoshop中快速修整。

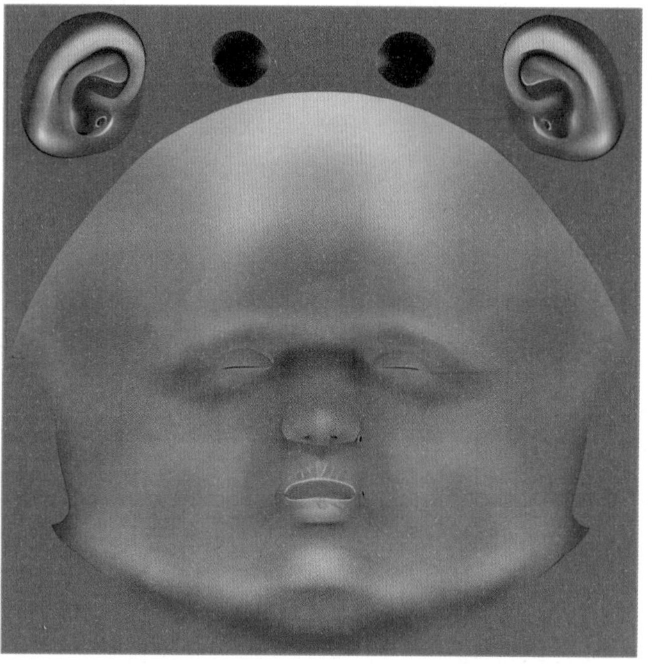

图12-55

12.11 绘制身体及面部贴图

绘制身体及面部贴图是一种利用绘画软件（如 Substance Painter）根据身体、面部高模烘焙生成的法线贴图来精细描绘模型细节的绘画技术。这种技术广泛应用于虚拟角色动画建模和动画渲染领域，能够显著提升虚拟角色模型的细节丰富度和真实感。在进行身体及面部贴图绘制时，绘画者需要灵活运用软件中的各种笔刷和工具，紧密依据法线贴图上的信息来精心绘制身体的细节，包括肌肉纹理、血管走向、肤色变化等，从而得到更加逼真和生动的虚拟角色形象。

12.11.1 制作身体纹理

制作身体纹理的具体操作步骤如下。

01 打开Substance Painter，新建一个工程文件，将身体低模导入面板，并通过“烘焙”对话框将身体的高模加载进来，如图12-56所示。随后单击“显示设置”按钮，在弹出的对话框中选中“激活次表面散射”复选框，在“贴图通道”面板中添加7个通道，如图12-57所示，随后添加“填充”图层，调整“材质”面板中的“粗糙度”以及“次表面散射”值即可。

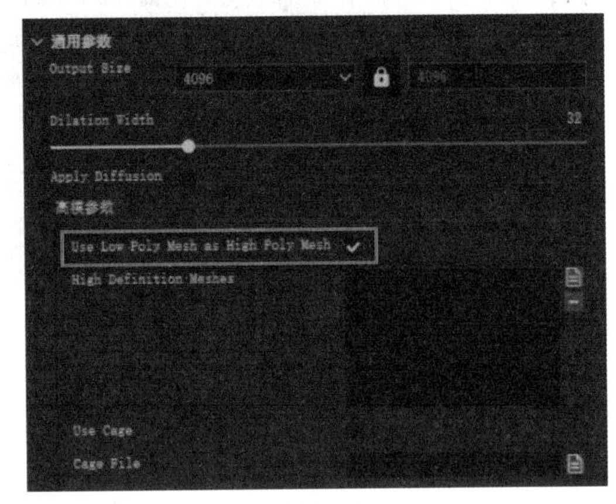

图12-56

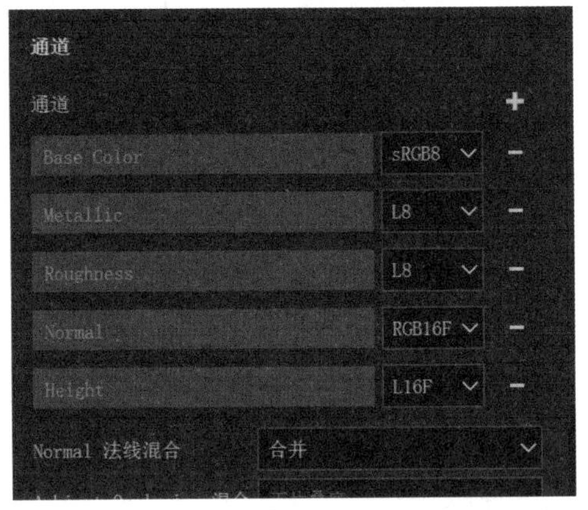

图12-57

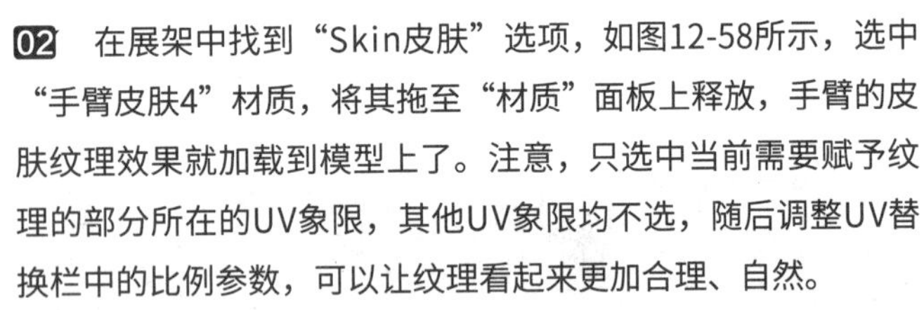

02 在展架中找到“Skin皮肤”选项，如图12-58所示，选中“手臂皮肤4”材质，将其拖至“材质”面板上释放，手臂的皮肤纹理效果就加载到模型上了。注意，只选中当前需要赋予纹理的部分所在的UV象限，其他UV象限均不选，随后调整UV替换栏中的比例参数，可以让纹理看起来更加合理、自然。

03 按快捷键Ctrl+D产生“填充图层副本1”，将Back skin1赋予模型的躯干部分，拖动该纹理到rough（粗糙）通道，并且只选中对应UV所在的象限。

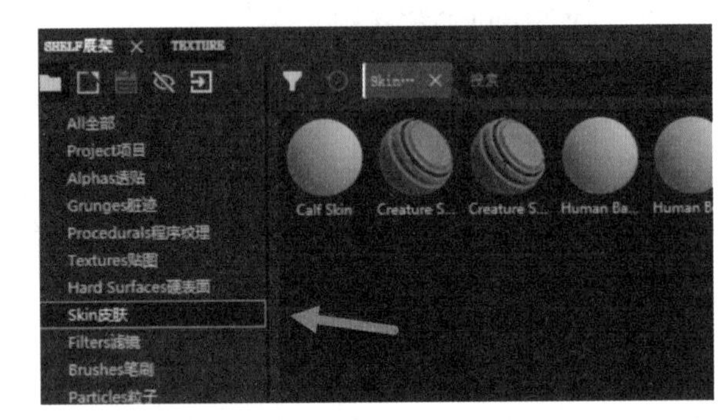

图12-58

04 按快捷键Ctrl+D，产生“填充图层副本2”，将Leg skin2赋予模型的腿部，拖动该纹理到rough（粗糙）通道，并且只选中对应UV所在的象限。采用同样的方法将Lowerleg Skin5、Neck Skin1和Shoulder Skin1分别赋予给模型的小腿、脖子和肩膀部位即可。

05 另外，还可以通过添加蒙版的方式，为身体的各部分赋予不同的纹理，默认黑色蒙版隐藏当前图层的纹理效果，利用白色画笔工具将需要修饰的局部擦拭出来即可。

12.11.2 添加面部纹理

添加面部纹理的具体操作步骤如下。

01 打开Substance Painter，在“图层”面板中新建一个填充图层，在“展架”和“皮肤”中找到“基础纹理”选项，拖动并加载到材质模式通道中。

02 在工具栏中单击“蒙版”按钮，添加图层蒙版，结合画笔工具将局部需要修饰的地方擦拭调整。

03 创建“填充图层2”，在工具栏中单击“纹理集设置”按钮，打开“通道”面板中的Normal（基础）通道，将面部的UV贴图导入展架中，并将其拖至Normal（基础）通道中，随后添加图层蒙版并结合“画笔工具”对嘴唇区域进行修饰。

04 将制作好的身体各部位基本色贴图导入展架，创建“填充图层3”，开启Color（颜色）通道，同时只选中模型部位所对应的UV象限。例如，先将面部的基本色贴图加载到Color（颜色）通道中，此时就可以看到模型面部基本色贴图的效果。

05 采用同样的方法，将手臂、躯干和腿部的基本颜色贴图分别赋予模型的对应部位即可。

12.11.3 添加面部粗糙度

添加面部粗糙度的具体操作方法如下。

01 创建“填充”图层，打开rough（粗糙）通道，在“通道”面板中，拖动粗糙度通道下的滑块进行参数调整，观察模型表面的效果，找到一个合适的数值。

02 在“显示设置”面板中选中“次表面散射”复选框，将预先制作好的身体各部位Thickness（厚度）贴图导入展架，随后将各填充图层中的scattering（散射）通道打开，并将对应部位的厚度贴图分别加载到scattering（散射）通道中。

12.11.4 添加面部体积感

添加面部体积感的具体操作步骤如下。

01 在“face填充图层”的基础上创建一个副本图层，在副本图层上右击并添加色阶，调整色阶值。右击“增加滤镜”选项，在弹出的快捷菜单中选择“HLS滤镜”选项，随后调整色相、饱和度及亮度值。

02 为副本图层添加一个黑色蒙版，在蒙版上新建“填充”图层。

03 将预先制作好的“face AO贴图”导入展架，并拖动贴图加载到灰度通道。此时会发现，角色面部的颜色分布和期望的刚好相反，需要为副本图层中的蒙版添加一个色阶子图层。在“色阶”控制面板中单击“反转”按钮，如图12-59所示。

04 在“图层”面板中单击“绘画”按钮，给蒙版图层添加一个“绘画”子图层，通过画笔工具对面部细节进行修饰。

05 将预先制作好的面部曲率贴图导入Photoshop，调整色阶和对比度，使其黑白分明。

06 回到Substance Painter，新建一个空白的填充图层，打开rough（粗糙）通道，并将粗糙度值调至1。

07 创建一个空白填充图层，再添加一个黑色蒙版，为黑色蒙版添加一个填充层，导入预先在Photoshop中调整过的CV图，并将其从展架中拖动加载到灰色通道上，给蒙版添加一个色阶图层。随后将色阶值调低，黑色区域就会表现出高光效果，同样还可以为蒙版添加一个绘画层，通过画笔工具涂抹需要添加高光的局部。

08 为蒙版增加一个“模糊”滤镜并调整模糊值，在角色面部的嘴唇以及鼻梁区域，可以观察到高光呈现柔和自然效果，如图12-60所示。

图12-59

图12-60

12.12 导出面部贴图

在 Substance Painter 中导出面部贴图时，首先需要创建面部材质。接下来，选择所需的导出贴图类型，例如法线贴图、高光贴图等。最后，指定导出路径时，务必确保导出的贴图文件格式以及分辨率正确无误，并严格遵循规定的命名规则进行文件命名。这样做可以确保在后续的应用中，贴图能够正确加载并被有效使用。

12.12.1 绘制眼影贴图

绘制眼影贴图的具体操作方法如下。

01 打开Substance Painter，创建一个填充图层，并调整基本色为紫色。随后为图层增加一个黑色蒙版，用画笔工具将需要修饰的第一层区域绘制出来，如图12-61所示。

02 采用同样的方法，继续创建一个填充图层，并调整基本色为深红色。随后为图层添加一个黑色蒙版，并用画笔工具涂抹需要修饰的第二层区域，如图12-62所示。

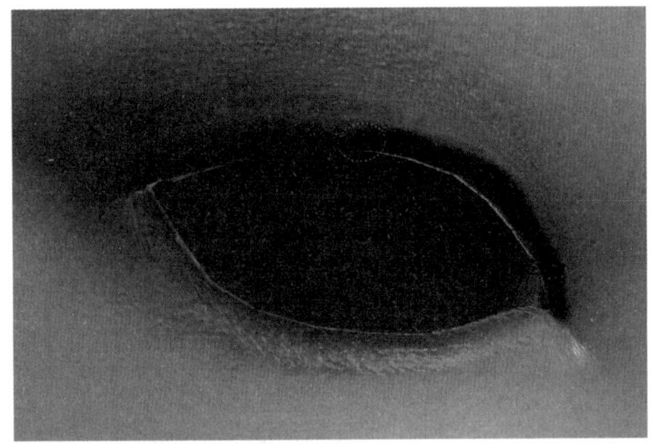

图12-61

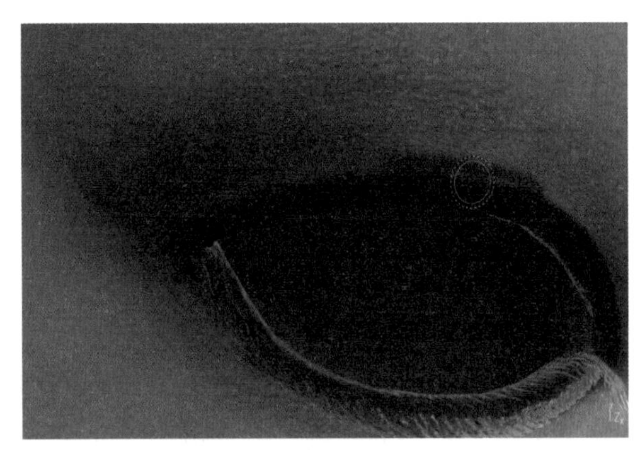

图12-62

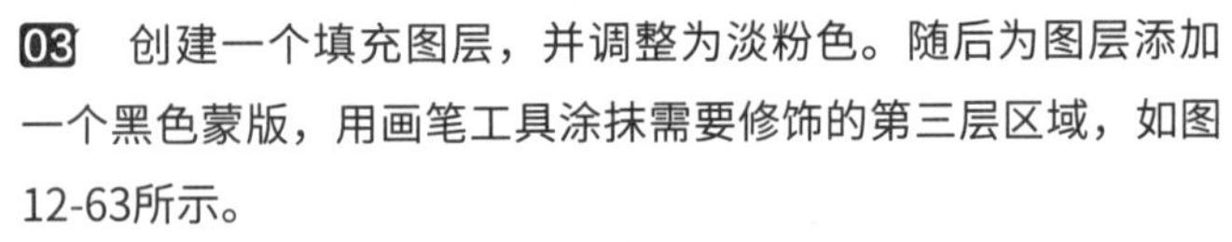

03 创建一个填充图层，并调整为淡粉色。随后为图层添加一个黑色蒙版，用画笔工具涂抹需要修饰的第三层区域，如图12-63所示。

04 为蒙版图层添加一个模糊滤镜，并调整图层的叠加方式及透明度。

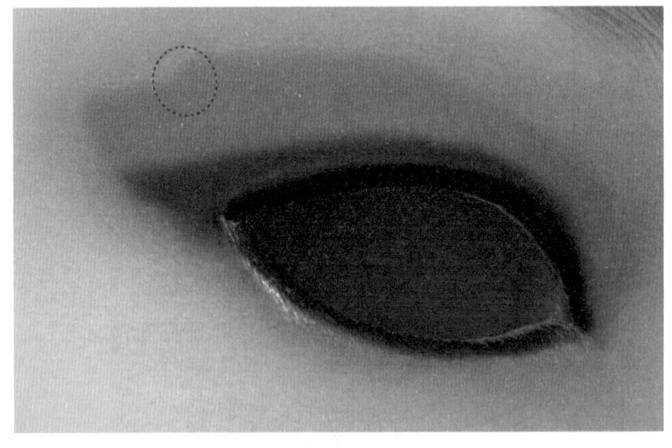

图12-63

12.12.2 绘制腮红贴图

绘制腮红贴图的具体操作步骤如下。

01 创建一个填充图层，调整基本色为粉红色。随后添加黑色蒙版，使用画笔工具绘制需要做“扑粉”效果的区域，如图12-64所示。

02 为蒙版增加一个模糊滤镜，在“滤镜”面板中将“模糊”值调至13%左右，“通道透明度”值为30左右，角色面部的妆容最终绘制完成后的效果，如图12-65所示。

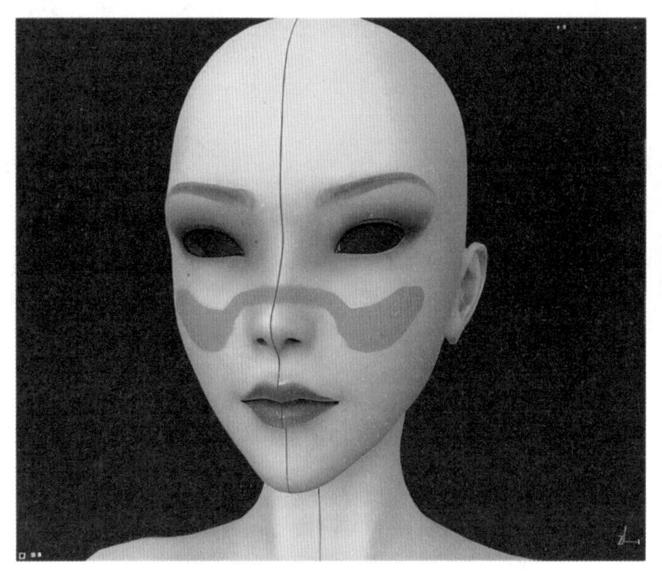

图12-64

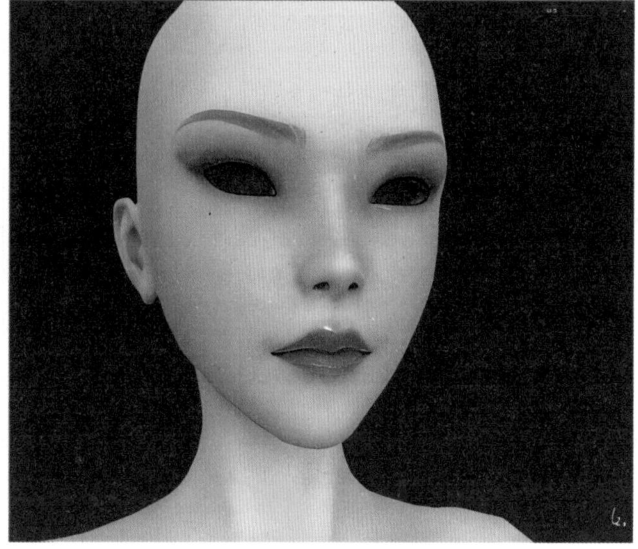

图12-65

12.12.3　导出面部贴图

导出面部贴图的具体操作步骤如下。

01 打开“贴图输出设置”面板，选中“输出模板”复选框。

02 单击+按钮，创建一个新的模板，命名为body，并配置UV、基本色、粗糙度三个通道。

03 切换到“设置”选项卡，分别设置文件的保存路径、模板、文件类型及大小。

04 最后检查输出设置，确认无误单击“导出”按钮即可。

12.13　烘焙眼睛法线及贴图

在进行眼睛法线烘焙的过程中，首先需要准备一个包含法线信息的高精度模型。接着，利用烘焙工具将法线信息有效地转化为纹理。最后，将这个纹理贴图应用到一个低精度的模型上，这样做可以在保证渲染和动画制作效率的同时，实现高质量的视觉效果。另一方面，眼睛贴图的制作对于增强眼睛的真实感和逼真度至关重要。通过使用高精度的贴图，我们能够精细地模拟眼睛的细节和特征，从而让角色的表情更加鲜活，进而显著提升作品的整体视觉效果。

12.13.1　烘焙眼睛法线

烘焙眼睛法线的具体操作步骤如下。

01 打开Marmoset Toolbag，找到预先制作好的眼睛虹膜（低模和中模）obj文件，并加载到Scene（场景）面板中。

02 单击Bake（烘焙）按钮，创建一个烘焙工程文件，并将预先导入的低模和中模分别移至工程文件的Low和High子目录中。

03 将“视图”窗口切换为透视图，在透视图中查验两个模型是否对齐。

04 若否，可以单击工具栏中的“坐标系”按钮，随后移动其中一个模型，使两个模型对齐重叠在一起。

05 调整低模的包裹范围参数，如图12-66所示，使其能完全覆盖中模的边界，如图12-67所示。

06 打开“输出配置”对话框，选中Normals（法线）和Height（高度）两个通道。

07 在Output（输出）选项区域中，选中64位采样，格式设置为8bits格式，随后单击Bake（烘焙）按钮开始烘焙和输出贴图文件。

08 将High子目录中的中模文件删除，导入眼睛虹膜的高模，并将其加载到High子目录中。

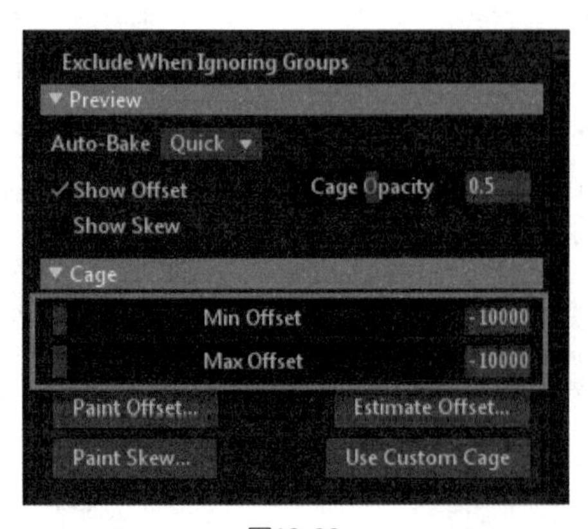

图12-66

图12-67

09 修改输出的文件名，单击Bake（烘焙）按钮开始烘焙和输出贴图文件，如图12-68~图12-71所示。

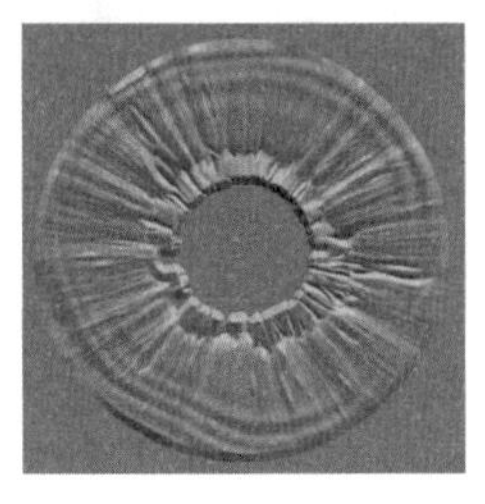

图12-68

图12-69

图12-70

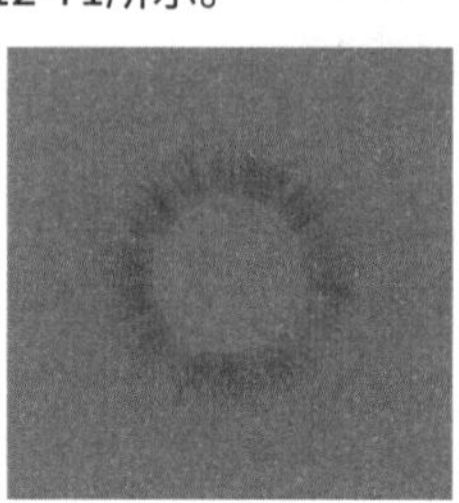

图12-71

12.13.2 烘焙虹膜UV贴图

烘焙虹膜 UV 贴图的具体操作步骤如下。

01 打开Cinema 4D，在“视图”窗口中打开角色眼球的UV贴图。

02 执行“文件”|“新建纹理”命令，调节HSV值，执行“图层”|“创建UV网格层”命令。

03 执行“文件”|“另存纹理”命令，保存为tif格式文件。

04 打开Photoshop，将tif文件导入并作为“背景”图层。

05 将制作好的中模、高模的UV及高度4张贴图也导入Photoshop，随后移动图层与左下角的虹膜网格对齐，再叠加一个“漫反射”贴图素材即可，如图12-72所示。

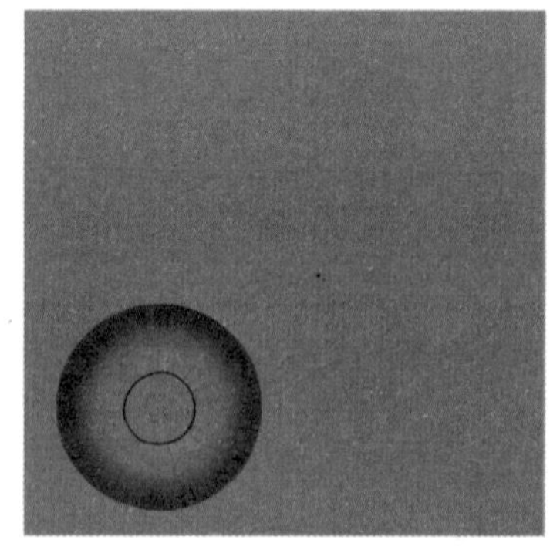

图12-72

12.13.3 烘焙眼球UV贴图

烘焙眼球 UV 贴图的具体操作步骤如下。

01 打开Photoshop，置入眼球眼白部分的贴图，使其叠加到左上角眼球眼白网格区域。

02 复制一个眼球玻璃体图像，并与纹理网格对齐。

03 选中对应图层，输出至贴图对应通道，例如选中“背景色”和“漫反射”图层，输出眼睛虹膜基本色贴图，格式为png。随后采用相应的操作方法，分别输出眼睛虹膜中模高度贴图、眼睛虹膜中模UV贴图、眼睛虹膜高模高度贴图和眼睛虹膜高模UV贴图。

04 打开Marmoset Toolbag，将角色的眼球模型载入面板。

05 将眼睛虹膜中模的基本色贴图，赋予“玻璃体2”，在Subdivition（细分）面板中选中Subdivide（网格细分）选项。

06 将眼睛虹膜中模的高度贴图赋予瞳孔模型的Hight（高度）通道，调整参数找到合适的凸起高度。

07 将中模和高模UV贴图加载到Normals（法线）通道。

08 在“材质”面板中新增一个玻璃材质，分别选中“玻璃体2”和“玻璃体1”，随后单击“材质赋予”按钮，将选中的材质赋予当前选中的模型，眼球的贴图的最终效果，如图12-73所示。

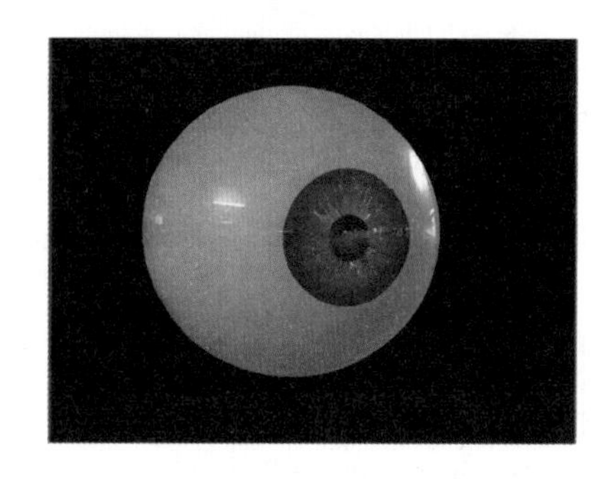

图12-73

12.14 烘焙衣服法线

烘焙衣服法线是一种高效的优化计算方法，它能够将高模上复杂而精细的法线信息以像素的形式精确地记录到低模上。这种方法在制作虚拟角色服装动画时尤为出色，因为它能够显著减少计算量，提高动画的渲染效率。此外，烘焙过程还可以有效避免由于不同软件的自动三角面模式对法线产生的影响，从而确保最终效果与高模尽可能接近。这种方法在虚拟角色动画制作中具有重要的应用价值。

12.14.1 制作裙子法线

制作裙子法线的具体操作步骤如下。

01 打开Marmoset Toolbag，将服装模型导入其中，在“界面”选项区域中，将模式切换至Texture（纹理）模式。

02 在右侧的视图窗口单击“摄像机”按钮，并选择Canvas（贴图）通道。

03 在“目录”面板中选中Sky（天空）选项，向左拖动Backdrop Brightness（背景亮度）滑块，将背景颜色调整为黑色。

04 在“目录”面板中单击“调色板”按钮，新建Texture Project（纹理项目），将名称改为neiyi(内衣）。注意在为文件重命名时，不能使用中文，因为该软件不支持中文命名。

05 按快捷键Ctrl+Del删除未使用的材质，将默认材质球之外的其他材质球全部删除。

06 在“烘焙”面板中找到Linked Materials（链接材质）选项区域，随后在Material（材料）列表中单击“创建新材质”按钮，并将材质重命名为qunzi（裙子）。

07 在“材质”面板中找到library（库）选项卡。选中Fabric（织物）材质球类目，其中提供了各种布料材质，如图12-74所示。

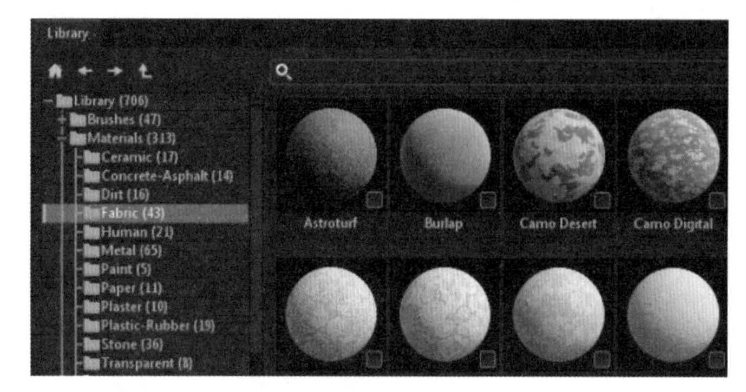

图12-74

12.14.2 制作上衣法线

制作上衣法线的具体操作步骤如下。

01 在“布料材质库”面板中将Silk（丝织物）材质球拖至材质面板的layers（层）栏中，将其加载进材质球。

02 在“材质”面板中选择Albedo（基本色）选项，单击Color（颜色）按钮，弹出Color Picker对话框，如图12-75所示，选择淡蓝色后单击OK按钮，当前所有模型的基本色全部被覆盖为淡蓝色。

03 将淡蓝色材质球拖至裙子模型，只需将裙子颜色改为淡蓝色。

04 在“图层”面板中单击“新建蒙版”按钮，再选择Paint Mask (Black)选项，添加一个黑色蒙版。

05 在“材质库”面板中将Velcro Loop（尼龙搭扣）材质球拖至layers（层）面板。

06 选中Velcro Loop（尼龙搭扣）材质球，在Projection（预测）栏中将Tiling U（平铺U）值调整为3，调整绒毛材质纹理的疏密效果。

07 选中Velcro Loop（尼龙搭扣）材质球，在Material Properties（材料特性）栏中找到Albedo(调色板)选项，为上衣选择淡粉色，单击OK按钮。

08 在Albedo(调色板)栏中取消选中Albedo Map: From Material（反照率图：来自材质）复选框，将材质自身携带的漫发射贴图效果关闭。

09 在“图层”面板中选择“Silk（丝织物）”选项，单击“新建蒙版”按钮，为Silk（丝织物）添加黑色蒙版。

10 单击工具栏中的“手型”按钮，切换到选择模式，并在UV视图中将模型的上衣UV全部选中，单击快捷工具栏中的“画笔工具”按钮，将前景色设为白色。

11 单击“画笔工具”按钮，涂抹选中的“上衣UV”，直至显示淡粉色，如图12-76所示。

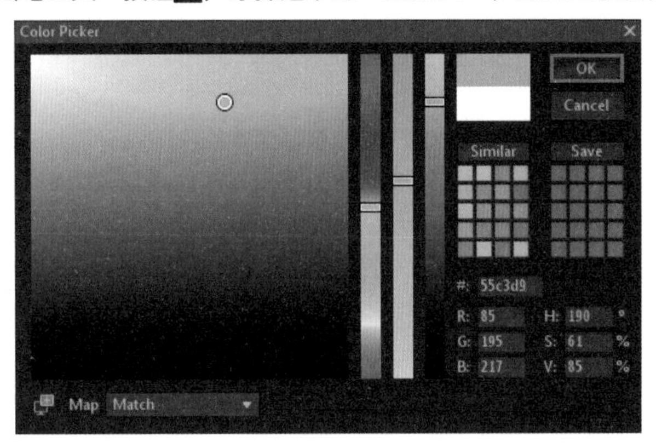

图12-75

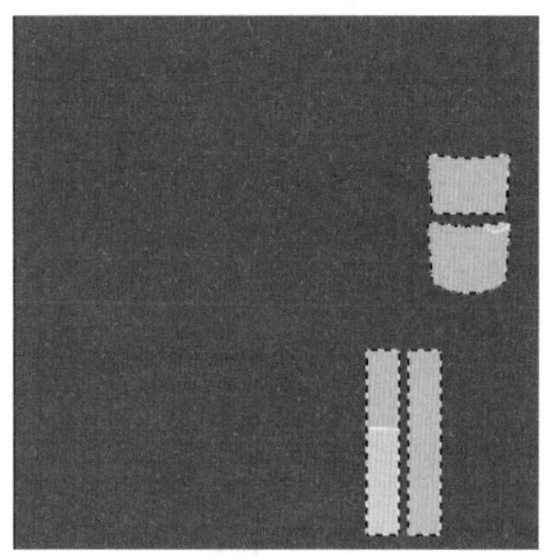

图12-76

12.14.3 制作腰带及飘带法线

制作腰带及飘带法线的具体操作步骤如下。

01 在“材质库”面板中将Mineral Wool（矿棉）材质球拖至“图层”面板，加载“矿棉”材质。

02 在Projection（预测）栏中，调整Tiling U（平铺U）值调为3，调整绒毛材质纹理的疏密程度，将矿棉效果调整为皮革质感。

03 在Projection（预测）栏中，调整Tiling U（平铺U）值，为材质添加基本的红色调。

04 在“图层”面板中选择Leather Suede（皮革翻毛皮）图层，单击“新建蒙版”按钮，为Leather Suede（皮革翻毛皮）添加黑色蒙版。

05 单击工具栏中的“手型”按钮，切换到选择模式，并在UV视图中选中全部模型的腰带UV和飘带UV，如图12-77所示。单击工具栏中的“画笔工具”按钮，对腰带和飘带的UV区域进行涂抹，显示出腰带和飘带的红色皮革效果，如图12-78所示。

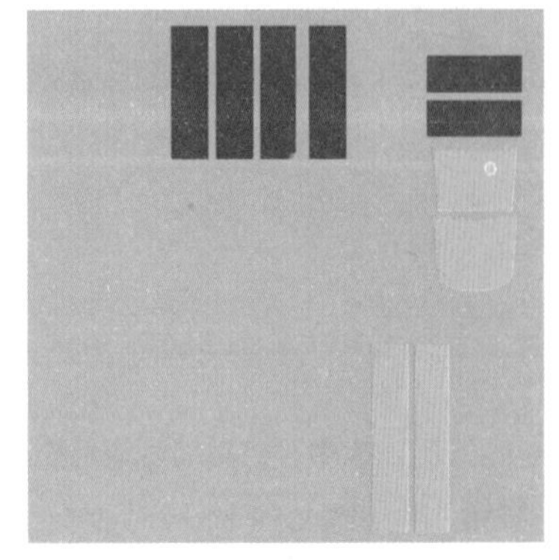

图12-77

图12-78

06 在“图层”面板中加载“皮革”材质层，并将“基本色”调整为米白色。

07 在“图层”面板中单击“新建蒙版”按钮，选择Paint Mask (Black)选项，添加一个黑色蒙版。

08 单击工具栏中的“手型”按钮，切换到选择模式，并在UV视图中将模型的上衣UV全部选中。单击工具栏中的“画笔工具”按钮，将前景色设为白色。

09 单击“画笔工具”按钮，将腰带和裙摆UV选中，对裙摆UV区域进行涂抹，显示出白色的皮革效果。

10 在“贴图输出配置”面板中保留Albedo（基本色）、Normals(法线)、roughness（粗糙度）三个通道。在Export Settings（导出设置）面板中，设置输出贴图的文件路径，并调整文件格式为png。

11 在OutputMaps（输出映射）面板中对输出的通道进行分别配置，效果如图12-79所示，随后单击Export All（导出全部）按钮，在弹出的对话框中进行相应的设置，如图12-80所示。

图12-79

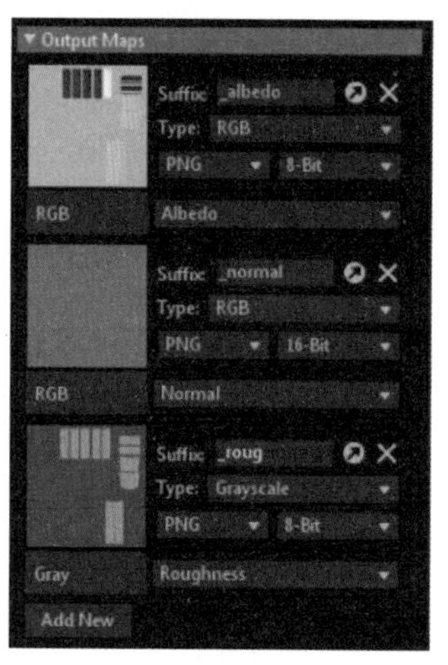

图12-80

12.14.4 制作外套法线

制作外套法线的具体操作步骤如下。

01 打开Marmoset Toolbag，将角色的眼球模型载入面板。

02 将外套模型导入，在Mesh（网格）面板中取消选中Cull Back Faces（剔除背面）复选框，使外套模型完整显示。

03 复制neiyi（内衣）、texture（纹理）工程文件，按快捷键Ctrl+C复制，再按快捷键Ctrl+V粘贴，产生一个纹理副本，并命名为waitao（外套）。

04 在“烘焙”面板中找到Linked Materials（链接材质）栏，在Material（材料）列表中单击“创建新材质”按钮，并将材质重命名为waitao（外套）。

05 在“图层”面板中选中waitao（外套）的所有图层，单击“删除”按钮，将模型原有的材质全部清空。

06 在“图层”面板中新增一个材质球，并将它赋予waitao模型，随后将neiyi的模型及texture（纹理结构）工程文件从Scene（场景）面板中删除，只保留neiyi（内衣）模型及其texture（纹理结构）工程文件。

07 在“图层”面板中新建棉麻材质层，并在Projection（预测）栏中调整Tiling U（平铺U）框为3，控制绒毛材质纹理的疏密程度。

08 在Projection（预测）栏中，将基本色设置为淡蓝色，并将材质自带的漫发射贴图关闭。

09 按快捷键Ctrl+C进行复制，再按快捷键Ctrl+V进行粘贴，并为副本图层添加黑色蒙版，将蒙版基本色调调整为深蓝色，如图12-81所示。

10 单击快捷工具栏中的“手型”按钮，切换到选择模式，并在UV视图中将模型的衣领UV全部选中，单击快捷工具栏中的“画笔工具”按钮，涂抹衣领的UV区域，外套模型显示出衣领的深蓝色效果，如图12-82所示。

11 配置贴图的输出路径以及文件名，将文件格式设置为PNG，随后单击Export All（导出全部）按钮，输出贴图即可。

图12-81

图12-82

12.15 制作衣服贴图

制作衣服贴图可以增添服装的色彩和图案，提高虚拟服装的真实感。图案的颜色需要和服装相匹配，具体可以通过使用“色相 / 饱和度”功能进行色彩上的调整。值得注意的是，图案的图层要置于服装层的上方，否则服装会遮盖花纹，而且不要破坏原图层，否则会影响图案的清晰度。

12.15.1 制作外套纹理贴图

制作外套纹理贴图的具体操作方法如下。

01 打开Substance Painter，执行“文件” | “新建文件”命令，创建新的工程项目。

02 选择衣服模型所在文件路径，将“文件分辨率”值调整为4096，单击“确定”按钮，将服装导入软件中。

03 在右侧单击“着色器设置”按钮，选择着色类型材质，将服装设为双面显示。

04 在“纹理集设置”面板中单击“通道”按钮，并在“通道”面板中单击“添加通道”按钮，添加Diffuse通道、Specular（高光）通道、Glossiness（光泽度）通道、Height（高度）通道、Normal（正常）通道、Base Color（基本颜色）通道、Transmissive（透明）通道和Scattering（散射）通道。

05 在“通道”面板中单击“烘焙模型贴图”按钮，弹出“烘焙贴图配置”对话框，将输出尺寸设置为4096，随后单击“确定”按钮开始烘焙。

12.15.2 制作外套基本色贴图

制作外套基本色贴图的具体操作步骤如下。

01 找到预先制作好的衣服贴图并导入材质展架，单击“图层”面板中的“创建填充图层”按钮，将内衣UV贴图载入Normal（散射法线）通道。

02 在“材质”面板中，依次将内衣的基本色贴图以及粗糙度贴图分别拖至roughness（粗糙度）和Base Color（基本颜色）通道。

03 按快捷键Ctrl+D复制“内衣填充”图层，并创建一个名为waitao（外套）的填充图层副本，随后将外套的UV基本色和粗糙度贴图分别载入对应通道。

04 在外套图层创建一个图层副本并命名为waitao1，只开启该图层的Color（颜色）通道，并为该图层添加一个黑色蒙版，随后删除Color通道贴图，用“吸管”工具从裙子上取色。

05 单击左侧边工具栏中的“网格”按钮，在衣领和外套交界处选出一条边。采用同样的方法，继续创建一个图层并添加黑色蒙版，将外套的衣袂和袖口处的网格选中并赋予亚金色，外套的基本色框架就做好了，如图12-83所示。

12.15.3 制作内衣基本色贴图

制作内衣基本色贴图的具体操作步骤如下。

01 为neiyi（内衣）图层添加一个黑色蒙版，设置基本色为淡粉色，随后单击“网格”按钮，框选内衣UV，将基本色设置为淡粉色。

02 在neiyi（内衣）图层的基础上新建一个副本，并在蒙版图标上右击，在弹出的快捷菜单中选择“清除遮罩”选项，将基本色调整为淡蓝色，随后选中该层蒙版，在UV视图找到裙摆UV，将裙摆的中间区域网格选中，显示为淡蓝色区域。

03 在neiyi（内衣）副本图层的基础上，按快捷键Ctrl+D创建“副本图层2”，将图层基本色设置为白色，随后清除图层中的原遮罩，单击“网格”按钮，框选裙边的UV网格。

04 对于衣服中两块不同颜色布料拼接的地方，需要制作缝线的效果。此处可以新建一个绘画层，只启用Height（高度）和Normal（正常）两个通道。

05 在展架中单击“缝线效果笔刷”按钮，调整Height（高度）通道值，用画笔工具在需要添加缝线效果的区域绘制路径。

06 切换视图显示为材质通道，并为裙子设置渐变色效果。随后在neiyi（内衣）图层中添加Baked Lighting Sky（照亮天空）滤镜。

07 在“滤镜参数调整”面板中将“阳光颜色”调整为白色，在“画笔”面板中，通过单击“角度旋转”按钮，调整光线的角度。随后将视图切换为Base Color（基本颜色）通道，裙子的布料颜色呈现明暗深浅变化的效果。

08 删除“图像输入”面板中的AO和“曲率”通道贴图，保留UV贴图，如图12-84所示。

图12-83

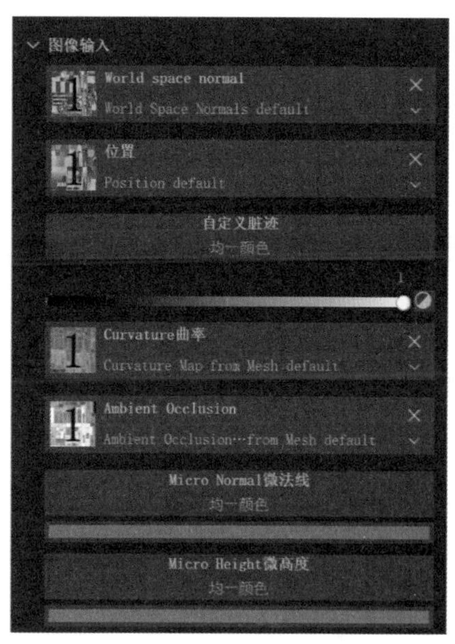

图12-84

09 选中neiyi（内衣）图层，复制得到“neiyi（内衣）副本”图层，只打开roughness（粗糙度）通道，并将加载的原贴图删除。

12.15.4 制作外套基本色贴图

制作外套基本色贴图的具体操作步骤如下。

01 为“waitao（外套）副本2”添加填充图层，同样只打开roughness（粗糙度）通道。

02 将“图层”面板切换到roughness（粗糙）模式，选中填充图层，只开启Normal（正常）通道、roughness（粗糙度）通道和Height（高度）通道。

03 将预先准备好的金鱼花纹素材导入贴图展架，并将正常贴图、粗糙度贴图和高度贴图载入Normal（正常）通道和roughness（粗糙度）通道，此时贴图便呈现在服装上。

04 如遇导入素材的花纹位置、大小和模型不匹配或错位的现象，如图12-85所示，需要将“UV重复”设置为“无”，在“视图”面板中平移和缩放金鱼花纹UV贴图，使其与外套的背面位置和大小匹配，如图12-86所示，调整Height（高度）通道参数，目的是将贴图的凸起效果减弱一些，使图案效果更加自然。

05 选中导出贴图并命名，在“导出”面板中只选中Base Color（基本颜色）通道，即可输出衣服的基本色贴图，如图12-87和图12-88所示。

图12-85

图12-86

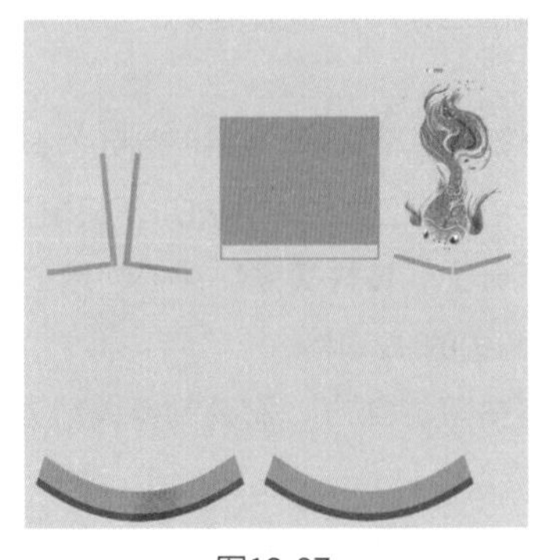
图12-87

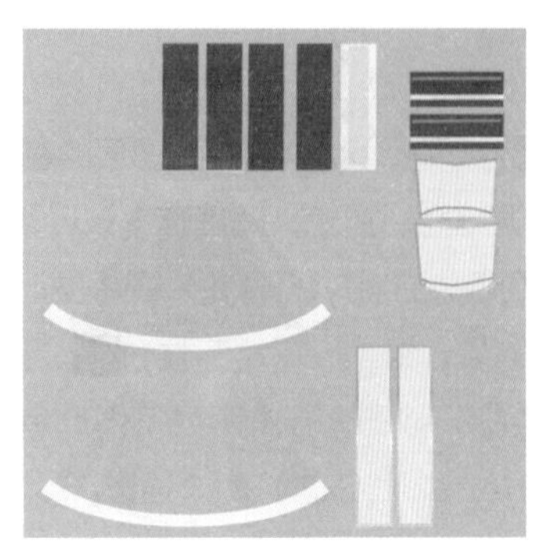
图12-88

12.15.5 制作外套纹理贴图

制作外套纹理贴图的具体操作步骤如下。

01 打开Cinema 4D，执行“文件”|“新建纹理”命令，在“图层”面板中单击“创建UV网格层”按钮。

02 执行“文件”|“另存为”命令，将衣服UV导出为网格图片。

03 将输出的基本色贴图导入Photoshop，同时导入对应UV的网格图，网格图叠加在基本色贴图的上面，作用是辅佐基本色贴图的修改。

04 打开Substance Painter，将预先备好的装饰纹理导入图层，并将形状变换对齐到基本色和网格图形。

05 隐藏基本色图层和网格图层，只显示装饰纹理层，如图12-89所示，并另存文件为PNG格式。将PNG格式文件导入展架，并加载至新建的“填充”图层的Base Color（基本颜色）通道中，即可显示外套装饰的纹理效果，如图12-90所示。

图12-89

图12-90

12.15.6 制作腰带纹理贴图

制作腰带纹理贴图的具体操作步骤如下。

01 导入预先准备好的牡丹花纹理素材，并载入新建的“填充”图层的Base Color（基本颜色）通道中。

02 在“图层”面板中取消选中“UV重复”复选框，移动和调整牡丹花贴图，使其与腰带UV匹配。

03 选中“Normal UV（法线UV）”通道，加载一张牡丹花的UV贴图。

04 通过复制产生多个牡丹花填充图层副本，随后移动和变换贴图的形态和大小，使其尽量错落有致地分布在腰带上。

05 新建图层，置入所有牡丹花纹理的“填充图层副本”。

06 为图层添加一个黑色蒙版，单击工具栏中的“手型”按钮，切换到选择模式，并在UV视图中将模型的衣领UV全部选中，单击快捷工具栏中的“画笔工具”按钮，在腰带的中间部分显示牡丹花贴图，多余的部分全部擦除，如图12-91所示。

07 将类似火焰效果的贴图导入Substance Painter，并拖至新建的“填充图层”的Base Color（基本颜色）通道中，随后变换和调整贴图，使其匹配内衣的UV贴图，即可为腰带部分添加牡丹花装饰。

12.15.7 制作裙摆、飘带纹理贴图

裙摆和飘带的纹理效果制作方式与腰带方式相同，此处不再赘述。此外，纹理效果也可以在Photoshop中绘制并保存，随后导入Substance Painter并调整位置即可。绘制的图案如图12-92所示。

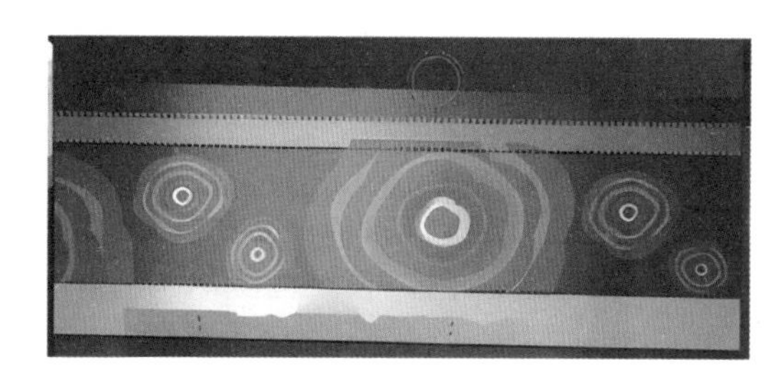

图12-91

图12-92

12.15.8 制作服装布料锁边贴图

在现实生活中，衣服布料的边缘会进行缝合和锁边处理，那该如何在计算机中实现衣服布料边缘的缝合和锁边效果呢？首先打开Substance Painter，新建一个绘画图层，只开启Height（高度）通道，并将强度参数调整为3，随后选择“笔刷”工具，在需要做锁边效果的地方进行绘制即可。

12.15.9 检查及输出

在所有衣服贴图制作完成后，需要做最后的检查，例如，UV视图的Normal（正常）通道和Base Color（基本颜色）通道是否正常。最后，执行“文件”|“导出贴图”命令，单击“导出”按钮即可输出衣服的所有基本色和UV贴图。

至此，本章的古风少女衣服的贴图已经完成，贴图完成后的成品如图12-93和图12-94所示。

图12-93

图12-94

第 13 章

虚拟角色实时动画渲染

本章主要以 Marmoset Toolbag 为基础，围绕 UI 视图导航、灯光、物体属性、材质、烘焙、纹理绘制、摄像机、渲染设置以及动画输出等九大模块逐一进行深入讲解。通过系统地介绍软件的每一个功能属性，旨在帮助大家全面掌握新版本软件的各项功能。

13.1 Marmoset Toolbag简介

Marmoset Toolbag（也被称为八猴渲染器）是一款功能全面的 3D 实时渲染软件，它在学习和制作阶段都能提供强大的支持。此外，Marmoset Toolbag 还配备了最新的光线跟踪引擎 RTXQ，支持 3D 纹理工具，并允许用户自定义 UI 和工作区，极大地提升了操作的便捷性和灵活性。在 Marmoset Toolbag 的界面中，主要包含了大纲视图、操作区、动画控制区、显示区（或称为工作区）、材质库以及材质属性等多个重要区域。

13.1.1 模型整理

Marmoset Toolbag 不支持多象限，所以在正式渲染前，要将模型 UV 全部整理在第一象限中。具体的操作方法如下。

01 打开Cinema 4D，导入预先制作好的动画文件，执行UVEdit命令，将界面切换到UV编辑界面，随后逐一选中模型检查UV状态，如图13-1所示，此时“发饰”的所有对象UV，均存在于同一个象限。

02 查看Hair（头发）的UV，该UV呈现两个象限。

03 把第二象限中的UV全部移至第一象限。执行“模式”命令，单击“多边形”按钮，在面模式下框选第二象限的所有UV，并在左下方的“UV管理器”中切换到“变换”模式。

04 在“UV管理器”面板中找到X轴的“移动”列表，并输入-1，单击“应用”按钮即可完成Hair（头发）对象的UV整理，象限处理前的状态如图13-2所示，象限处理后的状态如图13-3所示。

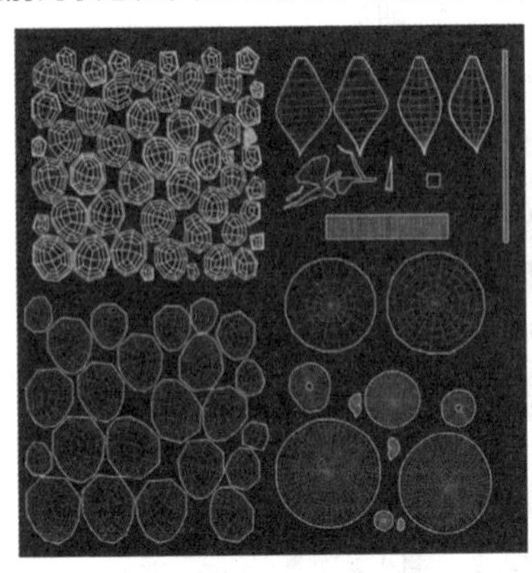

图13-1

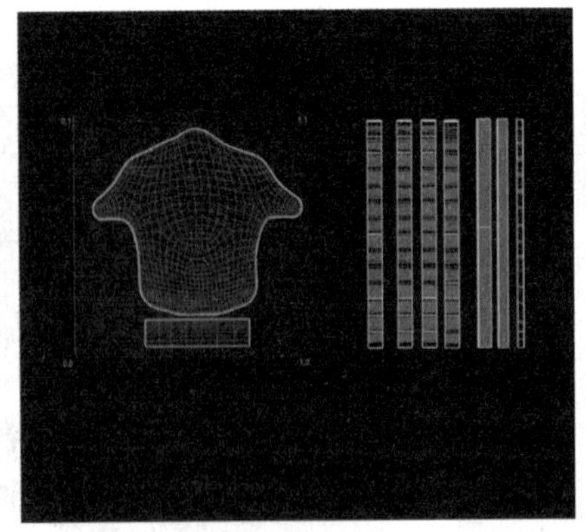

图13-2

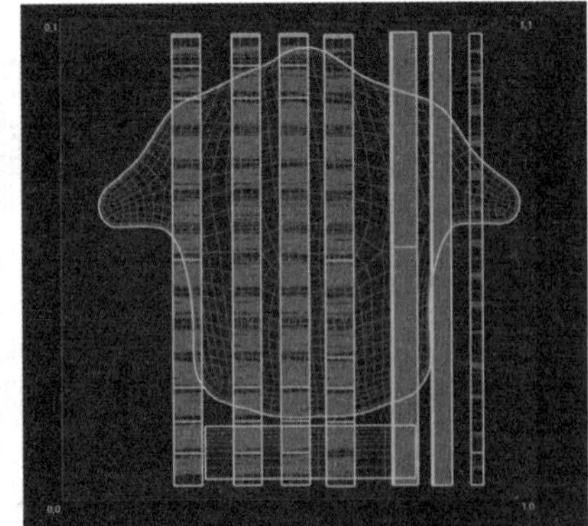

图13-3

05 依次检查R-EYES（右眼）和L-EYES（左眼）的UV象限，如图13-4所示，睫毛的UV象限如图13-5所示，neiyi（内衣）的UV象限如图13-6所示，waitao（外套）的UV象限如图13-7所示。

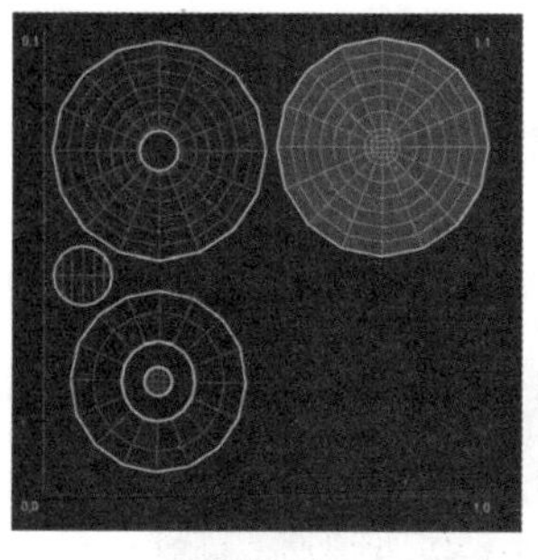
图13-4

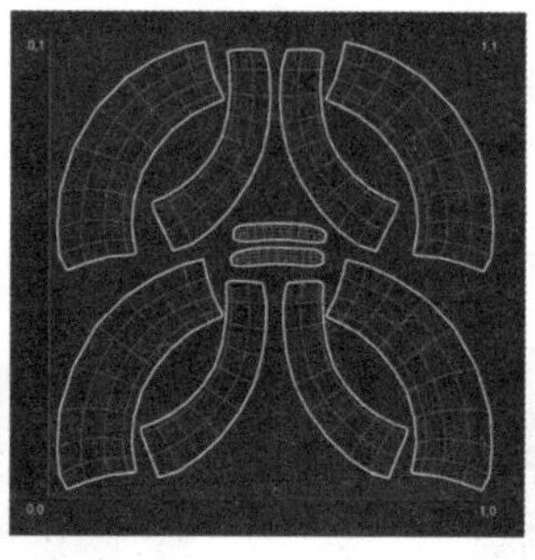
图13-5

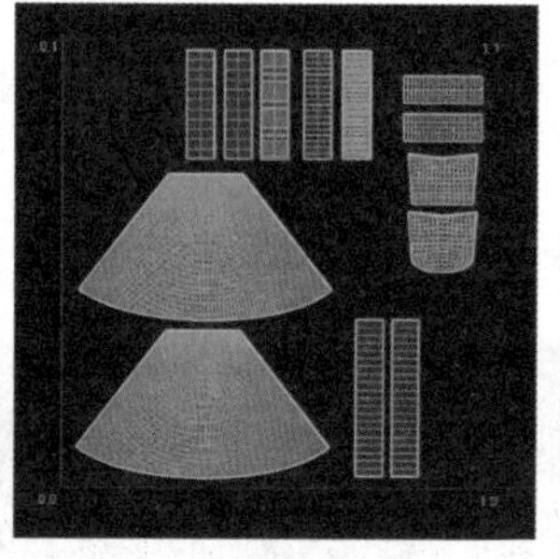
图13-6

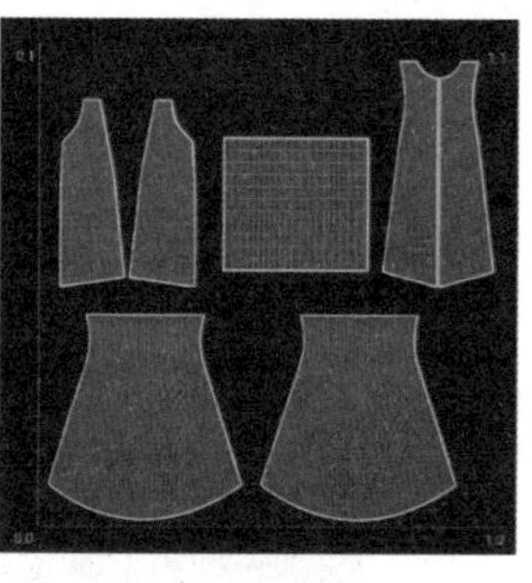
图13-7

06 此时发现模型身体UV的问题较多，面部和手臂等的UV均是分离状态的，如图13-8所示，并未存在统一象限，需要调整。

07 在“UV管理器”面板中找到X轴的“移动”列表，并输入-1，再单击“应用”按钮，每单击一次即向后移动一格，直至移动到第一象限内，如图13-9所示。

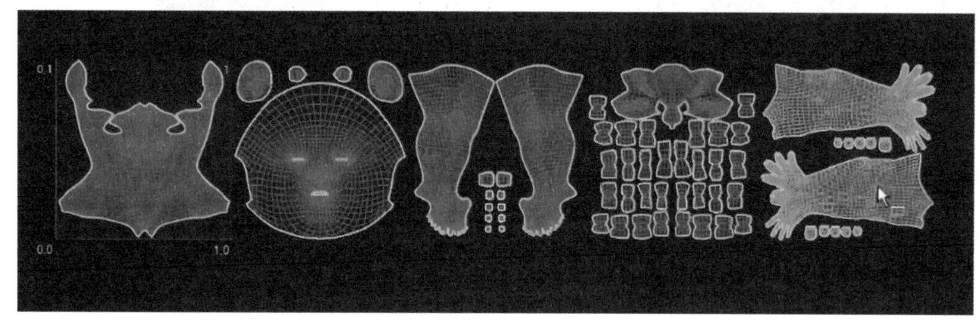
图13-8

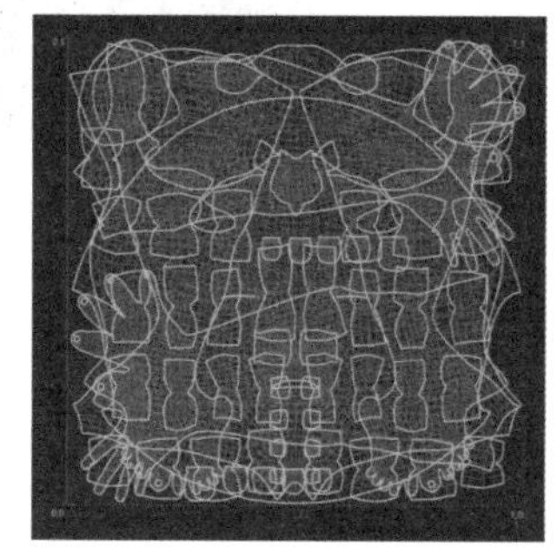
图13-9

08 全选模型查看UV的整理情况，若所有UV均存在第一象限，可执行“文件”|“导出”|Alembic (*.abc)命令，随后单击“确定”按钮，即可导出abc格式文件。

提示

这里一定要选择abc格式，因为只有abc格式才会记录选集。

13.1.2 导入文件

01 打开Marmoset Toolbag，执行Classic命令，切换到经典视图。

02 拖曳预先导出的abc文件至软件界面中。

03 在Scene(对象管理)面板中，找到导入的abc文件层级，随后依次单击打开PolygonShape（多边形形状）和Hair Shape（头发形状），查看选集是否存在。

13.1.3 菜单栏

File（文件）|Export（导出）子菜单，如图 13-10 所示，该子菜单中的主要命令含义介绍如下。

※ Marmoset Viewer（文件查看器）：这是安装软件时附带的专用查看器，允许用户直接将内容输出，并在此查看器中查看。

※ WebGL/glTF（格式输出）：此功能使用户能够以不同的文件格式（如obj和FBX）导出场景或物体，方便在其他软件中进行后期处理或分享。输出设置提供了多种选项，如调整输出分辨率、采样质量和法线贴图等参数，以确保导出的模型具有高质量的渲染效果。

※ Model File（模型输出）：模型输出功能允许用户将场景中的模型导出为各种可用格式。与WebGL/glTF命令相似，输出设置也提供了多种参数调整选项，以确保导出的模型渲染效果达到高质量。

※ Scene Bundle（场景打包）：当所有场景制作完成后，相关的贴图可能会分散存储在计算机的不同位置。此功能能够将

所有贴图打包成一个工程文件，便于管理和分享。

※ Scene To Library（保存到库）：此功能允许用户将场景保存到库中，便于日后的快速访问和使用。

View（视窗）菜单，如图 13-11 所示，该菜单中的主要命令含义介绍如下。

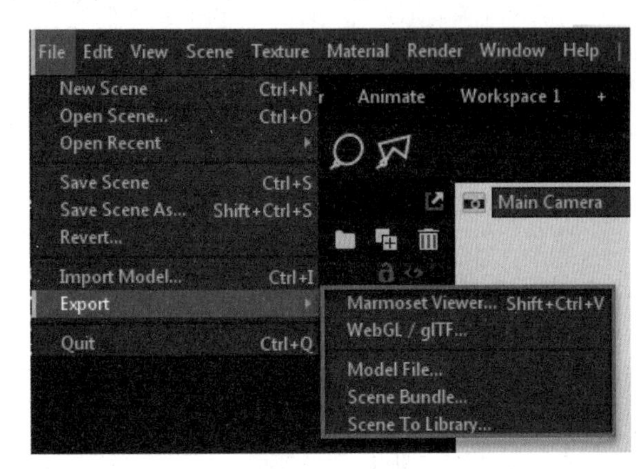

图13-10

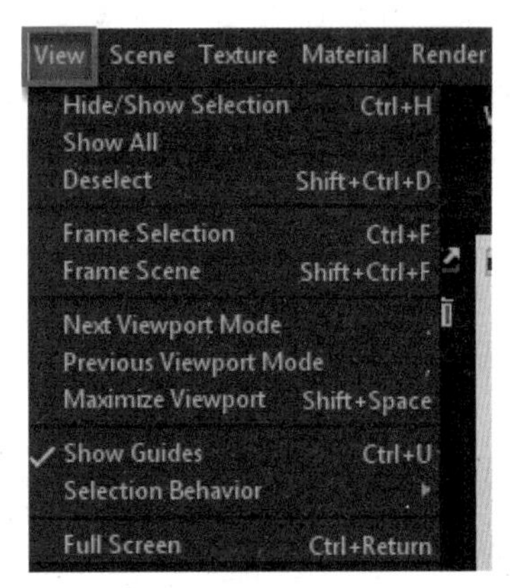

图13-11

※ Full Screen（全屏）：此功能用于将视窗扩大至全屏模式，从而更方便地观察和编辑整个场景，提供更大的可视区域。

※ Selection Highlights（选择高亮）：当物体被选中时，该功能会高亮显示所选物体的贴图和材质，有助于清晰地识别正在编辑的对象。

※ Selection Outline（选择线框）：此选项允许用户以线框形式查看和选择场景中的对象，使对象的轮廓线条更为明显，便于进行精确的编辑操作。

※ Show Guides（显示辅助线）：如果选中此选项，场景中的Main Camera（主摄影机）将会以“展示”按钮■的形式出现（这可能需要降低天空亮度以增强可见性）。若未选中，则不会显示该按钮。这与在“设置”菜单中打开Show Guides（显示辅助线）功能的效果相同，主要目的是根据需要隐藏或显示界面元素，保持工作区的整洁和高效。

Scene（对象管理）菜单，如图 13-12 所示，该菜单中的主要命令含义介绍如下。

※ Add object（添加物体）：此功能允许用户从物体库中选择并添加各种物体到场景中，从而丰富和构建更加复杂的场景内容。

※ Group Selection（结组选择）：通过此功能，用户可以将场景中的多个物体组合成一个整体组，这样可以更方便地同时对这些物体进行选择、移动、旋转和缩放等操作，大大提高工作效率。

※ Duplicate Selection（复制选择）：此功能允许用户复制已选定的一个或多个物体，并在场景中的其他位置粘贴出完全相同或稍作修改的副本。这一功能在需要快速创建相似物体或在不同场景间迁移内容时特别有用。

※ Lock Selection（锁定选择）：使用此功能，用户可以锁定特定的物体，使其免受后续操作的影响。这有助于防止在编辑其他物体时意外修改已完成的物体。在进行复杂的场景编辑时，“锁定选择”功能可以作为一种有效的保护机制。

Material（材质），如图 13-13 所示，该菜单中的主要命令含义介绍如下。

※ Import（导入材质）：导入材质功能允许用户将其他软件中创建的材质文件导入Marmoset Toolbag软件中。导入后，可以对这些材质进行编辑和修改，以满足特定的需求。导入的材质将保存在Marmoset Toolbag的贴图库中，方便在后续的项目中随时调用。

※ Duplicate Selected（复制材质）：复制材质功能使用户可以轻松地将一个材质复制到另一个对象上，从而实现快速应用相同材质的效果。这与Materials（材质）面板中的“复制”按钮功能相同，提供了便捷的操作方式。

※ Clear Unused（清除未使用材质）：清除未使用材质功能，帮助用户快速识别和删除场景中未被应用的材质。通过删除这些无用的材质，可以优化场景的存储空间和运行效率。同时，这个功能也有助于保持场景的整洁和清晰，便于后续的操

作和维护。要使用此功能，可以按组合键Ctrl+Backspace。

※ Apply to Selection（应用到所选）：“应用到所选”功能的作用是让用户能够将当前选中的材质、效果或设置应用到场景中的特定对象上。通过选择特定的对象或元素，可以快速将所需的材质或设置应用到它们上，从而实现快速且准确的操作。

Render（渲染）菜单，如图 13-14 所示，该菜单中的主要命令含义介绍如下。

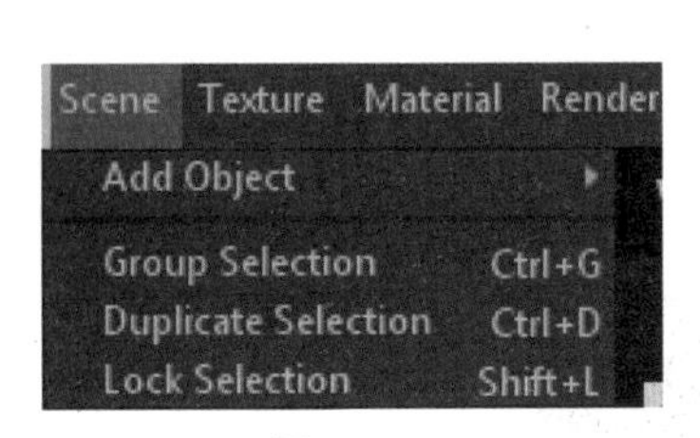

图13-12

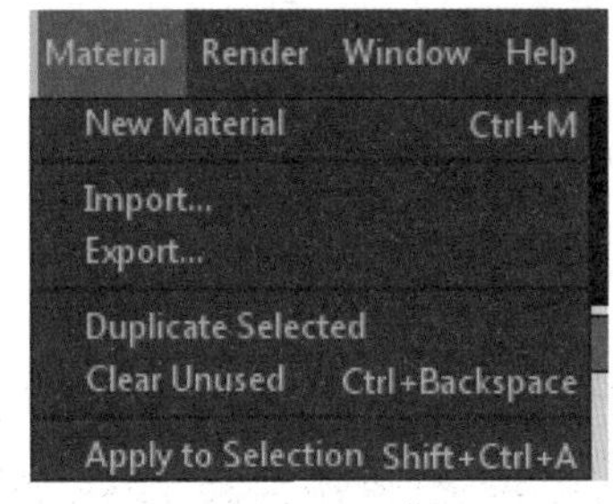

图13-13

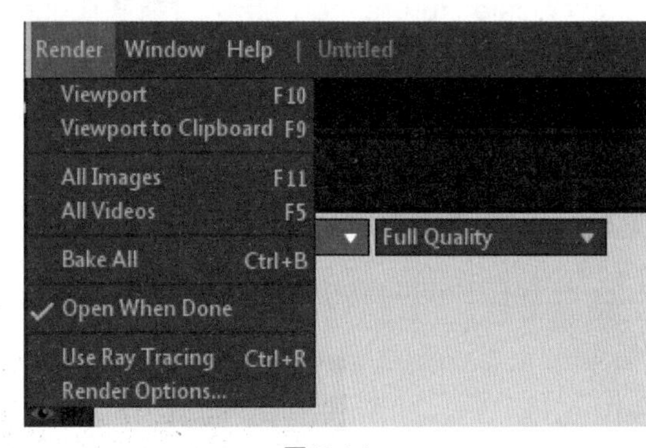

图13-14

※ Viewport to Clipboard（渲染至剪贴板）：此功能允许用户将当前视口的渲染效果直接复制到剪贴板中，便于在其他软件或工具中快速预览和分享。在Marmoset Toolbag中，渲染效果主要用于预览整体场景，检查材质和灯光等问题，并根据预览结果进行相应的参数调整和优化。

※ All Images（渲染所有图片）：此命令允许用户将场景中的所有帧或指定帧渲染为图片文件，便于保存和后续处理。通过渲染图片，用户可以检查每一帧的渲染效果，发现并解决可能存在的材质、灯光或渲染设置等问题。

※ All Videos（渲染所有动画）：此命令用于将场景中的动画渲染为视频文件。用户可以预览动画的渲染效果，检查动画的流畅性、节奏和效果等，并根据需要进行相应的调整和优化。渲染动画是检查动画质量和发现问题的有效手段。

※ Use Ray Tracing（启用光线追踪）：执行“启用光线追踪”命令可以显著提高渲染的真实感和质量。光线追踪能够模拟光线的物理传播路径，从而生成更加逼真的阴影、反射和折射等效果。然而，由于光线追踪的计算量较大，因此渲染时间可能会相应增加。用户可以根据需要权衡渲染质量和时间成本。

提示

计算机需要支持该功能，即显卡需在20、30、40系列以上，10系列不支持光线追踪。

13.1.4 Viewport Settings（视窗设置）面板

单击视图窗口中的“设置”按钮，打开 Viewport Settings（视窗设置）面板，如图 13-15 所示。

Viewport Settings（视窗设置）面板的功能介绍如下。

※ Resolution（分辨率）：分辨率是指渲染图像所包含的像素数量。在Marmoset Toolbag中，分辨率可分为低质量（图像较为模糊）、标准（默认设置，适用于大多数场景）和高质量（高分辨率，能够显示更多细节）3种级别。分辨率越高，渲染出的图像越清晰，但同时也会增加渲染时间。可以根据不同的场景需求来选择合适的分辨率，以提升渲染效果。

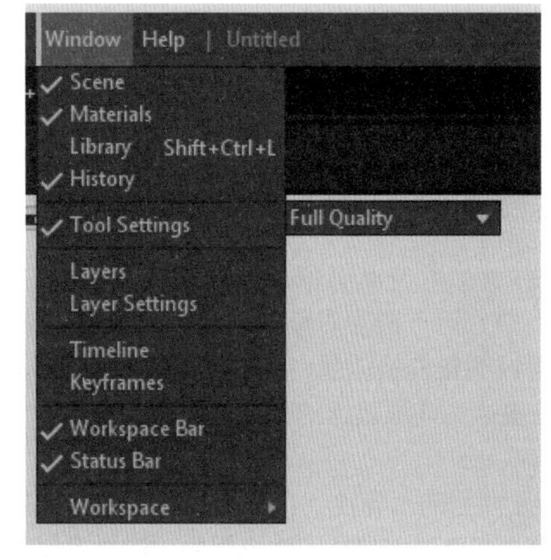

图13-15

※ Formula mode（计算模式）：此设置允许用户根据不同的场景需求选择不同的计算模式，例如光线追踪或路径追踪等。合适的计算模式可以达到更好的渲染效果和更高的渲染效率。在大多数情况下，保持默认设置即可获得良好的结果。

※ Wireframe（线框显示）：此功能可以展示虚拟角色或物体的框架和组件，有助于用户更清晰地理解模型的结构，还可以调整线框的密度和颜色以适应不同的需求。线框显示常用于在页面上布置内容和功能时，帮助考虑如何更好地满足项目需求。

※ Show Scale Reference（显示尺寸参考）：由于Marmoset Toolbag是基于物理空间的折射率进行计算的，因此模型的尺寸与实际物理尺寸的一致性对渲染效果至关重要。如果模型尺寸与实际尺寸相差过大，渲染效果可能会出现严重偏差。因此，在导入模型后，需要对模型与实际的尺寸进行对比，若需要，可以使用“缩放”工具将模型调整到正确的尺寸。

13.1.5 工具栏介绍

Marmoset Toolbag 的工具栏，如图 13-16 所示。

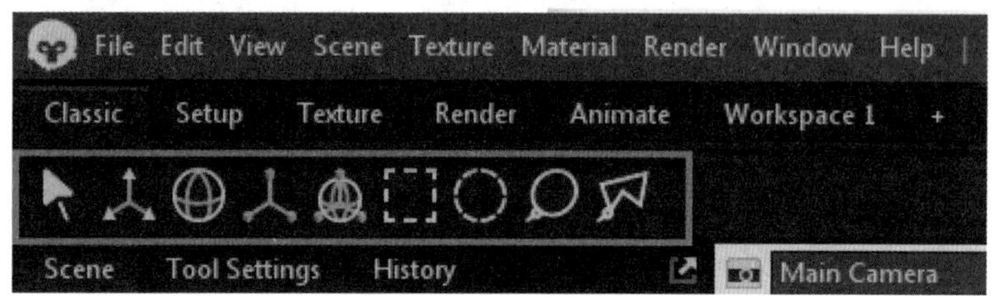

图13-16

※ Select（选择）工具：该工具用于自动识别并选中需要的图层或组，用户可以根据需要进行切换选择。

※ Translate（移动）工具：该工具可以快速选择需要移动的图层或组，并实时预览移动后的效果。

※ Rotate（旋转）工具：该工具用于快速选择需要旋转的图层或组，可以通过调整角度来旋转图层或组。

※ Scale（缩放）工具：该工具可以快速选择需要缩放的图层或组，并使用滑块或手轮进行缩放操作。

※ Rectangle Select（框选）工具：该工具允许用户通过在界面上绘制矩形框来快速选择和编辑图层或组。

※ Ellipse Select（圆选）工具：该工具使用户能够通过绘制圆形来选择需要的图层或组，同时也支持快速切换选中的图层或组。

※ Lasso Select（套索）工具：该工具提供了一种灵活的方式来选择图层或组，用户可以通过绘制任意形状来选择需要的区域。

※ Polygon Select（不规则套索）工具：该工具用于选择不规则区域，用户可以通过绘制线条来创建任意形状的选择区域，与框选和圆选工具相比，不规则套索工具提供了更高的选择自由度。

13.1.6 属性面板

选中需要编辑对象，激活属性面板，如图 13-17 所示。该面板中主要的选项含义介绍如下。

※ Transform（变换信息）：变换信息功能主要包括平移和旋转，用于描述对象在三维场景中的位置和方向变化。通过调整变换信息，用户可以精确控制对象在场景中的位置、朝向以及运动轨迹。

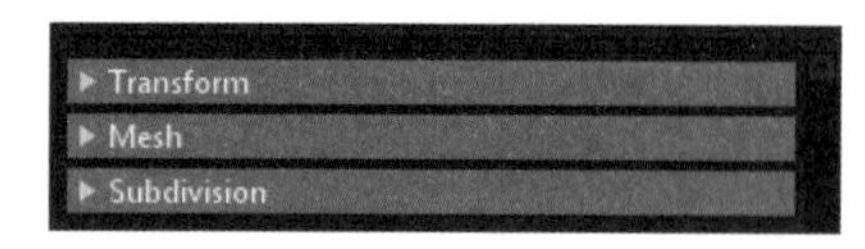

图13-17

※ Mesh（网格动画属性）：网格动画属性用于控制三维网格模型的动画效果，包括位置、旋转、缩放以及透明度等。用户可以通过调整这些属性，为场景中的网格模型添加各种动态效果，如移动、旋转、渐变透明等。

※ Subdivision（细分曲面）：细分曲面是一种用于提高三维模型表面精细度的控件。通过开启”细分曲面“功能，软件会

自动对模型表面进行更密集的三角形划分，从而增加模型的细节和渲染质量，这有助于创建更加逼真和细腻的三维场景。

13.1.7 天空面板

选中 Sky 对象，激活天空面板，如图 13-18 所示，该面板中主要的选项含义介绍如下。

※ Presets（预设贴图）：单击该按钮，用户可以快速应用已经预设好的纹理效果，从而避免了手动设置纹理参数的烦琐步骤，提高工作效率。

※ Image（导入图片）：单击该按钮，允许用户导入图片作为纹理贴图，可以方便地为场景中的物体或表面添加丰富的纹理效果，增强场景的真实感和细节表现。

※ Export（导出）：单击该按钮，导出场景或物体的数据。但需要注意的是，它只能导出tbsky格式文件，这可能限制了在其他软件中的使用。建议根据实际需求选择合适的导出格式。

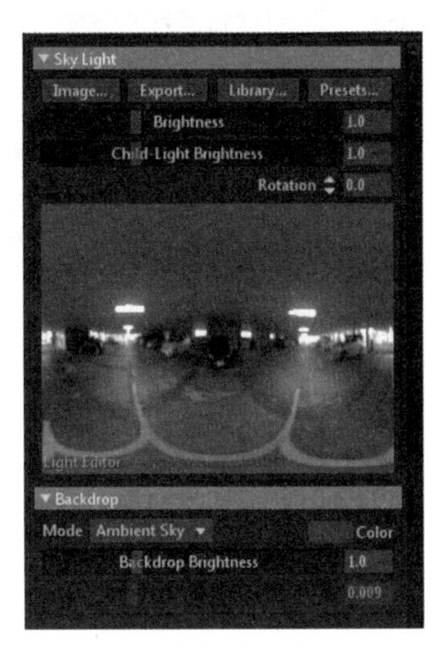

图13-18

※ Brightness（亮度）：亮度是一个关键的场景参数，它决定了场景中物体或表面的明亮程度。通过调整亮度，用户可以控制场景的整体明暗效果，营造不同的氛围和视觉效果。

※ Child-Light Brightness（子光源亮度及修正）：此参数用于调整场景中子光源的亮度。通过调整子光源的亮度，可以增强或减弱子光源对场景照明的影响，从而实现更加精细的光照控制。同时，修正功能允许对子光源的照明效果进行进一步的调整和优化。

13.1.8 材质面板

Marmoset Toolbag 的材质面板相较于其他渲染器而言更为简洁，它基于PBR流程(通过贴图来控制模型的材质)，避免了复杂的程序纹理和节点运算。在材质面板中，单击任意材质球可以激活材质通道，激活状态为高亮显示，未激活则为低亮显示。这些通道被分为低级和高级两部分，其中低级部分参数较少，而高级部分则包含更多的参数和可调整的细节，如图 13-19 所示。这样的设计使用户能够根据自己的需要灵活调整材质效果。该面板中主要的选项含义介绍如下。

※ Texture（纹理）：此选项用于控制纹理在U向和V向上的平铺效果和重复方式，以实现纹理在不同方向的正确展示。

※ Displacement（置换）：置换功能允许通过贴图来控制模型的几何形状变化。其中，Height（高度）模式使用一张贴图来控制置换效果，而Vector（矢量）模式则利用X、Y、Z三个方向上的控制来实现更精确的置换。

※ Surface（表面）：在此选项下，Normals（法线）模式用于控制表面的法线方向，进而影响光照效果；Detail Normals（细节法线）模式则额外提供了一个通道来精细控制细节法线；而Parallax（视差）模式则是将凹凸（bump）图转化为法线来使用，以增强表面的立体感和细节表现。

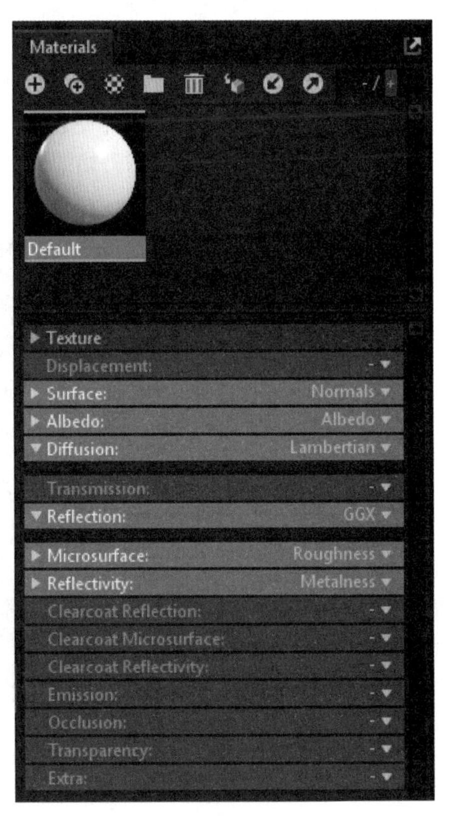

图13-19

※ Albedo（漫反射）：该参数决定了物体表面对光线的反射程度，通过调整漫反射参数，可以为物体表面赋予不同的颜色和亮度，进而改变其视觉效果。

※ Diffusion（扩散）：该参数描述了光线在物体内部传播时的散射程度。通过调整扩散参数，可以改变物体对光线的散射效果，从而营造不同的材质感和外观效果。

※ Transmission（传输）：该参数控制了光线穿过物体时的透射程度。调整传输参数可以改变物体对光线的透过性，与漫反射、扩散等参数配合使用，可以实现更为复杂和逼真的材质效果，如次表面散射和环境吸收等。

※ Microsurface（微观表面）：该参数主要用于模拟物体表面的微观结构对光线的影响。通过调整微观表面参数，可以改变物体表面的反射特性和色彩表现，进而提升其视觉效果的真实感和细节表现力。

13.2 设置身体皮肤材质

Marmoset Toolbag 的材质系统相较于大多数渲染软件而言，入门较为简单。通过其简洁的设置界面，用户可以轻松地渲染出具有良好质感的作品。当需要设置身体皮肤材质时，用户通常需要调整多个参数以达到理想的外观效果。本节将从模型整理、通道调整、色彩选择以及环境布光等方面，详细介绍如何在 Marmoset Toolbag 中设置身体皮肤的材质。

13.2.1 整理素模

整理素模的具体操作步骤如下。

01 打开Marmoset Toolbag，导入预先制作好的abc文件。

02 在Scene（对象管理）面板中选中body选项，并在Materials（材质）面板中单击“添加”按钮，新建材质球，并命名为face。

03 在Displacement（置换）栏中选择Height（高度）模式，随后找到黑白高度贴图，如图13-20所示，并拖入该通道。

04 在“对象”面板中执行body | face命令，选中face（面部）的材质球，单击“赋予”按钮赋予模型，随后调整Scale（旋转）的“高度”值为0.002。

05 在“对象”面板中选中body选项并开始细分。随后找到法线贴图，如图13-21所示，并拖入Surface（表面）贴图通道，即可显示面部的纹理效果。

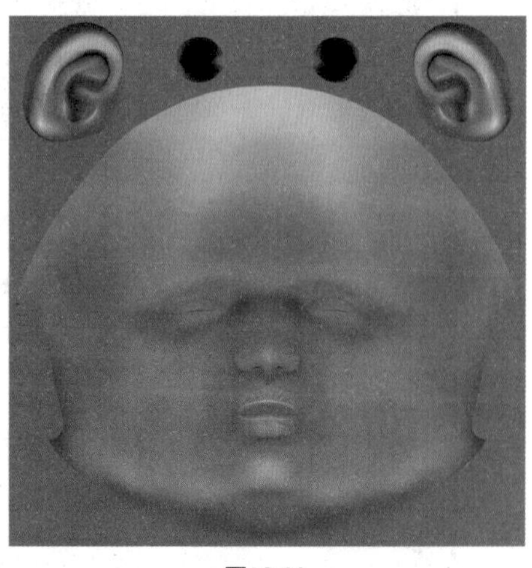

图13-20

图13-21

06 在Surface（表面）通道中选择Detail Normals模式，找到细节法线贴图，并载入贴图通道后，修改Detail Tiling（细节平铺）值为1.3。

13.2.2 设置遮罩贴图

设置遮罩贴图的具体操作步骤如下。

01 打开Photoshop，导入face（面部）颜色贴图。

02 单击工具栏中的“钢笔工具”按钮，勾画嘴唇轮廓作为选区并填充黑色。

03 执行“滤镜”|“模糊”|“高斯模糊”命令，在弹出的对话框中将“半径”值设置为10，其余颜色全选并弹出白色，如图13-22所示。

04 执行“文件”|“导出”命令，将文件导出为PNG格式文件，并命名为face-num-detil-mas。

05 打开Marmoset Toolbag，导入预先制作好的face-num-detil-mas文件至遮罩通道。

13.2.3 设置次表面散射贴图

设置次表面散射贴图的具体操作步骤如下。

01 打开Photoshop，导入face颜色贴图。

02 按快捷键Ctrl+J，复制图层，执行“图像”|“调整”|“色相饱和度”命令，在弹出的对话框中将“饱和度”值调至最大。

03 执行“图像”|“调整”|“色彩平衡”命令，调整色彩平衡值至最大。

04 执行“图像”|“调整”|“色阶”命令，调整色阶值至最大，最终效果如图13-23所示。

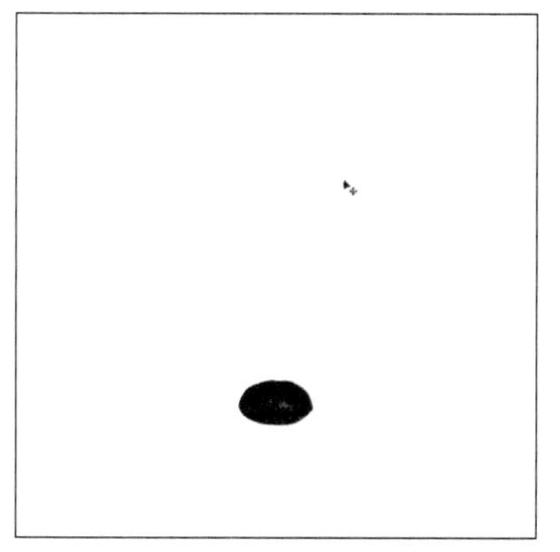

图13-22

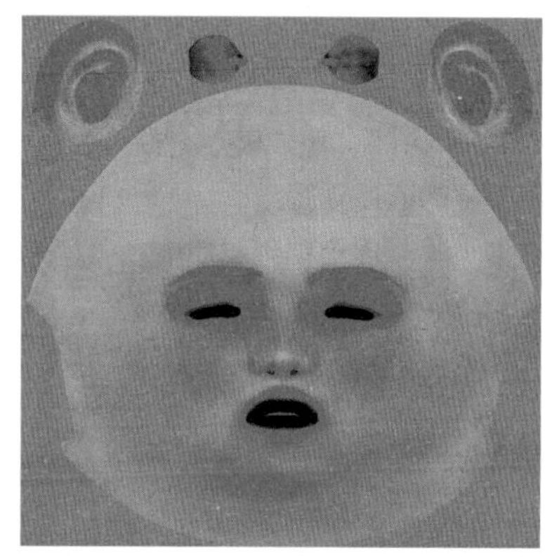

图13-23

05 执行“文件”|“导出”命令，将文件导出为PNG格式文件，并命名为face-color-sss。

06 打开Marmoset Toolbag，导入预先制作好的Subsurface Scattering文件至次表面散射通道。

07 调整Scatter Depth（散射深度）值为5，Fuzz（模糊）值为0.5，颜色为红色。

13.2.4 设置光泽度贴图

设置光泽度贴图的具体操作步骤如下。

01 打开Photoshop，导入粗糙度贴图。

02 在“图层”面板中，将混合模式改为“滤色”，“填充”值设置为72%。

03 执行“文件”|“导出”命令，将文件导出为PNG格式文件，覆盖原图即可。

04 打开Marmoset Toolbag，导入预先制作好的光泽度贴图，如图13-24所示，并拖至光泽度通道。

13.2.5 设置光泽度AO贴图

设置光泽度 AO 贴图的具体操作步骤如下。

01 打开Photoshop，导入face-color-sss.png贴图文件。

02 选中工具栏中的“仿制图章工具”，调整眼球颜色，调整效果如图13-25所示。

03 执行“文件”|“导出”命令，将AO贴图导出为PNG格式文件。

04 回到Marmoset Toolbag，将AO贴图导入Occlusion（AO模式）的Adv.Occlusion（高级AO）通道中，随后按快捷键Ctrl+R，打开光线追踪模式查看面部的效果。

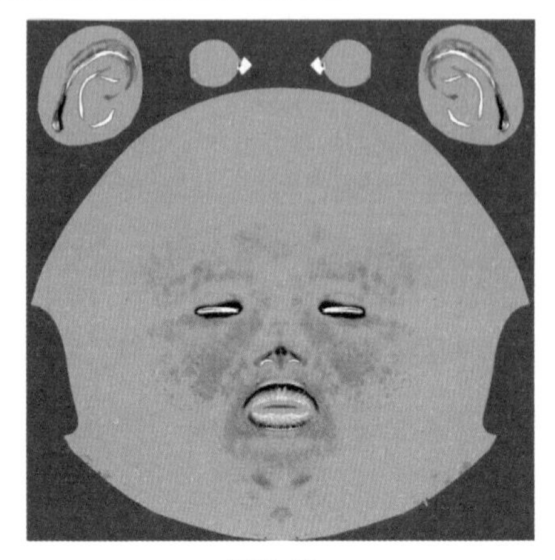

图13-24

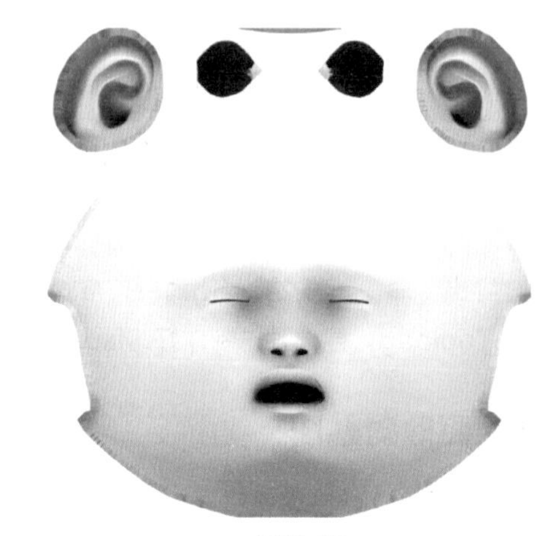

图13-25

13.2.6 设置其他贴图

设置其他贴图的具体操作步骤如下。

01 单击Materials（材质）面板中的“复制贴图”按钮，复制一个同类型材质球。

02 在Scene（对象管理）面板中执行body | tosi命令，并将复制后的材质球赋予该对象。

03 按Delete键，删除不需要的通道贴图。

04 采用同样的方法，依次为角色模型更换相应的身体贴图，可取消选中贴图通道或直接删除贴图。

13.2.7 布置环境光

布置环境光的具体操作步骤如下。

01 在Scene（对象管理）面板中单击Sky（天空）按钮，激活Sky（天空）属性面板。

02 在Sky（天空）属性面板中单击Presets（预设）按钮，为天空加载预设环境贴图。

03 在Scene（对象管理）面板中单击“照相机”按钮，新建一台摄影机。

04 在Scene（对象管理）面板中单击“灯光”按钮，新建一盏灯。

05 在“灯光”属性面板中找到Omni（泛光灯）下的Brightness（亮度）参数，并将其设置为7.3。

06 将Shape设置为Rectangle（阴影形状），如图13-26所示。再分别新建两盏灯作为辅光源和背光源，辅光源参数如图13-27所示。背光源参数如图13-28所示，随后可在视图中切换不同模式，方便调整灯光效果。

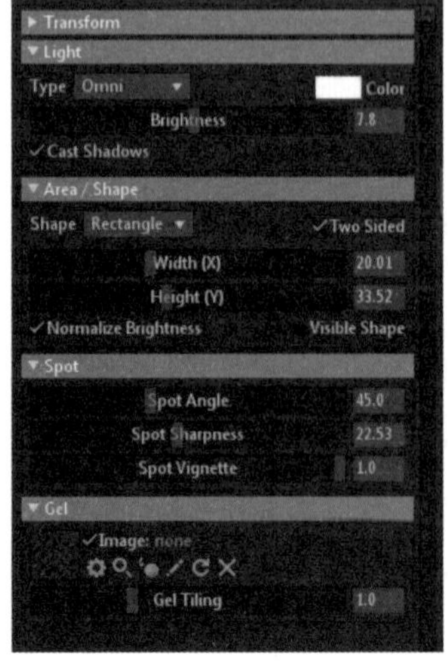

图13-26

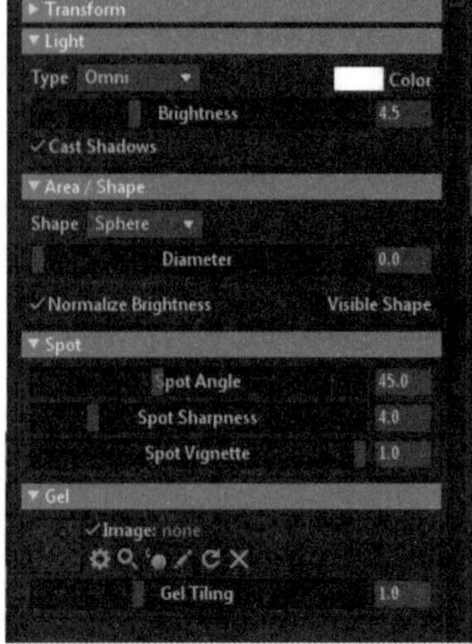

图13-27

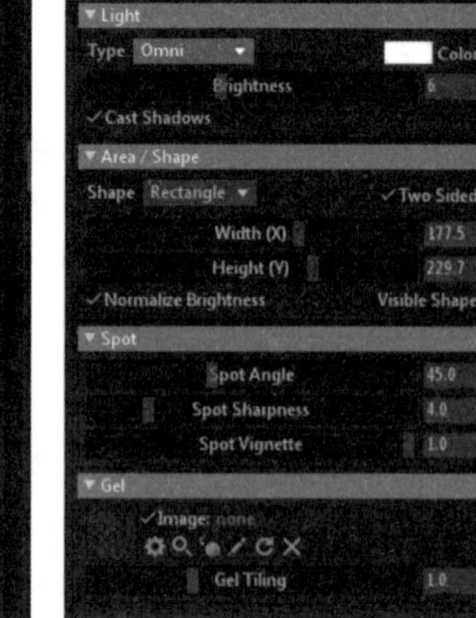

图13-28

07 在“视图”面板中单击“设置”按钮，取消选中Show Guides（显示辅助线）复选框。

08 将“主光源”“辅光源”和“背光源”移至Sky对象下方作为子集，如此移动和旋转时，Sky（天空）会同步改变3盏灯的位移和角度。

09 在Albedo（漫反射）通道中为身体各部位添加漫射贴图，并调整对应参数。

提示

人物在动画中会移动，故灯光照射范围尽可能大一些。

13.3 制作眼球材质

制作眼睛材质能够模拟真实世界中眼睛的多种光学效果和视觉特征，使虚拟角色或场景更加真实和逼真。本节将重点介绍在 Marmoset Toolbag 中，如何进行一些基础设置和材质添加操作。

13.3.1 导入眼球

导入眼球的具体操作步骤如下。

01 打开Marmoset Toolbag，导入预先制作好的abc格式文件。

02 在Materials（材质）面板中单击“组”按钮，添加一个组并命名为COTH。

03 单击“添加”按钮添加一个标准材质，命名为EYE并添加漫射贴图。

04 在添加贴图后，若模型左眼UV显示不正确，可以单击“删除”按钮，删除L-EYESShape及其子集。然后选中R-EYESShape，单击“复制”按钮复制一组。

05 在工具栏中选择“移动”工具，将眼球移至合适的位置，此处也可以通过调整“属性”面板中的参数来改变其位置。

06 执行Subdivide（细分）命令，调整Scale（缩放）值为0.03，在Transmission（传输）选项区域中设置Microsurface（二级表面）的参数即可。

13.3.2 处理眼球UV

处理眼球 UV 的具体操作步骤如下。

01 打开Cinema 4D，选中带有正确UV的R-EYES对象，用“框选”工具选中眼球部分，如图13-29所示，并存储选集。

02 复制一个带有4个选集的R-EYES对象，在“面”模式下框选其所有UV，并移至原左眼处与其重合，保留修改后的正确左右眼对象并删除其余对象，重新导出EYE2.abc文件。

03 回到Marmoset Toolbag中，导入预先保存的EYE2.abc文件，并删除错误选集。

04 为新导入的对象添加材质球并找到新增的子集对象，在Albedo（漫反射）层级中，将颜色设置为黑色，在Diffusion（表面）下拉列表中选择“无光”模式，并将材质球赋予该对象。

13.3.3 制作眼球反射贴图

制作眼球反射贴图的具体操作步骤如下。

01 打开Photoshop，加载贴图，并单独提取瞳孔部分。

02 执行“图像”|“调整”|“色阶”命令，调整图像色阶，随后执行“窗口”|“通道”命令，并在“通道”面板中选择对比度最强烈的红通道。使用“椭圆形选框”工具选中白色部分。

03 复制框选的白色部分，并填充黑色，再复制白色填充图层作为蒙版，随后执行“文件”|“导出”命令，导出PNG格式文件，

如图13-30所示。

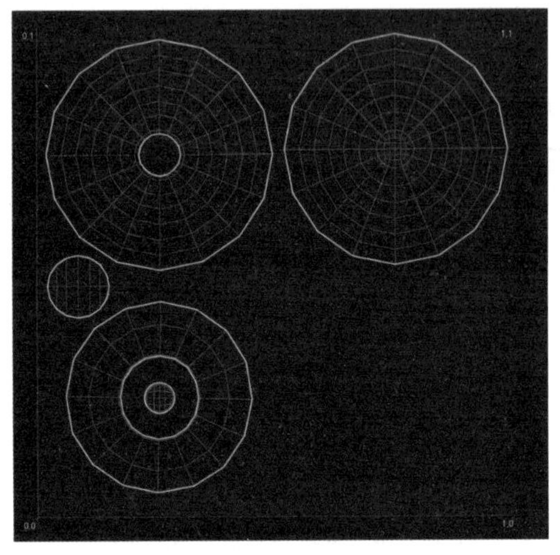

图13-29

图13-30

04 选中EYE材质球，在Reflectivity（反射率）栏中调整Intensity（强度）值为0.279。

05 在Emissive（发光）通道中，加载预先制作好的发光贴图，选中L-EYES Shape对象中的所有子集对象，并在Materials（材质）面板中单击“材质”按钮，选择Glass（玻璃）材质。随后复制一个玻璃材质，重命名后赋予对象。

06 调整Glass1（1）材质球的Refractive Index（折射率）值为1.33。

13.3.4 制作眼球发光贴图

制作眼球发光贴图的具体操作步骤如下。

01 打开Photoshop，执行“文件”|“导入”命令，导入无瞳孔部分的眼球贴图文件。执行“滤镜”|“模糊”|“高斯模糊”命令，为背景添加高斯模糊效果。

02 在背景层上新增一个图层并填充黑色遮罩，随后执行“文件”|“另存为”命令，保存文件，如图13-31所示。

03 执行“文件”|“导入”命令，导入发光材质贴图及ID贴图，如图13-32所示。

04 移动并缩放ID贴图至白色瞳孔的位置，执行“图像”|“调整”|“色阶”命令，调整图像的色阶。

05 在眼球瞳孔的位置使用“椭圆形选框工具”添加圆环选区，框选区域略比中间的黑圆（瞳孔）大一些，再将该图层填充为黑色。

06 执行“滤镜”|“模糊”|“高斯模糊”命令，给填充区域添加高斯模糊效果。

07 使用“笔刷工具”，涂抹贴图至“半黑半明”的状态，随后选中“图层2”并右击，在弹出的快捷菜单中选择“顺时针旋转90度”选项。

08 单击“水平翻转”按钮后，执行“文件”|“另存为”命令，将文件保存，发光贴图就制作完成了，如图13-33所示。

图13-31

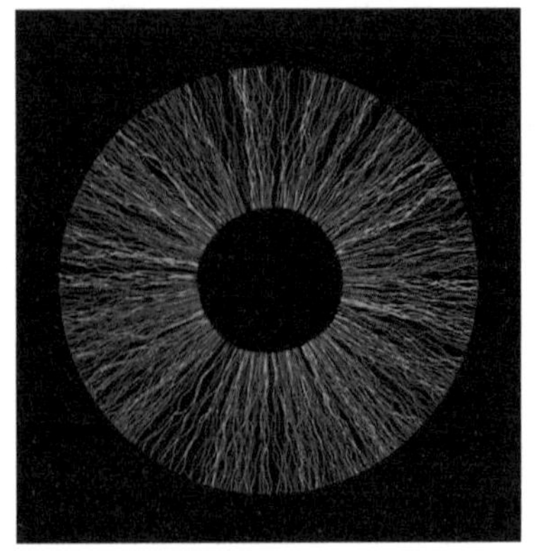

图13-32

图13-33

13.3.5 导入并应用眼球发光贴图

导入并应用眼球发光贴图的具体操作步骤如下。

01 打开Marmoset Toolbag，导入预先调整好的渲染文件。

02 激活“材质”面板，在EYE材质球下的Emissive（发射）通道中，加载发光贴图文件，效果如图13-34所示。

03 在“材质”面板中复制L-EYESShape对象，在“材质”面板中粘贴并重命名为R-EYESShape。

04 单击“显示隐藏”按钮，隐藏眼球的子集对象，并在Mesh（网状）栏中取消选中Cast Shadows（投射阴影）复选框。

05 在Photoshop中打开发光贴图，水平翻转后导出，如图13-35所示。回到Marmoset Toolbag中，复制一个EYE（1）材质球，并将翻转后的发光材质加载至EYE（1）材质球的Emissive通道。

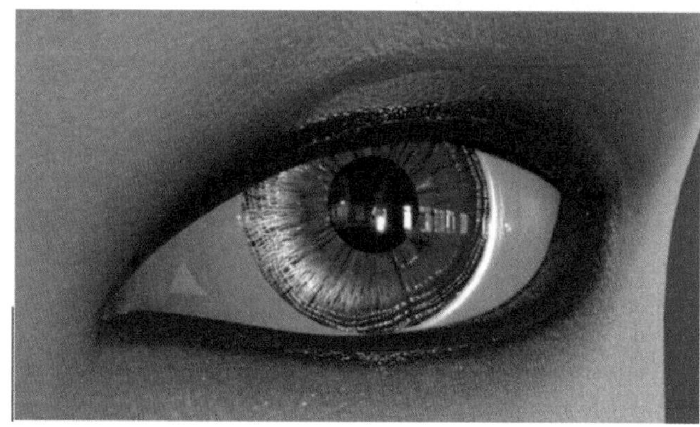

图13-34

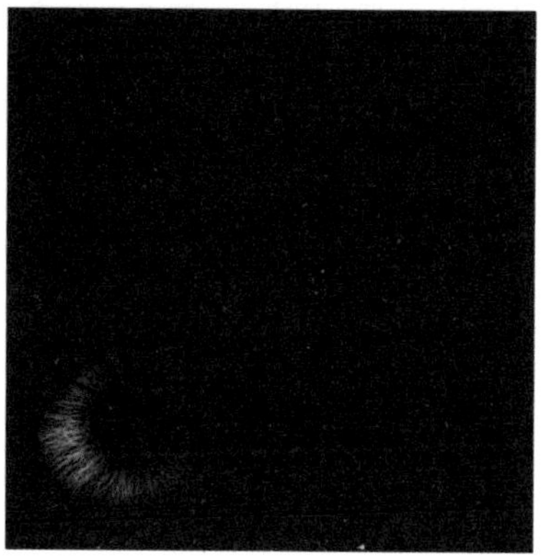

图13-35

06 在“对象”面板中选中Sky选项，激活“属性”面板，并将Backdrop Brightness值修改为2.188，开启光线追踪模式后可查看效果。

13.4 制作睫毛及头发材质

制作睫毛和头发材质的操作，在 Marmoset Toolbag 中相对简单。本节将以 Marmoset Toolbag 为例，进行详细的示范讲解。在制作过程中，需要特别注意软件操作、细节处理、材质选择以及渲染效果等方面。例如，对于睫毛而言，要关注其粗细、长短、弯曲度等特征，以便更真实地还原睫毛的自然效果。同时，选择合适的材质和精细的渲染设置也是制作高质量睫毛和头发材质的关键。

13.4.1 制作睫毛材质

制作睫毛材质的具体操作步骤如下。

01 打开Marmoset Toolbag，导入预先调整好的渲染文件。

02 单击Scene（对象管理器）面板中的Default（睫毛）按钮，随即回到Materials（材质）面板中，再单击“新建预设材质”按钮■新建Hair（毛发）预设材质球。

03 选中Hair（毛发）材质球，将其重命名为low，并修改low材质球的Transparency（场景透明）模式为Dither。

04 在 Hair（毛发）材质球的Albedo（漫反射）栏中加载睫毛贴图，如图13-36所示。

图13-36

05 在Albedo（漫反射）面板中单击Colour（颜色）按钮，将颜色更换为需要的颜色，例如深棕色。

06 将设置好的睫毛材质，赋予Scene（对象管理器）中的睫毛对象即可。

13.4.2 制作泪腺材质

制作泪腺材质的具体操作步骤如下。

01 在Materials（材质）面板中单击“新建材质”按钮，新建标准材质球，并将材质球命名为tears（泪腺）。

02 在Scene（对象管理）面板中单击泪腺对象tears，按住Shift键，单击材质球的“赋予”按钮，将材质球赋予对象。

03 在“材质”面板中，修改材质球的Transmission（传输）模式为Refraction（反射），参数保持默认。

04 调整Reflectivity（反射率）模式为Specular（高光）模式，并设置Intensity（强度）值为0.279。

05 调整Clearcoat Reflection（透明反射）模式为Anisotropic（各向异性）模式。

06 调整Clearcoat Reflection（透明反射）为Roughness（粗糙度），并设置Roughness（粗糙度）值为0.3。

07 选择Polygon_LShape（多边形形象）对象，并取消选中Cull Back Faces复选框，泪腺材质便制作好了（上述数值可根据效果自行调整，最终参数以项目需求为准）。

13.4.3 制作头发材质

制作头发材质的具体操作步骤如下。

01 选择HairShape（头发）选项，在Materials（材质）面板中单击“新建组”按钮，新建文件组并重命名为Hair（头发）。

02 将Hair（头发）材质球拖入组中，随即单击“新建预设材质”按钮，将Hair（头发）材质球拖入新组中。

03 单击Albedo（漫反射）材质球，在Hair（头发）通道添加头发贴图。

04 在Clearcoat Reflection（透明反射）通道中设置Anisotropy（各向异性）值为0.728，Anisotropy Direction（各向异性方向）值为150.6。

05 在Transmission（传输）属性中修改颜色为白色，在Transparency（透明度）栏中添加mask（遮罩）贴图，如图13-37所示，并修改Channel（渠道）为R。

06 在Clearcoat Reflectivity（透明反射）属性中加载颜色贴图，如图13-38所示，并修改颜色为棕色。

07 调整Reflectivity（反射率）属性，在Mesh（网格）面板中取消选中Cull Back Faces复选框，激活对象的双面属性。

08 在Materials（材质）面板中选择Hair（头发）材质球，并单击“复制”按钮，复制一个头发材质球。

09 将新复制的材质球赋予Hair Shape对象子集中的第二个对象。

10 为新材质球的相关通道添加贴图，其余参数设置如图13-39所示。最后选中Hair Shape对象的Subdivide（细分）复选框，细分头发即可。

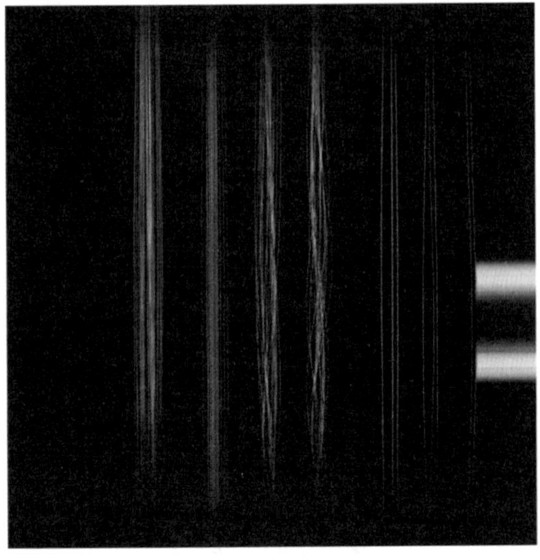

图13-37

图13-38

图13-39

13.5 制作服装材质

制作服装材质时，需要注意多个方面，包括选择合适的着色器类型、设置基础材质属性、添加恰当的纹理贴图、调整纹理属性、添加合适的光照效果以及调整材质属性等。本节将大致分为制作内衣材质和制作外套材质两个步骤进行介绍。

13.5.1 制作衣服材质

制作衣服材质的具体操作步骤如下。

01 在Materials（材质）面板中单击“新建预设材质”按钮，随后选择Cloth（布）材质，添加一个布料材质球，并拖入COTH组中，命名为NEIYI。

02 在材质列表中，分别为Surface（表面）通道添加表面贴图，为Albedo（漫反射）通道添加漫反射贴图。

03 单击“属性”面板中的“设置”按钮，在Scene（对象管理）面板中单击NEIYIShape（COTH表面）对象，并激活Subdivision（自带细分）面板。

04 在Subdivision（自带细分）面板中选中Subdivide（细分）复选框，开启细分。

05 在Diffusion（扩散）面板中，为“粗糙度”通道加载粗糙度贴图并调整相应参数。

06 在Microsurface（二级表面）面板中，加载表面贴图，并切换Channel（通道）为B。

07 将Occlusion（AO）模式切换为Adv.Occlusion（高级AO），并加载AO贴图至AO通道，加载贴图后修改Channel为G。

08 设置其他数值如图13-40所示，这样服装内衣的材质就制作好了。

13.5.2 制作外套材质

制作外套材质的具体操作步骤如下。

01 在Materials（材质）面板选中NEIYI材质球，单击“复制”按钮，复制一个布料材质球，并拖入COTH组中，命名为WAITAO。

02 单击“属性”面板中的“设置”按钮，在Scene（对象管理）面板中选中NEIYIShape（COTH表面）对象，并激活Subdivision（自带细分）面板。

03 在Subdivision（自带细分）面板中选中Subdivide（细分）复选框，开启细分。

04 在Diffusion（扩散）面板中，为“粗糙度”通道加载粗糙度贴图，并调整相应参数。

05 在Microsurface（二级表面）面板中，加载表面贴图，并切换Channel（通道）为B。

06 将Occlusion（AO）模式切换为Adv.Occlusion（高级AO），并加载AO贴图至AO通道，加载贴图后修改Channel为G。

07 设置其他数值如图13-41所示，这样外套的材质就制作好了。

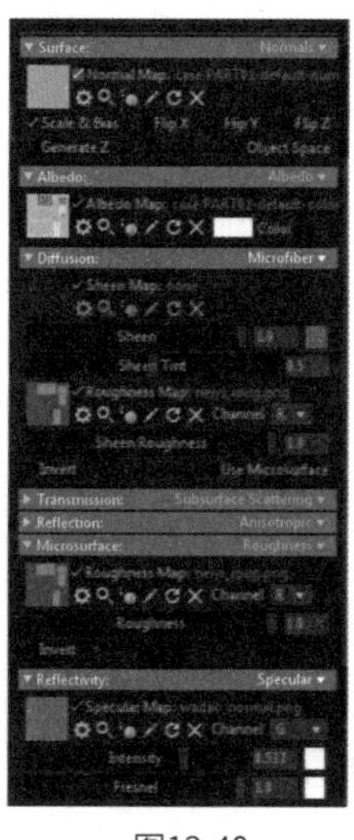

图13-40

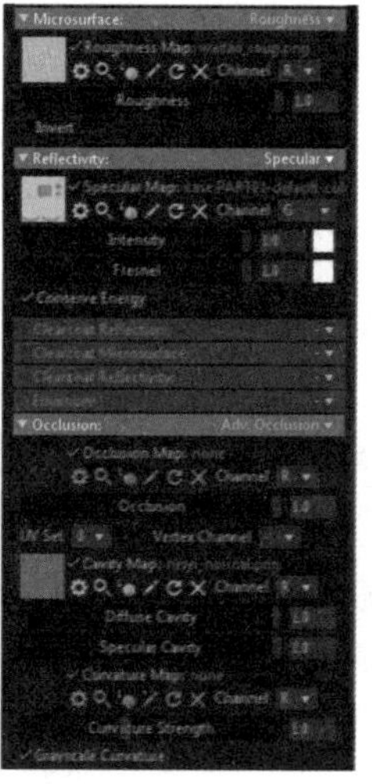

图13-41

13.5.3 设置背景

设置背景的具体操作步骤如下。

01 在Scene（对象管理）面板中选中Sky对象，在“属性”面板中修改颜色。

02 在Scene（对象管理）面板中选中Render（渲染）选项，随后回到“属性”面板，选中Ambient Occlusion复选框，并设置参数。

03 按住Shift键，同时选中NEIYIShape对象及WAIDAOShape对象，在“属性”面板中取消选中Cull Back Faces（剔除背面）复选框即可。

13.6 制作并优化发饰材质及头发贴图

制作发饰材质相较于头发贴图来说较为简单。而头发贴图则需要借助 Substance Painter 对头发的 UV 贴图进行细致的修改和调整，以确保达到预期的渲染效果。

13.6.1 制作发饰材质

制作发饰材质的具体操作步骤如下。

01 打开Marmoset Toolbag，导致预先调整好的渲染文件。

02 单击“材质”按钮▣新建Metalness（金属）材质球，并命名为fashi（发饰）。

03 将fashi（发饰）材质球赋予PolygonShape（多边形形状），为材质球添加各通道贴图并调整相关参数，如图13-42所示。

04 打开Sky对象的“属性”面板，在预设中选择天空图片即可。

提示

Reflectivity（反射率）栏中Metalness（金属度）值越大，则金属度越高，反射环境颜色越强烈。

13.6.2 优化头发贴图

优化头发贴图的具体操作步骤如下。

01 打开Substance Painter，将工程项目并切换为Opacity（透明）模式，在“图层”面板中依次打开文件夹，并选中图层。

02 按快捷键Ctrl+D，复制一个图层，并移至原有位置并缩窄。

03 按快捷键Ctrl+D，复制一个图层，将其错位摆放。

04 复制出多个头发图层，随后调整复制出的图层，为头发纹理添加丰富的细节，如图13-43所示。

05 执行“文件”|“导出贴图”命令，弹出“导出纹理”对话框，设置参数后单击“导出”按钮即可。

06 打开Marmoset Toolbag，选中Hair材质球，添加预先在Substance Painter中导出的贴图并设置相关参数，如图13-44所示。

07 执行“文件”|“导入”命令，加载头皮mask贴图，如图13-45所示。

08 双击“背景”图层切换为可编辑的“图层0”，使用“矩形选区”工具框选，拖曳选区比原图略高一些，覆盖原图并保存。

09 选择Hair 1材质球，在Transparency（透明度）属性面板中更新通道贴图，随后在Scene（对象管理）面板中单击Render（渲染）按钮激活属性面板，并取消选中Use Watermark（使用水印）复选框。

10 单击Render（渲染）按钮，在“属性”面板中调整Transmission（传输）值为8。

11 设置Denoise Strength（降噪）值为0.3。

12 选中Light 3，将灯光颜色设置为蓝色，随后调整Transform（使转换）及Brightness（亮度）值。

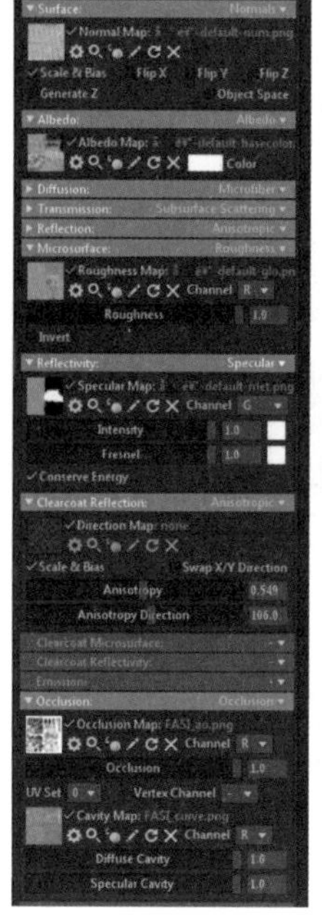

图13-42

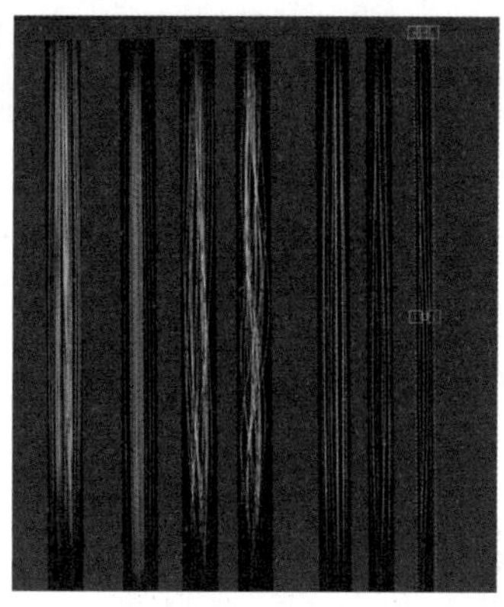

图13-43

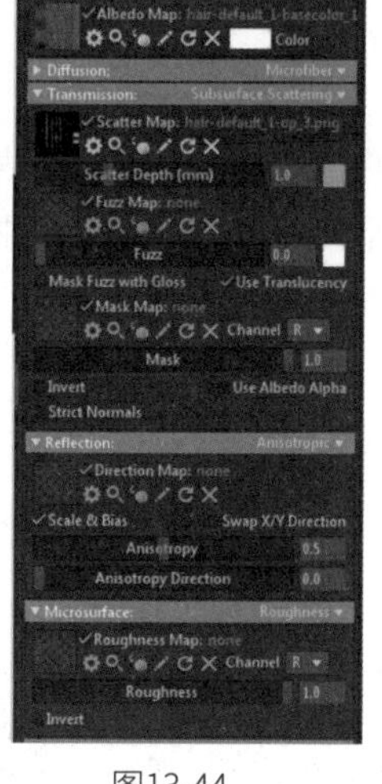

图13-44

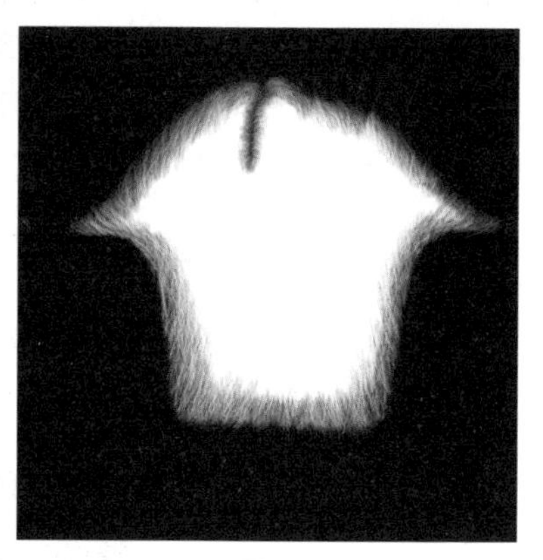

图13-45

13.6.3　优化与导入面部贴图

优化与导入面部贴图的具体操作步骤如下。

01 打开Photoshop，执行“文件”|“打开”命令，打开面部散射贴图。

02 单击“画笔工具”按钮，在贴图嘴唇部分涂抹，如图13-46所示，并保存文件。

03 打开Marmoset Toolbag，单击Render（渲染）按钮，在Output（输出）面板中设置渲染参数，如图13-47所示。

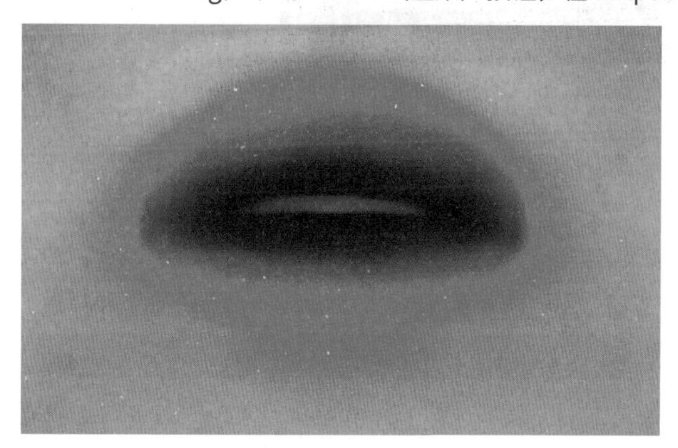

图13-46

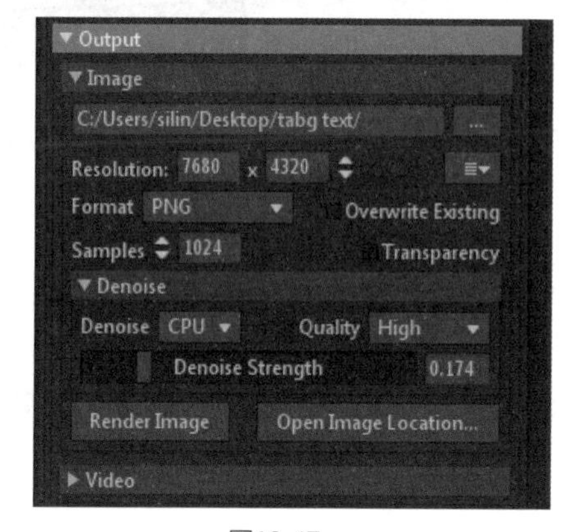

图13-47

04 单击Render Image（渲染图像）按钮，开始渲染。

05 待渲染完成，可以单击Open Image Location（打开图像位置）按钮，查看渲染图片。

13.7　融合面部表情与身体动画

面部表情和身体动画是表达角色情感和意图的重要元素。通过这些元素，角色的情感、情绪、动机等非语言因素能够得以充分展现，从而提升角色的感染力和表现力。当面部表情与身体动作相互协调时，观者能更直观地理解角色的情感。例如，当角色露出笑容并配以相应的身体动作时，观者便能感受到角色所传达的喜悦和友善之情。

13.7.1 合并面部表情与身体动画文件

合并面部表情与身体动画文件的具体操作步骤如下。

01 打开Cinema 4D，执行“文件”|“打开”命令，打开面部动画文件与身体动画文件。

02 到身体动画文件中，全选“对象”面板中的“身体.1”对象及其子集，按快捷键Ctrl+C。

03 到面部动画文件中，按快捷键Ctrl+V进行粘贴，并删除此文件中的身体对象。

04 将文件动画长度设置为455帧，并播放检查动画有无问题。

13.7.2 修正整理面部表情

修正整理面部表情的具体操作步骤如下。

01 打开已完成的表情制作文件case part04.c4d，删除不必要的对象，如图13-48所示。

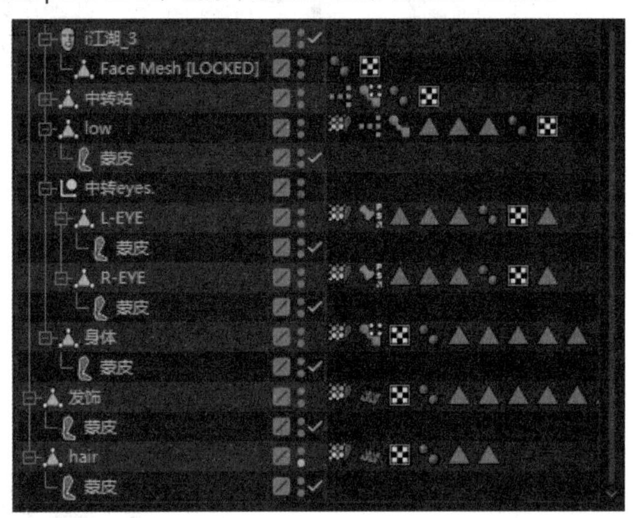

图13-48

02 播放动画时，若出现眉毛没有跟随移动的问题。可在“对象”面板中选中low对象随后右击，在弹出的快捷菜单中选择“编程标签”|XPresso命令，新建XPresso标签。

03 拖动“姿态”标签至XPresso编辑器，并拖动姿态至编辑器中。

04 将“姿态变形”标签拖至编辑器中，并参照表 13-1，将姿态逐一拖入编辑器，随后删除不必要的标签和材质。

提示

编辑器中的姿态顺序不能错，必须一一对应，否则无法正常播放。

表 13-1 名称参考表

带眉毛姿态	带睫毛姿态	DAZ 表情模板	中文
	√	EyeBlink_L	眨左眼
	√	EyeDown_L	左眼下看
√	√	Eyeln_L	左眼内看
√	√	EyeOut_L	左眼外看
√	√	EyeUp_L	左眼上看
	√	EyeSquint_L	左眯眼
	√	EyeOpen_L	左眼睁大
	√	EyeBlink_R	眨右眼
	√	EyeDown_R	右眼下看
√	√	Eyeln_R	右眼内看

续表

带眉毛姿态	带睫毛姿态	DAZ 表情模板	中文
√	√	EyeOut_R	右眼外看
√	√	EyeUp_R	右眼上看
	√	EyeSquint_R	右眯眼
	√	EyeOpen_R	右眼睁大
		JawFwd	下巴向前
		JawLeft	下巴向左
		JawRight	下巴向右
		JawOpen	下巴张开
		LipsTogether	闭嘴
		LipsFunnel	嘟嘴
√		LipsPucker	撅嘴
		MouthLeft	左嘴角
		MouthRight	右嘴角
√		MouthSmile_L	嘴角左侧笑
√		MouthSmile_R	嘴角右侧笑
√		MouthFrown_L	嘴角左皱眉
√		MouthFrown_R	嘴角右皱眉
√		MouthDimple_L	嘴角左酒窝
√		MouthDimple_R	嘴角右酒窝
		LipsStretch_L	嘴角左侧拉伸
		LipsStretch_R	嘴角右侧拉伸
		LipsLowerClose	翻下嘴唇
√		LipsUpperClose	翻上嘴唇
√		ChinUpperRaise	耸上嘴唇
		ChinLowerRaise	耸下嘴唇
		MouthPress_L	嘴左侧压下
		MouthPress_R	嘴右侧压下
√		LipsLowerDown_L	下嘴唇左下
√		LipsLowerDown_R	下嘴唇右下
		LipsUpperUp_L	左上嘴唇
		LipsUpperUp_R	右上嘴唇
√		BrowsU_L	眉毛左下
√		BrowsD_R	眉毛右下
√		BrowsU_C	眉心朝上
√		BrowsD_L	眉头左上
√		BrowsU_R	眉头右上
√		puff	脸颊鼓起
	√	CheekSquint_R	脸颊右眯
	√	CheekSquint_L	脸颊左眯
√	√	Sneer_L	鼻子左嘲讽
√	√	Sneer_R	鼻子右嘲讽

05 双击打开“中转站”对象中的“编程”标签，找到Jaw Open所连接的“范围映射”，并修改其“输出上限”值为30+。

13.7.3 融合面部表情与身体

融合面部表情与身体的具体操作步骤如下。

01 全选所有材质，按快捷键Ctrl+C复制，再按快捷键Ctrl+V粘贴至case PART01.c4d文件中。

02 在工具栏中单击“创建空白”按钮新建一个空组，并将刚复制的对象拖入空白组中，删除多余材质及对象。

03 在Cinema 4D中，打开角色动画文件，并删除多余材质及对象，全选后复制粘贴至case PART01.c4d工程项目中。

04 执行“角色”|“管理器”|“顶点映射转移工具”命令，打开顶点映射转移管理器。

05 依次拖动“身体”对象至“顶点映射转移管理器”面板下的“来源”与“目标”栏中。

续表

06 在“顶点映射转移管理器”面板中选中“关节权重”复选框，在“空间”下拉列表中选中“全局”选项，随后单击“转移映射”按钮完成权重传递，如图13-49所示。

07 按住Shift键，执行“角色”|“蒙皮”命令，为“身体”对象添加蒙皮。

08 删除不需要的身体对象，选中R-EYE、L-EYE、low对象并右击，在弹出的快捷菜单中选择“装配标签”选项，为选中对象添加装配标签。

09 单击R-EYE、L-EYE、low对象右侧的“权重”按钮，激活Attributes（属性）面板，随后单击“锁定”按钮进行锁定。

10 执行“管理器”|“权重管理器”命令，打开“权重管理器”面板，在“对象”栏中将Head骨骼拖入“权重管理器”面板，随后单击“锁定”按钮，取消锁定骨骼权重。

11 选中L-EYE对象，打开“权重管理器”面板，在“关节”栏选中Head对象。

12 在“面”模式下框选模型的左眼，如图13-50所示，并在“权重管理器”面板中切换到“权重”选项，为左眼添加权重。

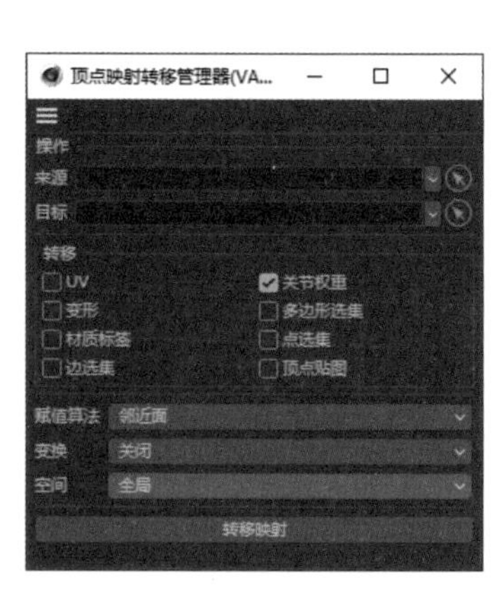

图13-49

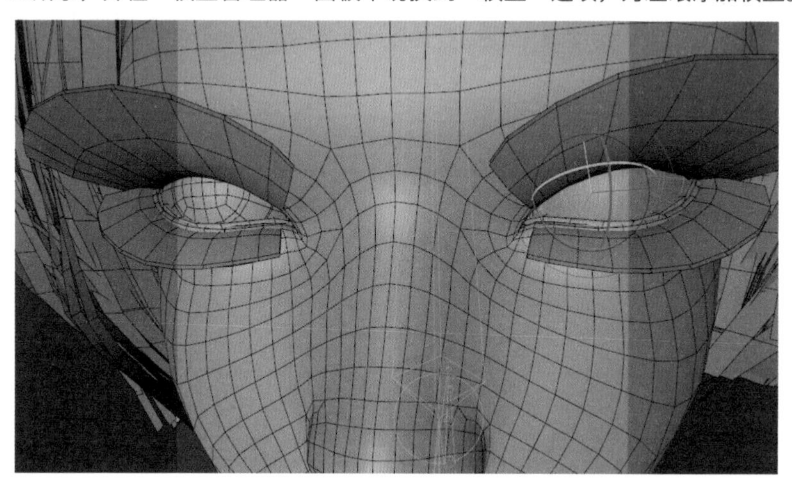

图13-50

13 成功添加权重后，为对象添加蒙皮即可。

13.7.4 优化眼睛UV

优化眼睛 UV 的具体操作步骤如下。

01 在Cinema 4D中，复制R-EYE对象，并将新复制的R-EYE重命名为L-EYE。

02 单击对象的“约束”标签按钮，关闭约束及蒙皮，在对象模式下，执行“角色”|“镜像工具”命令，如图13-51所示，并设置镜像参数。

03 删除多余对象，选择保留的L-EYE对象并进行“镜像”。

04 保留镜像后的L-EYE对象，并删除原来的L-EYE对象。

05 单击L-EYE选项后的“约束”标签按钮，并选中“启用”复选框，重新激活约束标签。

06 在“界面”下拉列表中选择UV Edit选项，将操作面板切换至UV编辑模式。

07 选中L-EYE对象的眼睛选集，单击“框选工具”按钮，框选瞳孔部分。

08 执行“模式”命令，在“面”模式下，单击眼睛的“选集”标签按钮，在“属性”面板中单击“更新”按钮。

09 执行“选择”|“存储选择”命令，新增一个选集，并将此选集命名为C2。

10 对R-EYE对象的UV选集进行同样的操作，并命名为C3。

13.7.5 优化身体UV

优化身体 UV 的具体操作步骤如下。

01 删除“身体”对象中的两个选集。

02 执行“模式”命令，单击“面模式”按钮，在“面”模式下双击“身体”对象并选中所有面。

03 执行“选择”|“隐藏选择”命令，如图13-52所示。

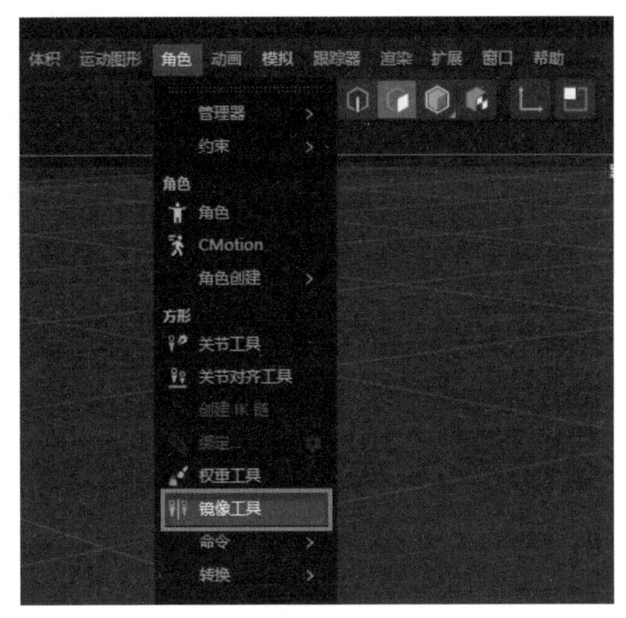

图13-51

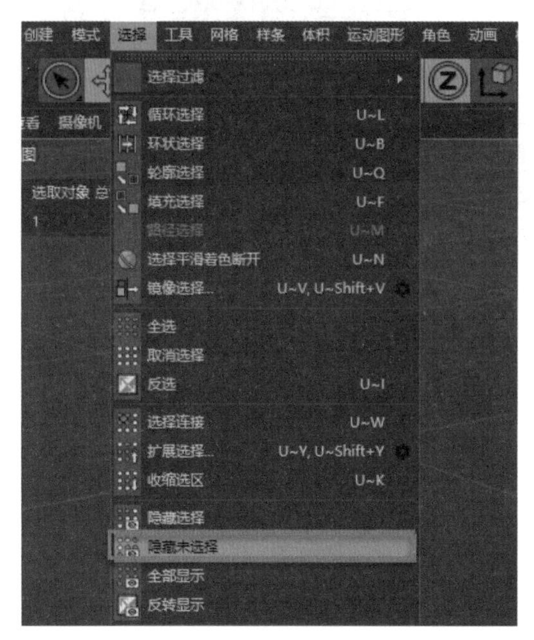

图13-52

04 依次双击Face、Lips、Ears、EyeSocket的选集标签，删除其中的Lips及Ears选集。

05 执行“选择”命令，在工具栏中单击“框选工具”按钮，使用框选工具框选所有被双击显示出来的面。

06 在全选状态下，单击Face对象右侧的“选集”标签，选择“更新”|“隐藏选择”选项。

07 合并Teeth及Mouth的“选集”标签，删除Teeth（牙齿）的选集。

08 合并Arms及Fingernails的“选集”标签，删除Fingernails的选集。

09 合并Legs及Toenails的“选集”标签，删除Toenails的选集。口腔优化效果如图13-53所示，腿部优化效果如图13-54所示，手部优化效果如图13-55所示。

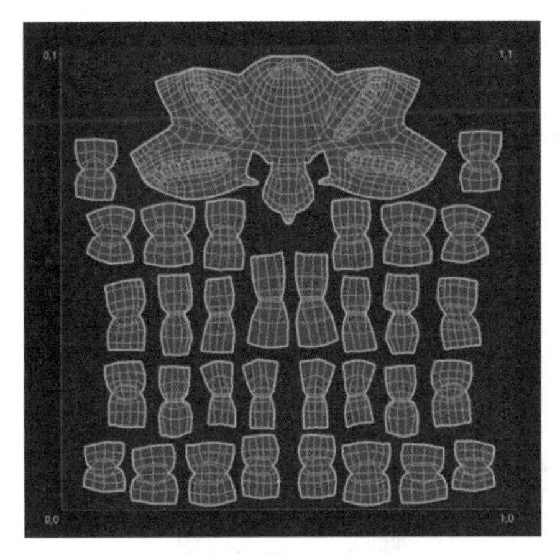

图13-53

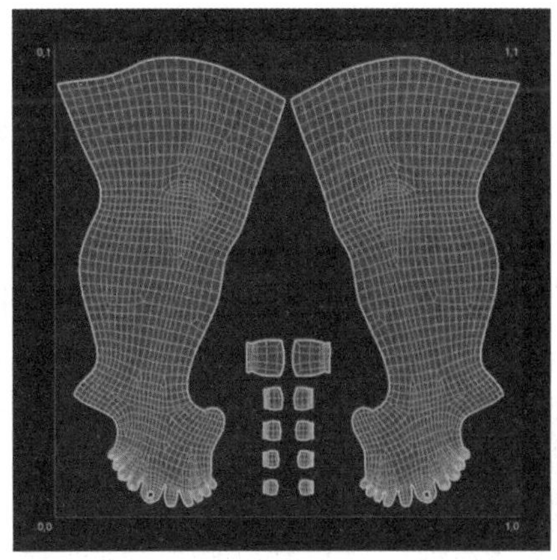

图13-54

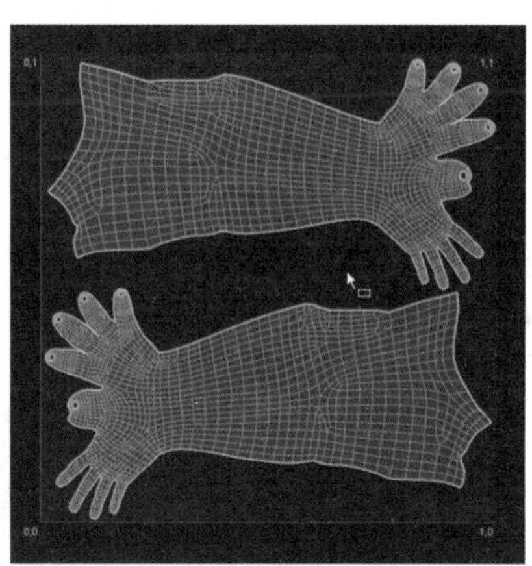

图13-55

10 在“对象”面板中选中“身体”对象，单击工具栏中的“面模式”按钮。

11 在“面”模式下，执行“选择”|“全部显示”命令，并取消选中“蒙皮”复选框。

12 删除“对象”面板中的Pupils“选集”标签，并删除模型面。

13 采用同样的方法，删除EyeMoisture、Cornea、Sclear、Eyes的“选集”标签，最后的选集整理效果，如图13-56所示。

14 恢复“身体”对象的蒙皮，选中“权重”标签，在“属性”面板中选中“重置绑定姿势”选项，如图13-57所示。

15 在“界面”下拉列表中选择Standard（标准）选项，调整视图模式。

16 采用上述方法，为L-EYE（眼睛）对象装配“权重”标签，并绑定Head骨骼。

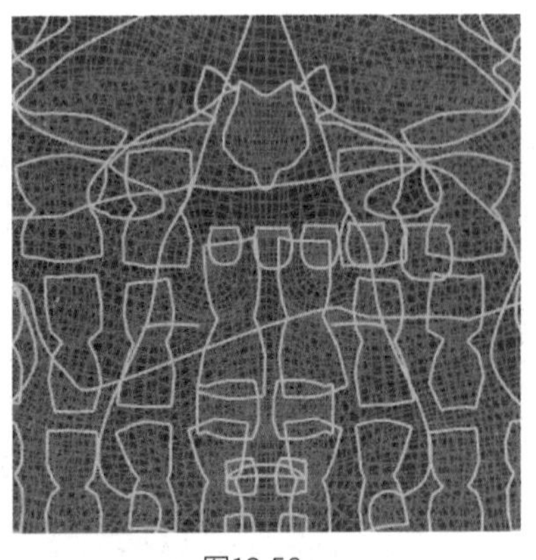

图13-56

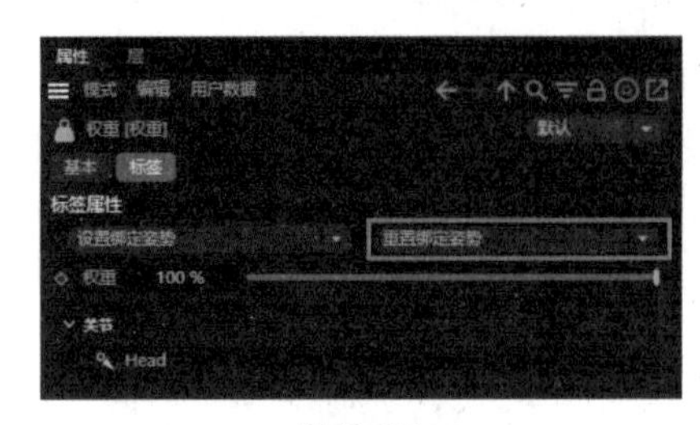

图13-57

17 执行“角色”|“蒙皮”命令，为角色添加蒙皮即可。

13.8 绑定头发

本案例中的头发绑定将采用自动绑定的方式。由于不同版本的软件在算法上可能存在差异，为了确保操作的顺利进行并避免不可预知的错误，建议在操作本节内容时，尽可能使用与本书相同的 R23 版本软件。

13.8.1 创建绑定骨骼

创建绑定骨骼的具体操作步骤如下。

01 打开Cinema 4D，导入角色、发型及发饰文件。

02 执行“视图”|“摄像机”|“右视图”命令，将模型切换至右视图。

03 单击工具栏中的“样条画笔”按钮，绘制样条，绘制效果如图13-58所示。

04 选中样条并右击“细分”按钮。

05 单击“设置”按钮，将“细分平面”值修改为3，随后回到属性面板，将“点插值方式”改为“统一”，再右击“细分”按钮一次。

06 执行“角色”|“转换”命令，单击“样条转为关节”按钮，创建头发关节，如图13-59所示。

07 将新建的头发关节拖至距离其最近的关节作为子集（本案例中为Neck骨骼），此时透视图中显示为一根新的骨骼链接neck，与新关节并用以控制头发，如图13-60所示。

图13-58

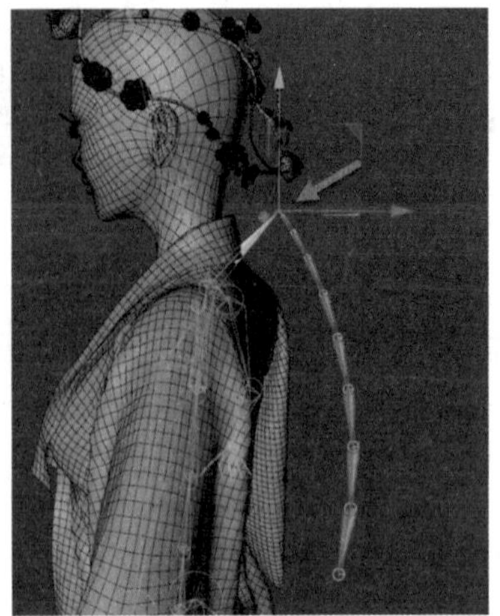

图13-59

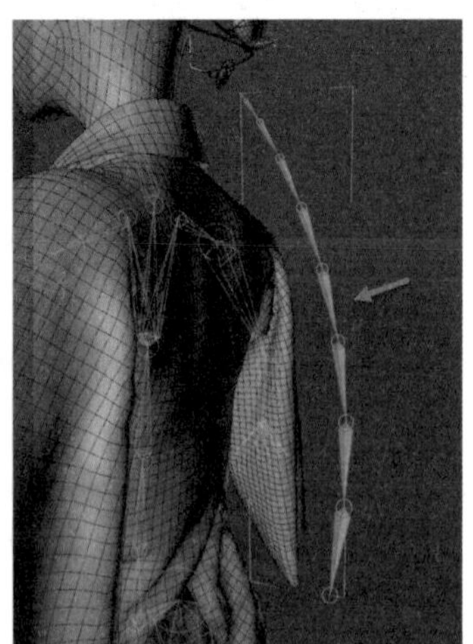

图13-60

提示

通常将创建的关节与其距离最近的关节相连。

08 选中这些骨骼（包括子集）后，执行“角色”|“绑定”命令，单击“设置”按钮，修改“平滑迭代”值30，在工具栏中单击“编辑器选择过滤”按钮，仅选中“空白”选项，方便在透视图中选中骨骼。

13.8.2 优化分配权重

优化分配权重的具体操作步骤如下。

01 打开Cinema 4D，执行“角色”|“管理器”|“权重管理器”命令，打开“权重管理器”面板，查看骨骼权重的分配情况。

02 在查看时发现此关节控制的范围过大，需要优化。执行“角色”|“权重工具”命令，设置此工具的属性，如图13-61所示。

03 锁定其他不相关的关节后，选中需要绘制权重的关节，在透视图中按住左键涂抹。随后加选neck关节，修改为“平滑”模式，在两个关节的交界处涂抹，使其分界处自然过渡，效果如图13-62所示。

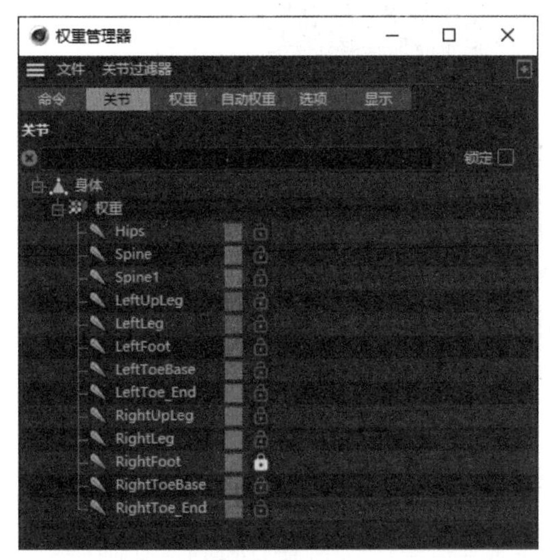

图13-61

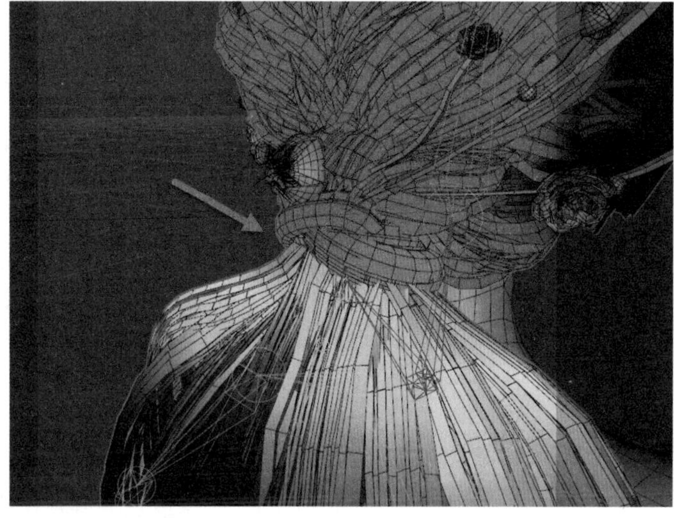

图13-62

04 采用上述方法选择出现问题的关节，根据需要灵活调整强度值后涂抹，并在添加权重后网格变形严重的位置做平滑处理。

05 依次打开所有关节，选择最上面及最下面的关节，执行“角色”|“创建IK链”命令，创建IK关节。

06 创建IK关节后，重命名为“关节.目标”，并在其“坐标属性”面板中单击“冻结全部”按钮，将其坐标清零，移动后单击“复位变换”按钮进行复位。

07 移动“关节.目标”空对象，使关节追随模型身体移动即可。

13.9 创建头发动画关键帧

创建头发动画关键帧与创建动作关键帧的基本原理相似，并没有太大的难度。对于初学者来说，只需要耐心地调整每一帧的位置，就能够掌握这一技能。

13.9.1 创建头发动画关键帧的准备工作

创建头发动画关键帧的准备工作如下。

（1）创建动画关键帧前，需要将“关节.目标”空对象移出，并在其“坐标属性”面板中单击“冻结全部”按钮，将坐标清零。

（2）将头发对象重命名为Hair，随后右击，在弹出的快捷菜单中选择“装配标签”|“约束”选项，添加“约束”标签。

（3）在“属性”面板的“基本”列表中选中“启用”及 PSR 选项，将模式切换到 PSR，并选中“维持原始”栏，将 Head 骨骼拖入“目标”栏中，如图 13-63 所示。

（4）选中 Hair 空对象，按快捷键 Alt+G 结组，并删除“约束”标签。

（5）选中 Hair 空对象，加选父级“空白 .1”空对象后，右击，在弹出的快捷菜单中选择“冻结全部”选项。

（6）选中“空白 .1”对象，执行“装配标签”|“约束”命令，为对象添加“约束”标签，并设置“属性”面板中两个选项卡的参数（解决添加约束标签后无法编辑的问题）。

13.9.2 创建头发动画关键帧流程

创建头发动画关键帧的具体操作步骤如下。

01 选中Hair空对象，在时间线的0帧处单击“记录活动对象”按钮，创建关键帧。

02 在第25帧处移动头发创建关键帧，如图13-64所示，在第29帧处将头发上移后再创建关键帧。采用相同的方法，在需要的时间移至合适的位置后创建关键帧，但动作幅度不宜过大且要符合运动规律。

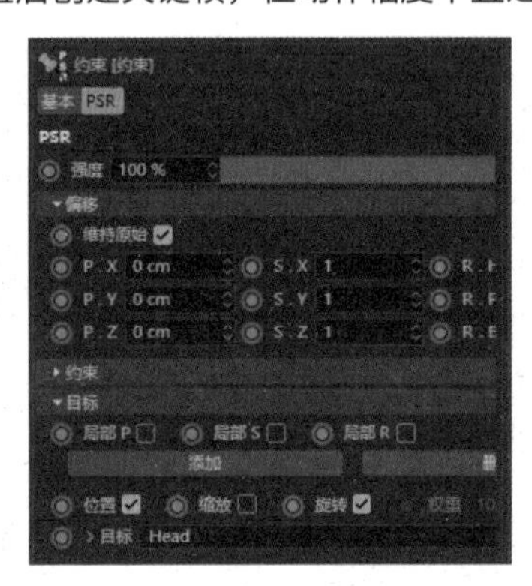

图13-63

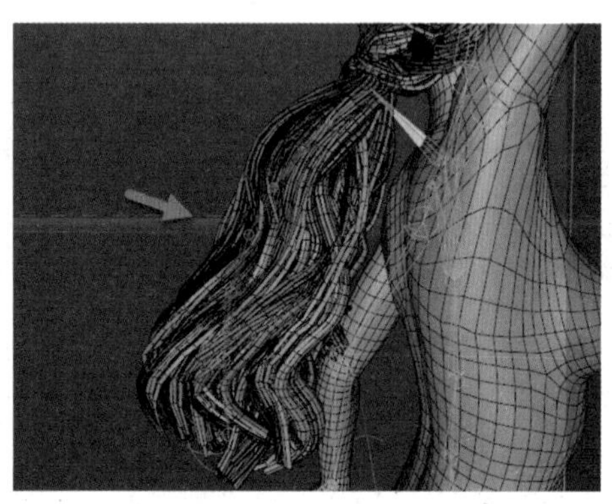

图13-64

提示

根据动画效果需要自定义头发运动轨迹，上下左右平移皆可。遇到动画播放中有穿帮的现象，需要通过补帧来优化。

03 将发饰绑定到骨骼上并执行“角色”|“蒙皮”命令，添加蒙皮。

04 执行“文件”|“导出”命令，导出格式为abc的文件，将导出文件命名为case PARTok.abc。

05 打开Cinema 4D并导入此case PARTok.abc文件，删除不需要的对象，导出格式为abc的文件，命名为case PARTokok.abc。

提示

保存工程文件时，尽量养成增量保存的习惯，出现问题时方便修改。

13.10 制作摄影机动画

Marmoset Toolbag 软件的摄影机动画功能相对简单，对于更复杂的摄影机动画需求，建议在其他三维软件中完成后再导入 Marmoset Toolbag 进行后续操作。

13.10.1 更换动作捕捉文件并添加材质

更换动作捕捉文件并添加材质的具体操作步骤如下。

01 打开Marmoset Toolbag，导入预先制作好的材质项目文件，删除模型只保留材质。

02 拖入预先制作完成的case PARTokok.abc文件，参照前文讲述的方法，将材质与模型对象一一对应。

03 单击Materials（材质）面板中的“赋予”按钮，为模型添加材质，其中lowShape对象需要在“属性”面板中选中Cull Back Faces（剔除背面）复选框，以开启双面显示。

04 选中L-EYEShape对象及R-EYEShape对象，在Materials（材质）面板中单击“添加”按钮，复制一组。

05 选中复制后的R-EYEShape 1及L-EYEShape 1组，在“属性”面板中取消选中Cast Shadows（投射阴影）复选框，以关闭投射阴影功能，如图13-65所示，同理Hair Shape对象及所有服装对象也开启双面显示。

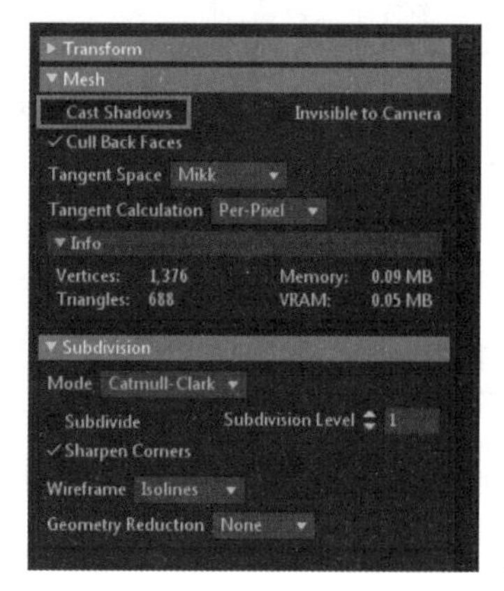

图13-65

13.10.2 制作摄像机动画的步骤

制作摄像机动画的具体操作步骤如下。

01 执行Window（窗口）| Timeline（时间线）命令，打开“时间线”面板，并在Scene（对象管理）面板中选中Shadow Catcher（阴影捕捉）复选框，效果如图13-66所示。若开启阴影后会新增Shadow Catcher 1对象，此对象可作为平面移动以贴近脚步展现更佳的效果。

02 在Marmoset Toolbag中选中Camera 1（摄像机1）选项，如图13-67所示，随后在Scene（对象管理）面板中，单击“添加”按钮，复制出Camera 2（摄像机2），并将摄像机切换至Camera 2视角。

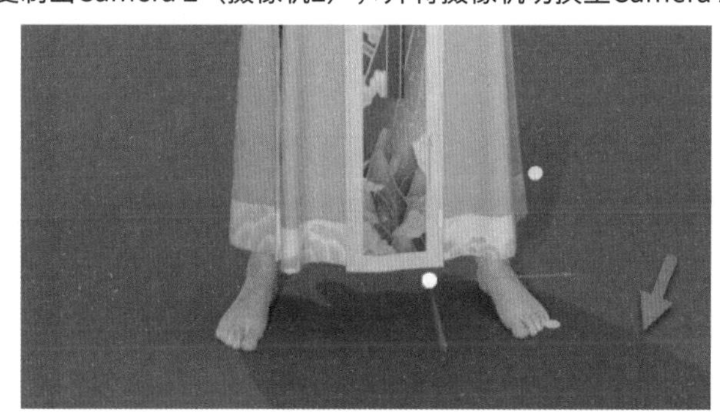

图13-66

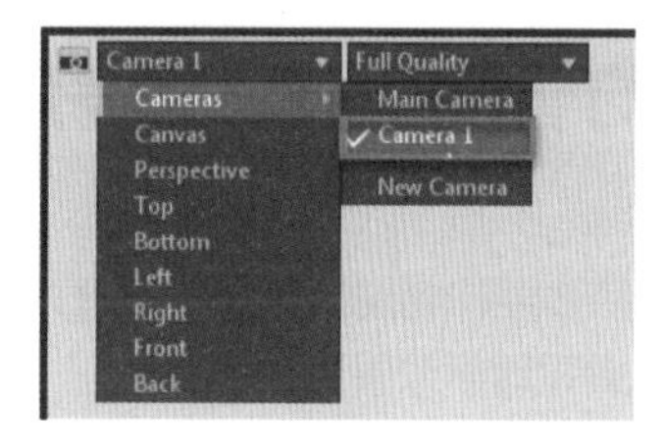

图13-67

03 执行Window（窗口）| Keyframes（关键帧）命令，打开“时间线”面板。

04 在Transform（关键帧）窗口的“对象”栏中，执行Camera 2（摄像机2）| Transform（变化）命令，随后执行Window（窗口）| Timeline（时间线）命令，打开“时间线”窗口，单击“自动记录关键帧”按钮，打开自动记录关键帧功能。

05 在Transform（关键帧）时间线的第1帧位置，单击“关键帧”按钮创建关键帧，将穿帮的动作先通过摄像机动画将其隐藏，再将模特置于画面中央，避免运动过程中出镜或明显偏离画面中央。采用相同的方法，在需要的位置移动和旋转摄影机，通过调整摄影机的位置来创建摄影机运动轨迹动画。

提示

其他三维软件制作好的摄影机运动轨迹保存为fbx文件，是可以导入Marmoset Toolbag中直接使用的，但复杂的摄影机动画建议还是在Cinema 4D等其他三维软件中完成，而摄影机中的“景深”“视角”等变化可控性过低，不建议在Marmoset Toolbag中创建。

13.10.3 导入摄像机轨迹

导入摄像机轨迹的具体操作方法如下。

01 打开Cinema 4D，在工具栏中单击“摄像机”按钮，新增摄影机并命名为came003。

02 单击“自动记录关键帧”按钮，打开自动记录关键帧功能。

03 在“对象”面板中单击came003后面的“摄像机对象”按钮，激活摄影机视角。

04 在“时间线”面板中单击“记录活动对象”按钮，开启自动记录关键帧功能，随机间隔不同帧数并移动和旋转摄影机以生成动画轨迹。

05 执行“文件”|“导出”命令，将摄影机动画设置导出为came.fbx文件。

06 将此文件直接拖入Marmoset Toolbag软件中，“场景”面板中自动新增图示对象，在Main Camera（主摄像机）栏中选择came003，切换到摄影机视角。

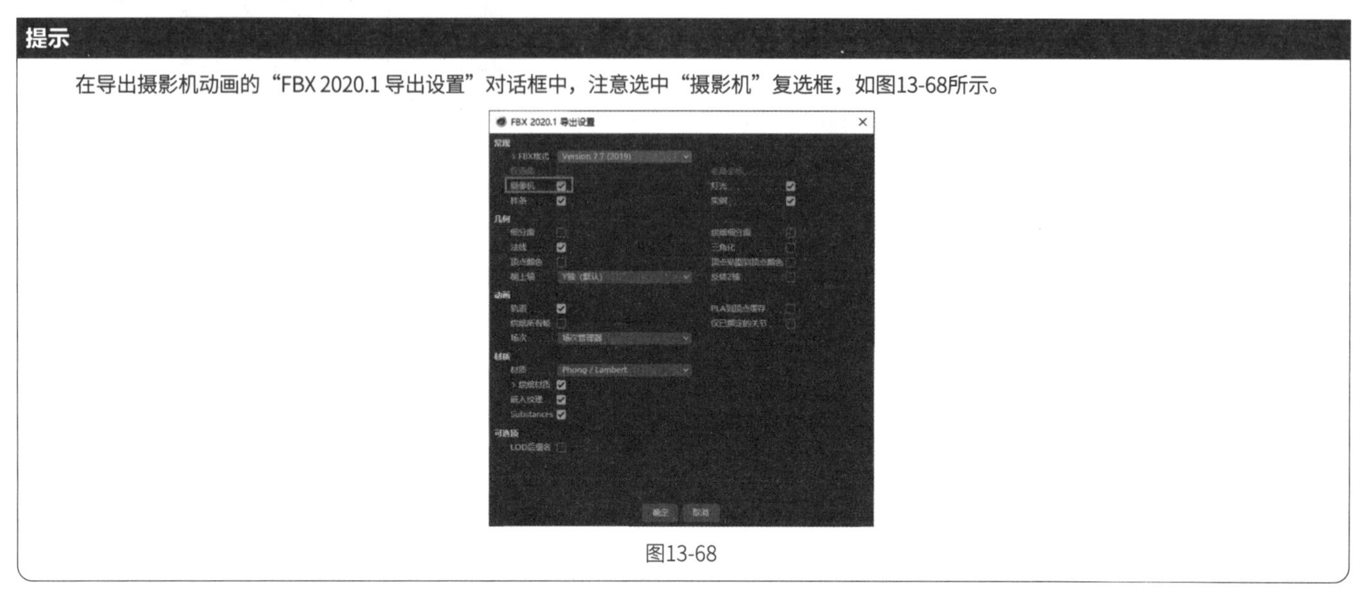

提示

在导出摄影机动画的“FBX 2020.1 导出设置”对话框中，注意选中“摄影机”复选框，如图13-68所示。

图13-68

13.11 灯光动画及最终渲染输出

摄影机动画初步制作完成后，接下来非常关键的一步是调整灯光。因为在模型运动的过程中，灯光也会随之变动，这对于营造场景氛围和增强动画效果至关重要。

13.11.1 制作灯光动画

制作灯光动画的具体操作步骤如下。

01 打开Marmoset Toolbag，在Scene（对象管理）面板中选择Sky对象，激活“属性”面板，随后在Keyframes（关键帧）面板中自动显示相关属性，如图13-69所示。

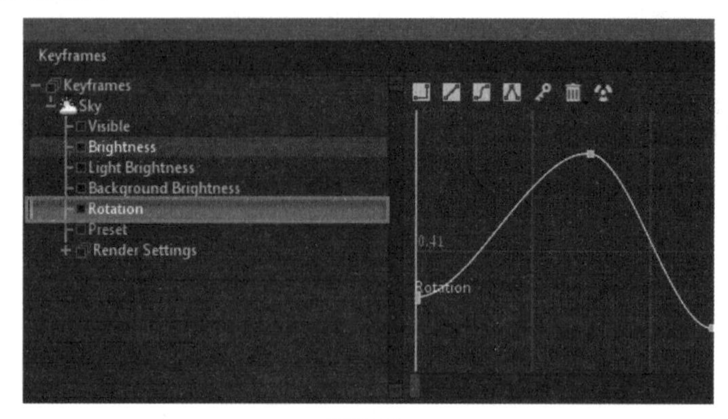

图13-69

02 在Keyframes（关键帧）面板中选中Rotation（旋转）选项，在时间线第1帧位置调整好灯光角度，并创建关键帧。

03 继续移动时间线，在需要设置灯光动画的时间处，调整灯光位置、角度和强弱等，并创建关键帧即可。

创建灯光动画关键帧时，需要注意如下事项。

（1）模特不转身就尽可能不要过多地调整灯光。

（2）在需要调整关键帧的前几帧处，先创建关键帧固定，随后在需要调整的位置调整，避免整个动画一起改变。

（3）人物阴影过多或动作遮挡光线的位置需要调整。

（4）人物曝光过度的位置需要调整。

（5）出现阴阳脸的位置需要调整。

提示

衣服的破面是由于细分后边缘处缩进的缘故，需要手动拓扑后，在边缘处“卡线”。

13.11.2 渲染输出

渲染输出的具体操作步骤如下。

01 在Marmoset Toolbag的Scene（对象管理）面板中单击Render（渲染）按钮，激活“属性”面板，并在“属性”面板中找到Render Cameras（渲染摄影机）栏。

02 单击Add New（新增）按钮，并选中Camera 2（摄影机2）复选框，取消选中Camera 1（摄影机1）复选框，如图13-70所示。

03 随机选择几帧进行渲染，检查模型是否存在问题。

04 取消选中Shadows（阴影）和Reflection（反射精度）复选框。

05 设置Output（输出）参数，并在Transparency（透明度）栏选中透明背景。

06 单击Render Image（渲染图像）按钮，开始渲染，待渲染结束后，单击Open Image Location（打开图像位置）按钮查看渲染效果。查看渲染图片后，发现发髻存在问题，如图13-71所示。

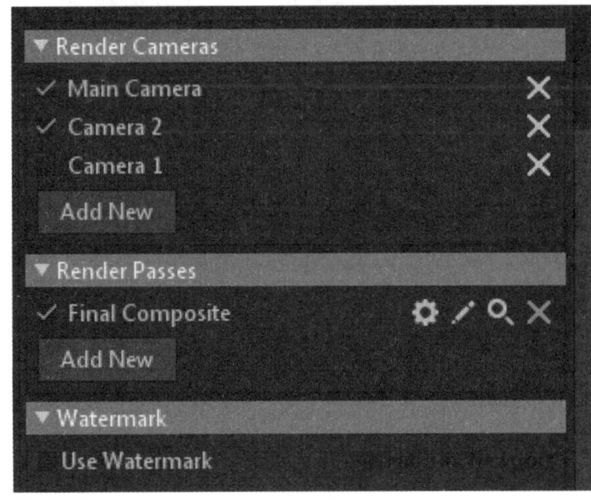

图13-70

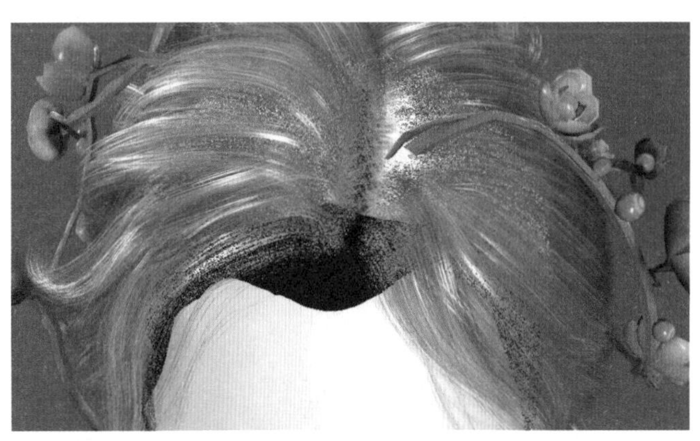

图13-71

07 单击“转换”按钮切换到贴图视图，将摄影机切换至默认视图，以方便自由移动和旋转视角，但不影响camera 2中已经编辑完成的动画轨迹。

08 在Photoshop中重新调整头发AO贴图，并在Marmoset Toolbag中替换。

09 在“渲染属性”面板中调整Video（视频）参数，如图13-72所示，随即单击Render Video（渲染视频）按钮，开始渲染输出视频。

输出渲染时需要注意以下几点。

（1）Format（格式）最好不要输出 MPEG4，此格式为有损压缩格式，推荐输出 PNG 格式。

（2）将 Compression Quality（压缩质量）值设置为 100。

（3）将 Samples（样品）值设置为 1024。

（4）Match Viewport（匹配视口）会根据视图的大小输出相应尺寸的图片。

（5）将 Denoise Strength（降噪）值设置为 0.5，降噪越多对细节的损失越大。

10 等待输出完成，查看预设的输出文件夹，即可找到成品动画，如图13-73所示。

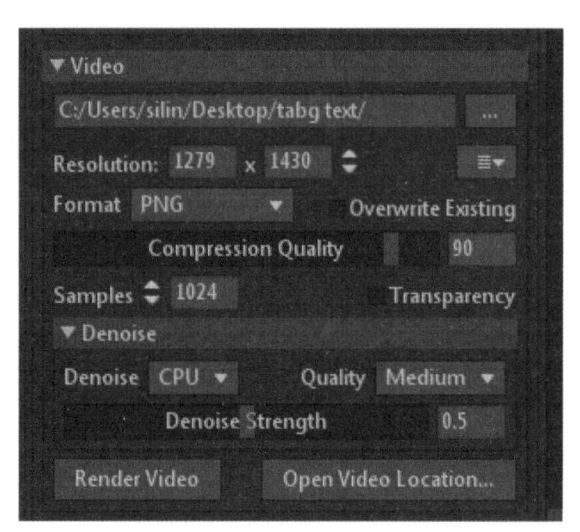

图13-72

图13-73